新世纪高校机电工程规划教材

工程图学及计算机绘图

（第3版）

主　编　宋卫卫　杨　波

副主编　崔卫华　鞠　红

参　编　潘永智　刘鲁宁　王艳芳　顾英妮

　　　　宋开峰　时圣勇　孙　宾　章希胜

　　　　葛荣雨　田希杰　王嫦娟　安延涛

主　审　罗良武　赵　勤

机械工业出版社

本教材是根据教育部高等学校工程图学教学指导委员会制定的“普通高等院校工程图学课程教学基本要求”，参考前一版本教材使用的反馈意见，结合近年来本课程教学改革的成果及相关专家的意见修订而成的。

本教材内容包括绪论，制图基本知识，投影基础知识，点、直线、平面的投影，投影变换，基本立体，立体表面的交线，组合体，轴测投影，机件的常用表达方法，标准件和常用件，零件图，装配图，焊接及嵌接工程图，常用曲线、曲面及展开图，房屋建筑工程图，计算机绘图基础知识，CAXA 高级技巧。

考虑到机械类、近机类各专业类型不同，学时数也不尽相同，在保证满足机械类专业教学基本要求的前提下，设定部分带有“*”号的内容，可由教师根据不同专业和不同计划学时数，选择教学或安排自学。

本教材选用国产自主版权的 CAXA 电子图板绘图软件，介绍其使用方法及其在绘制工程图样中的应用，有利于国家标准的贯彻及“甩图板”工程的顺利实施。

本教材涉及的国家标准全部更新为最新国家标准。

与本教材配套使用的《工程图学及计算机绘图习题集》也同时修订出版，可供选用。同时开发了与本教材紧密结合的多媒体课件和习题解答，可在授课和学习中使用。

本教材可作为高等院校机械类、近机类各专业的教材，也可作为其他类型学校有关专业教材及有关工程技术人员的参考用书。

图书在版编目（CIP）数据

工程图学及计算机绘图/宋卫卫，杨波主编．—3 版．—北京：机械工业出版社，2016.8（2022.6 重印）
新世纪高校机电工程规划教材
ISBN 978-7-111-53843-1

Ⅰ.①工…　Ⅱ.①宋…②杨…　Ⅲ.①工程制图-计算机制图-高等学校-教材　Ⅳ.①TB237

中国版本图书馆 CIP 数据核字（2016）第 159539 号

机械工业出版社（北京市百万庄大街 22 号　邮政编码 100037）
策划编辑：舒　恬　责任编辑：舒　恬　张亚捷　武　晋　任正一
责任校对：陈　越　封面设计：张　静
责任印制：刘　媛
涿州市般润文化传播有限公司印刷
2022 年 6 月第 3 版第 5 次印刷
184mm×260mm · 23.75 印张 · 580 千字
标准书号：ISBN 978-7-111-53843-1
定价：49.50 元

电话服务　　网络服务
客服电话：010-88361066　　机　工　官　网：www.cmpbook.com
010-88379833　　机　工　官　博：weibo.com/cmp1952
010-68326294　　金　书　网：www.golden-book.com
封底无防伪标均为盗版　　机工教育服务网：www.cmpedu.com

第3版前言

本教材是根据教育部高等学校工程图学教学指导委员会制定的“普通高等院校工程图学课程教学基本要求”，参考前一版本教材使用的反馈意见，结合近年来本课程教学改革的成果及相关专家的意见修订而成的。

本教材基本延续了原来的教材体系，在内容的设置上进行了更新，以适应新的教学需求和教学改革的发展趋势，更加注重理论与实际应用的有机结合，并及时贯彻最新国家标准，更新了绘图软件的版本。

本次修订的主要内容和特色如下：

1）贯彻、使用最新国家标准，特别是技术要求部分变动较大，对表面结构和几何公差表示法等依据最新国家标准进行了更新。

2）采用最新版电子图板绘图软件，并增加了必要的应用实例，使学生在学习软件操作的同时，能够更好地应用其绘制标准工程图样，以适应生产实际和人才培养的需求。

3）对各章节内容、例题、插图及习题集中的习题进行了细致的修改、完善和调整，并按照国家标准规范了常用术语，使本教材的整体质量有了进一步提高。

4）将“基本立体”中的截交和相贯提出来，单独组成一章“立体表面的交线”；“机件的常用表达方法”一章中增加了“各种表达方法综合应用实例”，注重学生实践能力和创新思维能力的培养；将“常用曲线和曲面”与“展开图”合并为一章；调整了有关章节的前后顺序，将通用内容放到前面，选学内容放到后面，这样安排使各章内容自成体系，使整部教材前后内容更连贯、更系统，有利于不同专业方向教学内容的取舍，也有利于学生课后自主学习。

5）为了便于课堂教学，将原习题集中第三章第二节“平面图形的分析及画法”调整到教材中的第一章，以利于教材中相关内容的衔接，方便教学。

6）加强了徒手绘图和测绘技术的相关内容，注重对学生工程意识和绘图基本技能的培养。

7）重新精心制作了与教材配套的多媒体课件及习题解答，方便教学。

与本教材配套使用的《工程图学及计算机绘图习题集》也同时进行修订。

本教材由济南大学原图学中心主任罗良武副教授和赵勤副教授担任主审，两位老师是本教材第1版和第2版的主编，此次又对书稿提出了许多宝贵的意见和建议，在此表示衷心的感谢。

参加本次修订工作的有宋卫卫、杨波、崔卫华、鞠红、潘永智、刘鲁宁、王艳芳、顾英妮、宋开峰、时圣勇、孙宾、章希胜、葛荣雨、田希杰、王嫦娟和安延涛，由宋卫卫统稿。

本套教材是济南大学图学教研室多年教学研究成果和教学实践的经验总结，凝聚了全体教师的智慧、心血和辛勤劳动，参加过本套教材编写和历次修订的各位老师做出了很大的贡献，在此表示深深的谢意。

本套教材得到同济大学机械工程学院奚鹰教授及机械基础实验中心老师们的支持和帮助，在此表示感谢。

本套教材得到山东省教育厅青年教师访问学者项目资助。

在本教材编写过程中参考了一些同类教材（见书后的“参考文献”），在此向这些教材的作者致以衷心的感谢。

由于编者水平有限，书中难免存在缺点和疏误，敬请读者批评指正。

编　者

2015年1月

第2版前言

本教材自出版以来，受到一些兄弟院校的欢迎，本教材第1版经过4年的使用，已不适应当前正在大步进行的教学改革的发展要求，为了适应教学改革的新形势需要，使得经典内容与现代技术得到最佳结合，并且内容中“国家标准”及时更新，我们进行了本次修订。本次修订在保持了第1版的特点的基础上做了以下变动：

1）用“CAXA电子图板”替换“AutoCAD”以推广便于国民使用的国产优秀软件。

2）增加了阅读“建筑制图”的基本知识，以拓宽学生的知识面。

3）部分“国标”、“部标”做了相应的更新。

4）根据本教材的使用专业定位方向，调整了带“*”部分的内容。

5）其他做少量删减和增加，如在点线面投影、立体、表达方法、零件图等处。

6）对软件功能和操作技巧按当前市场最新版本进行了更新，并将此部分内容的排版做了一点调整，第1版中把部分内容融合到制图基本知识中，这对于掌握此内容来说有好处，但是，就软件技术而言太零散，不便于复习和查阅某些功能。本次调整为两章，第二章介绍了基础部分，第十五章介绍了提高直至精通的内容，习惯了第1版方式的学校可由老师把第十五章的内容分散融合到相应的章节中实施。只能集中安排上机的学校，也可把第二章和第十五章合并集中进行。

参加本教材编写的有：主编：罗良武、赵勤（济南大学），王嫦娟（山东科技大学）；编委：曹明通（山东科技大学），田希杰、宋卫卫、时圣勇、崔卫华、顾英妮、杨波（济南大学）。

编写分工如下：罗良武：前言、目录、绪论、第2、12、13、17章、附录E~J；赵勤：第1、3、14、16章；时圣勇：第4章；崔卫华：第5章；安琥：第6章；宋卫卫：第7章；曹明通：第8章；杨波：第9章；王嫦娟：第10章；田希杰：第11章、附录A~D；顾英妮：第15章。本次修订由罗良武执笔并统稿。

刘鲁宁、王艳芳、宋开峰老师对本教材的编写提出了一些合理化建议，并做了一些选材筹划工作，在此表示感谢。

本教材由山东工程图学学会理事长、山东大学范波涛教授任主审，他对本教材提出了若干建设性的修改意见，在此表示衷心的感谢。

向热心支持和帮助编写本教材的领导、同事和朋友表示诚挚的谢意。

本教材参考了部分同类教材、习题集等文献（见书后的“参考文献”），在此谨向文献的作者致以衷心的感谢。

由于编者水平有限，教材和课件中难免存在缺点、谬误之处，恳请广大同仁及读者不吝赐教，在此谨先表谢意

编　者

2007年4月

第1版前言

本教材是根据2001年11月在山东大学召开的“新世纪高校机电工程规划教材”启动会议的“四新一高”精神而编写的。在科技迅猛发展的今天，知识的更新越来越快，伴随着知识经济和信息时代的到来，社会对人才培养的要求也正在发生着巨大的变化。“基础扎实、知识面宽、能力强、素质高”已成为21世纪对人才的基本要求。“图学技术”作为一门工科、应用理科及管理学科各专业都开设的工程基础课，应如何发挥本课程的特色，为实现我国高素质人才培养战略做贡献呢？这就促使我们对“工程图学”课程的本质及特征进行了深入探讨，并对当前的教师状况、学生状况及教学设备状况进行分析、研究。本套教材正是着眼于新时期对人才的要求，以加强对学生综合素质及创新能力的培养为出发点，结合编者多年来教学改革成果编写而成的。它综合考虑了当前的教师和学生状况，使教学内容、教学方法与教学手段相协调，力求在不增加教师和学生负担的前提下，充分利用有限的教学资源，最大限度地调动学生的学习主动性和积极性，从而使工程图学技术教育从以“知识、技能”为主的教育，向以“知识、技能、方法、能力、素质”综合培养的教育转化。

本套教材秉承了我国“图学教育”的经验及特色，并充分运用了现代教育理论和方法论的研究成果，将“图学知识”与“制图技术”紧密结合，使学生在学习“工程图学”知识、进行工程制图基本训练的同时，得到科学思维方法的培养及空间思维能力、创新能力的开发和提高。

教材体系和内容的编排力求简明扼要，并紧紧围绕以“学”为中心、以“素质提高”为目的的指导思想，力图为处理好下列关系提供切实可行的方法和途径。

1）知识学习、能力培养与素质提高的关系。

2）仪器图、草图训练与计算机绘图的关系。

3）基础知识与工程应用的关系。

4）理论知识与工程实践的关系。

5）多媒体教学与传统教学、辅导答疑的关系。

6）课内教学与课外复习、练习的关系。

本套教材是在广泛征求任课教师的教学经验和学生学习体会的基础上编写的。又在反复征询教师、学生及本学科专家、教授意见和建议的基础上统筹修改而成。

参加本教材编写的有：主编：罗良武（济南大学）、王嫦娟（山东科技大学）；副主编：田希杰、顾英妮；参编：赵勤、安琥、孟颖、杨波、时圣勇、崔卫华、宋卫卫、魏军英。

编写分工如下：罗良武：绪论、第十二章、第十三章、第十四章（一、二、五、六、七节）；王嫦娟：第八章（一、二、三节）、第十章；田希杰：第三章、第十一章、附录；顾英妮：第二章及其他章节中的AutoCAD内容；赵勤：第一章、第十五章；时圣勇：第四章；崔卫华：第五章；安琥：第六章；宋卫卫：第七章；孟颖：第九章；魏军英：第八章（第四、五节）；杨波：第十四章（第三、四节）；全书由罗良武统稿。

李莉老师、刘鲁宁老师对本教材的编写做了一些选材筹划和部分绘图工作，并提出了一些合理化建议，在此表示感谢。

本教材由山东工程图学学会图学秘书长、山东大学工程图学研究所范波涛教授任主审，他对本教材提出了若干建设性的修改意见，在此表示衷心的感谢。

山东大学机械学院苑国强副教授对本教材提出了宝贵的修改意见，在此表示诚挚的谢意。

向热心支持和帮助编写本教材的领导、同事和朋友表示诚挚的谢意。

本书参考了部分同类教材、习题集等文献（见书后的“参考文献”），在此谨向这些文献的作者致以衷心的感谢。

由于编者水平有限，教材和课件中难免存在缺点、谬误之处，恳请广大同仁及读者不吝赐教，在此谨先表谢意。

让所有的图学教育的教师都能轻松地教；

让所有的学生都能愉快地学；

让所学到的知识都能转化为解决实际问题的能力；

让所有使用本教材的学生都能在潜移默化中得到工程素质和创新能力的提高！

编　者

2002 年 9 月

目录

绪 论

一、工程图学的特征

生活在三维世界中，人们的眼睛和身体感知到的这个世界都是立体的、有形的。为了有效地表达对这个世界的认知，除了语言之外人们很自然地使用了图形这种形象、直观的表达方式。图形是在纸或其他表面上表示的物体的几何状态，包括形状、大小和位置等。随着图形在其使用过程中的简化与抽象又逐步产生了文字。图形和语言、文字是人类社会进行交流的三大媒介，它们各有特点，又相互联系。

图形具有形象性、整体性、直观性、审美性及抽象性等特点，它既可以是客观事物的形象记录，又可以是人们头脑中所想象事物的形象表现。而计算机科学的发展，又进一步打通了图与数之间的联系，使图与数之间可以转化，揭示出了图的更深层的特性。图形的这些特点决定了图形在人类社会发展中是不可替代的。计算机应用的普及，使人们对世界的认知及表达回归真实、回归直观、回归形象、回归图形成为可能，也使图形这种最原始的交流媒介的作用不断增强。

工程是一切与生产、制造、建设、设备相关的重大的工作门类的总称。例如：机械工程、建筑工程、电气工程、采矿工程、水利工程、航天工程、生物工程等。

各个工程门类除了有其自身的专业体系、专业规范和专业知识外，还有其共性。工程的基本特性主要体现为实用性和实效性，它以理论基础为指导，落实到具体工程问题的解决上；所有工程的核心概念都是设计和规划，工程设计和规划的表达形式都离不开图。

表达工程形体的图通常称为工程图样，由于工程问题的多样性及复杂性，工程图样的共性主要体现在形体的构成和表达上、工程图样通用规范的运用和工程问题的分析上。

对理工科学生而言，工程素质可谓是立业之本，数学、几何学、物理学、化学等基础学科与工程应用相结合，便形成了培养人才工程素质的知识基础。几何学与工程应用及工程规范相结合便形成了工程图学。工程图学并不是仅为某个特定专业提供基础，而是作为“工程教育”的一部分，为一切涉及工程领域的人才提供空间思维和形象思维表达的理论及方法。

工程图学课程的本质就是以几何学为基础，以投影理论为方法，研究几何形体的构成、表达及工程图样的绘制和阅读的工程基础课。其特征主要体现为：

（1）基础性　工程图学是一切工程和与之相关人才培养的工程基础课，并为后续工程专业课的学习提供基础。

（2）学科交叉性　工程图学是几何学、投影理论、工程基础知识、工程基本规范及现代绘图技术相结合的产物。

（3）工程性　工程图学的研究和图样表达，必须随时与工程规范、工程设计相结合。

（4）实用性　工程图学具有广泛的实际应用性，是理论与实践相结合的学科。

（5）通用性　工程图样作为工程界的通用语言，具有跨地域、跨行业性。无论古今中外，尽管语言、文字不同，但工程图样的表达方法都是相通的。

（6）方法性　工程图学中处处蕴含着工程思维和形象思维的方法，可有效地培养学生的空间想象能力、分析能力、综合能力等。

二、工程图学教育的任务

为了满足新时期对人才培养的需要，工程图学教育任务如下：

1. 培养学生的工程素质

主要包括工程人员读图能力、绘图能力及工作作风的培养和训练、工程概念的形成、工程思想方法的建立。

2. 培养学生空间思维能力和空间想象能力

本课程的一个显著特点是以投影理论为方法，研究几何形体的构成及表达，其核心就是空间要素的平面化表现和平面要素的空间转化。通过这两种互相转化的训练，将学生固有的三维物态思维习惯提升到形象思维和抽象思维相融合的层次，从而使学生得到“见形思物”和“见物想形”的空间思维能力和空间想象能力的培养。

3. 培养学生图形表达能力

现代高级工程人才，不仅需要具有口头语言表达能力和书面表达能力，还需要具有图形表达能力。工程图样是工程界的通用技术语言，所有的创造发明、技术革新、设备改造、工程建设、环境美化等，都需要用图样将设计构思表达出来。因此，图形表达能力也是工程人才必备的基本能力。

4. 培养学生的分析能力、综合能力、开拓和创新意识

在绘图与读图的训练中，应随时注意将分析方法与综合方法相结合，使学生学会从整体到局部、复杂问题简单化处理的分析方法和，部分到整体的综合方法，由多个视图分析整体形状及结构的方法，以提高分析、综合能力。在对形体表达方案的多样性与唯一性、视图表达物体的正确性与确定性的分析训练中，逐步打破学生的思维定式，从而培养学生的开拓、创新意识。

5. 为后续课程学习打基础

本课程作为人才培养的一门工程基础课，为后续相关课程的学习打下基础。如果想深入到某一专业领域，则需补充相关的专业知识和专业规范，从而构成对专业图样的阅读和表达能力。只有使学生具备扎实的基础，才能让其在需要时进行知识对接，才能很快地进行知识及能力的扩展。这就要求本课程的教学必须重点突出。

6. 拓宽学生的知识面、使学生形成合理的知识结构

大学生是祖国的栋梁，他们中的一部分将走上管理及领导岗位。图形表达及分析的思维方法可直接应用于工作、学习及企业管理之中，使工作条理化、管理程序化，从而提高管理水平和工作效率。

三、工程图学课程的教学目的

1）培养学生学会运用投影法对工程形体进行观察和分析。

2）培养学生学习工程形体的构成及表达方法。

3）培养学生学习工程图样的基本规范及阅读方法。

4）培养学生进行工程图样的阅读和绘制的基本训练。

5）培养学生学会一种绘图软件的应用技术。

6）培养学生的形象思维、空间思维能力和开拓创新的精神。

7）培养学生严谨求实、认真负责的工作作风。

四、学习方法和建议

1）以“图”为中心，随时围绕“图”进行学习和练习。

2）注意抽象概念的形象化，随时进行“物体”与“图形”的相互转化训练，以利于提高空间思维能力和空间想象能力。

3）学与练相结合，必须保质保量地完成相应的习题，才能使所学知识得以巩固。本课程的练习是教学中实践环节的重要体现，它是教学内容的重要组成部分。制图作业应做到表达完整、投影正确、图线分明、字体工整、图面整洁。

4）听课前适当预习对学好本课程十分必要，它可提高听课效率；听课时应积极主动地思考；听课后应及时进行练习，以加深对所学内容的理解，并巩固所学的内容。

5）随时运用所学的知识和方法，观察、分析所见到的物体，并用于分析、解决实际问题，以实现理论知识向实践能力的转化。

6）按照正确的方法和顺序画图，养成正确使用绘图工具和绘图软件的习惯。

7）严格执行国家标准，学会查阅、使用国家标准和手册等。

8）严格要求自己，注重培养严谨、认真、负责、细致的工作作风。

9）不断改进学习方法，提高自主学习能力、独立工作能力和创新能力。

第一章 制图基本知识

绘制和阅读机械图样，必须熟悉并严格遵守技术制图和机械制图国家标准，正确地使用绘图工具和仪器，掌握正确的绘图方法与步骤，具备徒手绘制草图的能力，还要树立耐心细致的工作作风和严肃认真的工作态度。

第一节 制图国家标准的基本规定

一、图纸幅面和格式

1. 图纸幅面

绘制图样时，应优先采用表1-1中规定的基本幅面及图框尺寸。

表1-1 基本幅面及图框尺寸（GB/T 14689—2008） （单位：mm）

幅面代号	A0	A1	A2	A3	A4
$B\times L$	841×1189	594×841	420×594	297×420	210×297
a	25				
c	10			5	
e	20		10		

必要时，也允许选用加长幅面，如图1-1所示。加长幅面的尺寸按照基本幅面的短边成倍增加，具体规格可查阅GB/T 14689—2008《技术制图 图纸幅面和格式》。

2. 图框格式

在图纸上必须用粗实线画出图框，其格式分为无装订边和有装订边两种，如图1-2所示。但同一产品的图样只能采用一种格式。要装订的图样采用图1-2b所示格式，一般采用A4幅面竖装或A3幅面横装。

3. 标题栏

GB/T 10609.1—2009《技术制图 标题栏》规定，每张工程图样上均应画出标题栏。标题栏的格式和尺寸如图1-3所示。标题栏位于图纸的右下角，其外框为粗实线并且右边线和底边线与图框重合，如图1-2所示。标题栏中的文字方向与看图方向一致。

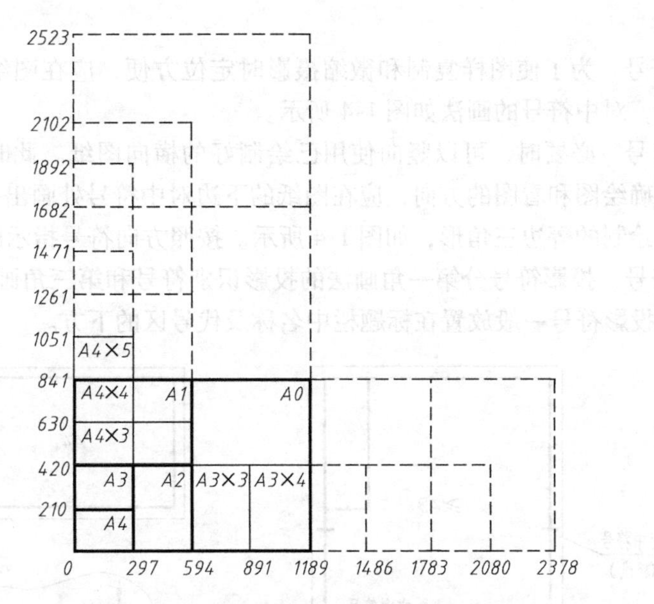

图 1-1 基本幅面及加长幅面的尺寸

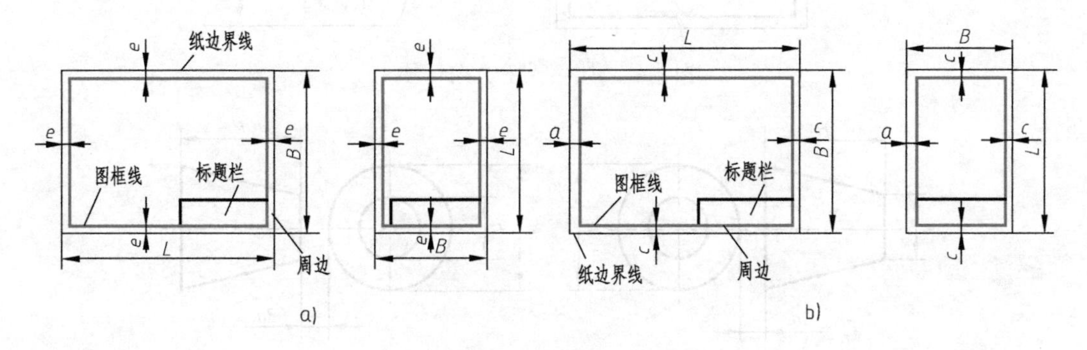

图 1-2 图框格式

a）无装订边的图框格式 b）有装订边的图框格式

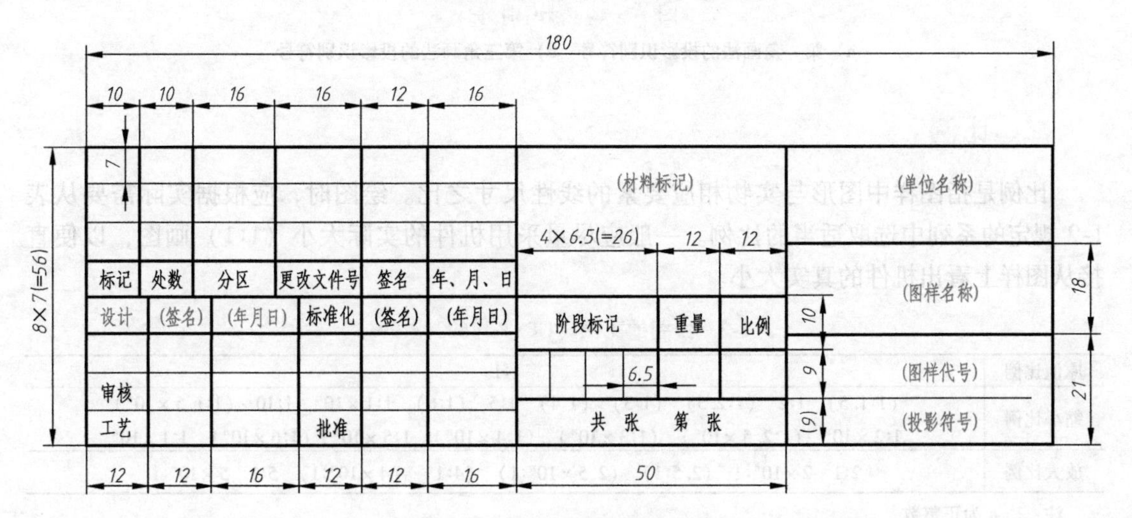

图 1-3 标题栏的格式和尺寸

4. 附加符号

（1）对中符号　为了使图样复制和微缩摄影时定位方便，应在图纸各边长的中点处分别画出对中符号，对中符号的画法如图 1-4 所示。

（2）方向符号　必要时，可以竖向使用已绘制好的横向图纸。此时标题栏位于图纸的右上角，为了明确绘图和看图的方向，应在图纸的下边对中符号处画出一个方向符号，方向符号是用细实线绘制的等边三角形，如图 1-4 所示。按照方向符号指示的方向看图。

（3）投影符号　投影符号分第一角画法的投影识别符号和第三角画法的投影识别符号，如图 1-5 所示。投影符号一般放置在标题栏中名称及代号区的下方。

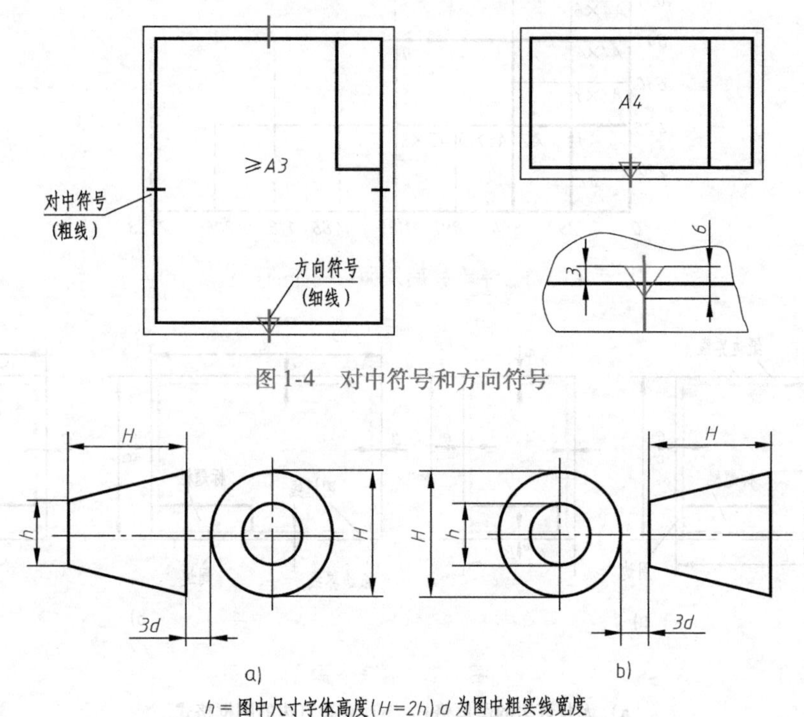

图 1-4　对中符号和方向符号

图 1-5　投影识别符号

a）第一角画法的投影识别符号　b）第三角画法的投影识别符号

二、比例

比例是指图样中图形与实物相应要素的线性尺寸之比。绘图时，应根据实际需要从表 1-2 规定的系列中选取适当的比例。一般应尽量采用机件的实际大小（1:1）画图，以便直接从图样上看出机件的真实大小。

表 1-2　绘图的比例（GB/T 14690—1993）

原值比例	1:1
缩小比例	(1:1.5)　1:2　(1:2.5)　(1:3)　(1:4)　1:5　(1:6)　$1:1\times10^n$　1:10　$(1:1.5\times10^n)$ $1:2\times10^n$　$(1:2.5\times10^n)$　$(1:3\times10^n)$　$(1:4\times10^n)$　$1:5\times10^n$　$(1:6\times10^n)$　$1:1\times10^n$
放大比例	2:1　$2\times10^n:1$　(2.5:1)　$(2.5\times10^n:1)$　(4:1)　$(4\times10^n:1)$　5:1　$5\times10^n:1$

注：1. n 为正整数。

2. 括号外的数字为优先选用的比例，括号内为必要时允许选用的比例。

绘图时，应根据实际需要选择放大或缩小的比例，但标注尺寸时，则必须按照机件的真实尺寸填写。图 1-6 所示为按照不同比例绘制的图形。

Φ20
R17
35
1:2
Φ20
R17
35
1:1
Φ20
R
35
2:1

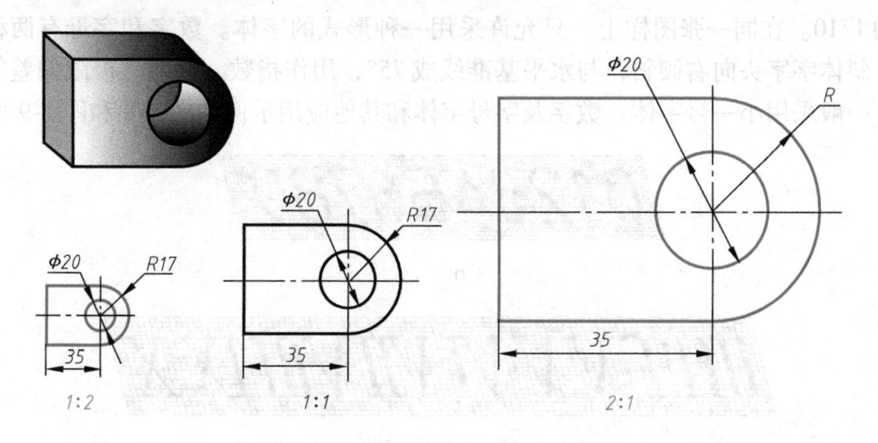

图 1-6 按照不同比例绘制的图形

绘制同一机件的各个视图应采用相同的比例，并在标题栏的比例一栏中标明。当某个视图需要采用不同的比例绘制时，必须另行标注，如第九章第四节中讲到的局部放大图。

三、字体

GB/T 14691—1993《技术制图　字体》规定，汉字、数字、字母的书写必须做到：字体工整、笔画清楚、间隔均匀、排列整齐。字体的号数，即字体的高度（用 h 表示）分为 8 种：1．8、2．5、3．5、5、7、10、14、20，单位为 mm。字体的宽度一般为 $h/\sqrt{2}$，各种字体的示例如下：

1. 汉字

汉字应写成长仿宋体字，采用国家正式公布的简化字。长仿宋体的书写特点是横平竖直，注意起落，结构均匀，填满方格，如图 1-7 所示。图样中一般汉字的高度不应小于 3.5 号字。

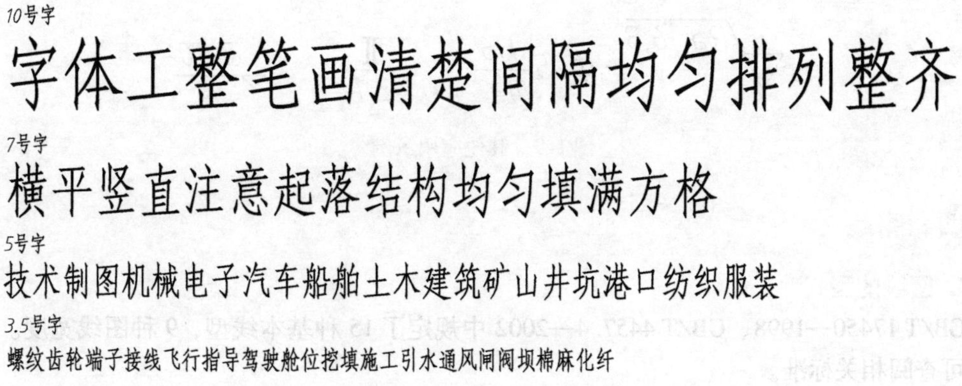

10号字
字体工整笔画清楚间隔均匀排列整齐
7号字
横平竖直注意起落结构均匀填满方格
5号字
技术制图机械电子汽车船舶土木建筑矿山井坑港口纺织服装
3.5号字
螺纹齿轮端子接线飞行指导驾驶舱位挖填施工引水通风闸阀坝棉麻化纤

图 1-7 汉字字体示例

2. 数字和字母

数字和字母分 A 型和 B 型。A 型字体的笔画宽度为字高的 1/14，B 型字体的笔画宽度为字高的 1/10。在同一张图样上，只允许采用一种形式的字体。数字和字母有两种：直体和斜体。斜体字字头向右倾斜，与水平基准线成 75°，用作指数、分数、极限偏差等的数字及字母，一般采用小一号字体。数字及字母字体和其他应用示例如图 1-8 和图 1-9 所示。

0123456789

a)

b)

ABCDEFGHIJKLMNOP

abcdefghijklmnopq

c)

αβγδεζηθϑικλμν

d)

图 1-8　数字和字母字体示例

a）阿拉伯数字示例（A 型斜体）　b）罗马数字示例（A 型斜体）　c）拉丁字母示例（B 型斜体）　d）希腊字母示例

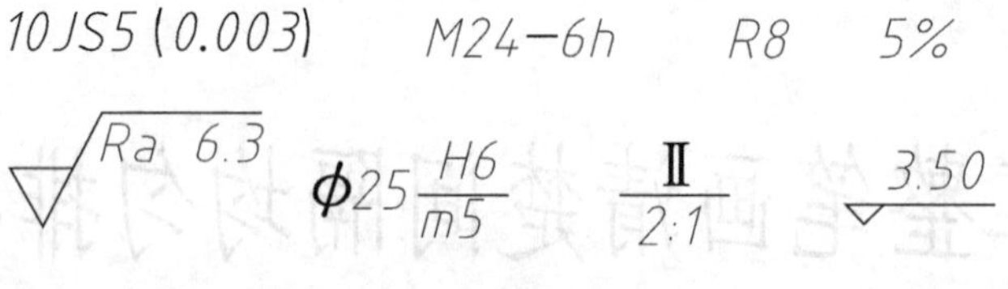

10JS5(0.003)　M24−6h　R8　5%

Ra 6.3　$\phi 25\frac{H6}{m5}$　$\frac{Ⅱ}{2:1}$　3.50

图 1-9　其他应用示例

四、图线

1. 图线的型式

GB/T 17450—1998、GB/T 4457. 4—2002 中规定了 15 种基本线型，9 种图线宽度。具体内容可查阅相关标准。

绘制机械图样一般需要使用 9 种基本线型，见表 1-3。

图线宽度的推荐系列尺寸为 0. 13、0. 18、0. 25、0. 35、0. 5、0. 7、1、1. 4、2，单位为

mm。图线的宽度应根据图样类型、尺寸大小、比例和缩微复制等要求来确定。在同一图样中，同类图线的宽度应一致。

机械图样中采用粗、细两种线宽，其比例关系为 2∶1。粗线宽度优先采用 0.5mm 和 0.7mm。为了保证图样清晰、便于复制，图样上应尽量避免出现线宽小于 0.18mm 的图线。

2. 图线的画法与应用

机械图样中常用的图线线型见表 1-3。

表 1-3 机械图样中常用的图线线型

图线名称	基本线型	图线宽度	主要用途
粗实线		d	可见轮廓线
细实线		$d/2$	尺寸线，尺寸界线，剖面线，过渡线，引出线
波浪线		$d/2$	断裂处边界线，视图与剖视图的分界线
双折线		$d/2$	断裂处边界线
细虚线	1　2~6	$d/2$	不可见轮廓线
细点画线	3　15~20	$d/2$	轴线，对称中心线，分度圆（线）
粗点画线		d	限定范围表示线
细双点画线	5　15~20	$d/2$	相邻辅助零件的轮廓线，极限位置的轮廓线，中断线，轨迹线
粗虚线		d	允许表面处理的表示线

机械图样中常用的图线线型应用如图 1-10 所示。

图线的画法要点如下（图 1-11）：

1）同一图样中同类图线的宽度应基本一致。细虚线、细点画线及细双点画线的线段长度和间隔应大致相等。

2）两条平行线（包括剖面线）之间的距离应不小于粗实线宽度的两倍，其最小距离不得小于 0.7mm。

3）绘制圆的对称中心线时，圆心应为线段的交点。当绘制细点画线和细双点画线有困难时，可用细实线代替。

4）对称图形的对称中心线一般应超出图形外 3～5mm。超出量在整幅图中应基本一致。

5）细虚线、细点画线与其他图线相交时，应在线段处相交，而不应在间隙处相交。

五、尺寸标注

在工程图样中，图形只能表达机件的结构形状，若要表达它的大小和相对位置，则需要在图形上标注尺寸。

尺寸标注要求做到：正确、完整、清晰、合理。所谓正确，即要符合有关国家标准的规定；所谓完整，即尺寸注写必须齐全，做到不多、不少、不重复；所谓清晰，即尺寸布局合理、便于看图；所谓合理，即所注写尺寸既要保证设计要求，同时又要考虑加工和测量时的方便。

1. 基本规则

1）机件的真实大小应以图样上所注的尺寸数值为依据，与图形的大小及绘图的准确度

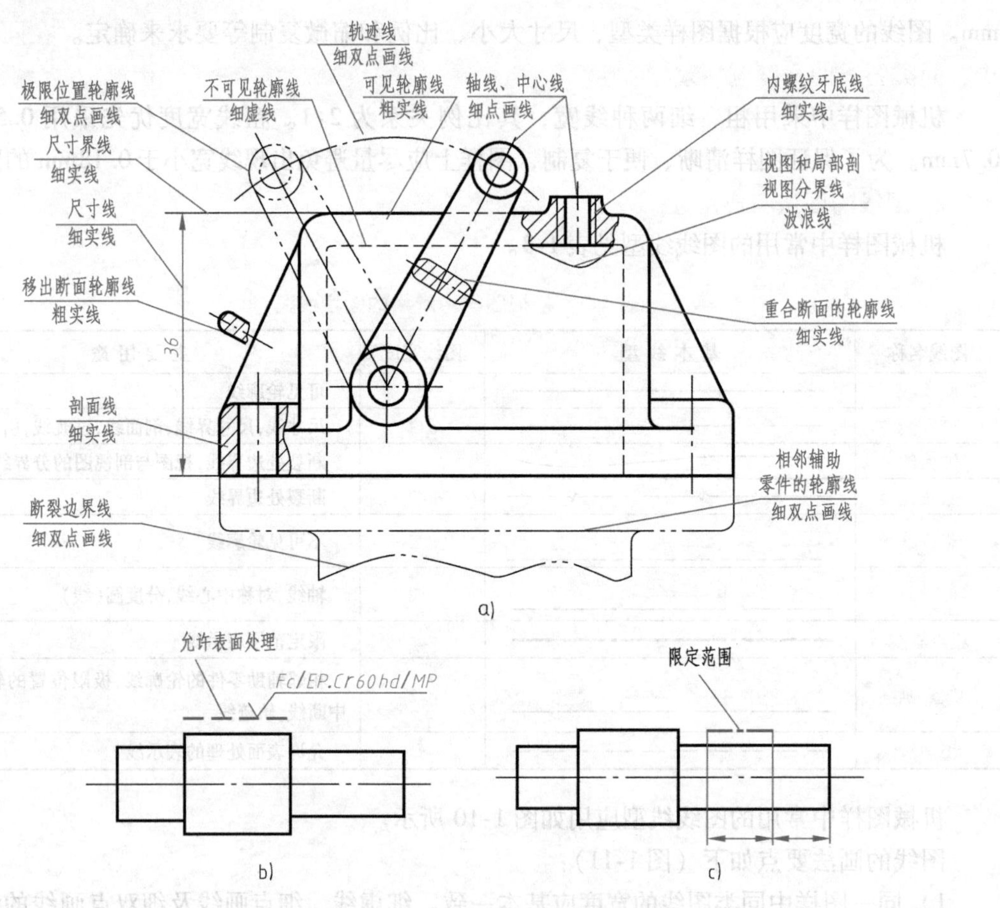

图 1-10　机械图样中常用的图线线型应用

a）常用线型　b）粗虚线　c）粗点画线

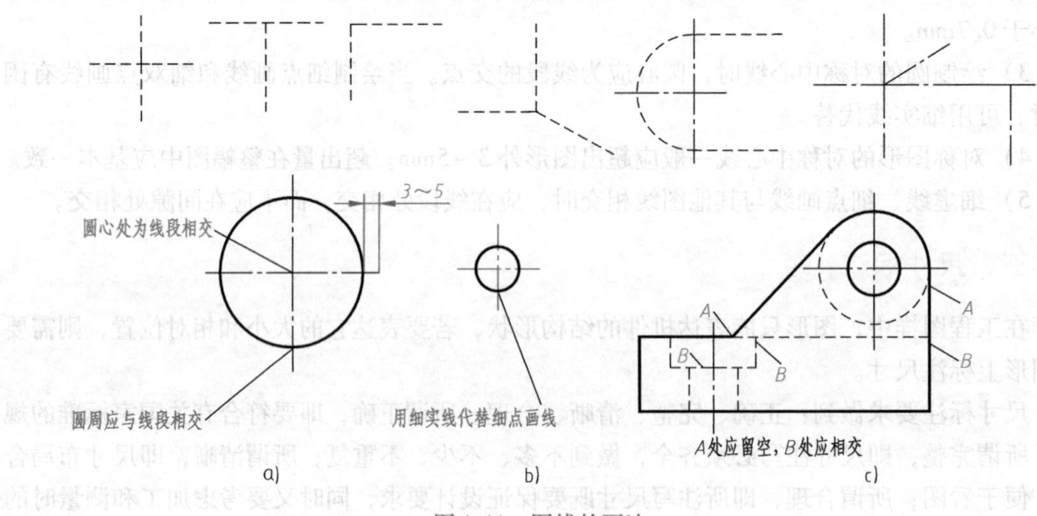

图 1-11　图线的画法

无关。

2）图样中（包括技术要求和其他说明）的尺寸，以 mm 为单位，不需要标注计量单位的代号或名称；若采用其他单位，则必须注明相应的单位代号。

3）机件的每一尺寸，一般只标注一次，并应标注在反映该结构最清晰的图形上。

4）图样上所标注的尺寸为该图样所示机件的最后完工尺寸，否则应另加说明。

2. 尺寸要素

一个完整的尺寸一般应包括尺寸数字、尺寸界线、尺寸线和尺寸终端，如图 1-12 所示。

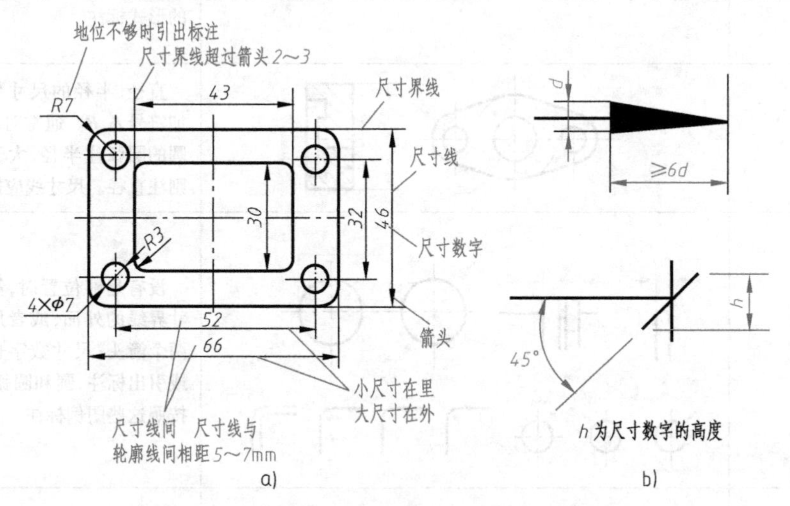

图 1-12 尺寸要素及标注

（1）尺寸数字 线性尺寸的尺寸数字一般应注写在尺寸线的上方或中断处，同一张图样上尽可能采用一种数字注写方法。线性尺寸数字的方向，一般应采用图 1-13a 所示的方法注写，即水平方向的尺寸数字，字头向上；垂直方向的尺寸数字，字头向左；非水平方向的尺寸数字应尽可能避免在图示的 30°范围内标注尺寸，当无法避免时，可按照图 1-13b 所示的形式标注。

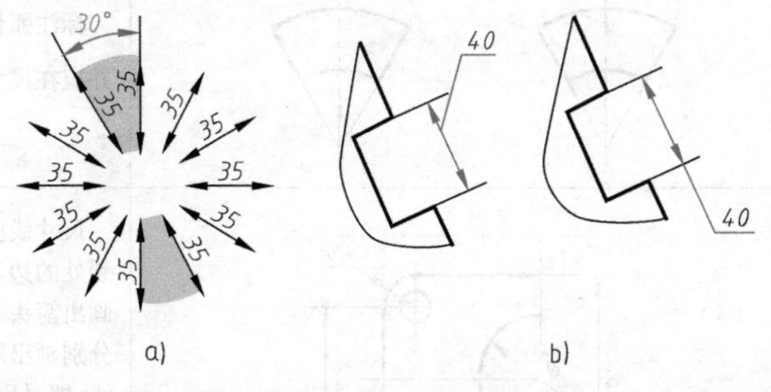

图 1-13 线性尺寸数字方向的标注形式

角度数字一律写成水平方向，必要时也可以引出标注。

尺寸数字不可被任何图线所穿过，当不可避免时必须将该图线断开。有些尺寸在数字前加注特定符号，以减少尺寸个数，常用特定符号的意义见表 1-4，尺寸标注示例见表 1-5。

表 1-4 尺寸标注中常用的特定符号意义

名词	直径	半径	球直径	球半径	厚度	正方形	45°倒角	深度	沉孔或锪平	埋头孔	均布
符号或缩写词	*ϕ*	*R*	*Sϕ*	*SR*	*t*	□	*c*	↧	⌴	⌵	EQS

表 1-5　尺寸标注示例

角度	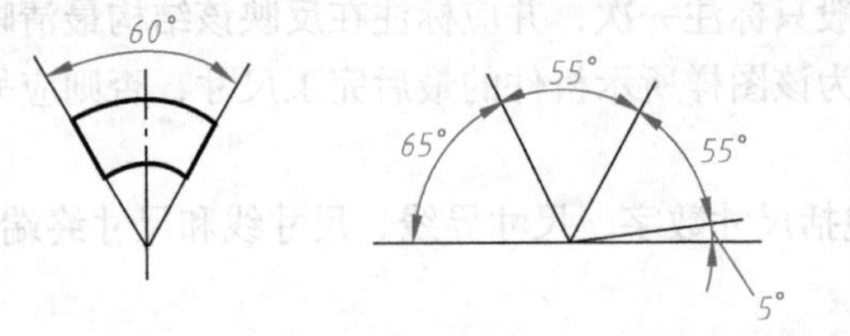	尺寸界线应沿径向引出，尺寸线画成圆弧，圆心是角的顶点。尺寸数字一律水平书写，一般应注在尺寸线的中断处，必要时也可按右图的形式标注
圆及圆弧	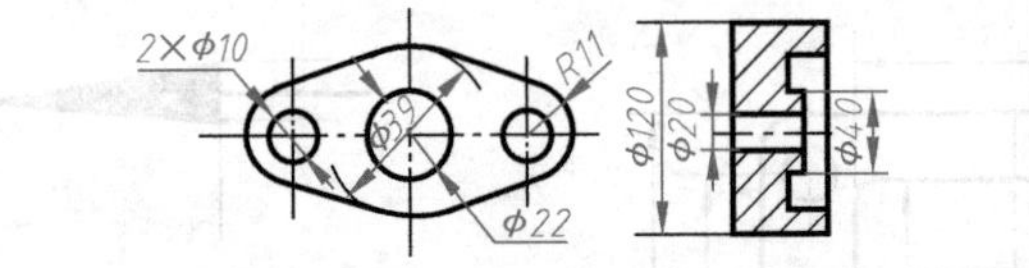	直径、半径的尺寸数字前应分别加符号 ϕ、R。通常对小于或等于半圆的圆弧注半径，大于半圆的圆弧则注直径。尺寸线应按照图例绘制
小尺寸	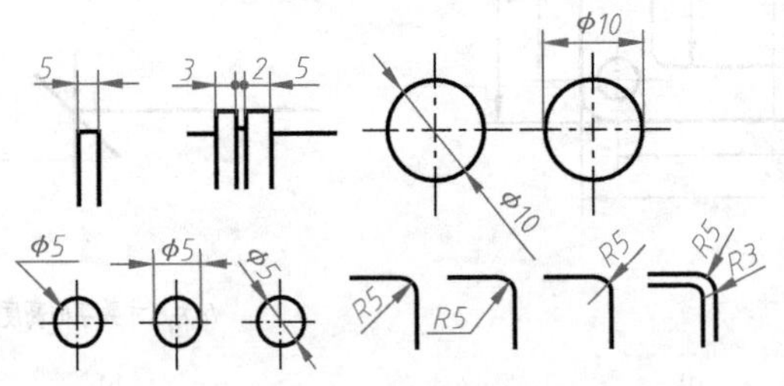	没有足够位置时，箭头可画在尺寸界线的外面，或者用小圆点代替两个箭头；尺寸数字也可写在外面或引出标注，圆和圆弧的小尺寸，可按照这些图例标注
球面	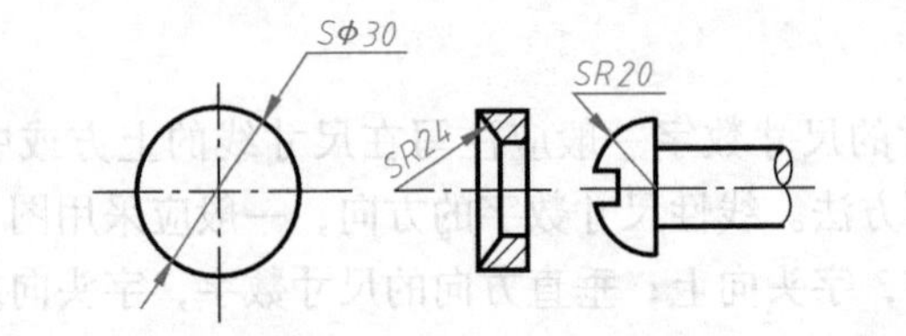	标注球面的尺寸，如左侧两图所示，应在 ϕ 或 R 前加注 S。对于螺钉、铆钉的头部、轴和手柄的端部等，在不致引起误解的情况下，可省略符号 S，如右图
弦长和弧长	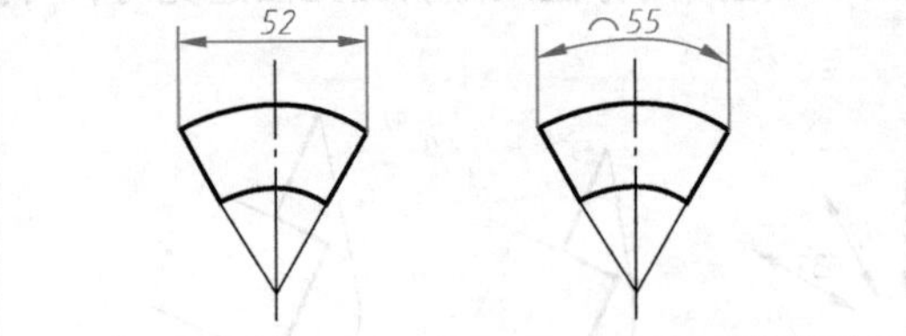	标注弧长尺寸时，尺寸线用圆弧，并应在尺寸数字上方加注符号⌒
对称机件只画出一半或大于一半时	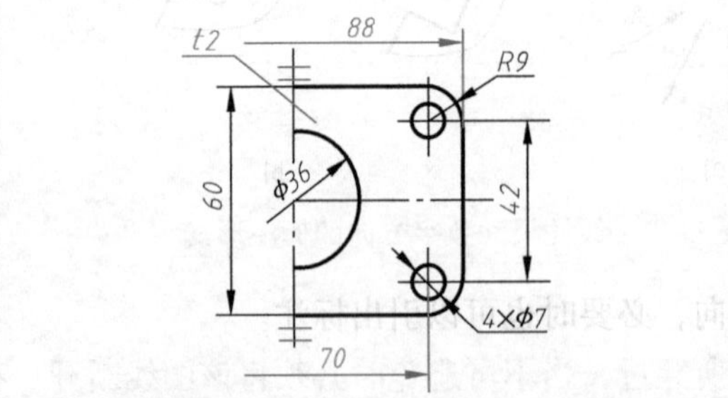	尺寸线应略超过对称中心线或断裂处的边界线，仅在尺寸线的一端画出箭头。图中在对称中心线两端分别画出两条与其垂直的平行细实线，即对称符号
板状零件		标注薄板状零件的尺寸时，可在厚度的尺寸数字前加注符号 t
光滑过渡处的尺寸	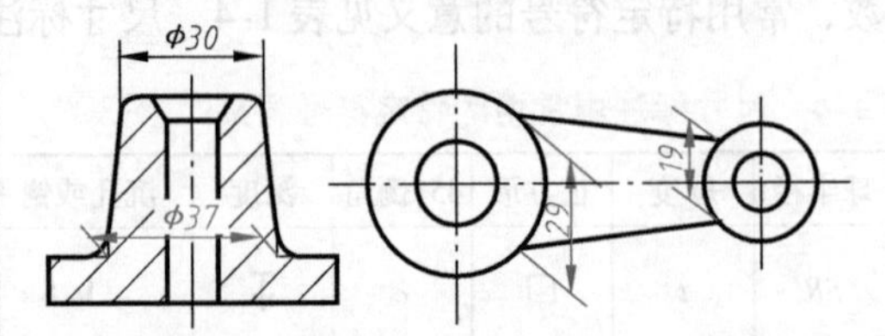	如例图所示，在光滑过渡处，必须用细实线将轮廓线延长，并从它们的交点引出尺寸界线 尺寸界线一般应与尺寸线垂直，但必要时允许倾斜。仍如例图所示，若这里的尺寸界线垂直于尺寸线，则图线很不清晰，因而允许倾斜

(2) 尺寸界线　尺寸界线用细实线绘制，由图形的轮廓线、轴线或对称中心线处引出。也可利用轮廓线、轴线或对称中心线作尺寸界线。尺寸界线一般应与尺寸线垂直，并超出尺寸线 2～3mm，必要时才允许倾斜。

(3) 尺寸线　尺寸线用细实线绘制，不能用其他图线代替，也不得与其他图线重合或画在其延长线上。标注线性尺寸时，尺寸线必须与所标注的线段平行。在几条相邻且平行的尺寸线中，大尺寸要注写在小尺寸的外侧，尽量避免尺寸线与尺寸界线相交，如图 1-12a 所示。

(4) 尺寸终端　尺寸线的终端有两种形式，即箭头或斜线，如图 1-12b 所示。箭头适合各种类型的图样；斜线用细实线绘制，当尺寸终端采用斜线形式时，尺寸线与尺寸界线必须相互垂直。在圆或圆弧视图中标注直径或半径时，尺寸终端只能用箭头而不许用斜线。

直径接近或相同但要求不同的多个圆的尺寸标注要示出区别，如图 1-14 所示。

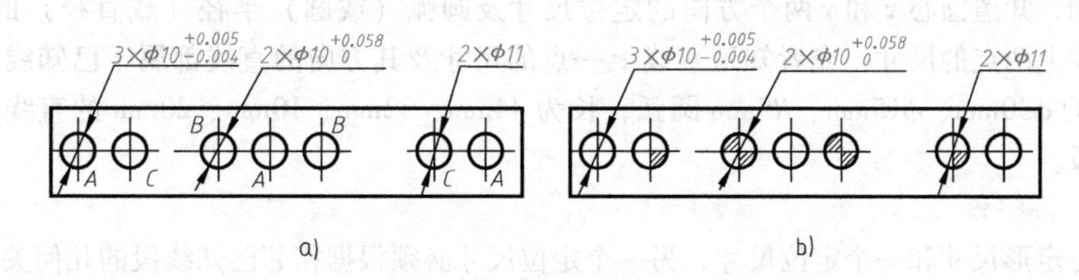

图 1-14　直径相同或接近但要求不同的多个圆的尺寸标注

第二节　平面图形的分析及画法

一个平面图形能否正确绘制出来，要看图中所给的尺寸是否齐全和正确。需要对图中的尺寸和线段之间的关系进行分析，从而知道哪些线段可以直接画出，哪些线段需要根据相切的几何条件作图，这样便于确定平面图形的正确画图步骤。

一、平面图形的尺寸分析

平面图形中所注尺寸，就其作用分为以下两大类：

1. 定形尺寸

用来确定平面图形各组成部分之间的形状和大小的尺寸称为定形尺寸。例如图 1-15 中的 32 和 10 为矩形的宽和长，$\phi30$、$\phi15$ 等为圆的直径，都属于定形尺寸。

2. 定位尺寸

用来确定平面图形中各组成部分之间相对位置的尺寸，称为定位尺寸。定位尺寸都是从某些点、线出发的。这种作为标注尺寸的起始位置的点、线称为尺寸基准。通常以对称图形

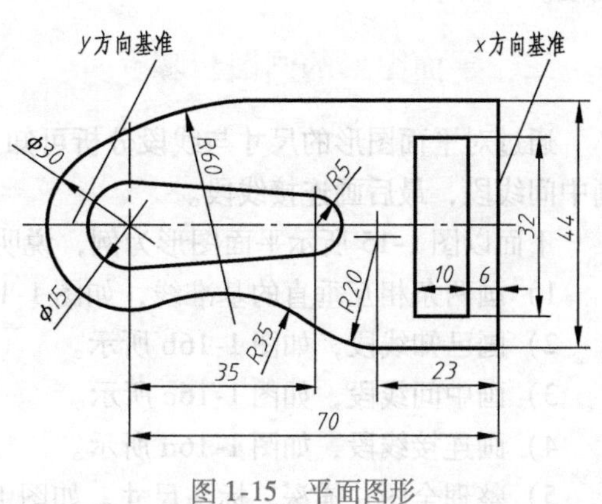

图 1-15　平面图形

的对称中心线、较大圆的中心线及较长的直线等作为尺寸基准。在图 1-15 中，x 方向的基准是最右端的垂直线，y 方向的基准是水平对称中心线。图中尺寸 70 表示圆 ϕ30mm、ϕ15mm 的圆心到右端的距离，尺寸 6 表示矩形离开右端的距离，这些都属于定位尺寸。

在平面图形中，图形的长度方向和宽度方向除各有一个主要基准外，还有一个或几个辅助基准。例如图 1-15 中 ϕ30mm 圆的垂直中心线可作为 x 方向的辅助基准，用来确定 R5mm 圆心的位置。

二、平面图形的线段分析

平面图形中，线段的性质是根据图中所给尺寸的齐全与否来确定的。通常按照其尺寸是否齐全，平面图形的线段可分为三类：

1. 已知线段

有齐全的定形尺寸和定位尺寸，根据所给尺寸能够直接画出的圆弧或直线，称为已知线段。例如，知道圆心 x 和 y 两个方向的定位尺寸及圆弧（或圆）半径（或直径）的大小，知道直线上两点的尺寸，或者知道直线上一点的尺寸及其方向的直线都属于已知线段。图 1-15 中的 ϕ30mm、ϕ15mm、R5mm 圆弧，长为 44mm、32mm、10mm、20mm 的直线，都为已知线段。

2. 中间线段

只有定形尺寸和一个定位尺寸，另一个定位尺寸必须根据相邻已知线段的几何关系求出才能画出的线段，称为中间线段。例如，只知道圆心 x 或 y 某个方向的定位尺寸及半径（或直径）的圆弧（或圆），只知道直线上一点的位置或直线的方向且与定圆（圆弧）相切的直线等都属于中间线段。图 1-15 中的 R20mm 圆弧为中间线段。

3. 连接线段

只有定形尺寸，没有定位尺寸的线段，称为连接线段。其定位尺寸必须根据该线段与两端相邻线段的关系才能确定。例如，没有圆心定位尺寸的圆弧（或圆），只知道两端与定圆（圆弧）相切的直线等都属于连接线段。图 1-15 中的 R60mm、R35mm、ϕ30mm 与 R5mm 圆弧之间的直线段，都为连接线段。

分析上述三类线段的含义，结合图 1-15 中图线的连接情况，不难得出线段光滑连接的一般规律：在两条已知线段之间可以有任意多个中间线段，但必须有且只有一条连接线段。

三、平面图形的画图步骤

通过对平面图形的尺寸与线段分析可知，在绘制平面图形时，首先应画已知线段，其次画中间线段，最后画连接线段。

下面以图 1-15 所示平面图形为例，说明平面图形的绘图步骤。

1）画两条相互垂直的基准线，如图 1-16a 所示。

2）画已知线段，如图 1-16b 所示。

3）画中间线段，如图 1-16c 所示。

4）画连接线段，如图 1-16d 所示。

5）整理全图并描深、标注尺寸，如图 1-15 所示。

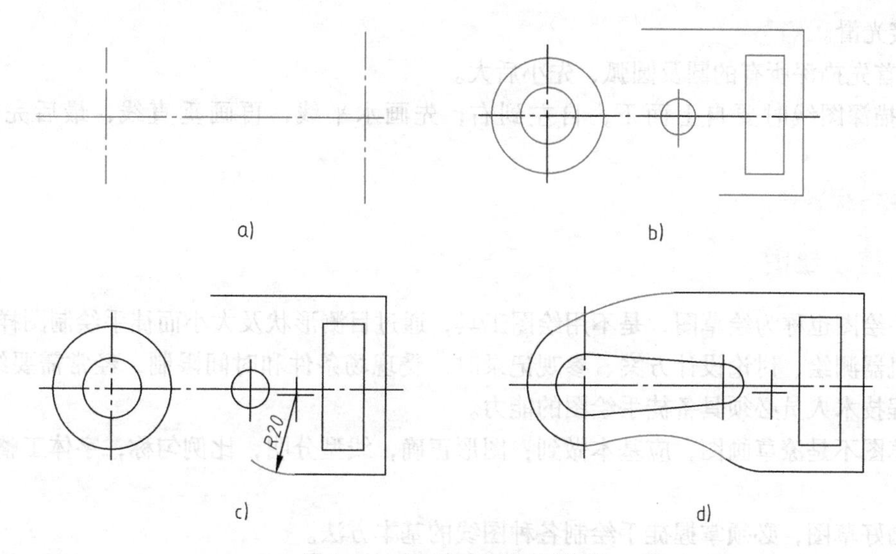

图 1-16 平面图形的画图步骤

a）画基准线 b）画已知线段 c）画中间线段 d）画连接线段

第三节 绘图的方法和步骤

为了提高图样质量和绘图速度，在正确使用绘图工具和仪器的基础上，必须掌握正确的绘图步骤和方法。有时在工作中也需要徒手绘图，因此也要学习徒手绘图的基本方法。

一、仪器绘图

利用绘图仪器手工绘制图形时，一般按照下列步骤进行：

1. 做好绘图前的准备工作

（1）准备工具 磨削铅笔及圆规内装的铅芯，擦干净全部绘图仪器和工具，详见习题集第一篇第一章。

（2）选定比例图幅 根据图形大小和复杂程度选定比例，确定图纸幅面。

（3）固定图纸 将选择的图纸用胶带纸固定在图板上，固定时应使用丁字尺对正图纸，图纸与图板下边相距的尺寸应该大于丁字尺的宽度，详见习题集第一篇第一章。

2. 图形布局

图形布局应尽量匀称，并充分考虑标注尺寸的位置。

3. 画底稿

画出图框和标题栏轮廓后，先画出各图形的对称中心线和主要轮廓线（注意底稿线要细、轻、准），再画图形。

4. 标注尺寸

画尺寸界线、尺寸线、箭头并注出尺寸数字。

5. 描深

底稿经校验无误后，擦去不必要的作图线，按照线型要求选择不同的铅笔描深。描深过程中要保持同类线型宽度一致，各线型符合国家标准，做到均匀、整齐、深浅一致、切点准确、连接光滑。

1）首先描深所有的圆及圆弧，先小后大。

2）描深图线时要自上而下，自左到右，先画水平线，再画垂直线，最后完成倾斜线段。

6. 填写标题栏

二、徒手绘图

徒手绘图也称为绘草图，是不用绘图工具，通过目测形状及大小而徒手绘制图样。

在机器测绘、讨论设计方案、参观记录时，受现场条件和时间限制，经常需要绘草图。所以工程技术人员必须具备徒手绘图的能力。

绘草图不是潦草画图，应基本做到：图形正确，线型分明，比例匀称，字体工整，图面整洁。

要画好草图，必须掌握徒手绘制各种图线的基本方法。

1. 握笔

手握笔的位置要比用仪器绘图时稍高些，以利于运笔和观察目标。笔杆与图纸成45°～60°角，执笔要稳而有力。

2. 画直线

画直线时，手腕轻轻靠着纸面，沿画线方向移动，眼睛看着图线的终点。画垂直线时自上向下运笔，画水平线时自左向右运笔。为了作图方便，图纸可任意转动和移动。用坐标纸画直线时，要充分利用方格线和其对角线方向，如图1-17所示。

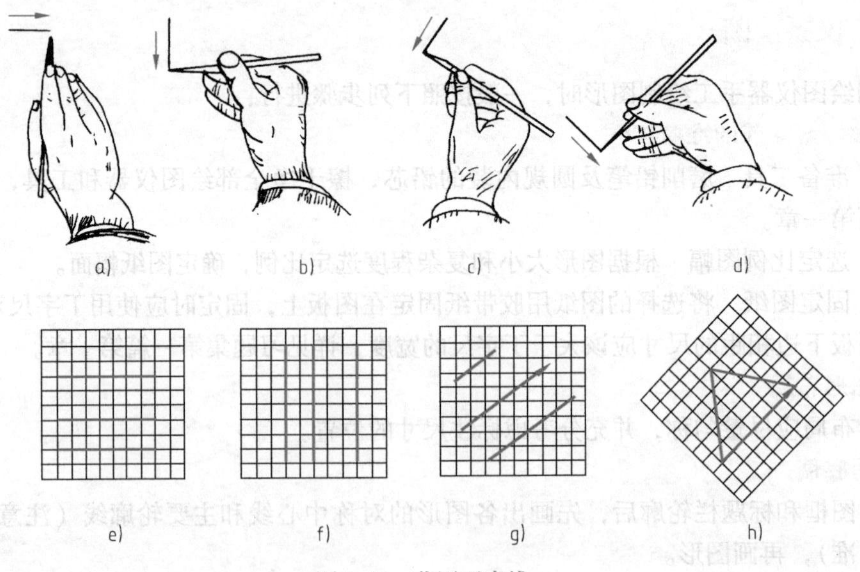

图1-17　草图画直线

3. 画圆

画小圆时，可按半径先在中心线上截取四点，然后分四段逐步连接成圆，如图1-18a所示；画大圆时，可再增画两条对角线，在对角线上再取四点，分八段画出，如图1-18b所示。

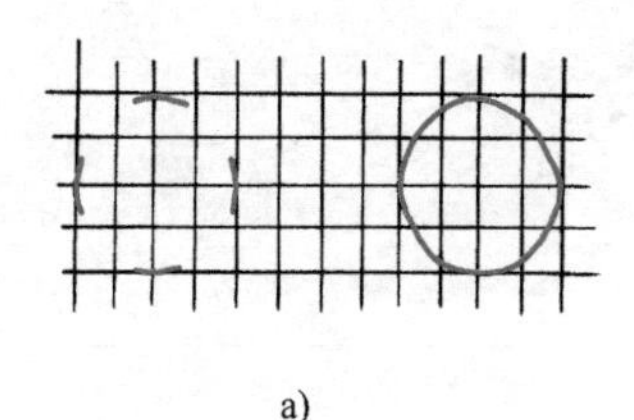
a)

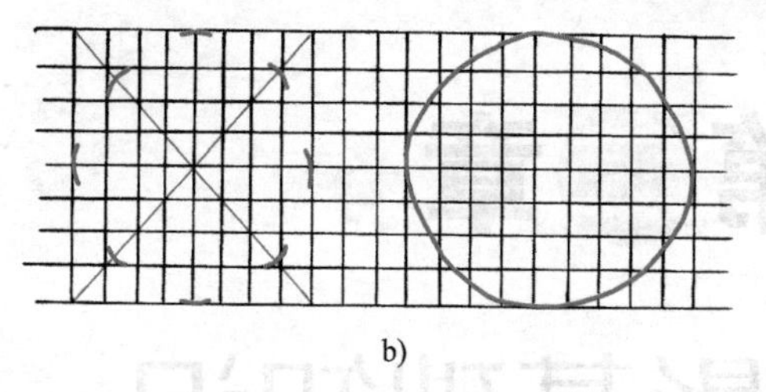
b)

图 1-18　草图画圆
a）画小圆　b）画大圆

画草图的步骤基本与仪器绘图相同，草图的标题栏可以不按规定画，不必填写比例。绘图时不用固定图纸，完成的草图图形必须基本保持物体各部分的比例关系。

初学画草图时，最好在方格纸上进行，以便控制图线的平直和图形的大小；但经过一定的练习后就应逐步脱离方格纸；最后达到在空白纸上也能画出比例均匀、图面工整的草图，如图 1-19 所示。

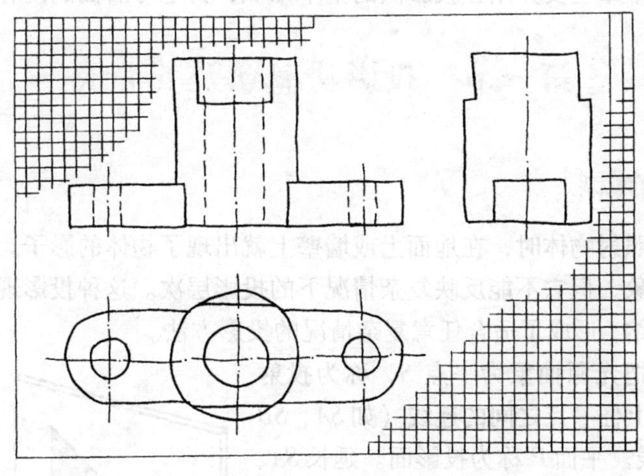

图 1-19　草图示例

第四节　常用工程图样简介

（1）总图　表达产品及其组成部分结构概况、相互关系和基本性能的图样。

（2）原理图　表达组成部分的结构、动作等原理的图样，如电气原理图、液压原理图等。

（3）系统图　表达组成部分的某个具有共同功能的体系中各元件间连接程序的图样。

（4）装配图　表达产品、部件中，部件与部件、部件与零件、零件与零件之间连接的图样，应包括装配（加工）与检查所必需的数据和技术要求。产品装配图也称为总装配图。

（5）零件图　制造和检查零件用的图样，应包括必要的数据和技术要求。

（6）外形图　标注有产品外形，安装和连接尺寸的产品轮廓图样，必要时应注明突出部分之间的距离，以及操作件、运动件的最大极限位置尺寸。

（7）包装图　按照有关规定为包装运输产品而设计、绘制的图样。

（8）安装图　产品及其组成部分的轮廓图形，表示其在使用地点进行安装的图样，并包括安装时所必需的数据、零件、材料及说明。

第二章

投影基础知识

在工程实际中，我们遇到的各种工程图样，如机械图样、建筑图样等都是用不同的投影方法绘制出来的。本章主要介绍正投影法的基本知识，为学习后面的内容奠定基础。

第一节　投影法概念及其分类

一、投影法的概念

当灯光或日光照射物体时，在地面上或墙壁上就出现了物体的影子。这就是日常生活中经常遇到的投影现象，但它不能反映复杂情况下的投影层次。这种投影现象经过人们的科学抽象，逐步总结归纳，形成了适合任意复杂情况的投影方法。

在图 2-1 中，把光源抽象为一点 S，称为投射中心。点 S 与物体上任一点之间的连线（如 SA、SB ……），称为投射线。平面 P 称为投影面。延长 SA、SB、SC 与投影面 P 相交，其交点 a、b、c 称为点 A、B、C 在 P 面上的投影。$\triangle abc$ 就是 $\triangle ABC$ 在 P 面上的投射图（简称投影）。这种用投射线投射物体，在选定投影面上得到物体投影的方法，称为投影法。

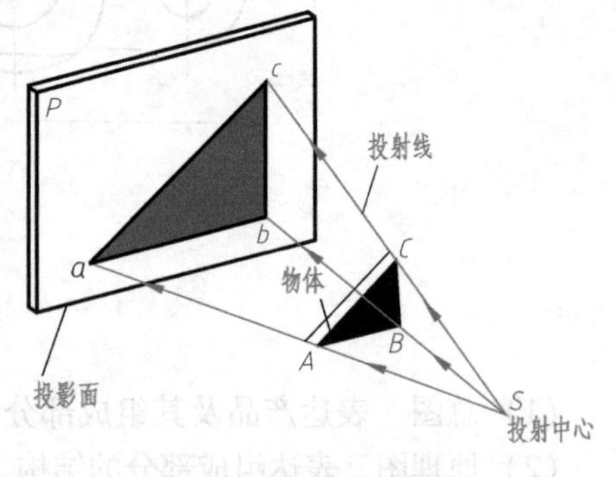

图 2-1　投影法的概念

投影必须具备三个条件：投射线、投影面、被表达物体。当投影条件一经确定，被表达物体在投影面上所产生的投影就是唯一的，其投影是通过被表达物体的一系列投射线与投影面的交点。

二、投影法的分类

根据投射线是否平行，投影法又分为中心投影法和平行投影法两类。

1. 中心投影法

投射线汇交一点的投影法称为中心投影法，如图 2-1 所示。用这种方法所得到的投影称为中心投影。

在中心投影法的条件下，物体投影的大小是随投射中心 S 距离物体的远近和物体离投影面 P 的远近而变化的。因此中心投影不能反映原物体的真实形状和大小。

中心投影法主要用于绘制透视图（图 2-2）。当用透视图来表达建筑物的外形或房间的内部布置时，立体感强，图形显得十分逼真。但建筑物各部分的确切形状和大小都不能在图中直接度量出来，而且作图复杂。

2. 平行投影法

如果将投射中心 S 移至无穷远处，则所有的投射线都可视为互相平行的，这种投射线相互平行的投影法称为平行投影法，如图 2-3 所示。用平行投影法得到的投影，称为平行投影。

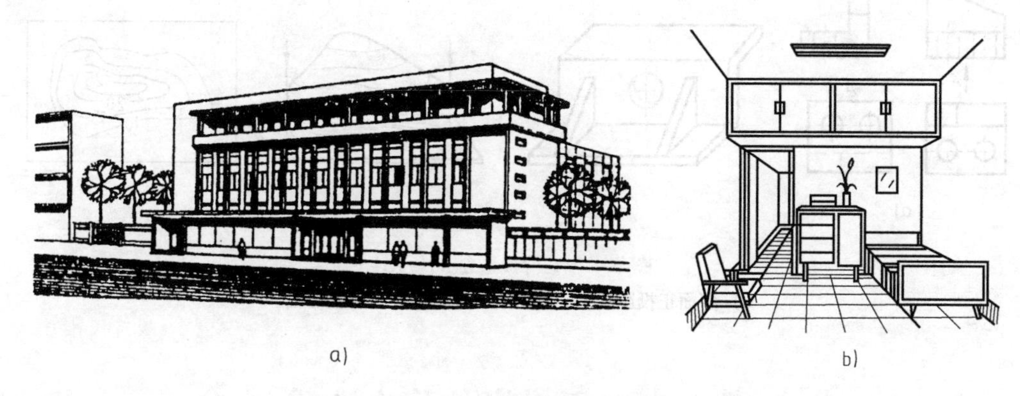

图 2-2 透视图

a）建筑物的外形 b）房间的内部布置

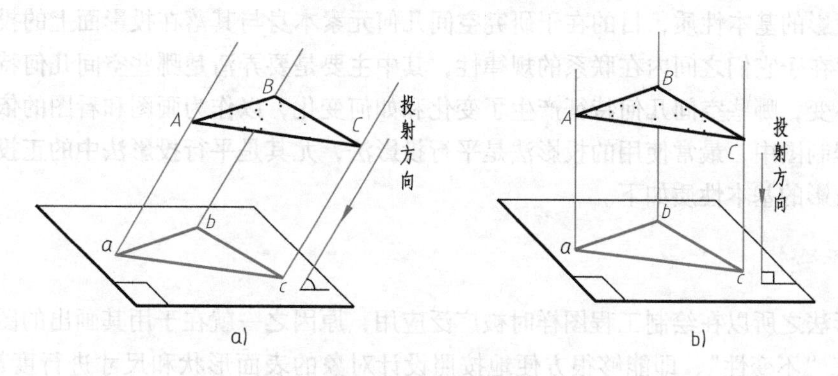

图 2-3 平行投影法

a）斜投影法 b）正投影法

根据投射方向与投影面所成角度不同，平行投影法又分为斜投影法与正投影法两种。

斜投影法——投射线与投影面倾斜的平行投影法（图 2-3a）。

正投影法——投射线与投影面垂直的平行投影法（图 2-3b）。

在平行投影中，物体投影的大小与物体离投影面的远近无关。用平行投影法绘制的图样有多面正投影图、轴测投影图、标高投影图等。

（1）多面正投影图 用正投影法把物体分别投射到两个或两个以上相互垂直的投影面上，然后把几个投影面展平到一个平面上，用这种方法所得到的一组图形，称为多面正投影图。多面正投影图可以真实、准确地反映物体的形状、大小，便于度量且作图简便，所以在工程上应用最广。机械图样主要是多面正投影图，如图 2-4a 所示。它的缺点是无立体感。

（2）轴测投影图　轴测投影图是用平行投影法画出的单面投影图，它能同时反映空间物体长、宽、高三个方向的形状，物体形象表达得比较清楚，但完整性差，作图稍麻烦，通常只用作工程上的辅助图样，如图 2-4b 所示。

（3）标高投影图　标高投影图是用正投影法画出的单面投影图，它是一种在物体的水平投影上，加注物体某些特征面、线以及控制点的高程数值和比例的单面正投影，如图 2-4c 所示。标高投影图的画法比较简单，但立体感较差，主要用于各种不规则曲面、地形图、土木建筑工程设计及军事地图的表达。

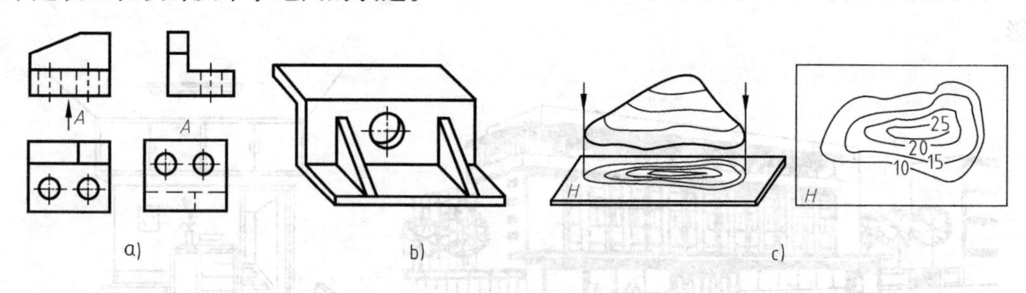

图 2-4　平行投影法的应用

a）多面正投影图　b）轴测投影图　c）标高投影图

第二节　正投影的基本性质

研究投影的基本性质，目的在于研究空间几何元素本身与其落在投影面上的投影之间的关系，即存在于它们之间内在联系的规律性，其中主要是要弄清楚哪些空间几何特征在投影图上保持不变，哪些空间几何特征产生了变化和如何变化，以作为画图和看图的依据。

在工程制图中，最常使用的投影法是平行投影法，尤其是平行投影法中的正投影法应用最广。正投影的基本性质如下。

一、不变性

正投影法之所以在绘制工程图样时被广泛应用，原因之一就在于用其画出的图样在很大程度上具有“不变性”，即能够很方便地按照设计对象的表面形状和尺寸进行度量和作图。正投影的“不变性”主要有：

1）当直线段平行于投影面时，它在该投影面上的投影反映该直线段的实长（图 2-5a）

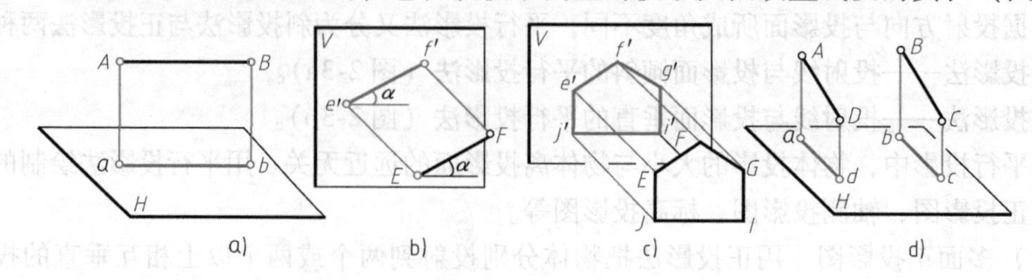

图 2-5　投影的基本性质——不变性

a）$AB/\!/H$ 面　b）$EF/\!/V$ 面　c）平面$/\!/V$ 面　d）$AD/\!/BC$

或反映该直线段的实长和倾角（图 2-5b）。

2）当平面图形平行于投影面时，它在该投影面上的投影反映该平面图形的实形（图 2-5c）。

3）两平行直线的投影仍相互平行（图 2-5d）。

二、积聚性

1）当直线垂直于投影面时，它在该投影面上的投影积聚为一点（图 2-6a、b）。

2）当平面垂直于投影面时，它在该投影面上的投影积聚为一直线（图 2-6c、d）。

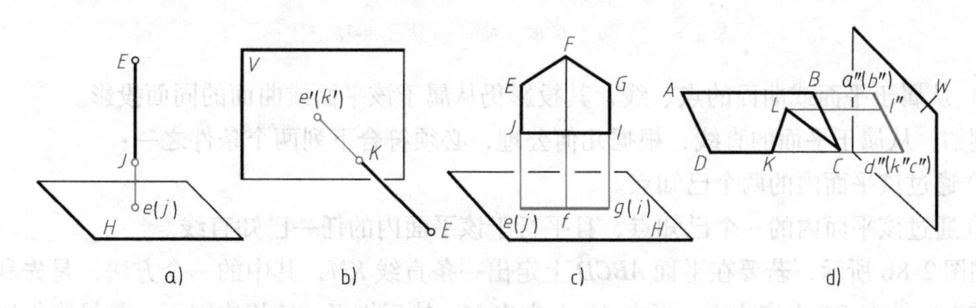

图 2-6 投影的基本性质——积聚性

a) $EJ \perp H$ 面 b) $EK \perp V$ 面 c) 平面 $\perp H$ 面 d) 平面 $\perp W$ 面

正是由于投影图中某些线、面的投影具有积聚性，可以使三维形体的投影反映为度量方便的二维平面图形，大大简化了投影作图。如图 2-7 所示，小屋在 H 面上的投影只反映了小屋的长度和宽度，在 V 面、W 面上的投影则分别反映小屋的长度和高度、宽度和高度，作图十分简易。

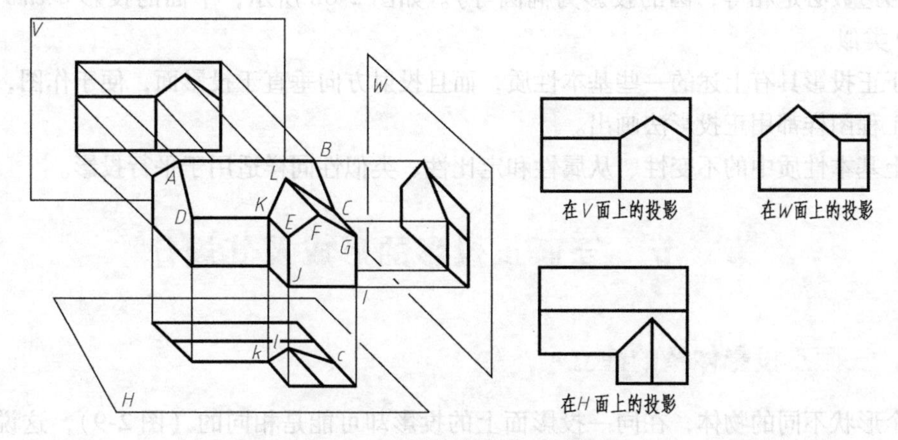

图 2-7 积聚性简化作图示例

三、从属性和定比性

1）从属于直线的点，其投影仍从属于该直线的同面投影（在同一投影面上的投影称为同面投影），直线上两线段长度之比，等于直线的平行投影上该两线段投影的长度之比。如图 2-8a 所示，点 K 从属于直线 DC，所以其投影 k 仍从属于直线的投影 dc，且 $DK:KC=dk:kc$。

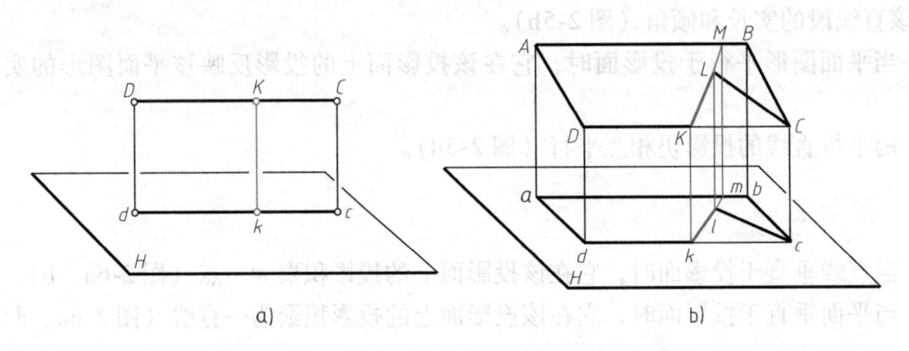

图 2-8　投影的基本性质——从属性和定比性

2）从属于平面或曲面的点、线，其投影仍从属于该平面或曲面的同面投影。

例如，从属于平面的直线，根据几何公理，必须符合下列两个条件之一：

① 通过该平面内的两个已知点。

② 通过该平面内的一个已知点，且平行于该平面内的任一已知直线。

如图 2-8b 所示，若要在平面 *ABCD* 上定出一条直线 *KM*，其中的一个方法，是先利用从属性和定比性在 *DC* 上定出 *K*，再在 *AB* 上定出 *M*，然后把 *K*、*M* 相连即可；其投影作法也是如此。

四、类似性

当直线或平面倾斜于投影面时，直线的投影仍为直线，平面的投影为平面的类似形（类似形是指投射后得到的图形，它的基本特征未变，如多边形的投影仍是多边形，多边形与其投影边数必定相等；圆的投影为椭圆等）。如图 2-8b 所示，平面的投影 *abclkd* 与平面 *ABCLKD* 类似。

由于正投影具有上述的一些基本性质，而且投射方向垂直于投影面，便于作图，因此大多数的工程图样都用正投影法画出。

以上基本性质中的不变性、从属性和定比性、类似性同样适用于平行投影。

第三节　三面正投影的形成及其规律

一、三面正投影体系的建立

两个形状不同的物体，在同一投影面上的投影却可能是相同的（图 2-9），这说明物体的一个投影不能表达物体的全貌。要表达出物体的全貌，真实、准确地反映物体的形状和大小，就必须从不同的方向对物体进行投射。工程中常把物体放在三个互相垂直的平面所组成的投影面体系中（图 2-10），这样就可得到物体三个方向的投影。

在三面正投影体系中，相互垂直的三个投影面分别称为正立投影面（简称正面，用 *V* 表示）、水平投影面（简称水平面，用 *H* 表示）和侧立投影面（简称侧面，用 *W* 表示）。三个正投影面两两垂直相交，其交线称为投影轴，三根投影轴 *Ox*、*Oy*、*Oz* 相互垂直相交，交点 *O* 称为原点。物体在这三个投影面上的投影分别称为正面投影、水平投影和侧面投影。

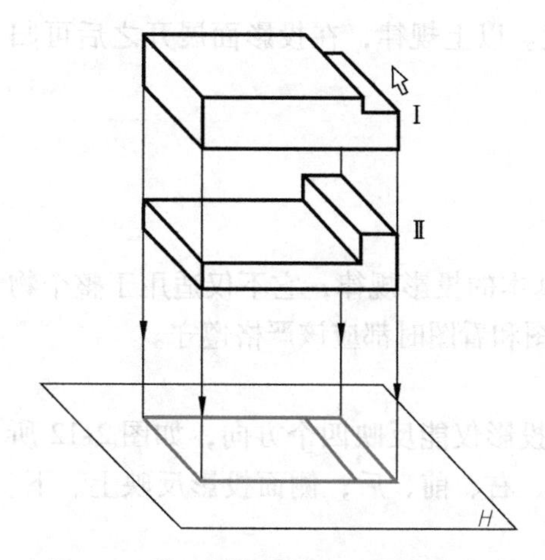

图 2-9 单一投影不能表达物体的全貌

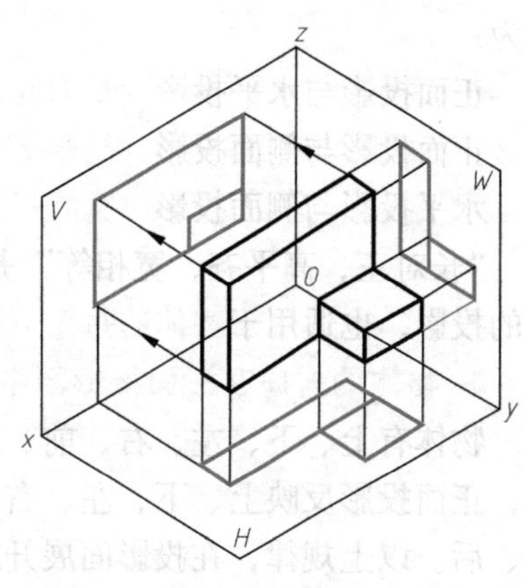

图 2-10 三面正投影体系的建立

为了能在同一张图纸上画出物体的三个投影，国家标准规定：投影后，V 面不动，H 面绕 Ox 轴向下旋转 90°与 V 面重合，W 面绕 Oz 轴向右旋转 90°与 V 面重合，如图 2-11a 所示；这时 Oy 轴分为两条，一条随 H 面转到与 Oz 轴在同一铅直线上，标注为 Oy_H；另一条随 W 面转到与 Ox 轴在同一水平线上，标注为 Oy_W，以示区别；投影面展开后，以正面投影为基准，水平投影配置在正面投影的下方，侧面投影配置在正面投影的右方，如图 2-11b 所示。为了作图简便，投影图中不必画出投影面的边框，也可以不画投影轴，如图 2-11c 所示。

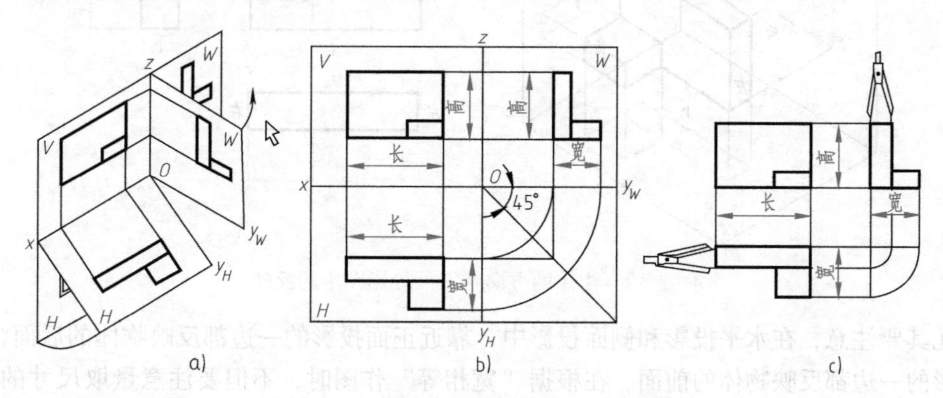

图 2-11 三面正投影图的形成及投影规律

二、形体的三面投影规律

1. 三面投影之间的投影关系

在三面正投影体系中，通常使 Ox、Oy、Oz 轴分别平行于物体的三个向度（长、宽、高），物体的长度就是物体上最左和最右两点之间平行于 Ox 轴方向的距离；物体的宽度就是物体上最前和最后两点之间平行于 Oy 轴方向的距离；物体的高度就是物体上最高和最低两点之间平行于 Oz 轴方向的距离。

物体的三面投影反映出物体长、宽、高三个方向的尺寸大小，如图 2-11 所示。正面投影反映物体的长度和高度，水平投影反映物体的长度和宽度，侧面投影反映物体的宽度和高度。也就是说，正面投影和水平投影都反映了物体的长度，水平投影和侧面投影都反映了物体的宽度，正面投影和侧面投影都反映了物体的高度。以上规律，在投影面展开之后可归纳为：

正面投影与水平投影　长对正；

正面投影与侧面投影　高平齐；

水平投影与侧面投影　宽相等。

“长对正，高平齐，宽相等”是三面投影之间最基本的投影规律，它不仅适用于整个物体的投影，也适用于物体的每个局部甚至每个点，画图和看图时都应该严格遵守。

2. 物体的方向在三面投影图中的反映

物体有上、下、左、右、前、后六个方向，每个投影仅能反映四个方向，如图 2-12 所示，正面投影反映上、下、左、右，水平投影反映左、右、前、后，侧面投影反映上、下、前、后。以上规律，在投影面展开之后可归纳为：

正面投影与水平投影 长对正，长分左右；

正面投影与侧面投影 高平齐，高分上下；

水平投影与侧面投影 宽相等，宽分前后。

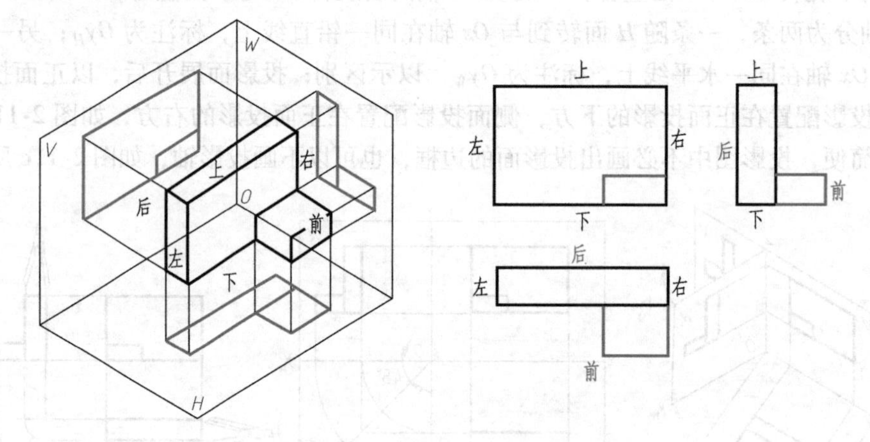

图 2-12　物体的方向在三面投影图中的反映

尤其要注意，在水平投影和侧面投影中，靠近正面投影的一边都反映物体的后面，远离正投影的一边都反映物体的前面。在根据“宽相等”作图时，不但要注意量取尺寸的起点，而且要注意量取尺寸的方向。

在工程图样中，工程形体的三面正投影图又被称为“三视图”，其中，正面投影称为主视图，水平投影称为俯视图，侧面投影称为左视图。在土木工程图样中又被称为“正立面图、平面图、侧立面图”。同时规定，可见轮廓线用粗实线画出，不可见的轮廓线用细虚线画出，物体的中心线用细点画线表示。

第三章

点、直线、平面的投影

点、线、面是组成形体的最基本的几何元素，要掌握好形体的投影规律，点、直线、平面的投影规律必须首先掌握好。

第一节　点 的 投 影

一、点的三面正投影

如图3-1所示，用与投影面相垂直的投射线将S点分别向H、V、W面进行投射，得s（水平投影）、s'（正面投影）、s''（侧面投影），即点的三面正投影。图中，$s's_z = ss_y = s_xO = x = Ss''$；$ss_x = s''s_z = s_yO = y = Ss'$；$s's_x = s''s_y = s_zO = z = Ss$。

1. 点的三面正投影规律

如图3-1所示，点的三面正投影规律可归纳为如下两条：

1）点的两个相邻投影的连线垂直于投影轴。

2）点的投影到投影轴的距离等于空间点到与该轴相邻投影面的距离。

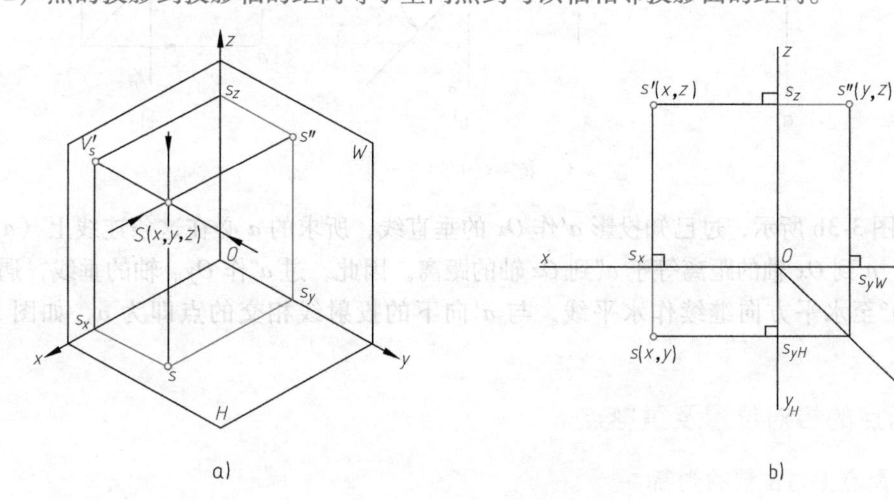

图3-1　点的三面正投影规律

a）空间示意图　b）三面投影图

2. 点的三面正投影规律的用途

1）根据点的坐标值、点到三投影面的距离可作点的三面正投影图。

2）根据点的两面投影可求作点的第三投影。

例 3-1 已知空间点 A（15，15，20），试作出点 A 的三面投影，并作出立体图。

解 三面投影的作图步骤如图 3-2a、b、c 所示：

1）作 x、y、z 轴，得原点 O，并取距 Oz 轴 15（x 坐标）作 x 轴的垂线，如图 3-2a 所示。

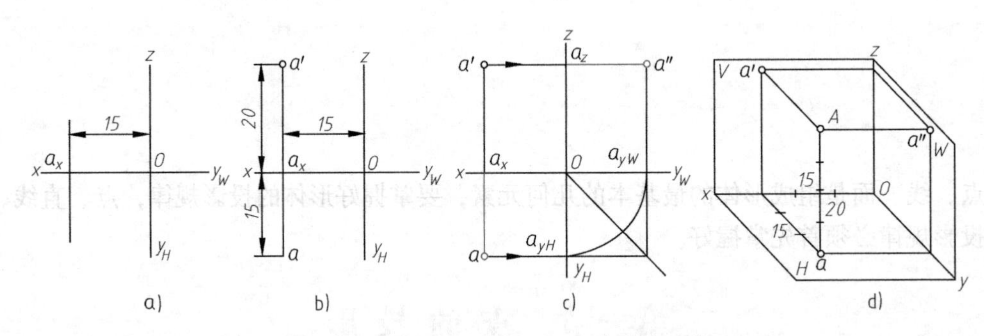

图 3-2 已知点的坐标求作其三面投影

2）自 x 轴向下取 15（y 坐标）得到水平投影 a；自 x 轴向上取 20（z 坐标）得到正面投影 a'，如图 3-2b 所示。

3）根据点的投影规律作出侧面投影 a''，如图 3-2c 所示。

立体图如图 3-2d 所示。

例 3-2 已知 a'、a''，如图 3-3a 所示，求 A 点的 H 面投影 a。

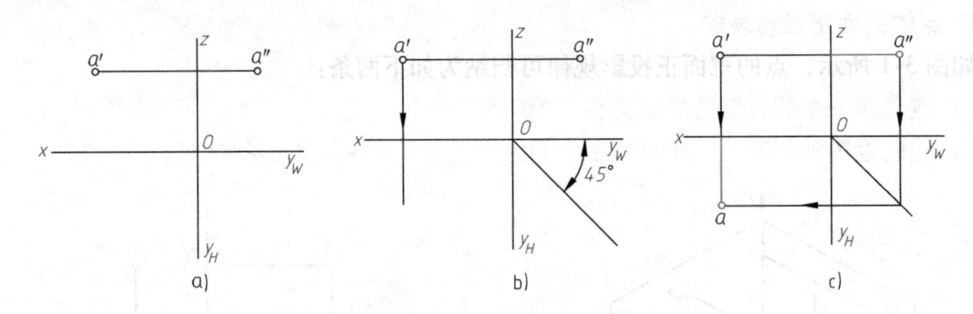

图 3-3 求一点的第三投影

解 如图 3-3b 所示，过已知投影 a'作 Ox 的垂直线，所求的 a 必在这条连线上（$a'a \perp Ox$）。同时，a 到 Ox 轴的距离等于 a''到 Oz 轴的距离。因此，过 a''作 Oy_W 轴的垂线，遇 45°斜线转折 90°至水平方向继续作水平线，与 a'向下的投射线相交的点即为 a，如图 3-3c 所示。

二、两点的相对位置及重影点

1. 空间两点相对位置的判断

在三面正投影中，比较两点的 V 面投影可判断两点的上下、左右关系；比较两点的 W 面投影可判断两点的前后、上下关系；比较两点的 H 面投影可判断两点的前后、左右关系。

图 3-4 给出了三棱锥的三面正投影，试分析 A、S 两点的相对位置关系。

在 V 面投影中，a'在 s'左方，a'比 s'低，说明 A 点在 S 点的左下方；在 H 面投影中，a 在 s 的后方，说明 A 点在 S 点后方；归纳起来，A 点在 S 点的左后下方。

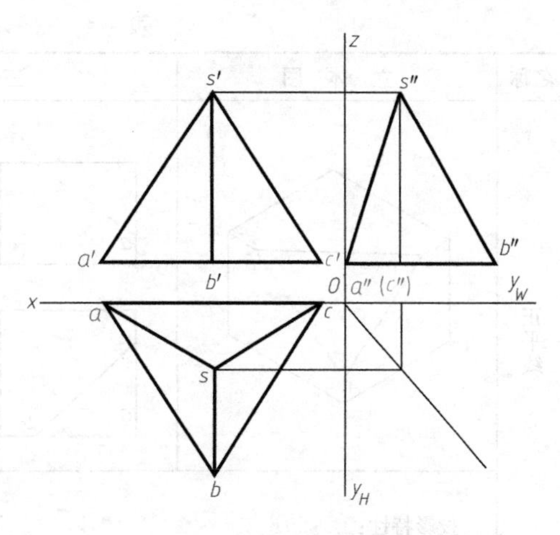

图 3-4　点的相对位置分析

2. 重影点

如图 3-5a 所示，A 点与 B 点的 H 面投影重合在一起，C 点与 D 点的 V 面投影重合在一起。由此可见：当空间两点位于垂直于某一投影面的同一条投射线上时，这两点在该投影面上的投影重合，则称这两点为对该投影面的重影点，如图 3-5b 所示。

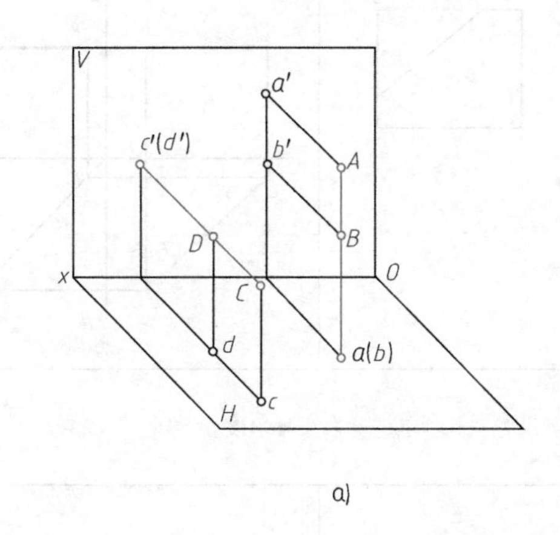

a)

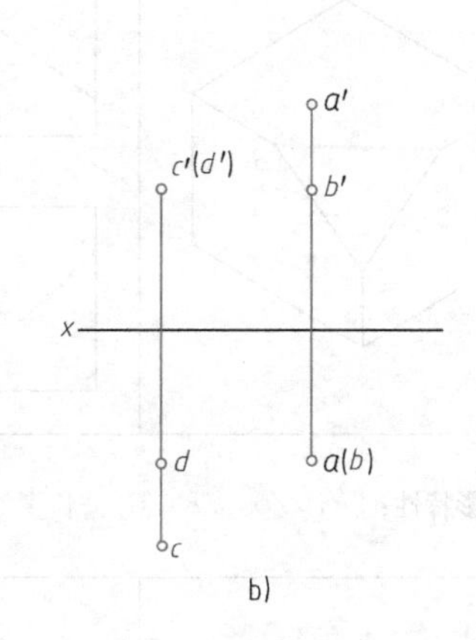

b)

图 3-5　重影点

规定：在投影图中后遇到的点的投影加上括号，如图 3-4 中，先遇到 A 点，后遇到 C 点，所以 A 点为可见点，它的 W 面投影仍标记为 a''；C 点为不可见点，其 W 面投影标记为（c''）。图 3-5 所示的（d'）和（b）也是如此。

第二节　直线的投影

在画法几何中，直线、线段和射线统称为直线。根据直线与投影面的相对位置关系，可以将直线分为三类七种。三类七种直线有各自的投影特性。

一、投影面平行线

只平行于一个投影面而与另外两个投影面都倾斜的直线，称为投影面的平行线，简称为平行线。投影面平行线分为三种：正平线（//V 面）、水平线（//H 面）、侧平线（//W 面）。投影面平行线的投影规律见表 3-1。

表 3-1　投影面平行线的投影规律

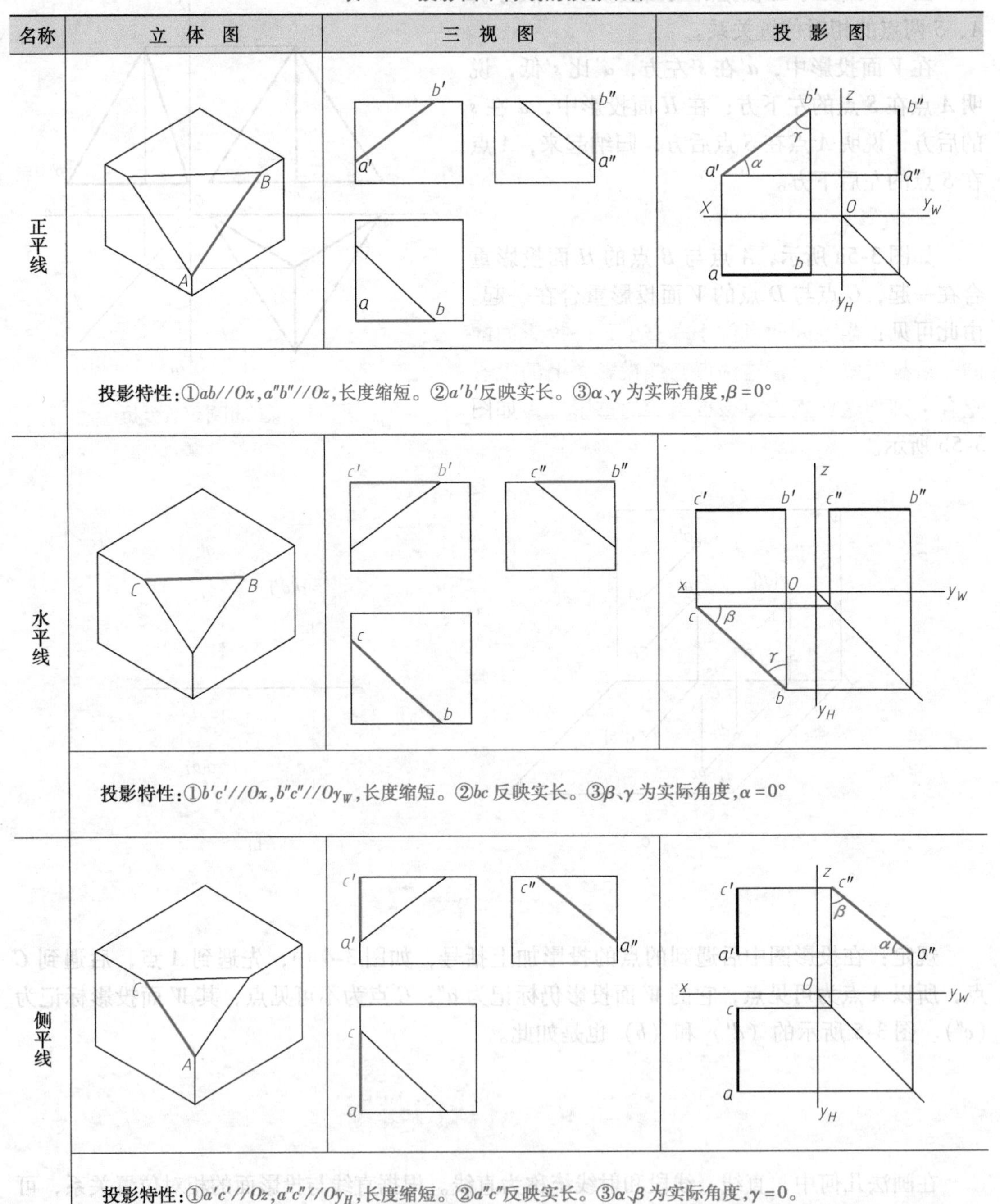

名称	立体图	三视图	投影图
正平线			
	投影特性：①$ab//Ox$，$a''b''//Oz$，长度缩短。②$a'b'$反映实长。③α、γ为实际角度，$\beta=0°$		
水平线			
	投影特性：①$b'c'//Ox$，$b''c''//Oy_W$，长度缩短。②bc反映实长。③β、γ为实际角度，$\alpha=0°$		
侧平线			
	投影特性：①$a'c'//Oz$，$a''c''//Oy_H$，长度缩短。②$a''c''$反映实长。③α、β为实际角度，$\gamma=0$。		

二、投影面垂直线

只垂直于某一投影面的直线，称为该投影面的垂直线，简称为垂直线。投影面垂直线分为三种：正垂线（$\perp V$面）、铅垂线（$\perp H$面）、侧垂线（$\perp W$面）。投影面垂直线的投影规律见表 3-2。

表 3-2 投影面垂直线的投影规律

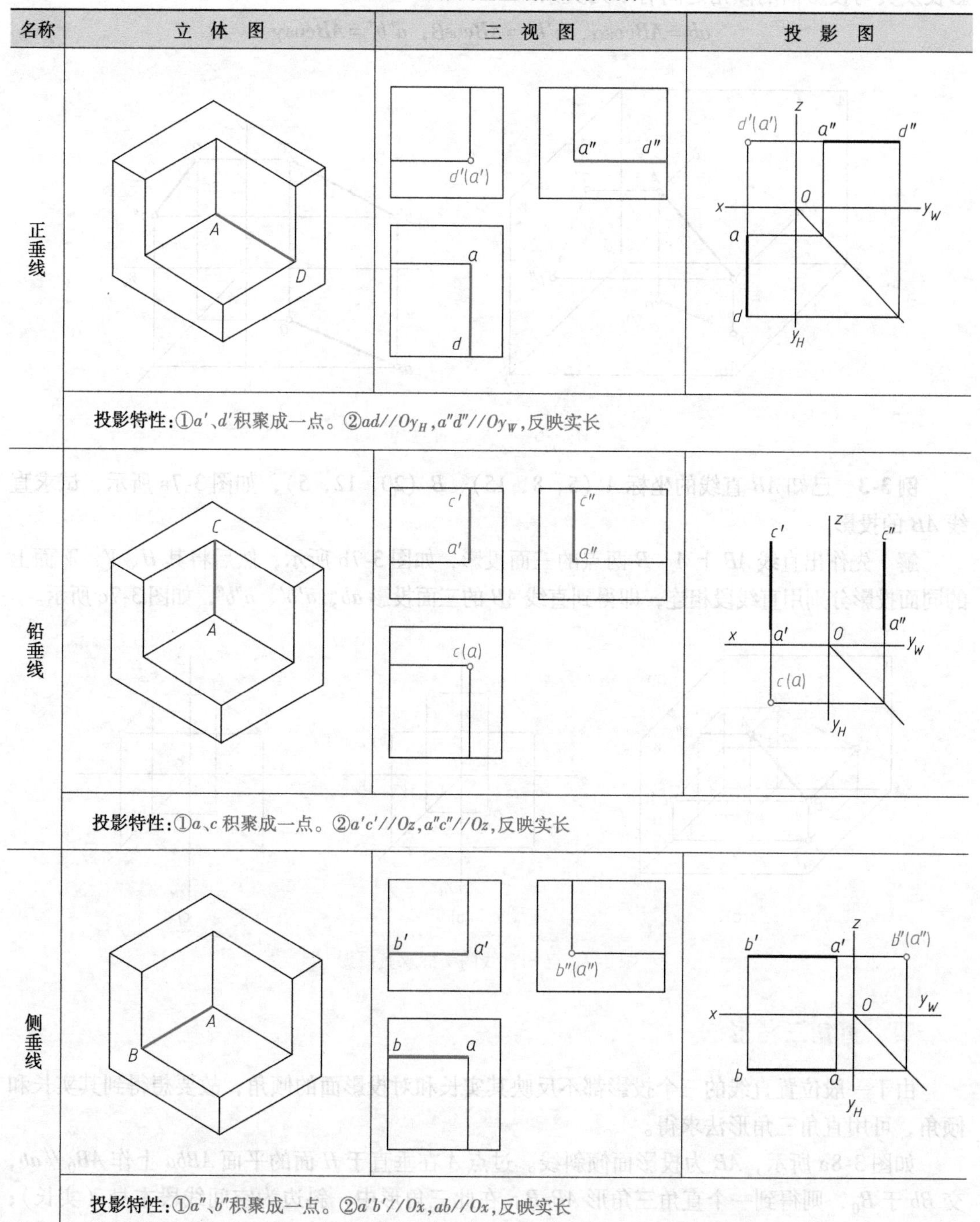

名称	立体图	三视图	投影图
正垂线			
	投影特性：①a'、d'积聚成一点。②$ad//Oy_H$，$a''d''//Oy_W$，反映实长		
铅垂线			
	投影特性：①a、c积聚成一点。②$a'c'//Oz$，$a''c''//Oz$，反映实长		
侧垂线			
	投影特性：①a''、b''积聚成一点。②$a'b'//Ox$，$ab//Ox$，反映实长		

三、一般位置直线

与三个投影面都倾斜的直线，称为一般位置直线，又称投影面倾斜线。直线相对 H、V、W 三个投影面的倾角分别用 α、β、γ 表示。

一般位置直线的三个投影都不反映实长，如图 3-6 所示。一般位置直线 AB 的实长和投

影长及其与投影面的倾角之间有下列关系

$$ab = AB\cos\alpha,\ a'b' = AB\cos\beta,\ a''b'' = AB\cos\gamma$$

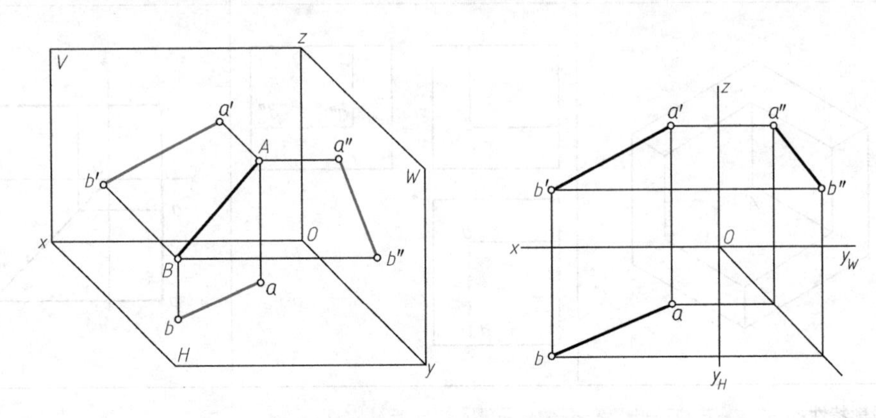

图 3-6　一般位置直线

例 3-3　已知 AB 直线的坐标 A（5，8，15）、B（20，12，5），如图 3-7a 所示，试求直线 AB 的投影。

解　先作出直线 AB 上 A、B 两点的三面投影，如图 3-7b 所示；然后将其 H、V、W 面上的同面投影分别用直线段相连，即得到直线 AB 的三面投影 ab，$a'b'$、$a''b''$，如图 3-7c 所示。

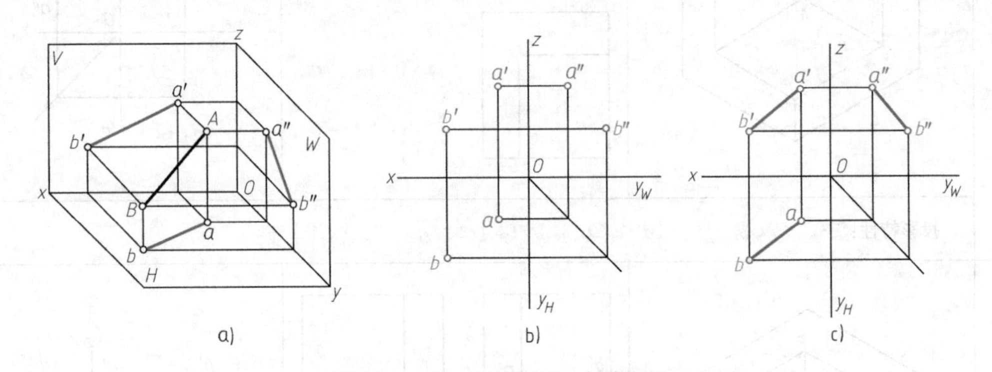

图 3-7　已知直线的坐标求其投影

四、直角三角形法

由于一般位置直线的三个投影都不反映其实长和对投影面的倾角，故要想得到其实长和倾角，可用直角三角形法求得。

如图 3-8a 所示，AB 为投影面倾斜线。过点 A 在垂直于 H 面的平面 $ABba$ 上作 $AB_0 /\!/ ab$，交 Bb 于 B_0，则得到一个直角三角形 AB_0B。在此三角形中，斜边为空间线段本身（实长）；$\angle BAB_0 = \alpha$ 为线段 AB 对 H 面的倾角；而两条直角边分别是 $AB_0 = ab$，即空间线段 AB 在 H 面上的投影长，$BB_0 = |Z_B - Z_A|$，即空间两点 A、B 到 H 面的距离之差 Δz_{AB}。

在投影图中若能作出与直角 $\triangle ABB_0$ 全等的三角形，便可求得线段 AB 的实长及对 H 面的倾角 α。这种方法称为直角三角形法。

如图 3-8b 所示，求线段 AB 的实长及对 H 面的倾角的作图步骤如下：

① 过 a' 作 $a'b'_0 /\!/ Ox$ 轴并交 $b'b$ 的连线于 b'_0，得 $\Delta z_{AB} = b'b'_0$。

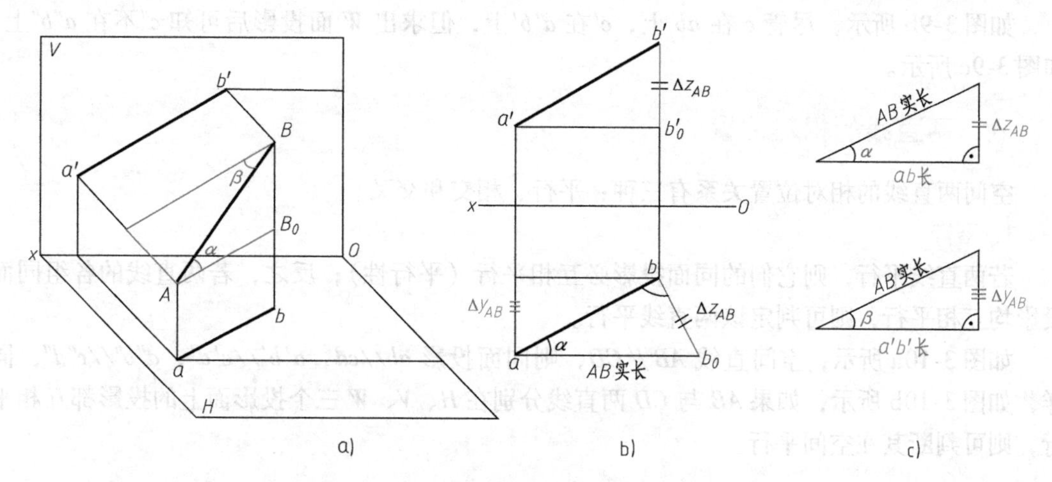

图 3-8 求一般位置线的实长及倾角

② 过 b 作 ab 的垂线，并截取 $bb_0=\Delta z_{AB}=b'b'_0$。

③ 连接 ab_0 即为线段 AB 的实长，H 面投影 ab 与 ab_0 的夹角即为线段 AB 对 H 面的倾角 α。

在用直角三角形法求线段的实长和倾角的作图中，只要保持所作三角形的形状不变，三角形可在任何位置画出，如图 3-8c 中上图所示。

求线段对 V 面的倾角 β 或求线段对 W 面的倾角 γ 的作图原理同上。图 3-8c 中下图所示为利用线段的 V 面投影 $a'b'$ 的长度和 A、B 两点的 y 向坐标差 Δy_{AB} 来求线段 AB 对 V 面的倾角 β。

五、直线上点的投影

如果点在直线上，则点的各面投影必在直线的同面投影上，且点分割线段之比，在投影后不变。如图 3-9a 中的 K 点在 AB 直线上，而 M 点不在 AB 直线上。

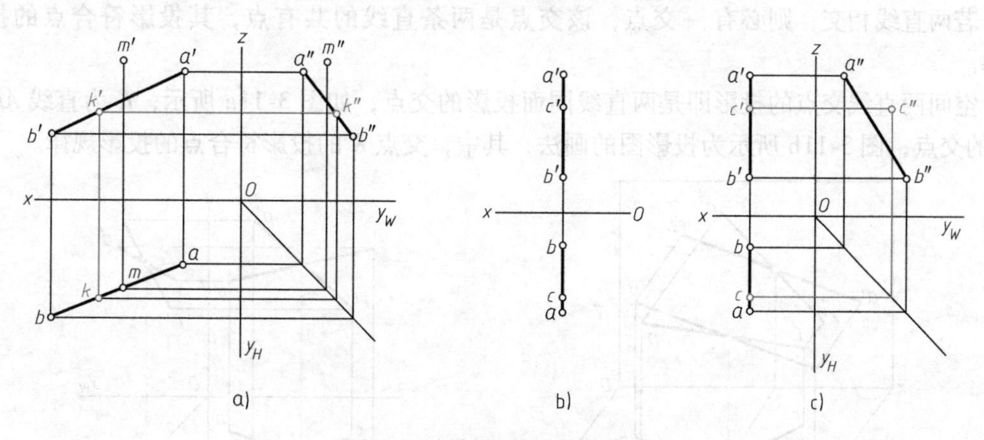

图 3-9 判断点是否属于直线

由投影图判断点是否属于直线，一般分为两种情况：

1）对于与三个投影面都倾斜的直线，只要根据点和直线的任意两个投影便可判断点是否在直线上。

2）对于与投影面平行的直线，有时需要求出第三投影或根据定比关系来判断。

如图 3-9b 所示，尽管 c 在 ab 上，c'在 $a'b'$上，但求出 W 面投影后可知 c''不在 $a''b''$上，如图 3-9c 所示。

六、两直线的相对位置

空间两直线的相对位置关系有三种：平行、相交和交叉。

1. 平行

若两直线平行，则它们的同面投影必互相平行（平行性）；反之，若两直线的各组同面投影均互相平行，则可判定该两直线平行。

如图 3-10a 所示，空间直线 $AB /\!/ CD$，则同面投影 $ab/\!/cd$，$a'b'/\!/c'd'$，$a''b''/\!/c''d''$；同样，如图 3-10b 所示，如果 AB 与 CD 两直线分别在 H、V、W 三个投影面上的投影都互相平行，则可判断其在空间平行。

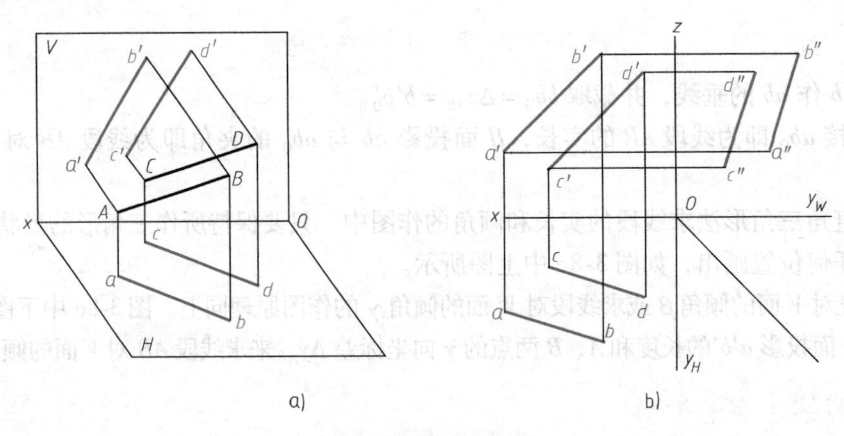

图 3-10　平行两直线

2. 相交

若两直线相交，则必有一交点，该交点是两条直线的共有点，其投影符合点的投影规律。

空间两直线交点的投影即是两直线同面投影的交点，如图 3-11a 所示，K 为直线 AB 与 CD 的交点；图 3-11b 所示为投影图的画法，其中，交点 K 的投影符合点的投影规律。

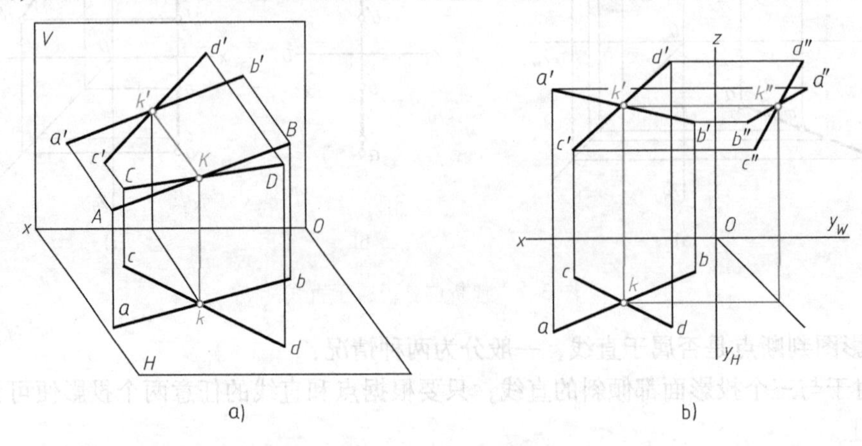

图 3-11　相交两直线

3. 交叉

若两直线既不平行也不相交，则必为交叉两直线。

交叉两直线不存在共有点，交叉两直线的某个面上的投影可能会出现平行，但不会三个面上的投影都平行，如图 3-12 所示；在投影图中虽然有时同面投影相交，但交点不符合点的投影规律，其仅为两直线上不同两点（即重影点）的投影，如图 3-13 所示。

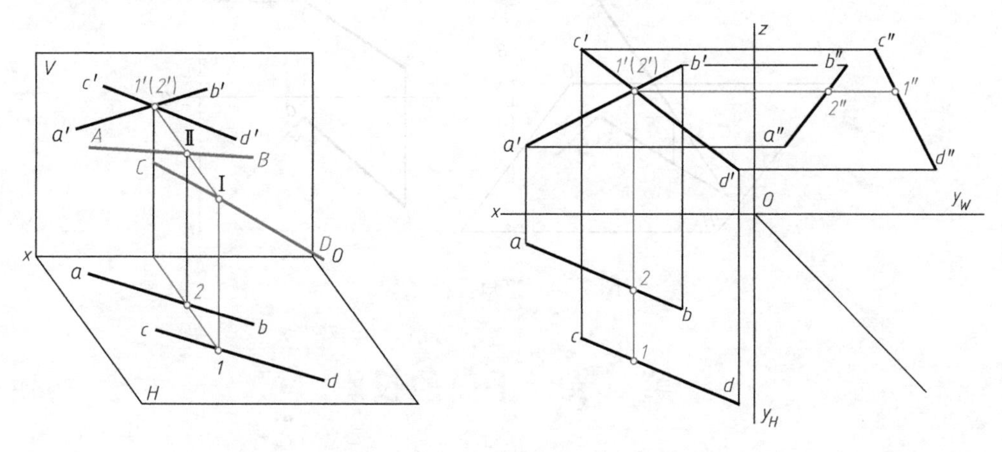

图 3-12 交叉两直线（一）

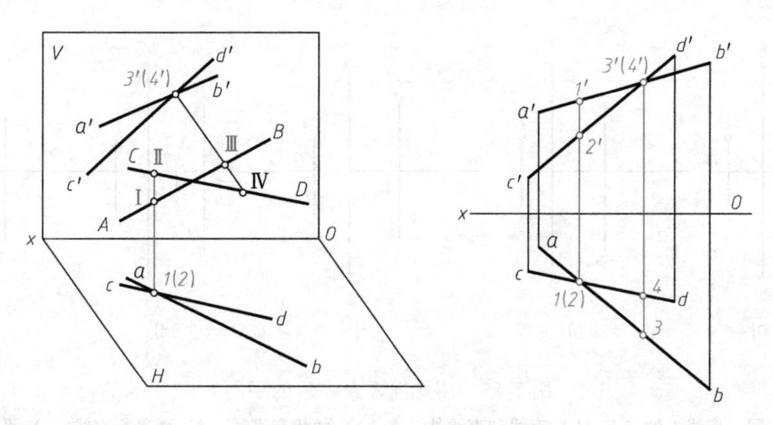

图 3-13 交叉两直线（二）

交叉两直线上重影点可见性的判断方法如下。

如图 3-13 所示，直线 *AB* 与 *CD* 水平投影的交点为空间一对重影点Ⅰ、Ⅱ的投影，点Ⅰ属于直线 *AB*，点Ⅱ属于直线 *CD*，水平投影重合。由正面投影可看出：点Ⅰ在上，点Ⅱ在下，故其水平投影 1 可见，2 不可见（2 加括号）。

直线 *AB* 与 *CD* 正面投影的交点为空间一对重影点Ⅲ、Ⅳ的投影，点Ⅲ属于直线 *AB*，点Ⅳ属于直线 *CD*，正面投影重合。由水平投影可看出：点Ⅲ在前，点Ⅳ在后，故其正面投影 3′可见，4′不可见（4′加括号）。

七、直角投影定理

1. 原定理

在空间互相垂直（含相交和交叉）的两条直线，如果其中一条直线平行于某投影面，那么两直线在该投影面上的投影仍反映直角，如图 3-14 所示。

2. 逆定理

若两直线在某投影面上的投影互相垂直，且其中有一条直线是该投影面的平行线，则两直线在空间一定互相垂直（含相交和交叉）。

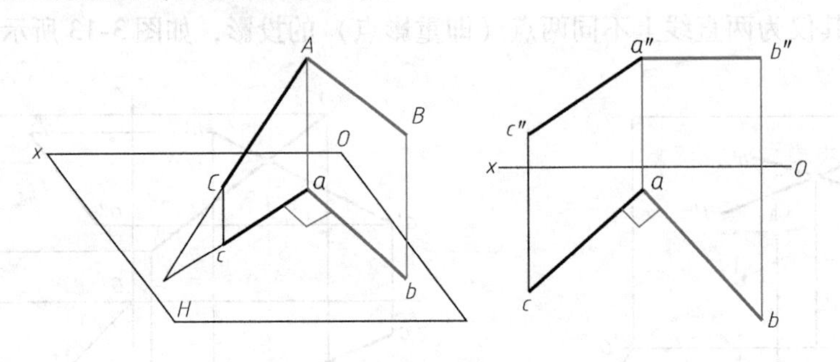

图 3-14　直角投影定理

第三节　平面的投影

平面是广阔无边的，它在空间的位置可用几何元素来确定和表示，如图 3-15 所示。

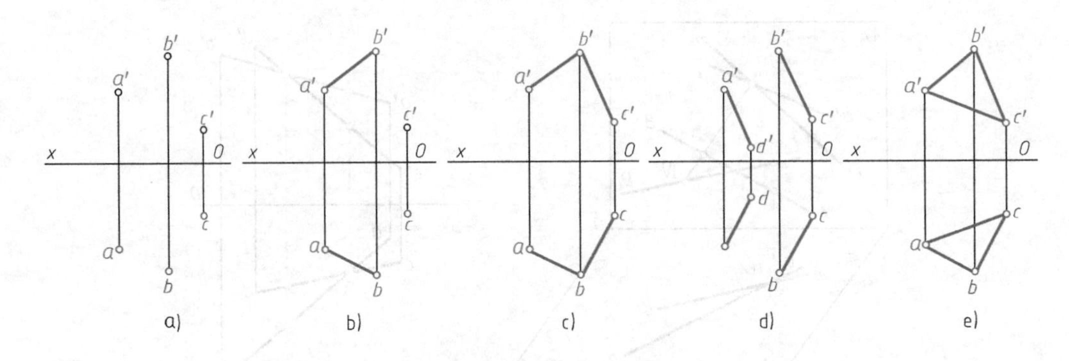

图 3-15　用几何元素表示的平面

a）不在同一直线上的三点　b）直线和直线外一点　c）两相交直线　d）两平行直线　e）平面图形

与直线相类似，根据平面与投影面的相对位置，可将平面分为三类七种，它们各有自己的投影特性。

一、投影面垂直面

只垂直于一个投影面，而与另外两个投影面都倾斜的平面，称为投影面的垂直面，简称垂直面。正垂面⊥V面、铅垂面⊥H面、侧垂面⊥W面。投影面垂直面的投影特性见表 3-3。

二、投影面平行面

平行于某一个投影面（必同时垂直于另两个投影面）的平面，称为投影面平行面，简称平行面。其中，平行于 V 面的平面称为正平面；平行于 H 面的平面称为水平面；平行于 W 面的平面称为侧平面。投影面平行面的投影特性见表 3-4。

表 3-3 投影面垂直面的投影特性

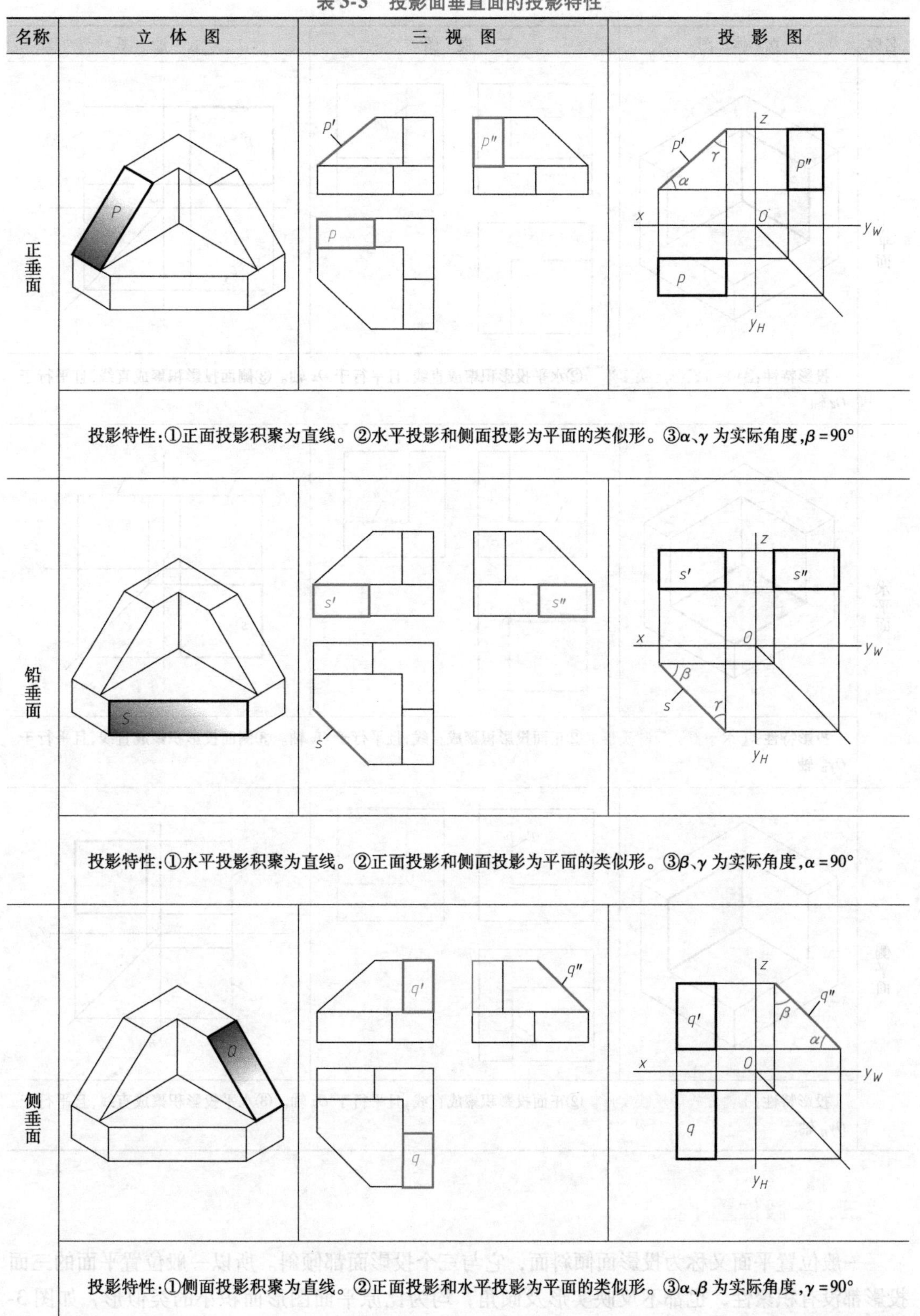

名称	立体图	三视图	投影图
正垂面			
	投影特性:①正面投影积聚为直线。②水平投影和侧面投影为平面的类似形。③α、γ 为实际角度,$\beta=90°$		
铅垂面			
	投影特性:①水平投影积聚为直线。②正面投影和侧面投影为平面的类似形。③β、γ 为实际角度,$\alpha=90°$		
侧垂面			
	投影特性:①侧面投影积聚为直线。②正面投影和水平投影为平面的类似形。③α、β 为实际角度,$\gamma=90°$		

表 3-4　投影面平行面的投影特性

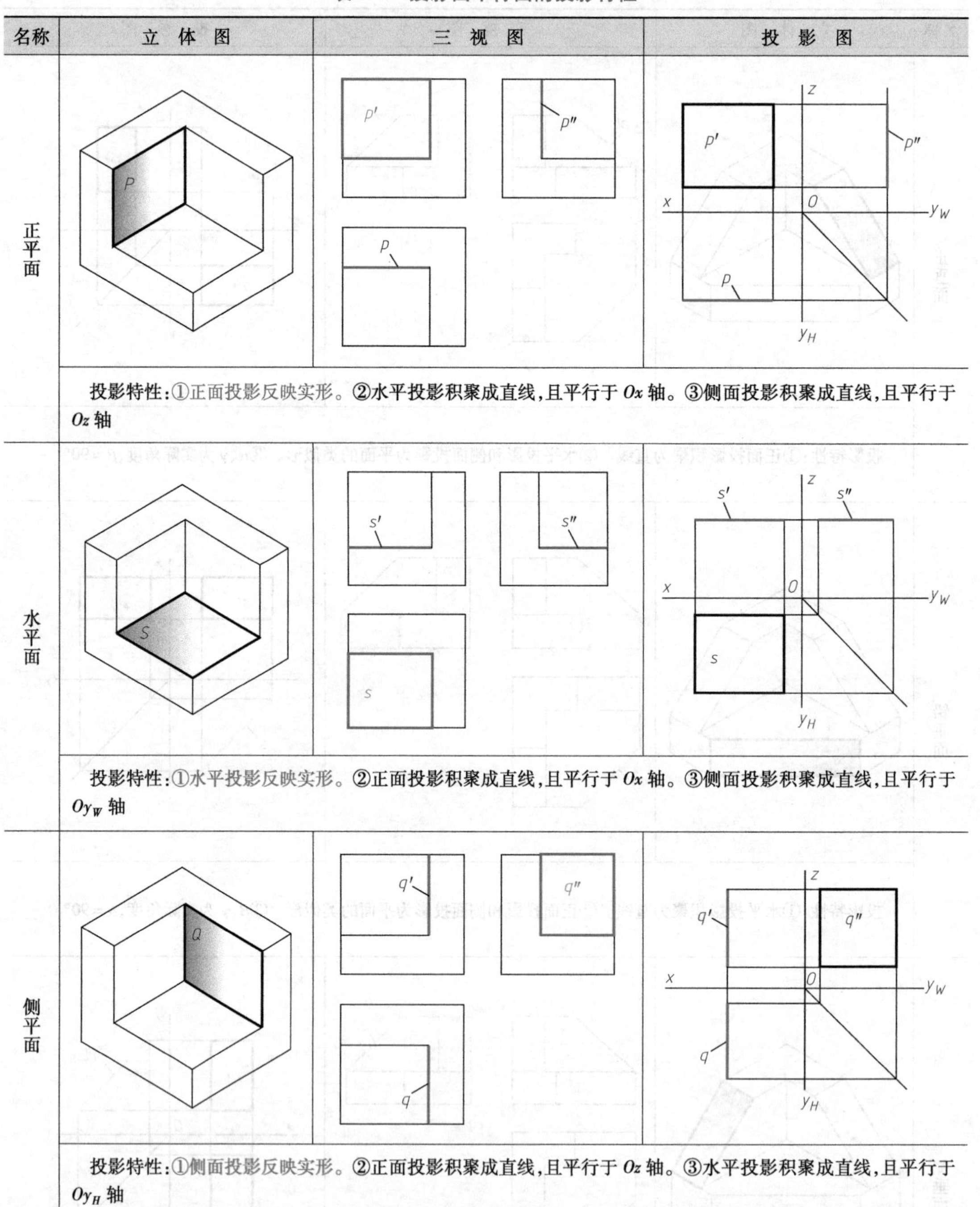

名称	立 体 图	三 视 图	投 影 图
正平面			
	投影特性：①正面投影反映实形。②水平投影积聚成直线，且平行于 Ox 轴。③侧面投影积聚成直线，且平行于 Oz 轴		
水平面			
	投影特性：①水平投影反映实形。②正面投影积聚成直线，且平行于 Ox 轴。③侧面投影积聚成直线，且平行于 Oy_W 轴		
侧平面			
	投影特性：①侧面投影反映实形。②正面投影积聚成直线，且平行于 Oz 轴。③水平投影积聚成直线，且平行于 Oy_H 轴		

三、一般位置平面

一般位置平面又称为投影面倾斜面，它与三个投影面都倾斜。所以一般位置平面的三面投影都没有积聚性，也都不反映实形及倾角，均为比原平面图形面积小的类似形，如图 3-16 所示。

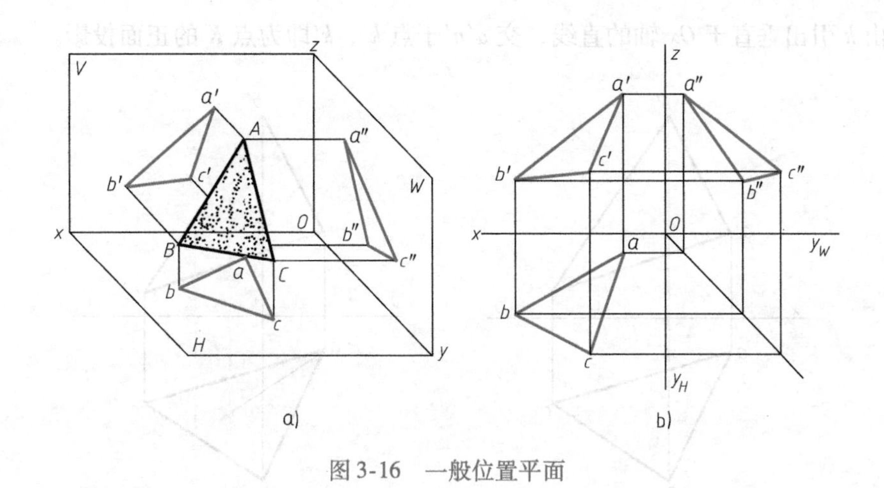

图 3-16　一般位置平面

四、平面上的点和直线

1. 平面上的点

属于平面的点，必属于平面内的已知直线。如图 3-17a 所示，M、N 分别是直线 AB、BC 上的两点，由于相交两直线 AB 和 BC 确定平面 P，因此点 M 和点 N 从属于平面 P。

2. 平面上的直线

1）若直线通过属于平面的两个点，则直线属于该平面。如图 3-17b 所示，已知点 M、N 是平面 P 内的两点，则过 M、N 点连直线，该直线必属于平面 P。

2）若直线通过平面内的一个点，且平行于该平面内任一直线，则该直线属于该平面。如图 3-17c 所示，相交两直线 AB、BC 确定平面 P，N 为直线 BC 上一点（即点 N 在平面 P 内），过点 N 作直线 MN 平行于 AB，则直线 MN 必属于平面 P。

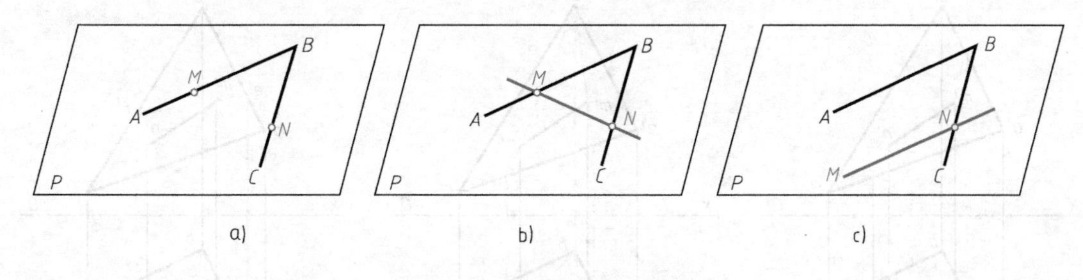

图 3-17　平面上的点和直线

例 3-4　如图 3-18a 所示，点 K 属于 $\triangle ABC$ 所确定的平面，k 为其水平投影，求其正面投影 k'。

解　分析：由于点 K 属于 $\triangle ABC$，必从属于平面内某已知直线，为此，过点 K 的水平投影 k 在平面内作辅助线，求出该辅助线的正面投影，再利用从属性由 k 求得 k'。

作图步骤（图 3-18b）：

1）连接 ak 并延长交 bc 于点 n。

2）由 N 点从属于直线 BC，求得 n' 及 AN 的正面投影 $a'n'$。

3）由 k 引出垂直于 Ox 轴的直线，交 $a'n'$ 于点 k'，k' 即为点 K 的正面投影。

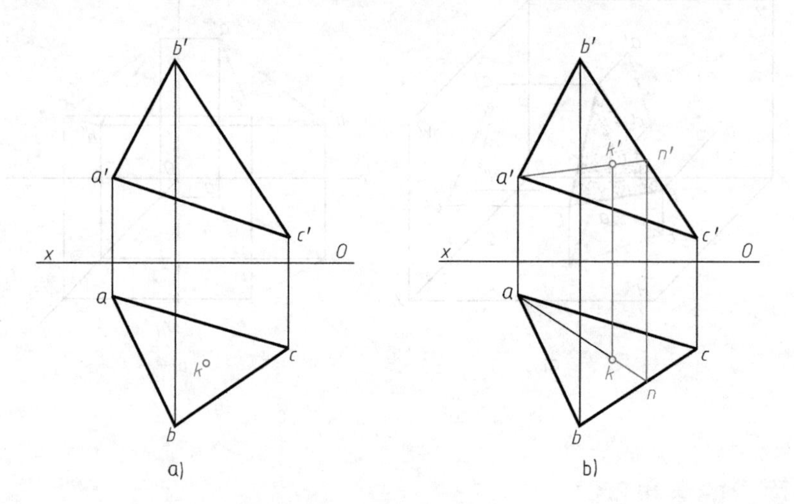

图 3-18　平面内点的投影

例 3-5　判别直线 MN 是否属于平面△ABC，如图 3-19a 所示。

解　分析：若直线 MN 属于平面，则直线上所有的点均应属于该平面。

方法 1：两点确定一直线。判别直线两端点 M、N 是否属于△ABC，据此判别直线是否属于平面。作图后发现点 M 属于平面，点 N 不属于平面，则直线 MN 不属于平面，如图 3-19b 所示。

方法 2：延长直线 MN 的水平投影 mn，与平面内已知直线 AB、BC 的水平投影 ab、bc 分别交于点 e、点 f，求出直线的正面投影 $e'f'$，则直线 EF 必属于平面△ABC，而直线 MN 的正面投影 $m'n'$ 并不属于直线 EF 的正面投影 $e'f'$，则直线 MN 不属于平面△ABC，如图 3-19c 所示。

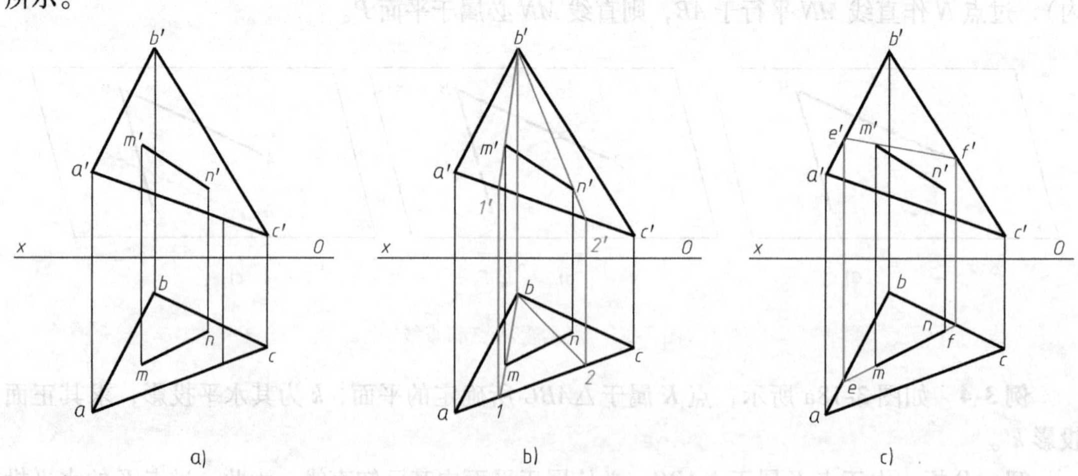

图 3-19　辨别直线是否属于平面

3. 平面上的投影面平行线

一般位置平面上投影面的平行线有无穷多条，它们是特殊位置线，如图 3-20 所示。它们具有投影面平行线的投影性质，又与所属平面保持从属关系。

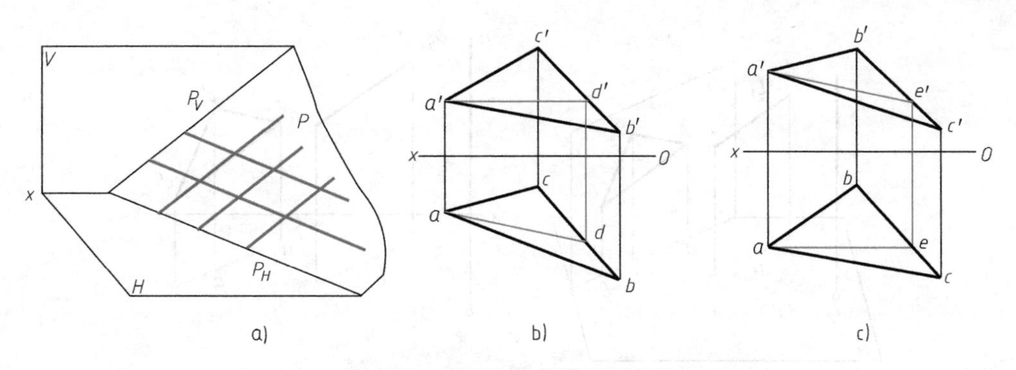

图 3-20 平面上的投影面平行线
a）空间示意图 b）平面上的水平线（*AD*） c）平面上的正平线（*AE*）

第四节 直线、平面的相对位置

一、直线、平面的平行

1. 直线与平面平行

当直线与某平面内某一直线平行时，则该直线与该平面平行。反过来，判断直线与平面是否平行，只需看在平面内能否找出与该直线平行的直线即可判定。如图 3-21a 所示，*MN*//*GH*，*GH* 是属于平面 *P* 的一条直线，则直线 *MN* 平行于平面 *P*。如图 3-21b 所示，直线 *CF* 属于平面 *CDE*，由于 *a'b'*//*c'f'*，*ab*//*cf*，则 *AB*//*CF*，那么直线 *AB*//△*CDE*。

当直线与平面平行，而平面又处于特殊位置（投影面平行面或投影面垂直面）时，平面的某投影有积聚性，在该投影面上直线与平面的平行关系可明显地反映出来。如图 3-22 所示，△*ABC* 是铅垂面，其 *H* 面投影有积聚性，投影面倾斜线 L_1 // △*ABC*，则有：l_1 // *abc*。另有铅垂线 L_2 // △*ABC*，两者的 *H* 面投影都有积聚性，平行关系是肯定的。

由图 3-22 可知，当平面垂直于某投影面时，只要平面的积聚性投影与直线的同面投影平行，即可断定直线与平面平行。

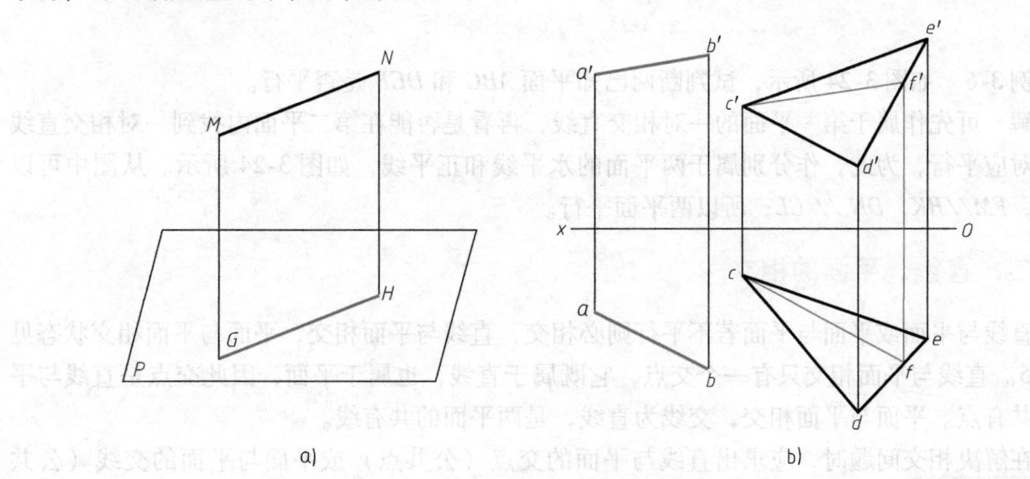

图 3-21 直线与平面平行

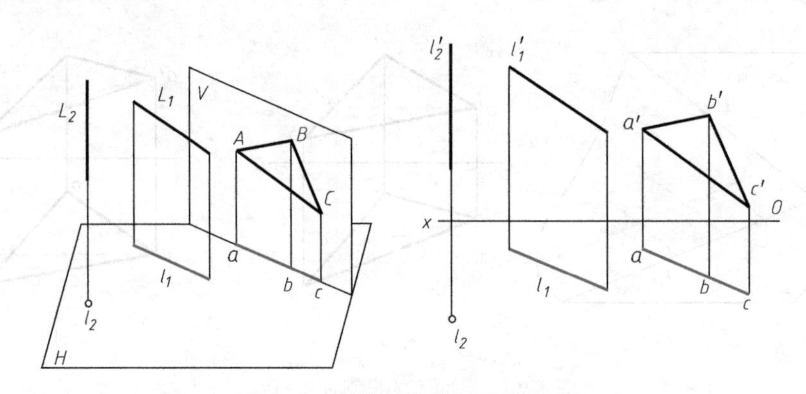

图 3-22　直线与特殊位置平面平行

2. 平面与平面平行

若属于一平面的相交两直线对应平行于属于另一平面的相交两直线，则此两平面相互平行。

如图 3-23a 所示，$AB /\!/ DE$，$BC /\!/ EF$，则平面 $ABC /\!/ DEF$。如图 3-23b 所示，平面 ABC 由两相交直线 AB、BC 确定，平面 DEF 由两相交直线 DG、FH 确定，由于 $a'b'/\!/d'g'$，$ab/\!/dg$，$b'c'/\!/f'h'$，$bc/\!/fh$，则 $AB/\!/DG$，$BC/\!/FH$，那么平面 $ABC/\!/DEF$。

当两平行平面同时垂直于某投影面时，两平面的积聚性投影互相平行，如图 3-23c 所示。反之，若两平面在某投影面的积聚性投影平行，则两平面相互平行。

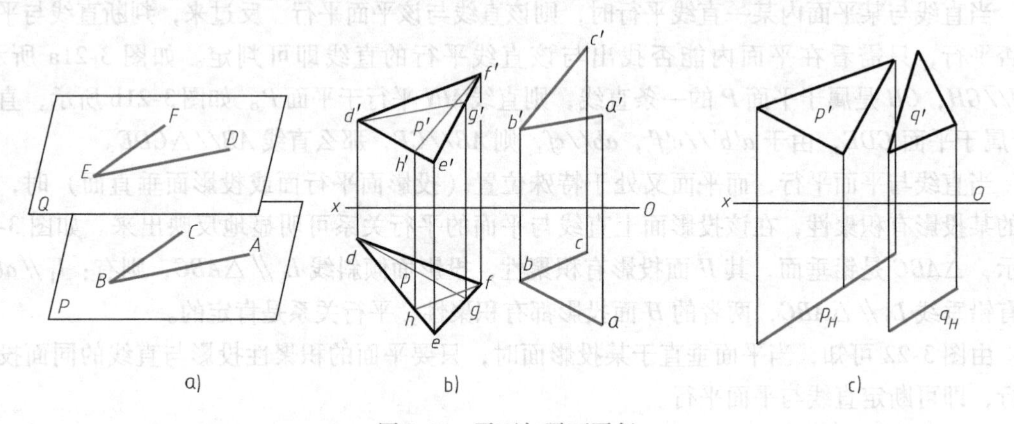

图 3-23　平面与平面平行

例 3-6　如图 3-24 所示，试判断两已知平面 ABC 和 DEF 是否平行。

解　可先作属于第一平面的一对相交直线，再看是否能在第二平面内找到一对相交直线与之对应平行，为此，作分别属于两平面的水平线和正平线，如图 3-24 所示。从图中可以看出，$FM/\!/BK$，$DN /\!/ CL$，所以两平面平行。

二、直线、平面的相交

直线与平面或平面与平面若不平行则必相交，直线与平面相交、平面与平面相交状态见表 3-5。直线与平面相交只有一个交点，它既属于直线，也属于平面，因此交点是直线与平面的共有点。平面与平面相交，交线为直线，是两平面的共有线。

在解决相交问题时，应求出直线与平面的交点（公共点）或平面与平面的交线（公共线），并考虑可见性问题，将被平面遮住的直线段（或另一平面的轮廓）画成细虚线。

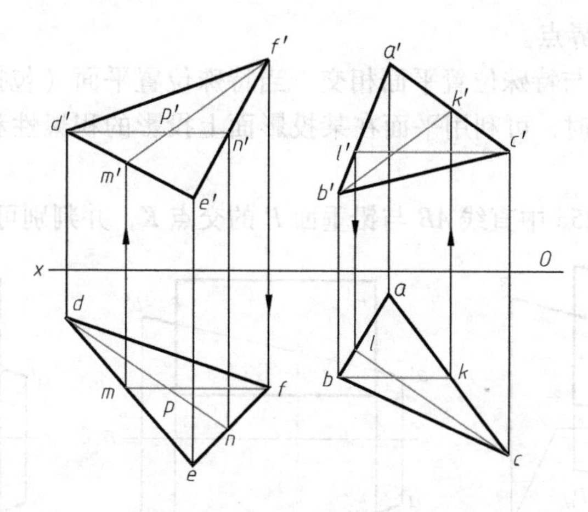

图 3-24 判断两平面是否平行

表 3-5 直线与平面相交、平面与平面相交状态

		立 体 图	投影作图方法	说 明
直线与平面相交	一般位置直线与投影面垂直面相交			1）平面为投影面垂直面时，交点位于平面有积聚性的投影上 2）直线为投影面垂直线时，交点与其积聚性投影重合 3）一般可根据重影点判别可见性，如图中 1′、2′为 V 面上的重影点，点 1 在前，故平面在点 1 处可见，由此知直线的 2′k′段被平面挡住，为不可见。同理，3 在 4 前，3′可见，表明线段 a′k′可见 4）交点为直线的可见与不可见部分的分界点
	一般位置平面与投影面垂直线相交			
平面与平面相交	投影面垂直面与投影面垂直面相交			1）当两平面同时垂直于一个投影面时，其交线为该投影面的垂直线 2）当一般位置平面与投影面垂直面相交时，交线与平面的积聚性投影重合 3）可见性判别：因点 A 在平面 P 之后，故平面 AKL 的 V 面投影被平面 P 挡住的部分为不可见
	一般位置平面与投影面垂直面相交			

1. 直线与平面相交

如表 3-5 所示，直线 AB 与平面 P 相交，交点为 K。交点 K 是同时属于直线和平面的公共点，这一概念是求直线与平面交点的基本依据。同时，交点 K 又是直线与平面投影重叠部分可见与不可见的分界点。

（1）一般位置直线与特殊位置平面相交　当特殊位置平面（包括投影面垂直面和投影面平行面）与直线相交时，可利用平面在某投影面上投影的积聚性和交点的共有性直接求出交点。

例 3-7　求作图 3-25a 中直线 AB 与铅垂面 P 的交点 K，并判别可见性。

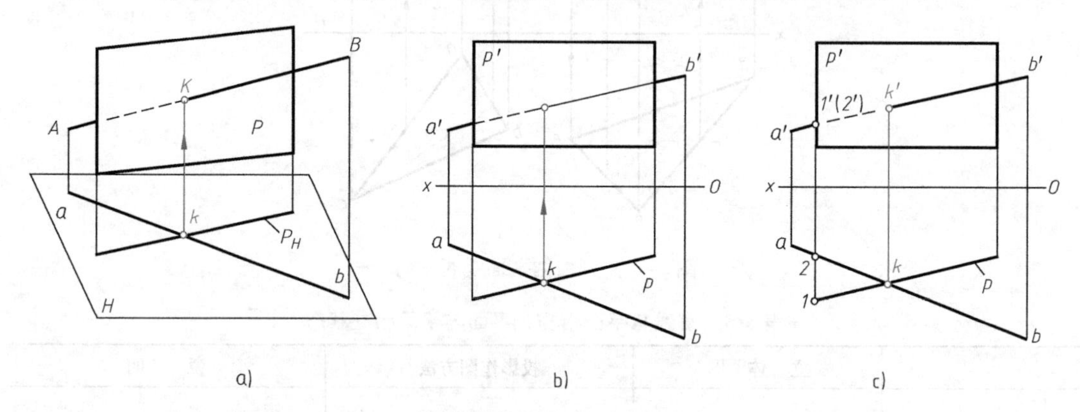

图 3-25　一般位置直线与铅垂面相交

解　**分析：**如图 3-25b 所示，平面 P 为铅垂面，其水平投影积聚为一直线，此直线与直线 AB 的水平投影 ab 交于一点，由共有性可知该点即为交点 K 的水平投影，然后利用直线上取点的方法求出其正面投影 k'。作图步骤如下：

1）求出交点 K 的水平投影 k。

2）由 k 作 $\perp Ox$ 轴的投影连线，与 $a'b'$交于 k'。

3）利用积聚性判断直线 AB 的可见性。

交点是可见与不可见的分界点，利用积聚性投影可判别无积聚性投影的可见性。如图 3-25c 所示，由水平投影可看出 KB 在平面 P 前方，故 KB 的正面投影 $k'b'$可见，将可见部分画成粗实线，不可见部分画成细虚线。另外，还利用重影点判别直线的可见性，1′、2′为 V 面上的重影点，点 1 在前，故平面在点 1 处可见，由此知直线的 $2'k'$段被平面挡住，为不可见。

（2）一般位置平面与投影面垂直线相交　投影面垂直线与平面相交，交点的一个投影必定位于投影面垂直线的积聚性投影上。

例 3-8　求作图 3-26 中铅垂线 AB 与平面△CDE 的交点 K，并判别可见性。

解　如图 3-26 所示，AB 为铅垂线，其水平投影积聚为一点 a（b），交点 K 为直线 AB 与△CDE 的共有点，因此其水平投影 k 必重合于 a（b），然后利用在平面上取点的方法求出其正面投影 k'。可利用积聚性或重影点判别直线 AB 的可见性，判别方法与例 3-7 相同。

2. 平面与平面相交

（1）两投影面垂直面相交　当两个投影面垂直面相交时，它们的交线是一条垂直于该投影面的垂直线。两投影面垂直面的积聚投影的交点，就是该交线的积聚投影。所以两铅垂面的交线是一条铅垂线。

如图 3-27a 所示，平面 P 和平面△ABC 都为铅垂面，其交线 KL 为两平面的共有线，必为铅垂线。由铅垂面的投影特性可知，平面 P 和△ABC 的水平投影都积聚为直线，其交点

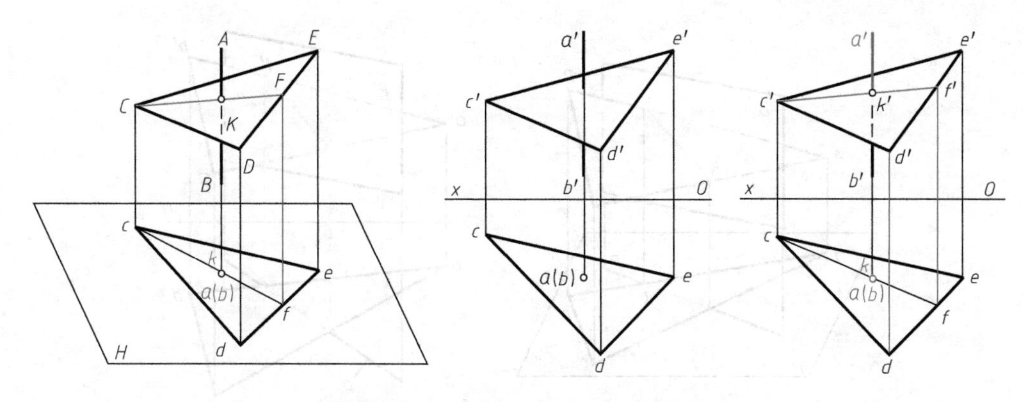

图 3-26 一般位置平面与铅垂线相交

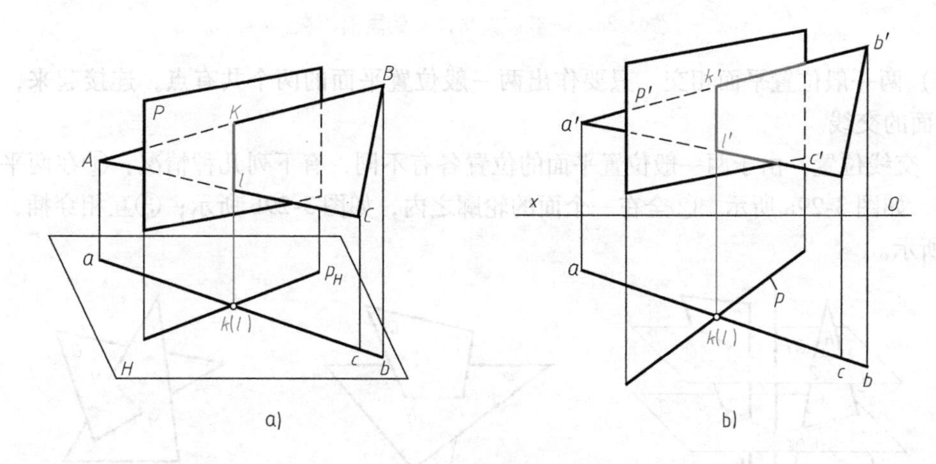

图 3-27 两铅垂面相交

即为交线 *KL* 水平投影积聚成的点 *k*（*l*）。然后利用交线的共有性，求出 *KL* 的正面投影 *k'l'*（图 3-27b）。可利用积聚性或重影点判别平面的可见性，方法同例 3-7。

（2）一般位置平面与投影面垂直面相交 一般位置平面与投影面垂直面相交，可利用投影面垂直面的积聚性投影直接求出。

例 3-9 求作图 3-28 中平面△*ABC* 和铅垂面 *P* 的交线 *KL*，并判别可见性。

解 如图 3-28a 所示，平面 *P* 为铅垂面，其水平投影积聚为一条直线，平面△*ABC* 为一般位置平面，交线 *KL* 为两平面的共有线，故其水平投影 *kl* 必然与平面 *P* 积聚成的直线重合，与△*ABC* 的 *AB* 边、*AC* 边分别交于点 *K* 和点 *L*，利用平面内取点的方法求得点 *K* 和点 *L* 的正面投影，可得交线 *KL*。作图步骤如下：

1）在水平投影上直接取出点 *k* 和点 *l*。

2）由 *k* 作 $kk' \perp Ox$ 轴交 *ac* 于点 *k'*，由 *l* 作 $ll' \perp Ox$ 轴交 *ab* 于点 *l'*。

3）连接 *k'l'*，则直线 *KL*（*kl*，*k'l'*）即为所求交线。

4）利用积聚性或重影点判别可见性。

交线为两平面可见与不可见的分界线。由图 3-28b 所示的水平投影可以看出△*ABC* 的 *BCKL* 部分在平面 *P* 的前方，故 *BCKL* 的正面投影可见。根据两平面相互遮挡的关系，将可见部分画成粗实线，不可见部分画成细虚线。

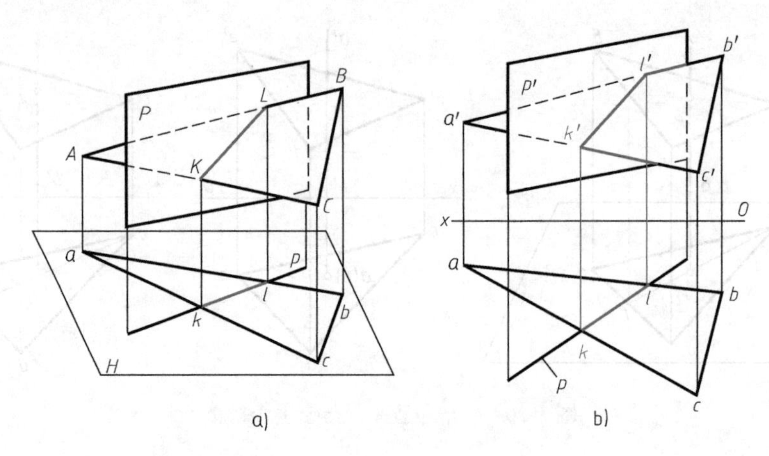

图 3-28　一般位置平面与铅垂面相交

(3) 两一般位置平面相交　只要作出两一般位置平面的两个共有点，连接起来，就是该两平面的交线。

1) 交线位置　由于两一般位置平面的位置各有不同，有下列几种情况：①在两平面图形之外，如图 3-29a 所示，②全在一个面的轮廓之内，如图 3-29b 所示；③互相穿插，如图 3-29c 所示。

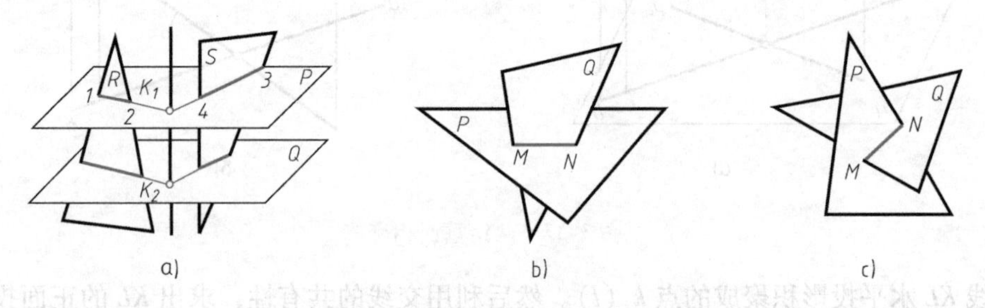

图 3-29　两一般位置平面的交线

2) 辅助平面法　当交线在两平面图形之外时，可用辅助平面法（三面共点法）来求解；交线在图形轮廓之内和互相穿插的都可用“穿点法”求解，即如前所述求直线与平面相交求交点的方法。

三面共点法求两平面共有点的示意图如图 3-29a 所示，图中已给两平面 R 和 S。为求该两平面的共有点，取任意辅助平面 P，它与 R，S 分别相交于直线 12 和 34，而 12 和 34 的交点 K_1 为 P，R，S 三面的公共点，当然也属于 R，S 两平面。同理，作辅助平面 Q 可再找出一个共有点 K_2，直线 K_1K_2 即为 R，S 两平面的交线。为方便作图，两辅助平面可选用平行的两个投影面平行面或投影面垂直面，如图 3-30 所示。

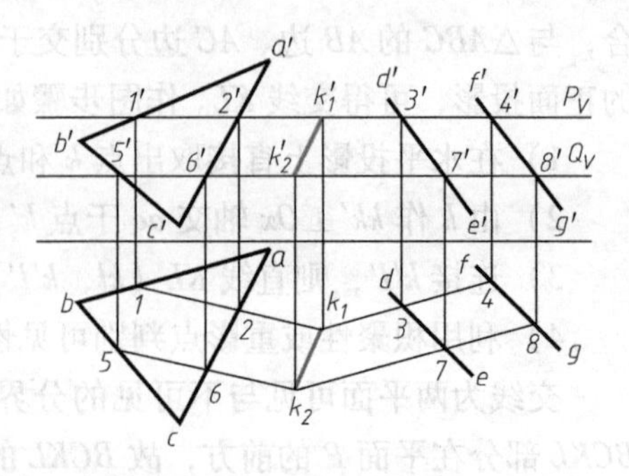

图 3-30　三面共点法求两平面的交线

如图 3-30 所示 $\triangle ABC$ 和一对平行线 DE、FG 各决定一平面。为求该两平面的交线，根据图 3-29a 所示的原理，取水平面 P 为辅助平面，利用 P 在 V 面上的积聚性，可分别求出平面 P 与原有两平面的交线 12 和 34 的正面投影和水平投影，从而求出直线 12 与 34 的交点 K_1。用同样的方法以辅助平面 Q 再求出一个共有点 K_2。直线 K_1K_2 即为所求。用三面共点法求两平面共有点是画法几何的基本作图方法之一。这一方法不但可以求出平面的交线，而且可以求出曲面交线，这将在以后讨论。

三、垂直

1. 直线与平面垂直

几何条件：若一直线垂直于平面，则此直线必垂直于平面内所有直线，其中包括平面内的正平线和水平线。

根据直角投影定理可知，如果直线垂直于某一平面，则其投影图具有以下投影特性：

1）直线的正面投影垂直于平面内正平线的正面投影。

2）直线的水平投影垂直于平面内水平线的水平投影。

例 3-10 过 K 点作一直线垂直于△ABC，并求出其垂足 L，如图 3-31 所示。

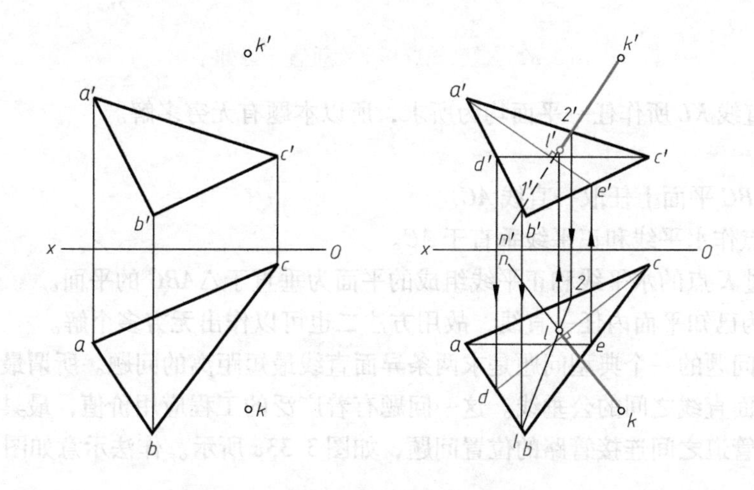

图 3-31 过已知点作已知平面的垂线

作图步骤：

1）过 c' 作平面内水平线的正面投影 $c'd'$，过 a 作平面内正平线的水平投影 ae。

2）求出水平线的水平投影 cd 和正平线的正面投影 $a'e'$。

3）根据直角投影特性作出平面的垂线的正面投影和水平投影。

4）最后用直线与平面求交点的方法求出垂足 L 的正面投影 1′和水平投影 1。

2. 平面与平面垂直

几何条件：若直线与一平面垂直，则包含此直线的所有平面都垂直于该平面。由此可见，直线与平面垂直问题是解决平面与平面垂直问题的基础。

例 3-11 过 K 点作一平面垂直于已知平面△ABC，如图 3-32 所示。

方法一：

1）在△ABC 中取水平线和正平线，并求出其投影。

2）过 k' 作直线 KL 的正面投影 $k'l'$ 垂直于正平线的正面投影（$k'l' \perp c'2'$）。

3）在水平投影上，过 k 作 kl 垂直于水平线的水平投影（$kl \perp a1$），则直线 KL 垂直于△ABC。

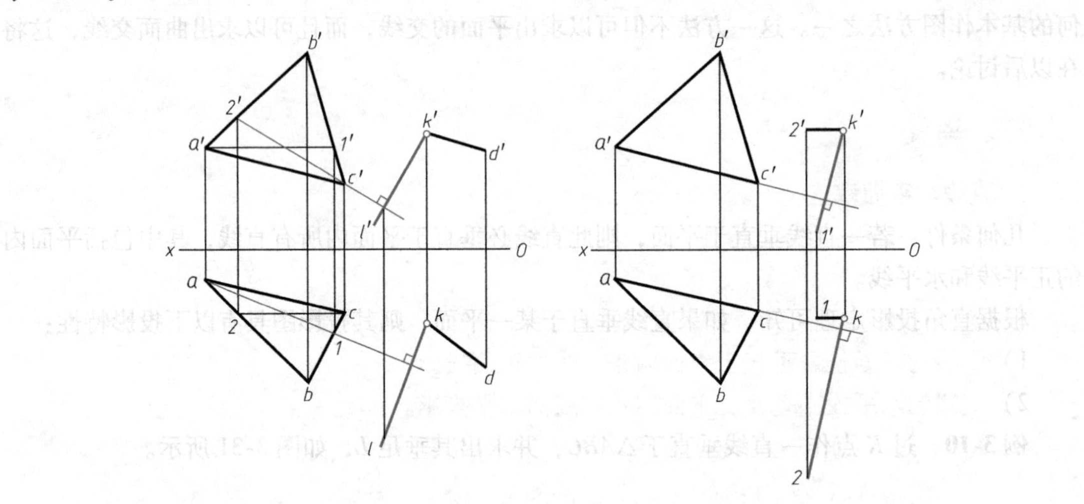

图 3-32　过已知点作平面垂直于已知平面

4）包含直线 KL 所作任一平面均为所求，所以本题有无穷多解。

方法二：

1）在△ABC 平面上任取一直线 AC。

2）过 K 点作水平线和正平线垂直于 AC。

3）所作过 K 点的水平线和正平线组成的平面为垂直于△ABC 的平面。

由于 AC 为已知平面内任一直线，故用方法二也可以作出无穷多个解。

作为垂直问题的一个典型问题是求两条异面直线最短距离的问题。所谓最短距离，实质上是求两条异面直线之间的公垂线。这一问题有着广泛的工程应用价值，最具代表性的问题是求两层交叉管道之间连接管路的位置问题，如图 3-33a 所示。作法示意如图 3-33b 所示。

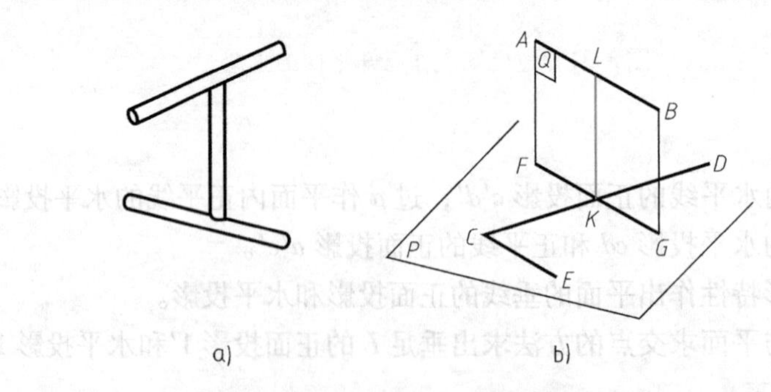

图 3-33　两条异面直线的最短距离

第四章

投影变换

改变空间几何元素对投影面相对位置或改变投射方向的方法，称为投影变换。

工程实践中，当解决一般几何元素的度量或定位问题时，常将它们与投影面的相对位置由一般位置改变为特殊位置，使空间问题的解决得到简化。

第一节　概　　述

只有当空间几何要素在多面正投影体系中对某一投影面处于特殊位置时，它们的投影才能直接反映实长、实形等特性，从而便于求解几何元素实长、实形、距离、夹角、交点、交线等问题，见表4-1。

表 4-1　空间几何要素对投影面处于特殊位置时的度量问题

实长(形)问题		距离问题		
线段实长	平面的实形	点到直线的距离	两直线间的距离	点到平面的距离
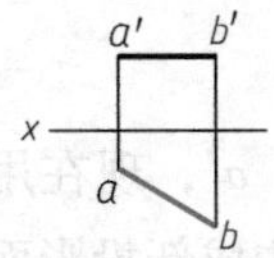	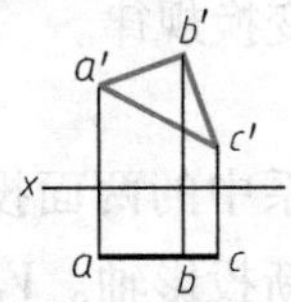	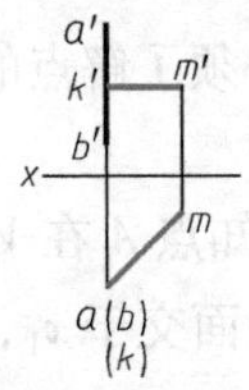	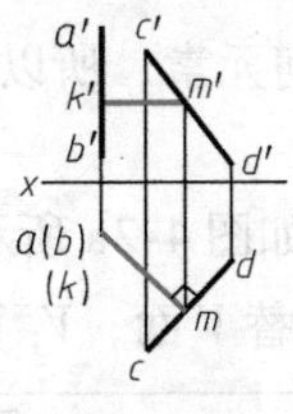	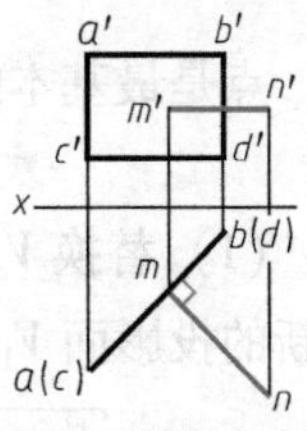
距离问题		角度问题		
直线到平面的距离	两平面之间的距离	两直线的夹角	直线与平面的夹角	两平面之间的夹角
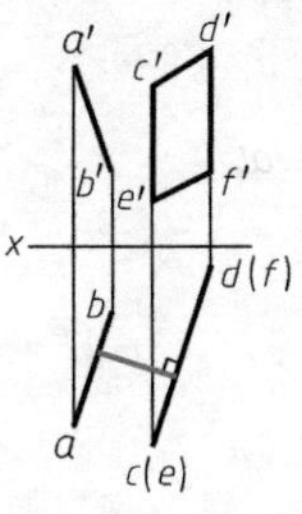	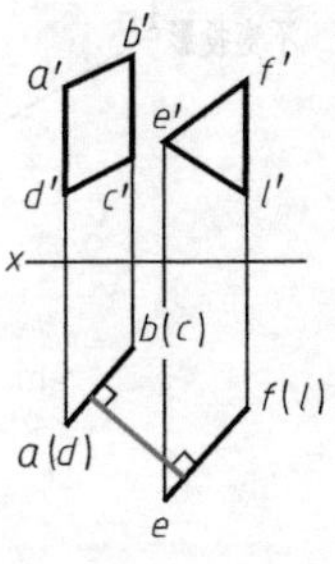	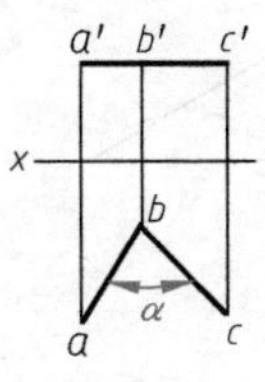	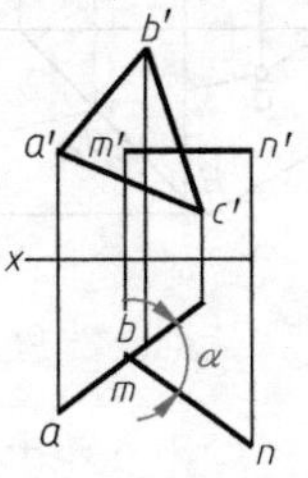	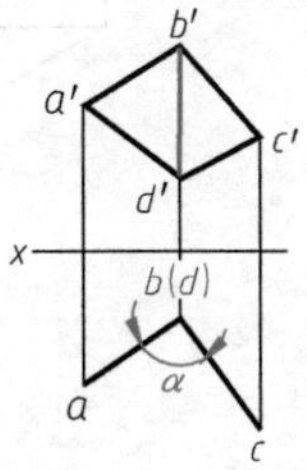

投影变换的方法有多种，本章只扼要介绍下列两种方法：

（1）换面法　空间几何要素的位置保持不动，用新的投影面来代替旧的投影面，使空间几何要素对新投影面的相对位置变成有利于解题的特殊位置，然后求出其在新投影面上的投影，这种方法称为换面法。

（2）旋转法　原投影面不动，使空间几何要素绕某一轴旋转到另一位置，然后求出其旋转后的新投影，这种方法称为旋转法。

第二节　换　面　法

一、新投影面的设置条件

如图4-1所示，在 V/H 两投影面体系中有一般位置直线 AB，需要求作其实长和对 H 面的倾角 α。若设一个新投影面 V_1 平行于平面 $ABba$，由于 $ABba \perp H$ 面，则 V_1 面 $\perp H$ 面，于是用 V_1 面更换 V 面，AB 在新投影面体系 V_1/H 中就成为 V_1 面平行线，作出它的 V_1 面投影 $a_1'b_1'$，就反映了 AB 的实长和倾角 α。

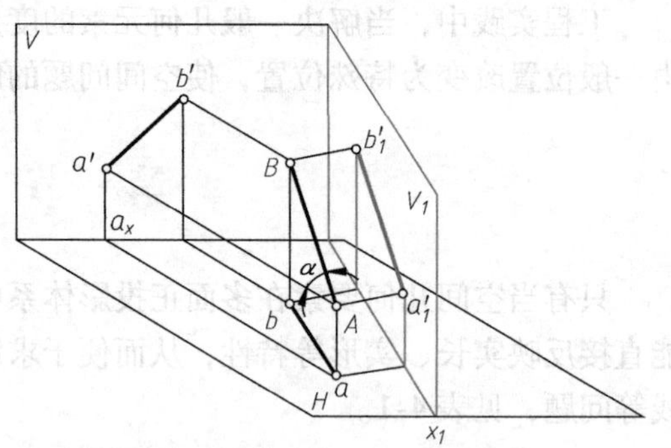

图4-1　一般位置直线变换为平行线

新投影面的选择必须遵循下列两条原则：

1）新投影面必须和空间几何要素处于有利于解题的位置。

2）新投影面必须垂直于一个原有的投影面。

二、点的投影变换规律

点是最基本的几何元素，所以首先必须了解点的投影变换规律。

1. 点的一次换面

（1）替换 V 面　如图4-2a所示，已知点 A 在 V/H 体系中的两面投影 a、a'，现在用一个新的投影面 V_1 来代替 V 面，V_1 面与 H 面交于 x_1，称为新投影轴。V_1、H 构成新投影面体

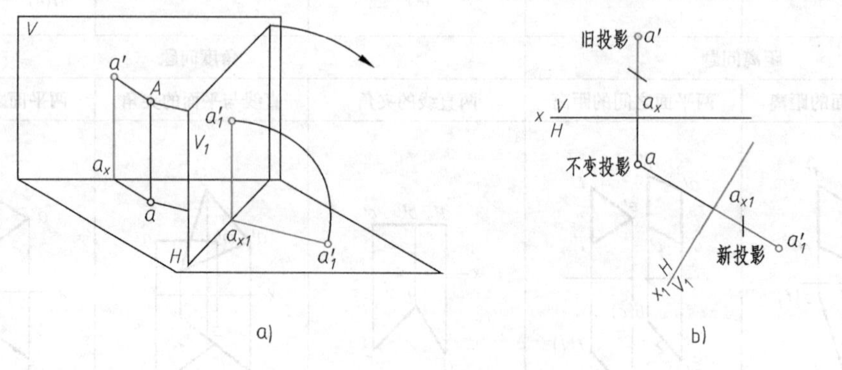

图4-2　点的一次换面——变换 V 面

a）立体图　b）投影图

系 V_1/H。由 V/H 体系变为 V_1/H 体系时，H 面保持不动，所以点 A 对 H 面的相对位置没有改变，因此点 A 的水平投影 a 的位置保持不动。由 A 向 V_1 面引投影线，即可得到点 A 在 V_1 面上的新投影 a_1'。由图 4-2a 所示可以得出，点 A 在新投影面体系 V_1/H 中的投影 a、a_1' 与在 V/H 体系中的投影 a、a' 之间有下述关系：

1）新投影 a_1' 与不变投影 a 的连线垂直于新投影轴 x_1，即 $aa_1' \perp x_1$ 轴。

2）新投影 a_1' 到新投影轴 x_1 的距离，等于旧投影 a' 到旧投影轴 x_1 的距离，即 $a_1'a_{x1} = a'a_x$。

图 4-2b 所示为点的一次换面作图步骤：

① 新投影轴 x_1，由不变投影 a 向 x_1 引垂线（垂线与 x_1 轴交于 a_{x1}）。

② 在垂线上截取 $a_1'a_{x1} = a'a_x$，则 a_1' 即为点 A 在 V_1 面上的新投影。

（2）替换 H 面　图 4-3a 所示为替换水平面。取正垂面 H_1 来代替 H 面，即用 V/H_1 体系代替 V/H，求出新投影 a_1，因此新旧两体系具有公共 V 面。如图 4-3b 所示。a、a_1、a 之间有如下关系

$$a_1a' \perp x_1 \text{ 轴}$$

$$a_1a_{x1} = aa_x$$

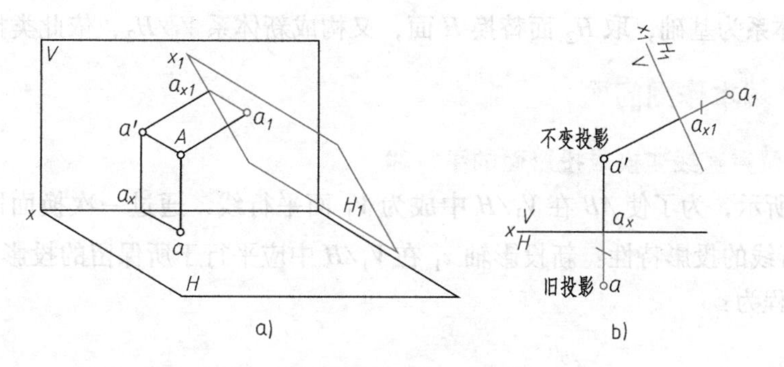

图 4-3　点的一次变换——变换 H 面

a）立体图　b）投影图

综合上述得出点的投影变换规律：

1）点的新投影和不变投影连线垂直于新轴。

2）点的新投影到新轴的距离，等于旧投影到旧轴的距离。

2. 点的两次换面

当用换面法解决实际问题时，有时变换一次投影面还不能得出所需要的答案，而需要连续两次变换投影面。

图 4-4 所示为点的两次投影变换的过程：

1）以铅垂面 V_1 替换 V 面，H 面保持不变。

① 选择适当的位置画出新投影轴 x_1。

② 过 a 作 $aa_1' \perp x_1$ 轴并与 x_1 轴交于 a_{x1}。

③ 在 aa_1' 上截取 $a_1'a_{x1} = a'a_x$，由此可求出点 A 在新投影面 V_1 上的投影 a_1'。

2）再以正垂面 H_2 替换 H 面，V_1 面保持不变。

① 选择适当的位置画出新投影轴 x_2。

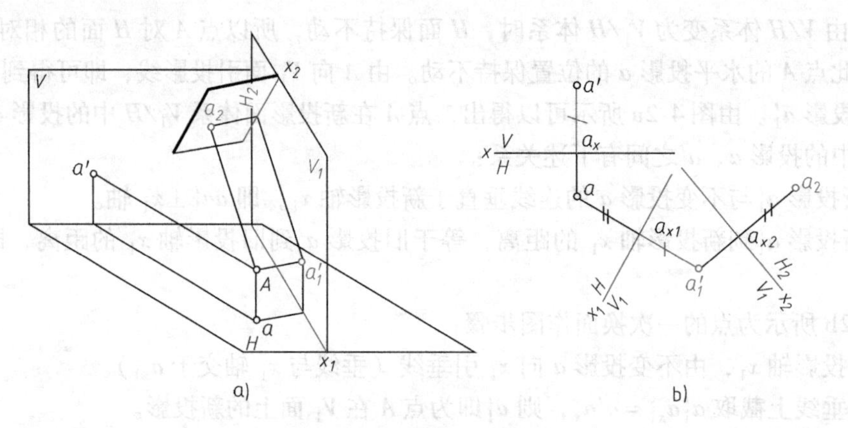

图 4-4　点的二次换面

a）立体图　b）投影图

② 过 a_1' 作 $a_1'a_2 \perp x_2$ 轴并与 x_2 轴交于 a_{x2}。

③ 在 $a_1'a_2$ 上截取 $a_2a_{x2}=aa_{x1}$，由此可求出点 A 在新投影面 H_2 上的投影 a_2。

注意：多次换面必须交替进行，如图 4-4 所示，先由 V_1 面替换 V 面，构成新体系 V_1/H；再以这个体系为基础，取 H_2 面替换 H 面，又构成新体系 V_1/H_2，依此类推。

三、六个基本作图问题

1. 把一般位置直线变换成投影面的平行线

如图 4-1 所示，为了使 AB 在 V_1/H 中成为 V_1 面平行线，通过一次换面即可达到目的。按照 V_1 面平行线的投影特性：新投影轴 x_1 在 V_1/H 中应平行于所保留的投影 ab。如图 4-5a 所示，作图过程为：

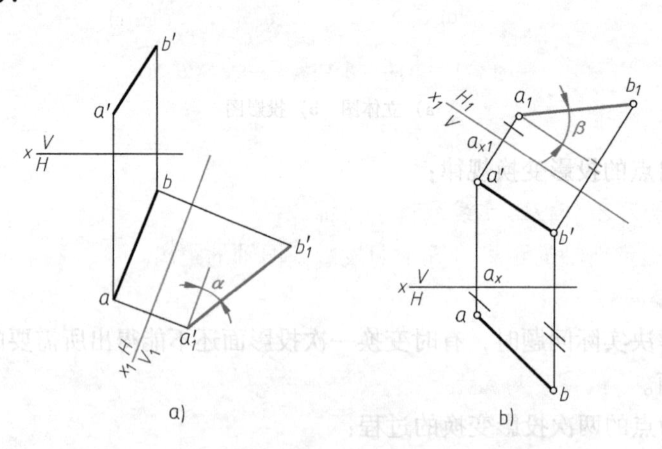

图 4-5　求直线 AB 的实长及其对投影面的夹角

a）变换 V 面　b）变换 H 面

1）作 $x_1 /\!/ ab$（x_1 与 ab 的距离可任意）。

2）按照点的投影变换规律分别求作点 AB 的新投影 a_1'、b_1'。

3）连接 $a_1'b_1'$ 即为所求。$a_1'b_1'$ 反映实长，$a_1'b_1'$ 与 x_1 的夹角，即为 AB 对 H 面的倾角 α。即直线 AB 为新投影面的正平线。

若求直线 AB 的实长及其对 V 面的夹角 β，则应更换 H 面，将直线 AB 变为新投影面 H_1 的平行线。图 4-5b 所示为其投影图的作法。

2. 把投影面平行线变换为投影面的垂直线

如图 4-6 所示，在 V/H 中有正平线 AB。只有将 H 替换为 H_1，才能做到新投影面垂直 AB，又垂直 V。按照 H_1 面垂直线的投影特性：新投影轴 $x_1 \perp a'b'$。只进行一次变换即可达到目的。作图过程如下。

1） $x_1 \perp a'b'$。

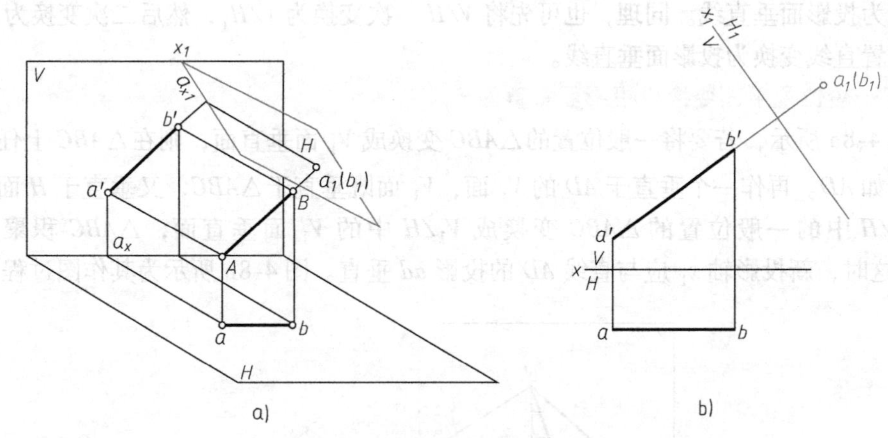

图 4-6 投影面平行线变换为垂直线

a）立体图 b）投影图

2）按照点的投影变换规律求得点 A、B 相互重影的新投影 a_1 和 b_1，$a_1(b_1)$ 即为 AB 的 H_1 面投影。

于是 AB 就成为在 V/H_1 中的 H_1 面的垂直线，其投影积聚成一点，即 $a_1(b_1)$。

可见，应替换哪一个投影面，要由已知直线的位置而定。若给出的是正平线，要使它在新体系中成为垂直线，则应替换 H 面。若给出的是水平线，则应替换 V 面。

3. 把一般位置直线变换成投影面垂直线

由图 4-7a 可以看出，要把一般位置直线变换为投影面垂直线，只换一次面是不行的，因为直接取一个新投影面垂直于一般位置直线，则此面必然是一般位置平面，它与 V、H 投

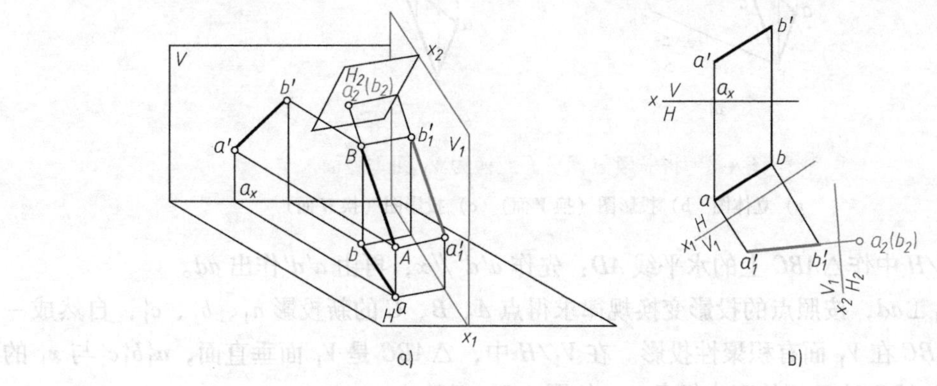

图 4-7 一般位置直线变换为投影面垂直线

a）立体图 b）投影图

影面都不垂直，这就不符合换面原则。为了解决问题，必须进行二次变换。首先用新投影面 V_1，使 AB 变换为 V_1/H 体系中的平行线，然后再用第二个新投影面 H_2 替换 H，使 AB 变换为 V_1/H_2 体系中的垂直线。图 4-7b 所示为作图过程：

1）在 V/H 中将 V 换成 V_1，作 $x_1 /\!/ ab$，将 V/H 中的 $a'b'$ 变换为 V_1/H 中的 $a_1'b_1'$。

2）在 V_1/H 中将 H 换成 H_2，作 $x_2 \perp a_1'b_1'$，将 V_1/H 中的 ab 变换为 V_1/H_2 中的 a_2（b_2）。a_2（b_2）即为 AB 的 H_2 面投影，AB 是 H_2 面的垂直线。

图 4-7 所示是先将 V/H 一次变换为 V_1/H，然后变换为 V_1/H_2 的二次变换，把一般位置直线变换为投影面垂直线。同理，也可先将 V/H 一次变换为 V/H_1，然后二次变换为 H_1/V_2，把一般位置直线变换为投影面垂直线。

4. 把一般位置平面变换成投影面垂直面

如图 4-8a 所示，若要将一般位置的△ABC 变换成 V_1 面垂直面，则在△ABC 上任取一条水平线，如 AD。再作一个垂直于 AD 的 V_1 面，V_1 面既垂直于△ABC，又垂直于 H 面，于是就可将 V/H 中的一般位置的△ABC 变换成 V_1/H 中的 V_1 面垂直面，△ABC 积聚成直线 $b_1'a_1'c_1'$。这时，新投影轴 x_1 应与直线 AD 的投影 ad 垂直。图 4-8b 所示为其作图过程：

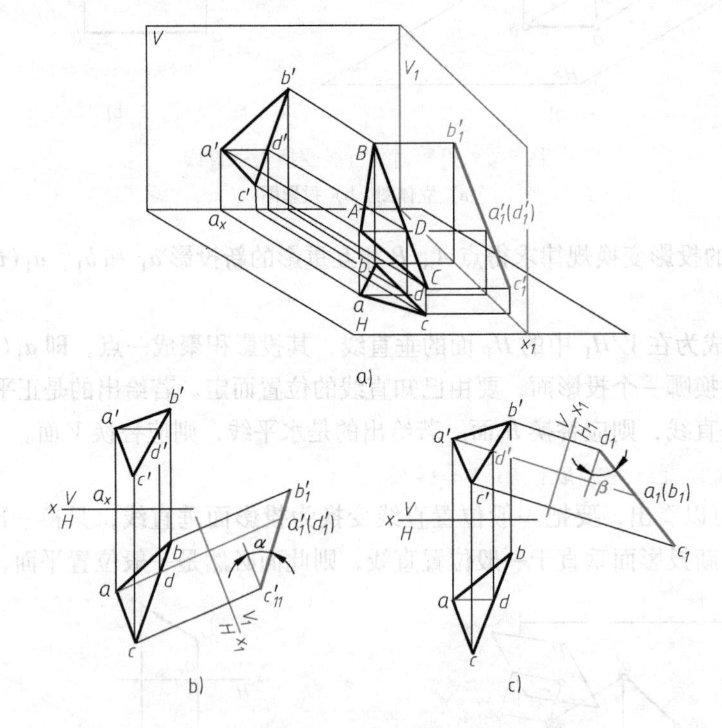

图 4-8 将一般位置平面变换为 V_1 面垂直面

a）立体图 b）投影图（换 V 面） c）投影图（换 H 面）

1）在 V/H 中作△ABC 上的水平线 AD：先作 $a'd' /\!/ x$，再由 $a'd'$ 作出 ad。

2）作 $x_1 \perp ad$，按照点的投影变换规律求得点 A、B、C 的新投影 a_1'、b_1'、c_1'，自然成一直线，即△ABC 在 V_1 面有积聚性投影。在 V_1/H 中，△ABC 是 V_1 面垂直面，$a_1'b_1'c_1'$ 与 x_1 的夹角，就是△ABC 对 H 面的真实倾角 α，如图 4-8b 所示。

若想求出平面对 V 面的倾角 β，则应换 H 面，此时所取的辅助线应是属于△ABC 的正平线，如图 4-8c 所示。

5. 把投影面垂直面变换成投影面平行面

如图 4-9 所示，在 V/H 中有一铅垂面 ABC 的两面投影，需要求它的实形。增加 V_1 面与 $\triangle ABC$ 平行，则 V_1 面 $\perp H$ 面，$\triangle ABC$ 可以从 V/H 中的 H 面垂直面变换成 H/V_1 中 V_1 面平行面。这时，x_1 应与 abc 相平行。作图过程如下：

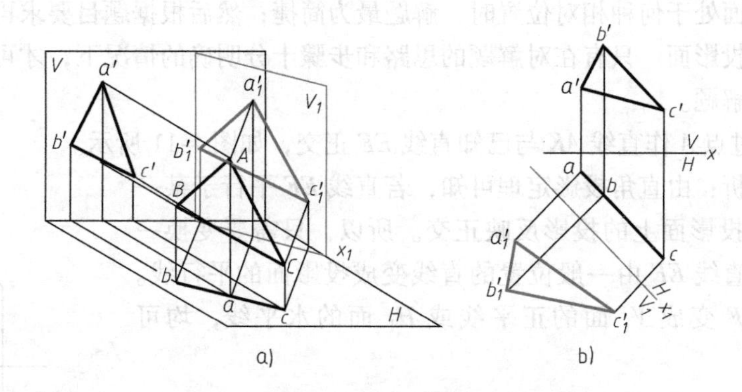

图 4-9 投影面的垂直面变换为平行面

a）立体图 b）投影图

1）作 $x_1 /\!/ abc$。

2）按照点的投影变换规律求得点 A、B、C 的新投影 a_1'、b_1'、c_1'，连成 $\triangle ABC$ 的 V_1 面投影 $\triangle a_1'b_1'c_1'$，即为 $\triangle ABC$ 的实形。

同理，若需要求处于正垂面位置的平面图形的实形，则可增加与该平面图形相平行的 H_1 面。这个平面图形就成为 V/H_1 中的 H_1 面平行面，它在 H_1 面上投影即为实形。

6. 把一般位置平面变换成投影面平行面

如图 4-10 所示，已知 V/H 体系中处于一般位置的 $\triangle ABC$ 的两面投影，要求作 $\triangle ABC$ 的实形。若能加一个与 $\triangle ABC$ 相平行的新投影面，则 $\triangle ABC$ 在其上的新投影就能够反映实形。因为 $\triangle ABC$ 是一般位置平面，与它相平行的新投影面既不垂直于 H 面，也不垂直于 V 面，所以需要二次换面。第一次先把一般位置平面变换为投影面垂直面（图 4-8），第二次换面再把垂直面变换为投影面平行面。作图过程如下：

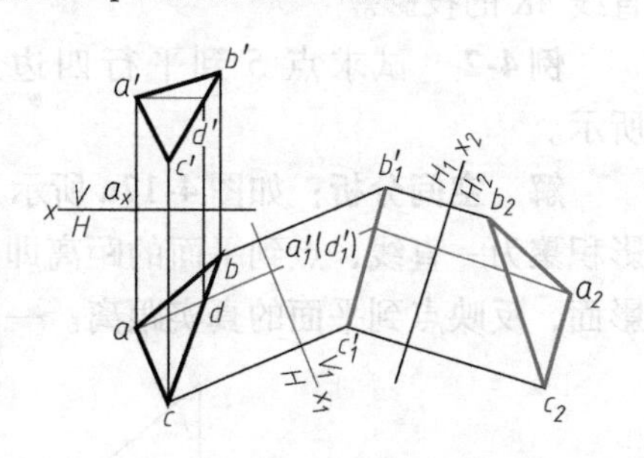

图 4-10 一般位置平面变换成投影面平行面

1）先在 V/H 中作 $\triangle ABC$ 上的水平线 AD 的两面投影 $a'd'$ 和 ad，再作 $x_1 \perp ad$，按照点的投影变换规律求出点 A、B、C 的 V_1 面投影，并连成积聚为直线的投影 $a_1'b_1'c_1'$。

2）作 $x_2 /\!/ a_1'b_1'c_1'$，根据点的投影变换规律由 $\triangle abc$ 和 $\triangle a_1'b_1'c_1'$ 作出 $\triangle a_2b_2c_2$，即为 $\triangle ABC$ 的实形。

以上六个基本作图问题可综合为两个基本问题（见表 4-1）：

1）把已知投影变换为平行投影（可得到实长、实形或垂直关系，或为下步作图的基础）。

2）把已知投影变换为积聚性投影（可得夹角、距离、垂直关系，或为下步作图的基础）。

四、换面法应用举例

在应用换面法解题时，首先要分析空间已知元素和未知元素的相互关系；再当分析空间几何元素与投影面处于何种相对位置时，解题最为简捷；然后根据题目要求再分析需要换几次面及先换哪个投影面。只有在对解题的思路和步骤十分明确的情况下，才可应用上述的基本作图方法进行解题。

例 4-1 试过点 A 作直线 AK 与已知直线 EF 正交，如图 4-11 所示。

解 空间分析：由直角投影定理可知，若直线 EF 平行于某一投影面，则在该投影面上的投影反映正交。所以，只需要变换一次投影面就可将直线 EF 由一般位置的直线变成投影面的平行线。本题可将直线 EF 变成 V_1 面的正平线或 H_1 面的水平线，均可解题。

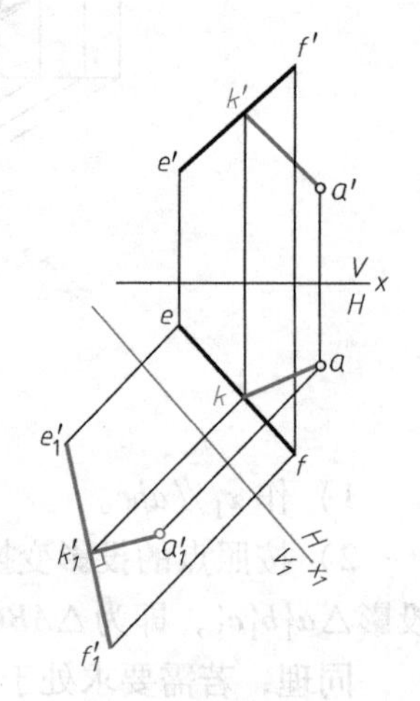

图 4-11 点 A 作直线 AK 与直线 EF 正交

作图步骤：

1）将直线 EF 变为 V_1 面的平行线

① 作新轴 $x_1 /\!/ ef$，按照点的投影变换规律，求出 e_1' 和 f_1'。

② 点 A 随同直线 EF 一起变换得 a_1'。

2）根据直角投影定理，过 a_1' 向 $e_1'f_1'$ 作垂线，与 $e_1'f_1'$ 交于 k_1'，$a_1'k_1'$ 即为两线正交后的交点 K 在 V_1 面上的投影。

3）由 k_1' 返回 V/H 体系中求出 k、k'，连接 ak、$a'k'$ 即为所求直线 AK 的投影。

例 4-2 试求点 S 到平行四边形 $ABCD$ 的距离，如图 4-12 所示。

解 空间分析：如图 4-12a 所示，当平面变成投影面垂直面时，平面在该投影面上的投影积聚为一直线，点到平面的距离即为自点向该平面所作垂线的长度。此垂线必平行于该投影面，反映点到平面的真实距离。一般位置平面变成投影面垂直面，只需要一次变换。

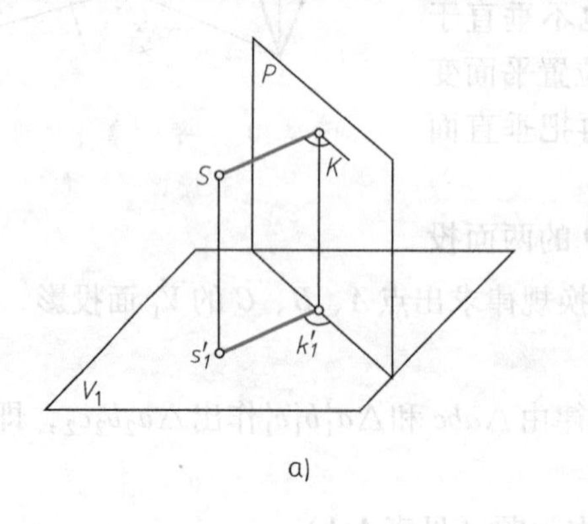

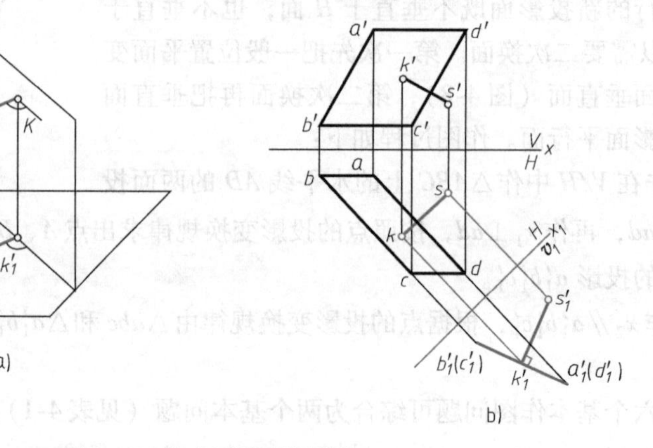

图 4-12 求点到平面的距离

a）立体图 b）投影图

作图步骤：

1）平行四边形 $ABCD$ 变为投影面 V_1 的垂直面，点 S 随同一起变换。从图中可知：平面 $ABCD$ 中的 AD、BC 边为水平线，所以可作新轴 $x_1 \perp ad$，按照点的换面投影规律，求出 a_1'、b_1'、c_1'、d_1'和 s_1'。

2）过 s_1'作平面 $a_1'b_1'c_1'd_1'$的垂线，得垂足点 k_1'、$s_1'k_1'$即为点 S 到平面 $ABCD$ 的距离。返回投影作出 SK 和 $s'k'$。

例 4-3 求作交叉两直线 AB、CD 的公垂线，如图 4-13a 所示。

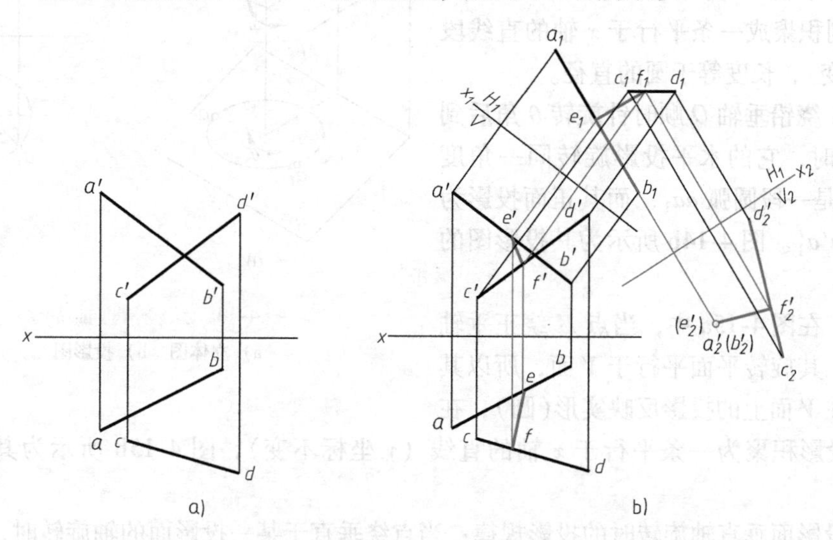

图 4-13 求作交叉两直线间的距离

解 空间分析：在求解中若使交叉两直线之一变换成新投影面的垂直线，则公垂线必平行于该投影面，并反映实长。图中若把直线 AB 变为投影面垂直线，则 CD 与 AB 间的公垂线 EF 必平行于该投影面，并反映实长。公垂线 $EF \perp CD$，则在 V_2 面上的投影反映直角。因为 AB 是一般位置的直线，故需要经二次变换求解。

作图步骤：

1）作 $x_1 /\!/ a'b'$，在新投影面 H_1 上求出 a_1b_1 和 c_1d_1。

2）作 $x_2 \perp a_1b_1$，在新投影面 V_2 上求出 $a_2'b_2'$和 $c_2'd_2'$。

3）自 $a_2'(b_2')$ 作 $c_2'd_2'$的垂线 $e_2'f_2'$，则 $e_2'f_2' /\!/ V_2$，$e_2'f_2'$即为所求公垂线的实长。

4）由 e_2'、f_2'返回投影求出公垂线 EF 的 H 面、V 面投影 ef、$e'f'$，则确定了公垂线的位置。

*第三节 旋 转 法

投影面保持不动，使空间几何要素绕某一轴旋转到有利于解题的位置，然后找出其旋转后的新投影。这种方法称为旋转法。

由于旋转轴对投影面的位置不同，旋转法分为两种。一是几何元素绕垂直于投影面的轴旋转，称为绕垂直轴旋转。二是几何元素绕平行于投影面的轴旋转，称为绕平行轴旋转。本节只讨论几何元素绕投影面垂直轴旋转。

一、点旋转时的投影变换规律

图4-14a所示为空间点A绕铅垂轴O旋转时的投影变换情况。当点A旋转时，它必在垂直于旋转轴的旋转平面内（即平行于H面）做圆周运动。其旋转轨迹在H面上的投影反映实形，即形成一个以旋转轴的投影o为中心，以旋转半径oa为半径的圆，而在V面上的投影则积聚成一条平行于x轴的直线段（z坐标不变），长度等于圆的直径。

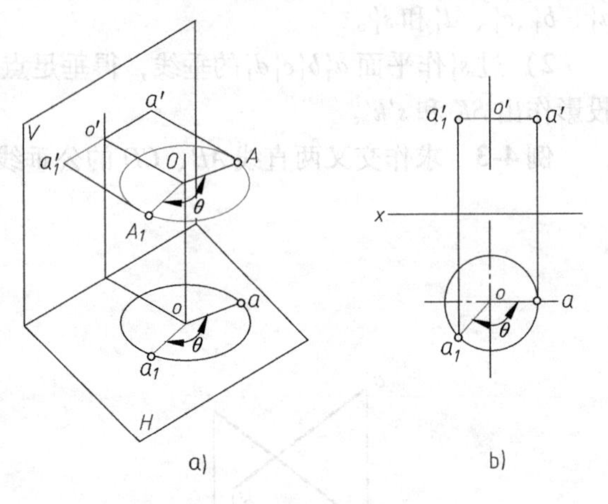

图4-14 点绕铅垂轴旋转

a）立体图 b）投影图

当点A绕铅垂轴O顺时针旋转θ角后到新位置A_1时，它的水平投影旋转同一角度θ，其轨迹是一段圆弧aa_1，而其正面投影为一直线段$a'a_1'$。图4-14b所示为其投影图的作法。

同理，在图4-15a中，当点M绕正垂轴O旋转时，其旋转平面平行于V面，所以其旋转轨迹在V面上的投影反映实形(圆)，在H面上的投影积聚为一条平行于x轴的直线（y坐标不变），图4-15b所示为其投影图的作法。

点绕投影面垂直轴旋转时的投影规律：当点绕垂直于某一投影面的轴旋转时，它在该投影面上的投影是以旋转中心的投影为圆心，以旋转半径为半径的圆周运动所形成的；而在另一投影面上的投影是沿与旋转轴垂直的直线做往复移动所形成的。点在旋转过程中始终符合点的投影规律。

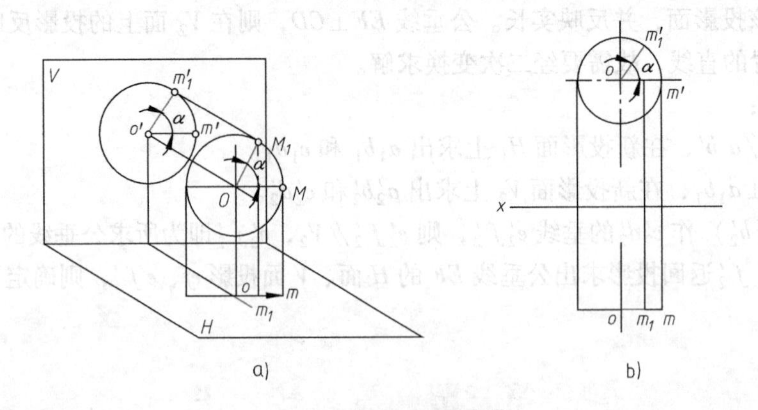

图4-15 点绕正垂轴旋转

a）立体图 b）投影图

二、直线的旋转

直线是由相距一定位置的两点所组成的，平面是由若干个相距一定位置的点组成的。为了保证直线之间的相对位置在旋转时不变，必须遵循直线上的点绕同一根轴、沿同一方向、旋转同一角度的“三同”原则。然后把上述各点旋转后的同面投影连接起来，便得到该直线或平面的新投影。

1. 将一般位置直线旋转为投影面平行线

若求线段 AB 的实长及其对 H 面的倾角 α，则需要将 AB 旋转成正平线，如图 4-16a 所示，选通过线段 AB 的一个端点 A 的铅垂线作为旋转轴，这样点 A 旋转前后位置不变，而只需要旋转点 B 即可。图 4-16b 所示为直线 AB 旋转为正平线的投影作图过程，图 4-16c 所示为直线 AB 旋转为水平线的投影作图过程。

由上可知，若求线段的实长，则旋转轴垂直于哪一个投影面均可，但若求线段对投影面的倾角，则必须选取该投影面的垂直线作旋转轴，使线段旋转成另一个投影面的平行线。

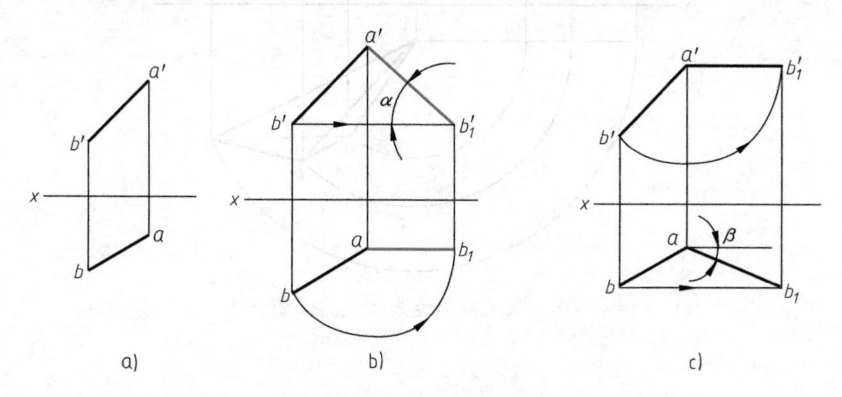

图 4-16 将一般位置直线旋转为投影面的平行线

2. 将投影面平行线旋转为投影面垂直线

图 4-17a 所示为将正平线旋转为铅垂线的投影作图过程，只需要进行一次旋转即可。图 4-17b 所示为将水平线旋转为正垂线的投影作图过程。

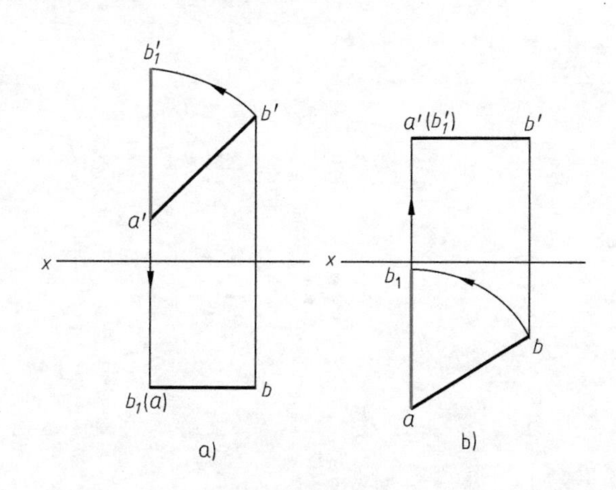

图 4-17 将投影面的平行线旋转为投影面的垂直线

3. 绕垂直轴旋转的应用举例

例 4-4 如图 4-18 所示，试求三棱锥三条棱线 SA、SB、SC 的实长。

解 空间分析：若求线段的实长，则需要将线段旋转成投影面的平行线，如图 4-18 所示。

作图步骤：

选通过棱锥顶点 S 的铅垂线作为旋转轴，这样点 S 旋转前后位置不变，分别旋转点 A、B、C，将 SA、SB、SC 旋转为正平线。则 $s'a_1'$、$s'b_1'$、$s'c_1'$ 即为所求。

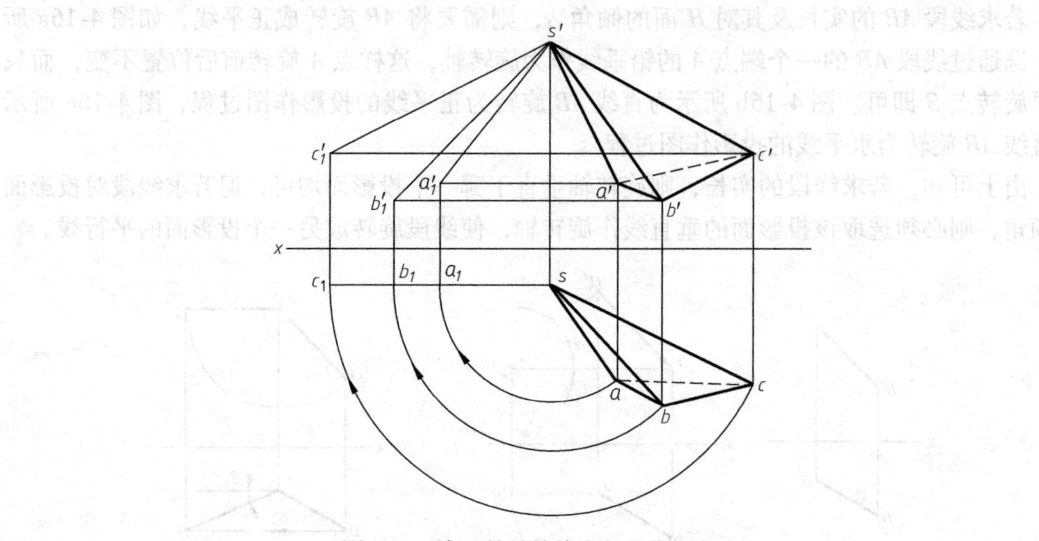

图 4-18　求三棱锥棱线实长的作图方法

第五章

基本立体

立体可分为平面立体和曲面立体两类。如果立体表面全部由平面所围成，则称为平面立体。最基本的平面立体有棱柱和棱锥，如图 5-1a、b 所示。如果立体表面由曲面和平面或全部由曲面所围成，则称为曲面立体。最基本的曲面立体有圆柱、圆锥、圆球及圆环等，如图 5-1c ~ f 所示。

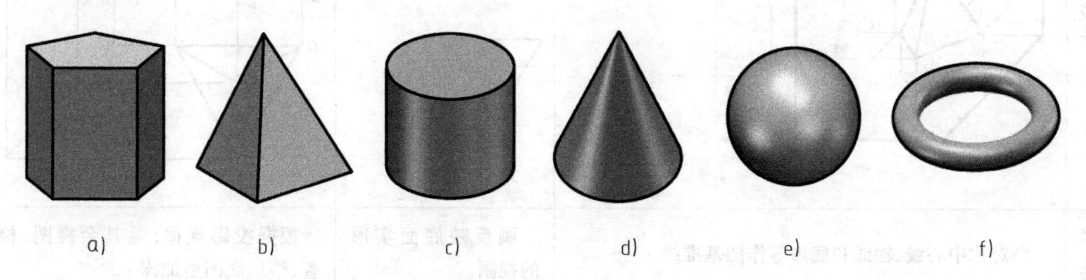

图 5-1　基本几何体

a）棱柱　b）棱锥　c）圆柱　d）圆锥　e）圆球　f）圆环

在工程制图中，通常把棱柱、棱锥、圆柱、圆锥、圆球、圆环等立体称为基本立体（也称常见基本体），各种工程形体都可看作是由基本立体（或其变化体）组成的。

第一节　基本立体的投影

一、平面体

1. 棱柱

棱柱是由侧棱面和上、下底面围成的，相邻侧棱面的交线称为侧棱线，各侧棱线均互相平行的立体称为棱柱。棱柱的上、下底面与侧棱线垂直的棱柱叫直棱柱。底面为正多边形的直棱柱称为正棱柱见表 5-1。

2. 棱锥

棱锥是由侧棱面和底面围成（相邻侧棱面的交线称为侧棱线）的，且各侧棱线汇交于一点（锥顶）。底面为正多边形的直棱锥称为正棱锥。

正六棱柱和三棱锥三视图的作图步骤见表 5-1。其他平面体三视图的作法与此相似。

表 5-1 正六棱柱和三棱锥三视图的作图步骤

立体	轴测图	画图步骤 1	画图步骤 2	画图步骤 3
正六棱柱	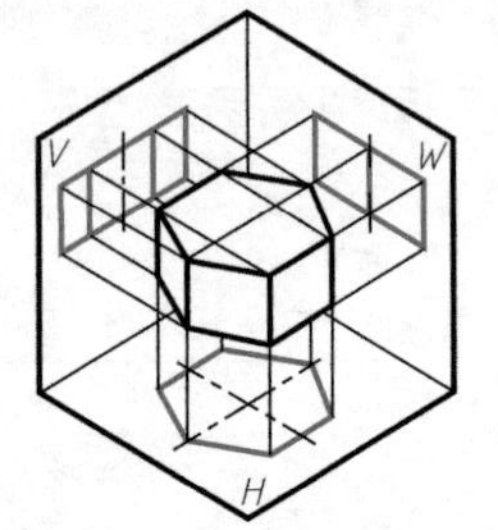	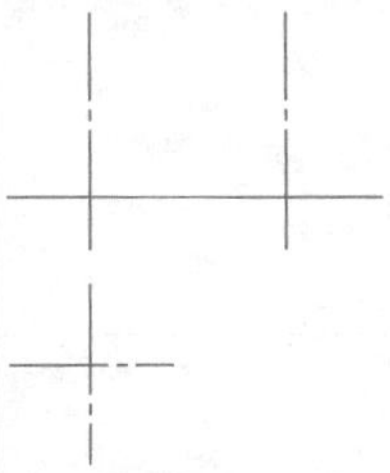	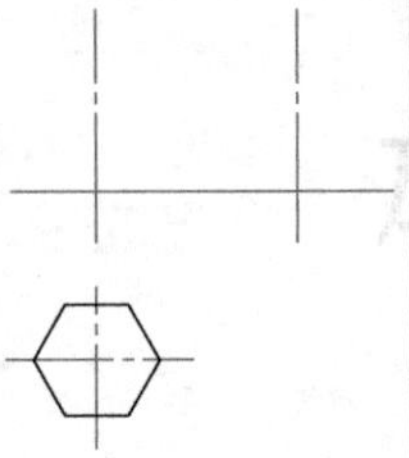	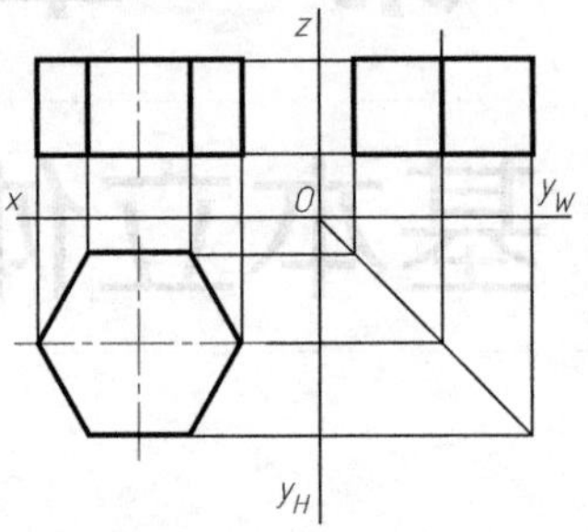
三棱锥	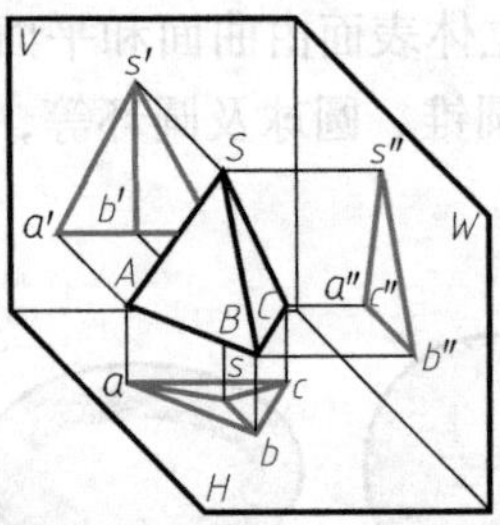	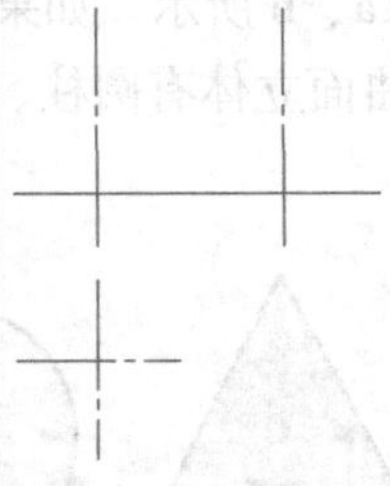	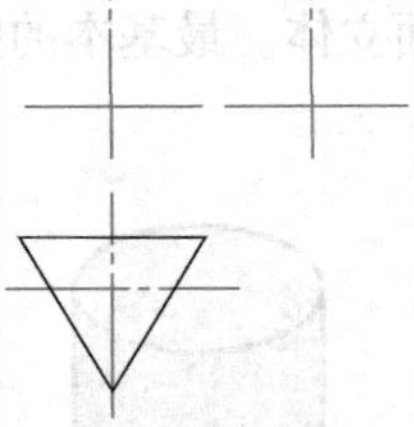	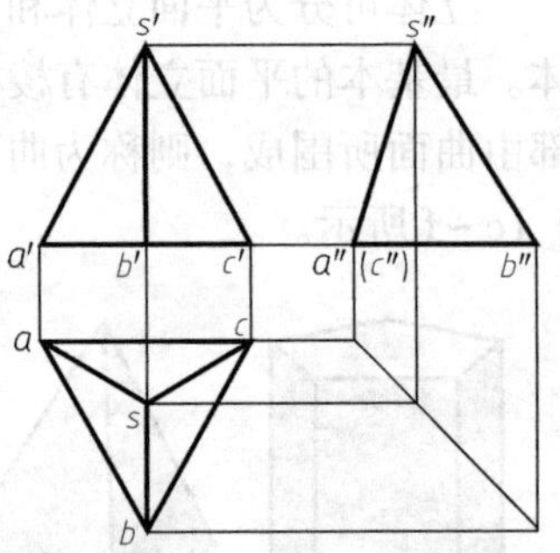
说明	画对称中心线、轴线和底边等作图基准线		画反映底面实形的视图	根据投影规律，画其余视图，检查、整理底图后加深

二、常见回转体

由曲面或曲面加平面围成的空间实体称为曲面体，由回转曲面或回转曲面加平面围成的空间实体则称为回转体，如圆柱体、圆锥体、圆球、圆环等，被称为常见回转体。常见回转体在工程实际中得到了最广泛的应用。

1. 回转体的投影特征及其画法

画回转体时首先用细点画线画出回转轴线的投影；然后画出回转面投影的轮廓线（即某些极限位置素线的投影和纬圆的投影，极限位置素线的投影被称为转向轮廓线）；最后画全其他表面，构成回转体。

为了画图方便，对于单个的回转面一般使轴线为投影面的垂直线。这样在平行于轴线的投影面上的投影是最左最右、最前最后或上下极限位置素线的投影，其余素线的投影都在此线框内，故不必画出；在垂直于轴线的投影面上的投影为一个或多个同心圆。正回转体（轴线为垂直线）的三个投影至少有两个是一样的，一般只需画出两面投影即可。

2. 常见回转体的投影特征及其画法

（1）圆柱体　圆柱面与顶圆和底圆围成圆柱体，圆柱面是直母线 AA_1 绕与其平行的轴线回转而成的，如图 5-2a 所示。

当圆柱体的轴线垂直于投影面时，它的底面和顶面在该投影平面上的投影都为圆。当圆柱体斜置时，则底面和顶面的投影一般都不能反映圆柱体正截面的实形，其投影一般为椭圆。

圆柱体的投影特性（见图5-2）：

1）在与轴线垂直的投影面上，其两个端面的投影重合为反映实形的圆平面，而圆周则是圆柱面的积聚性投影。

2）另外两个投影都是以轴线为对称中心线的大小相同的矩形。

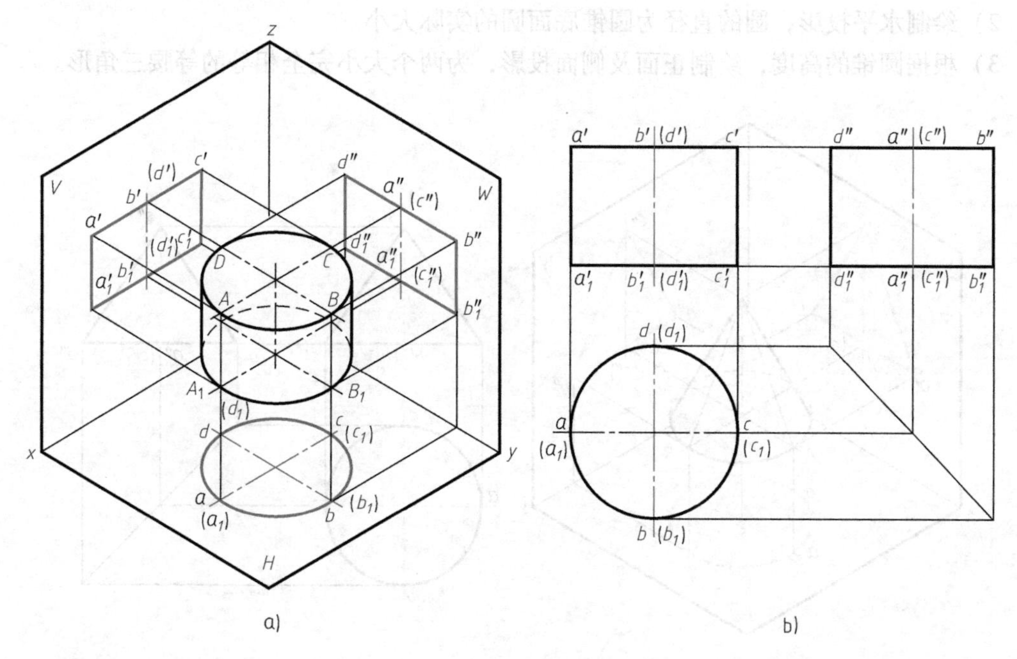

图5-2 圆柱体的投影

a）直观图 b）投影图

圆柱体投影图的作法（见图5-2b）：

1）画出回转轴线的各投影。

2）确定圆柱面的位置和方向，画出底圆和顶圆的投影。

3）画出圆柱面的转向轮廓线（可见与不可见的分界线）。

如图5-2所示，正面投影中平行于轴线的两个边是圆柱面上最左、最右轮廓素线的投影，称其为正视转向轮廓线（AA_1 和 CC_1），是圆柱面在正面投影图上可见和不可见柱面的分界线；圆柱面的侧面投影中平行于轴线的两个边是圆柱面上最前、最后轮廓素线的投影，其称为侧视转向轮廓线（BB_1 和 DD_1），是圆柱面在侧面投影图上可见和不可见柱面的分界线。

需要注意的是，AA_1 和 CC_1 的侧面投影与轴线重合，BB_1 和 DD_1 的正面投影与轴线重合，在投影图中不再画出其投影。

（2）圆锥体 圆锥面与底圆围成圆锥体，正圆锥面是直母线 SA 绕与其相交的轴线旋转而成的，其顶点 S 称为锥顶，如图5-3a所示。

圆锥体的投影特性（见图5-3）：

1）在与轴线垂直的投影面上，圆锥体的投影为一个圆，这个圆既是平行于该投影面的底面圆的实形，又是圆锥面的投影。

2）另外两个投影是以轴线为对称中心线的大小完全相等的等腰三角形，底边为底面圆的积聚性投影。

圆锥体投影图的作法（见图 5-3b）：

1）用细点画线画出轴线的正面和侧面投影、水平投影面上圆的对称中心线，确定圆锥的位置。

2）绘制水平投影，圆的直径为圆锥底面圆的实际大小。

3）根据圆锥的高度，绘制正面及侧面投影，为两个大小完全相等的等腰三角形。

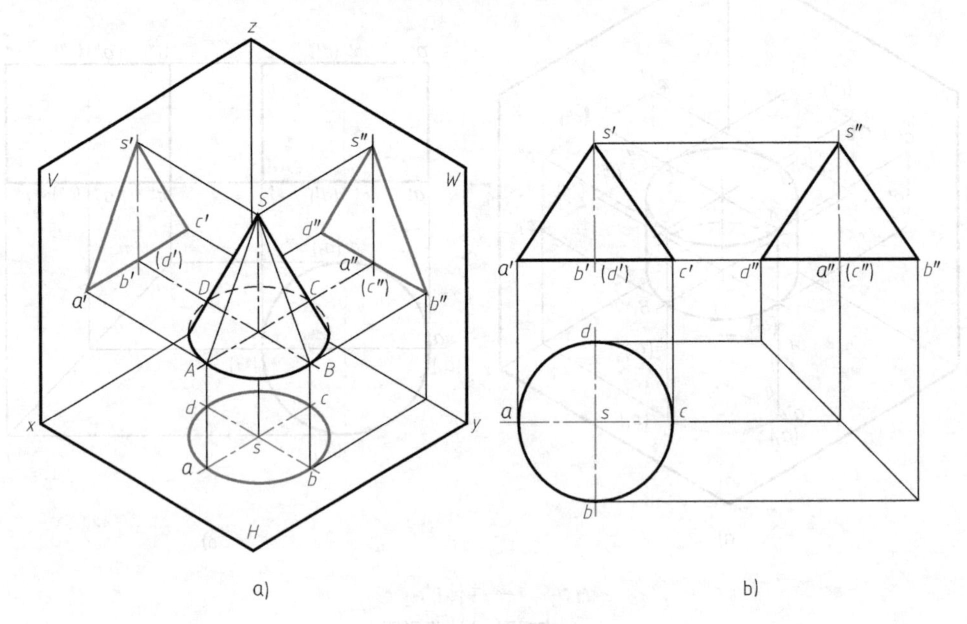

图 5-3　圆锥体的投影

a）直观图　b）投影图

如图 5-3 所示，正面投影中等腰三角形的两腰 $s'a'$ 和 $s'c'$ 分别为圆锥面上最左素线 SA 和最右素线 SC 的正面投影，又称为圆锥面对 V 面投影的转向轮廓线。SA 和 SC 的侧面投影与圆锥轴线的侧面投影重合，画图时不需要表示。

侧面投影中等腰三角形的两腰 $s''b''$ 和 $s''d''$ 分别为圆锥面上最前素线 SB 和最后素线 SD 的侧面投影，又称为圆锥面对 W 面投影的转向轮廓线；SB 和 SD 的正面投影与圆锥轴线的正面投影重合，画图时不需要表示。

(3) 圆球　圆球由圆球面围成，圆球面可看成是由半圆周母线绕其直径旋转而成的。图 5-4a 所示为球体三投影面体系中的投影。球体有无数条轴线，但一旦在三投影面体系中的位置确定后，其各视图的转向轮廓线圆就随之确定。

圆球的投影特性（见图 5-4）：

圆球的三面投影均为大小相等的圆，其直径等于球的直径，但三个投影面上的圆是不同投影面的转向轮廓线的投影，三个转向轮廓线圆在空间两两垂直。

平行于 V 面的最大圆曲线 A，称为圆球的正视转向轮廓线圆，是区分前、后半球表面的分界线。圆 A 的正面投影 a'反映该圆的实形，其水平投影 a 和侧面投影 a''在中心线上，不用画出。

平行于 H 面的最大圆曲线 B，称为圆球的俯视转向轮廓线圆，是区分上、下半球表面的分界线。圆 B 的水平投影 b 反映该圆的实形，其正面投影 b'和侧面投影 b''在中心线上，不用画出。

平行于 W 面的最大圆曲线 C，称为圆球的侧视转向轮廓线圆，是区分左、右半球表面的分界线。圆 C 的侧面投影 c''反映该圆的实形，其水平投影 c 和正面投影 c'在中心线上，不用画出。

圆球投影图的作法：

如图 5-4b 所示，作图时首先用细点画线画出各投影的对称中心线，然后画出与球的直径相等的圆曲线。

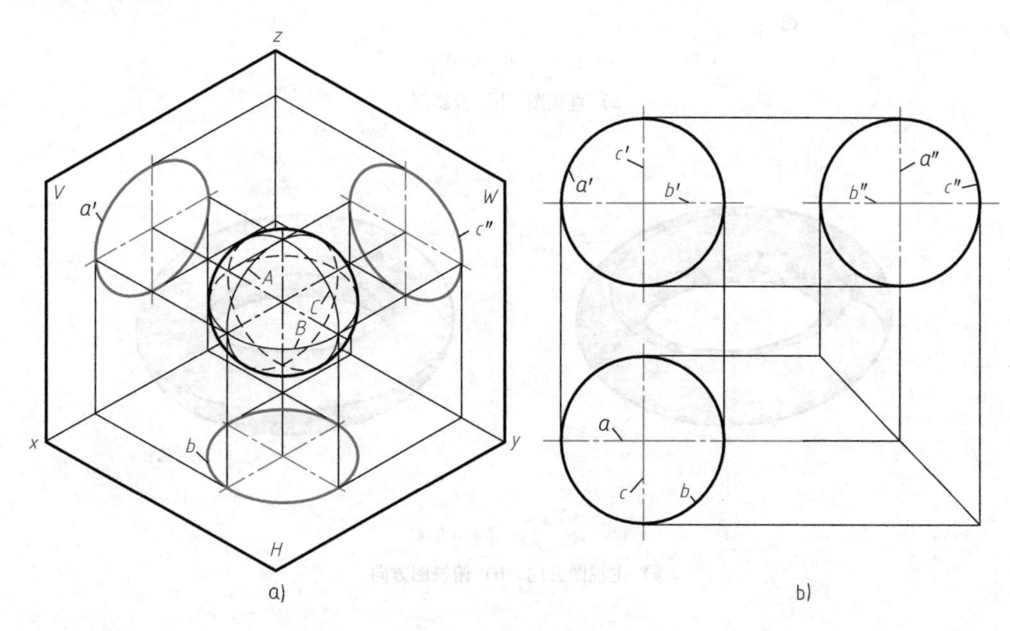

图 5-4 圆球的投影

a）直观图 b）投影图

（4）圆环 圆环面围成的空间形体称为圆环，圆环面可以看成是圆母线绕它以外且与其共面的轴线回转而成的，如图 5-5a 所示。

如图 5-5 所示，将圆环置于轴线为铅垂线的位置，向三个投影面分别投射。在圆环的水平投影图中，细点画线圆为圆母线圆心的运动轨迹，大圆、小圆各为上半个圆环和下半个圆环分界线圆的投影。在圆环的正面投影图和侧面投影图中，两个圆曲线为圆母线在极限位置时的投影，由于内环面不可见，故一半画成细虚线；两圆曲线的上下两条切线为内环面和外环面的分界线圆的投影。

一般情况下，圆环由主视图和俯视图两个视图表达即可，左视图可以省略不画。

当圆环的轴线为铅垂线时，如图 5-6a 所示，从前往后投射时，前半个外环面可见，内环面和后半个外环面均不可见；如图 5-6b 所示，从上往下投射时，上半个环面可见，下半个环面不可见。

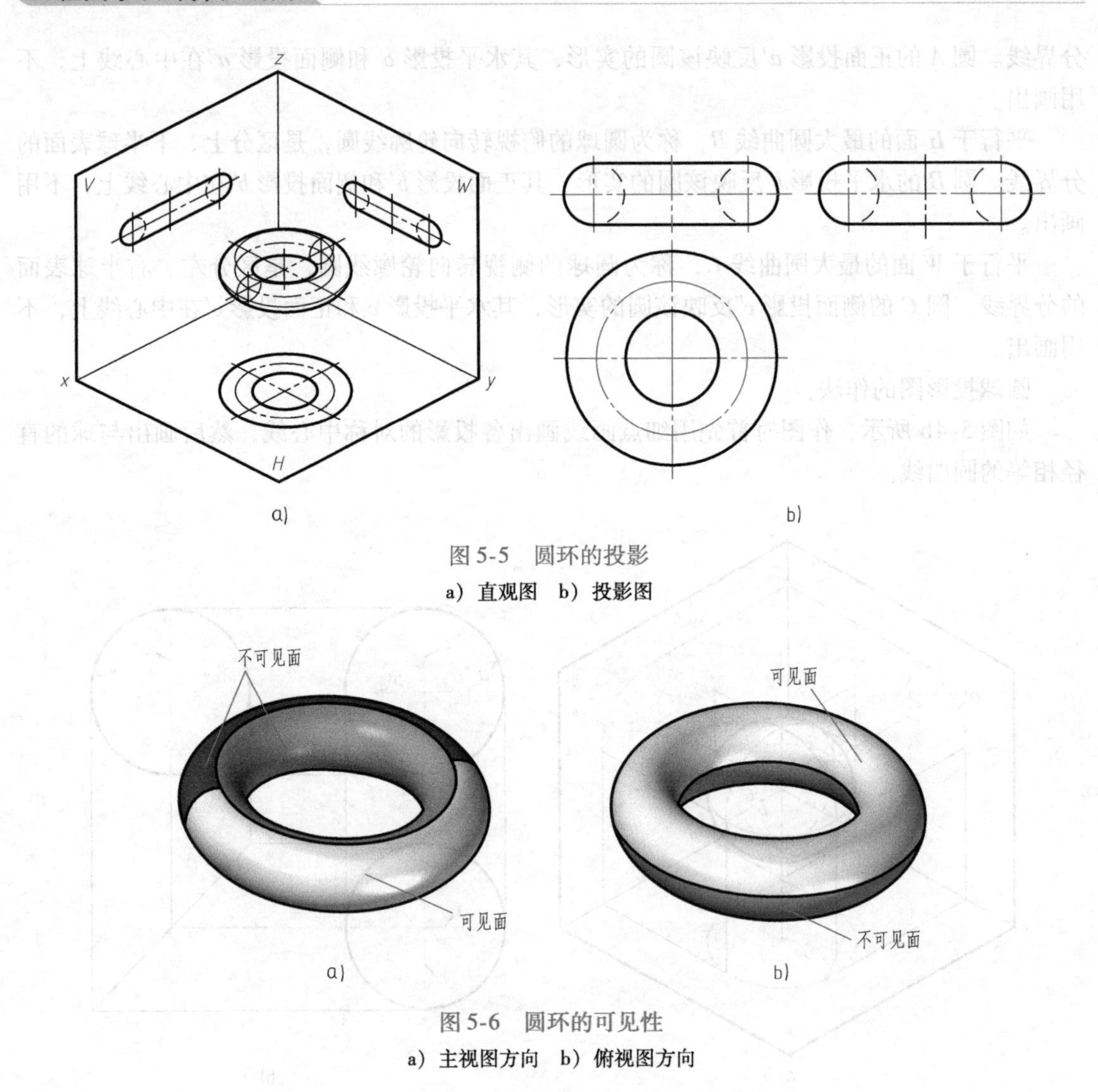

图 5-5　圆环的投影

a）直观图　b）投影图

图 5-6　圆环的可见性

a）主视图方向　b）俯视图方向

第二节　立体表面的点和线

立体表面有无穷多的点和线，这些点和线都属于立体的表面，也就是点属于线、线属于面的关系，所以这些点和线的投影也都与立体表面的投影紧密相连。当已知立体表面点的某个投影而需要寻求其他投影时就可以利用这个规律。通常是利用立体表面的投影作辅助线来完成，即求点需先作线，画线需先定点的方法。

点在立体表面上按照其位置有三种情况：点在立体表面的已知直线或转向轮廓线上；点在立体表面的垂直面上；点在立体表面的倾斜面(一般位置面)上。由于点在立体上的位置不同，所以其取点作图的方法也不同。

一、点在立体表面的已知线上

在这种情况下，由于线的三面投影均已知，根据正投影法从属性的投影特性，即点如果在线上，点的各投影分别在线的同面投影上，确定该点的作图方法：从点的已知投影入手，按照点的三面投影规律，分别在线的相应投影上作出点的所缺投影。

如图5-7所示，已知三棱锥棱线上Ⅰ点的V面投影1′和Ⅱ点的H面投影2（图5-7a），求1″、1及2′、2″的作图过程如图5-7b所示。

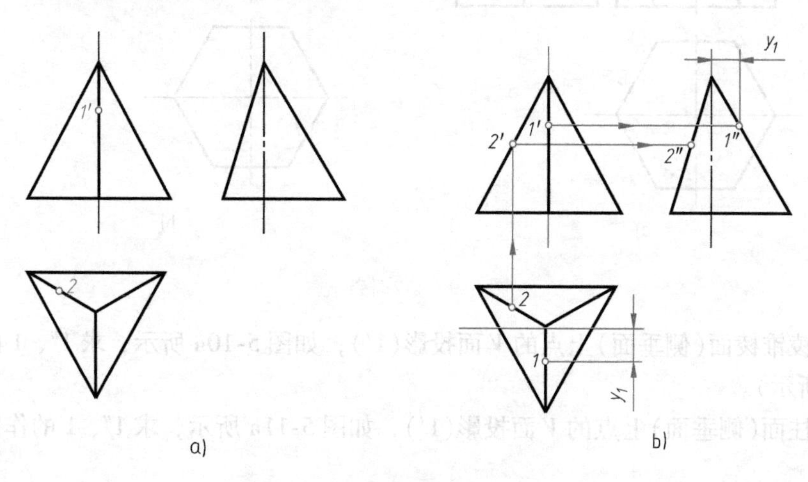

图5-7 点在三棱锥的棱线上

如图5-8所示，已知圆锥对W面的转向轮廓线上Ⅰ点的投影1′，对V面的转向轮廓线上Ⅱ点的水平投影2，求1、1″、2′、2″的作图过程如图5-8b所示。

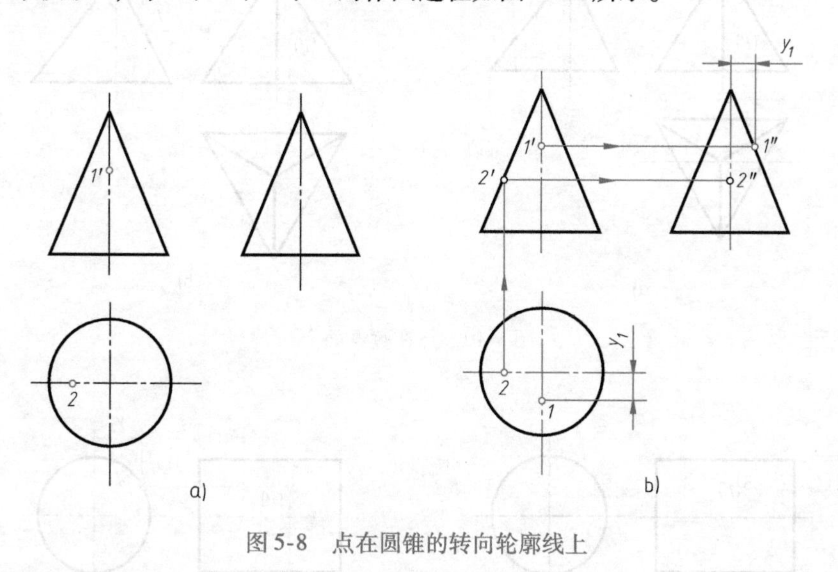

图5-8 点在圆锥的转向轮廓线上

二、点在立体表面的特殊位置面上

在这种情况下，特殊位置面的三面投影均已知，根据特殊位置面（平行面或垂直面）在所垂直的投影面上的投影积聚成一条线的特性，该面上取点作图的方法：从点的已知投影入手，先在面的积聚性投影上求得点的第二个投影，再按照点的三面投影规律求出它的第三个投影。

已知六棱柱棱面（铅垂面）上点的V面投影1′，如图5-9a所示，求1″、1（作图过程如图5-9b所示）。

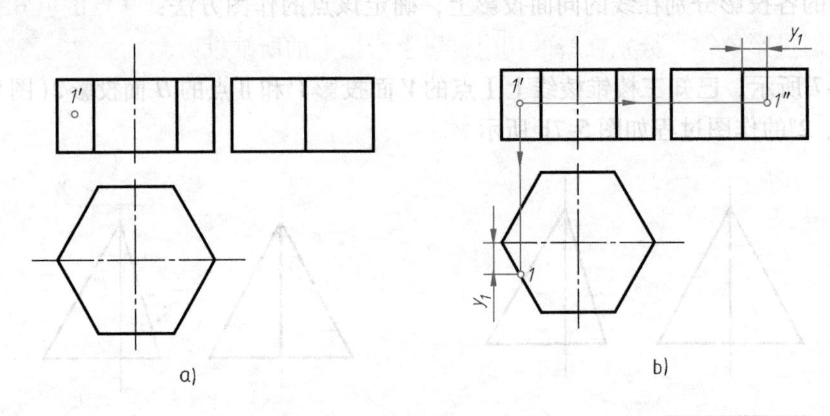

图 5-9　点在棱面上

已知三棱锥棱面(侧垂面)上点的 V 面投影(1′)，如图 5-10a 所示，求 1″、1 的作图过程见图5-10b 所示)。

已知圆柱面(侧垂面)上点的 V 面投影(1′)，如图 5-11a 所示，求 1″、1 的作图过程如图 5-11b 所示。

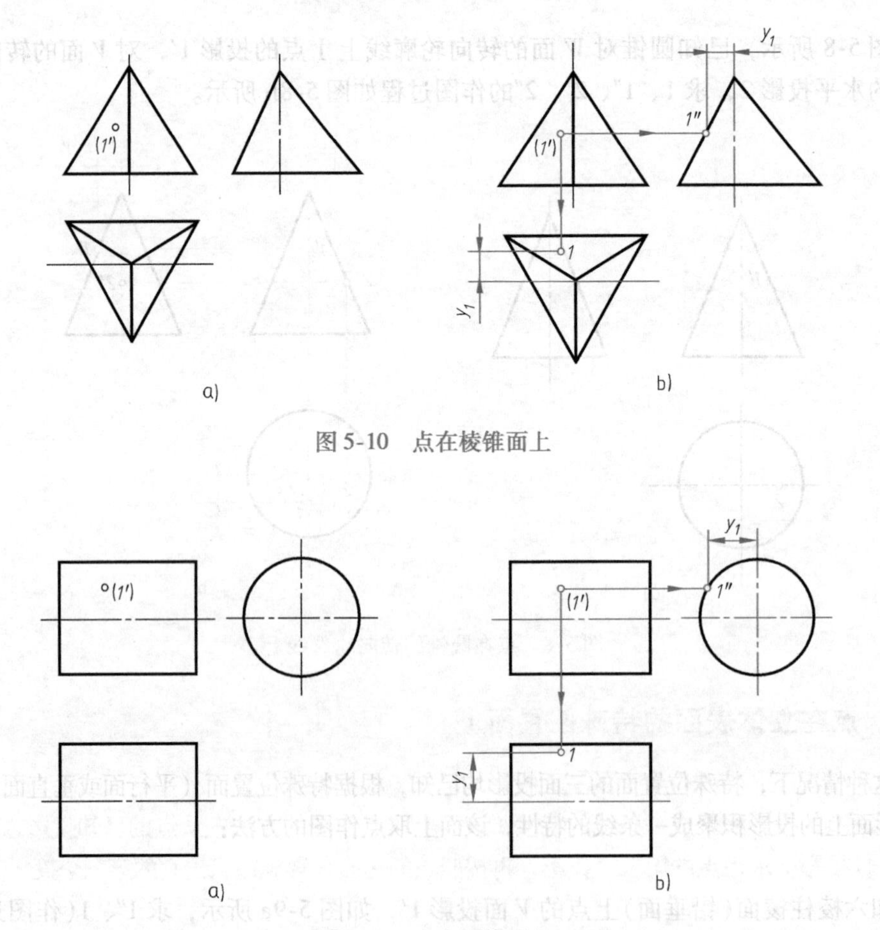

图 5-10　点在棱锥面上

图 5-11　点在圆柱面上

三、点在立体表面的一般位置平面上

利用一般位置平面上辅助线法取点作图，辅助线作法很多。

如图 5-12a 所示，已知三棱锥棱面上点的水平投影 1，采用过点 1 作平行于底边 *AB* 的辅助线 *EF* 的方法来求作点 1 的正面投影 1′和侧面投影 1″，如图 5-12b 所示。此题也可通过作过顶点 *s* 和 1 并与底边 *ab* 相交的辅助线来完成。

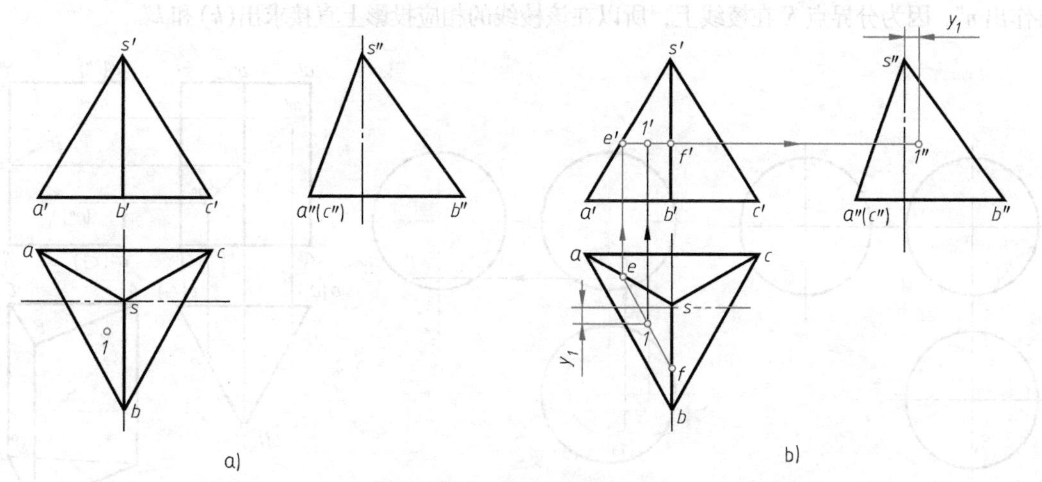

图 5-12 三棱锥上取点作图

又如图 5-13a 所示，已知圆锥面上点的水平投影 1，求其正面投影 1′和侧面投影 1″。如图 5-13b 所示，过点 1 作过锥顶的素线 *SA* 为辅助线求 1′、1″；或者如图 5-13c 所示，过点 1 作水平圆为辅助线求 1′、1″。

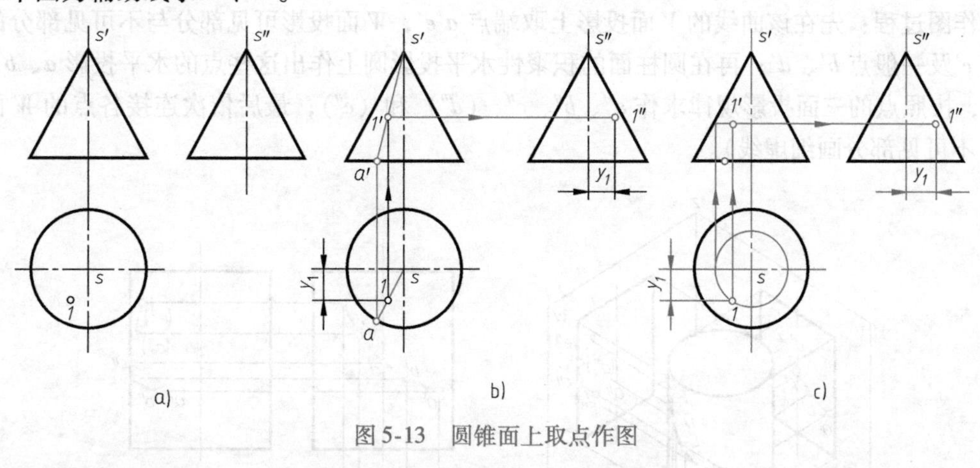

图 5-13 圆锥面上取点作图

如图 5-14a 所示，已知球面上点的水平投影（1），过点（1）作水平圆辅助线，可求 1′、1″，如图 5-14b 所示。

四、在立体表面上取线的作图

线是点的集合，作图时先作出线上若干个点的投影，再依次光滑连接这些点的同面投影就得到线的各面投影。作图过程如下：

1）先求出线的两个端点投影。

2）作线的投影及可见部分与不可见部分的分界点投影。

3）再求若干个一般点的投影（平面体上不必作此步）；

4）依次光滑连接各个点的同面投影（可见线连成粗实线；不可见线连成细虚线）。

如图5-15所示，已知三棱柱棱面上的折线 *MKN* 的正面投影 $m'k'n'$，求该线的 *H* 面和 *W* 面投影。作图过程：先作出垂直面 ABB_1A_1 上 *M* 的水平投影 *m*，再由 m' 和 *m* 求作 m''。同理由 n' 作 *n*，再作出 n''。因为分界点 *K* 在棱线上，所以在该棱线的相应投影上直接求出(*k*)和 k''。

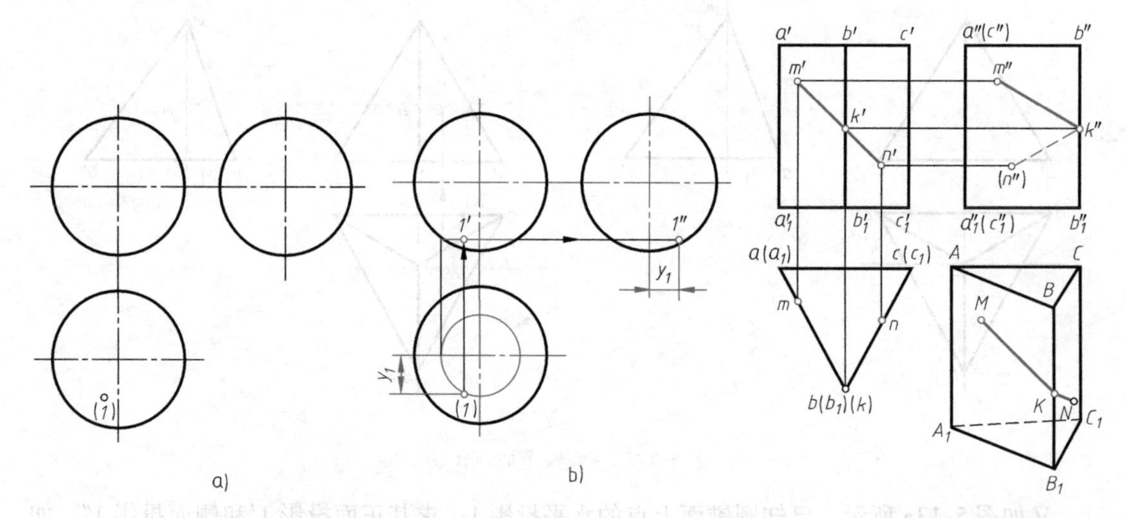

图5-14　球面上取点作图　　　图5-15　棱柱表面上线的投影

如图5-16所示，已知圆柱面上曲线的 *V* 面投影，求作该线的 *H*、*W* 面投影。

作图过程：先在该曲线的 *V* 面投影上取端点 $a'e'$，*W* 面投影可见部分与不可见部分的分界点 c' 及一般点 b'、d'；再在圆柱面的积聚性水平投影圆上作出这些点的水平投影 *a*、*b*、*c*、*d*、*e*，按照点的三面投影规律求作 a''、b''、c''、(d'') 和 (e'')；最后依次连接各点的 *W* 面投影（不可见部分画细虚线）。

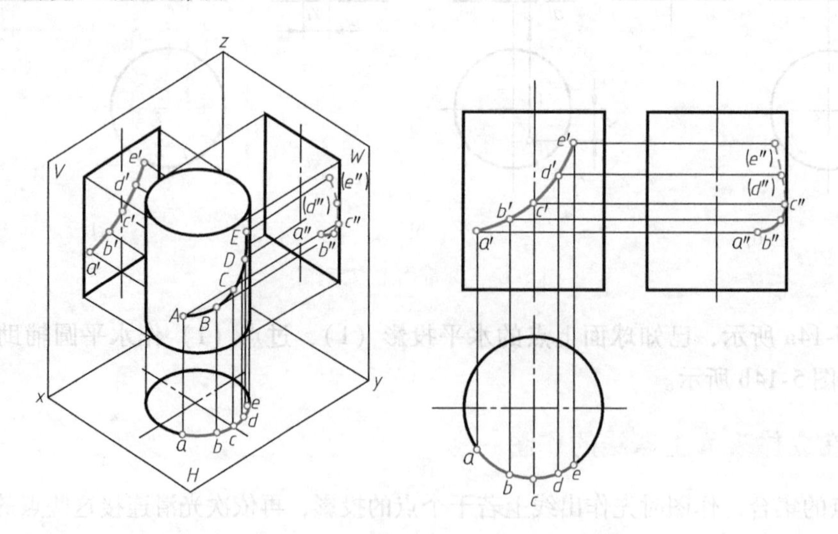

图5-16　圆柱面上曲线的投影

图 5-17a 所示为已知圆锥面上曲线的 V 面投影，求作该线的 H、W 面投影。其作图过程：先在曲线的 V 面投影上取端点 $a'e'$，W 面投影可见部分与不可见部分的分界点 c'及一般点。点 c'在转向轮廓线上可直接求得 c''，再求出 c。圆锥面上其余各点应采用辅助线法求作。图 5-17b 所示为采用辅助素线法求解作图，图 5-17c 所示为采用辅助圆法求解作图。

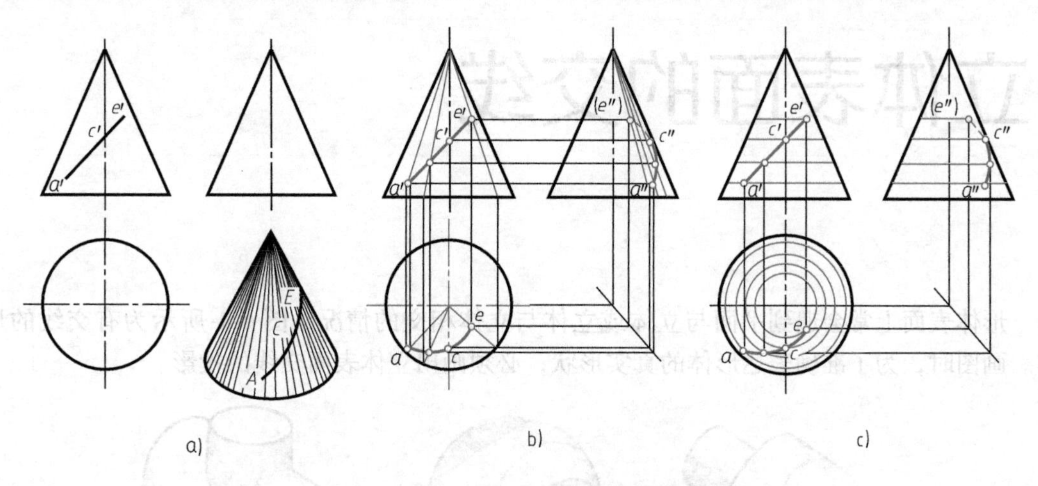

图 5-17 圆锥面上曲线的投影

a）已知条件 b）辅助素线法 c）辅助圆法

第六章 立体表面的交线

形体表面上常会遇到平面与立体或立体与立体相交的情况，图 6-1 所示为有交线的形体。画图时，为了准确表达形体的真实形状，必须画出立体表面交线的投影。

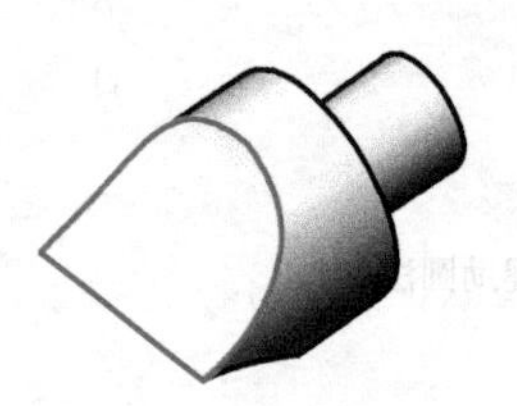
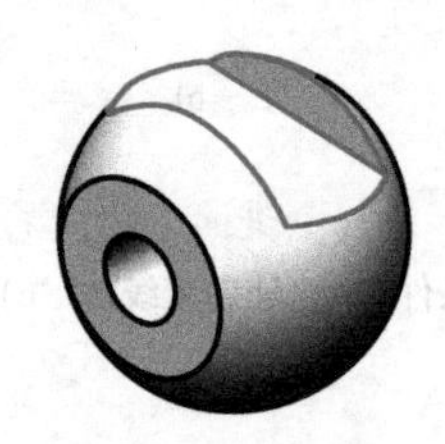
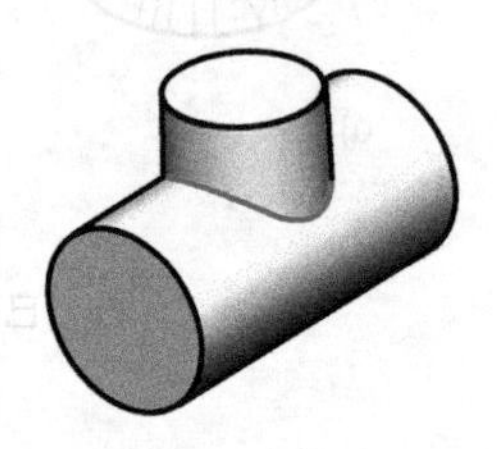

图 6-1　立体表面的交线

第一节　平面与立体表面的截交线

基本立体被截平面切去某些部分后形成的立体称为切割体，如图 6-2 所示。平面截切立体时，平面与立体表面的交线称为截交线，截切立体的平面称为截平面，由截交线围成的平面图形称为截断面。

正确理解和掌握截交线的性质及画法是画好切割体视图的关键。

截交线的投影形状取决于立体的形状、截平面的位置及它们相对于投影面的位置等。无论截交线的形状如何，都具有下列两个性质：

1）截交线是截平面与立体表面的共有线，是截平面和立体表面共有点的集合。因此，求截交线就是求截平面与立体表面的共有点。

2）截交线是一条封闭的平面曲线，一般由直线、曲线或直线和曲线共同围成。

一、平面立体的截交线

平面立体被截平面截切后形成的切割体常称为平面立体切割体，如图 6-3 所示。因为平面立体由平面围成，所以平面立体上的截交线是由直线组成的封闭多边形。多边形的各个顶点是棱线与截平面的交点，多边形的每一条边是棱面与截平面的交线。

截交线的空间形状取决于两个因素：立体的形状及立体与截平面的相对位置。

平面立体切割体及其截交线的投影图画法及步骤如下：

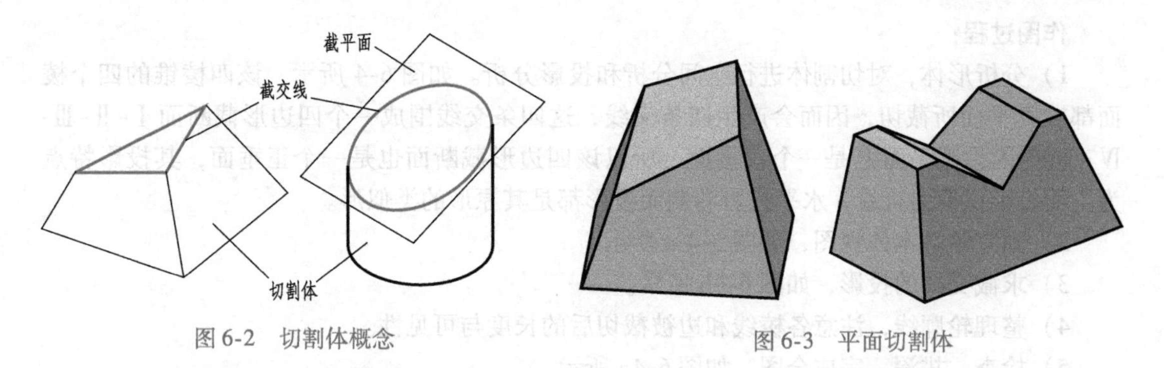

图 6-2 切割体概念　　图 6-3 平面切割体

1. 空间分析和投影分析

明确所画对象的基本体是什么平面立体；用什么位置的平面在立体的哪个位置截切立体；截平面截切到了立体的哪些平面；截切后的立体出现了哪些新的面和线等。初步确定截交线的空间形状。再根据截平面相对于投影面的位置，确定截交线各投影的形状。

2. 画截交线的投影，完成切割体视图

先画基本体三视图，再分别确定截平面在各投影中的位置（特别是截平面的积聚性投影）；逐个画出截切产生的新线和面的投影；修改并整理轮廓线的投影，注意各线的可见性，描深完成切割体的三视图。

例 6-1　如图 6-4 所示，四棱锥被正垂面 *P* 截切，画出被截切四棱锥的三视图。

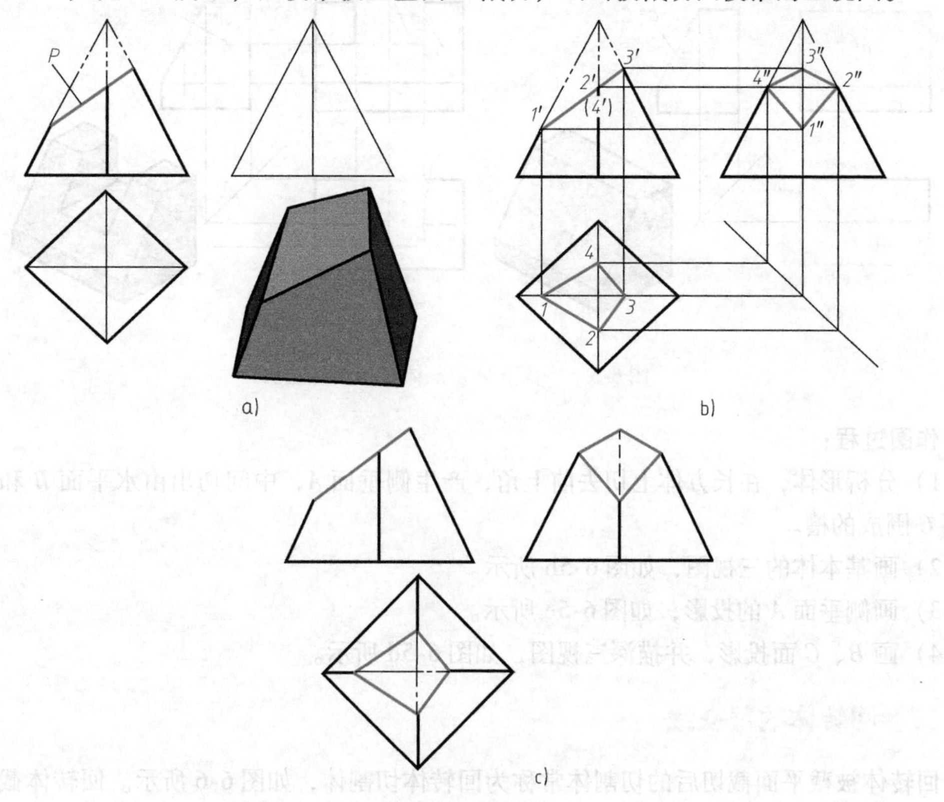

图 6-4 四棱锥切割体三视图的画法

a）画完整基本体视图　b）求正垂面与立体的截交线　c）整理轮廓线、检查、描深

作图过程：

1）分析形体，对切割体进行空间分析和投影分析。如图 6-4 所示，该四棱锥的四个棱面都被 P 平面所截切，因而会产生四条交线，这四条交线围成一个四边形截断面Ⅰ-Ⅱ-Ⅲ-Ⅳ；同时因为截平面 P 是一个正垂面，所以该四边形截断面也是一个正垂面，其投影特点为正面投影积聚为直线，水平投影和侧面投影都是其原形的类似形。

2）画完整基本体视图，如图 6-4 a 所示。

3）求截交线的投影，如图 6-4b 所示。

4）整理轮廓线，注意各棱线和边被截切后的长度与可见性。

5）检查、描深，完成全图，如图 6-4c 所示。

例 6-2　画出图 6-5a 所示的平面立体切割体三视图。

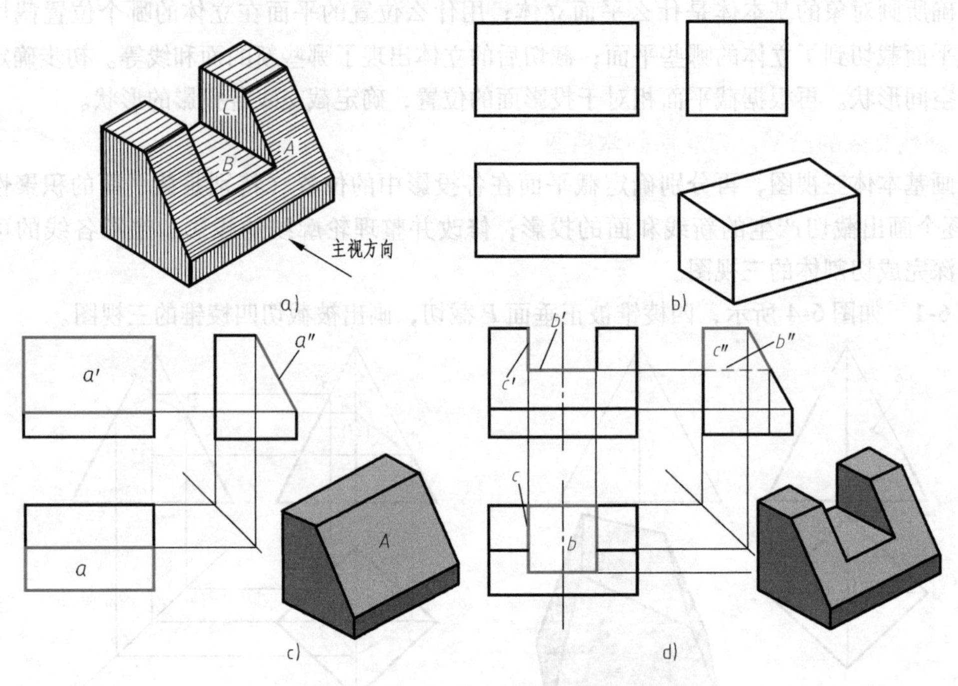

图 6-5　平面立体切割体三视图的画法

作图过程：

1）分析形体，在长方体上切去前上角，产生侧垂面 A，中间切出由水平面 B 和两个侧平面 C 围成的槽。

2）画基本体的三视图，如图 6-5b 所示。

3）画侧垂面 A 的投影，如图 6-5c 所示。

4）画 B、C 面投影，并描深三视图，如图 6-5d 所示。

二、回转体的截交线

回转体被截平面截切后的切割体常称为回转体切割体，如图 6-6 所示。回转体截交线与平面立体截交线具有共同的性质，即共有性和封闭性。因此，求回转体截交线的实质，仍然是求截平面与立体表面共有点的集合。其作图步骤与平面立体的截交线作图步骤类似。但由

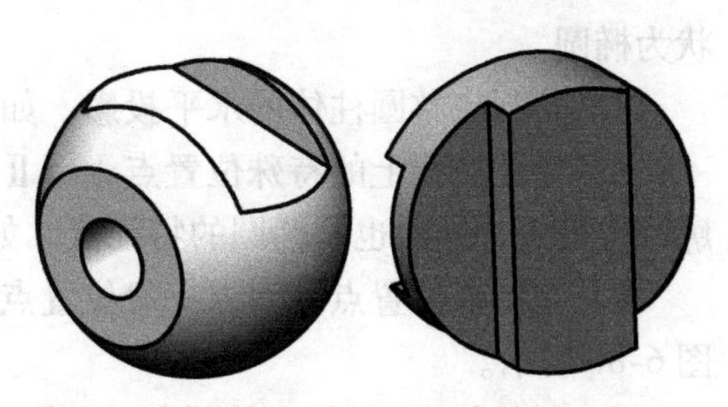
图 6-6　回转体切割体

于回转体不同于平面立体的特点，其截交线一般为封闭的平面曲线，特殊情况含直线或为平面多边形。截交线的几何形状取决于截平面与回转体轴线的相对位置，以及回转体的几何形状和性质。

回转体截交线的作图方法

1）当截平面及曲面立体的某些投影有积聚性时（如正圆柱），可利用它们有积聚性的投影，直接求出截交线上点的其他投影。

2）当截交线的投影为非圆曲线时，常采用取点连线方法。先求特殊点来确定交线的轮廓和范围；再求若干一般点来完善交线形状；最后按照可见性光滑连成曲线。特殊点一般包括截交线上的极限点（最高、最低、最左、最右、最前、最后）、端点、回转体转向轮廓线上的点、可见性分界点（这些点常常在回转体的转向轮廓线上）、特征点（如椭圆长短轴端点、双曲线的拐点等）、结合点（几个截平面截切时或截切复合回转体时，产生的几段交线的分界点）等。

1. 圆柱体的截交线

根据截平面与圆柱体轴线相对位置的不同，截交线有三种情况，如图 6-7 所示。

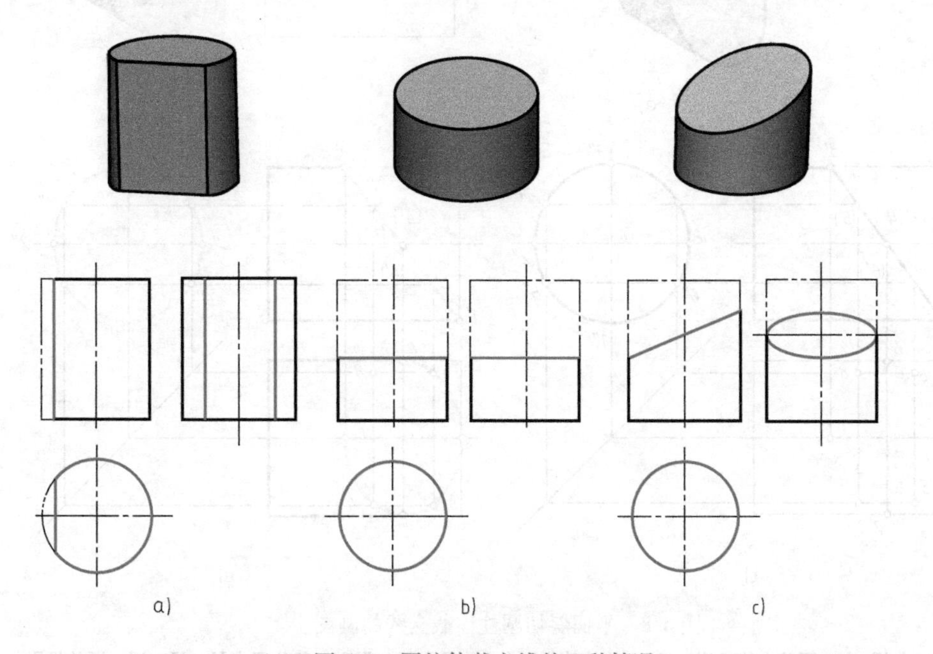

图 6-7　圆柱体截交线的三种情况

a）截平面平行于圆柱轴线，截交线为矩形　b）截平面垂直于圆柱轴线，截交线为圆

c）截平面与圆柱轴线斜交，截交线为椭圆

例 6-3　如图 6-8 所示，圆柱被正垂面截切，求切割体的三视图。

作图步骤如下：

1）分析，如图 6-8a 所示，截平面为正垂面，截交线的正面投影积聚为直线（已知投影），侧面投影与圆柱面的侧面投影（圆）重合（已知投影），水平投影为所求投影，其形状为椭圆。

2）绘制完整圆柱体的水平投影，如图 6-8b 所示。

3）求截交线上的特殊位置点Ⅰ、Ⅱ、Ⅲ、Ⅳ的投影。这四点既是极限点，也是转向轮廓线上的点，同时也是椭圆的特征点，如图 6-8c 所示。

4）在特殊位置点之间求一般位置点。作出两组一般位置点Ⅴ、Ⅵ、Ⅶ、Ⅷ的投影，如图 6-8c 所示。

5）判断点的可见性，并顺次且光滑地连接各点，作出截交线的水平投影，如图 6-8d 所示。

6）整理轮廓线，检查、描深，完成圆柱体切割体的三视图，如图 6-8d 所示。

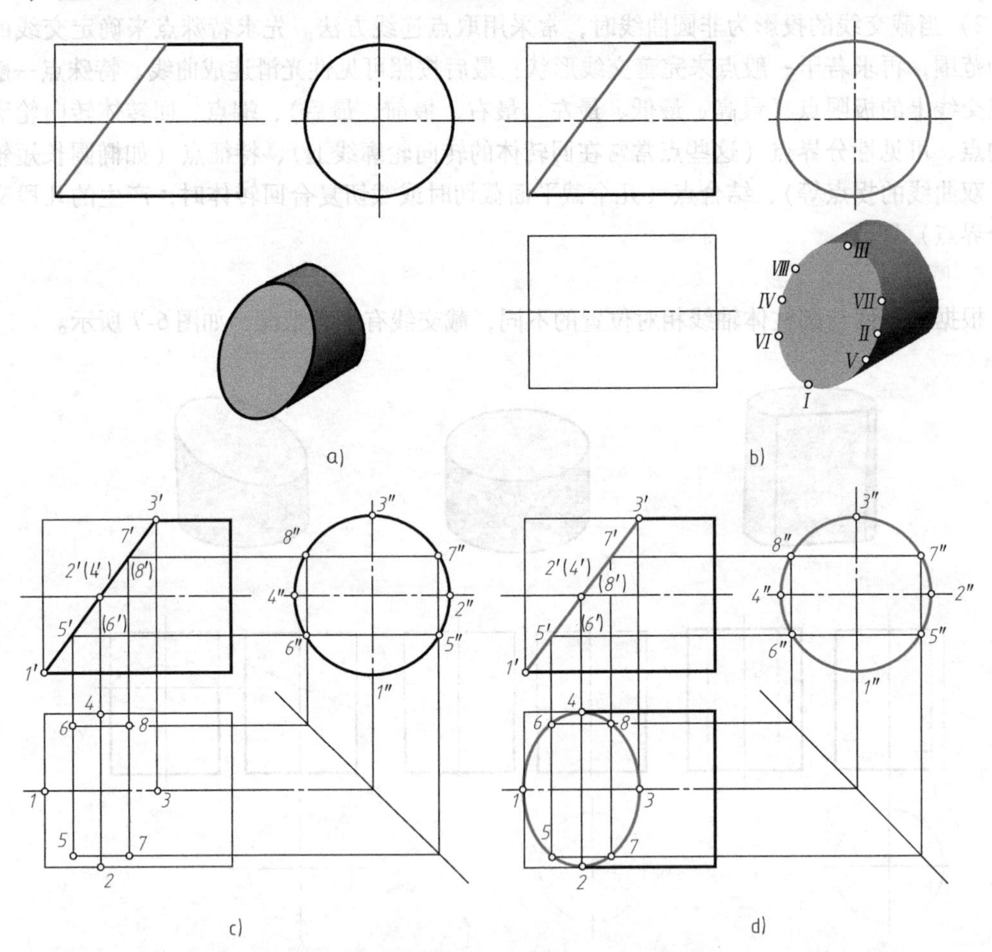

图 6-8　平面斜切圆柱体截交线的画图步骤

a）分析　b）画基本体投影　c）求作特殊位置点Ⅰ、Ⅱ、Ⅲ、Ⅳ和一般位置点Ⅴ、Ⅵ、Ⅶ、Ⅷ的投影
d）光滑连接各点，补全轮廓，完成全图

例 6-4　如图 6-9 所示，在圆柱体的左端上下对称切割，外部成缺口，在圆柱体的右端中间对称位置开槽，求切割体的三视图。

作图步骤如下：

1）用细实线画出圆柱体的三视图，如图 6-9a 所示。

2）画左端上、下截交线。水平投影为矩形，侧面投影为上、下两部分圆弧和直线，如

图 6-9b 所示。

3）画右端中间对称截切的截交线。正面投影为矩形，侧面投影为前后两部分圆弧和细虚线，如图 6-9c 所示。

4）分析轮廓线的改变，整理轮廓线，描深粗实线，完成切割体的三视图。

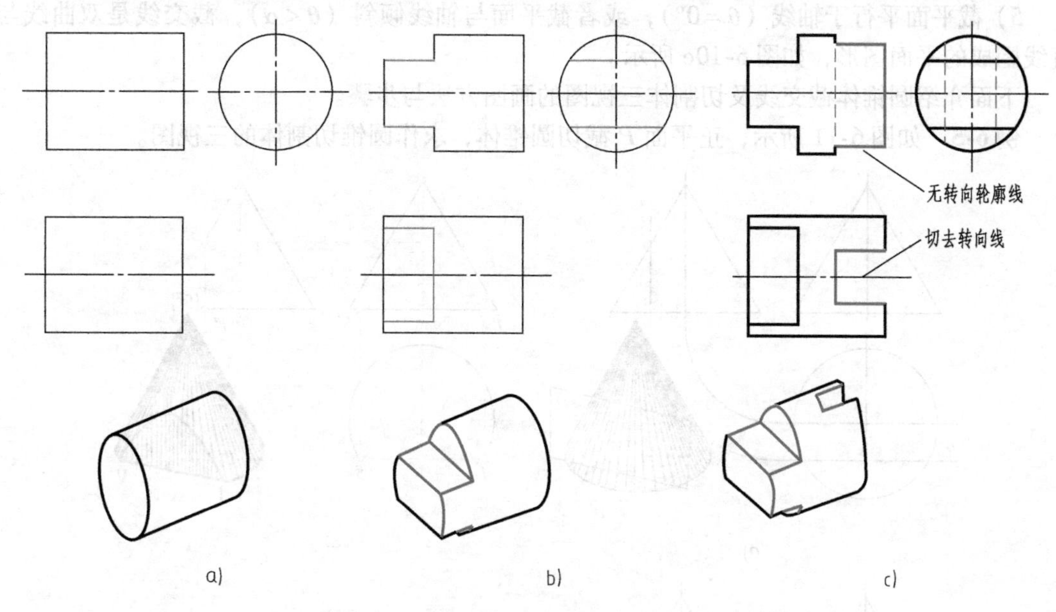

图 6-9　组合切割圆柱体的三视图画法

2. 圆锥体的截交线

平面截切圆锥体，截交线的形状取决于截平面相对于圆锥体轴线的位置，有图 6-10 所示的五种情况：

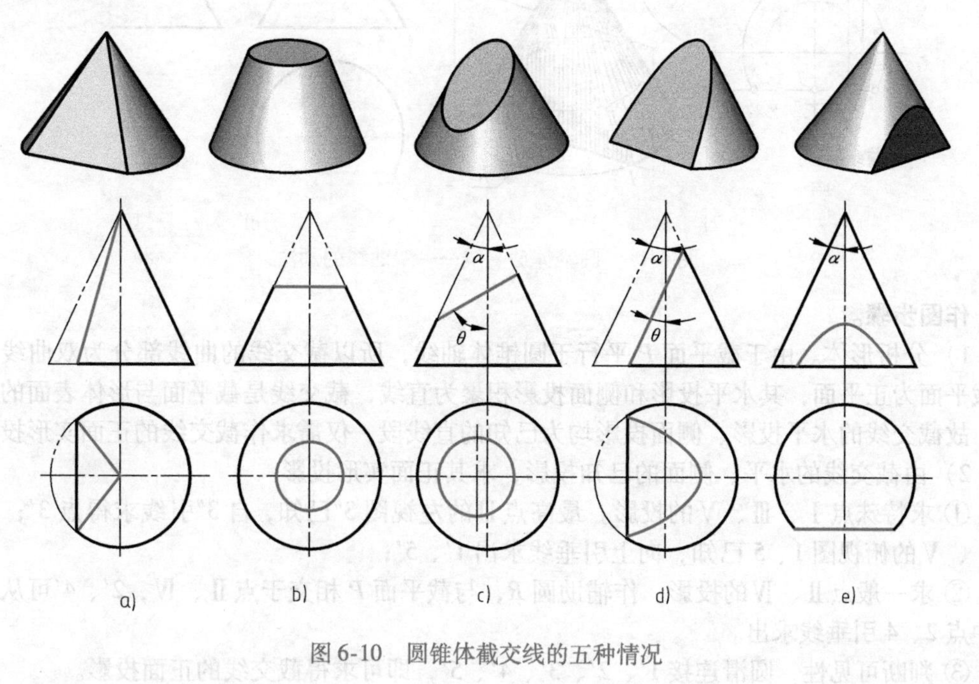

图 6-10　圆锥体截交线的五种情况

1）截平面过锥顶，截交线是三角形，如图6-10a所示。

2）截平面垂直于轴线（$\theta=90°$），截交线是圆，如图6-10b所示。

3）截平面与轴线倾斜（$\theta>\alpha$），截交线是椭圆，如图6-10c所示。

4）截平面与轴线倾斜（$\theta=\alpha$），截交线是抛物线与直线围成的平面图形，如图6-10d所示。

5）截平面平行于轴线（$\theta=0°$），或者截平面与轴线倾斜（$\theta<\alpha$），截交线是双曲线与直线围成的平面图形，如图6-10e所示。

下面介绍圆锥体截交线及切割体三视图的画图方法与步骤。

例6-5 如图6-11所示，正平面P截切圆锥体，求作圆锥切割体的三视图。

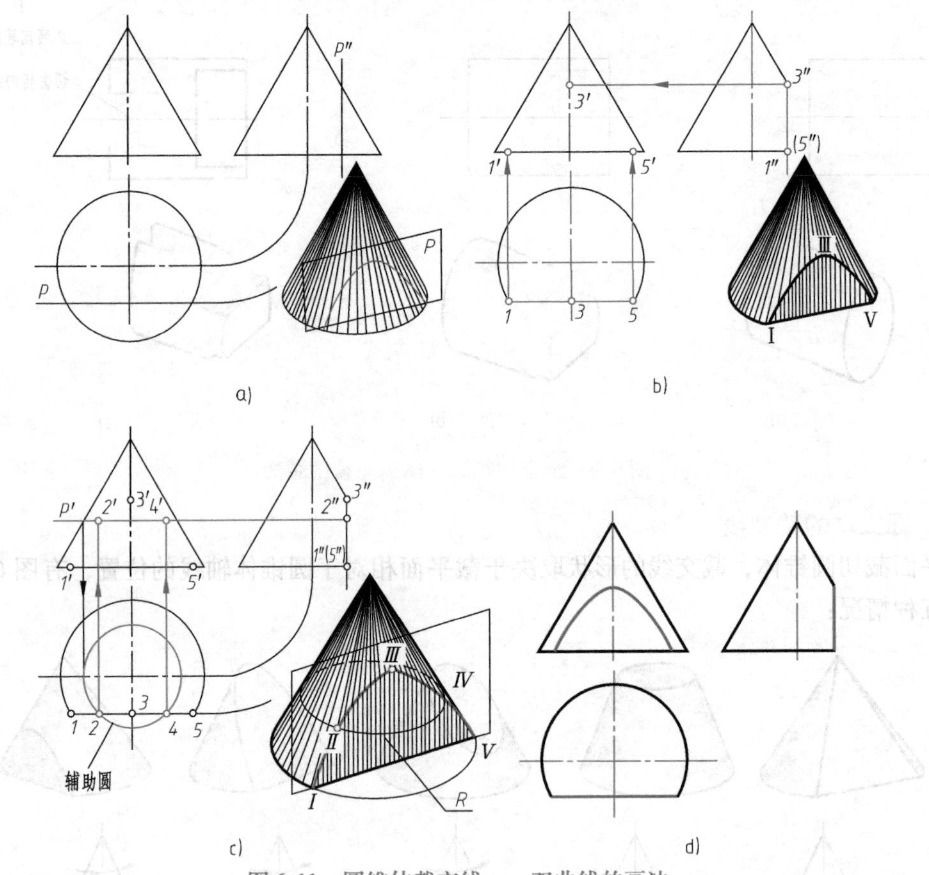

图6-11 圆锥体截交线——双曲线的画法

作图步骤。

1）分析形体。由于截平面P平行于圆锥体轴线，所以截交线的曲线部分为双曲线。由于截平面为正平面，其水平投影和侧面投影积聚为直线，截交线是截平面与形体表面的共有线，故截交线的水平投影、侧面投影均为已知的直线段，仅需求作截交线的正面实形投影；

2）由截交线的水平、侧面的已知投影，求其正面实形投影

① 求特殊点Ⅰ、Ⅲ、Ⅴ的投影。最高点Ⅲ的左视图3″已知，自3″引线求得点3′；最低点Ⅰ、Ⅴ的俯视图1、5已知，向上引垂线求出1′、5′；

② 求一般点Ⅱ、Ⅳ的投影。作辅助圆R，与截平面P相交于点Ⅱ、Ⅳ，2′、4′可从俯视图中点2、4引垂线求出。

③ 判断可见性，圆滑连接1′、2′、3′、4′、5′，即可求得截交线的正面投影。

3）整理轮廓线，检查描深，完成圆锥切割体的三视图。

3. 圆球的截交线

用任何位置的平面截切圆球，其截交线都是圆，如图6-12所示。截交线圆的直径大小取决于截平面距离球心的远近，截平面距球心越近，截交线圆直径越大。当截平面为投影面平行面时，其截交线圆在该投影面上的投影反映圆的实形，其余两个投影积聚为直线。当截平面为投影面垂直面时，截交线圆在该投影面上的投影为直线，其余两个投影为椭圆。

图6-12所示为水平面、正垂面分别截切圆球所产生的截交线圆的投影，以及圆球切割体的视图。请读者自行分析其他位置的平面截切圆球所产生的截交线投影情况。

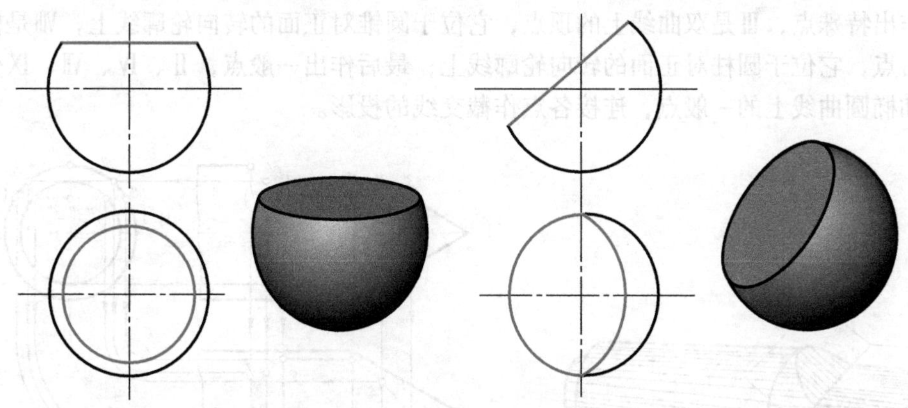

图6-12 平面截切圆球的截交线

例6-6 图6-13a所示为顶部开槽的半球体，画出其三视图。

分析：在半球体上方中间处，由两个左右对称的侧平面和一个水平面组合切出通槽，其截交线应由三部分构成。槽底水平面与球表面的截交线圆弧Ⅰ，水平投影反映实形，正面和侧面投影都积聚为直线，如图6-13b所示；左右对称的侧平面与球表面的截交线圆弧Ⅱ，侧面投影反映实形，正面和水平投影积聚为直线，如图6-13c所示。

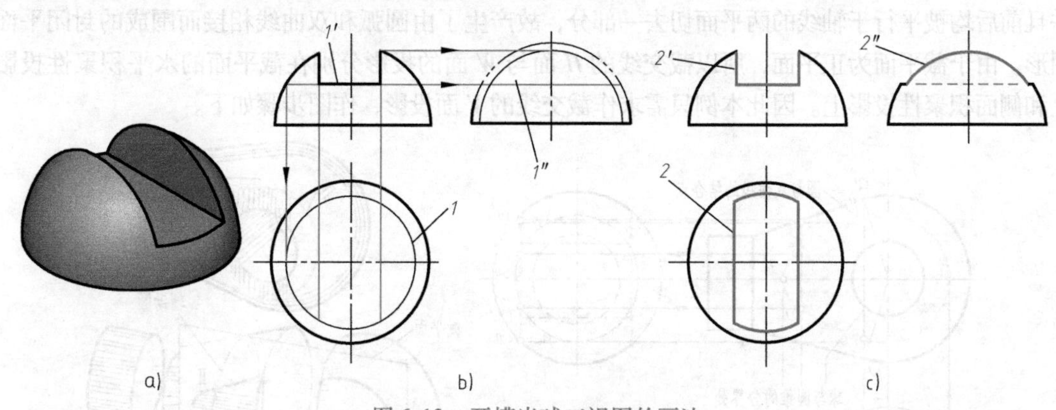

图6-13 开槽半球三视图的画法

a）开槽半球 b）求出截交线Ⅰ的投影 c）求出截交线Ⅱ的投影，描深并完成（注意侧面投影中转向轮廓线的变化）

三、综合举例

例6-7 求作顶尖上的表面交线，如图6-14a所示。

（1）分析　顶尖的基本形体是由同轴的圆锥和圆柱组成的。上部被一个水平截面P和一个正垂面Q切去一部分，表面上共出现三组截交线和一条P面与Q面的交线，由于截面P平行于轴线，所以它与圆锥面的交线为双曲线，与圆柱面的交线为两条平行直线。因截面Q与圆柱斜交，所以交线为一段椭圆曲线。由于截平面P和圆柱的轴线都垂直于W面，所以三组截交线在W面的投影分别在截平面P和圆柱面的侧面积聚性投影上，它们的V面投影分别在P、Q两平面的正面积聚性投影(直线)上。因此，本例只需求作三组截交线的H面投影。

（2）求解作图　截交线有三组，如图6-14b所示。应先作出相邻两组交线的结合点，Ⅰ、Ⅴ两点是双曲线与两平行直线的结合点，Ⅵ、Ⅹ两点是椭圆曲线与平行两直线的结合点；再作出特殊点，Ⅲ是双曲线上的顶点，它位于圆锥对正面的转向轮廓线上，Ⅷ是椭圆曲线上最右点，它位于圆柱对正面的转向轮廓线上；最后作出一般点，Ⅱ、Ⅳ、Ⅶ、Ⅸ分别是双曲线和椭圆曲线上的一般点，连接各点作截交线的投影。

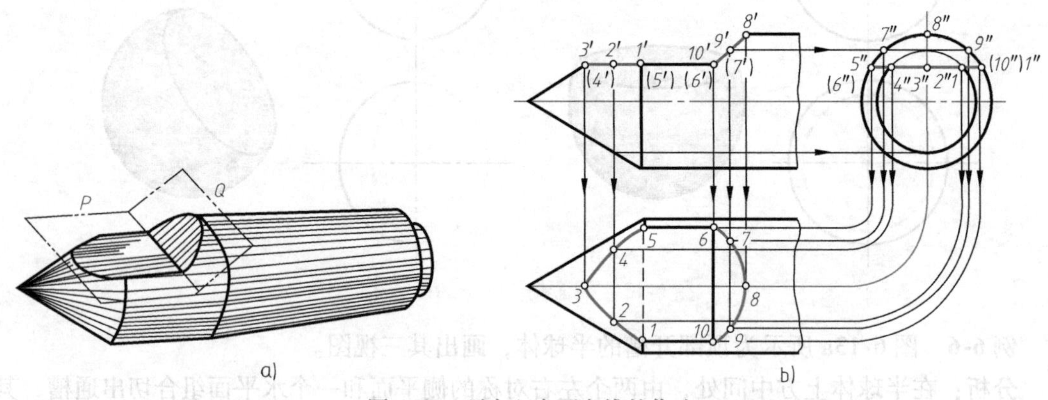

图6-14　顶尖上表面交线的作法

例6-8　求作连杆头表面交线的投影

如图6-15所示，连杆头是由同轴的球体、圆锥体和圆柱体所组成的。其中，球和圆锥相切，并且前后均被平行于轴线的两平面切去一部分，故产生了由圆弧和双曲线相接而围成的封闭平面图形。由于截平面为正平面，所以截交线的H面与W面的投影分别在截平面的水平积聚性投影上和侧面积聚性投影上。因此本例只需求作截交线的V面投影，作图步骤如下。

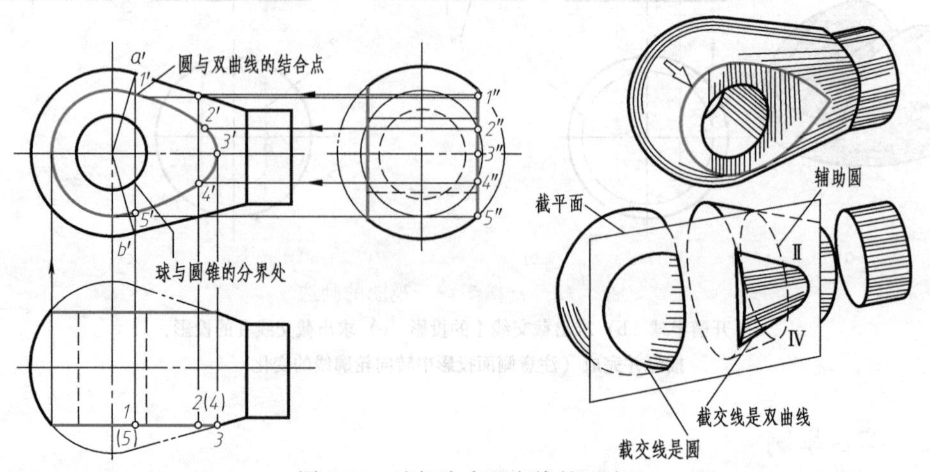

图6-15　连杆头表面交线的画法

1）画球的截交线圆并确定圆与双曲线的结合点Ⅰ、Ⅴ。截交线圆的半径可自 H 面投影中直接量取。Ⅰ、Ⅴ两点既在截交线圆上又在圆锥与球相切的圆上，此切线圆在 V 面投影中，由 o' 向圆锥两条轮廓线分别作垂线得到 a'、b' 两点，连接 a'、b' 的细实线即为相切圆的正面投影。它就是球面与锥面截交线的分界，左边为截交线圆的投影，右边为双曲线的投影，截交线圆与细实线 $a'b'$ 的交点 1′、5′就是结合点Ⅰ、Ⅴ的正面投影。

2）求圆锥部分截交线（双曲线）的投影。顶点Ⅲ的 V 面投影 3′，是从 H 面投影 3 向上作竖直投影连线与正面投影中心线相交得 3′的。而Ⅱ和Ⅳ两点的正面投影 2′、4′是在圆锥上作辅助圆求取 2″、4″后得出的。

3）将 1′－2′－3′－4′－5′各点光滑连线，得截交线（双曲线）的 V 面投影。

第二节　两立体表面的相贯线

立体与立体相交称为相贯，立体相贯时形成的表面交线称为相贯线。通常根据相贯立体的不同将立体相贯分为两平面立体相交、平面立体与回转体相交及两回转体相交三种情形进行讨论，如图 6-16 所示。

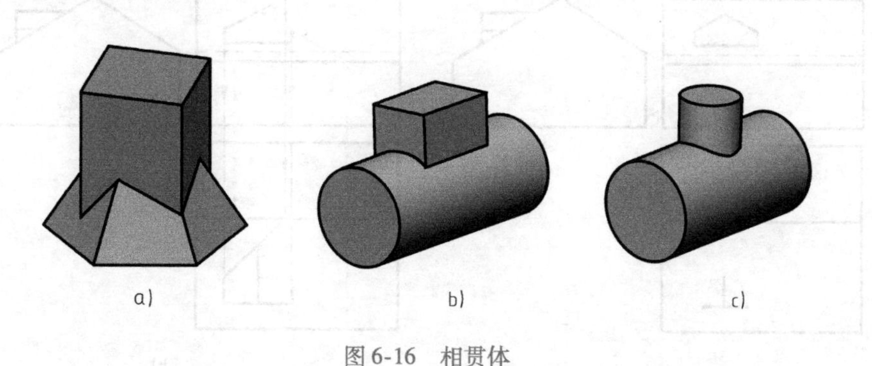

图 6-16　相贯体

a）两平机立体相交　b）平面立体与回转体相交　c）两回转体相交

一、两平面立体相交

两平面立体表面相交产生的相贯线，一般是封闭的空间折线线框。折线是两平面立体的棱面的交线；折线的顶点是一个平面立体的某一棱线与另一平面立体表面的交点，或者两个平面立体棱线的支点。因此，求两平面立体的相贯线，可采用求两平面交线的方法，最终转化为求平面(棱面)与直线(棱线)的交点或两直线交点的问题，一般称为棱线法。

如图 6-17 所示，四棱柱的四个棱面的水平投影有积聚性，它们之间表面交线的水平投影在积聚性投影上。所以，投影图中表面交线的正面投影 1′—2′可直接找出（长对正）；左右对称又求出两点；3′点可利用前棱锥面的辅助线（水平线）求得。作图方法如图 6-17c 所示。

当只有一面投影有积聚性或三面投影都没有积聚性时，求它们的相贯线就相对麻烦一些。这时要注意逐点、逐线有条不紊地进行，才能顺利求解（先求点后连线）。例如求作图 6-18a 所示的房顶透气窗的水平投影，这就需要先作两条倾斜的辅助线才能得到题解，如图 6-18b 所示。

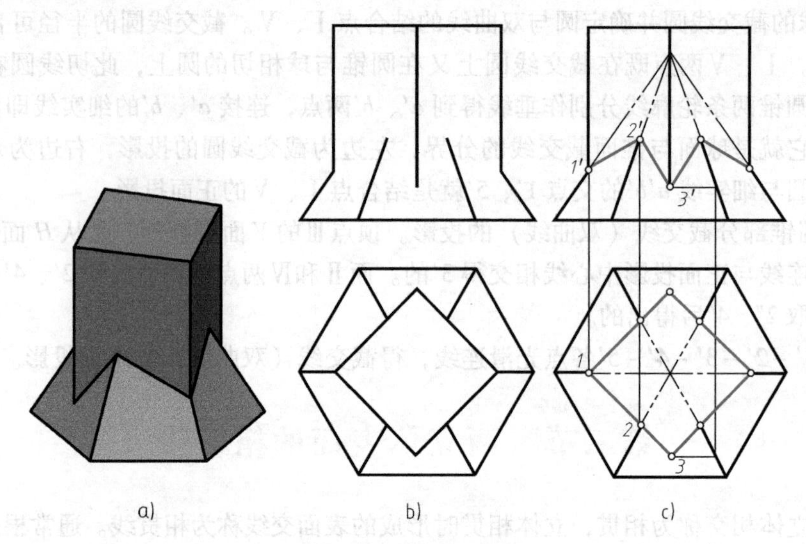

图 6-17　两平面立体相交

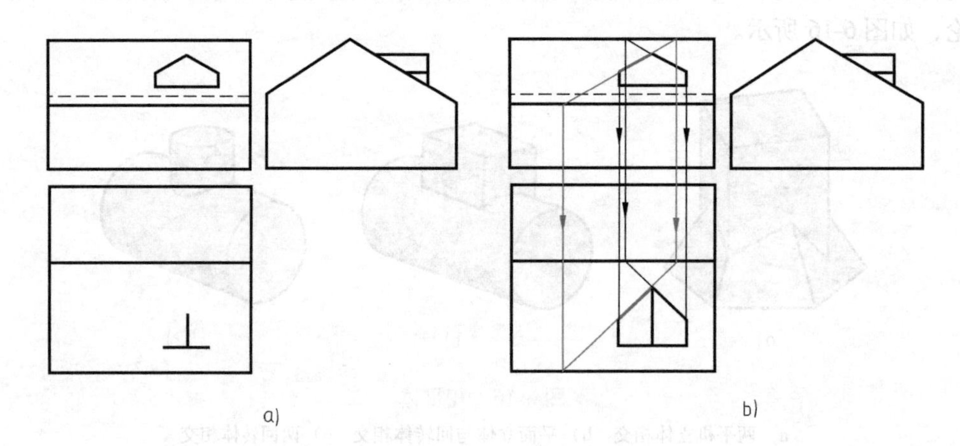

图 6-18　房顶透气窗的投影作法

二、平面立体与回转体相交

平面立体与回转体相交，其相贯线一般是由若干段平面曲线（包括直线段）所组成的空间分段曲线，一般为封闭的。相贯线的每段平面曲线是平面立体的某一棱面与曲面立体相交所得的截交线。两段平面曲线的交点称为结合点，它是平面立体的棱线与回转体的交点。因此求平面立体与回转体的交线可以归结为两个基本问题，即求平面与曲面的截交线及直线与曲面的交点。

例 6-9　求四棱柱与圆锥相贯的表面交线，如图 6-19 所示。

解　该四棱柱与圆锥相交时，它们的中心线相互重合，故其表面交线为由 4 条双曲线组成的空间曲线。这 4 条双曲线的连接点也就是四棱柱的棱线与圆锥面的交点。

作图步骤如下：

1）先求 4 个连接点的投影。由于四棱柱的水平投影有积聚性，故可在水平投影中作通过点 a 的圆锥素线的投影 $s1$，据此按照投影关系作出 $s'1'$，$s'1'$与四棱柱棱线正面投影的交

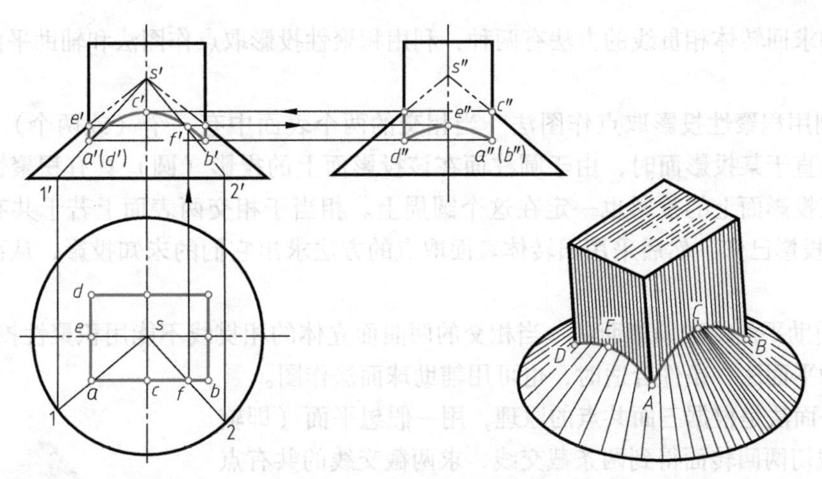

图 6-19 四棱柱与圆锥相交

点 a' 即为一个连接点的投影；又由于在图示情况下，四个连接点是对称分布的（即等高的），所以通过 a' 作水平线与其他各棱线正面投影相交，即可求出其他棱线上各点的投影。

2）求 4 条双曲线的 4 个顶点。由于图示的四棱柱和圆锥具有公共的对称面，所以圆锥左、右和前、后 4 条外形素线与四棱柱相应棱面的交点即为所求的 4 个顶点。图中利用棱面投影的积聚性分别求出 c''、c'，和 e'、e'' 等。

3）再求若干一般的点。在圆锥面上任作素线的投影（如 $s2$），$s2$ 与棱面的水平投影 ab 相交于 f；按照投影关系作出 $s'2'$ 后，便可根据 f 求出 f'。

4）最后，将求出的点以 4 个连接点为界分段光滑相连，便可完成作图。

本例也可以用在圆锥面上作一系列纬圆的方法来求解，请读者自行分析。

三、两回转体相交

两个回转体的相贯线一般是闭合的空间曲线，特殊情况下可能是平面曲线或直线。图 6-20 所示为回转体相交的工程实例。

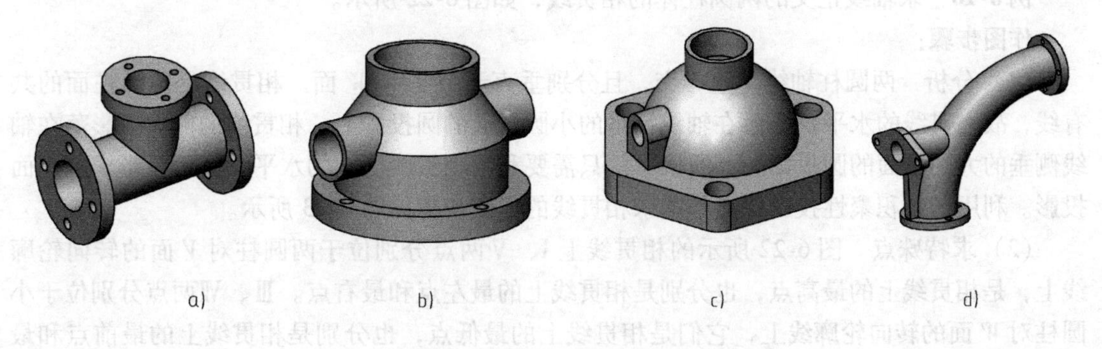

a) b) c) d)

图 6-20 回转体相交的工程实例

a）三通管 b）支架 c）盖 d）弯管

1. 求回转体相贯线的基本方法

求作回转体相贯线的投影与求作截交线一样，应设法求出两立体表面上一系列共有点（特别是特殊位置的点），然后把它们用曲线光滑地连接起来，并区分可见性。

常用的求回转体相贯线的方法有两种：利用积聚性投影取点作图法和辅助平面或辅助球面法。

（1）利用积聚性投影取点作图法　当相交的两个表面中有一个（或两个）是圆柱面，且其轴线垂直于某投影面时，由于圆柱面在该投影面上的投影（圆）具有积聚性，相贯线上的点在该投影面上的投影也一定在这个圆周上。相当于相交两表面上若干共有点的一个（或两个）投影已知，然后采用回转体表面取点的方法求出它们的未知投影，从而求出相贯线的投影。

（2）辅助平面或辅助球面法　当相交的两曲面立体的相贯线不能用积聚性投影求作时，可采用辅助平面法，条件合适时，也可用辅助球面法作图。

辅助平面法是根据三面共点的原理，用一假想平面（即辅助平面）截切两回转面得到两条截交线，求两截交线的共有点即为相贯线上的点，从而画出相贯线投影的方法，原理如图6-21所示。

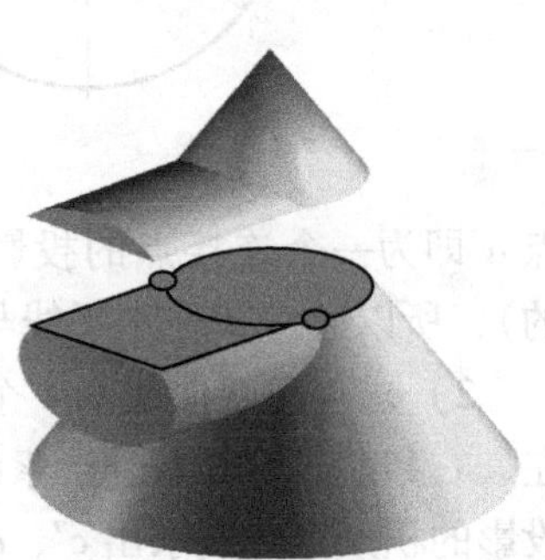

图 6-21　辅助平面法原理

为使作图简化，选择辅助面的原则：辅助平面要在两回转体相交范围内，使辅助面与两曲面交线的投影都是简单易画的图形，如直线或圆。

2. 求回转体相贯线的一般步骤

1）分析相贯回转体及相贯线的特点。

2）求相贯线的投影。相贯线的投影为一般曲线时，采用取点连线的方法：①求相贯线上特殊点的投影，特殊点的意义与截交线中所述相同，且特殊点多位于回转体的转向轮廓线上；②求作适当数量的一般位置点，以使相贯线的各投影线光滑正确。用粗实线、细虚线分别绘制相贯线投影的可见和不可见部分；③可见性的判别原则只有同时位于两立体可见表面上的相贯线部分其投影才可见，否则为不可见。

3）按照图线要求描深各线，完成相贯体的三视图。

3. 积聚性投影取点法作图举例

例 6-10　求轴线正交的两圆柱体的相贯线，如图 6-22 所示。

作图步骤：

（1）分析　两圆柱轴线垂直相交，且分别垂直于 *H* 面和 *W* 面。相贯线是两圆柱面的共有线，故相贯线的水平投影落在轴线铅垂的小圆柱面的圆投影上，相贯线的侧面投影落在轴线侧垂的大圆柱面的圆投影上，所以本例只需要利用相贯线已知的水平、侧面投影求取正面投影。利用已知积聚性投影取点作图求相贯线的作图步骤如图 6-23 所示。

（2）求特殊点　图 6-22 所示的相贯线上Ⅰ、Ⅴ两点分别位于两圆柱对 *V* 面的转向轮廓线上，是相贯线上的最高点，也分别是相贯线上的最左点和最右点。Ⅲ、Ⅶ两点分别位于小圆柱对 *W* 面的转向轮廓线上，它们是相贯线上的最低点，也分别是相贯线上的最前点和最后点。在投影图上可直接作投影连线求得 1′、5′、3′、7′，如图 6-23b 所示。

（3）求一般点　先在俯视图中的小圆柱投影圆上，适当地确定出若干个一般点的投影，如图 6-23c 中的 2、4、6、8 等点，再按照点的三面投影规律，作出 *W* 面投影 2″（4″）、8″（6″）和 *V* 面投影 2′（8′）、4′（6′）。

（4）判断可见性及光滑连接　由于该相贯线前后左右部分对称，且形状相同，所以在 *V*

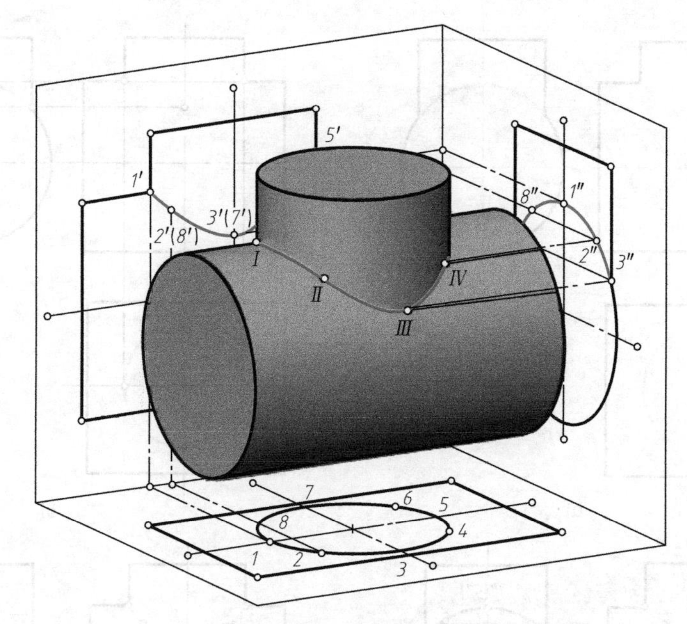

图 6-22 求轴线正交的两圆柱体相贯的相贯线

面投影中可见与不可见部分重合，按1′-2′-3′-4′-5′顺序用粗实线光滑地连接起来。

（5）按照图线要求描深各图线 完成两圆柱正交立体的三视图，如图 6-23d 所示。

相交的表面可能是立体的外表面，也可能是内表面，轴线正交的两圆柱相贯线的三种形式如图 6-24 所示。这三种情况下相贯线的形状、性质均相同，其求法也相同，所不同的是圆孔与圆孔相交时，圆孔的转向轮廓线和相贯线的投影不可见。

4. 轴线正交两圆柱相贯线的变化趋势分析

如图 6-25 所示，当两圆柱轴线正交且平行于同一投影面时，两圆柱的直径大小相对变化引起它们表面相贯线的形状和位置变化。变化的趋势：相贯线总是从小圆柱向大圆柱的轴线方向弯曲，当两圆柱等径时，相贯线由两条空间曲线变为两条平面曲线——椭圆，此时它们在平行于轴线的投影面上的投影为相交两直线，如图 6-25c 所示。

5. 轴线正交的圆柱与圆锥相贯线的变化趋势分析

图 6-26 所示为两轴线相交的圆柱与圆锥，随着圆柱直径的大小和相对位置不同，相贯线在两条轴线共同平行的投影面上，其投影的形状或弯曲趋向也会有所不同。如图 6-26a 所示，圆柱贯入圆锥，主视图中两条相贯线（左、右各一条）由圆柱向圆锥轴线方向弯曲并随圆柱直径的增大，相贯线逐渐弯近圆锥轴线；图 6-26b 所示为圆锥贯入圆柱，主视图中两条相贯线（上、下各一条）由圆锥向圆柱轴线方向弯曲，并随圆柱直径的减小，相贯线逐渐弯近圆柱轴线；图 6-26c 所示为圆柱与圆锥互贯，并且圆柱面与圆锥面共同内切于一个球面，此时相贯线成为平面曲线（椭圆），此椭圆垂直于 V 面，其 V 面投影积聚成两条互相垂直的直线。

对于任意位置和任意形状相贯，它们的情况就更复杂了，有时还没有任何规律。

综上所述，相贯线的表现形式有多种多样，不计其数。不过，基本的规律还是有一些的。例如：两平面立体相交时其相交线是“空间折线”；两回转体相交时其相贯线是“空间曲线”；平面立体与曲面立体相交时其相贯线是“空间分段曲线”，其分段点则是平面立体的棱线和曲面立体表面的交点。

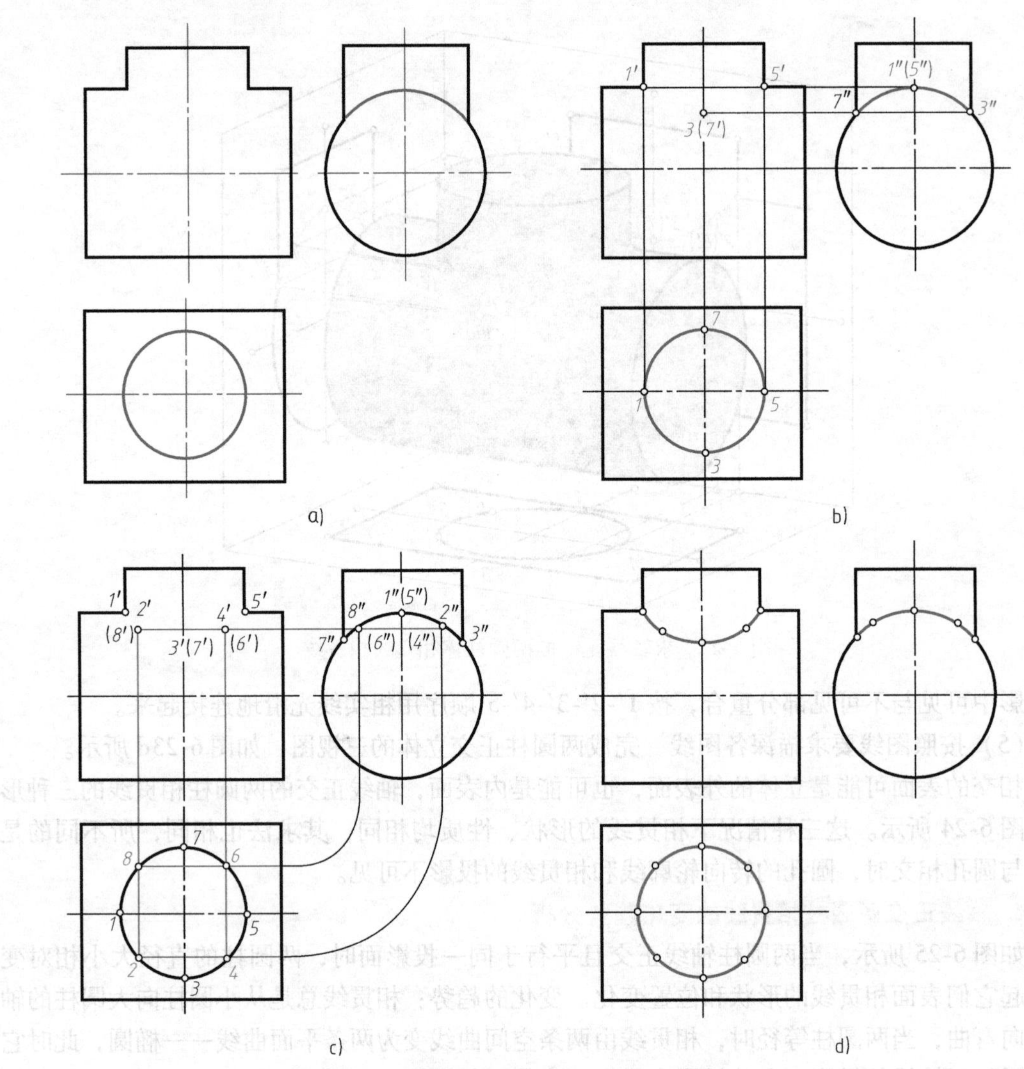

图6-23　轴线正交的两圆柱体相贯线的作图方法

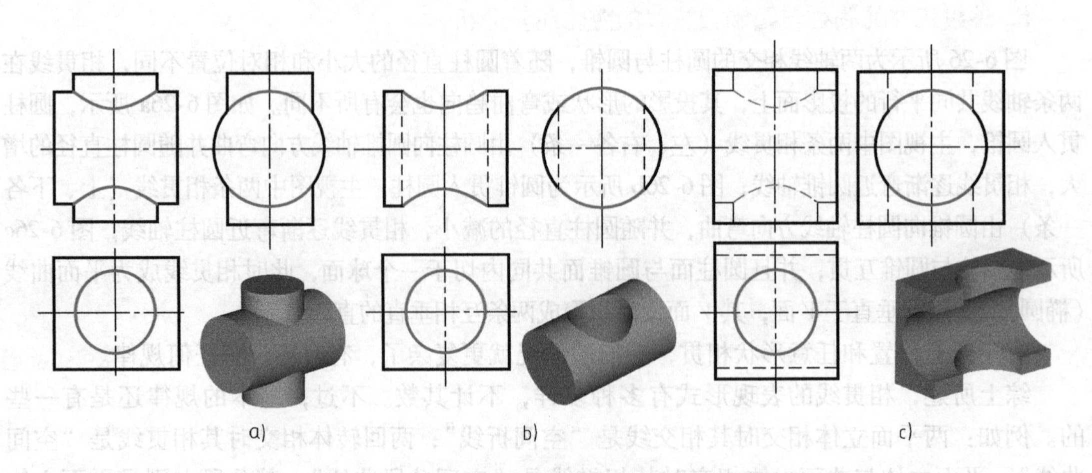

图6-24　轴线正交的两圆柱相贯线的三种形式

a）两实心圆柱相交　b）圆柱孔与实心圆柱相交　c）两圆柱孔相交

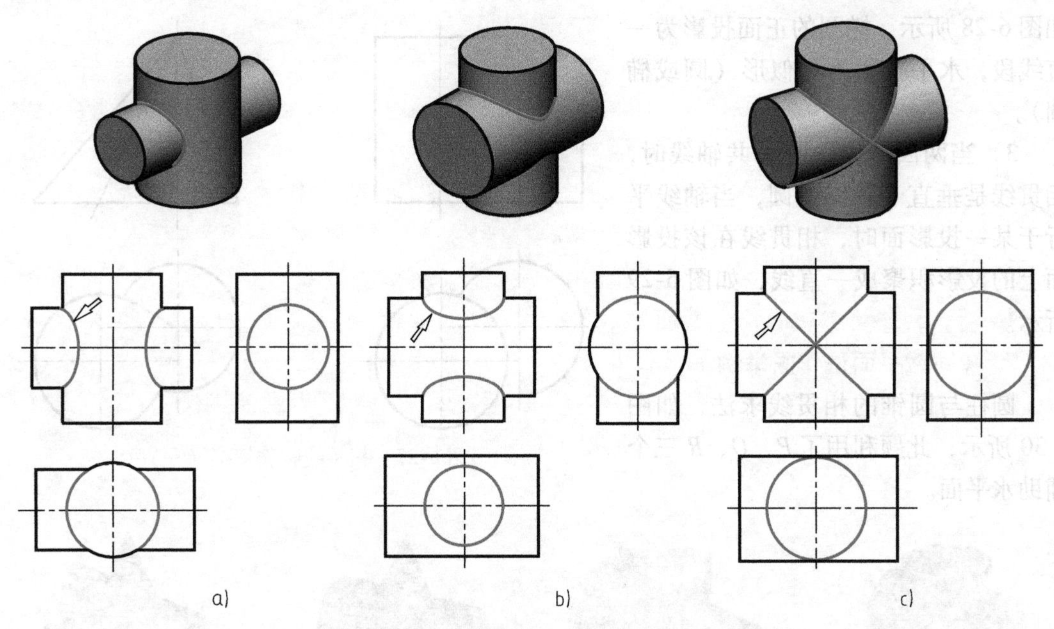

图 6-25 轴线正交两圆柱相贯线的三种形式

a）直立圆柱的直径大于水平圆柱的直径 b）直立圆柱的直径小于水平圆柱的直径 c）两圆柱的直径相等

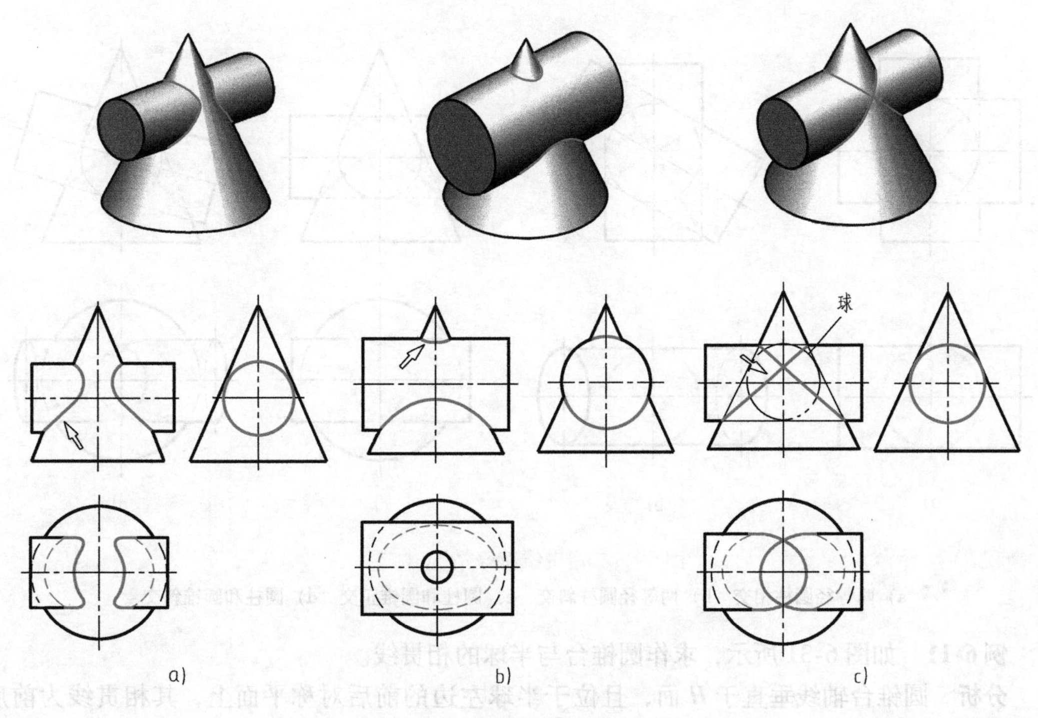

图 6-26 轴线正交的圆柱与圆锥相贯线的三种形式

6. 相贯线的特殊情况

1）当两圆柱轴线相互平行或两圆锥共锥顶相交时，相贯线为直线，如图 6-27 所示。

2）当圆柱与圆柱、圆柱与圆锥轴线相交，并公切于一个球面时，相贯线为平面椭圆。

如图 6-28 所示，椭圆的正面投影为一直线段，水平投影为类似形（圆或椭圆）。

3）当两回转体具有公共轴线时，相贯线是垂直于轴线的圆，当轴线平行于某一投影面时，相贯线在该投影面上的投影积聚成一直线，如图 6-29 所示。

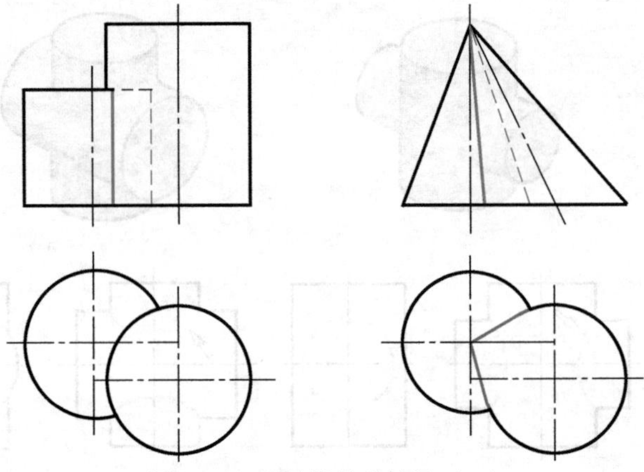

图 6-27　相贯线特殊情况（一）

7. 辅助截平面法作图举例

圆柱与圆锥的相贯线求法，如图 6-30 所示，此题利用了 *P*、*Q*、*R* 三个辅助水平面。

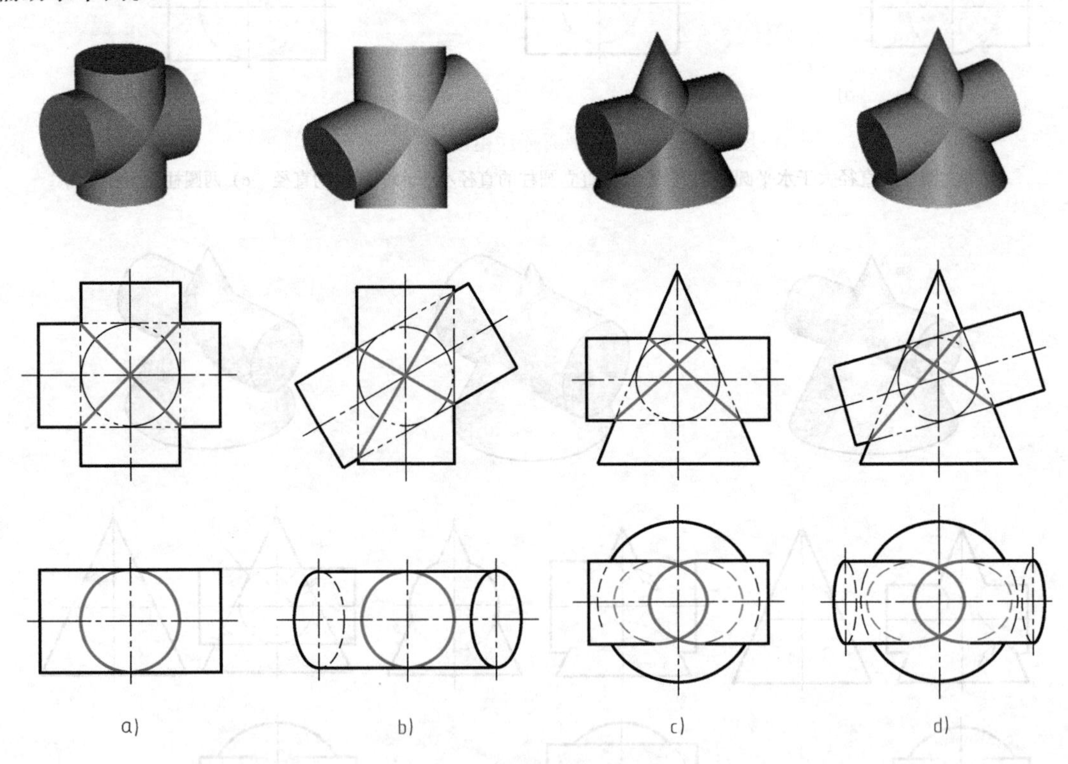

图 6-28　相贯线特殊情况（二）

a）两等径圆柱相交　b）两等径圆柱斜交　c）圆柱和圆锥正交　d）圆柱和圆锥斜交

例 6-11　如图 6-31 所示，求作圆锥台与半球的相贯线。

分析　圆锥台轴线垂直于 *H* 面，且位于半球左边的前后对称平面上，其相贯线为前后对称的封闭空间曲线。由于圆锥面和球面的各面投影都没有积聚性，所以求作它们的相贯线需要用辅助截平面法。具体作图步骤如下：

1）求特殊点。如图 6-31b 所示，Ⅰ、Ⅳ两点分别是相贯线上的最低点和最高点，它们同时位于圆锥面和球面对 *V* 面的转向轮廓线上，因此其 *V* 面投影为两立体转向轮廓线的交点 1′、4′。由 1′、4′分别向下和向右引投影连线，直接作出它们的 *H* 面投影 1、4 与 *W* 面投

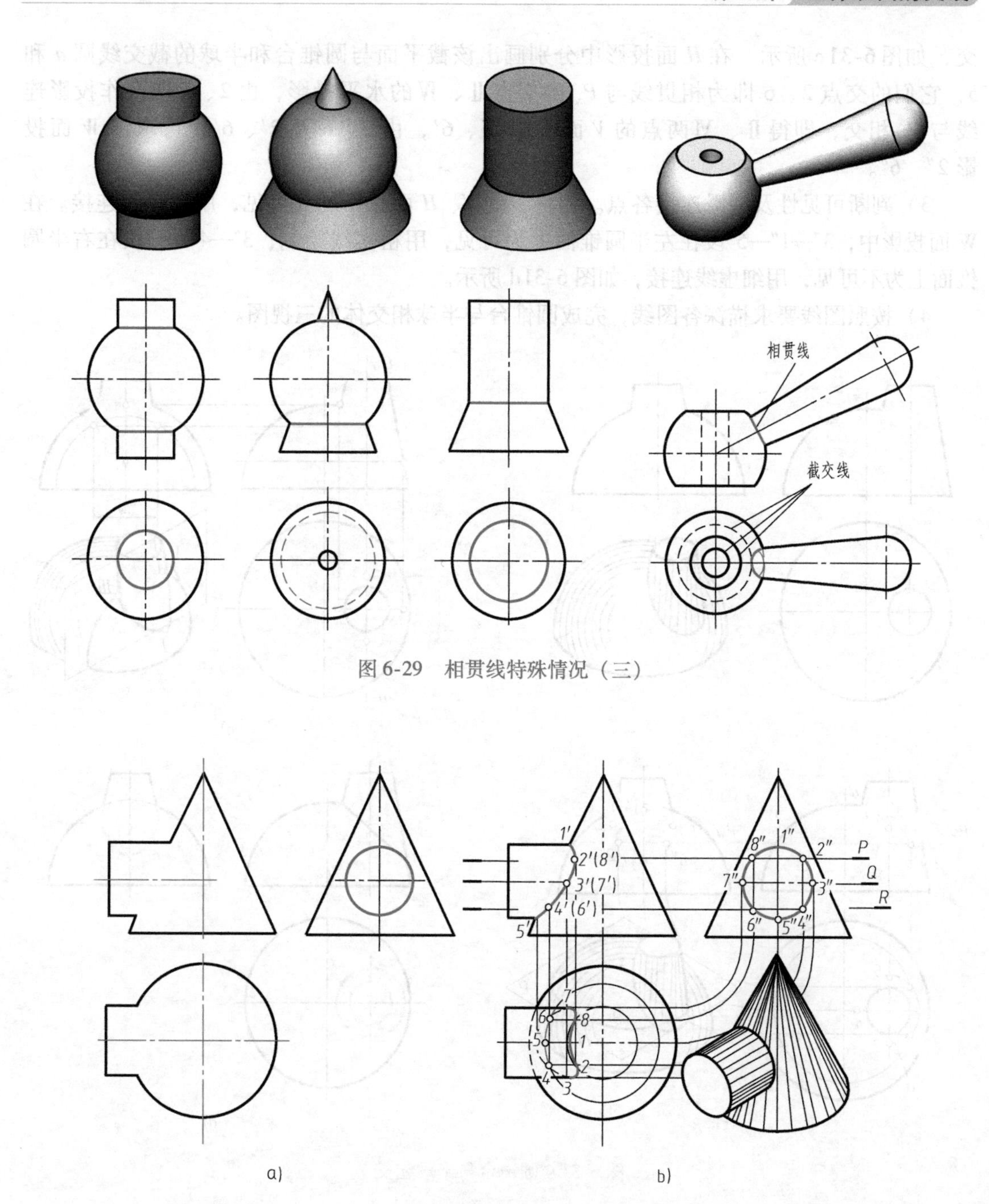

图 6-29 相贯线特殊情况（三）

图 6-30 圆柱与圆锥相贯线作法

影 1″、4″。位于圆锥台对 *W* 面转向轮廓线上的Ⅲ、Ⅴ点，是区分相贯线 *W* 面投影中可见与不可见部分的分界点。这两个点的各面投影要借助于通过圆锥轴线的辅助侧平截面 *Q* 求出。侧平截面 *Q* 与圆锥台的交线即是圆锥面对 *W* 面的两条转向轮廓线；而与半球的交线为半圆，它的半径 *R* 可从 *V* 面或 *H* 面投影中直接量取。上述两条转向轮廓线与半圆的 *W* 面投影的交点 3″、5″即为Ⅲ、Ⅴ点的 *W* 面投影，根据点的投影规律可求出 3′、5′和 3、5。

2）求一般点。在 *V* 面投影 1′和 3′之间作辅助水平截面 P_V 分别与圆锥台和半球相交，如图6-31c所示，在H面投影中分别画出该截平面与圆锥台和半球的截交线圆a和b，它们的交点2、6即为相贯线与P_v的交点Ⅱ、Ⅳ的水平投影，由2、6向上作投影连线与P_v相交，即得Ⅱ、Ⅵ两点的V面投影2′、6′，由2、6及2′、6′便可求出W面投影2″、6″。

3）判断可见性及圆滑连接各点。相贯线的V、H面投影均为可见，用粗实线连接。在W面投影中，3″—1″—5″段在左半圆锥面上为可见，用粗实线绘制；3″—4″—5″段在右半圆锥面上为不可见，用细虚线连接，如图6-31d所示。

4）按照图线要求描深各图线，完成圆锥台与半球相交体的三视图。

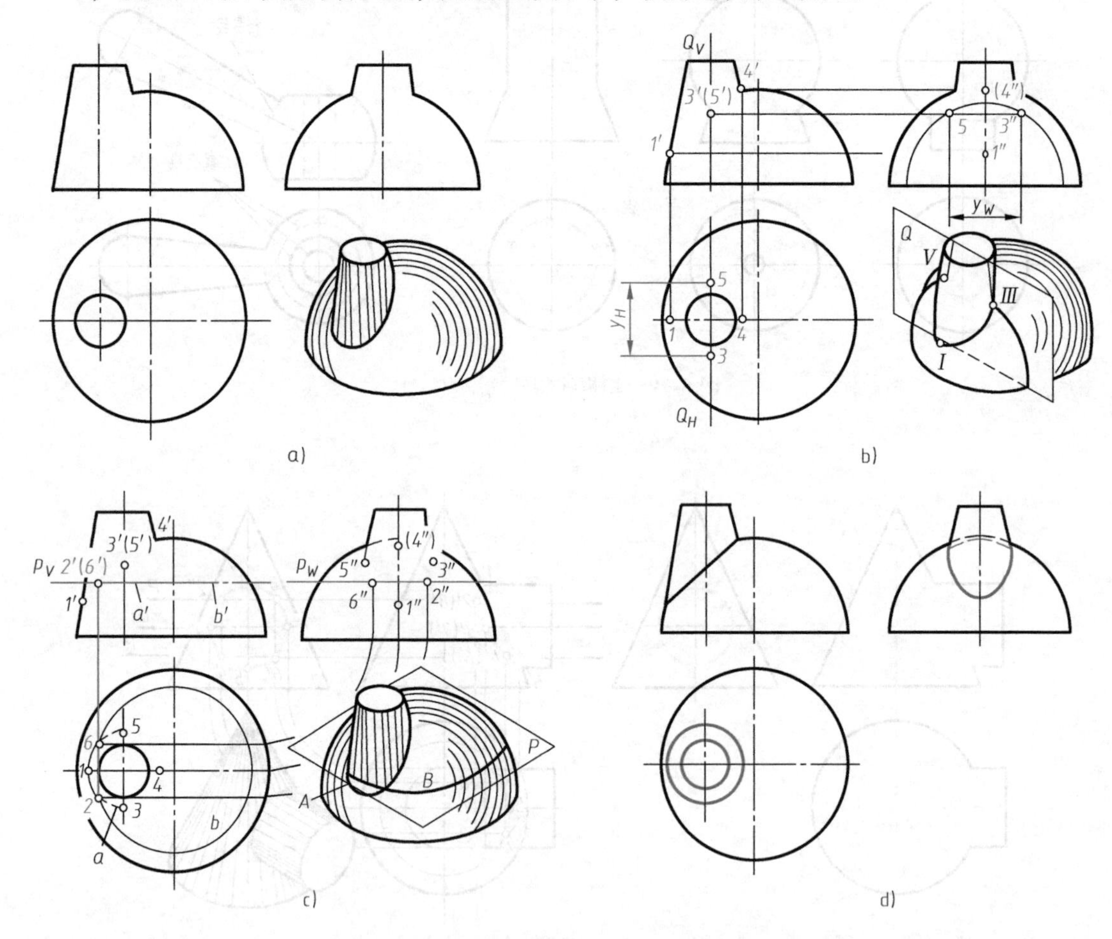

图6-31　圆锥台与半球相交

8. 多形体相交

当某一立体和两个立体相贯时，则在前者的表面上产生两段相贯线。它们的作图方法按照两两相贯时的相贯线画法分别绘制。但要注意两段相贯线的组合形式。

例6-12　求图6-32所示的形体表面交线。

分析　从立体图中可以看出，图6-32所示的立体是由圆柱Ⅰ、Ⅱ、Ⅲ组成的。其中圆柱Ⅰ、Ⅱ是同轴叠加关系，交线为圆；圆柱Ⅰ与Ⅲ、圆柱Ⅱ与Ⅲ都是正交关系，交线需要求解。另外，圆柱Ⅱ的左端面A与Ⅲ也是相交关系，也需要求交线。

作图：由于圆柱Ⅰ、Ⅱ在 W 面上的投影有积聚性，圆柱Ⅲ在 H 面上的投影有积聚性，因此可利用投影的积聚性及点的三投影之间关系，求出圆柱Ⅰ、Ⅲ的表面交线及圆柱Ⅱ、Ⅲ的表面交线，左端面 A 与圆柱Ⅲ的交线是两条垂直于 H 面的直线，它们的 H 面投影积聚成点4、(5) 和点7、(8)，它们的 W 面投影可根据宽相等求得4″、5″和7″、8″。它们的 V 面投影则重影成一竖直线段 (4′)(5′)、7′8′，且必位于两段曲交线之间。

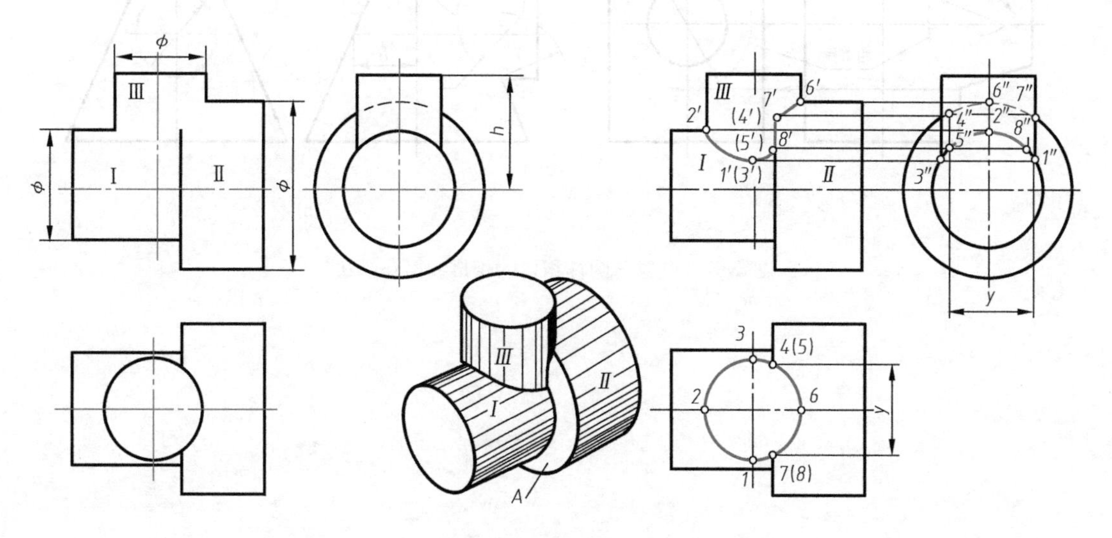

图6-32 多圆柱体相交

9. 两回转体相贯线的工程简化画法

由以上分析可知，只要两相贯体的形状和大小及相对位置一旦确定，相贯线的形式就确定，它是自然形成的表面公共线。在工程实际中，绝大多数情况下只要相贯体的形状、大小、相对位置是正确的，即使相贯线的投影画错了，也丝毫不会影响工程形体的形状（或质量），所以，大多数情况下只需要示意性地表达相贯线，即可用圆弧代替相贯线。图6-33 所示为两圆柱相贯时相贯线的简化画法。图6-34 所示为圆锥与圆柱相贯时相贯线的简化画法。

极少数情况下需要画出准确的相贯线。例如，绘制相贯体的表面展开图时，必须先绘出其准确的相贯线才能绘制出正确的展开图。

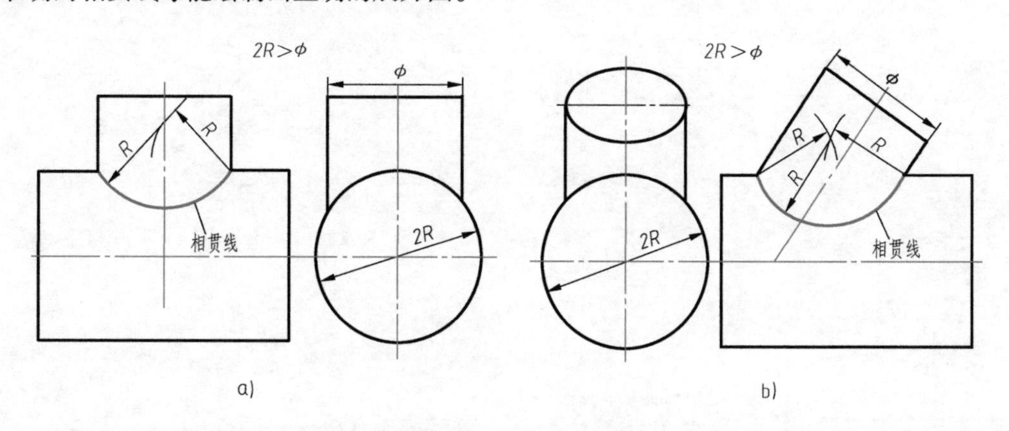

图6-33 两圆柱相贯的相贯线简化画法

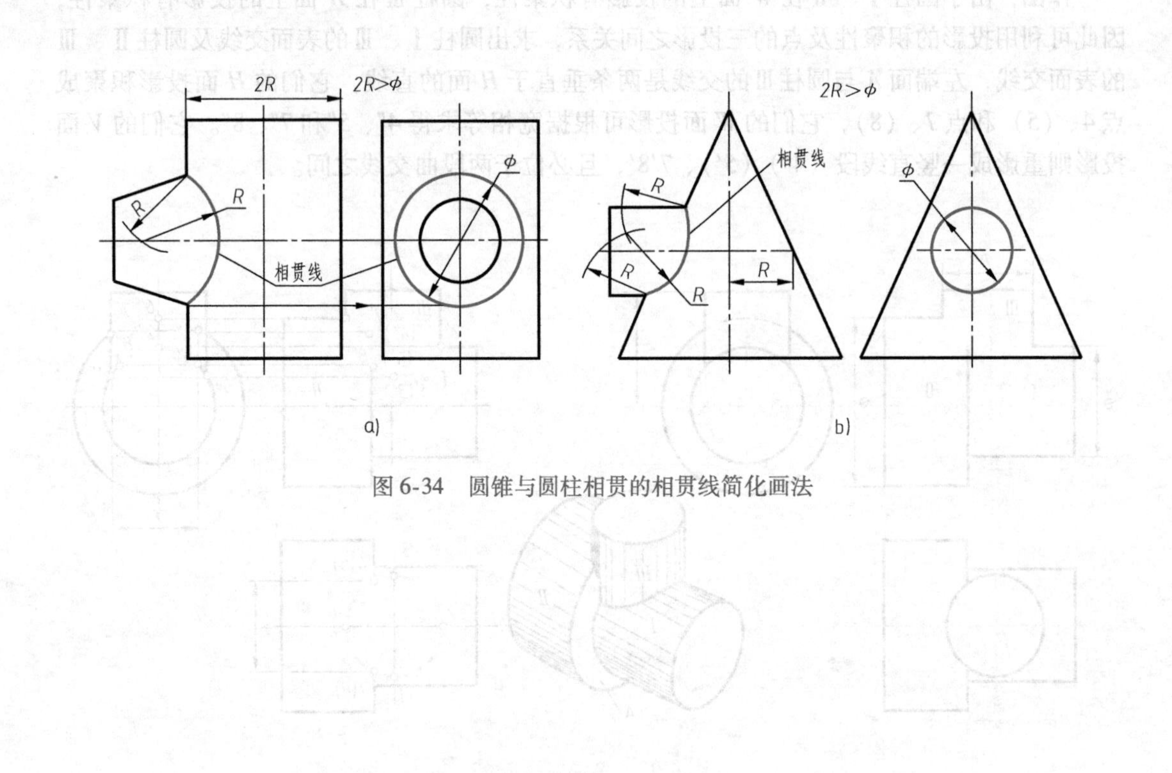

图 6-34　圆锥与圆柱相贯的相贯线简化画法

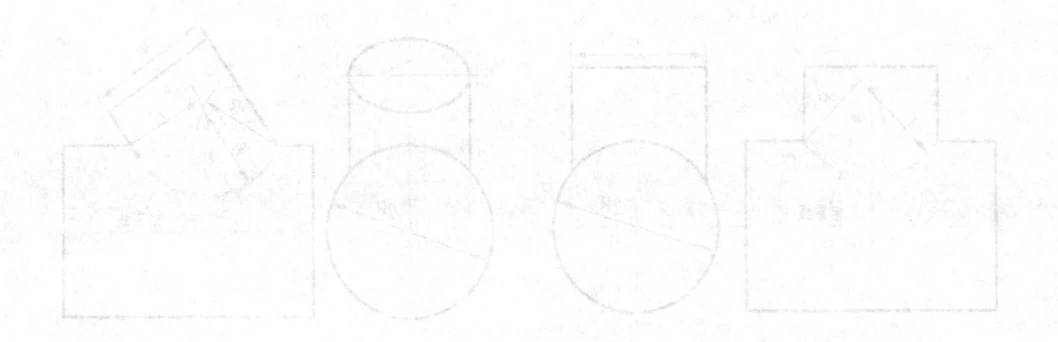

第七章

组合体

任何复杂的机器零件，如果只考虑它们的形状、大小和表面相对位置，都可以抽象地看成是由一些基本形体组合而成的，故称为组合体。

第一节　形体分析法和组合体的组合形式

一、形体分析法

形体分析法是假想把组合体分解为若干基本形体，并分析各基本形体间的组合形式和形体邻接表面间相互位置的方法。形体分析法是画图、读图及尺寸标注的基本方法，可使复杂的问题简单化。

二、形体间的组合形式

组合体的组合形式可归纳为叠加和挖切两种。图 7-1a 所示的组合体可看成是由图 7-1b 中的几个基本形体叠加而成的；而图 7-1c 所示的支座则可视为在长方体上挖掉一些基本形体而形成的。常见的组合体都可归结为这两种组合形式的综合。

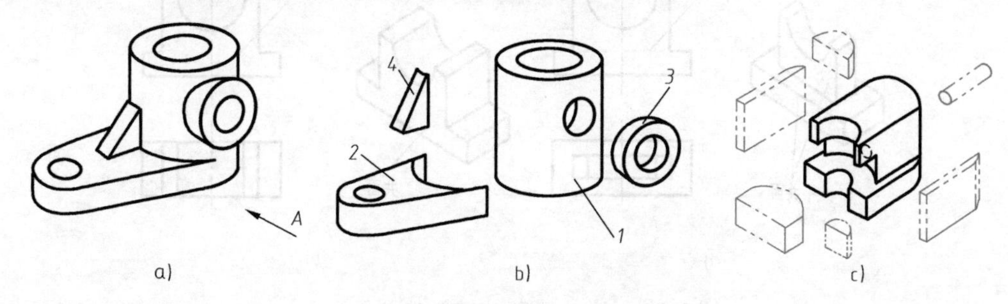

图 7-1　组合体的组合形式

三、组合体的各形体邻接表面间的相互位置及图示特点

组合体的各形体邻接表面间的相互位置有相交、相切、平齐三种。

1）形体表面相交时，作图时要画出交线的投影，如图 7-2a 所示。

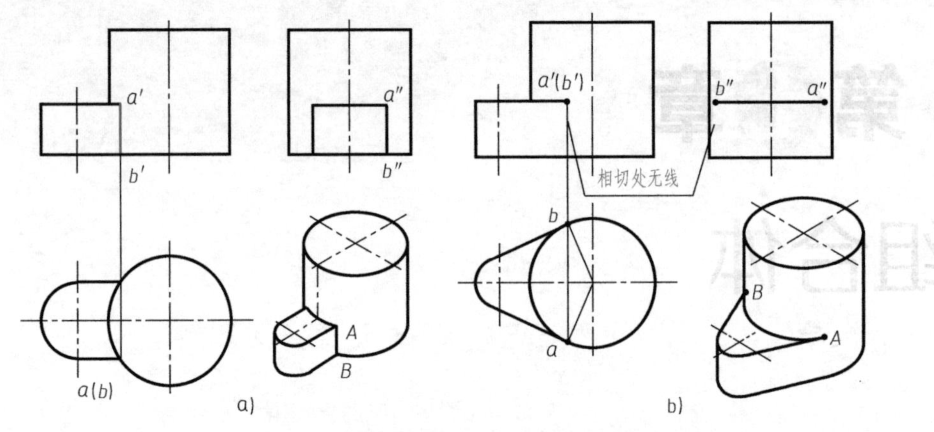

图 7-2　形体表面相交与相切的画法

2）形体表面相切时，相切处光滑过渡，其投影不画线，如图 7-2b，图 7-3a 所示。只有当两表面的公切面垂直于投影面时，在该投影面上才要画出切线的投影，如图 7-3b 中俯视图上切线的投影。

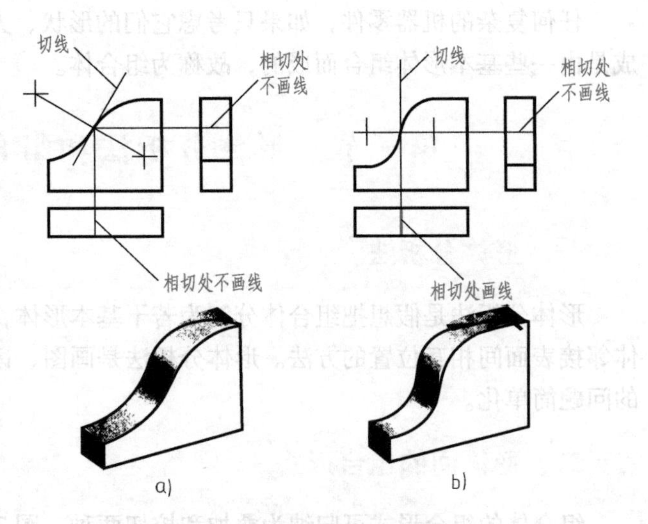

图 7-3　形体表面相切处的画法

3）图 7-4 所示的组合体可看成由两个形体叠加组成。图 7-4a 中两形体前后表面不平齐，主视图的投影中，两形体分界处要画出分界线；而图 7-4b 中两形体的前后表面分别处于同一平面内，称为平齐，此时在主视图上不应画出两表面的分界线。

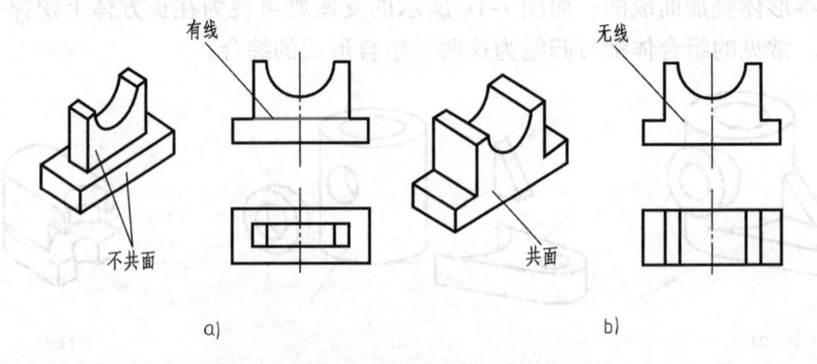

图 7-4　形体表面不平齐与平齐处的画法

第二节　组合体视图的画法

形体分析法是将复杂形体简单化的一种思维方法。因此，画组合体的三视图时应采用形体分析法。下面以图 7-5 所示的轴承座为例，说明画组合体三视图的方法与步骤。

一、形体分析

画图之前，应先对组合体进行形体分析，将其分解成几个组成部分，明确其组合形式和相对位置，进一步了解相邻两形体表面之间的连接关系，然后考虑视图的选择。

图 7-5 所示的轴承座是由圆筒Ⅰ、支承板Ⅱ、肋板Ⅲ、底板Ⅳ及凸台Ⅴ组成的。凸台和圆筒是两个垂直相交的空心圆柱体，内外表面都有相贯线；支承板、肋板和底板分别是不同形状的平面立体，支承板的左、右侧面与圆筒的外圆柱面相切，前、后侧面与圆筒的外圆柱面相交，产生截交线；肋板的左、右侧面及前面与圆筒的外圆柱面相交，在外圆柱面上均产生截交线；支承板和肋板在底板的上面且左右对称。

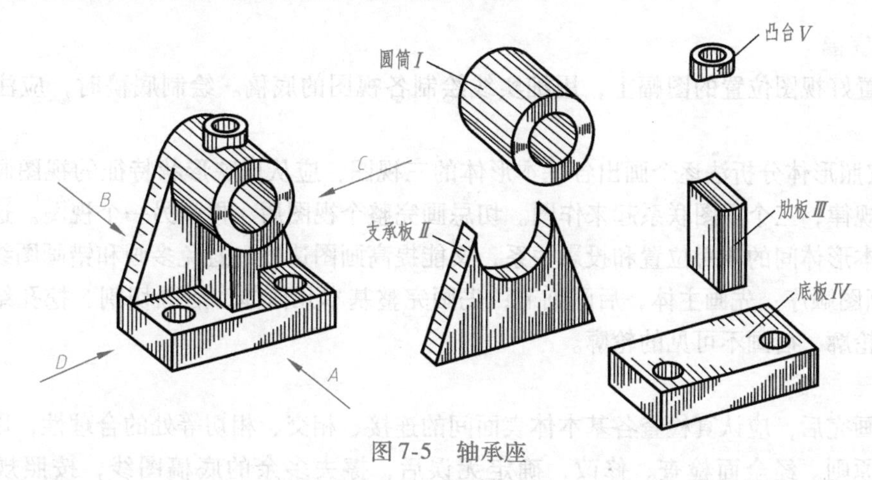

图 7-5 轴承座

二、视图选择

在形体分析的基础上进行视图选择，主要是主视图的选择。主视图的选择包括组合体的安放位置及主视图的投射方向。画组合体的视图时，一般使组合体处于自然安放位置，即使主要平面放置成投影面平行面，主要轴线放置成投影面垂直线，选择最能反映其形状特征的方向作为主视图的投射方向。

图 7-5 所示的轴承座，系处于自然安放位置，可分别从箭头 *A*、*B*、*C*、*D* 四个方向进行观察，结果如图 7-6 所示。经过比较可以看出，*D* 方向会造成左视图中细虚线较多，*B* 方向主视图细虚线较多，*C* 方向可以很好地反映轴承座各组成部分的位置特征，*A* 向可以很好地反映轴承座各部分的轮廓特征，因此 *A* 和 *C* 两个方向都可以作为主视图的投射方向。主视图确定后，其他视图也随之而定。

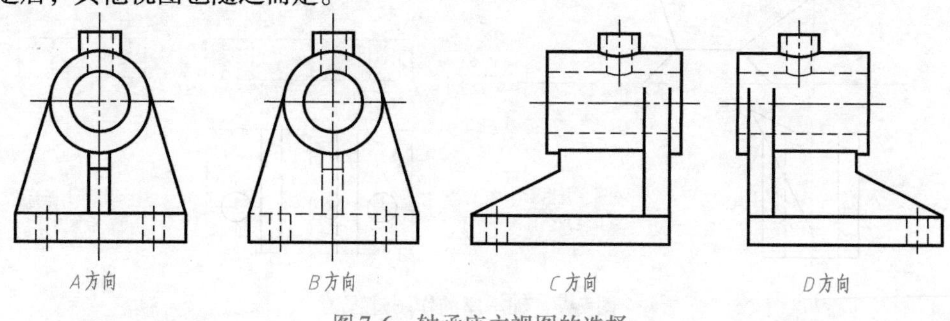

图 7-6 轴承座主视图的选择

三、画图步骤

1. 定比例、定图幅

视图确定后，即可根据所画组合体的大小及复杂程度，确定画图比例和图幅。一般尽量选用1:1 的比例，必要时可选用适当的放大或缩小的比例，图幅应尽量选用标准幅面。

2. 布置视图，画出作图基准线

在选好的图幅上，布置三个视图的位置。布置视图时，要根据各个视图每个方向的最大尺寸，在视图之间留足标注尺寸的空隙，使视图布局合理，排列匀称，画出各视图的作图基准线。

3. 画底稿

在布置好视图位置的图幅上，用细实线绘制各视图的底稿。绘制底稿时，应注意以下问题：

1）按照形体分析法逐个画出各基本形体的三视图，应从反映形状特征的视图画起，再按照投影规律，三个视图联系起来作图。切忌画完整个视图后，再画另一个视图。这样既能保证各基本形体间的相对位置和投影关系，又能提高画图速度，避免多画和错画图线。

2）画图顺序：先画主体，后画细节；先画完整基本几何体，后画切割、挖孔结构；先画可见的轮廓，后画不可见的轮廓。

4. 检查、描深

底稿画完后，应认真检查各基本体表面间的连接、相交、相切等处的合理性，以及是否符合投影原则。经全面检查、修改，确定无误后，擦去多余的底稿图线，按照规定线型描深。

绘制图7-5 所示轴承座的方法和步骤如图7-7 所示。

为了保证图线的连接光滑，提高描深速度，可按照如下的顺序描深。

1）细点画线（先水平线后垂直线）。

2）细实线。

3）细虚线。

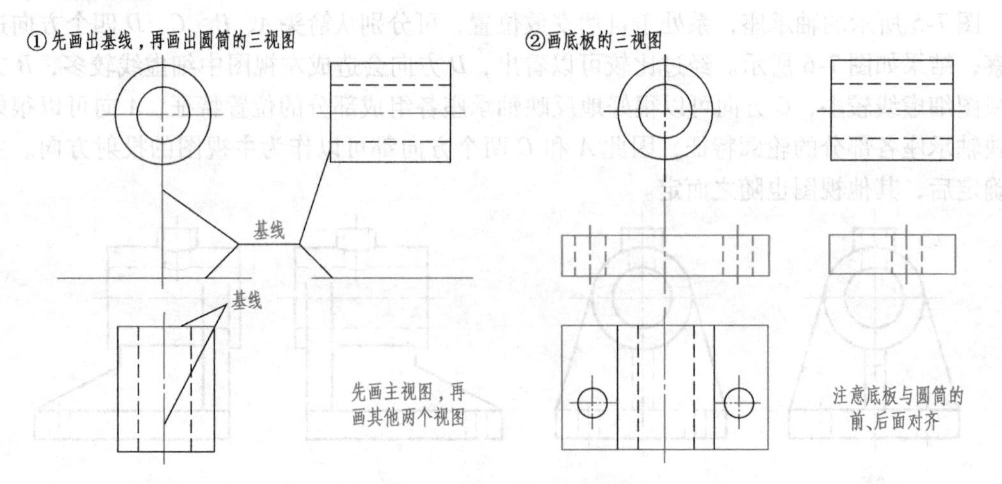

图7-7　轴承座的作图过程

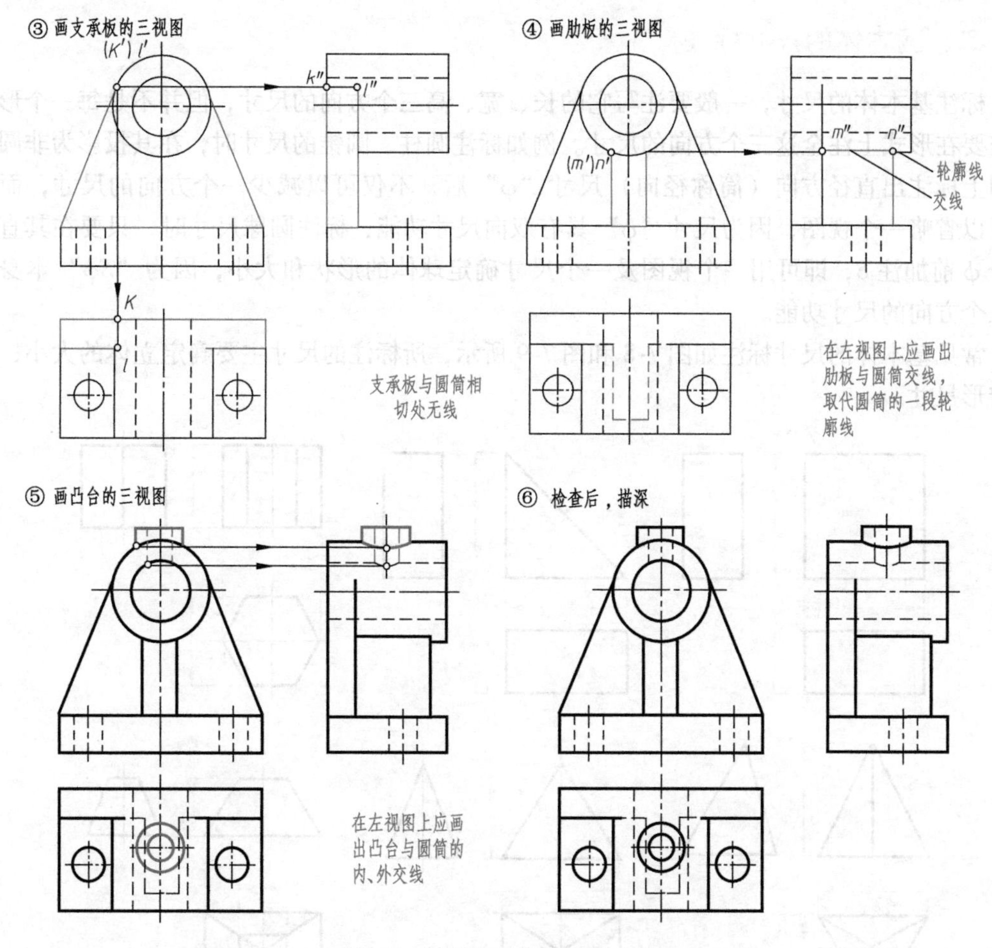

图 7-7 轴承座的作图过程（续）

4）粗实线：①圆及圆弧（先小后大）；②直线，先水平线（自上而下），后垂直线（从左到右），再倾斜线。

当几种图线重合时，一般应按照粗实线——细虚线——细点画线的顺序画出，即粗实线与细虚线、细点画线重合时，画粗实线；细虚线与细点画线重合时，画细虚线。

第三节 组合体的尺寸标注

视图只能表达物体的形状，物体的大小则由视图上所标注的尺寸决定。视图中的尺寸是加工机件的重要依据，因此，必须认真注写。

一、组合体尺寸标注的基本要求

（1）正确 所标注的尺寸应符合国家标准中有关尺寸注法的规定，并与实际相符。

（2）完整 尺寸必须齐全，要能完全反映物体的形状和大小，不得漏注尺寸，一般也不要重复标注。

（3）清晰 尺寸布局要适当、排列整齐，便于看图。

二、基本体的尺寸标注

标注基本体的尺寸，一般要注写它的长、宽、高三个方向的尺寸，但并不是每一个形体都需要在形式上注全这三个方向的尺寸。例如标注圆柱、圆锥的尺寸时，在其投影为非圆的视图上标注出直径方向（简称径向）尺寸“ϕ”后，不仅可以减少一个方向的尺寸，而且还可以省略一个视图，因为尺寸“ϕ”具有双向尺寸功能；标注圆球尺寸时，只要在其直径代号 ϕ 前加注 S，即可用一个视图及一个尺寸确定球体的形状和大小，因为“$S\phi$”本身具有三个方向的尺寸功能。

常见基本体的尺寸标注如图 7-8 和图 7-9 所示，所标注的尺寸主要确定立体的大小，称为定形尺寸。

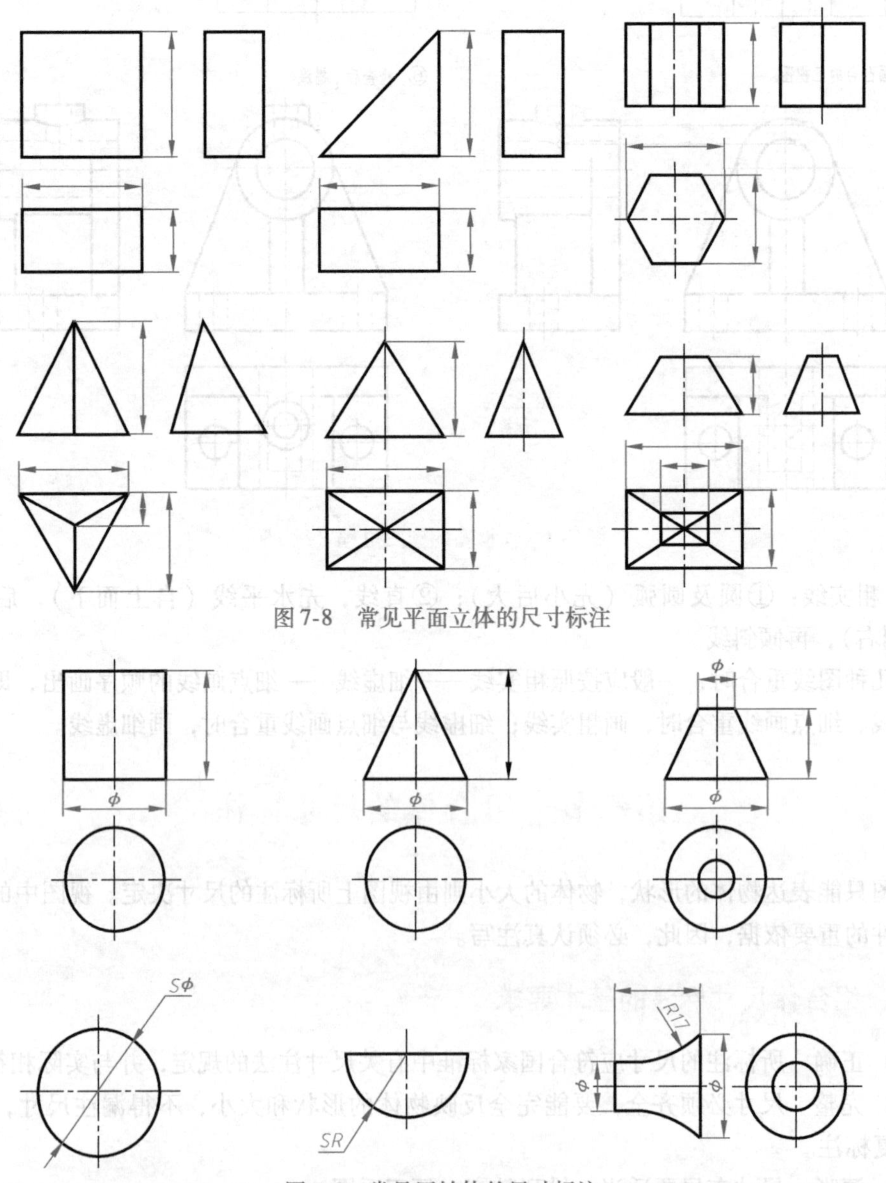

图 7-8　常见平面立体的尺寸标注

图 7-9　常见回转体的尺寸标注

三、切割体及相交立体的尺寸标注

在标注切割体的尺寸时，除应标注定形尺寸外，还应标注出确定截平面位置的定位尺寸。由于截平面在形体上的相对位置确定后，截交线即被唯一地确定，因此截交线上不应再标注尺寸。相交立体的尺寸标注与切割立体的尺寸注法一样，相交立体除了应标注两相交基本体的定形尺寸外，还应注出确定两相交立体相对位置的定位尺寸。当定形尺寸和定位尺寸注全后，则两相交立体的交线（相贯线）即被唯一确定，因此，相贯线上也不应再注尺寸，如图 7-10 所示。

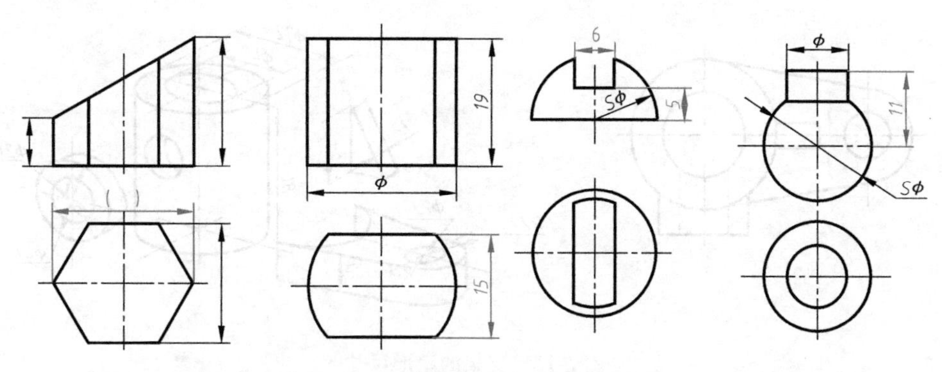

图 7-10 切割体及相交立体的尺寸标注

四、组合体的尺寸注法

如前所述，按照形体分析的方法，可将组合体分解成若干基本体。因此，对组合体进行尺寸标注时，应在形体分析的基础上进行。组合体的尺寸包括下列三种：

1）定形尺寸。用于确定各基本形体的形状大小。

2）定位尺寸。用于确定各基本形体的相互位置。

3）总体尺寸。用于确定组合体的总长、总宽和总高。

注意：标注定形尺寸时，按照基本形体尺寸标注的方法进行标注。标注定位尺寸时，首先应在长、宽、高三个方向上分别选出尺寸基准，以便确定各基本形体间的相对位置。所谓尺寸基准，就是标注尺寸的起点。通常可选用组合体的对称平面、底面、重要端面及回转体的轴线等作为尺寸基准。标注总体尺寸时，有时要对已标注的尺寸进行调整，避免出现重复尺寸。当组合体的端部是回转体时，则总体尺寸一般不直接注出。

下面以支架为例，说明组合体视图上尺寸标注的方法和步骤：

1）形体分析，标注基本体的定形尺寸。运用形体分析法对支架进行形体分析，分别标注各基本形体的定形尺寸，如图 7-11 所示。

2）选择尺寸基准，标注定位尺寸。如图 7-12 所示，支架以直立空心圆柱的轴线为左右方向的尺寸基准，注出定位尺寸 80、56；以直立空心圆柱、底板及肋板前、后的公共对称平面为宽度方向的尺寸基准，注出定位尺寸 48；以上顶面为高度方向尺寸基准，注出定位尺寸 28。

3）标注总体尺寸。必要时对已标注的尺寸进行调整，避免出现重复尺寸。当组合体的端部是回转体时，则总体尺寸一般不直接注出，如图 7-13 中的总长、总宽尺寸就未注出。

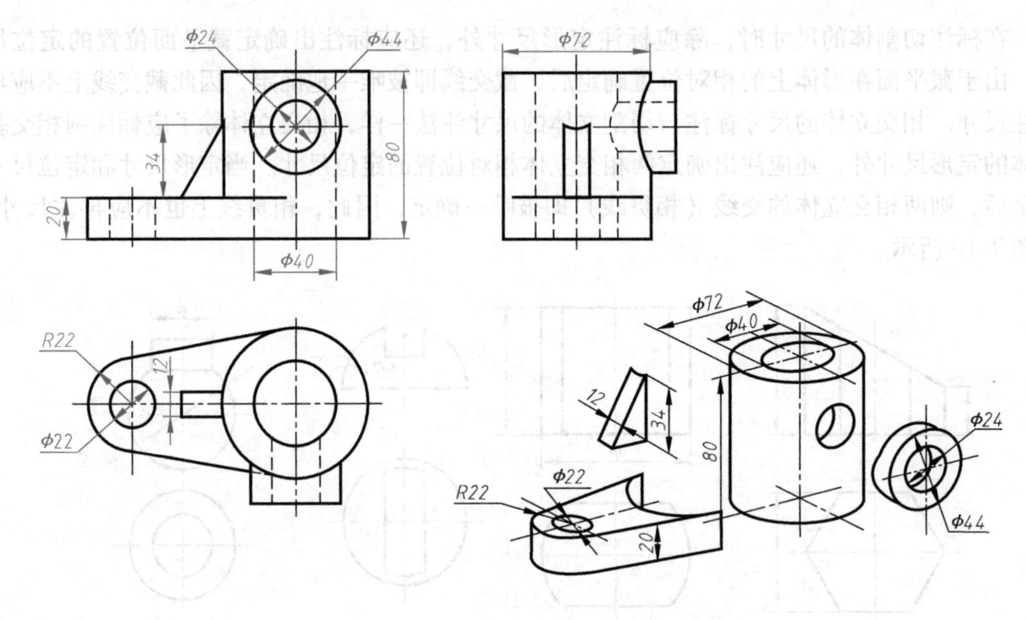

图 7-11　支架的定形尺寸

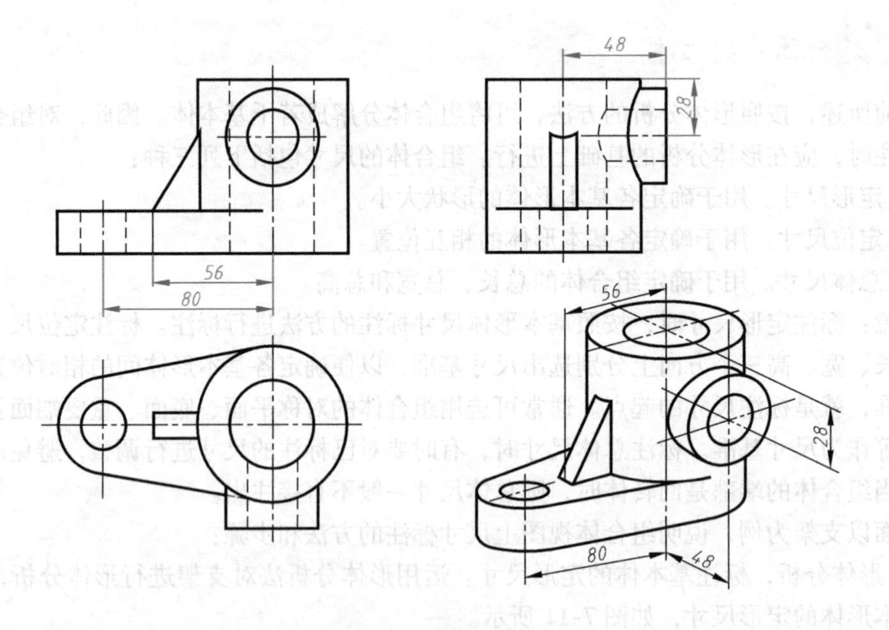

图 7-12　支架的定位尺寸

第二节中所画轴承座的尺寸标注如图 7-14 所示。长度方向基准为右端面，高度方向基准为下底面，宽度方向基准为前后对称面。底板定形尺寸为 42、36、6、2 × ϕ4、*R*7，定位尺寸为 36 和 23。大圆柱筒定形尺寸为 ϕ21、ϕ13、29，定位尺寸为 30，支承板定形尺寸为 5，肋板定形尺寸为 18、9、4，圆柱凸台定形尺寸为 ϕ9 和 ϕ5，定位尺寸为 13 和 44。

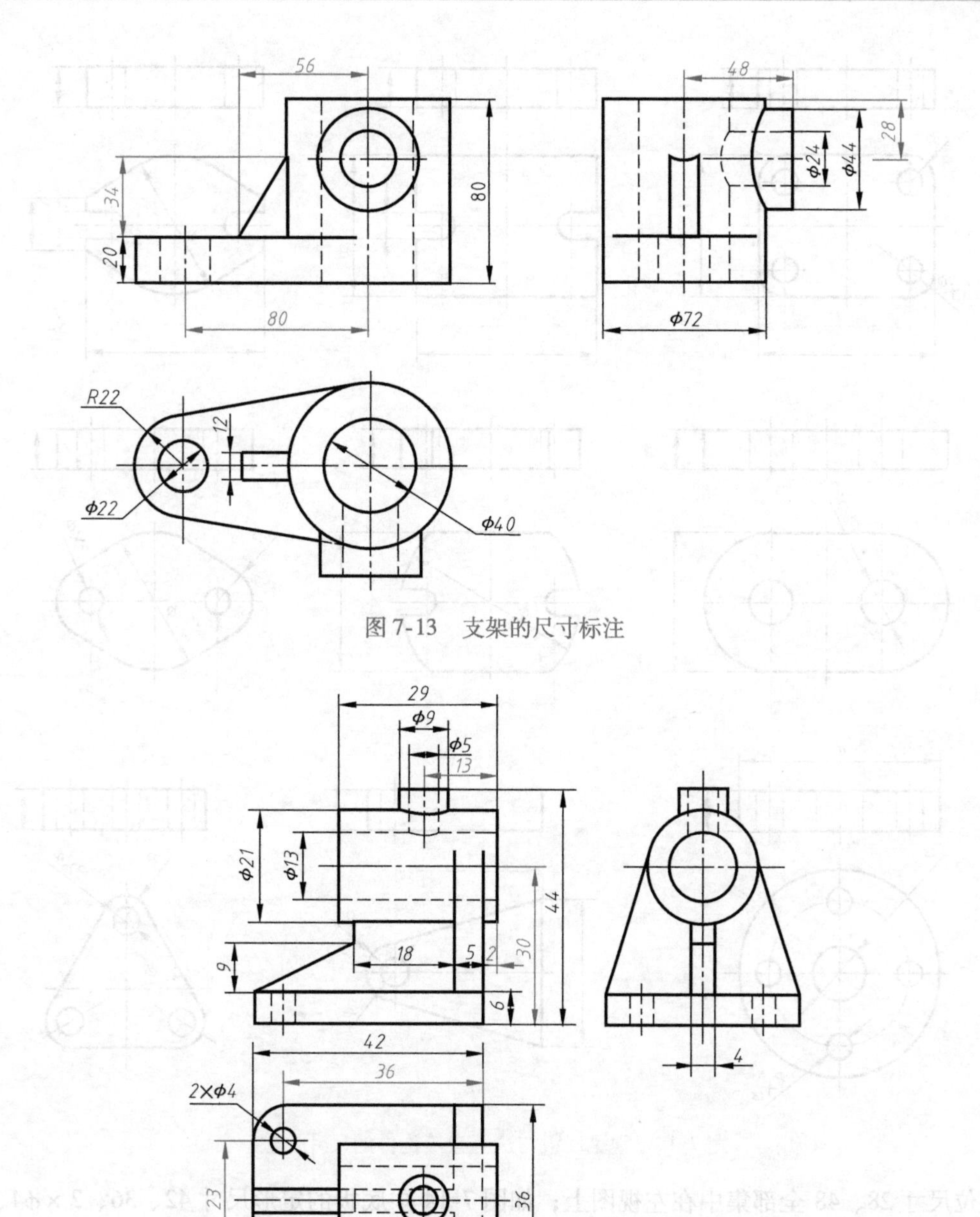

图 7-13 支架的尺寸标注

图 7-14 轴承座的尺寸标注

工程上经常用到底板、法兰盘等构件，其尺寸注法如图 7-15 所示。

五、标注尺寸应注意的事项

1）尺寸应尽量标注在表达形体特征最明显的视图上。如图 7-13 中肋的高度尺寸 34 标注在主视图上比标注在左视图上好；水平空心圆柱的定位尺寸 28 标注在左视图上比标注在主视图上好。

2）同一形体的尺寸应尽量集中标注。如图 7-13 中水平空心圆柱的定形尺寸 $\phi24$、$\phi44$

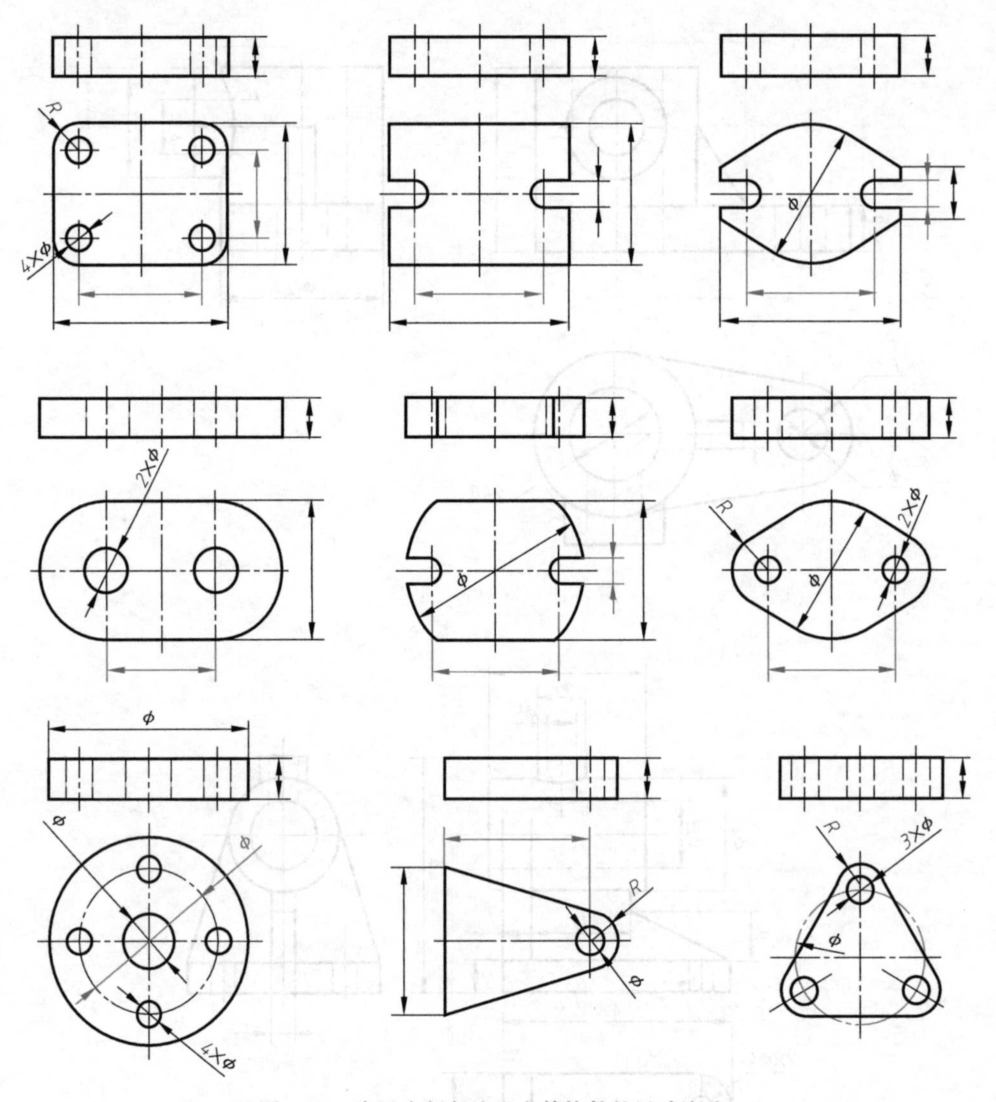

图 7-15　常见底板与法兰盘等构件的尺寸注法

及定位尺寸 28、48 全部集中在左视图上；如图 7-14 中底板的定形尺寸 42、36、2×ϕ4、*R*7 和定位尺寸 36、23 全部集中在俯视图上，便于看图时查找尺寸。

3）半径尺寸一定要标注在投影为圆弧的视图上。如图 7-14 所示，底板半径尺寸 *R*7 标注在俯视图上；如图 7-15 中底板上表达圆弧的尺寸 *R* 的标注。

4）直径尺寸最好标注在非圆视图上，如图 7-16a 所示，小于或等于半圆标注半径，大于半圆标注直径；特别是同心圆较多时，不宜集中标注在反映为圆的视图上，避免标注成辐射形式，如图 7-16b 所示。

5）尺寸线平行排列时，应使小尺寸在内（靠近视图），大尺寸在外，以避免尺寸线与尺寸界线交叉，如图 7-16a 中的尺寸 ϕ10、ϕ14、ϕ20 等。

6）同一方向内外结构的尺寸最好分开加以标注，以便于看图，如图 7-16a 中的主视图，外形结构尺寸 16、4 标注在下方，内部结构尺寸 2、10 标注在上方等。

7）尺寸应尽量避免标注在虚线上，如图 7-13 中的直立孔尺寸 ϕ40 标注在俯视图上

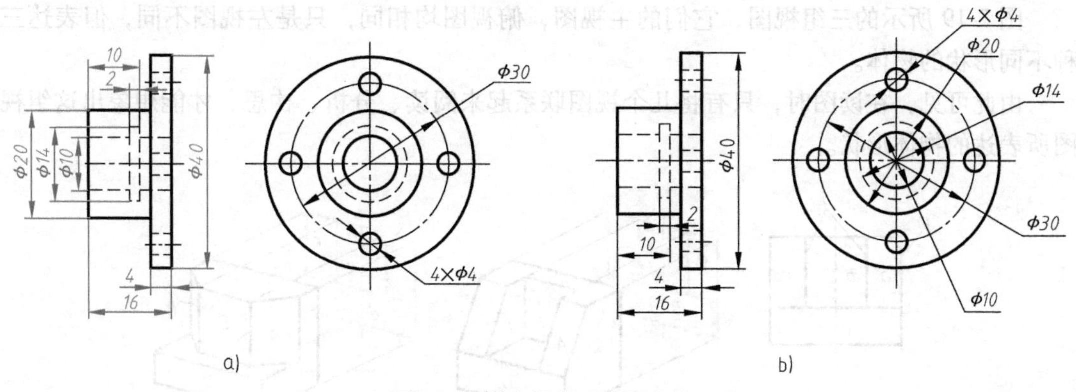

图 7-16 同心圆尺寸标注方法

a）好 b）不好

较好。

8）尺寸应尽量标注在视图外面，以保持视图清晰。为了避免尺寸标注零乱，同一方向连续的几个尺寸尽量放在同一条线上，如图 7-13 中主视图的尺寸 20、34 标注显得较为整齐。

以上各要求有时会出现不能完全兼顾的情况，应在保证尺寸正确、完整、清晰的前提下，根据具体情况，统筹安排，合理布局。

第四节 组合体视图的阅读

画图和读图是学习本课程的两个重要环节。画图是用正投影的方法把空间的物体表达在平面上；读图是画图的逆过程，即运用投影规律，根据平面图形，想象出物体的空间形状。画图是读图的基础，而读图既能提高空间想象能力，又能提高投影的分析能力。

一、读图的基本要领

1. 将几个视图联系起来读图

形体的形状是通过几个视图来表达的，每个视图只能反映形体一个方向的形状。因此，仅由一两个视图往往不一定能唯一地确定某一形体的形状。

如图 7-17 所示，六个简单组合体具有相同的俯视图；如图 7-18 所示，它们的主视图都相同，但实际上表达了五种不同形状的物体。

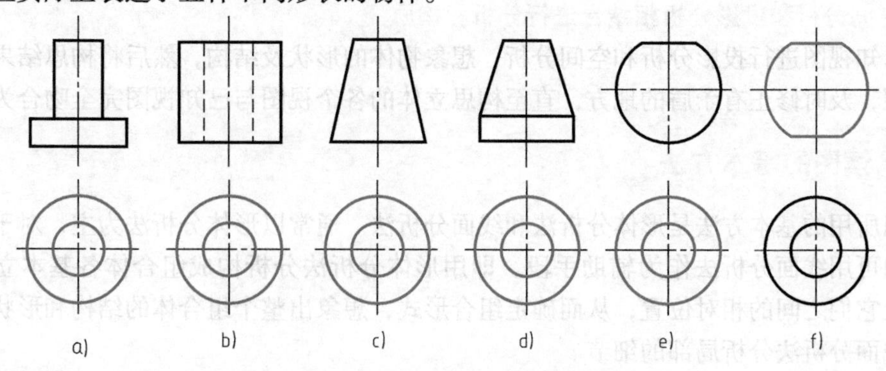

图 7-17 多个不同的立体俯视图都相同

图 7-19 所示的三组视图，它们的主视图，俯视图均相同，只是左视图不同，但表达三种不同形状的物体。

由此可见，在读图时，只有将几个视图联系起来阅读、分析、构思，才能想象出这组视图所表达的物体形状。

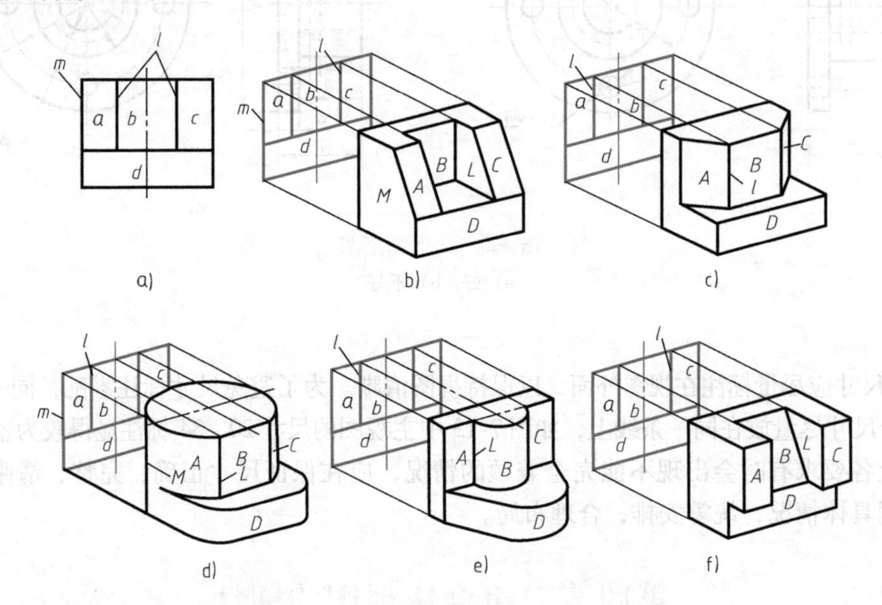

图 7-18　由一个主视图确定的不同形状的立体

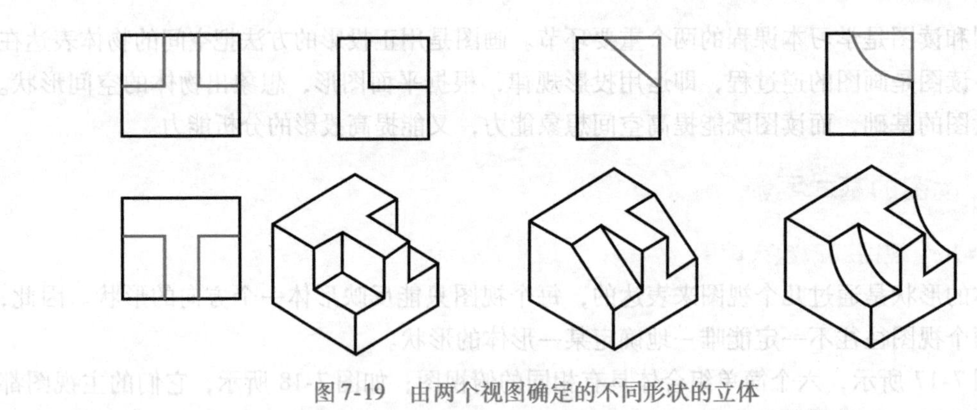

图 7-19　由两个视图确定的不同形状的立体

2. 空间分析和投影分析相结合进行分析和构思

对已知视图进行投影分析和空间分析，想象物体的形状及结构，然后将构思结果与已知视图对照，及时修正有矛盾的地方，直至构思立体的各个视图与已知视图完全吻合为止。

二、读图的基本方法

读图所用的基本方法是形体分析法和线面分析法。通常以形体分析法为主，对于一些复杂的视图可用线面分析法作为辅助手段。即用形体分析法分析构成组合体各基本立体的形状，以及它们之间的相对位置，从而确定组合形式，想象出整个组合体的结构和形状，必要时，用线面分析法分析局部的细节。

1. 形体分析法

形体分析法是读叠加式或综合式组合体视图的基本方法，一般先从最能反映形体特征的视图（通常是主视图）入手，将其划分为若干个封闭线框，找出与这些线框对应的其他投影，分析确定它们所表达的基本形体形状，然后再按照各基本形体的相对位置，综合想象出组合体的完整形状。

因此，利用形体分析法读图时，要善于抓住反映形体特征的视图。要先从反映形状特征和位置特征较明显的视图看起，再与其他视图联系起来，形体的形状才能识别出来。图7-20所示的组合体，其Ⅰ、Ⅱ、Ⅲ部分的形状特征视图分别是俯视图、主视图和左视图。图7-21所示的两个组合体，左视图是反映形体上Ⅰ和Ⅱ两部分位置特征最明显的视图。

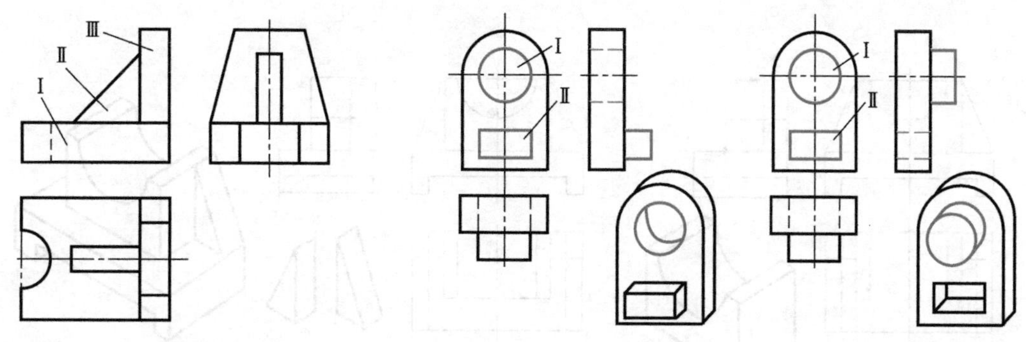

图7-20　从反映形体特征视图看起

图7-21　从反映位置特征视图看起

下面以图7-22所示的支承座为例，说明运用形体分析法识读组合体视图的方法和步骤。

（1）分析视图，划分线框　因为每一简单形体的投影轮廓，除相切和平齐关系外，都是一个封闭的线框，因此，可对视图进行形体分析，划分出表达每个基本体的线框。首先要把各视图联系起来粗略看一看，根据视图之间的投影关系，就可以大体看出整个立体的组成情况；然后一般从主视图入手，划分成几个表达简单形体的线框。如图7-22a所示，将主视图划分为1′、2′、3′、4′四个封闭线框，看作组成这个支承座的四个组成部分。

（2）对照投影，构思形体　从主视图出发，分别把每个线框的其余投影找出来，将有投影关系的线框联系起来看，就可以确定各线框所表达的简单形体的形状。如图7-22b、c、d所示，在俯视图和左视图上把每个线框对应的投影找出来，根据每一部分的三视图，逐个想出各部分的形状。

（3）综合起来想整体　看懂各线框所表达的简单形体后，再分析各简单形体间的相对位置及连接关系，就可以想象出整个立体的形状。根据上述分析，可以确定这个支承座的整体形状，如图7-22e所示。

2. 线面分析法

形体分析法是从“体”的角度去分析组合体并看懂视图，线面分析法是从“线”和“面”的角度去分析并看懂视图。对于一些局部投影比较复杂，特别是带有挖切形式的组合体，在形体分析的基础上，还常常使用线面分析法来帮助想象和读懂这些局部的形状。

视图中的图线一般具有以下三种含义：①平面与平面交线的投影；②具有积聚性的平面或柱面的投影；③回转体转向轮廓线的投影。视图中图线的含义如图7-23a所示。

视图中的每一个封闭的线框一般具有以下三个含义：①物体上一个平面或曲面的投影；

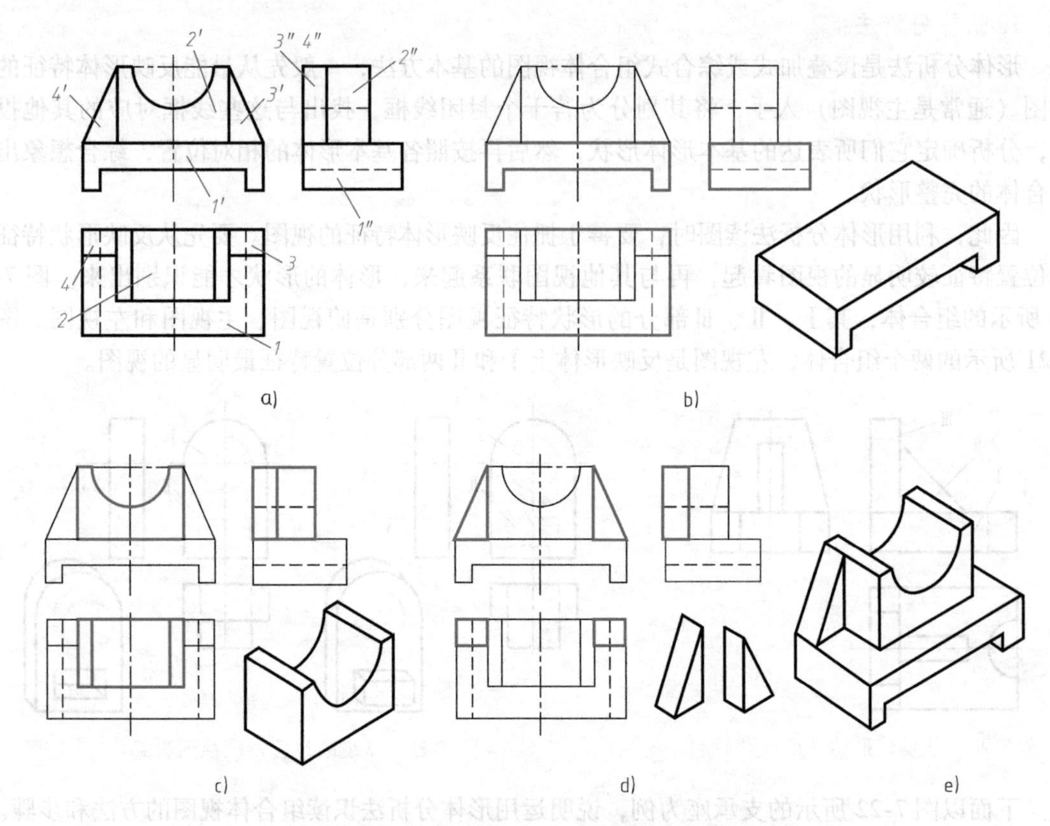

图 7-22　用形体分析法读支承座视图的过程

a）形体分析，划分线框，对照投影　b）对照投影，定形体（底板）c）对照投影，定形体（竖板）

d）对照投影，定形体（肋板）　e）综合起来想整体

②当平面与曲面或曲面与曲面相切时，表达曲面及其切面的投影；③孔的投影。视图中线框的含义如图 7-23b 所示。

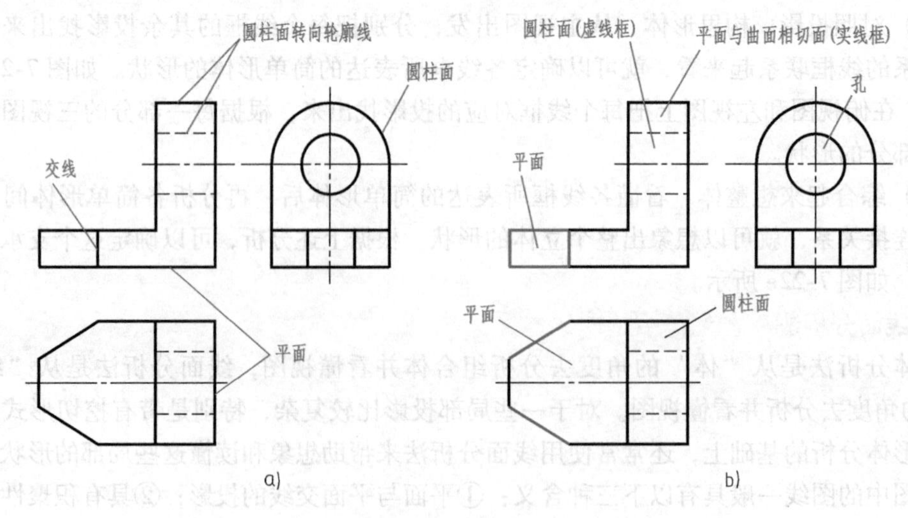

图 7-23　视图中图线和线框的含义

a）视图中图线的含义　b）视图中线框的含义

读图时，先在视图中确定出欲分析的线框或线条，按照视图间的投影关系找出它们在各视图中的投影。再根据线、面的投影特性逐一想象并判定其位置和形状。对于某一视图上的封闭线框，它与其另外的各投影之间除了必须符合“长对正、高平齐、宽相等”的投影规律外，还要看其是否符合反映实形、类似形或积聚性的投影特征，即“若非实形、类似形，则必有积聚性”。

下面以图7-24a所示的切割式组合体三视图为例，说明综合运用形体分析法和线面分析法识读切割式组合体视图的方法与步骤：

（1）分析视图　利用形体分析法分析对象，可知其外形是平面立体被多个平面截切而形成的。从三视图的投影特征分析，该基本体为长方体。

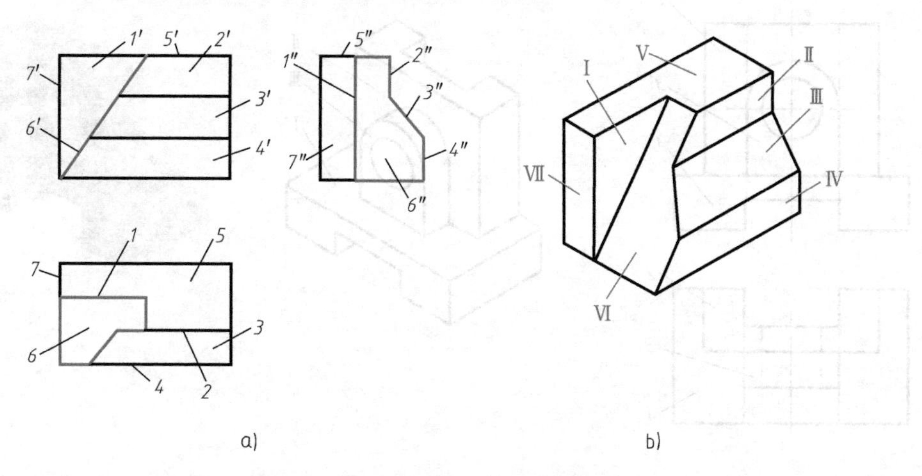

图7-24　切割式组合体读图示例

（2）划线框，对投影（运用投影规律，想象各线、面的形状及其相对位置）　主视图上有四个线框，分别表达四个面，按照投影关系比对，其中线框Ⅰ、Ⅱ、Ⅳ在三视图中为“一框对两线”，其中框在正面，故表达正平面；线框Ⅲ在三视图中为“两框对一线”，其中线在侧面，故表达侧垂面。俯视图中有三个线框，其中线框Ⅴ在三视图中为“一框对两线”，其中框在水平面，故表达水平面；线框Ⅵ在三视图中为“两框对一线”，其中线在正面，故表达正垂面。左视图中有两个线框，线框Ⅶ在三视图中为“一框对两线”，其中框在侧面，故表达侧平面。其中Ⅰ、Ⅱ、Ⅲ、Ⅵ为四个切割平面。

（3）综合起来想整体　通过以上分析可知，长方体被正平面Ⅱ和侧垂面Ⅲ共同切去前上角，由正平面Ⅰ和正垂面Ⅵ共同切掉左前角。

以长方体的投影为基础，考虑各切割面的相对位置及切割方式，结合基本体投影中出现的新线和面的投影，综合得出切割体的结构，如图7-24b所示。

读比较复杂的视图，一般要把形体分析法和线面分析法结合起来，通常先用形体分析法做粗略的分析，在此基础上，对不易看懂的局部，还要结合线、面的投影分析，想象出其形状。读图是一个分析、想象、判断，再分析、想象、判断的过程。

3. 根据组合体的两个视图补画第三视图

由两个视图补画第三视图，是读图和画图的综合训练。通过分析已知的两视图，判断形体特征，分析组合体的形状，最后补出所缺视图。

下面举例说明，由两个视图补画第三视图的方法与步骤。

例 7-1 已知图 7-25a 所示的组合体主、俯视图，求作左视图。

作图步骤：

（1）看懂已知两视图，想象其整体形状　初步阅读两视图，可知该组合体主要是叠加形成的，采用形体分析法，将主视图分解为三个线框，对照俯视图找出其相对应的投影。分别想象出各部分和整体的形状，如图 7-25b 所示。

（2）补画左视图　如图 7-26 所示，根据形体分析的结果，依次画出每个基本体的侧面投影，并考虑相邻立体表面间的连接关系及相对位置，确定相邻立体表面分界线的画法。

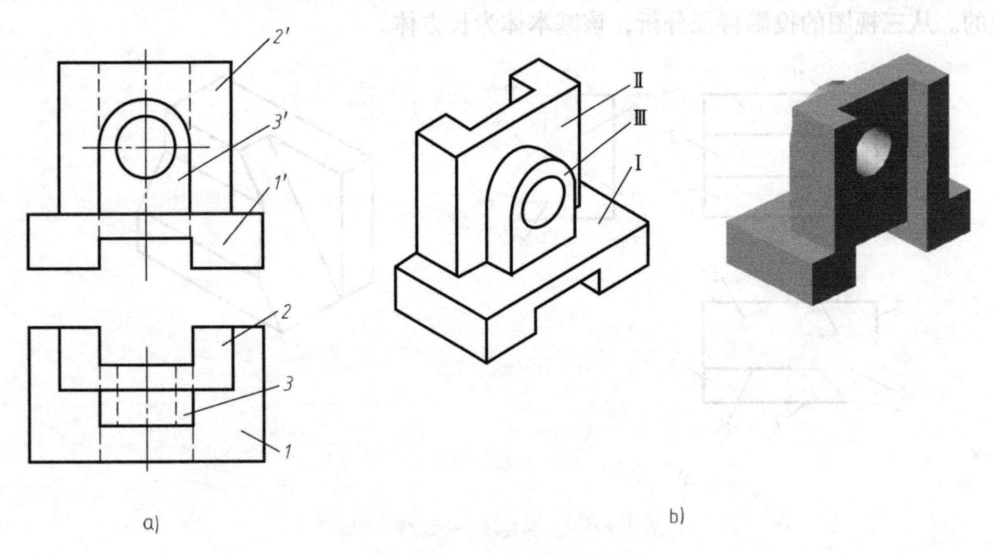

图 7-25　组合体的读图分析

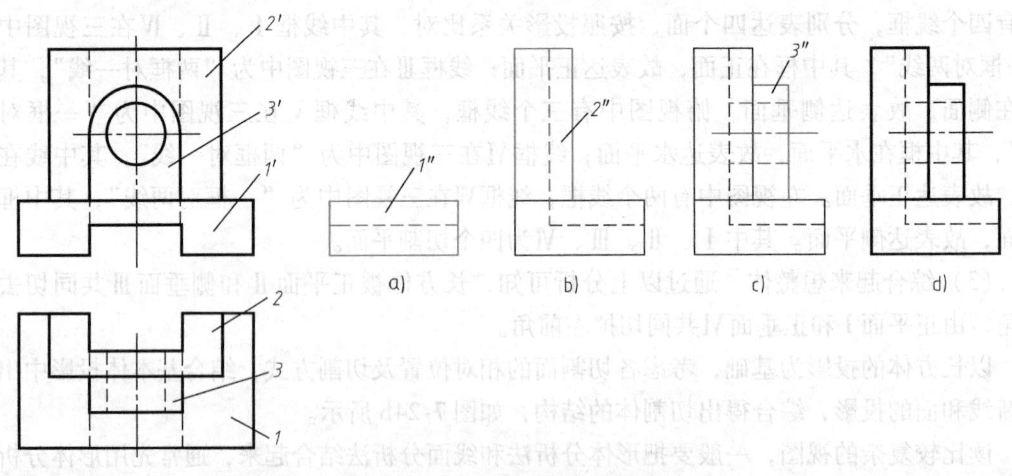

图 7-26　由已知视图补画左视图

a）画形体Ⅰ　b）画形体Ⅱ　c）画形体Ⅲ　d）检查、加深

例 7-2　如图 7-27a 所示，已知压板的主、俯视图，求作左视图。

作图步骤：

（1）看懂主、俯视图，分析形体的结构特征　初步阅读所给视图，可知其外形是由基本体被多个平面截切而形成的，因此该形体为切割式组合体，可用线面分析法读图。

（2）对照投影、分面形　主视图上有三个可见的面 p'、q'和 r'，如图 7-27b 所示。其中面 p'、q'对应的水平投影 p、q 是唯一的，说明面 P 是铅垂面，面 Q 是压板最前面的正平面。而面 r'对应的投影有两个可能：积聚成细虚线（r）或由三条实线和一条细虚线组成的四边形（u）。到底是哪一个？可采用“先假定、后验证、边分析、边想象”的方法来分析。假定 r'对应的投影为（u），说明空间的面 R 应是一个前高后低的斜面。从正面投影看，面 r'的左、右两边是平行于侧面的，而从水平投影看，面（u）左边的一条边是斜线，不平行于侧面，说明 r'和（u）不是一个面的两个投影。因此，r'对应的水平投影只可能是（r），空间面 R 是一个较面 Q 为后的正平面。

俯视图上的可见面 s 和 t，其对应的正面投影 s'和 t'是唯一的（见图 7-27b），说明面 S 是压板左上方的正垂面，面 T 是最上面的水平面。不可见面（u）对应的正面投影为 u'，说明面 U 也是一个水平面。

（3）综合各面的相对位置想整体　经以上分析，可知压板的外形是由一个六棱柱（俯视图的外轮廓是一个六边形）被平面截切而成的：在其左上方被正垂面 S 切去一角；在其前后面的下部，分别被正平面 R 和水平面 U 切去一角。压板的中间为一个圆柱形的台阶孔。压板的立体图如图 7-27c 所示。

必须指出，此压板也可看作是由一个长方体开始，被多个平面截切而成的。这样，虽然开始容易想，但过多的截平面截切会增加想象整体的难度。相比之下还是选择一个能接受而复杂程度又适当的截切体作为基础，再被较少的平面截切而形成更容易想象。

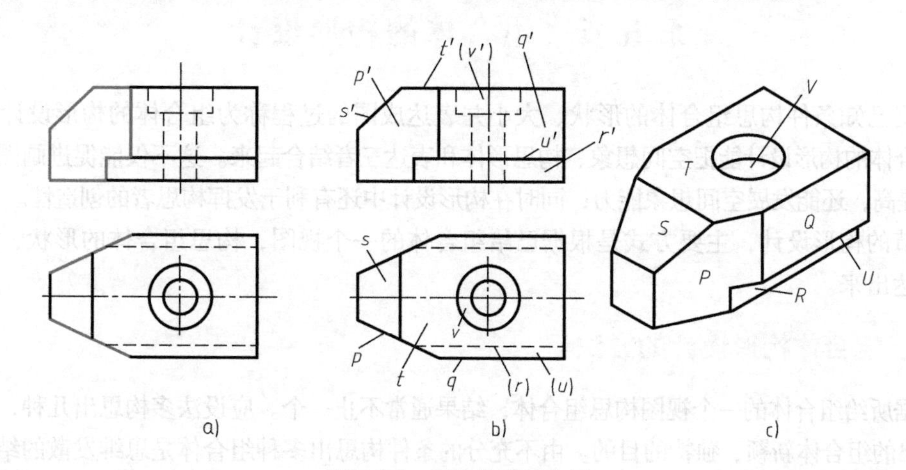

图 7-27　压板的读图分析
a）题目　b）对照投影、分面形　c）想整体

（4）补画压板的左视图　对此类组合体，由两个视图求作第三视图的步骤如下。

1）作出截切前基本体的第三视图。如前所述，未截切前的基本体为一个六棱柱，其侧面投影如图 7-28a 所示。

2）画出台阶孔的投影，如图 7-28b 所示。

3）作出立体上斜面的侧面投影。分别作出正垂面 S 和铅垂面 P 的侧面投影 s''和 p''（见图 7-28c），s''和 p''的形状应分别与 s 和 p'的形状相类似。

4）作出立体上平行面的侧面投影。水平面 U 和正平面 R 的侧面投影 u''和 r''都积聚为直线，根据其切割位置，作出其侧面投影，如图 7-28d 所示。

5）检查、修改后描深。台阶圆柱孔在两孔交界处为平面，必须有线，常易漏掉，务必注意。

检查的重点放在斜面投影的类似性上，以验证所作投影结果的准确性。如 S 面为正垂面，其水平投影 s 和侧面投影 s'' 为类似形。P 面为铅垂面，其正面投影 p' 和侧面投影 p'' 为类似形，如图 7-28e 所示。

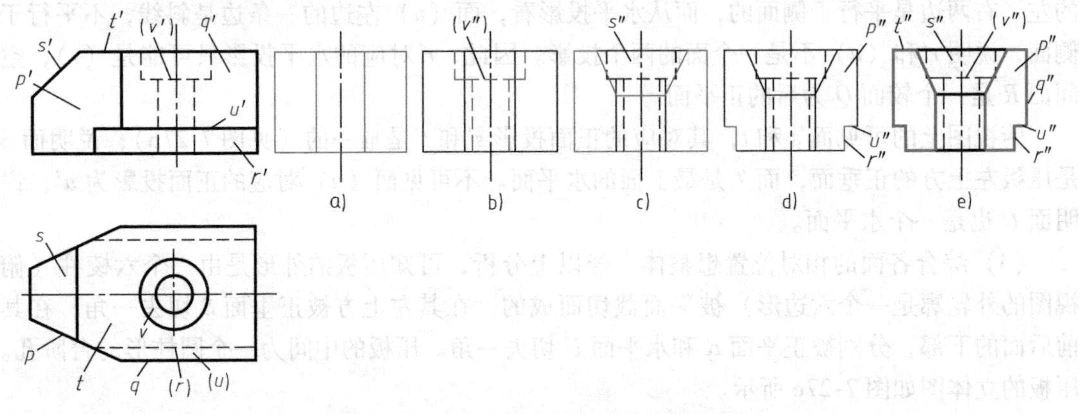

图 7-28　由压板的主俯视图作出左视图

a）画六棱柱　b）画台阶孔　c）切正垂面 S　d）前后下面切角 U、R　e）检查、描深

第五节　组合体的构形设计

根据已知条件构思组合体的形状、大小并表达成图的过程称为组合体的构形设计。

组合体的构形设计能把空间想象、构思形体和表达三者结合起来。这不仅能促进画图、读图能力的提高，还能发展空间想象能力；同时在构形设计中还有利于发挥构思者的创造性。

本节的构形设计，主要方式是根据已给组合体的一个视图，构思组合体的形状、大小并将其表达出来。

一、组合体构形设计的方法

根据所给组合体的一个视图构思组合体，结果通常不止一个。应设法多构思出几种，逐步达到构思出的组合体新颖、独特的目的。由不充分的条件构思出多种组合体是思维发散的结果。要提高发散思维能力，不仅要熟悉有关组合体方面的各种知识，还要自觉运用联想的方法。

1. 通过表面的凹凸、正斜、平曲的联想构思

例 7-3　根据所给的主视图，如图 7-29 所示，构思不同形状的组合体，并画出其俯视图。

图 7-29　由一个视图构思组合体

解　如图 7-29 所示，假定该组合体的原形是一块长方板，板的前面有三个彼此不同的可见表面。这三个表面的凹凸、正斜、平曲可构成多种不同形状的组合体。

先分析中间的面形，通过凸与凹的联想，可构思出图 7-30a、b 所示的组合体；通过正与斜的联想，可构思出图 7-30c、d 所示的组合体；通过平与曲的联想，可构思出图 7-30e、f 所示的组合体。

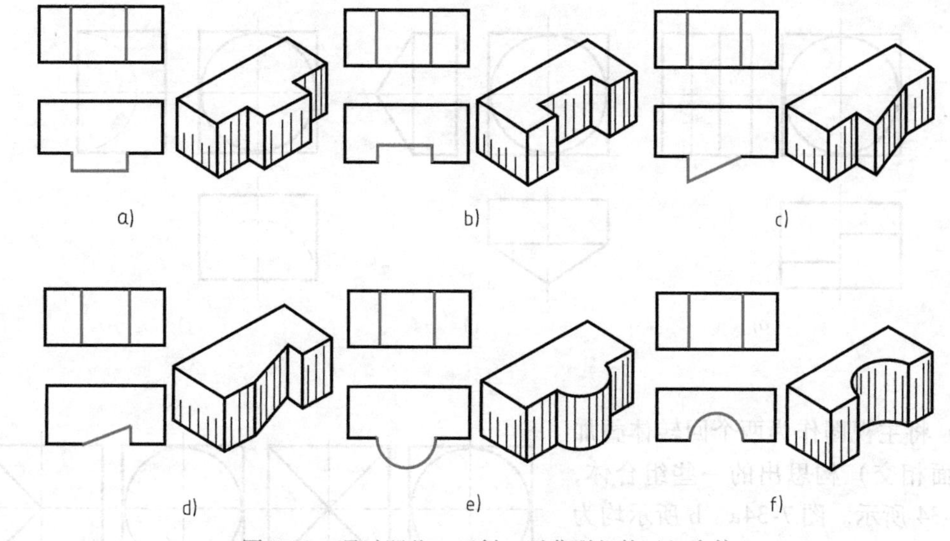

图 7-30　通过凹凸、正斜、平曲联想构思组合体

用同样的方法对其余的两面形进行分析、联想、对比，可以构思出更多不同形状的组合体，图 7-31 中只给出了其中一部分组合体的直观图。若对组合体的后面也进行正斜、平曲的联想，构思出的组合体将更多（读者可自行构思）。

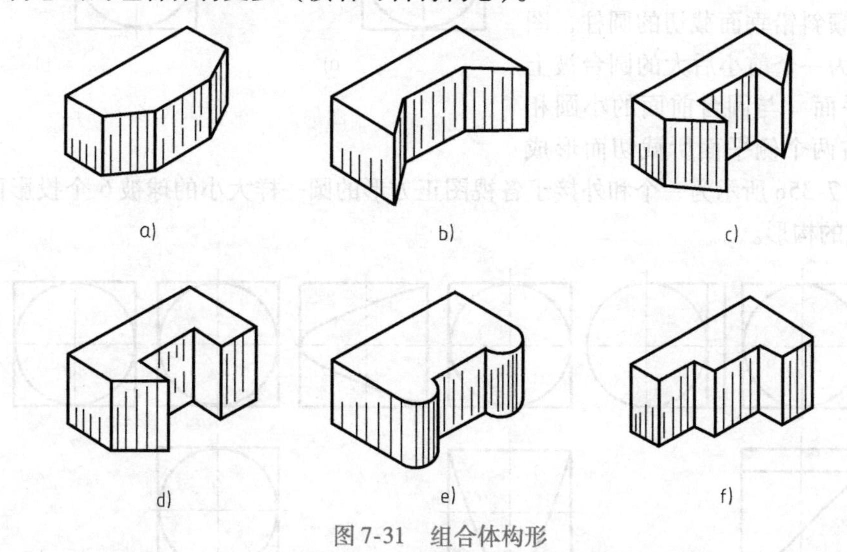

图 7-31　组合体构形

必须指出，对表面进行凹凸、正斜、平曲的联想，不仅对构思组合体有用，而且在读图中遇到难点，进行“先假定、后验证”时也是必不可少的。这种联想方法可以使人思维灵活、思路畅通。

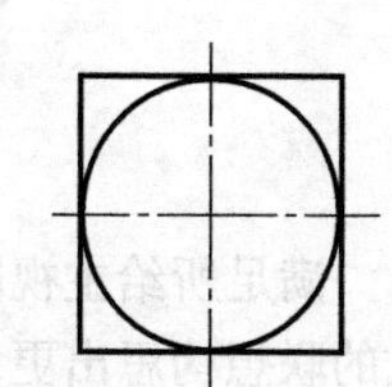

图 7-32　由一个视图构思组合体

2. 通过基本体和它们之间组合方式的联想构思

例 7-4　已知组合体的主视图如图 7-32 所示，构思组合体并画出其俯、左视图。

1）将主视图作为两基本体的简单叠加或切割，可构思出一些组合体，如图 7-33 所示。

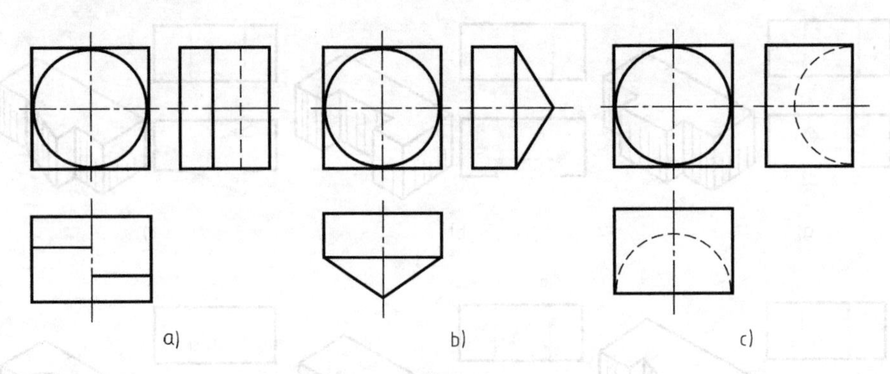

图 7-33　组合体构形（一）

2）将主视图作为两个回转体叠加（侧表面相交）构思出的一些组合体，如图 7-34 所示。图 7-34a、b 所示均为等直径的圆柱面相交。

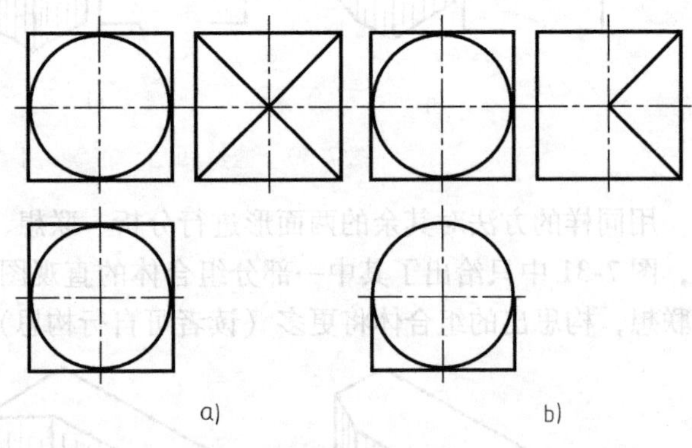

图 7-34　组合体构形（二）

3）将主视图作为基本体的截切可构思出的一些组合体，如图 7-35 所示。

图 7-35a 所示为一个四棱柱前叠加一个被 45°倾斜铅垂面截切的圆柱，图 7-35b 所示为一个前小后大的圆台被上下两个水平面（与圆台前面的小圆相切）和左右两个侧平面所截切而形成的构形，图 7-35c 所示为一个和外接于各视图正方形的圆一样大小的球被 6 个投影面平行面截切而形成的构形。

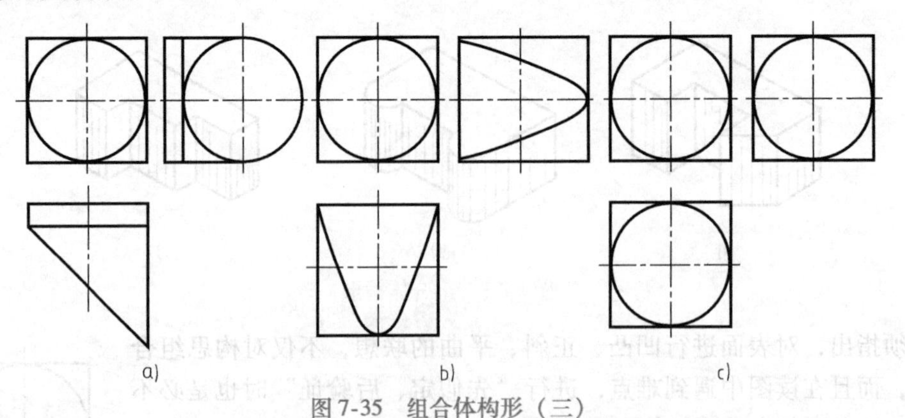

图 7-35　组合体构形（三）

满足所给主视图要求的组合体远不止以上 8 个，读者可以自行通过对基本体及其组合方式的联想构思出更多的组合体。

评价思维发散水平可以有三个指标：发散度（构思出对象的数量）、变通度（构思出对象的类别）和新异度（构思出的对象新颖、独特的程度）。若构思出的组合体全是简单的叠加体（见图 7-33），即使数量再多，发散思维的水平也不高，只有在提高思维的变通度上下功夫，才有可能构思出新颖、独特的组合体。

二、组合体构形设计应注意的问题

1. 构形符合工程实际

1）两体之间不能以点连接，如图 7-36 所示。

2）两体之间不能以线连接，图 7-37 所示为两体直线连接，图 7-38 所示为两体圆连接。

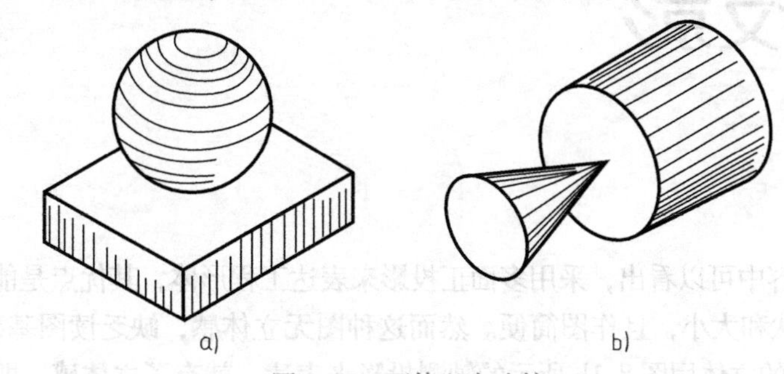

图 7-36　两体以点连接

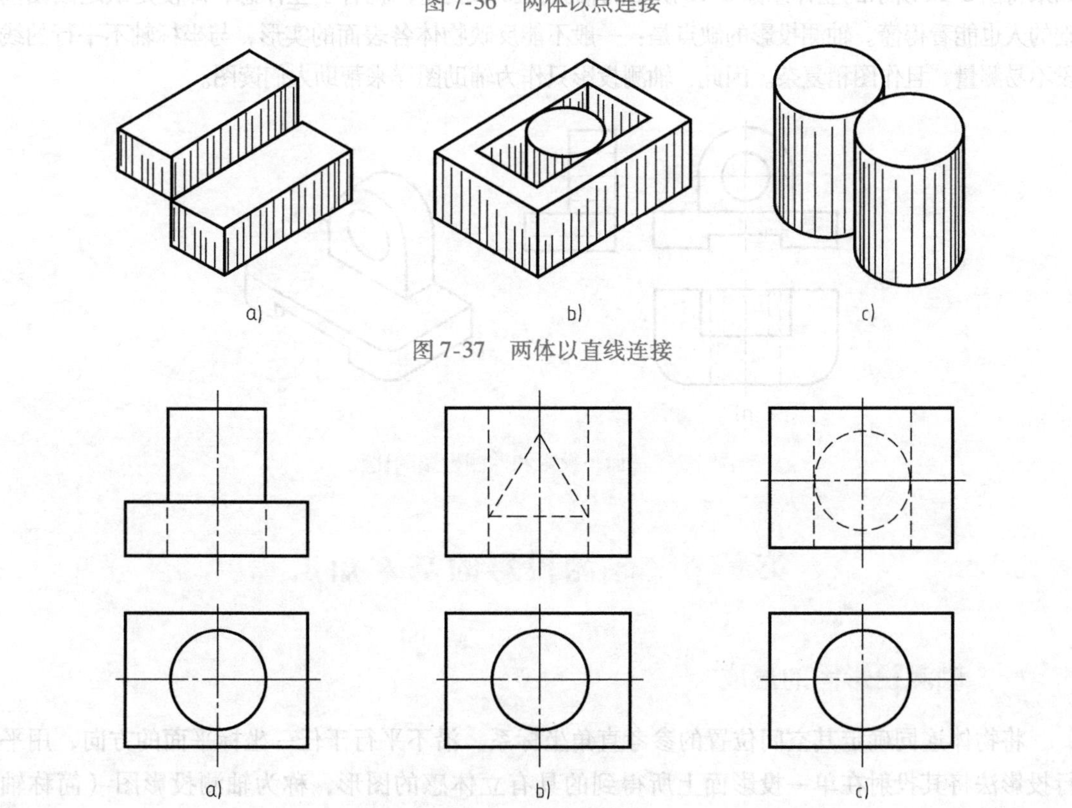

图 7-37　两体以直线连接

图 7-38　两体以圆连接

2. 基础知识要牢固

想要构思出较多不同种类的组合体，需要在以下几方面做努力。

1）多观察实物或轴测图，增加组合体表象的储备。

2）熟悉与组合体有关的知识。

3）掌握形体分析法、线面分析法，以及形体、组合方式的联想方法；重视构思表达的作业。

第八章

轴测投影

从前几章的内容中可以看出，采用多面正投影来表达工程形体，其优点是能够完全准确地表达出工程形体的形状和大小，且作图简便。然而这种图无立体感，缺乏读图基础的人难以看懂。如果将图 8-1a 所示的立体用图 8-1b 所示的轴测投影来表达，就有了立体感，即使是缺乏读图基础的人也能看得懂。轴测投影的缺点是：一般不能反映物体各表面的实形，与坐标轴不平行的线段不易测量，且作图稍复杂。因此，轴测投影只作为辅助图样来帮助人们读图。

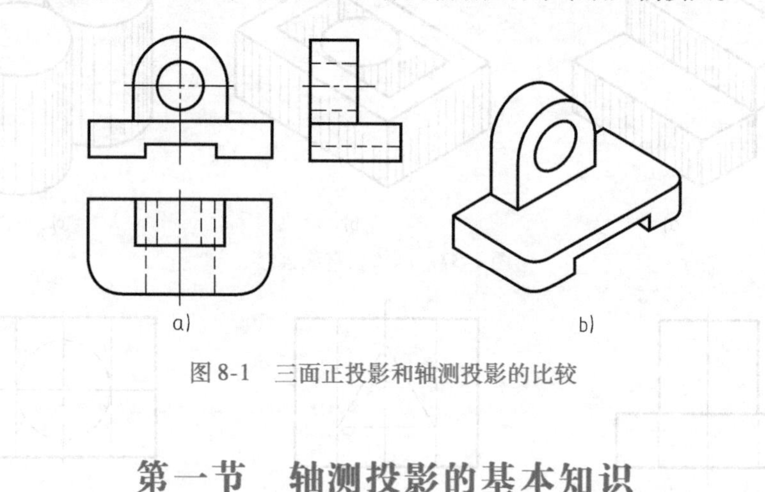

图 8-1　三面正投影和轴测投影的比较

第一节　轴测投影的基本知识

一、轴测投影图的形成

将物体连同确定其空间位置的参考直角坐标系，沿不平行于任一坐标平面的方向，用平行投影法将其投射在单一投影面上所得到的具有立体感的图形，称为轴测投影图（简称轴测图）。

在轴测投影中，三个坐标轴都不积聚，物体沿三个轴向的情况都能反映出来，因此，轴测图具有立体感。

二、轴测投影的基本概念

（1）轴测投影面　得到轴测投影的投影面称为轴测投影面，如图 8-2 所示的投影面 P。

（2）轴测轴　三根直角坐标轴 Ox、Oy、Oz 的轴测投影 O_1x_1、O_1y_1、O_1z_1 称为轴测轴。

（3）轴间角　轴测轴之间的夹角称为轴间角。

（4）轴向伸缩系数　轴测轴上某段长度与其实长的比称为轴向伸缩系数，一般用 p、q、r 分别代表 x、y、z 三个方向的伸缩系数，即 $p=\Delta x_1/\Delta x$，$q=\Delta y_1/\Delta y$，$r=\Delta z_1/\Delta z$。

形成轴测投影的投射线的方向称为轴测投射方向，如图 8-2 中的 S。

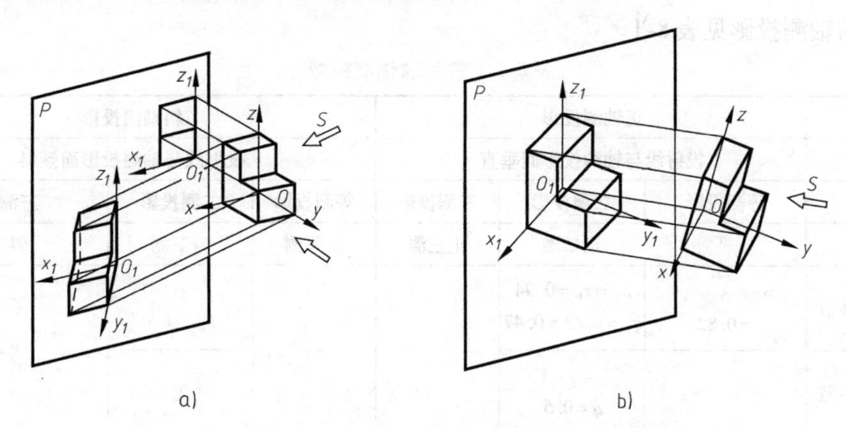

图 8-2　轴测投影的形成

a）斜轴测图（斜投影法）　b）正轴测图（正投影法）

三、轴测投影的分类

按照所采用的投影法的不同，轴测投影可分为正轴测投影和斜轴测投影，用正投影法得到的轴测图称为正轴测投影（正轴测图），用斜投影法得到的轴测图称为斜轴测投影（斜轴测图）。

根据轴向伸缩系数的不同又可分为：

（1）正（斜）等轴测投影（等轴测图）　三个轴向伸缩系数均相等的轴测投影。

（2）正（斜）二等轴测投影（二轴测图）　两个轴向伸缩系数相等的轴测投影。

（3）正（斜）三轴测投影（三轴测图）　三个轴向伸缩系数均不相等的轴测投影。

四、轴测投影的特性

轴测投影属于平行投影，具有平行投影的投影特性，即：

（1）平行性　在空间相互平行的直线，其轴测投影仍相互平行。

（2）定比性　相互平行的直线段其轴测投影的伸缩率（直线段轴测投影的长度与其空间实际长度的比值）相等。

（3）实形性　当轴向伸缩系数取 1 时，直线段（或平面图形）平行于轴测投影面时，其轴测投影反映该直线段的实长（或平面图形的实形）。

五、对轴测投影的基本要求

1）轴向伸缩系数的比值即 $p:q:r$ 应采用简单的数值，以便于作图。

2）轴测图中的三根轴测轴应配置成便于作图的特殊位置；绘图时，轴测轴可随轴测图同时画出，也可以省略不画。

3）轴测图中，应用粗实线画出物体的可见轮廓；必要时，可用细虚线画出物体的不可见轮廓。

六、常用的轴测投影

常用的轴测投影见表 8-1。

表 8-1　常用的轴测投影

特性		正轴测投影 投射线与轴测投影面垂直			斜轴测投影 投射线与轴测投影面倾斜		
轴测类型		等测投影	二测投影	三测投影	等测投影	二测投影	三测投影
简称		正等测	正二测	正三测	斜等测	斜二测	斜三测
应用举例	伸缩系数	$p_1=q_1=r_1=0.82$	$p_1=r_1=0.94$ $q_1=p_1/2=0.47$	视具体要求选用	视具体要求选用	$p_1=r_1=1$ $q_1=0.5$	视具体要求选用
	简化系数	$p=q=r=1$	$p=r=1$ $q=0.5$			无	
	轴间角	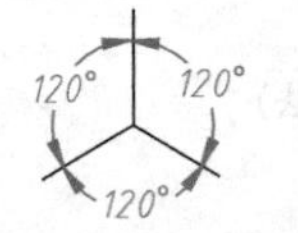 120°　120°　120°	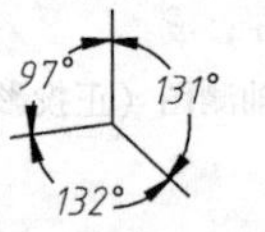 97°　131°　132°			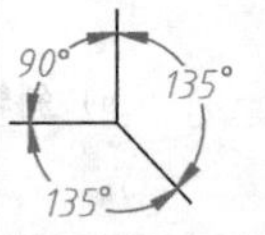 90°　135°　135°	
	例图	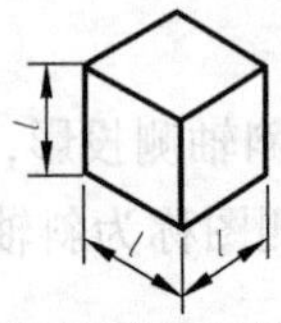	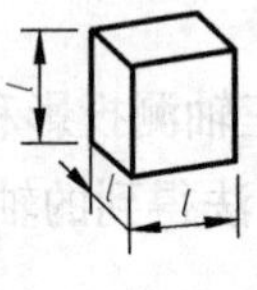			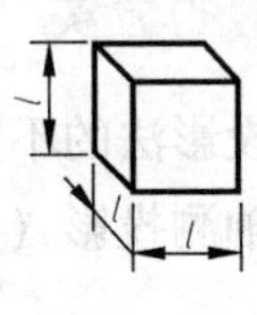	

第二节　正等轴测图

一、轴间角和轴向变形系数

如图 8-3 所示，正等测投影的 3 个轴间角相等 $\varphi_1=\varphi_2=\varphi_3=120°$，轴向变形系数 $p=q=r=0.82$。为了作图简便，通常将轴向变形系数取为简化变形系数，即 $p=q=r=1$。这样，沿轴向的尺寸就可以直接量取物体的实长，作图比较方便，但画出的正等轴测图比原投影放大 1/0.82≈1.22 倍。

二、平面立体的正等轴测图的画法

画平面立体正等轴测图的基本方法有坐标法、切割法和叠加法。所谓坐标法就是根据立体表面上每个顶点的坐标，画出它们的轴测投影，然后连接相应点线，从而获得轴测图的方法。切割法是对于某些切割体，可先画出其基本体的轴测图后，用形体分析法按照形体形成的过程逐一切去多余部分从而得到轴测图的方法。而叠加法是利用形体分析法将组合体分解成若干基本形体，弄清各部分形体的形状和邻接表面间的位置关系，先逐个画出每一部分的轴测图，再按照邻接表面间的位置关系擦去多余的线条而得到立体轴测图的方法。这3种方法适用于各种轴测图。在实际应用中，绝大多数情况下是将以上3种方法综合在一起应用，可称为“综合法”。

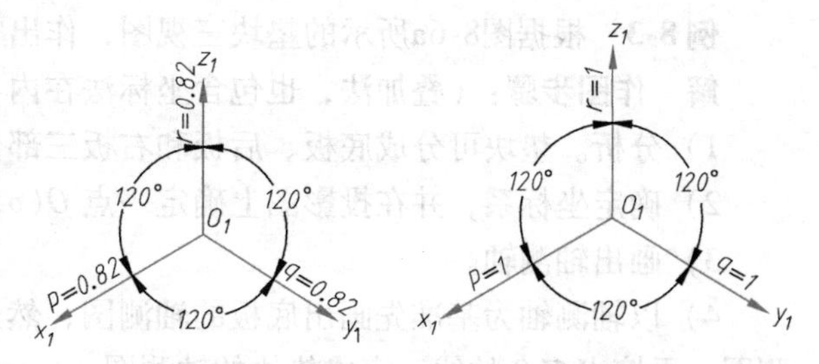

图8-3　正等测图的轴向变形系数和轴间角

例8-1　已知正六棱柱的主、俯视图，如图8-4a所示，求作正等轴测图。

解　作图步骤：（坐标法）

1）在视图上确定直角坐标系，坐标原点取为顶面的中心，如图8-4a所示。

2）画轴测轴，作出顶面的轴测投影，如图8-4b所示。

3）根据高度 *H* 作出底面各点的轴测投影，如图8-4c所示。

4）连接对应点，擦去作图线，即完成正六棱柱的正等轴测图，如图8-4d所示。

5）检查描深，如图8-4e所示。

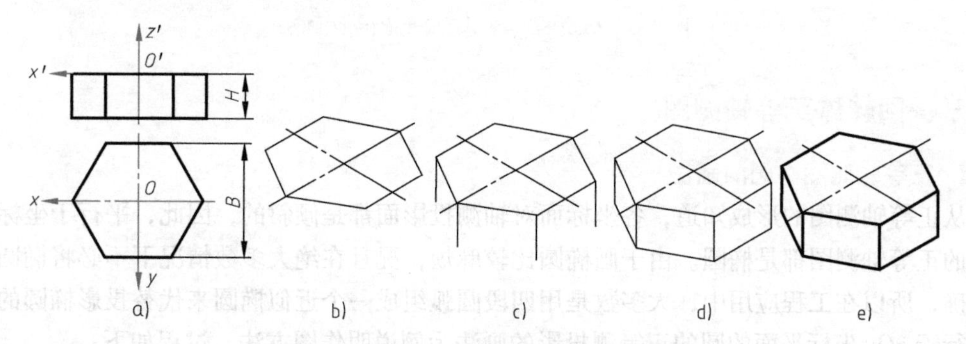

图8-4　正六棱柱的主、俯视图及正等轴测图画法

例8-2　根据图8-5a所示的切割组合体三视图，作出它的正等轴测图。

解　作图步骤：（切割法，也包含坐标法在内）

1）视图上确定直角坐标系，选择坐标原点，如图8-5a所示。

2）画轴测轴，作出长方体的轴测投影，如图8-5b所示。

3）依次进行切割，如图8-5c、d所示，最后结果如图8-5e所示。

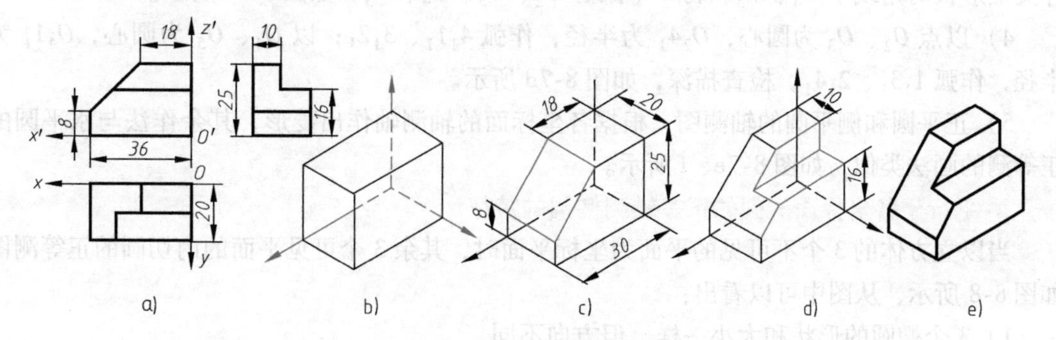

图8-5　切割组合体的三视图及正等轴测图画法

例 8-3 根据图8-6a所示的垫块三视图，作出它的正等轴测图。

解 作图步骤：（叠加法，也包含坐标法在内，如图 8-6b 所示）

1）分析。垫块可分成底板、后板和右板三部分。

2）确定坐标系，并在投影图上确定一点 $O(o,o',o'')$ 作为基准点。

3）画出轴测轴。

4）以轴测轴为基准先画出底板的轴测图，然后在底板上定出后板，接着作出右板的轴测图。再擦去多余的线，完成垫块的轴测图。

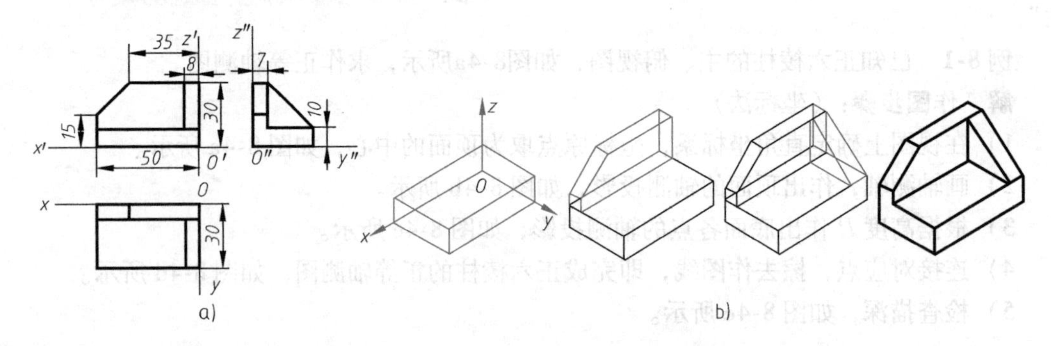

图 8-6 垫块的三视图及正等轴测图画法

三、回转体正等轴测图

1. 正等轴测图中圆的画法

从正等轴测图的形成知道，各坐标面对轴测投影面都是倾斜的，因此，平行于坐标平面的圆的正等轴测图都是椭圆。由于画椭圆比较麻烦，况且在绝大多数情况下不必将椭圆画得很精确，所以在工程应用中，大多数是用四段圆弧组成一个近似椭圆来代替投影椭圆的。现以平行于 xOy 坐标平面的圆的正等测投影的画法为例说明作图方法，过程如下：

1）过圆心 O 画坐标轴 Ox、Oy，再作平行于坐标轴的圆的外切正方形，切点为 Ⅰ、Ⅱ、Ⅲ、Ⅳ，如图 8-7a 所示。

2）作轴测轴 O_1x_1、O_1y_1，从点 O_1 沿轴向按半径量切点 1_1、2_1、3_1、4_1，通过这些点作轴测轴的平行线，得菱形，并作菱形的对角线，如图 8-7b 所示。

3）菱形短对角线端点为 O_2、O_3，连接 O_24_1、O_21_1，它们分别垂直于菱形的相应边，并交菱形长对角线于 O_4、O_5，得 4 个圆心 O_2、O_3、O_4、O_5，如图 8-7c 所示。

4）以点 O_2、O_3 为圆心，O_24_1 为半径，作弧 4_11_1、3_12_1；以 O_4、O_5 为圆心，O_41_1 为半径，作弧 1_13_1、2_14_1。检查描深，如图 8-7d 所示。

5）正平圆和侧平圆的轴测图，根据各坐标面的轴测轴作出菱形，其余作法与水平圆的正等测的画法类似，如图 8-7e、f 所示。

2. 平行于各坐标面的圆的正等轴测椭圆的特征

当以立方体的 3 个不可见的平面为坐标平面时，其余 3 个可见平面的内切圆的正等测图如图 8-8 所示，从图中可以看出：

1）3 个椭圆的形状和大小一样，但方向不同。

2）各椭圆的短轴方向与相应的轴测轴一致，各椭圆的长轴垂直于相应的短轴，即：

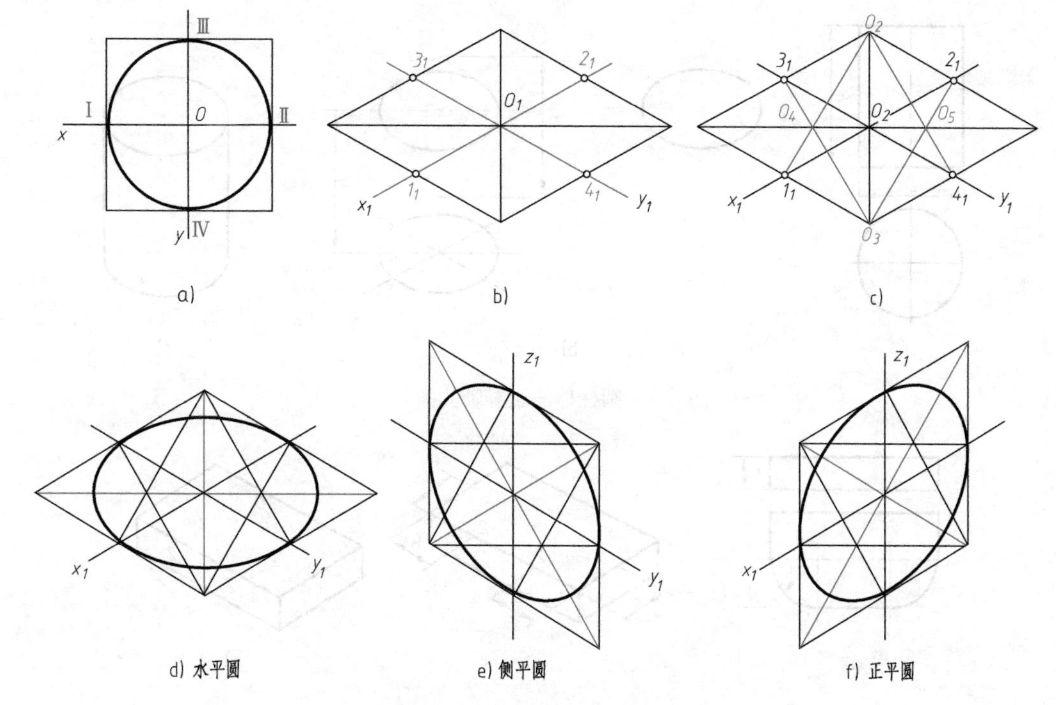

图 8-7 圆的正等轴测椭圆的画法

①水平椭圆的短轴平行于 O_1z_1 轴，长轴垂直于 O_1z_1 轴。

②正面椭圆的短轴平行于 O_1y_1 轴，长轴垂直于 O_1y_1 轴。

③侧面椭圆的短轴平行于 O_1x_1 轴，长轴垂直于 O_1x_1 轴。

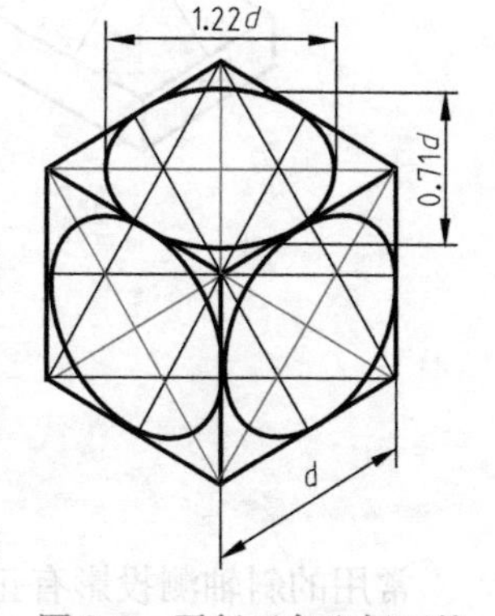

图 8-8 平行于各坐标面的圆的正等轴测图

3. 圆柱的正等轴测图的画法

画圆柱的正等轴测图，只要先画出底面和顶面圆的正等轴测图——椭圆，然后作出两椭圆的公切线即可。

例 8-4 已知圆柱的主俯视图，如图8-9a所示，作出圆柱的正等轴测图。

解 1）选坐标系，坐标原点选定为顶圆的圆心，xOy 坐标面与上顶圆重合。

2）画出顶圆的轴测投影——椭圆，将椭圆沿 z 轴向下平移 H，即得底圆的轴测投影，如图 8-9b 所示。

3）作两椭圆的公切线，擦去不可见的部分，描深后即完成作图，如图 8-9c 所示。

4. 圆角正等轴测图的画法

由图 8-7 中椭圆的近似画法可以看出：菱形的钝角与大圆弧相对，锐角与小圆弧相对，菱形相邻两条边的中垂线的交点就是圆心。由此得出四分之一圆的正等轴测投影图的近似画法。如图 8-10 所示，圆角轴测图的近似画法如下。

在轴测投影图的两条相交边上，量取圆角半径 R 得到切点 1、2，过切点作相应的垂线，交于 O 点，即为所求圆角的圆心。分别以 O 为圆心，以 $O1$（或 $O2$）为半径画弧 12，即得两圆角的轴测投影图。将所画圆弧沿 z 轴向下平移 h，即得底面圆角的投影。最后作小圆弧的公切线（轴测投影中四分之一圆柱面的轮廓线）。

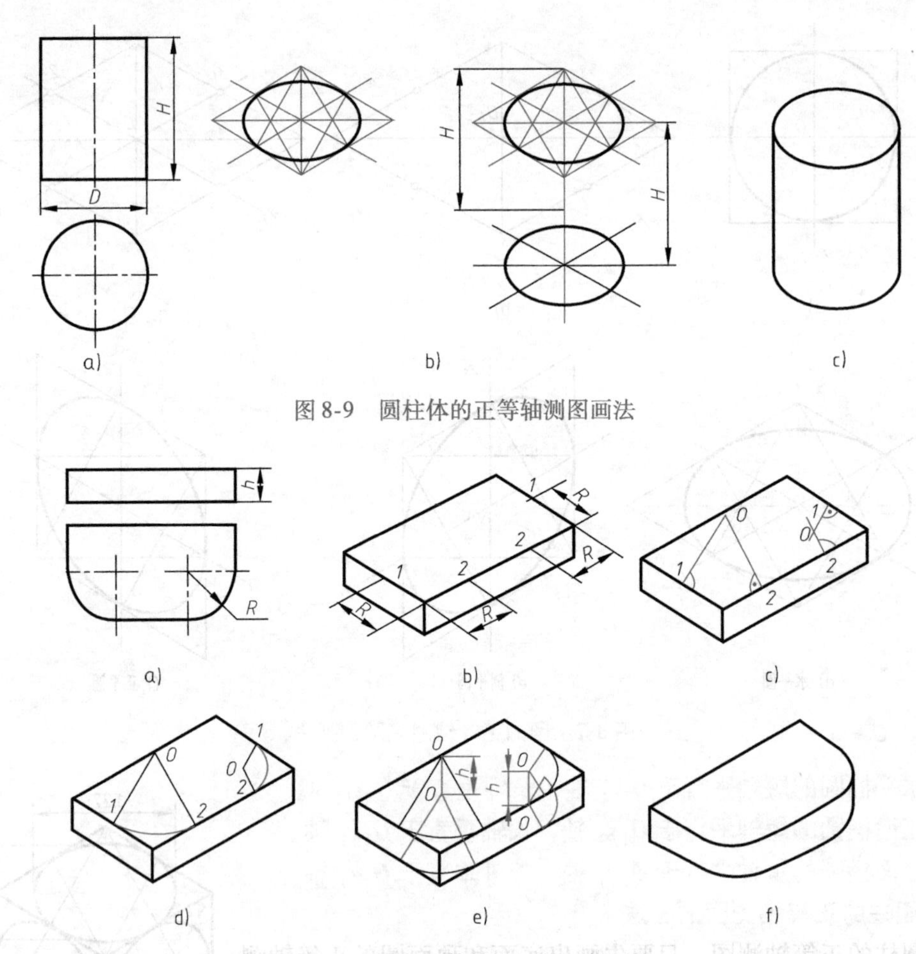

图 8-9　圆柱体的正等轴测图画法

图 8-10　圆角正等轴测图的近似画法

第三节　斜二轴测图

常用的斜轴测投影有正面斜轴测投影和水平斜轴测投影。在机械工程图样中一般都用正面斜二等轴测图，简称正面斜二测。下面讨论正面斜二测投影的形成及画法。

形体不动，仍然保持原来得到三面正投影时的位置，用倾斜于 V 面的平行投射线将形体投射在 V 面上，得到正面斜轴测投影。

在形成正面斜轴测投影时，轴测投影面（V 面）平行于形体的坐标面 xOz，xOz 在 V 面上的轴测投影 $x_1O_1z_1$ 保持实形，也就是说 $\angle x_1O_1z_1=90°$，轴向伸缩系数 $p=r=1$；y 轴的伸缩系数与 y_1 轴的方向及投影方向有关，一般取 $q=1/2$，且轴测轴 Oy 与水平线的倾角为 45°，如图 8-11a 所示。

平行于各坐标平面的圆的斜二轴测图如图 8-11b 所示。其中平行于 xOz 坐标平面的圆的斜二轴测图仍然是圆。平行于 xOy、yOz 坐标平面的圆的斜二轴测图都是椭圆，且形状相同，作图方法一样，只是椭圆的长短轴方向不同。根据计算，斜二轴测图中，$x_1O_1y_1$ 和 $y_1O_1z_1$ 坐标面上的椭圆长轴 $=1.06d$，短轴 $=0.33d$。椭圆长轴分别与 x_1 或 z_1 轴倾斜约 7°。

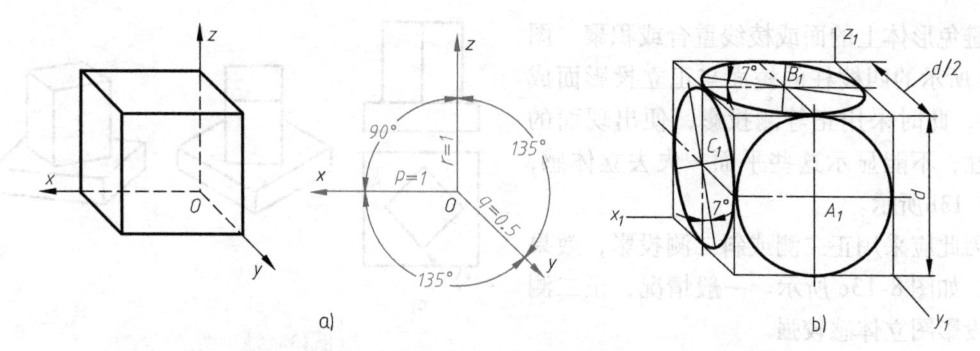

图 8-11 斜二测图的轴间角和轴向变形系数及平行于各坐标平面的圆的斜二轴测图

由于平行于 xOz 坐标面圆的斜二轴测图仍然为圆，所以，当物体上有较多的圆平行于 xOz 坐标面时，宜采用斜二轴测图。

例 8-5 画出图8-12a所示法兰盘的斜二测投影图。

解 作图步骤：

1）在正投影图中，选择坐标系，使所有的圆都属于或平行于 xOz 坐标平面，如图8-12a所示。

2）画出斜二测轴测轴，如图 8-12b 所示。

3）分别画出各圆，并作出相应两圆的公切线，即得圆盘的正面斜二测投影，如图8-12c所示。

4）去除所有作图线，将可见线描深，完成全图，如图 8-12d 所示。

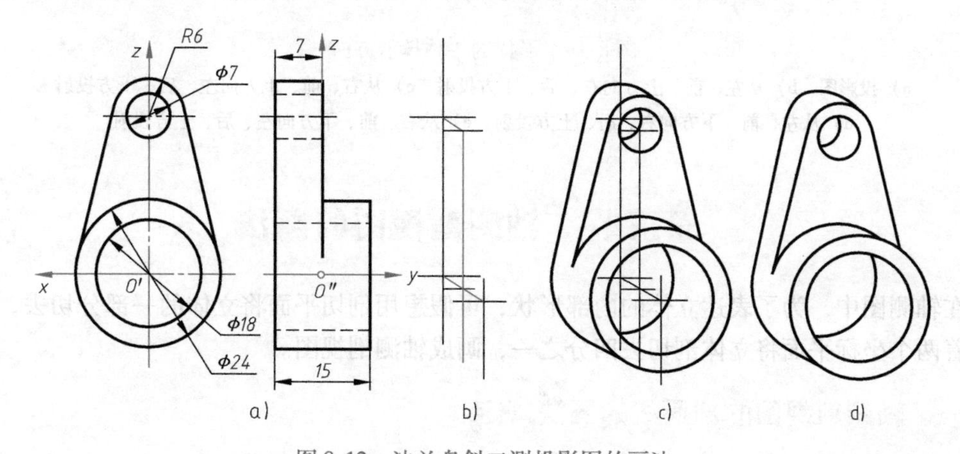

图 8-12 法兰盘斜二测投影图的画法

第四节 轴测投影的选择

轴测图的立体感随着形体、投影面和投影方向的不同而有很大差别。在作图方法上，也存在着繁简之分。选择轴测投影应满足两方面的要求：①立体感强、图形清晰；②作图简便。

一、满足富有立体感、图形清晰的要求

所谓富有立体感和图形清晰，就是要求所选轴测投影图能够清楚地反映形体的形状和结

构，避免形体上的面或棱线重合或积聚。图8-13a所示的四棱柱的棱面与正立投影面成45°角，此时采用正等测投影，便出现面的积聚性，不能显示这些平面，失去立体感，如图8-13b所示。

因此应采用正二测或斜二测投影，效果较好，如图8-13c所示。一般情况，正二测轴测投影图立体感较强。

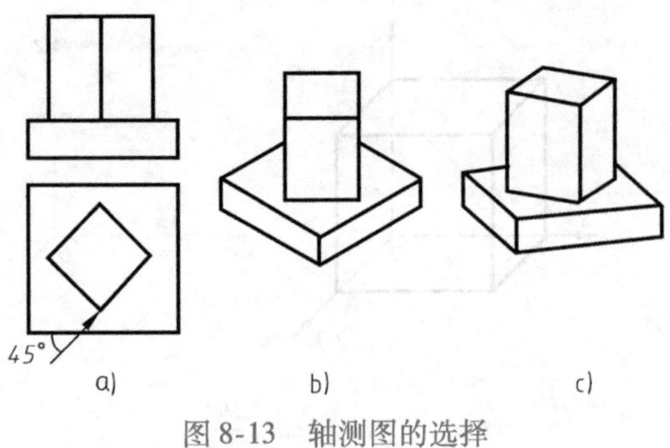

图8-13　轴测图的选择

a）投影图　b）正等轴测图　c）正二测图

二、满足作图简便的要求

作轴测图通常比较繁琐，若能借助于绘图工具，则可简化作图。因此在选择轴测图时，要考虑是否能够使用三角板、圆规等绘图工具。另外，投射方向的选择，也会影响作图的繁简和立体效果。

常用的4种投射方向如图8-14所示。

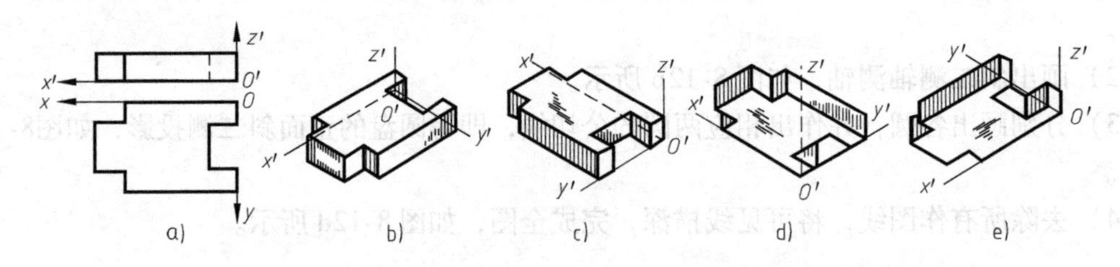

图8-14　形体的4种投射方向

a）投影图　b）从左、前、上方向右、后、下方投射　c）从右、前、上方向左、后、下方投射
d）从左、前、下方向右、后、上方投射　e）从右、前、下方向左、后、上方投射

*第五节　轴测剖视图的画法

在轴测图中，为了表达立体的内部形状，可假想用剖切平面将立体的一部分切去，通常是沿着两个坐标平面将立体剖切去四分之一，画成轴测剖视图。

一、轴测剖视图的剖面线的画法规定

被剖切平面所截的断面上，应画剖面线，正等测轴测图中剖面线的方向按照图8-15a所示绘制；正面斜二测图中的剖面线方向按照图8-15b所示绘制。

注意：正等轴测图平行于3个坐标面的断面上的剖面线的方向垂直于相应的轴测轴。

当剖切平面通过立体的肋或薄壁结构的纵向对称面时，这些结构不画剖面线，而用粗实线将它们与邻接的部分分开，如图8-16所示。轴测装配图中，断面部分应将相邻零件的剖面线方向或间隙区别开，如图8-17所示。

二、轴测剖视图的画法举例

画轴测剖视图的方法有两种，一种是先画出物体完整的轴测图，然后沿轴测轴用剖切面

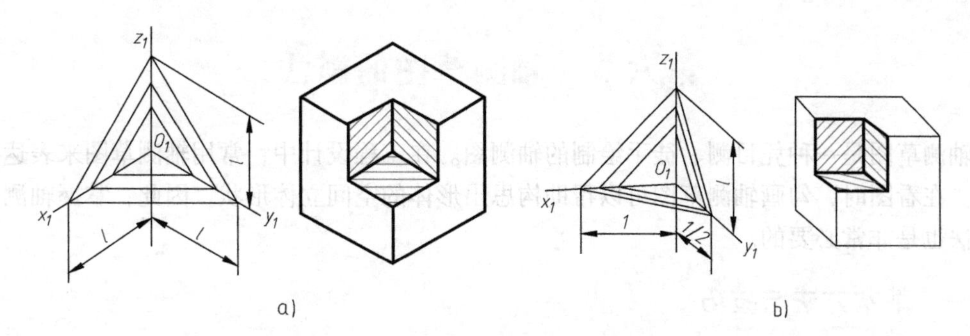

图 8-15 轴测图中剖面线的画法

剖开，画出断面和内部看得见的结构形状，如图 8-18 所示。另一种方法是先画出断面形状，然后画外面和内部看得见的结构，如图 8-19 所示。前者适合初学者采用，后者因在作图中可减少不必要的作图线，使作图更为迅速。

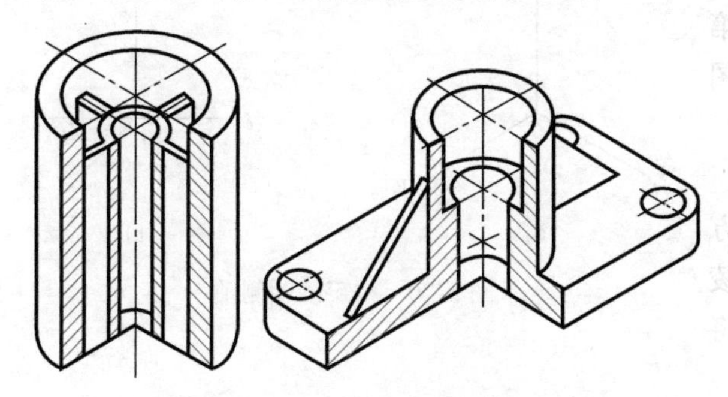

图 8-16 肋板和薄壁的剖切画法

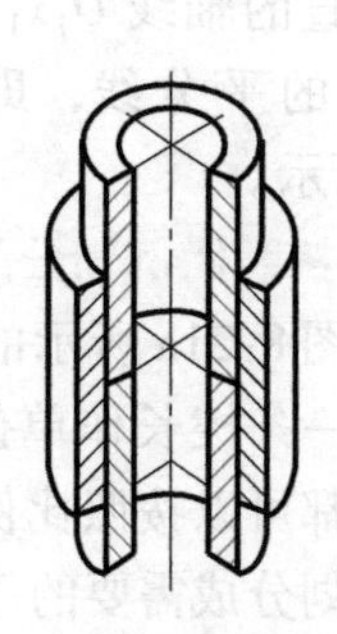

图 8-17 轴测装配图的画法

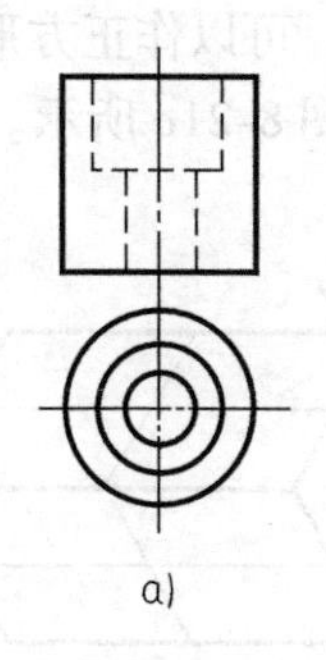
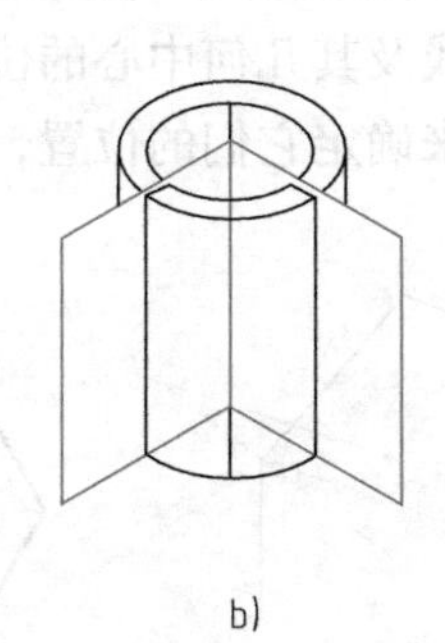
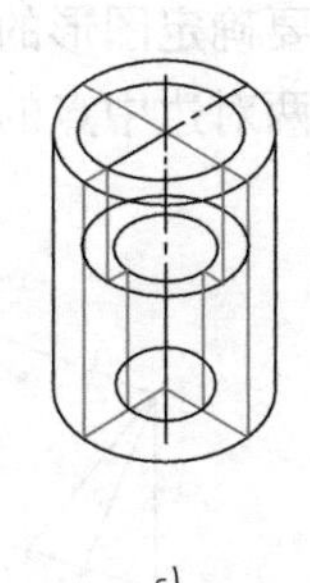
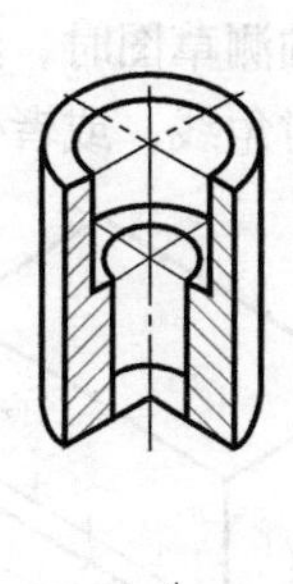

图 8-18 轴测剖视图画法（一）

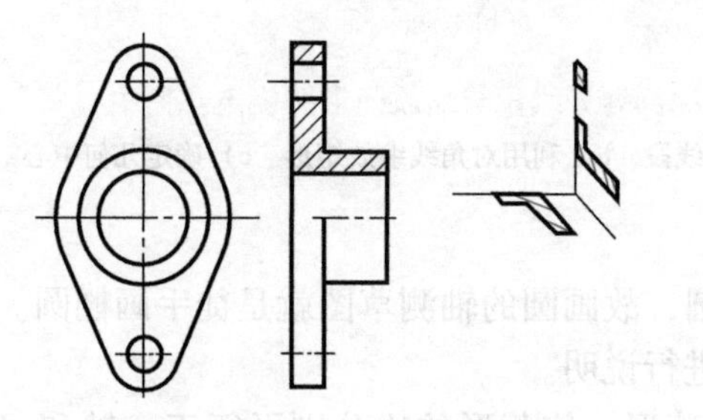

图 8-19 轴测剖视图画法（二）

第六节　轴测草图的画法

轴测草图是一种凭目测、徒手绘制的轴测图。在工程设计中，常用轴测草图来表达初步构思。在看图时，勾画轴测草图可以帮助构思出形体的空间立体形状。因此，掌握轴测草图的画法也是非常必要的。

一、基本方法与技巧

1. 轴测轴的画法

（1）正等轴测图轴测轴的画法　要求三条轴之间的夹角应尽量接近 120°，O_1z_1 轴铅垂向上，如图 8-20a 所示。

（2）斜二轴测图轴测轴的画法　先画互相垂直的轴线 O_1x_1 和 O_1z_1，然后作第四象限的平分线，即得 O_1y_1 轴，如图 8-20b所示。

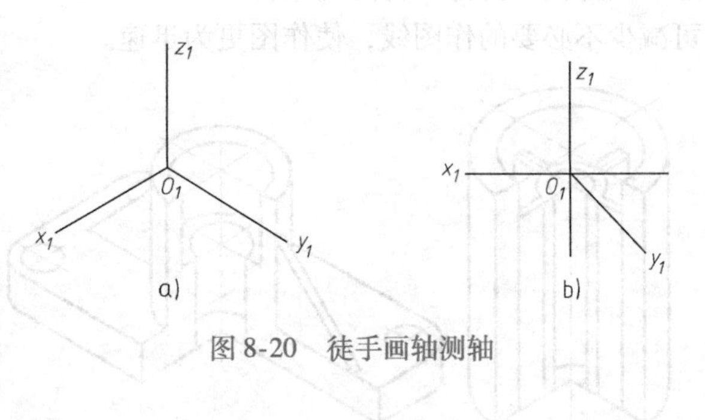

图 8-20　徒手画轴测轴

2. 按照比例划分线段与缩放图形

在图 8-21a 所示的长方体中，设长方体的某一条棱长作单位长度 L，则其余棱线长度都可以按照比例划分，另外还可将长度 L 划分成需要的等份。

利用矩形的对角线可以成比例地放大或缩小矩形的尺寸，如图 8-21b 所示。

画轴测草图时，经常需要确定图形的对称线及其几何中心的位置，可以作正方形或矩形的两条对角线，或者估画出两对边中点的连线来确定它们的位置，如图 8-21c 所示。

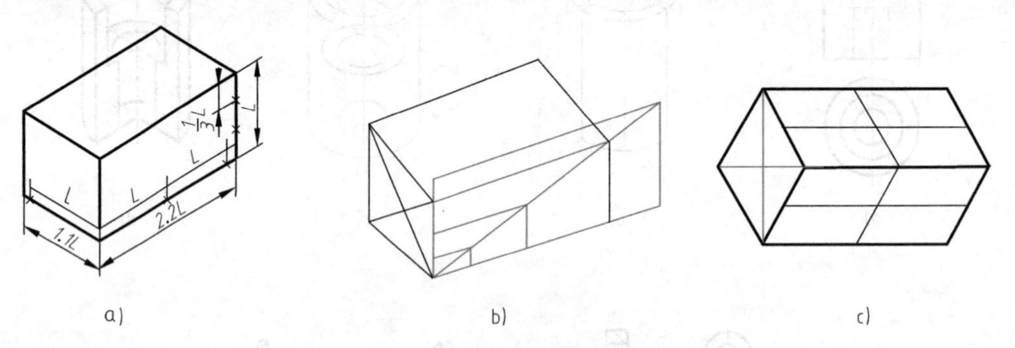

图 8-21　按比例划分线段与缩放图形并确定几何中心

a）按照比例划分线段　b）利用对角线缩放矩形　c）确定几何中心

3. 圆的轴测草图画法

由于圆的轴测投影一般为椭圆，故画圆的轴测草图就是徒手画椭圆。下面以与 Oyz 坐标平面平行的圆的正等测投影为例进行说明。

1）作边长约等于圆的直径的菱形，使菱形的边分别平行于 y 轴和 z 轴，则其长对角线处于与水平线成 60°的位置，如图 8-22a 所示。

2）用细线勾画出四段短圆弧，使之与菱形各边的中点相切，如图 8-22b 所示。

3）光滑连接四段圆弧，并描深即得椭圆，如图 8-22c 所示。

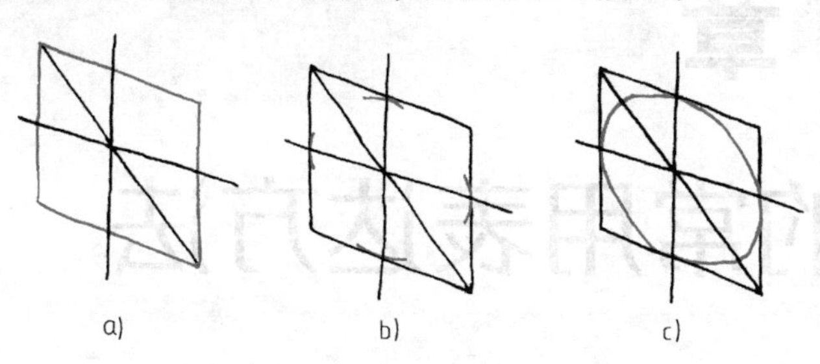

图 8-22 徒手画椭圆

二、徒手画轴测草图的一般步骤

画轴测草图时，应特别注意画出的图形各部分的比例应协调。否则，就会使图形严重失真，从而影响立体感。

画轴测草图的一般步骤如下：

1）从图样、模型或其他资料分析出物体的形状及其比例关系。

2）选择所用的轴测图种类。

3）确定合适的轴测投射方向，使尽可能多地反映物体的形状特征。

4）按照前述方法绘制图形。

图 8-23 所示为支座正等轴测草图的画法。

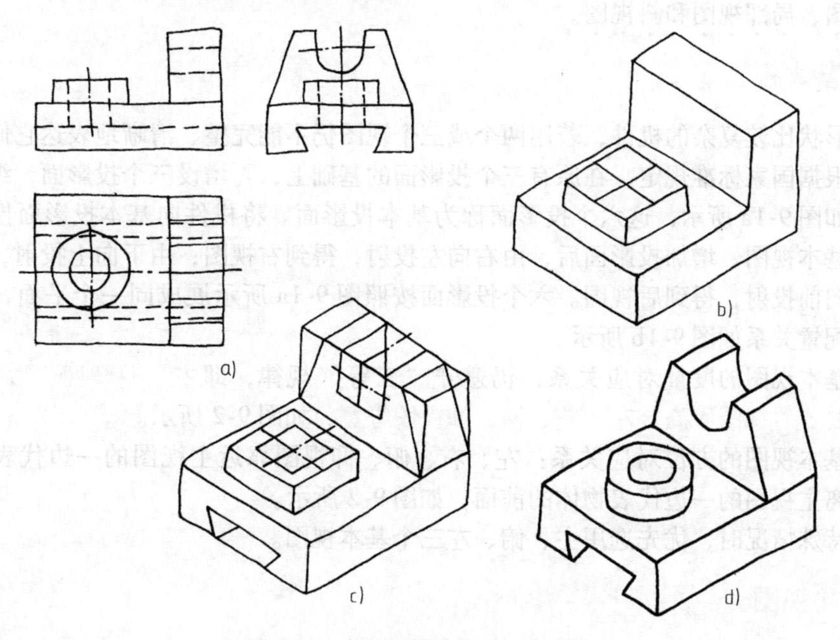

图 8-23 支座正等轴测草图的画法

第九章 机件的常用表达方法

前几章介绍了正投影法的基本理论及用三视图表达物体的方法。但是，在生产实际中有些机件的形状和结构都较复杂，如果仍用三个视图和“可见部分画粗实线，不可见部分画细虚线”的方法，就难以把它们的内外形状准确、完整、清晰地表达出来。为此，国家标准规定了各种画法——视图、剖视图、断面图、局部放大图、简化画法和其他规定画法等。本章着重介绍一些常用的表达方法。

第一节 视 图

根据有关国家标准的规定，用正投影法所绘制出物体的图形称为视图。通常有基本视图、向视图、局部视图和斜视图。

一、基本视图

对于形状比较复杂的机件，若用两个或三个视图仍不能完整、清晰地表达它们的内外形状，则可根据国家标准规定，在原有三个投影面的基础上，再增设三个投影面，组成一个正六面体，如图 9-1a 所示，这六个投影面称为基本投影面。将机件向基本投影面投射所得的视图称为基本视图。增加投影面后，由右向左投射，得到右视图；由下向上投射，得到仰视图；由后向前投射，得到后视图。六个投影面按照图 9-1a 所示展成同一个平面，展开后六个视图的配置关系如图 9-1b 所示。

六个基本视图的度量对应关系，仍遵守“三等”规律，即主、俯、仰、后视图等长，主、左、右、后视图等高，左、右、俯、仰视图等宽，如图 9-2 所示。

六个基本视图的方位对应关系：左、右、俯、仰视图靠近主视图的一边代表物体的后面，而远离主视图的一边代表物体的前面，如图 9-2 所示。

没有特殊情况时，优先选用主、俯、左三个基本视图。

二、向视图

当六个基本视图在同一张图纸内按照图 9-2 所示的位置配置时，一律不标注视图的名称。若某个视图不能按照图 9-2 所示的位置配置，则应在该视图的上方标注视图的名称“×”（“×”为大写拉丁字母）。在相应视图的附近用箭头指明投射方向，并标注相同的拉丁字母“×”。这种位置可自由配置的视图称为向视图，如图 9-3 中的 *A*、*B*、*C* 向视图。

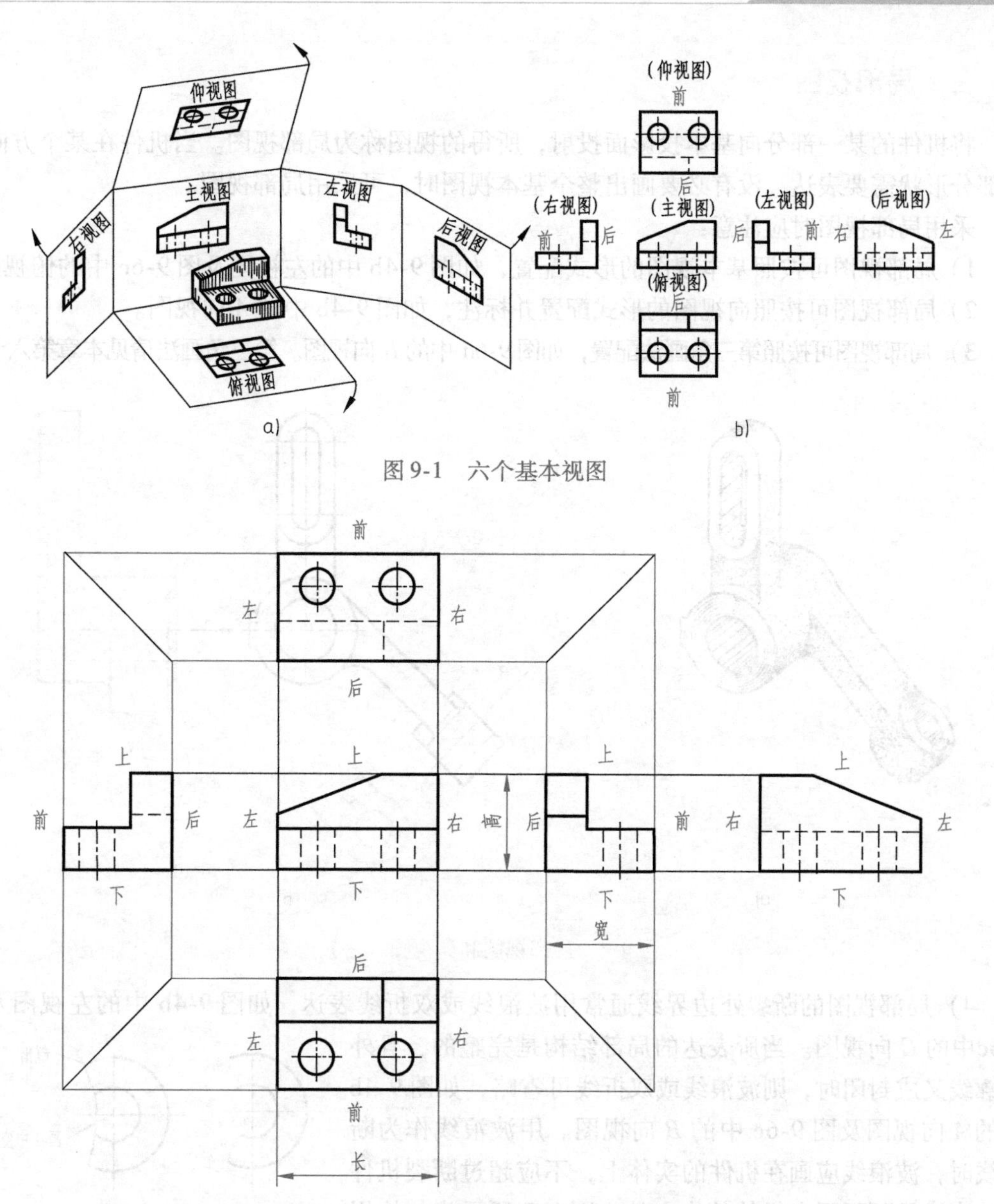

图 9-1 六个基本视图

图 9-2 六个基本视图的投影规律及方位

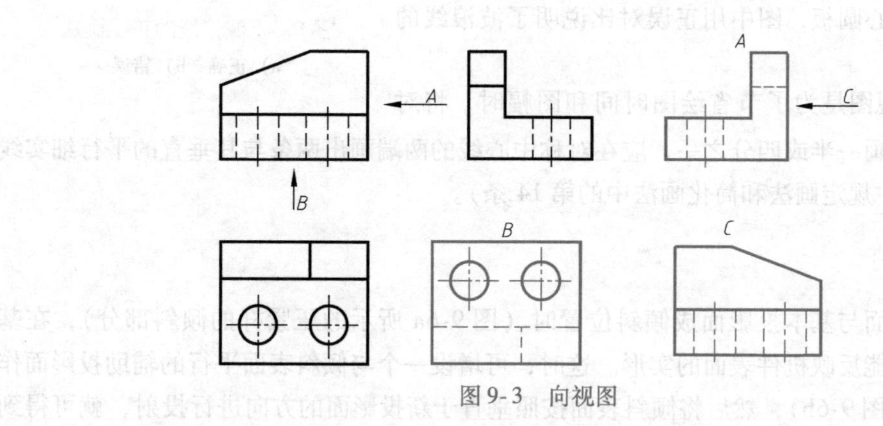

图 9-3 向视图

三、局部视图

将机件的某一部分向基本投影面投射，所得的视图称为局部视图。当机件在某个方向仅有部分形状需要表达，没有必要画出整个基本视图时，可采用局部视图。

采用局部视图时应注意：

1）局部视图可按照基本视图的形式配置，如图9-4b中的左视图及图9-6c中的俯视图。

2）局部视图可按照向视图的形式配置并标注，如图9-4b中的*A*向视图。

3）局部视图可按照第三角画法配置，如图9-6d中的*B*向视图。第三角画法请见本章第六节。

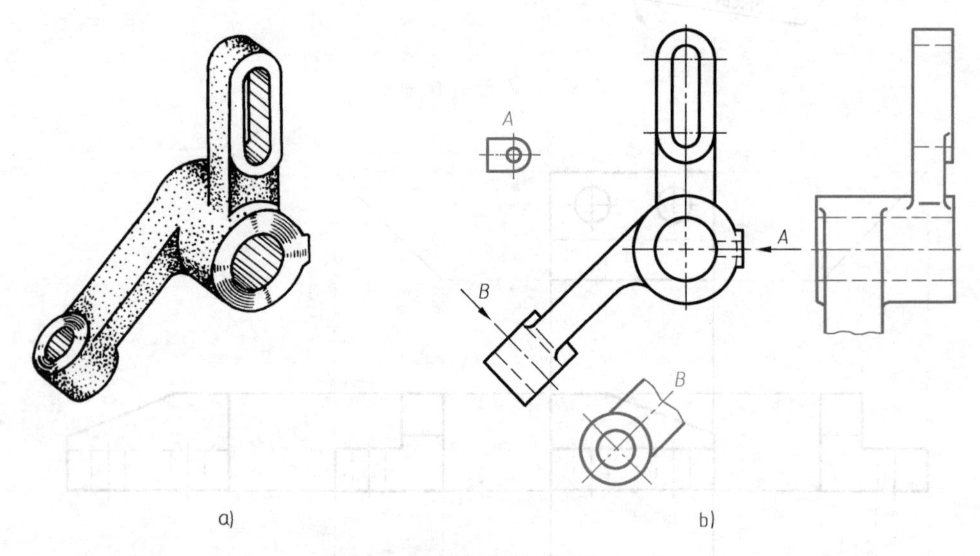

图9-4　局部视图和斜视图（一）

4）局部视图的断裂处边界线通常用波浪线或双折线表达，如图9-4b中的左视图及图9-6c中的*C*向视图。当所表达的局部结构是完整的，且外轮廓线又成封闭时，则波浪线或双折线可省略，如图9-4b中的*A*向视图及图9-6c中的*B*向视图。用波浪线作为断裂线时，波浪线应画在机件的实体上，不应超过断裂机件的轮廓线且不可画在机件的中空处。图9-5所示为一块用波浪线断开的空心圆板，图中用正误对比说明了波浪线的画法。

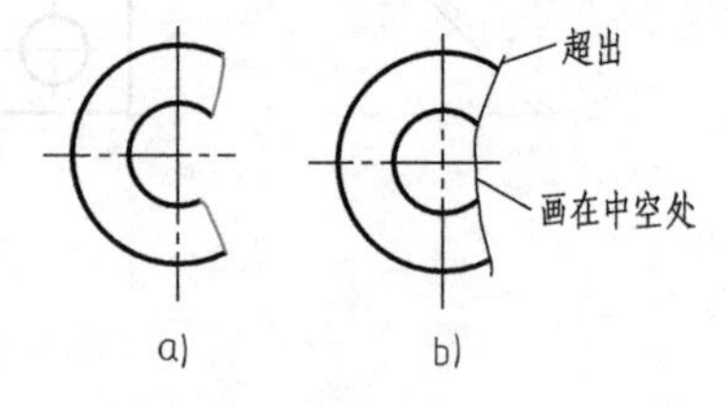

图9-5　波浪线的正误画法
a）正确　b）错误

5）当局部视图是为了节省绘图时间和图幅时，将对称机件的视图只画一半或四分之一，应在对称中心线的两端画出两条与其垂直的平行细实线（见本章第四节中规定画法和简化画法中的第14条）。

四、斜视图

当机件的表面与基本投影面成倾斜位置时（图9-6a所示的压紧杆的倾斜部分），在基本投影面上就不能反映机件表面的实形。这时，可增设一个与倾斜表面平行的辅助投影面作为新投影面（见图9-6b），然后将倾斜表面按照垂直于新投影面的方向进行投射，就可得到

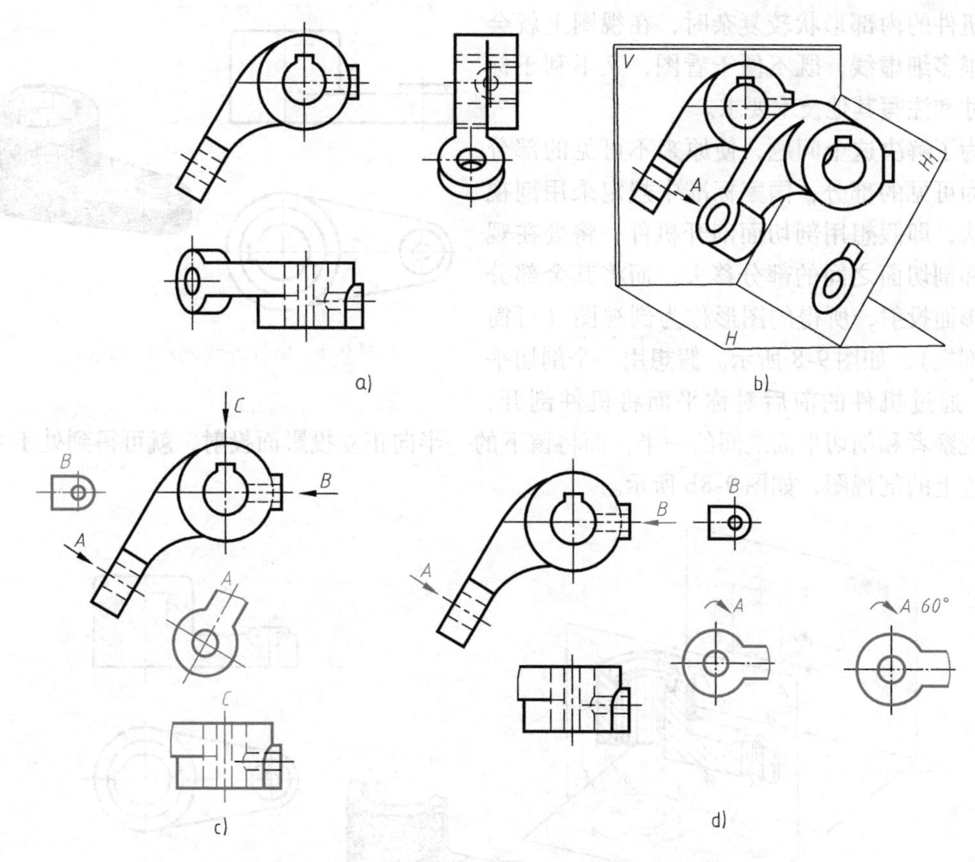

图9-6 局部视图和斜视图（二）

反映倾斜部分实形的视图。这种将机件向不平行于任何基本投影面的平面投影所得的视图称为**斜视图**。

图9-6c中的*A*向斜视图以及图9-4b中的*B*向斜视图，表达了机件倾斜部分的局部真实形状。

画斜视图时要注意下列几点：

1）斜视图一般用于表达倾斜部分的局部形状，其余部分不必全部画出，可用波浪线或双折线断开。

2）斜视图通常按照向视图的形式标注。

3）斜视图最好如图9-6c那样按照投影关系配置。必要时也可平移到其他适当位置。

4）必要时，允许将斜视图旋转配置，旋转符号的箭头指示旋转的方向；该视图名称的大写拉丁字母应靠近旋转符号箭头端，如图9-6d所示；也允许将旋转角度标注在字母之后。

第二节 剖 视 图

一、剖视图的形成和画法

1. 剖视图的形成

在前几章里，凡是遇到机件内部有孔时，在视图上都用细虚线表达，如图9-7所示。但是当机件的内部形状较复杂时，在视图上就会出现很多细虚线，既不便于看图，又不利于标注尺寸和注写其他技术要求。

为了解决这个问题，使原来不可见的部分转化为可见的部分，国家标准中规定采用剖视的方法，即假想用剖切面剖开机件，将处在观察者和剖切面之间的部分移去，而将其余部分向投影面投射，所得的图形称为**剖视图**（可简称为**剖视**），如图 9-8 所示。假想用一个剖切平面 *A*，通过机件的前后对称平面将机件剖开，移去观察者和剖切平面之间的一半，而将留下的一半向正立投影面投射，就可得到处于主视图位置上的剖视图，如图 9-8b 所示。

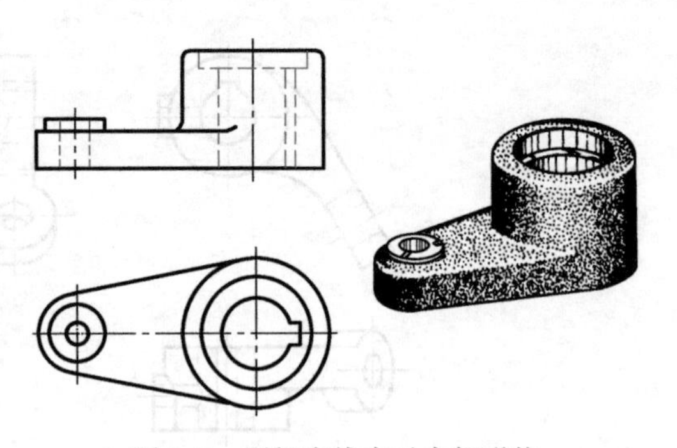

图 9-7　用细虚线表示内部形状

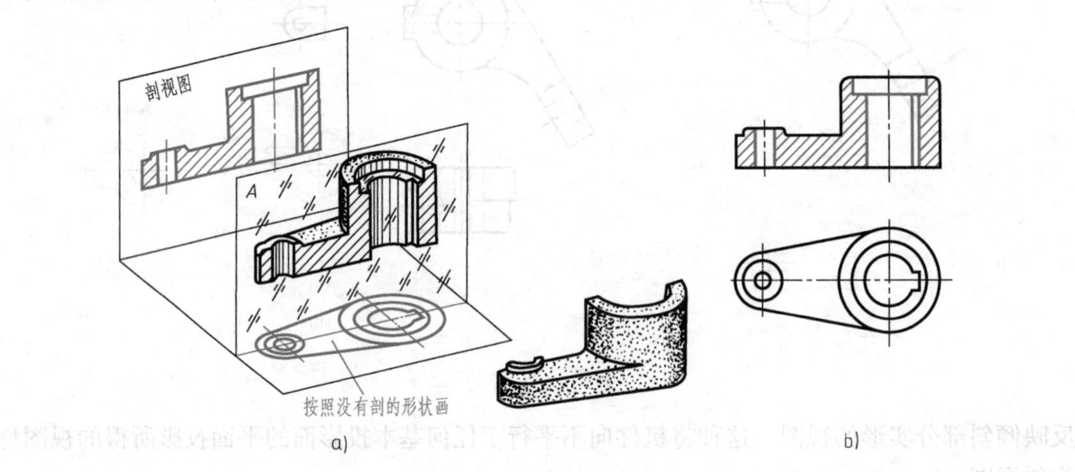

图 9-8　剖视的基本概念

通常在剖切平面与机件的接触部分（称为断面区域）画上剖面符号（常简称为“剖面线”）。剖面符号因机件的材料不同而不同，表 9-1 列出了常用材料的剖面符号。

2. 剖视图的画法

（1）确定剖切平面的位置　为了使主视图中的内孔变成可见并反映实际大小，剖切平面应平行于正面并通过对称中心线。

（2）画剖视图　画图时要想清楚剖切后的情况，哪些部分移走了，哪些部分留下了，哪些部分被切到了，被切到部分的断面形状是什么样的。

若要把含细虚线的视图改成剖视图，则先将剖到的内形轮廓线和剖切面后可见的轮廓线画成粗实线，再去掉多余的外形线；若要由机件直接画成剖视图，则先画出在剖切面上的内孔形状和外形轮廓，再画出剖切面后可见的线。

（3）将剖面区域画上剖面符号　金属材料（或不需要在剖面区域中表达材料的类别时）的剖面线用与图形的主要轮廓线或断面区域的对称线成 45° 相互平行的细实线画出（称为通用剖面线），如图 9-9 所示。剖面线之间的距离视剖面区域的大小而异，通常可取 2 ~ 4mm。同一机件的各个剖面区域，其剖面线画法应一致（包括**方向**和**间隔**）。

根据 GB/T 17453—2005《技术制图　图样画法　剖面区域的表示法》规定，剖面线应用国家标准中的细实线来绘制，而且与剖面或断面外面轮廓成对称或相适宜的角度（参考角度 45°），如图 9-9 所示。

表 9-1　常用材料的剖面符号（GB/T 4457.5—2013）

材料	剖面符号	材料	剖面符号
金属材料（已有规定剖面符号者除外）		木质胶合板（不分层数）	
线圈绕组元件		基础周围的泥土	
转子、电枢、变压器和电抗器等的叠钢片		混凝土	
非金属材料（已有规定剖面符号者除外）		钢筋混凝土	
型砂、填砂、粉末冶金、砂轮、陶瓷刀片、硬质合金刀片等		砖	
玻璃及供观察用的其他透明材料		格网（筛网、过滤网等）	
木材　纵断面		液体	
木材　横断面			

注：1. 剖面符号仅表示材料的类型，材料的名称和代号另行注明。
2. 叠钢片的剖面线方向，应与束装中叠钢片的方向一致。
3. 液面用细实线绘制。

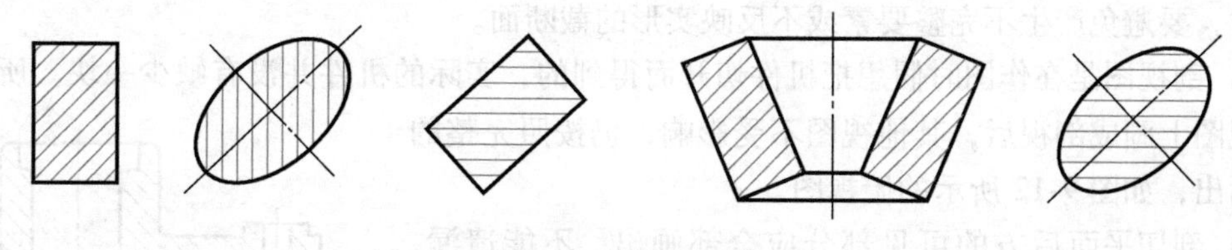

图 9-9　剖面线画法

3. 剖视图的标注

为了便于看图，在画剖视图时，应将剖切位置、投射方向和剖视名称标注在相应的视图上，如图 9-10 所示。

（1）剖视图的标注内容（见图 9-11）

1）剖切线。指示剖切面位置的线，以细点画线表示，如图 9-11a 所示；也可省略不画，如图 9-11b 所示。

2）剖切符号。指示剖切面起、讫和转折位置（用粗短画表示）及投射方向（用箭头表示）的符号。剖切符号尽可能不要与图形的轮廓线相交。

3）剖视名称。在剖视图的上方用大写字母标出剖视图的名称“×—×”，并在剖切符号旁注上同样的字母。若在同一张图上同时有几个剖视图，则其名称应按照字母顺序排列，不得重复。

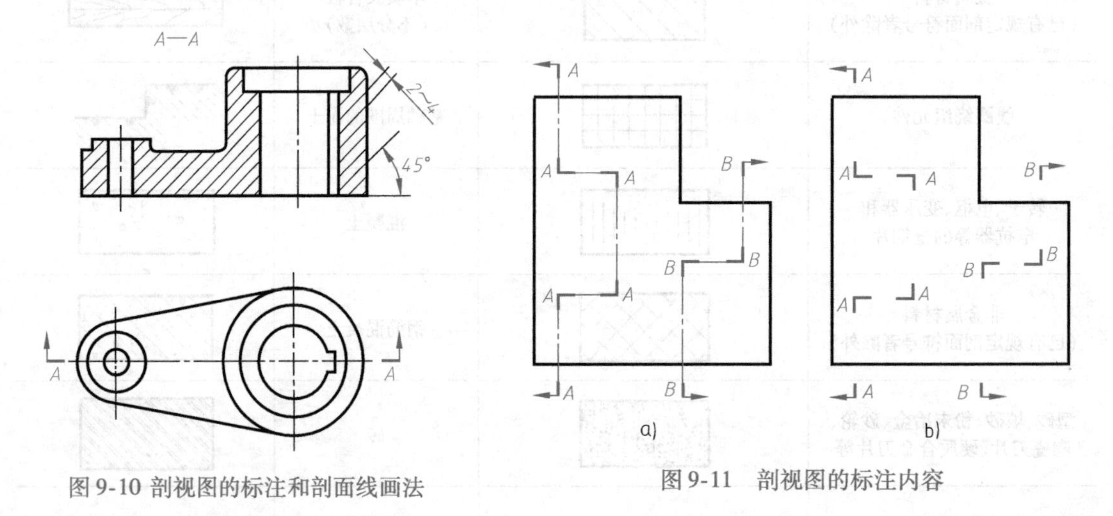

图 9-10 剖视图的标注和剖面线画法

图 9-11 剖视图的标注内容

（2）剖视图的标注简化或省略

1）当剖切平面与机件的对称平面完全重合，且剖切后的剖视图按照投影关系配置，中间又没有其他图形隔开时，可以省略标注（图 9-10 所示属于这种情形，因此在实际画图时可以不必标注，而画成图 9-8b 所示那样，图 9-15 所示也是省略标注的实例）。

2）当剖视图按照投影关系配置，中间又没有其他图形隔开时，可以省略箭头，如图 9-16所示的 *A—A* 剖视。

4. 画剖视图应注意的问题

1）画剖视图的目的在于清楚地表达内部结构的实形，因此，剖切平面一般应通过机件的对称平面或通过内剖孔、槽等结构的轴线或对称中心线，并要平行或垂直于某一投影面。剖切时，要避免产生不完整要素或不反映实形的截断面。

2）剖视图是在作图时假想把机件切开而得到的，实际的机件并没有缺少一块。所以在一个视图上画成剖视后，其他视图不受影响，仍按照完整的机件画出，如图 9-12 所示的俯视图。

3）剖切平面后方的可见部分应全部画出，不能遗漏。在图 9-12 中漏画了台阶孔圆环面的投射线和键槽的轮廓线。这种情形在初学时常常出现，务必注意。图 9-13 所示为常见剖视图中漏线、多线的示例，请读者认真分析。

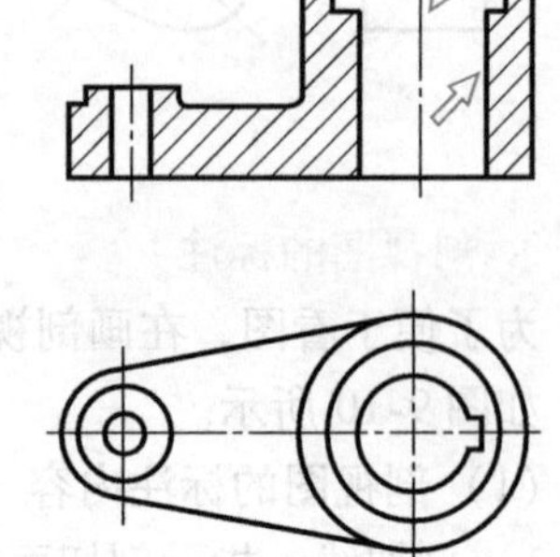

图 9-12 画剖视图应注意的问题

4）对于剖切平面后的不可见部分，若在其他视图上已表达清楚，则细虚线可省略，即一般情况下剖视图中不画细虚线。当省略细虚线后，物体不能定形，或者画出少量细虚线能节省一个视图时，应画出需要的细虚线，如图 9-14

所示。

图 9-13 剖视图中漏线、多线示例

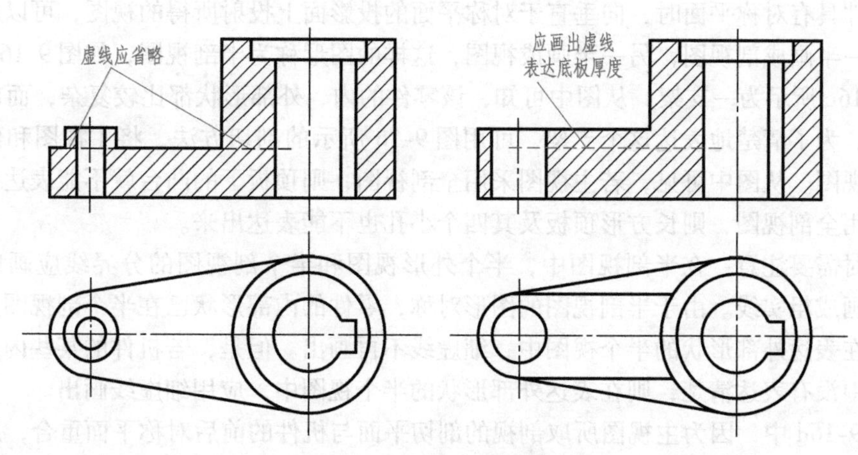

图 9-14 剖视图中细虚线的处理

二、剖视图的种类

国家标准规定，剖视图按照剖切面剖开机件的程度不同，可分为全剖视图、半剖视图和局部剖视图三种。

1. 全剖视图

用剖切面完全地剖开机件所得的剖视图，称为全剖视图。

如图 9-15a 所示的机件，从图中可看出它的外形比较简单，内形比较复杂，上下、左右不对称。假想用一个剖切面沿其前后对称面将它完全剖开，移去前半部分，向正立投影面进行投射，即可得出它的全剖视图。由于剖切平面与此机件的对称平面重合，且视图按照投影关系配置，中间又没有其他图形隔开，因此可以省略标注。

全剖视图也常用于外形简单的回转体零件，如图 9-15b 所示。

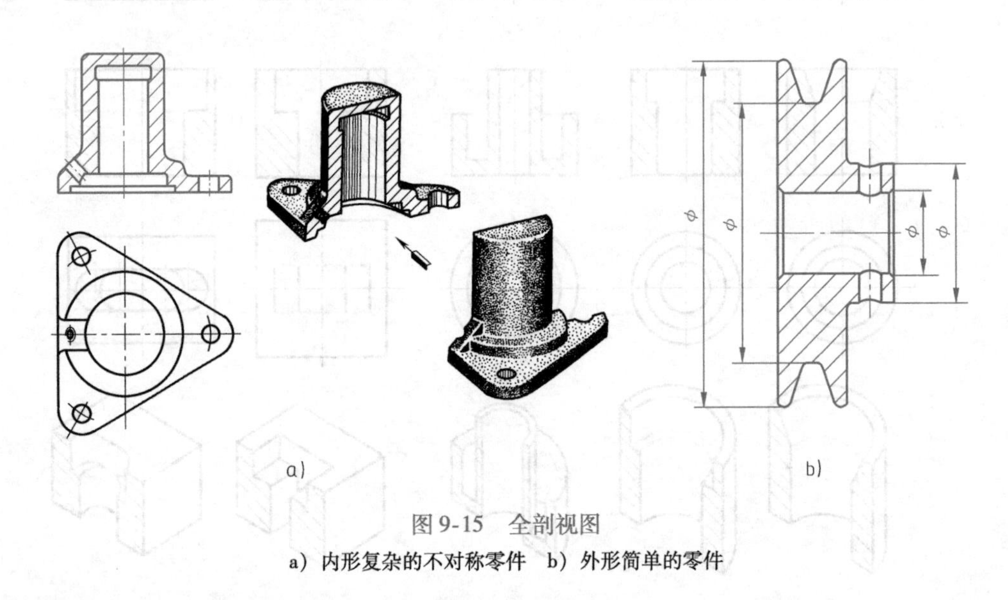

图 9-15　全剖视图

a）内形复杂的不对称零件　b）外形简单的零件

2. 半剖视图

当机件具有对称平面时，向垂直于对称平面的投影面上投射所得的视图，可以对称中心线为界，一半画成剖视图，另一半画成视图，这样的图形称为半剖视图，如图 9-16 所示。

图 9-16c 所示为一支架，从图中可知，该零件的内、外部形状都比较复杂，而前后和左右都对称。为了清楚地表达这个支架，可用图 9-16 所示的剖切方法，将主视图和俯视图都画成半剖视图。从图中可见，若主视图采用全剖视图，则顶板下的凸台就不能表达出来；若俯视图采用全剖视图，则长方形顶板及其四个小孔也不能表达出来。

画图时需要注意：在半剖视图中，半个外形视图和半个剖视图的分界线应画成细点画线，不能画成粗实线。由于半剖视图的图形对称，零件的内部形状已在半个剖视图上表达清楚，所以在表达外部形状的半个视图中，细虚线不再画出。但是，若机件的某些内部形状在半剖视图中没有表达清楚，则在表达外部形状的半个视图中，应用细虚线画出。

在图 9-16d 中，因为主视图所取剖视的剖切平面与机件的前后对称平面重合，所以在图上可以不标注；而对俯视图来说，所取剖视的剖切平面不是机件的对称平面，所以在图上需要标出剖切符号和剖视名称，但是由于图形按照投影关系配置，中间又没有其他图形隔开，便可以省略表示投射方向的箭头。

当机件的形状基本对称，且其不对称部分已表达清楚时，也允许画成半剖视图，如图 9-17 所示。

3. 局部剖视图

用剖切面局部地剖开机件所得的剖视图，称为局部剖视图，如图 9-18 所示。局部剖视图以波浪线或双折线分界。

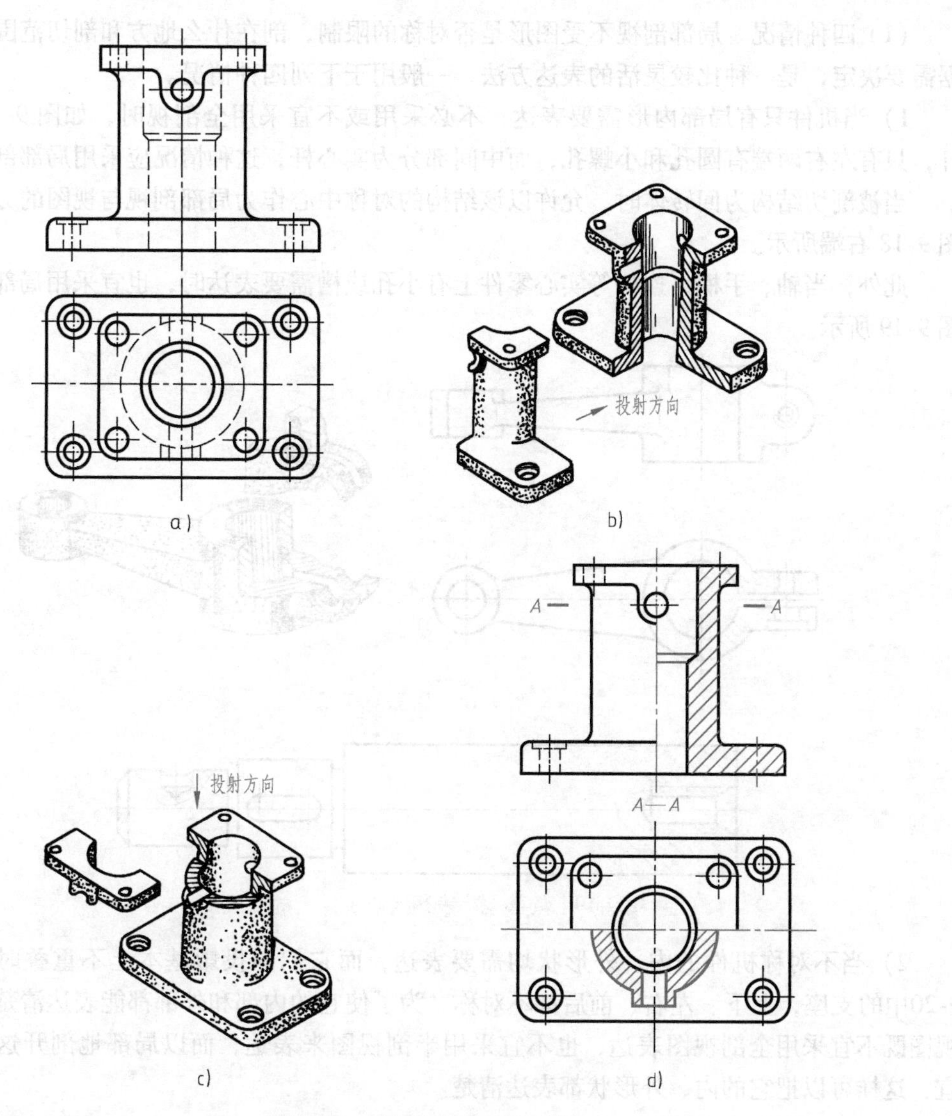

图 9-16 半剖视图的画法示例

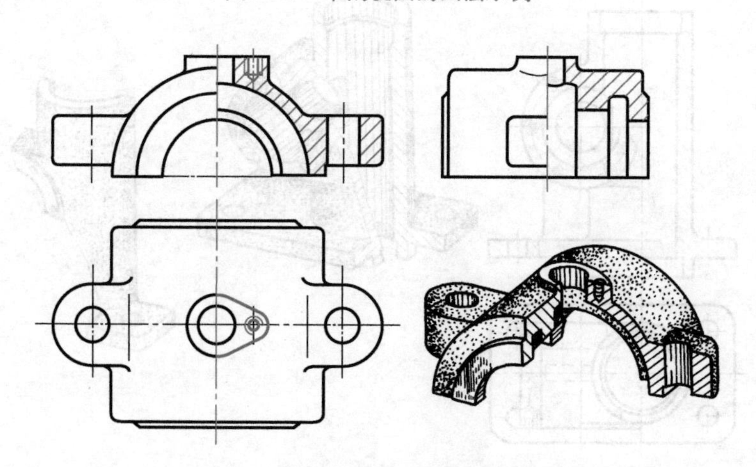

图 9-17 用半剖视表达基本对称的机件

（1）四种情况　局部剖视不受图形是否对称的限制，剖在什么地方和剖切范围多大可根据需要决定，是一种比较灵活的表达方法，一般用于下列四种情况。

1）当机件只有局部内形需要表达，不必采用或不宜采用全剖视时，如图 9-18 中的拉杆，只有左右两端有圆孔和小螺孔，而中间部分为实心杆，这种情况应采用局部剖视。

当被剖切结构为回转体时，允许以该结构的对称中心作为局部剖视与视图的分界线，如图 9-18 右端所示。

此外，当轴、手柄、连杆等实心零件上有小孔或槽需要表达时，也宜采用局部剖视，如图 9-19 所示。

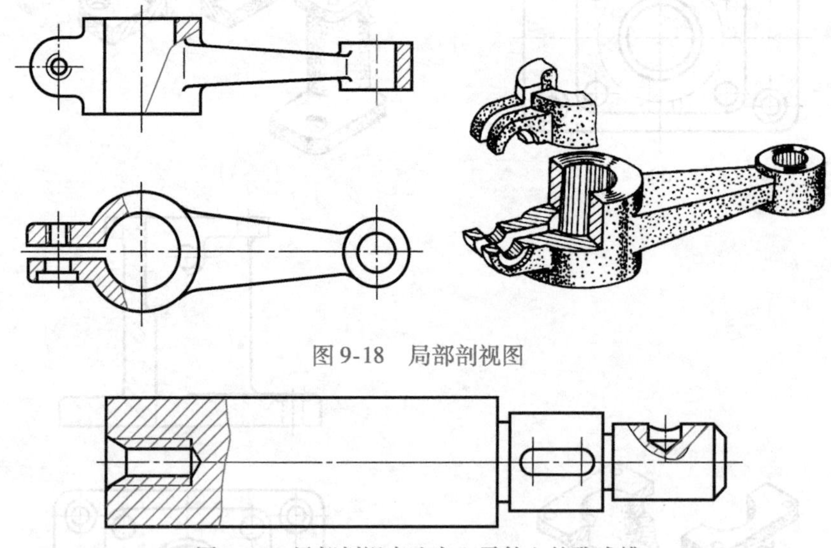

图 9-18　局部剖视图

图 9-19　局部剖视表达实心零件上的孔或槽

2）当不对称机件的内、外形状均需要表达，而它们的投影基本上不重叠时。例如图 9-20中的支座，上下、左右、前后都不对称。为了使它的内部和外部都能表达清楚，它的两视图既不宜采用全剖视图表达，也不宜采用半剖视图来表达，而以局部地剖开这个支座为宜，这样可以把它的内、外形状都表达清楚。

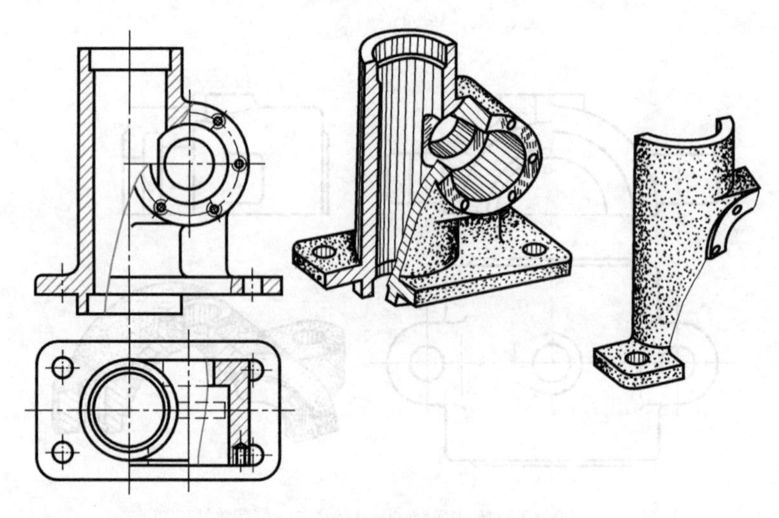

图 9-20　用局部剖视表达复杂零件

3）当对称机件的轮廓线与对称中心线重合，不宜采用半剖视时，可采用局部剖视，如图 9-21 所示。

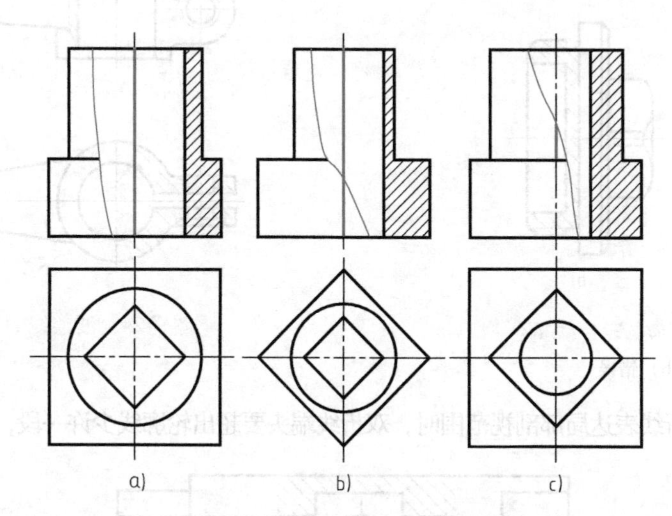

图 9-21 用局部剖视代替半剖视

4）必要时，允许在剖视图中再做一次简单的局部剖视，这时两者的剖面线应同方向、同间隔，但要相互错开，如图 9-22 所示。

对于剖切位置明显的局部剖视，一般都不必标注，如图 9-18 ~ 图 9-21 所示。若剖切位置不够明显，则应进行标注，如图 9-22 中的 *B—B*。

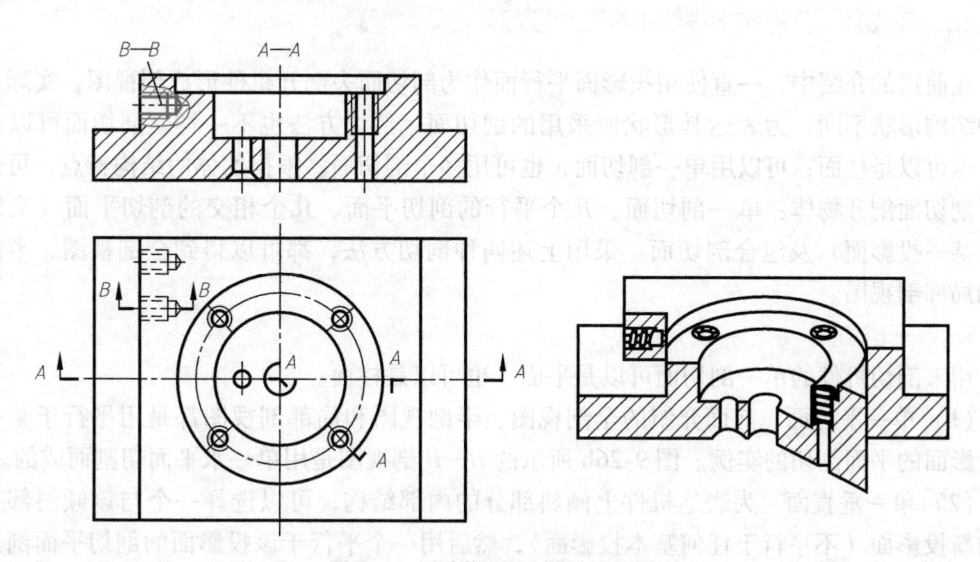

图 9-22 在剖视图上做局部剖视

（2）三点注意 在画局部剖视图时，要注意下列三点：

1）局部剖视是一种比较灵活的表达方法，运用得好，可使视图简明清晰。但在同一个视图中，局部剖视的数量不宜过多，不然会使图形过于破碎，反而对读图不利。

2）表达剖切范围的波浪线，不应与轮廓线重合，如图 9-23 所示。当遇孔、槽时，波浪线既不能穿空而过，又不能超出视图的轮廓线，如图 9-24 所示。

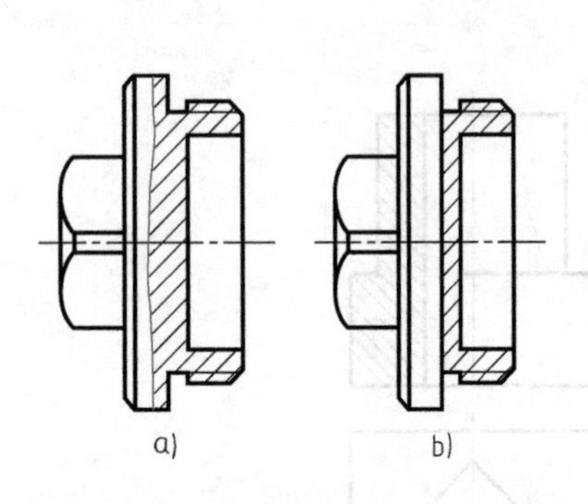

图 9-23 波浪线不应与轮廓线重合
a）正确 b）错误

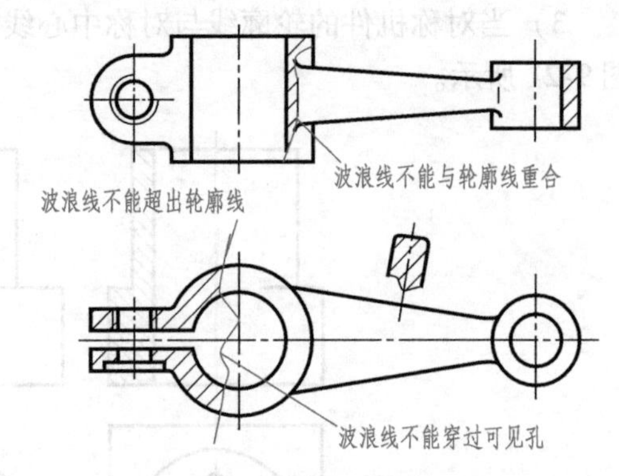

图 9-24 波浪线的错误画法

3）当使用双折线表达局部剖视范围时，双折线端头要超出轮廓线少许一段，如图 9-25 所示。

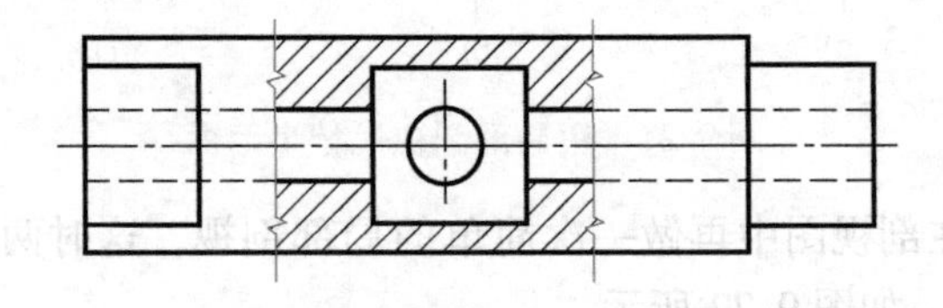

图 9-25 双折线在局部剖视图中的用法

三、剖切面的种类和常用的剖切方法

在前边的介绍中，一直使用投影面平行面作为剖切面去剖开机件形成剖视图，实际上机件的结构形状不同，为表达其形状所采用的剖切面、剖切方法也不一样。剖切面可以是平面，也可以是柱面；可以用单一剖切面，也可用多个剖切面。根据物体的结构特点，可选择以下剖切面剖开物体：单一剖切面、几个平行的剖切平面、几个相交的剖切平面（交线垂直于某一投影面）及组合剖切面。采用上述四种剖切方法，都可以得到全剖视图、半剖视图和局部剖视图。

1. 单一剖切面

用来剖切机件的单一剖切面可以是平面，也可以是柱面。

（1）单一平行面　前面介绍的全剖视图、半剖视图和局部剖视图都是用平行于某一基本投影面的平面剖切的实例。图 9-26b 所示的 *B—B* 剖视图是用单一水平面切割而成的。

（2）单一垂直面　为表达机件上倾斜部分的内部结构，可以选择一个与该倾斜部分平行的新投影面（不平行于任何基本投影面），然后用一个平行于该投影面的剖切平面剖开机件，如图 9-26b 所示的 *A—A* 剖视图。

采用这种方法画剖视图时，必须标全剖切符号，注明剖视图名称。剖视图最好按照投影关系配置，如图 9-26b 所示。必要时也可以平移到图纸其他适当位置，如图 9-26c 所示。在不致引起误解时，允许将图形旋转，并标注旋转符号，如图 9-26c 所示。

（3）单一柱面　用单一柱面剖切机件时，剖视图一般应按照柱面展开方式绘制，如图 9-27 中 *B—B* 所示。

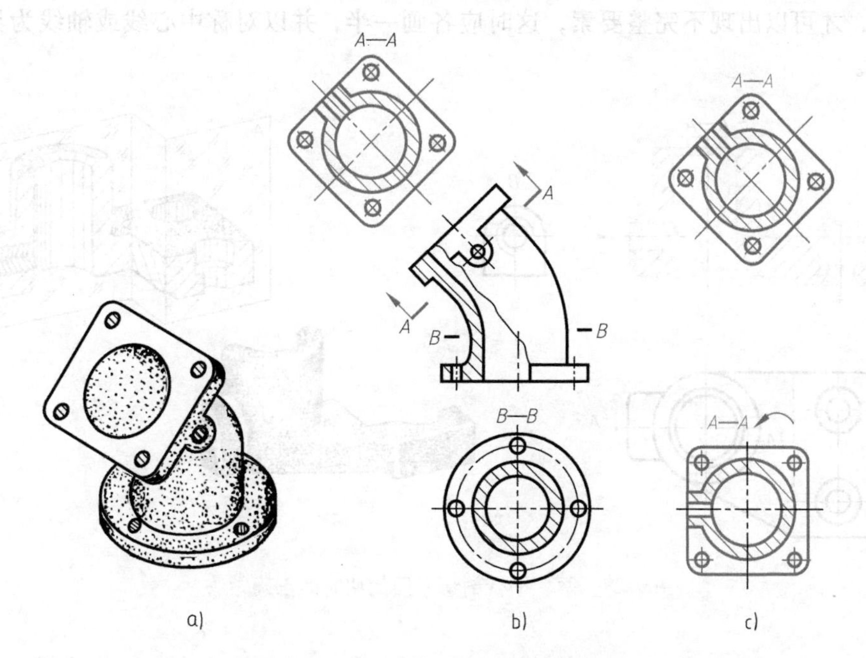

图 9-26 单一剖切平面获得的剖视图

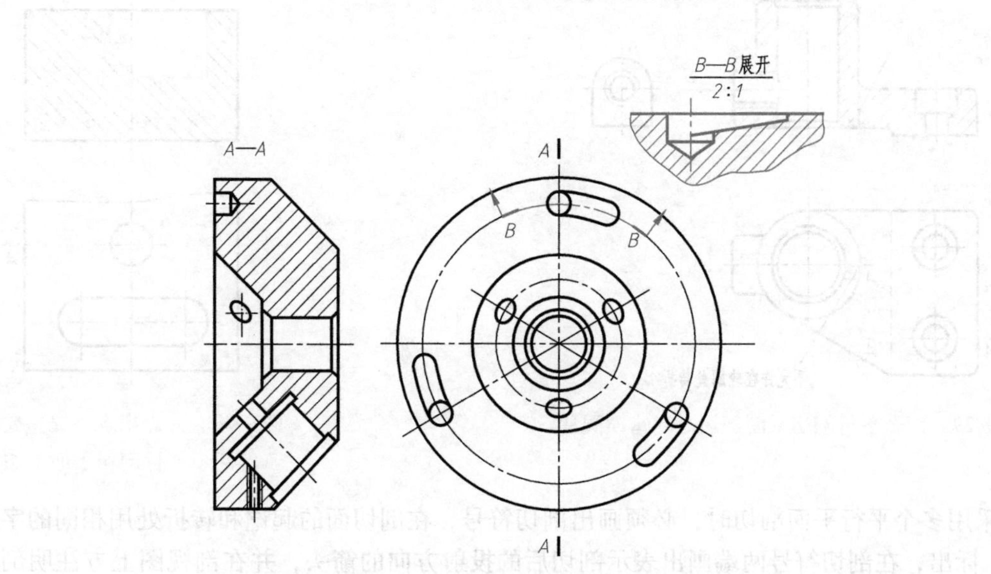

图 9-27 单一柱面剖切获得的剖视图

2. 几个平行的剖切平面

当需要表达的机件上有较多的内部结构，而又分布在几个相互平行的平面上时，可采用几个平行的剖切平面剖开机件，如图 9-28 所示。

采用这种剖切方法画剖视图时，需要注意以下几点：

1）在剖视图上，不应画出两个剖切平面转折处的投影，如图 9-28、9-29 所示的主视图。

2）剖切平面的转折处不应与图上的轮廓线重合，如图 9-28、图 9-29 所示的俯视图。

3）在剖视图上，不应出现不完整要素。只有当两个要素在图形上具有公共对称中心线或轴线时，才可以出现不完整要素，这时应各画一半，并以对称中心线或轴线为界，如图9-30 所示。

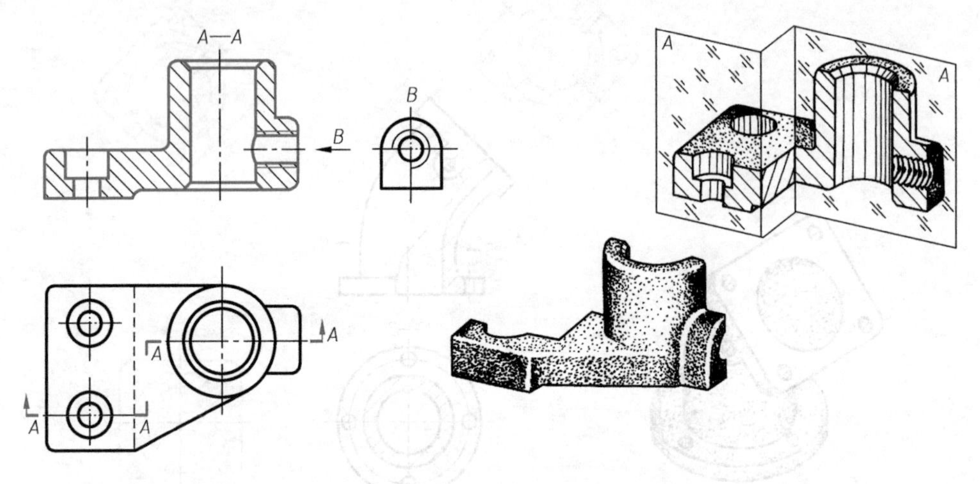

图 9-28　两个平行剖切平面剖切时的正确画法

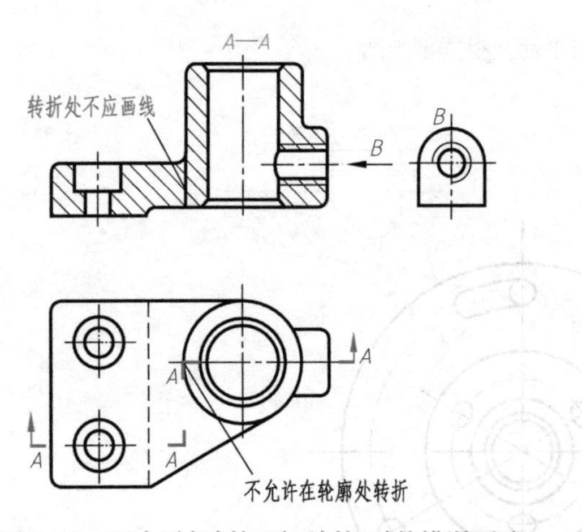

图 9-29　两个平行剖切平面剖切时的错误画法

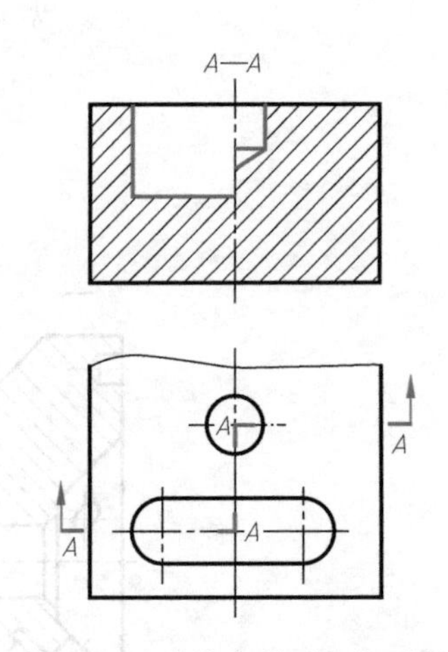

图 9-30　允许出现不完整要素的两个平行剖切平面剖切

采用多个平行平面剖切时，必须画出剖切符号，在剖切面的起讫和转折处用相同的字母"×"标出，在剖切符号两端画出表示剖切后的投射方向的箭头，并在剖视图上方注明剖视图的名称"× - ×"，如图 9-28 中的 *A—A*；但如果剖视图按照投影关系配置，中间又没有其他图形隔开时，可以省略剖切符号中表达投射方向的箭头；当转折处空间有限又不致引起误解时，允许省略标注转折处的字母，如图 9-31 俯视图中的 *A—A* 的标注方法。

3. 几个相交的剖切平面

当机件的内部结构形状用一个剖切平面剖切不能表达完全，且这个机件在整体上又有回转轴时，可用两个相交的剖切平面（交线垂直于某一基本投影面）剖开机件。图 9-32 所示的 *A—A* 剖视即为用两个相交的剖切平面得到的全剖视图。

采用相交剖切平面进行剖视时，被倾斜剖切平面剖开的结构及其有关部分，应先绕两剖切平面的交线旋转到与选定的投影面平行后再进行投射。此种剖切方法的剖切面交线通常与

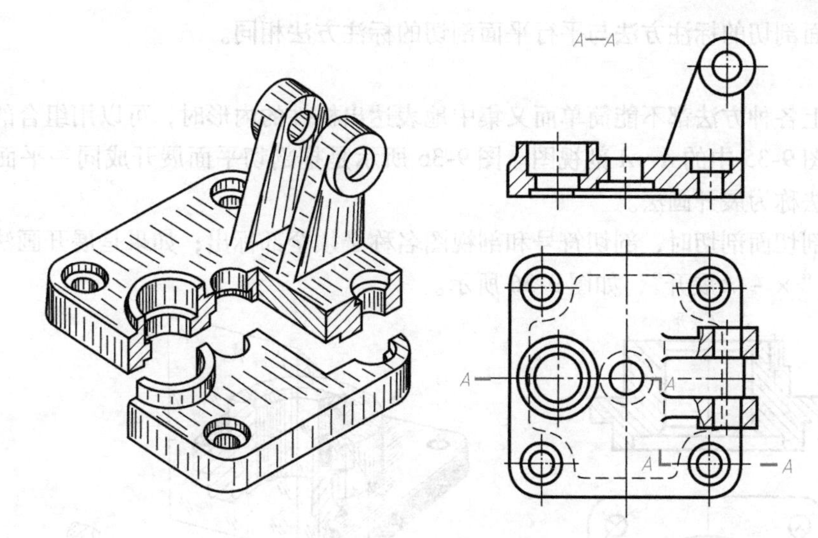

图 9-31 多个剖切平面剖切时的省略标注方法

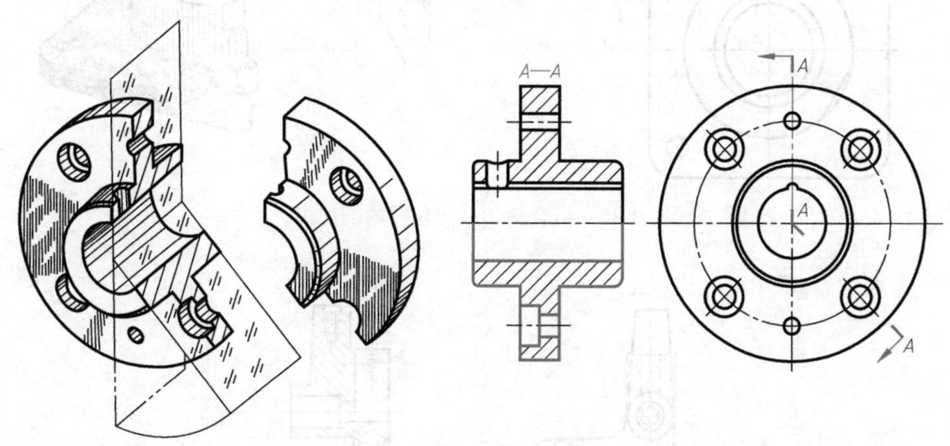

图 9-32 用几个相交的剖切平面获得的剖视图

机件主要孔的轴线重合。

位于剖切平面后的其他结构一般仍按照原来位置投射，如图 9-33 所示的小孔。当剖切后产生不完整要素时，应将此部分按照不剖绘制，如图 9-34 所示的中间伸出部分。

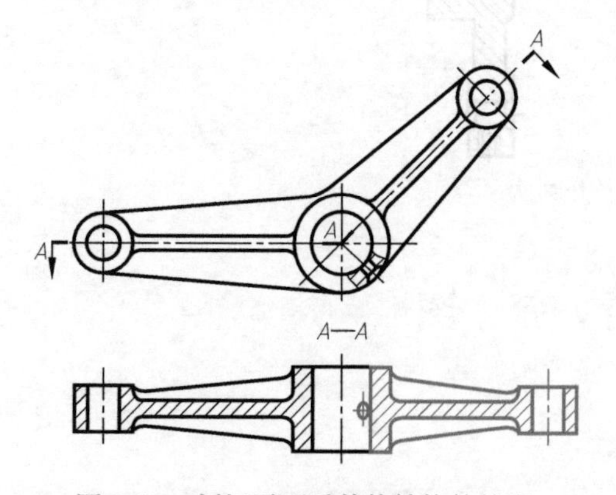

图 9-33 剖切平面后其他结构的处理

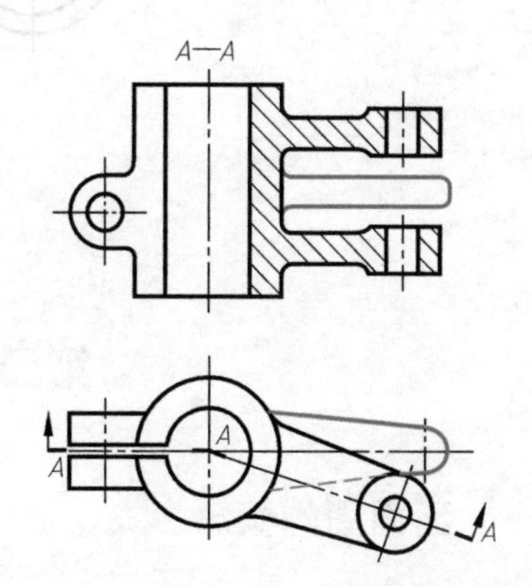

图 9-34 剖切产生的不完整要素的处理

相交平面剖切的标注方法与平行平面剖切的标注方法相同。

4. 组合剖切面

当用以上各种方法都不能简单而又集中地表达出机件的内形时，可以用组合的剖切面剖开机件，如图 9-35 中的 *A—A* 剖视图。图 9-36 所示是把剖切平面展开成同一平面后再投射的，这种画法称为展开画法。

用组合剖切面剖切时，剖切符号和剖视图名称必须全部标出；如果是展开画法，剖视图上方应标注“×－×展开”，如图 9-36 所示。

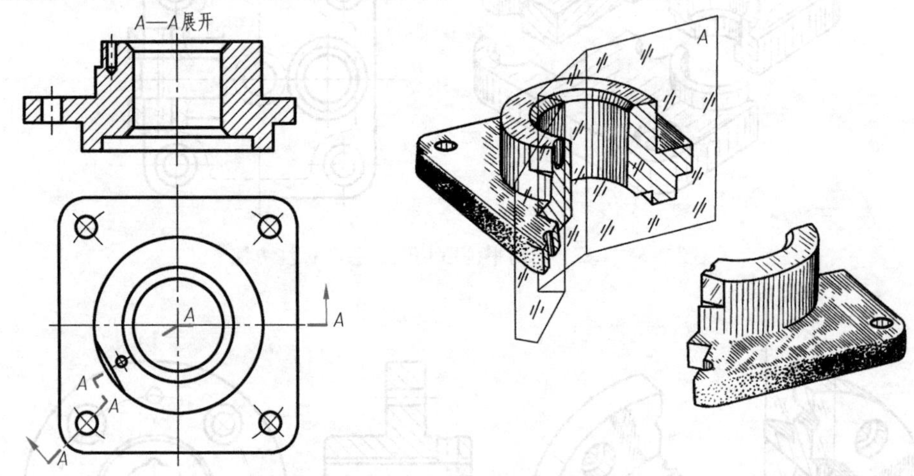

图 9-35　组合剖切平面获得的剖视图

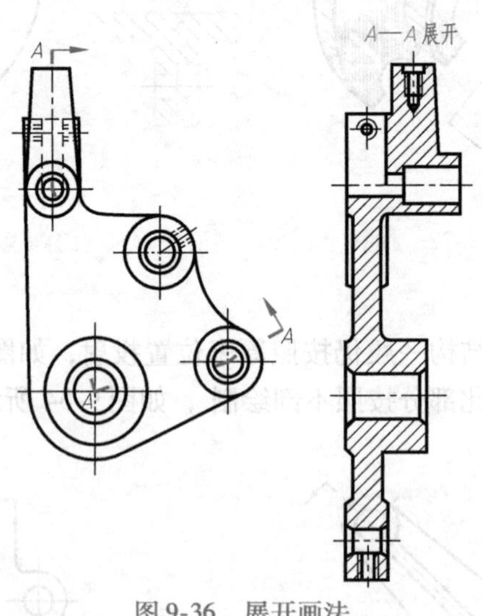

图 9-36　展开画法

第三节　断　面　图

一、断面图的概念

假想用剖切面将机件的某处切断，仅画出该剖切面与机件接触部分的图形，称为**断面**

图，可简称断面，如图9-37所示。通常在断面上标注剖面符号。

断面常用来表达机件上某一局部的断面形状。例如机件上的肋、轮辐，轴上的键槽和孔等。为获得机件结构的实形，剖切面一般应垂直于机件的主要轮廓线或轴线。断面图与剖视图的区别：断面图是物体上剖切处断面的投影，而剖视图则是剖切后物体的投影，如图9-37所示。

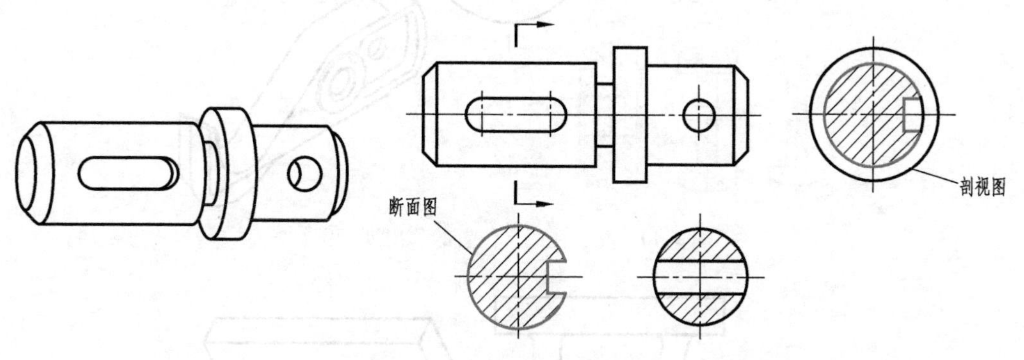

图9-37 断面图与剖视图

二、断面图的分类

根据断面图在绘制时所配置的位置不同，断面可分为移出断面和重合断面两种。

1. 移出断面

画在视图之外的断面，称为移出断面，如图9-38、图9-39所示。

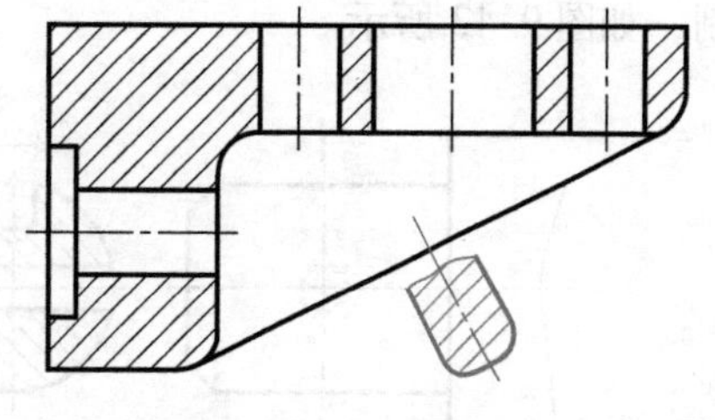

图9-38 移出断面

画移出断面图时需要注意的几点：

1）移出断面的轮廓线用粗实线绘制。通常配置在剖切线（表达剖切面位置的细点画线）的延长线上，如图9-38所示。对称断面图可以省略标注；不对称断面图可以省略字母。

2）移出断面的图形对称时也可画在视图的中断处，如图9-39所示。

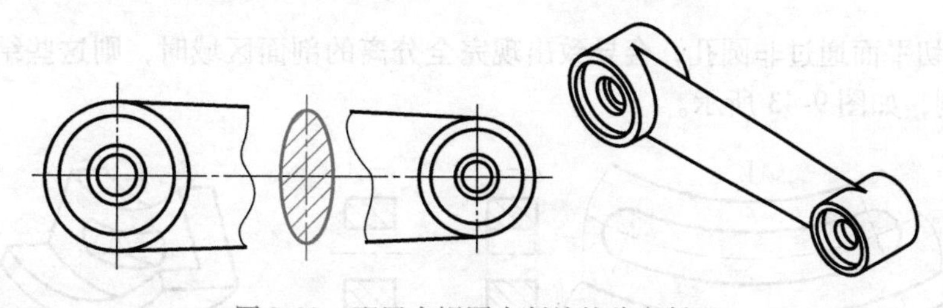

图9-39 配置在视图中断处的移出断面

3）必要时可将移出断面配置在其他适当的位置。在不致引起误解时，允许将图形旋转，其标注形式与剖视图相同，如图9-40所示。

4）为了表达倾斜的加强板断面的真实形状，剖切平面应垂直于加强板的轮廓线；由两个或多个相交的剖切平面剖切得出的移出断面，中间一般应以波浪线断开，如图9-41所示。

5）当剖切平面通过回转而形成的孔、凹坑的轴线时，则这些结构按照剖视图要求绘

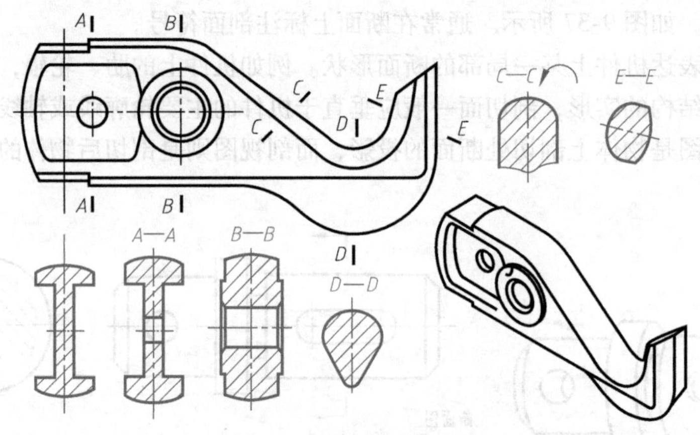

图 9-40　配置在适当位置的移出断面图

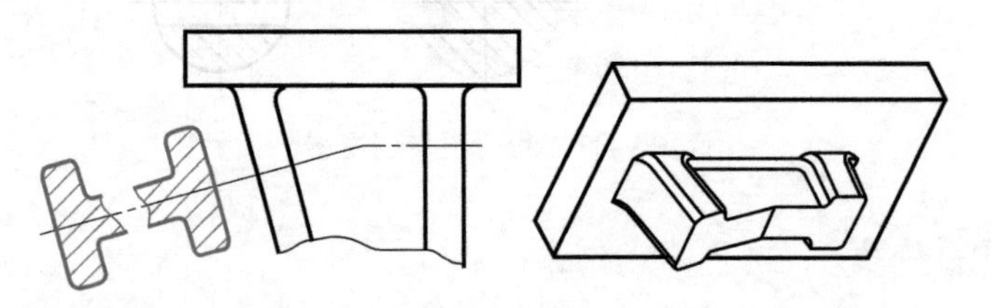

图 9-41　两个相交平面剖切得到的断面图

制，如图 9-42 所示。

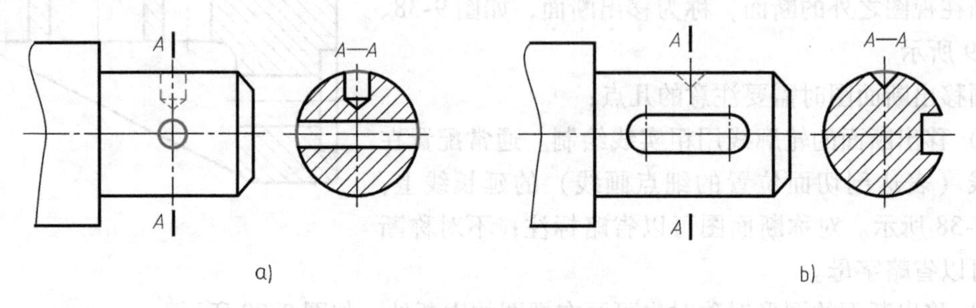

图 9-42　按剖视图要求绘制的移出断面图（一）

6）当剖切平面通过非圆孔，会导致出现完全分离的剖面区域时，则这些结构应按照剖视图要求绘制，如图 9-43 所示。

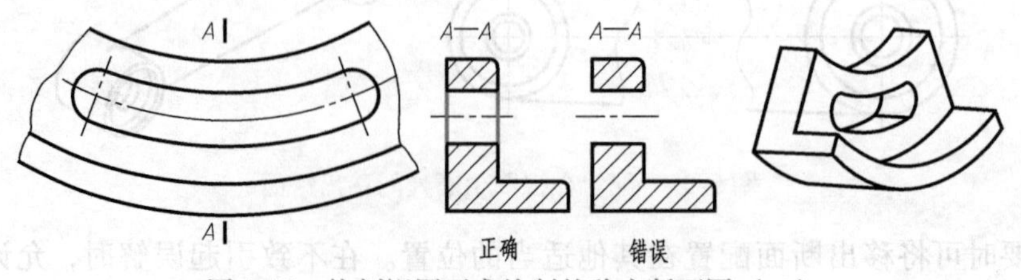

图 9-43　按剖视图要求绘制的移出断面图（二）

7）为便于读图，逐次剖切的多个断面图可按照图 9-44a 或图 9-44b 的形式配置。

2. 重合断面

在不影响图形清晰的条件下，断面也可以按照投影关系画在视图内。画在视图内的断面

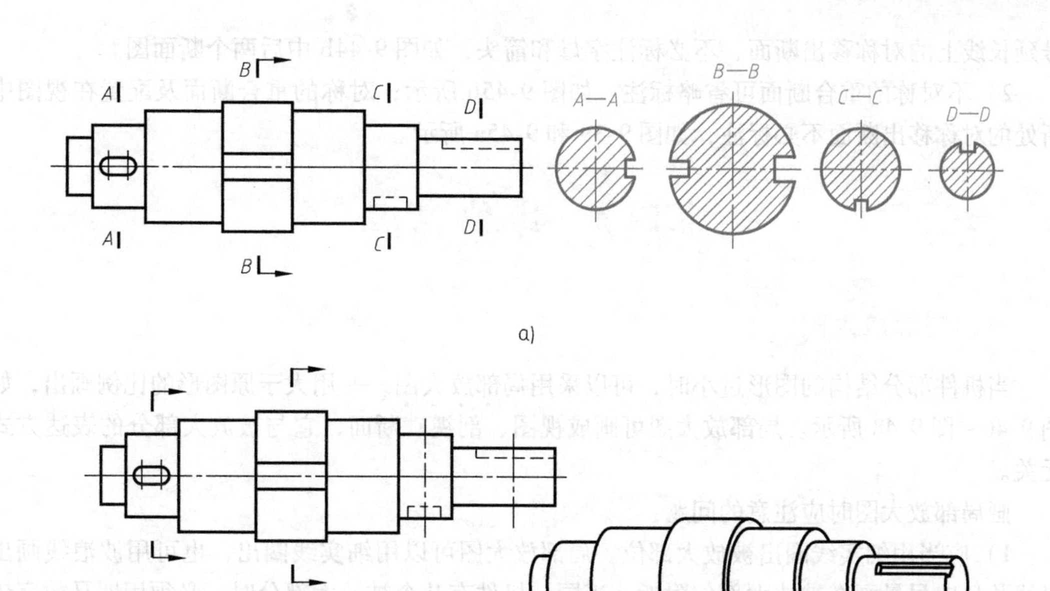

图 9-44　逐次剖切的多个断面图的配置

图称为重合断面，如图 9-45 所示。其轮廓线用实线（通常机械类制图用细实线，建筑类制图用粗实线）绘制。

重合断面一般用于断面形状简单，不影响图形清晰的场合。肋的断面在这里只需要表达其端部形状，因此画成局部的，习惯上可省略波浪线，如图 9-45a 所示。当视图中轮廓线与重合断面的图形重叠时，视图中轮廓线仍应连续画出，不可间断，如图 9-45b 所示。

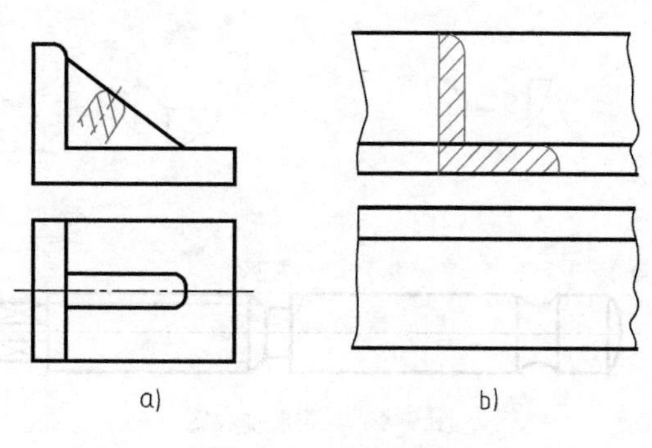

图 9-45　重合断面

三、断面图的标注

断面的标注与剖视的标注基本相同。一般应标出移出断面的名称“× - ×”（×为某一大写的拉丁文字母）。在相应的视图上用剖切符号表达剖切位置，用箭头表达投射方向，并标注相同的大写拉丁文字母，如图 9-44a 所示；

当以上的标注内容不注自明时，可部分或全部省略标注：

1）配置在剖切符号延长线上的不对称移出断面，不必标注字母，如图 9-44b 中前两个断面图。不配置在剖切符号延长线上的对称移出断面，如图 9-44a 中 *C—C* 和 *D—D*，以及按照投影关系配置的移出断面，如图 9-44a 中的 *A—A*，一般不必标注箭头；配置在剖切符号延长线上的对称移出断面，不必标注字母和箭头，如图 9-44b 中后两个断面图。

2）不对称的重合断面可省略标注，如图 9-45b 所示；对称的重合断面及配置在视图中断处的对称移出断面不必标注，如图 9-39 和 9-45a 所示。

第四节　其他画法

一、局部放大图

当机件部分结构的图形过小时，可以采用局部放大图——用大于原图形的比例画出，如图 9-46 ~ 图 9-48 所示。局部放大图可画成视图、剖视、断面，它与被放大部分的表达方式无关。

画局部放大图时应注意的问题：

1）应当用细实线圈出被放大部位。局部放大图可以用细实线圈出，也可用波浪线画出界线并且应尽量画在被放大部位附近。当同一机件有几个被放大部分时，必须用罗马数字依次标明被放大的部位，并在局部放大图的上方标出相应的罗马数字和采用的比例，如图9-46 所示。

2）当机件上被放大的部分仅为一个时，在局部放大图上方只需标注所采用的比例，如图 9-47 所示。

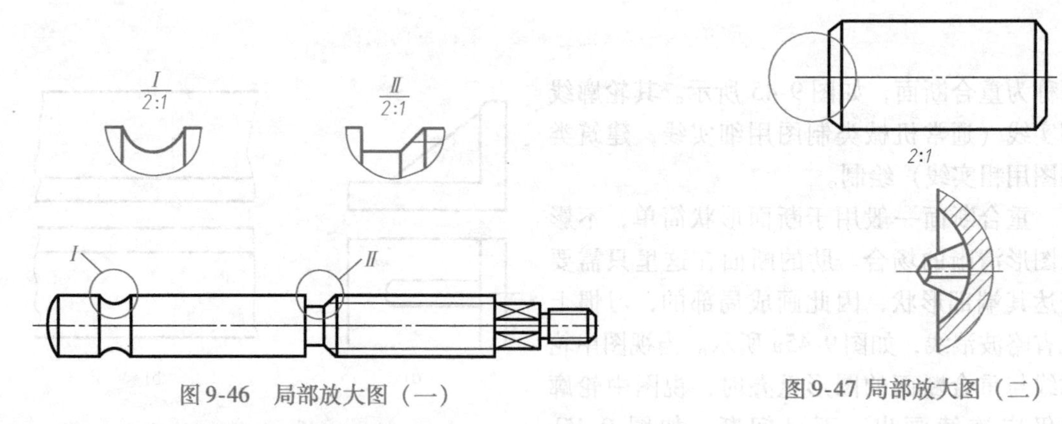

图 9-46　局部放大图（一）　　图 9-47 局部放大图（二）

3）当同一机件上不同部位的局部放大图相同或对称时，只需要画出一个，如图 9-48 所示。必要时可用几个图形表达同一被放大部分的结构，如图 9-49 所示。

必须指出，局部放大图上标注的比例是指该图形与机件实际大小之比，而不是与原图形之比。为简化作图，国家标准规定在局部放大图表达完整的情况下，允许在原视图中简化被放大部位的图形。

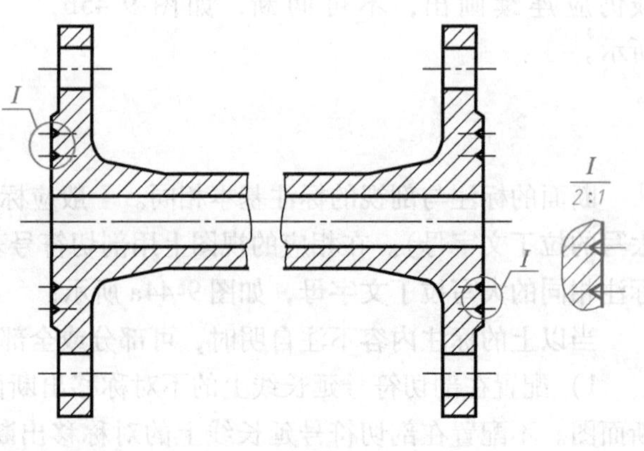

图 9-48　被放大部位图形相同的局部放大图画法

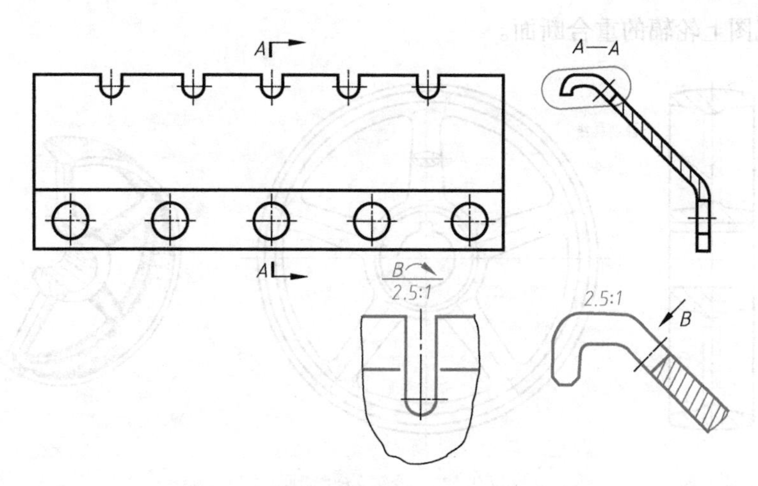

图 9-49 用几个图形表达一个放大结构

二、简化画法

除前述的图样画法外，国家标准《技术制图》和《机械制图》统一规定了一些简化画法，简化原则如下：

1）简化必须保证不致引起误解和不会产生理解的多意性。在此前提下，应力求制图简便。

2）便于识读和绘制，注重简化的综合效果。

3）在考虑便于手工制图和计算机制图的同时，还要考虑微缩制图的要求。

下面主要介绍几种常用的简化画法。

1）肋板和轮辐剖切后的画法。对于机件上的肋板（起支承和加固作用的薄板）、轮辐及薄壁等，如按照纵向剖切（剖切面垂直于肋和薄壁的厚度方向或通过轮辐的轴线剖切），这些结构都不画剖面符号，而用粗实线将它与其邻接部分分开。图 9-50 所示左视图中前后两块肋板和图 9-51 所示的主视图中的轮辐，剖切后均没有画剖面符号。按照其他方向剖切肋板和轮辐时仍应画剖面符号，如图 9-50 所示的俯视图和左视图上中间的肋板，以及图 9-

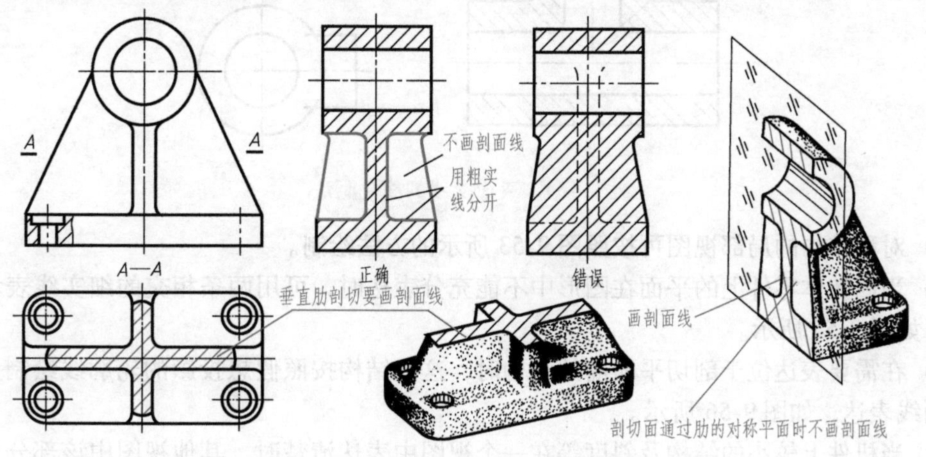

图 9-50 肋的剖切画法

51 所示的左视图上轮辐的重合断面。

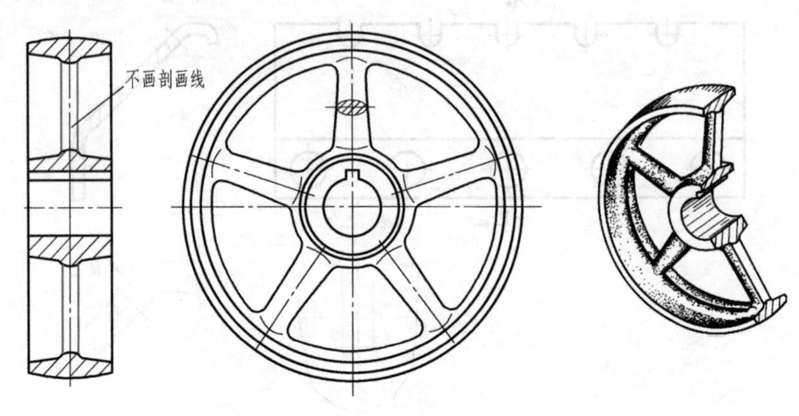

图 9-51　轮辐的剖切画法

2）在圆柱上因钻小孔、铣键槽或铣方头等出现的交线允许简化，但必须有一个视图已清楚地表达了孔、槽的形状，如图 9-52、图 9-53 所示。相贯线可用直线或圆弧代替，也可采用简化画法，如图 9-54 所示。

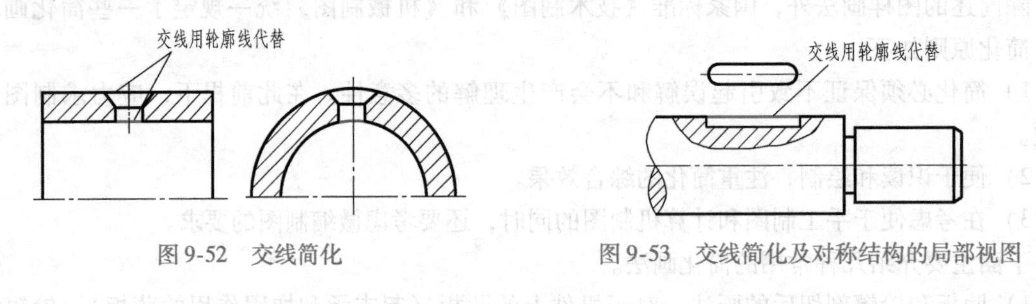

图 9-52　交线简化　　　　图 9-53　交线简化及对称结构的局部视图

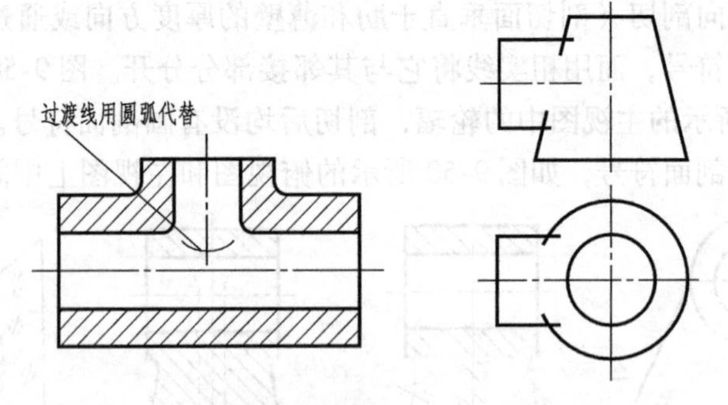

图 9-54　表面交线的简化画法

3）对称结构的局部视图可按照图 9-53 所示的方法绘制。

4）当回转体零件上的平面在图形中不能充分表达时，可用两条相交的细实线表示这些平面，如图 9-55 所示。

5）在需要表达位于剖切平面前的结构时，这些结构按照假想投影的轮廓线绘制，以细双点画线表达，如图 9-56 所示。

6）当机件上较小的结构及斜度等在一个视图中表达清楚时，其他视图中该部分的投影应简化或省略，如图 9-55 和图 9-57 所示。

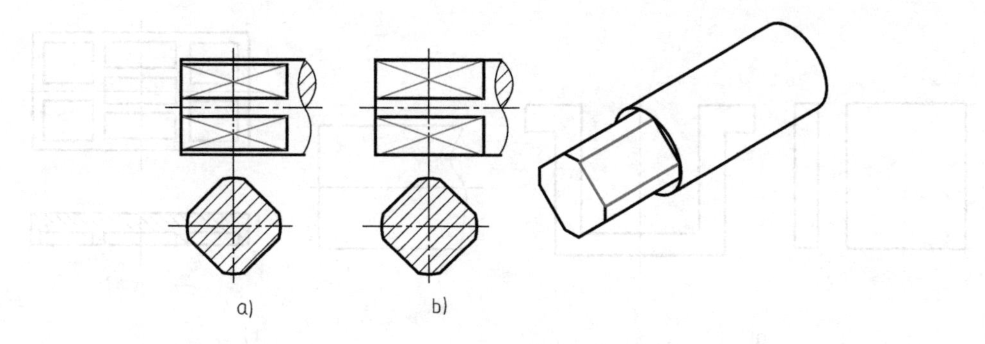

图 9-55 平面的表达法及较小结构的投影简化

a）简化前 b）简化后

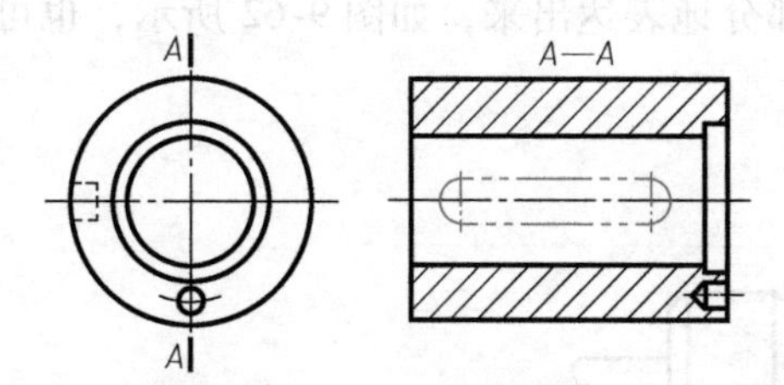

图 9-56 用假想线表达图

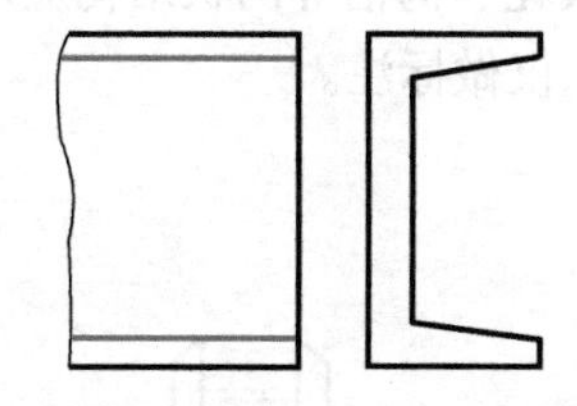

图 9-57 小斜度的投影线省略（主视图按小端画出）

7）与投影面倾斜角度小于或等于 30°的圆或圆弧，其投影可以用圆或圆弧来代替真实投影的椭圆，各圆的中心按投影决定，如图 9-58 所示。

8）当机件具有若干相同结构（如齿、槽等）并按照一定规律分布时，只需画出几个完整的结构，其余用细实线连接。但在零件图中必须注明该结构的总数，如图 9-59 所示。

9）若干直径相等且成规律分布的孔，可以仅画出一个或少量几个，其余只需用细点画线或“+”字表达其中心位置，如图 9-60 所示。

10）除确属需要表达的某些结构圆角外，其他圆角在零件图中均可不画，但必须注明尺寸，或者在技术要求中加以说明，如图 9-61 所示。

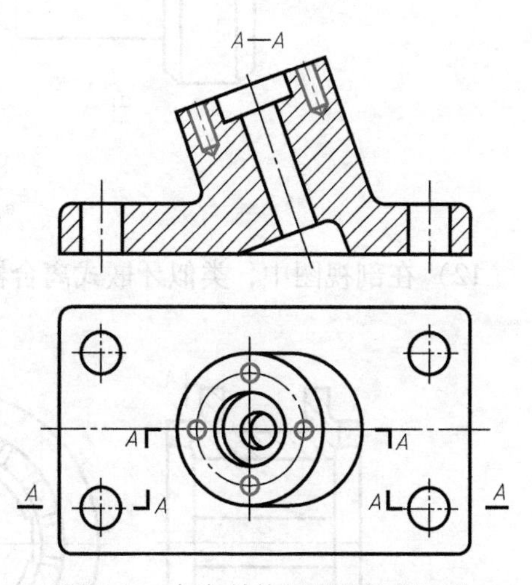

图 9-58 倾斜结构投影的简化画法

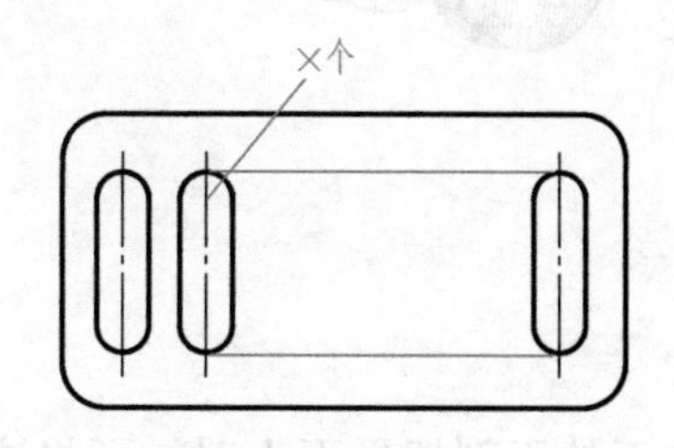

图 9-59 按照规律分布槽的画法

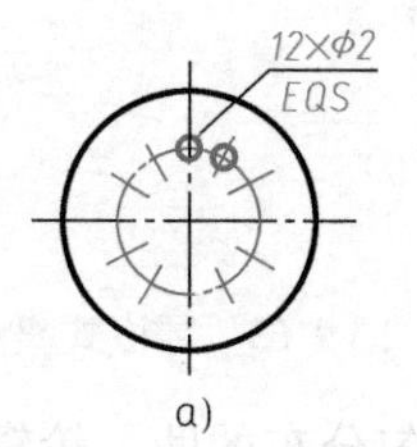

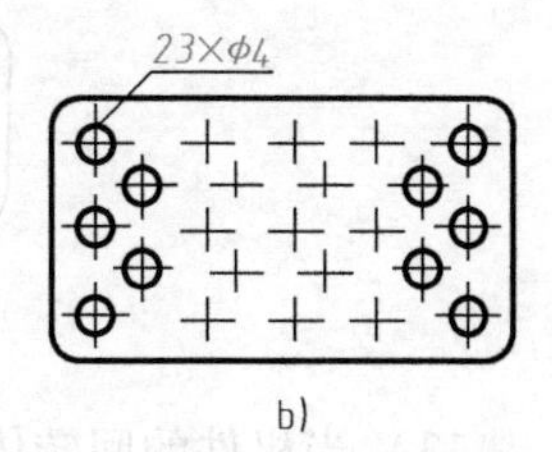

图 9-60 规律分布孔的画法

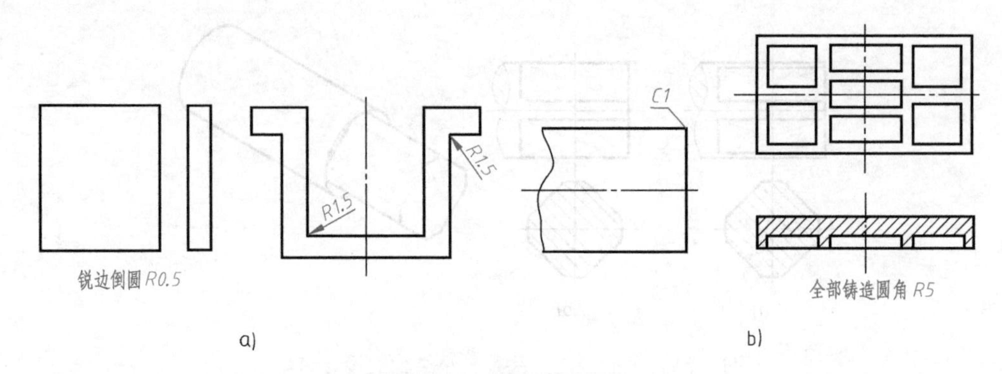

图 9-61　结构圆角的简化画法

11）滚花、沟槽等网状结构应用粗实线完全或部分地表达出来，如图 9-62 所示，也可省略不画，仅做标注。

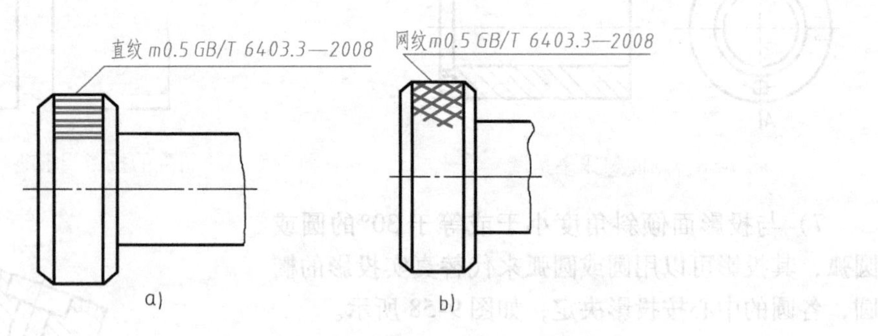

图 9-62　滚花的画法

a）直纹　b）网纹

12）在剖视图中，类似牙嵌式离合器的齿等相同结构，可按照图 9-63 所示的画法表达。

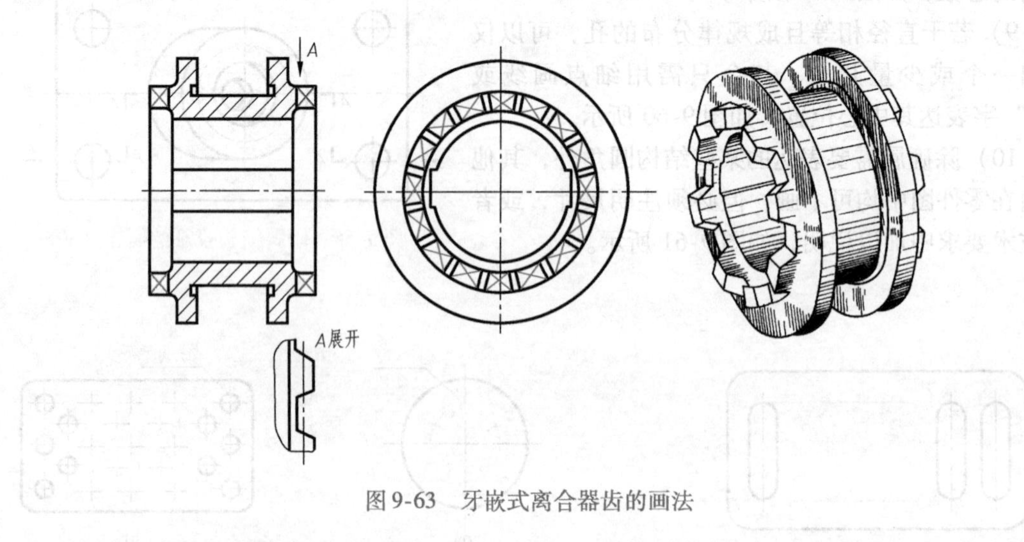

图 9-63　牙嵌式离合器齿的画法

13）当机件的回转体上均匀分布的肋、轮辐、孔等结构不处于剖切平面上时，可将这些结构旋转到剖切平面上画出，如图 9-64、图 9-65 所示。

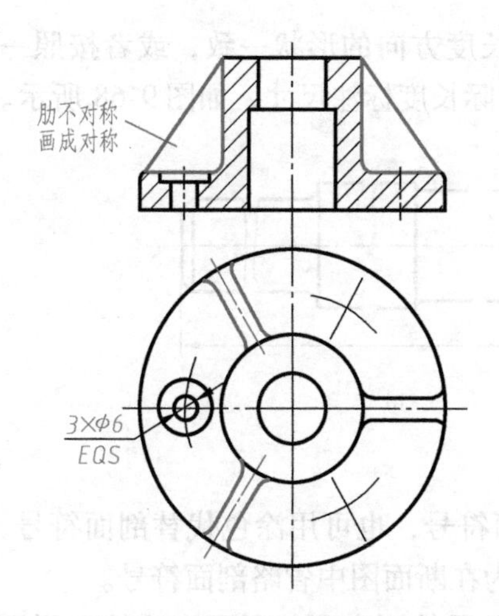

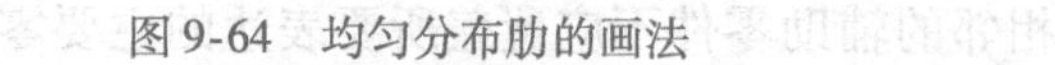
图 9-64　均匀分布肋的画法

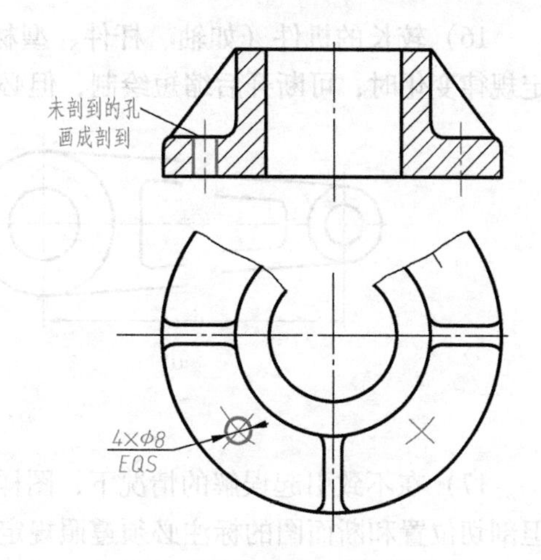

图 9-65　均匀分布孔的画法

14）在不致引起误解时，对于对称机件的视图可只画出一半或四分之一，并在对称中心线的两端画出两条与其垂直的平行细实线，如图 9-66 所示。

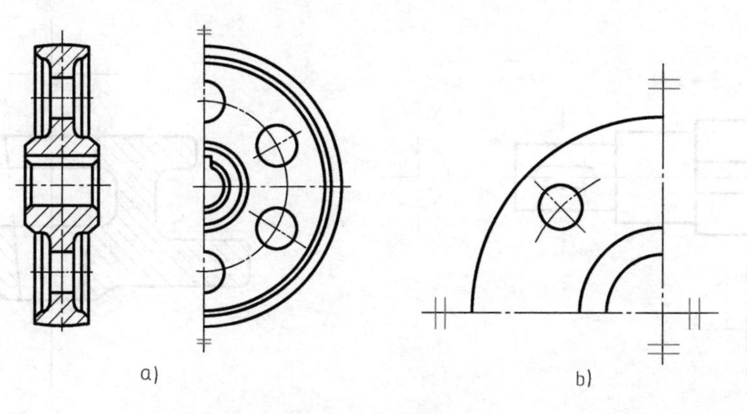

图 9-66　对称机件的画法

a）画半个视图　b）画四分之一视图

15）圆盘上的孔均匀分布时，允许按照图 9-67 所示的方法表达。

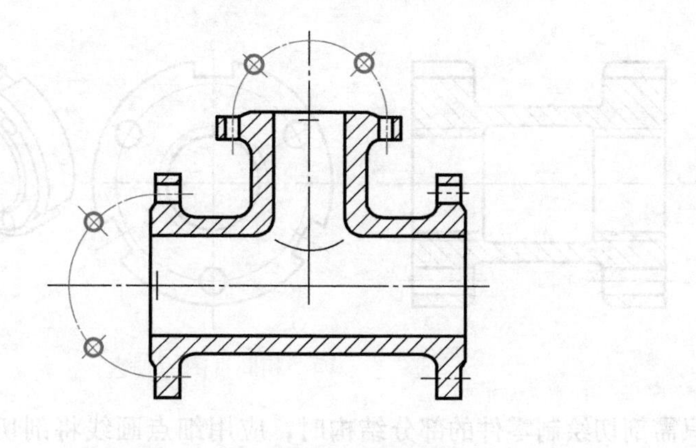

图 9-67　圆盘上均匀分布孔的画法

16）较长的机件（如轴、杆件、型材、连杆等）其长度方向的形状一致，或者按照一定规律变化时，可断开后缩短绘制，但必须按照原来的实际长度标注尺寸，如图 9-68 所示。

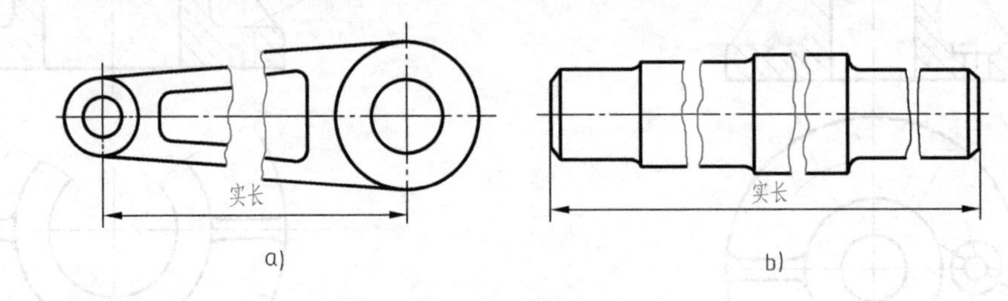

图 9-68　断开画法

17）在不致引起误解的情况下，图样中允许省略剖面符号，也可用涂色代替剖面符号，但剖切位置和断面图的标注必须遵照规定。图 9-69 所示为在断面图中省略剖面符号。

18）相邻的辅助零件用细双点画线绘制。相邻的辅助零件不应覆盖所要表达的主要零件，而可以被所要表达的主要零件遮挡，如图 9-70 所示。相邻的辅助零件的断面不画剖面线。

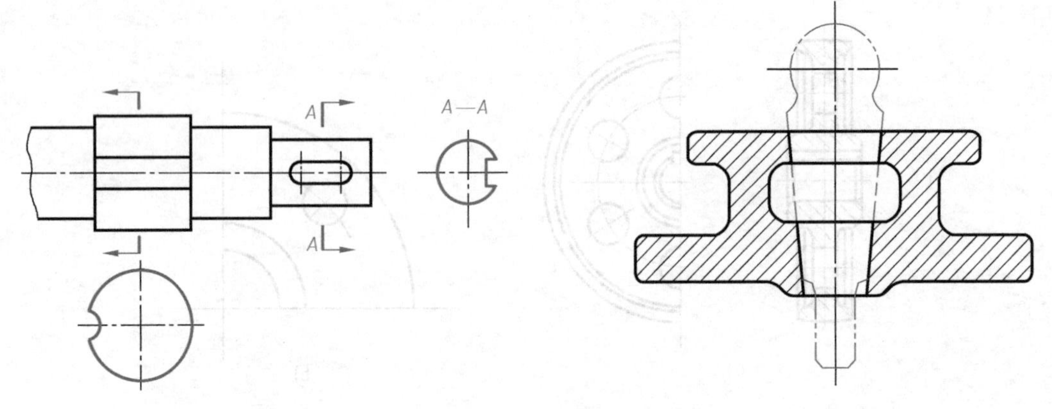

图 9-69　省略剖面符号　　图 9-70　相邻辅助零件的表达

19）一个零件上有两个或两个以上图形相同的视图，可以只画一个视图，并用箭头、字母和数字表达其投射方向和位置，如图 9-71 和图 9-72 所示。

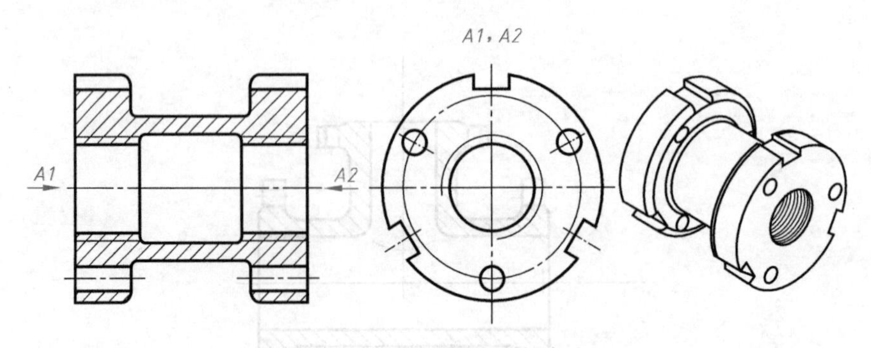

图 9-71　两个相同视图的表达

20）当只需剖切绘制零件的部分结构时，应用细点画线将剖切符号相连，剖切面可位于零件实体之外，如图 9-73 所示。

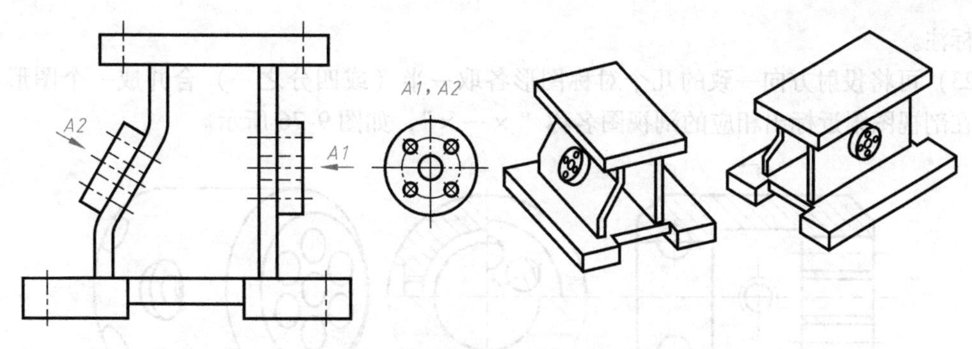

图 9-72 两个图形相同的局部视图和斜视图的表达

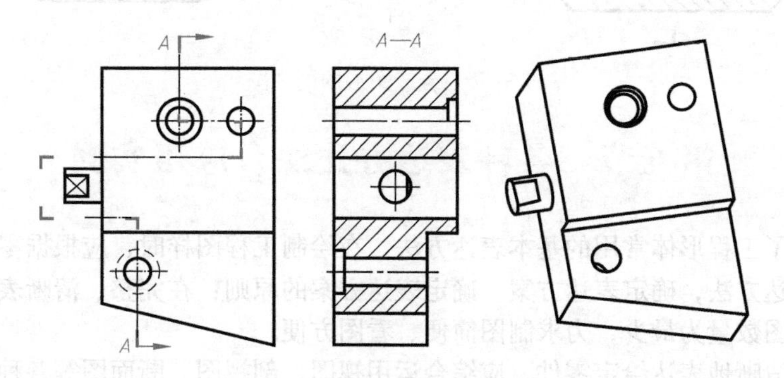

图 9-73 部分剖切结构的表达

21）用几个剖切平面分别剖切机件，得到的剖视图为相同的图形时，可按照图 9-74 所示的形式标注。

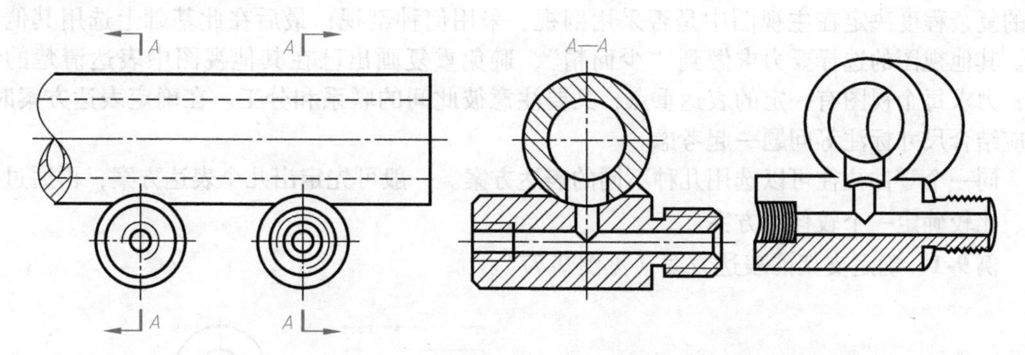

图 9-74 用几个剖切平面获得相同图形的剖视图

22）用一个公共剖切平面剖开机件，按照不同方向投射得到的两个剖视图应按照图 9-75 的

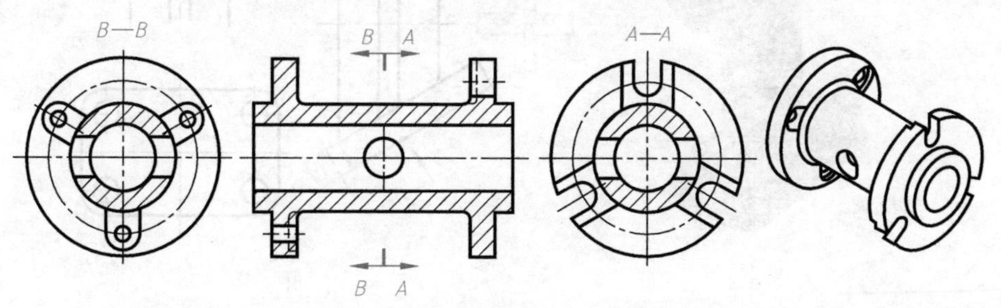

图 9-75 用一个公共剖切平面获得的两个剖视图

形式标注。

23）可将投射方向一致的几个对称图形各取一半（或四分之一）合并成一个图形。此时应在剖视图附近标出相应的剖视图名称“×—×”，如图9-76所示。

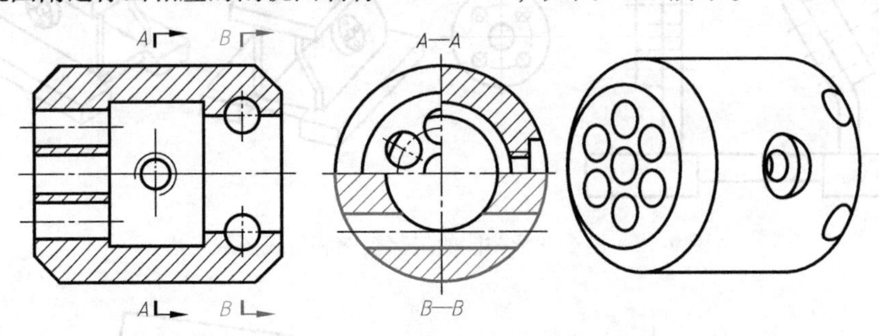

图9-76　合成图形的剖视图

第五节　各种表达方法综合应用实例

前面介绍了工程形体常用的基本表达方法。在绘制工程图样时，应根据零件的具体情况选择适当的表达方法，确定表达方案。确定表达方案的原则：在完整、清晰表达机件形状的前提下，使视图数量为最少，力求制图简便、看图方便。

要完整、清晰地表达给定零件，应综合运用视图、剖视图、断面图等各种表达方法，使得零件各部分的结构与形状均能表达确切与清晰，而图形数量又较少。首先对要表达的零件进行结构和形体分析；然后根据零件的内部及外部结构特征和形体特征选择主视图，通常选择最能反映零件形体特征的投射方向作为主视图的投射方向；同时根据零件的内部及外部结构的复杂程度决定在主视图中是否采用剖视、采用何种剖视；最后在此基础上选用其他视图。其他视图的选择要力求做到“少而精”，避免重复画出已在其他视图中表达清楚的结构；力求每个视图有一定的表达重点，又要注意彼此间的联系和分工。在确定表达方案时，还应结合尺寸标注等问题一起考虑。

同一个零件往往可以选用几种不同的表达方案。一般可先定出几个表达方案，再通过分析、比较确定一个较佳的方案。

例9-1　确定支架的表达方案（见图9-77）。

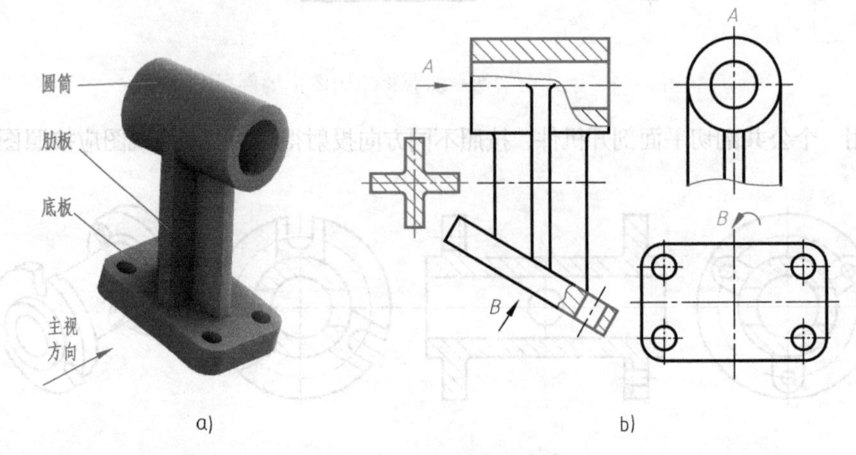

图9-77　支架的表达方案

1. 形体分析

如图 9-77a 所示，支架由圆筒、底板和连接这两部分的十字形肋板三部分组成。支架前后对称，倾斜的底板上有四个通孔。

2. 选择主视图

为反映机件的形状特征，将支架上的主要结构圆筒的轴线水平放置，并选择图 9-77a 所示的方向作为主视图的投射方向。主视图采用单一剖切面的局部剖视，既表达了肋板、圆筒和底板的外部结构形状，又表达了圆筒上的孔和底板上四个小孔的形状，如图 9-77b 所示。

3. 选择其他视图

由于底板的主要表面和圆筒轴线倾斜，因此，该机件不宜选用除主视图以外的基本视图。如图 9-77b 所示，为表达圆筒与肋板前后方向的连接关系，采用 A 向局部视图；为表达底板实形，采用 B 向斜视图并旋转放置；为表达十字形肋板的断面形状，采用移出断面。

以上方案完整表达了支架的结构形状，既简单又清晰。

例 9-2 确定支座的表达方案（见图 9-78）。

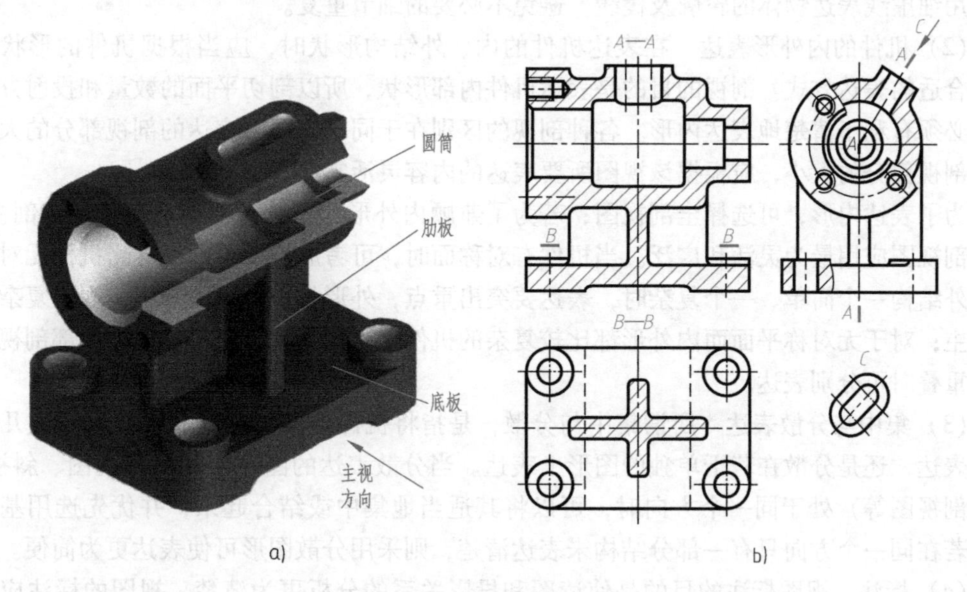

图 9-78 支座的表达方案

1. 形体分析

如图 9-78a 所示，支座由圆筒、底板和十字形肋板组成。圆筒外形为变直径圆柱，内部有阶梯孔，中部前上方有一个长圆形孔凸台，左端凸缘上有四个均布的螺孔。底板下底面中部有前后方向的通槽，四个角的凸台上有四个通孔。圆筒和底板用十字形肋板相连，支座整体形状前后基本对称。

2. 选择主视图

为了反映支座的主要特征，将底板放平并以图 9-78a 所示的方向作为主视图的投射方向。由于支座内部结构较为复杂，所以主视图采用两个相交平面剖切的 A—A 全剖视图，既反映了圆筒内部阶梯孔及凸台上长圆形孔的形状和位置，又反映了圆筒、底板和肋板的连接关系。在 *A—A* 剖视图中，左端凸缘上的四个螺孔按照简化画法绘制，如图 9-78b 所示。

3. 选择其他视图

根据主视图对支座的表达情况，再选用其他必要视图。如图 9-78b 所示，俯视图采用单一剖切面剖切的 *B—B* 全剖视图，反映了底板和肋板的形状及其前后方向的相对位置。左视图采用局部剖视，反映了凸台前后方向的位置及四个螺孔的分布情况；同时也清楚地反映了肋板与圆筒外表面及底板的连接关系。

当支座的基本形状表达清楚后，对某些尚未表达清楚的局部结构，可选择其他表达方法加以补充，如长圆形凸台上倾斜的顶面用 *C* 斜视图表达。这样的表达方案不但能完整反映支座的内、外形状，而且视图数量少，简单清晰。

综上所述，在表达机件结构形状时，应根据机件的具体情况，综合考虑以下几个方面。

（1）视图选择　在对机件进行完形体分析后，首先要进行主视图的选择。

主视图的选择原则既要求包含表达机件的信息量最多，又要求尽量与机件的工作位置、加工位置或安装位置一致。

其他视图的选择主要考虑在明确表达物体的前提下，使视图的数量为最少；同时尽量避免使用细虚线表达物体的轮廓及棱线，避免不必要的细节重复。

（2）机件的内外形表达　在表达机件的内、外结构形状时，应当根据机件的形状特征选择合适的表达方式。剖视的目的是表达机件内部形状，所以剖切平面的数量和投射方向的选择必须有利于清楚地表达内形。各种剖视的区别在于同一视图所表达的剖视部分的大小不同，剖视部分的大小，应根据该视图所要表达的内容灵活掌握。

为了表达内形，可选择全剖视图；若为了兼顾内外形状，则选择半剖视或局部剖视图。局部剖视图应用最为灵活和广泛。当机件有对称面时，可考虑采用半剖视；当机件无对称面且内外结构一个简单、一个复杂时，表达要突出重点，外形复杂以视图为主，内形复杂以剖视为主；对于无对称平面而内外形都比较复杂的机件，当投影不重叠时可采用局部剖视，当投影重叠时可分别表达。

（3）集中与分散表达　所谓集中与分散，是指将机件的各部分形状集中于少数几个视图来表达，还是分散在若干单独的图形上表达。当分散表达的图形（如局部视图、斜视图、局部剖视图等）处于同一个方向时，可以将其适当地集中或结合起来，并优先选用基本视图；若在同一个方向只有一部分结构未表达清楚，则采用分散图形可使表达更为简便。

（4）标注　视图标注的目的是使读图和投影关系的分析更为清楚。视图的标注应以基本视图及其基本配置为参照，凡与此不相符者，则均需要标注；凡与其相符者，则可省略。

尺寸标注也是机件表达必不可少的内容，某些细节的表达也可借助于尺寸标注的形式。前面各章介绍的尺寸标注的基本方法仍然适用于剖视图。同时还应注意以下几点：

1）在同一轴线上的圆柱或圆锥的直径尺寸，一般应尽量标注在剖视图上，避免标注在投影为同心圆的视图上；在特殊情况下，当在剖视图上标注直径有困难时，也可以标注在投影为圆的视图上。

2）当采用半剖视或对称机件采用简化只有半个视图时，有些尺寸不能完整地标注出来，此时应采用半标注，即尺寸线略超出圆心或对称中心线，仅在尺寸线有界一端画出箭头，尺寸数字一般仍标注在图形对称中心线处，如图 9-79 所示。

3）为便于看图，在剖视图上标注尺寸时，应尽量将尺寸标注，在视图外，且将外形尺寸和内部结构尺寸分开标注在视图的两侧。当必须在剖面线中注写尺寸数字时，则应在尺寸数字处断开剖面线。

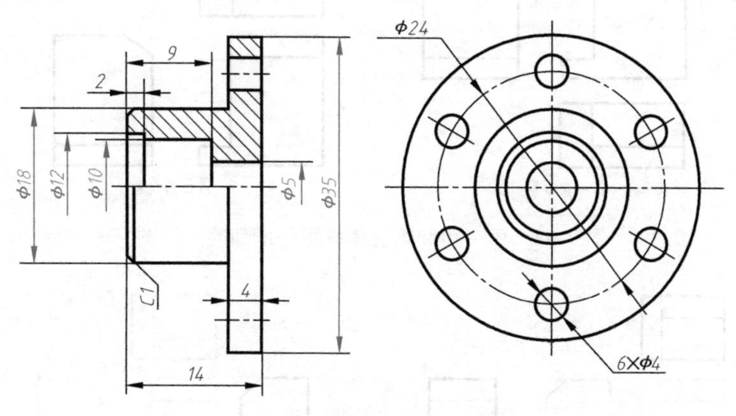

图 9-79 剖视图的尺寸标注

第六节 第三角画法简介

目前国际技术交流和技术合作十分活跃，中国的技术图样走向了世界，国外的技术图样也来到了我国。各国的工程技术图样的投射方法并非统一，有些国家采用的是第一角投影法，有些国家则采用的是第三角投影法，四个投影分角空间位置如图 9-80 所示。

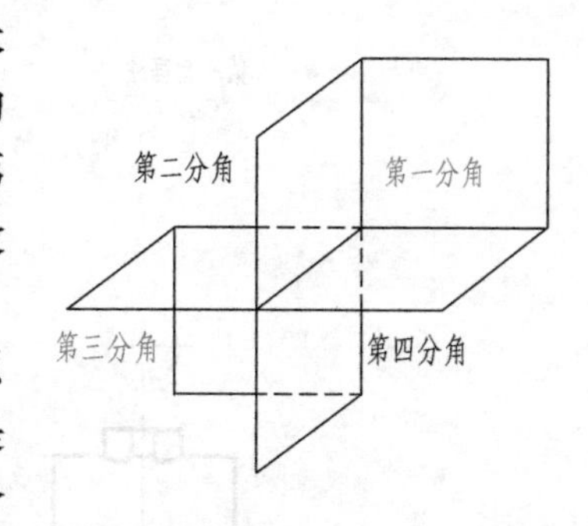

图 9-80 四个投影分角位置

在国际标准中规定，可以采用第一角投影法，也可以采用第三角投影法。为了使读图者迅速识别手中的图样是哪种投影法，国际标准规定：在标题栏内（或外）用一个标志符号表达该图所采用的投影法，如图 9-81 所示。符号的具体画法见第一章（图 1-5）。

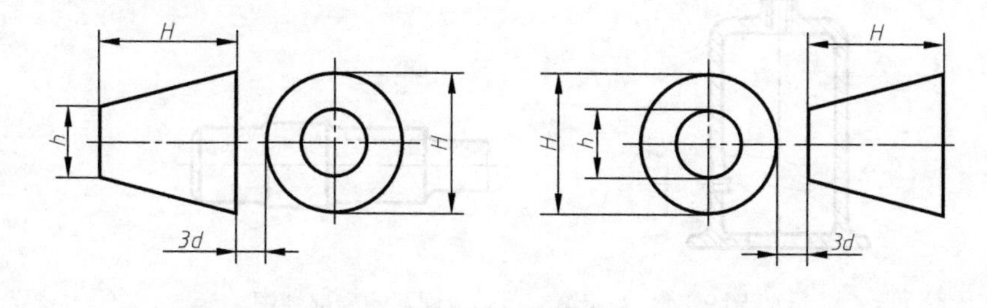

第一角投影识别符号　　第三角投影识别符号

图 9-81 第一角及第三角投影标志

第一角和第三角投影法得到的三视图如图 9-82 所示，六个基本视图如图 9-83 所示。

第一节中介绍的局部视图，除可以按照基本投射方式和向视图的形式配置外，还常常按照第三角画法配置，如图 9-84 所示。

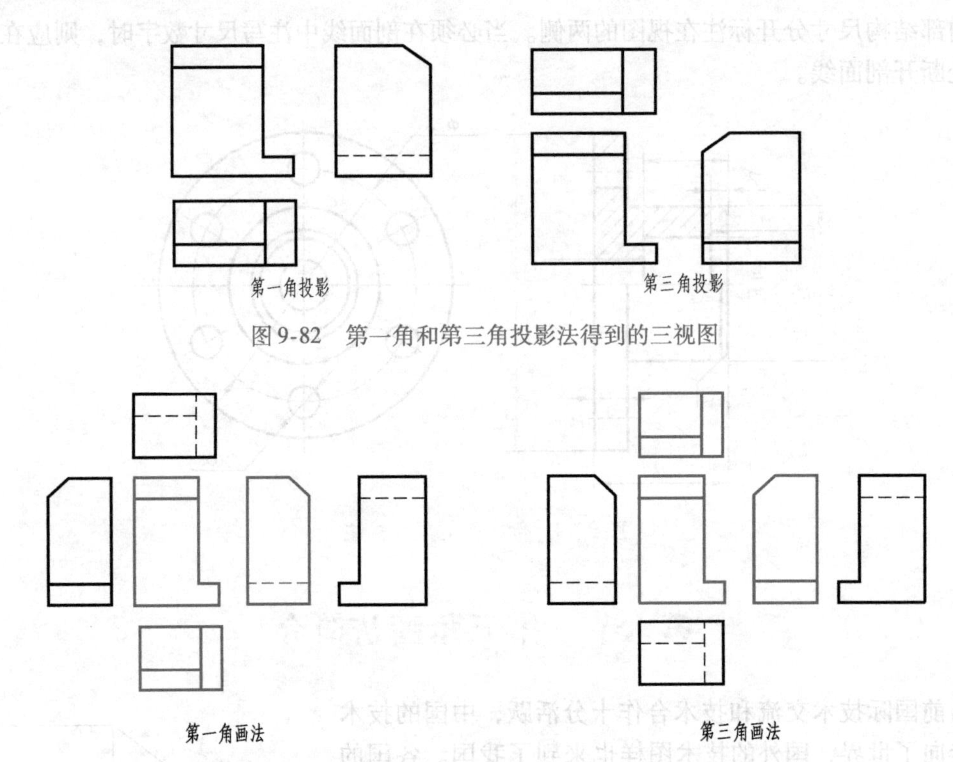

图 9-82　第一角和第三角投影法得到的三视图

图 9-83　第一角和第三角投影法得到的六个基本视图

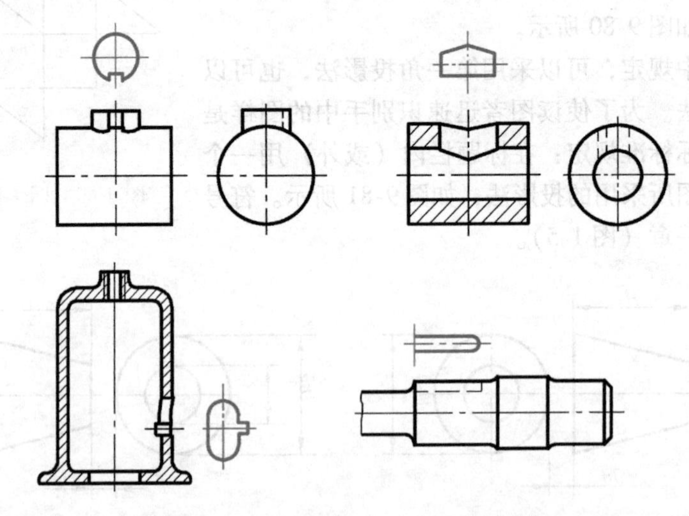

图 9-84　按照第三角画法配置的局部视图

由此可见，第一角投影法和第三角投影法的区别是投影面位置的改变，即第一角投影法：人（投影者）、物（被投影物）、面（投影面）。第三投影法是：人（投影者）、面（投影面）、物（被投影物）。*H*、*W* 投影面仍然分别绕两投影面的交线旋转到 *V* 面重合。

第十章

标准件和常用件

任何一台机器或设备都是由若干个零件按照一定方式组合而成的，如图 10-1 所示。

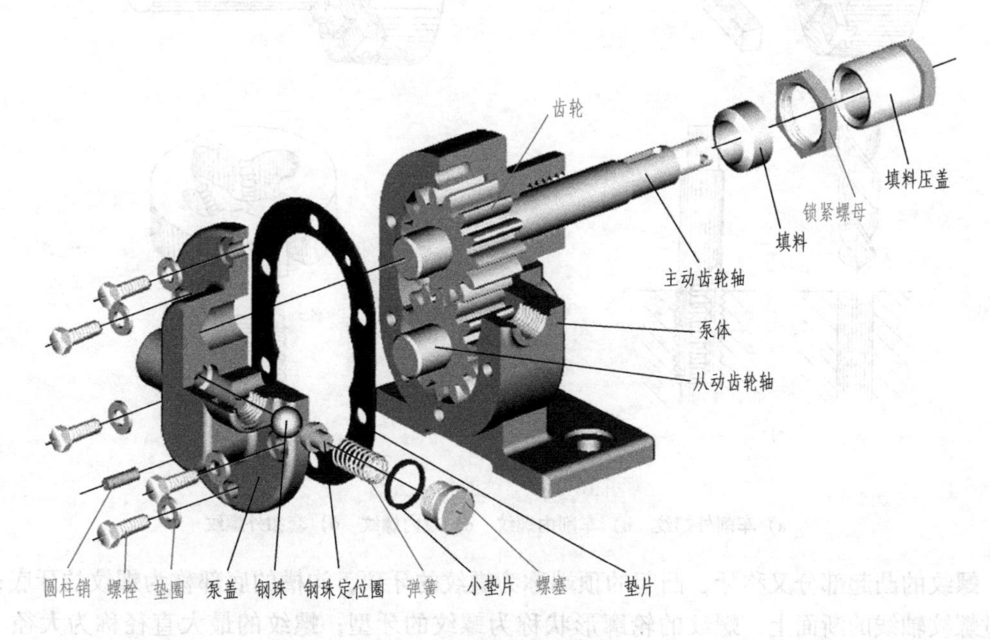

图 10-1　齿轮泵组装示意图

组成机器设备的众多零件中有些零件应用十分广泛，如图 10-1 所示的螺栓、锁紧螺母、垫圈、圆柱销等。为了适应专业化、大批量生产，提高产品质量，降低生产成本，国家标准对这类零件的结构尺寸和加工要求等进行了一系列的规定，它们是已经标准化、系列化的零件或部件，这类零件或部件称为标准件。

为减少制图工作量，提高设计的速度和质量，国家标准对标准结构要素、标准零件和标准部件都有统一的规定画法、符号和代号。

除一般零件和标准件外，还有一些常用零件，如图 10-1 所示的齿轮、弹簧等，应用也很广泛，且结构定型。某些零件的尺寸也有统一的标准，这类零件称为常用件，其在制图中也有规定画法。

本章主要介绍标准件、常用件的结构、画法、标记，以及有关国家标准的查用。

第一节　螺纹及螺纹紧固件

一、螺纹

1. 螺纹的形成和加工方法

加工螺纹的方法有很多，常见的是在车床上车削内、外螺纹，也可以辗压螺纹，还可以用丝锥和板牙等手工工具加工螺纹（图 10-2）。

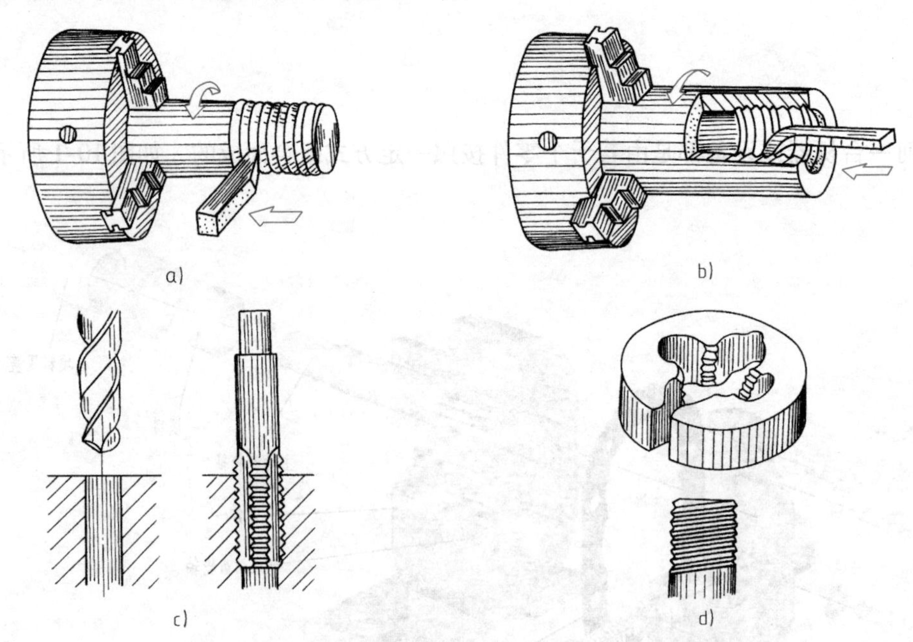

图 10-2　螺纹的加工方法

a）车削外螺纹　b）车削内螺纹　c）攻内螺纹　d）套扣外螺纹

螺纹的凸起部分又称牙，凸起的顶端称为螺纹的牙顶，沟槽的底部称为螺纹的牙底；在通过螺纹轴线的断面上，螺纹的轮廓形状称为螺纹的牙型；螺纹的最大直径称为大径（与外螺纹牙顶或内螺纹牙底相重合的假想圆柱面直径）；螺纹的最小直径称为小径（与外螺纹牙底或内螺纹牙顶相重合的假想圆柱面直径）；在螺纹大径与小径之间的一假想圆柱，在其母线上牙型的凸起和沟槽宽度相等，该假想圆柱面直径称为螺纹中径，如图 10-3 所示。

2. 螺纹的端部结构

螺纹的末端倒角、退刀槽或收尾等结构形式如图 10-4 所示，其参数与螺纹直径有关，可查阅相关标准资料。

（1）螺纹末端　为防止外螺纹起始圈损坏和便于装配，通常在螺纹的起始处做出一定形式的末端。螺纹的末端结构、尺寸已经标准化，可查阅有关标准手册。

（2）螺纹收尾和退刀槽　车削螺纹的刀具接近螺纹末尾时要逐渐离开工件，因而螺纹末尾附近的螺纹牙型不完整，称为螺尾，如图 10-4a 所示。有时为避免产生螺尾，方便进刀和退刀，在该处预制出一个退刀槽，如图 10-4b 所示。

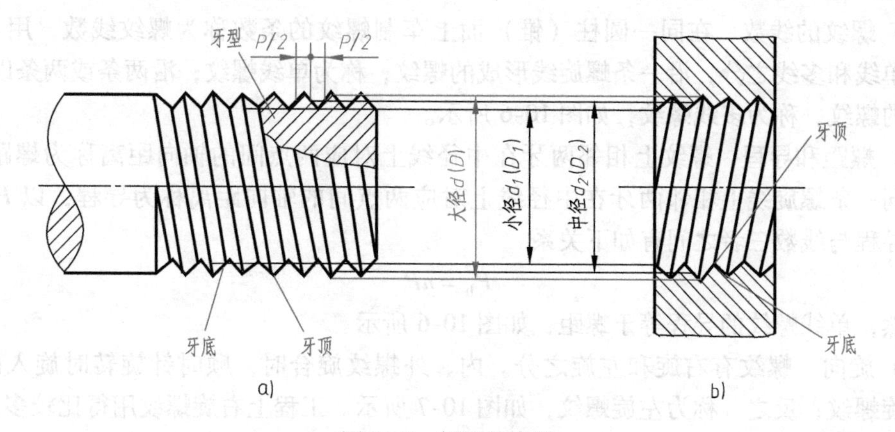

图 10-3 螺纹的直径

a）外螺纹 b）内螺纹

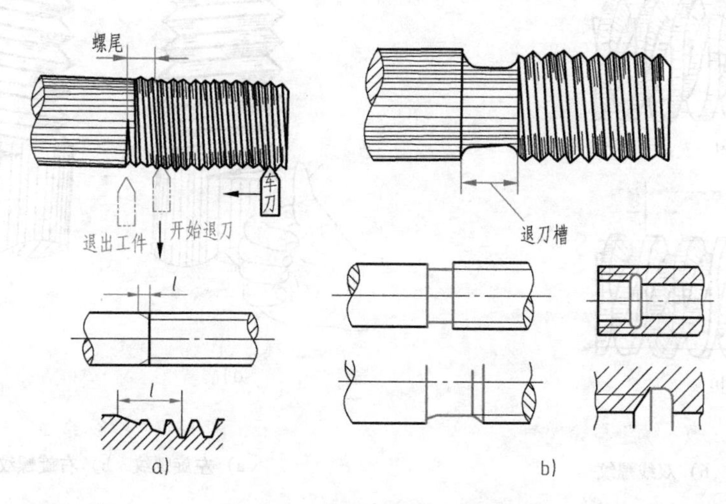

图 10-4 螺纹的螺尾与退刀槽

a）螺尾 b）退刀槽

3. 螺纹的要素

（1）螺纹牙型 通过螺纹轴线的螺纹牙齿的断面轮廓形状称为螺纹牙型。它由牙顶、牙底和两牙侧构成，并形成一定的牙型角。常见的螺纹牙型有三角形、梯形、锯齿形和矩形等，如图 10-5 所示。部分螺纹的有关参数可查附录 A。

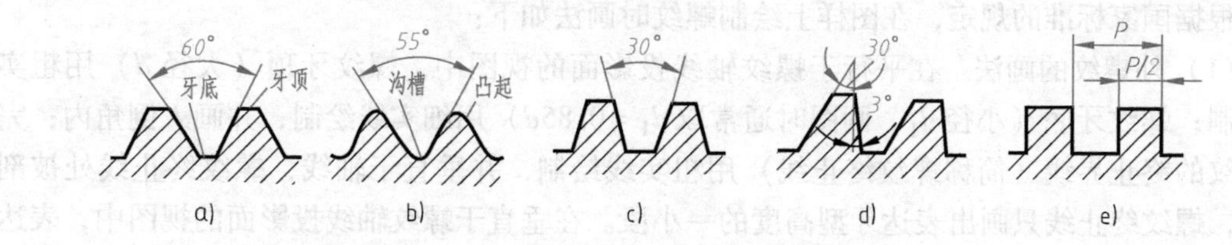

图 10-5 螺纹牙型

a）普通螺纹 b）管螺纹 c）梯形螺纹 d）锯齿形螺纹 e）矩形螺纹

（2）螺纹大径 螺纹的最大直径也称公称直径，外螺纹大径用 d 表示，内螺纹大径用 D 表示，如图 10-3 所示。

（3）螺纹的线数　在同一圆柱（锥）面上车制螺纹的条数称为螺纹线数，用 n 表示。螺纹有单线和多线之分，沿一条螺旋线形成的螺纹，称为单线螺纹；沿两条或两条以上螺旋线形成的螺纹，称为多线螺纹，如图 10-6 所示。

（4）螺距和导程　螺纹上相邻两牙在中径线上对应两点间的轴向距离称为螺距，以 P 表示。同一条螺旋线上相邻两牙在中径线上对应两点间的轴向距离称为导程，以 P_h 表示。螺距、导程与线数三者之间有如下关系

$$P_h = nP$$

显然，单线螺纹的导程等于螺距，如图 10-6 所示。

（5）旋向　螺纹有右旋和左旋之分。内、外螺纹旋合时，顺时针旋转时旋入的螺纹，称为右旋螺纹；反之，称为左旋螺纹，如图 10-7 所示。工程上右旋螺纹用得比较多。

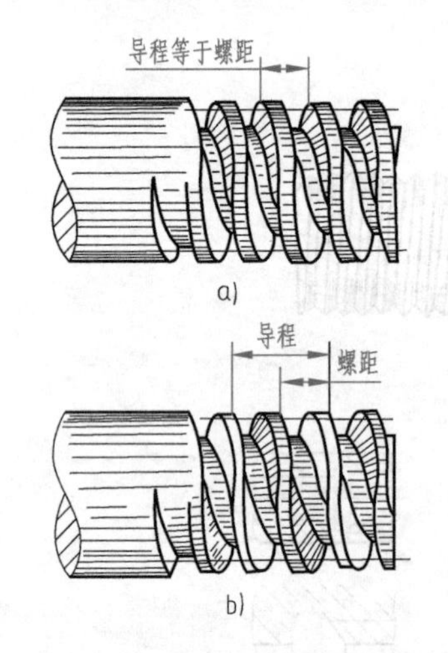

图 10-6　螺纹的线数、螺距与导程
a）单线螺纹　b）双线螺纹

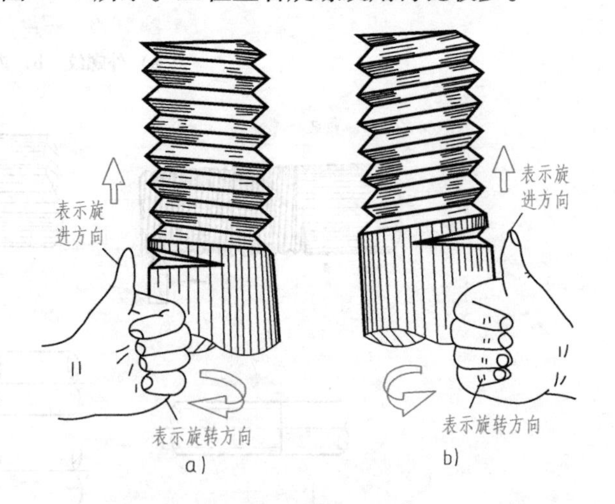

图 10-7　螺纹的旋向
a）左旋螺纹　b）右旋螺纹

螺纹由牙型、大径、线数、导程和旋向五个要素确定，内、外螺纹总是成对使用，因此，只有五个要素都相同的外螺纹和内螺纹才能互相旋合。

国家标准对螺纹五项要素中的牙型、公称直径和螺距做了规定。凡是上述三项要素都符合标准的螺纹称为标准螺纹；仅牙型符合标准的螺纹称为特殊螺纹；连牙型也不符合标准的螺纹称为非标准螺纹。

4. 螺纹的规定画法

根据国家标准的规定，在图样上绘制螺纹时画法如下：

（1）外螺纹的画法　在平行于螺纹轴线投影面的视图中，螺纹牙顶（大径 d）用粗实线绘制；螺纹牙底（小径 d_1，画图时通常取 $d_1 = 0.85d$）用细实线绘制，并画入倒角内；完整螺纹的终止界线（简称螺纹终止线）用粗实线绘制，并垂直于轴线，螺纹终止线处被剖开时，螺纹终止线只画出表达牙型高度的一小段。在垂直于螺纹轴线投影面的视图中，表达螺纹牙顶的圆用粗实线绘制，表达螺纹牙底的圆用细实线只画约 3/4 圈，倒角圆省略不画，如图 10-8a 所示。

（2）内螺纹的画法　在平行于螺纹轴线投影面的视图中，剖开表达时，螺纹牙顶（小径 D_1，画图时通常取 $D_1 = 0.85D$）用粗实线绘制，螺纹牙底（大径 D）用细实线

绘制，螺纹终止线用粗实线画，剖面线应画到表达牙顶的粗实线为止；不剖开表达时，牙顶、牙底和螺纹终止线都用细虚线表达。在垂直于螺纹轴线的投影面的视图中，螺纹牙顶圆用粗实线绘制，螺纹牙底圆用细实线只画约 3/4 圈，不画倒角圆，如图10-8b 所示。

（3）内、外螺纹连接画法　内、外螺纹旋合在一起时，称为螺纹连接。标准规定，用剖视图表达螺纹连接时，其旋合部分的画法按照外螺纹的画法绘制，其余部分仍按照各自的画法绘制，如图 10-9a、b 所示。

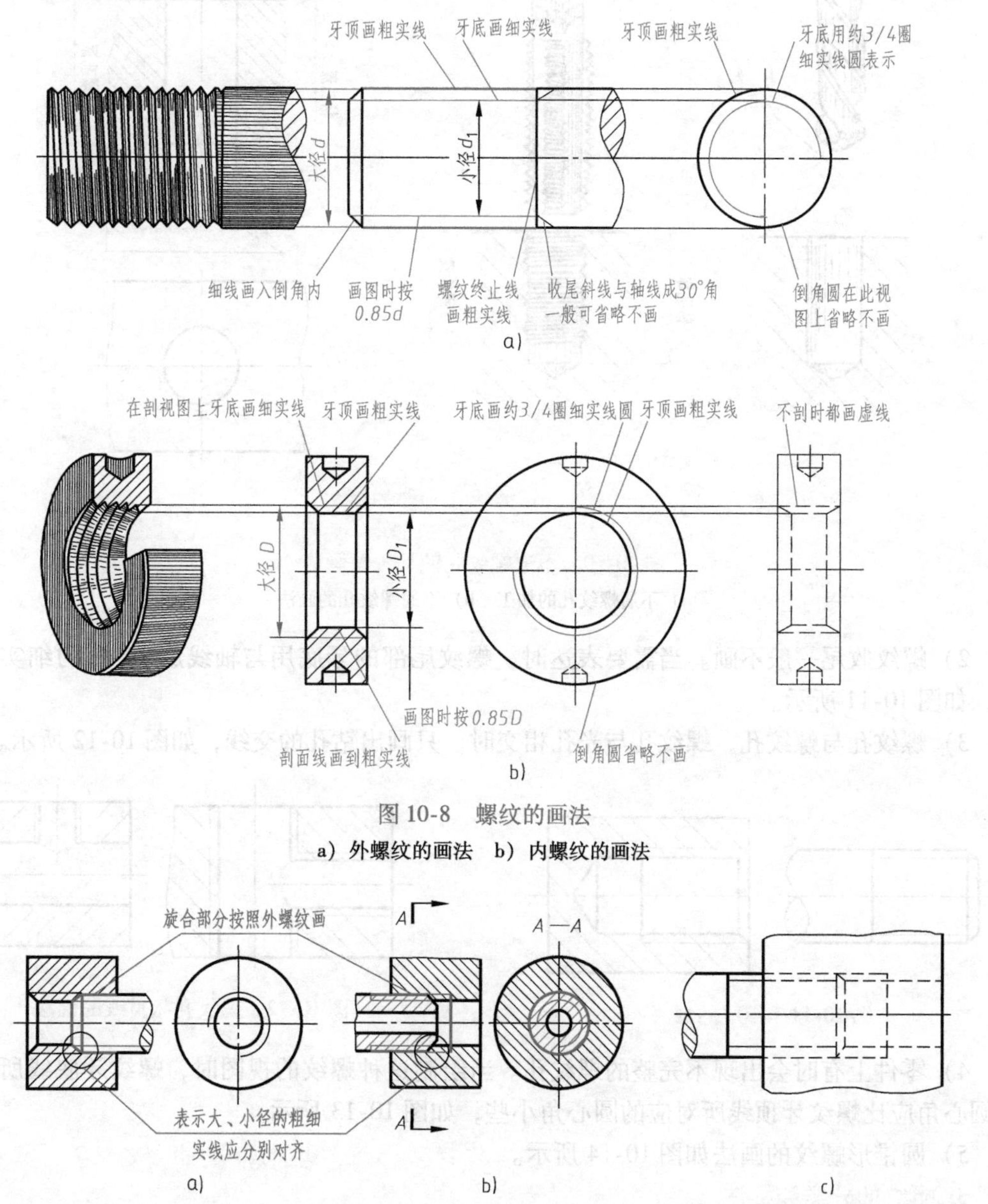

图 10-8　螺纹的画法

a）外螺纹的画法　b）内螺纹的画法

图 10-9　螺纹连接的画法

当螺纹在图样上为不可见结构时，其大径、小径均用细虚线绘制，如图 10-9c 所示。

应用非标准牙型的螺纹时，应画出螺纹牙型图，并标注出所需要的尺寸及有关要求。

（4）其他规定画法

1）不通螺纹孔。一般加工不通螺纹孔时，先按螺纹小径选用钻头，加工出圆孔；再用丝锥攻出螺纹，如图 10-10a 所示。由于钻头头部有 118°锥面，所以钻孔底部也有一个 118°锥孔，简化画成 120°。一般钻孔深度应比螺纹孔深（0.2 ~ 0.5）D，画图时常取 0.5D，如图 10-10b 所示。

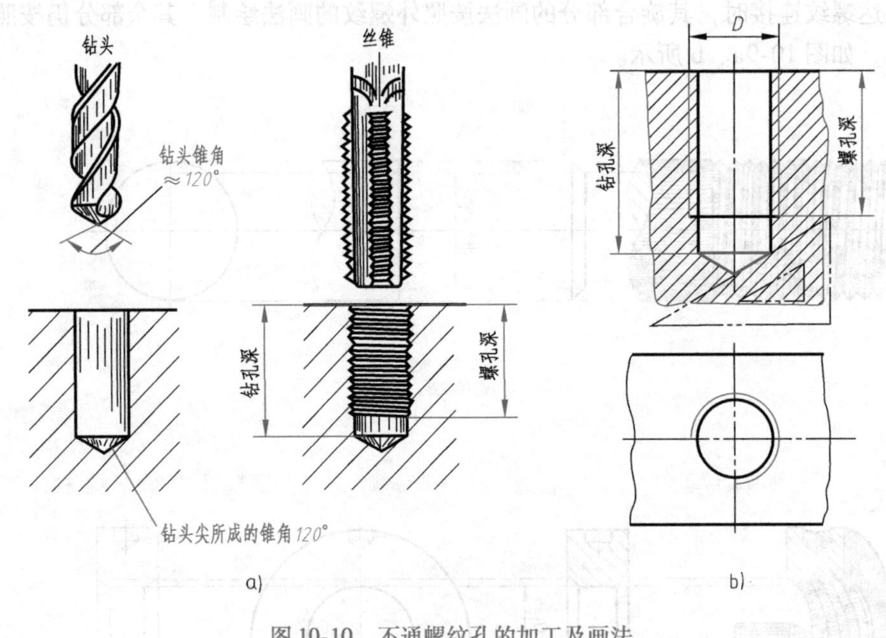

图 10-10　不通螺纹孔的加工及画法

a）不通螺纹孔的加工　b）不通螺纹孔的画法

2）螺纹收尾一般不画。当需要表达时，螺纹尾部的牙底用与轴线成 30°角的细实线表达，如图 10-11 所示。

3）螺纹孔与螺纹孔、螺纹孔与光孔相交时，只画出钻孔的交线，如图 10-12 所示。

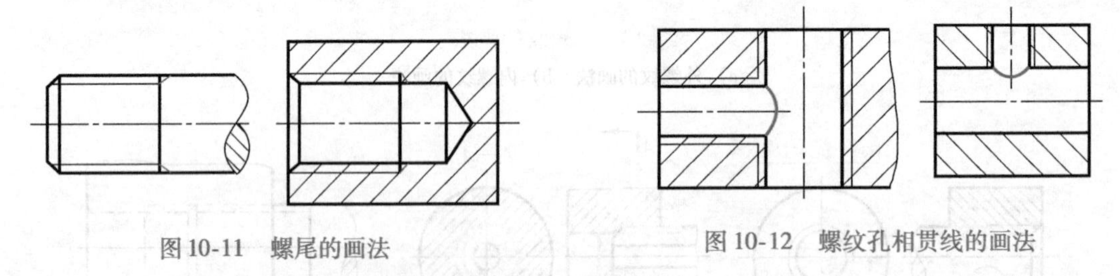

图 10-11　螺尾的画法

图 10-12　螺纹孔相贯线的画法

4）零件上有时会出现不完整的螺纹孔。当绘制这种螺纹的视图时，螺纹牙底线所对应的圆心角应比螺纹牙顶线所对应的圆心角小些，如图 10-13 所示。

5）圆锥形螺纹的画法如图 10-14 所示。

5. 螺纹的分类和标注

（1）螺纹的分类　螺纹的分类方法有很多。通常按照牙型可分为普通螺纹、梯形螺纹、锯齿形螺纹和管螺纹等；按照用途可分为连接螺纹、传动螺纹和专门用途螺纹等。

（2）螺纹的标注　由于各种螺纹的画法都是相同的，因此国家标准规定标准螺纹用规定

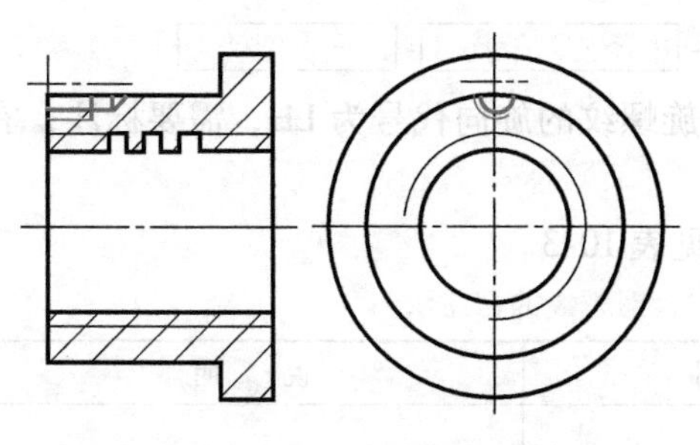
图 10-13 不完整螺纹的画法

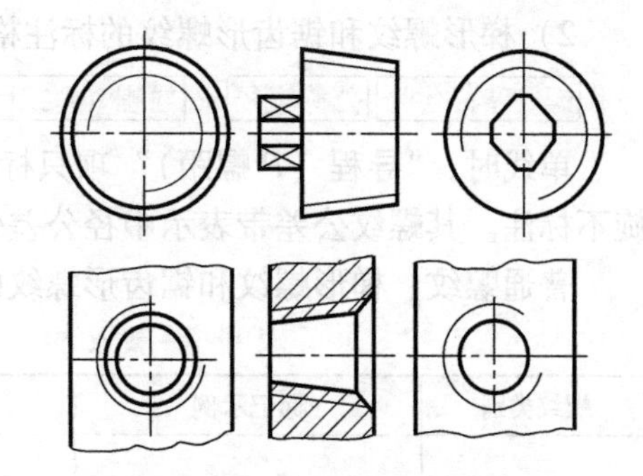
图 10-14 圆锥形螺纹的画法

的标记进行标注，并注在螺纹的公称直径上，以区别不同种类的螺纹。表 10-1 列出了常用标准螺纹的特征代号。

表 10-1 常用标准螺纹的特征代号

螺纹种类	特征代号	螺纹种类		特征代号
普通螺纹	M	55°非密封管螺纹		G
小螺纹	S	55°密封管螺纹	圆锥外螺纹	R_1、R_2
梯形螺纹	Tr		圆锥内螺纹	R_c
锯齿形螺纹	B		圆柱内螺纹	R_p
米制锥螺纹	ZM	自攻螺钉用螺纹		ST
60°密封管螺纹	NPT	自攻锁紧螺钉用螺纹		M

注：R_1 表示与圆柱内螺纹配合的圆锥外螺纹，R_2 表示与圆锥内螺纹配合的圆锥外螺纹。

各种螺纹的标注方法如下所示。

1）普通螺纹的一般标注格式：

螺纹特征代号 公称直径 × 螺距 P - 公差带代号 - 旋合长度代号 - 旋向代号

普通粗牙螺纹省略标注螺距，右旋螺纹不标注旋向，左旋螺纹应标注 LH 字样。

例如 M16 表示公称直径为 16mm，右旋的粗牙普通螺纹；M16 ×1.5-LH 表示公称直径为 16mm，螺距为 1.5mm，左旋的细牙普通螺纹。

普通螺纹的公差带代号由表示公差等级的数字及表示公差带位置的字母组成，大写字母表示内螺纹，小写字母表示外螺纹。普通螺纹应标注中径和顶径公差代号。若两者相同，则可只标注一个，普通螺纹公差带选用见表 10-2。

内外螺纹旋合在一起的长度称为旋合长度，中等旋合长度可省略标注。

表 10-2 普通螺纹的公差带选用

精度	内螺纹			外螺纹		
	S	N	L	S	N	L
精密	4H	5H	6H	(3h4h)	*4h (4g)	(5h4h) (5g4g)
中等	(5G) *5H	6G [6H]	(7G) *7H	(5g6g) (5h6h)	*6e *6f [6g] *6h	(7g6g) (7e6e) (7h6h)
粗糙		(7G) 7H	(8G) 8H		8g (8e)	(9e8e) (9g8g)

注：1. 大量生产的精制紧固螺纹，应采用带方框的公差带。
2. 带 * 号的公差带应优先选用，不带 * 号的其次选用，加括号的应尽量不用。

2）梯形螺纹和锯齿形螺纹的标注格式：

螺纹特征代号 公称直径 × 导程（P 螺距） 旋向代号 - 中径公差带代号 - 旋合长度代号

单线时，“导程（P 螺距）”项只标注螺距。左旋螺纹的旋向代号为 LH，需要标注；右旋不标注。其螺纹公差带表示中径公差带。

普通螺纹、梯形螺纹和锯齿形螺纹的标注示例见表 10-3。

表 10-3 普通螺纹、梯形螺纹和锯齿形螺纹的标注示例

螺纹类别	标记示例	标注示例	说　明
普通螺纹 M	M16 × 1.5-6e	M16×1.5−6e	表示公称直径为 16mm、螺距为 1.5mm 的右旋细牙普通螺纹（外螺纹），中径和顶径公差带代号均为 6e，中等旋合长度
	M10 ~ 5g6g-S-LH	M10−5g6g−S−LH	表示公称直径为 10mm 的左旋粗牙普通螺纹（外螺纹），中径公差带代号为 5g，顶径公差带代号为 6g，短旋合长度
	M10-6H	M10−6H	表示公称直径为 10mm 的右旋粗牙普通螺纹（内螺纹），中径和顶径公差带代号均为 6H，中等旋合长度
梯形螺纹 Tr	Tr40 × 7-7e	Tr40×7−7e	表示公称直径为 40mm、螺距为 7mm 的单线右旋梯形外螺纹，中径公差带代号为 7e，中等旋合长度
	Tr40 × 14（P7）LH-8e-L	Tr40×14(P7)LH−8e−L	表示公称直径为 40mm、导程为 14mm、螺距为 7mm 的双线左旋梯形外螺纹，中径公差带代号为 8e，长旋合长度
锯齿形螺纹 B	B90 × 12LH-7C	B90×12LH−7e	表示公称直径为 90mm、螺距为 12mm 的单线左旋锯齿形外螺纹，中径公差带代号为 7c，中等旋合长度

3）管螺纹的标注格式：

螺纹特征代号 尺寸代号 - 公差等级代号 - 旋向代号

尺寸代号所对应的具体参数值可从有关表格中查得。

公差等级只适用于55°非密封管螺纹的外螺纹，分为 A、B 两个公差等级。

螺纹为右旋时不标注旋向代号，为左旋时标注“LH”。

管螺纹的标注示例见表 10-4。

表 10-4 管螺纹标注示例

螺纹种类		标记示例	标注示例	说明
55°密封管螺纹	圆柱内螺纹 R_p	R_p1	R_p1	表示尺寸代号为 1、用螺纹密封的圆柱内螺纹
	圆锥外螺纹 R	$R_1 1/2$-LH	$R_1 1/2$-LH	表示尺寸代号为 1/2、与圆柱内螺纹配合的用螺纹密封的圆锥外螺纹，左旋
	圆锥内螺纹 R_c	$R_c1/2$	$R_c1/2$	表示尺寸代号为 1/2、用螺纹密封的圆锥内螺纹
55°非密封管螺纹		G1	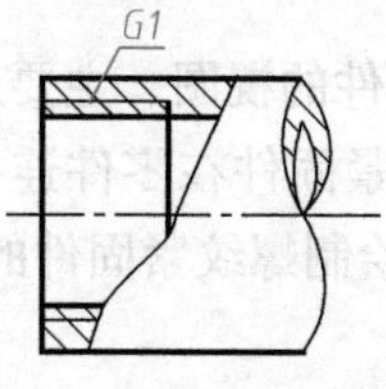 G1	表示尺寸代号为 1、非螺纹密封的圆柱内螺纹
		G3/4B	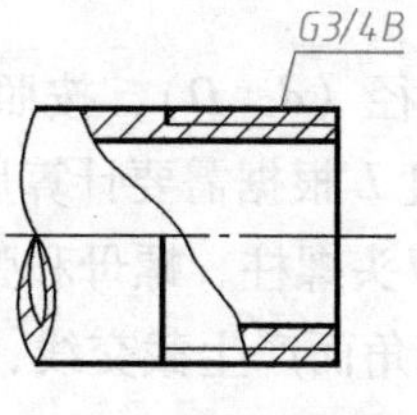 G3/4B	表示尺寸代号为 3/4、非螺纹密封的 B 级圆柱外螺纹

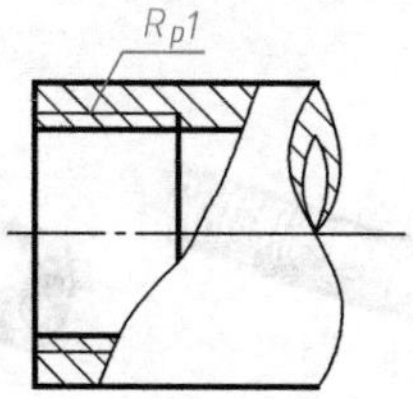

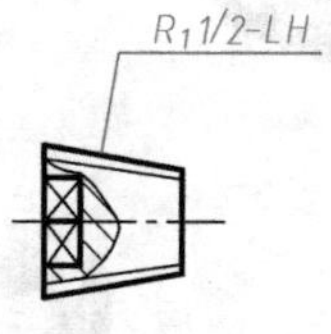

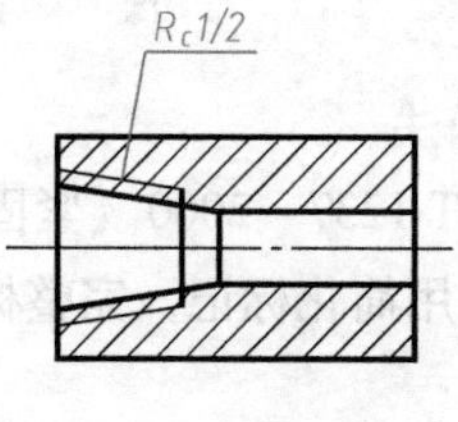

二、螺纹紧固件及其连接

将螺纹（内螺纹或外螺纹）结构加工在一些零件上，用来连接和紧固其他零件，这些零件称为螺纹紧固件。螺纹紧固件的结构形式和类型有很多，常用的有螺栓、双头螺柱、螺钉、螺母、垫圈等，如图 10-15 所示。它们的结构形式和尺寸都已标准化，并由专业化工厂进行大批量生产和供应，需要时可按照它们的规定标记直接从市场采购而不必自行生产，也不必画出它们的零件图。设计机器时，只要在装配图上按照规定画法画出这些零件，并标注它们的标记代号即可。部分螺纹紧固件的结构、尺寸可查阅附录 B。

用螺纹紧固件连接，是工程上应用最广泛的一种可拆卸连接方式。

图 10-15　常用螺纹紧固件

1. 螺纹紧固件的规定标记及画法

（1）螺纹紧固件的标记　GB/T 1237—2000《紧固件标记方法》规定了紧固件的标记有完整标记和简化标记两种，本书采用简化标记，完整标记的方法可查阅该标准。简化标记的一般形式

名称　国家标准代号　规格

表 10-5 中给出了常用螺纹紧固件的视图、主要尺寸及标记示例。

（2）螺纹紧固件的画法　螺纹紧固件在零件连接中广泛应用，在装配图中画它的机会很多，因此必须熟练掌握其画法。绘制螺纹紧固件的方法按照尺寸来源不同，分为查表画法和比例画法两种。

1）查表画法。根据螺纹紧固件的标记，在相应的标准中（见附录 B）查得各有关尺寸后作图。

2）比例画法。根据螺纹公称直径（d、D），按照与其近似的比例关系计算出各部分尺寸后作图。但螺纹紧固件的有效长度 L 根据需要计算后，查表取标准长度。

图 10-16 所示为常用的螺栓、双头螺柱、螺母和弹簧垫圈的比例画法，图中注明了近似比例关系。螺栓头部和螺母因 30°倒角而产生截交线，此截交线为双曲线，作图时，常用圆弧近似代替双曲线的投影。

表 10-5　螺纹紧固件的标记示例

名　称	标　记	图　　例	说　　明
六角头螺栓	螺栓 GB/T 5782—2000 M8 ×35	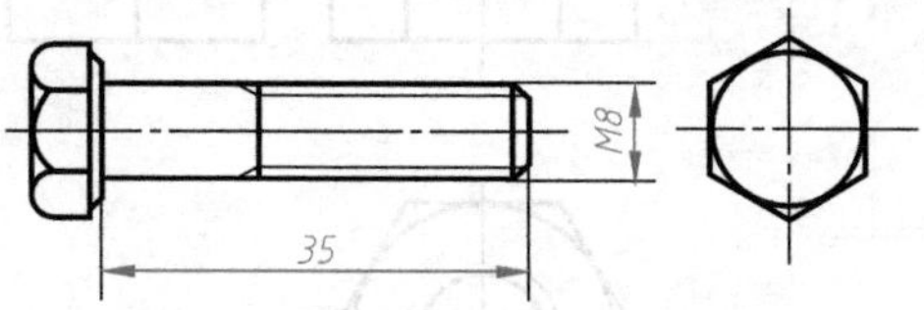	A 级六角头螺栓，螺纹规格 d = 8mm，公称长度 l = 35mm
双头螺柱	螺柱 GB/T 898—1988 M10 ×35	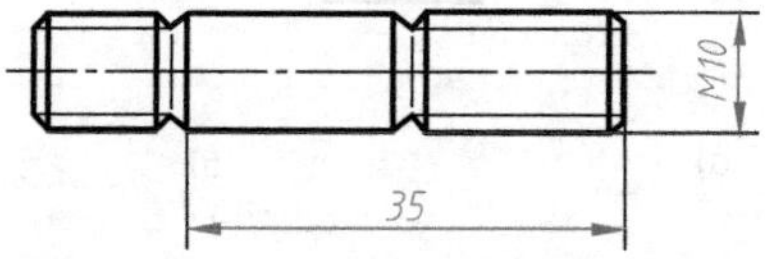	A 型 b_m = 1.25d 的双头螺柱，螺纹规格 d = 10mm，公称长度 l = 35mm，旋入机体一端长 b_m = 12.5mm
开槽沉头螺钉	螺钉 GB/T 68—2000 M10 ×60	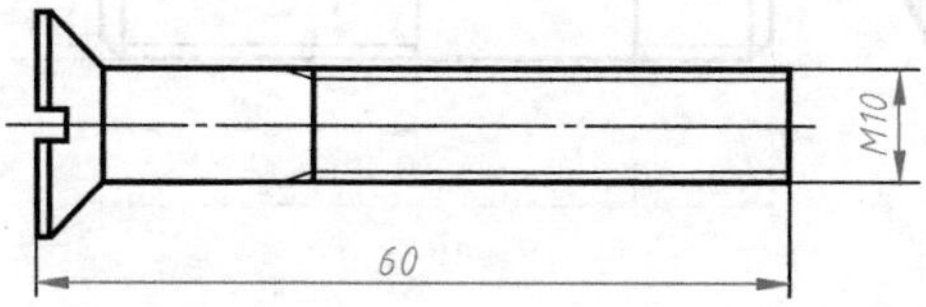	螺纹规格 d = 10mm，公称长度 l = 60mm 的开槽沉头螺钉
开槽长圆柱端紧定螺钉	螺钉 GB/T 75—1985 M10 ×30	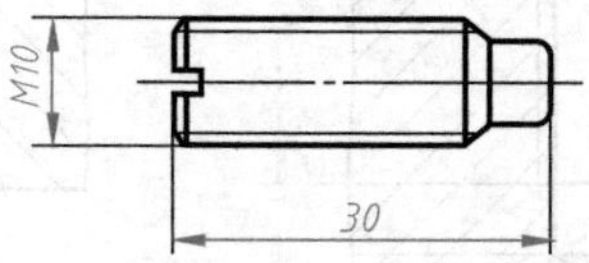	螺纹规格 d = 10mm，公称长度 l = 30mm 的开槽长圆柱端紧定螺钉
六角螺母	螺母 GB/T 6170—2000 M10	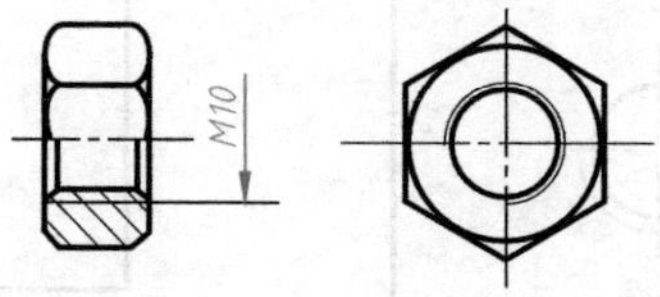	A 级 1 型六角螺母，螺纹规格 d = 10mm
平垫圈	垫圈 GB/T 97.1—2002 10	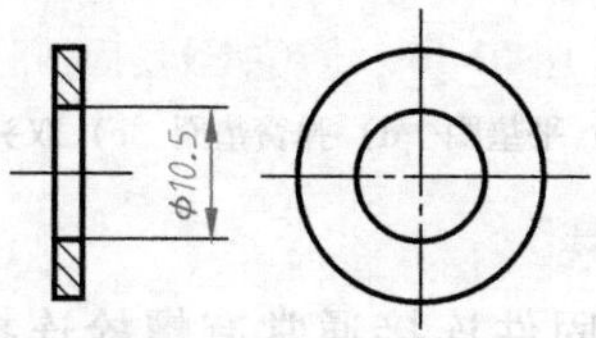	A 级平垫圈，公称规格 10mm，硬度等级为 20HV 级
标准型弹簧垫圈	垫圈 GB/T 93—1987 12	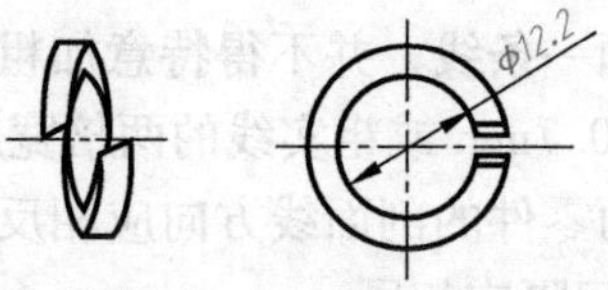	标准型弹簧垫圈，公称尺寸 d = 12mm（螺纹规格）

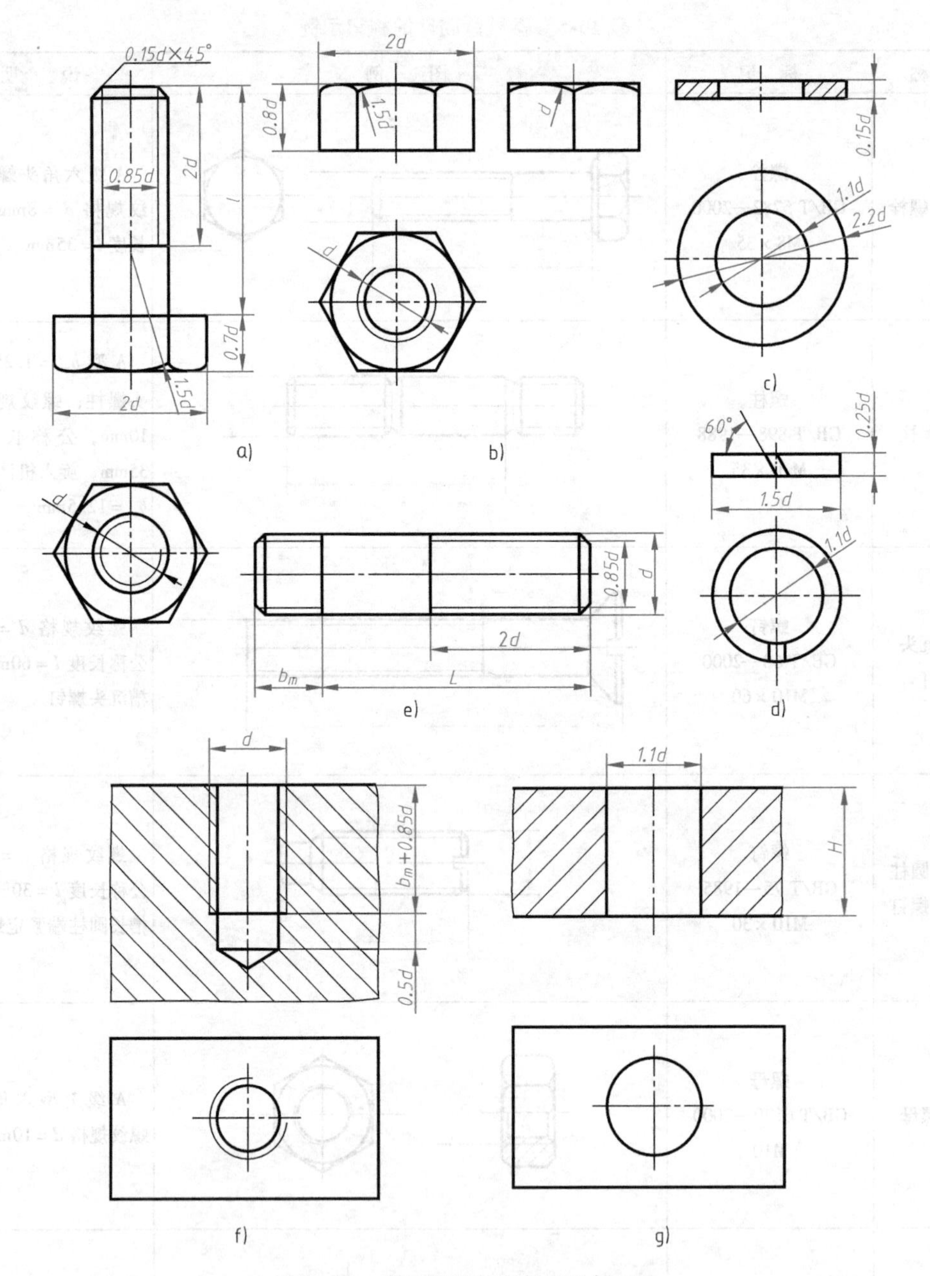

图10-16　常用螺纹紧固件的比例画法

a）螺栓　b）螺母　c）平垫圈　d）弹簧垫圈　e）双头螺柱　f）钻孔和螺纹孔　g）光孔

2. 螺纹紧固件连接的画法

（1）基本规定　螺纹紧固件连接通常有螺栓连接、螺柱连接和螺钉连接三种，如图10-17所示。画螺纹紧固件连接图时，应遵守下列基本规定：

1）两零件的接触面只画一条线，并不得特意加粗。凡不接触表面，无论间隔多小都要画成两条线，两线间距小于0.7mm或粗实线的两倍宽度时应夸大画出。

2）在剖视图中，相邻两零件的剖面线方向应相反，无法做到时应互相错开。同一零件在各视图中的剖面线方向、间隔应相同。

3）当剖切平面通过螺纹紧固件的轴线时，对于螺栓、螺柱、螺钉、螺母及垫圈等零件均按照未剖切处理，只画出外形；若垂直其轴线剖切，则按照剖视要求画出。

4）螺纹紧固件的工艺结构，如倒角、退刀槽、缩颈、凸肩等均可省略不画。常用的螺栓、螺钉的头部及螺母均可采用简化画法。

5）螺纹紧固件的有效长度按照被连接件的厚度确定，并按照实长画出。

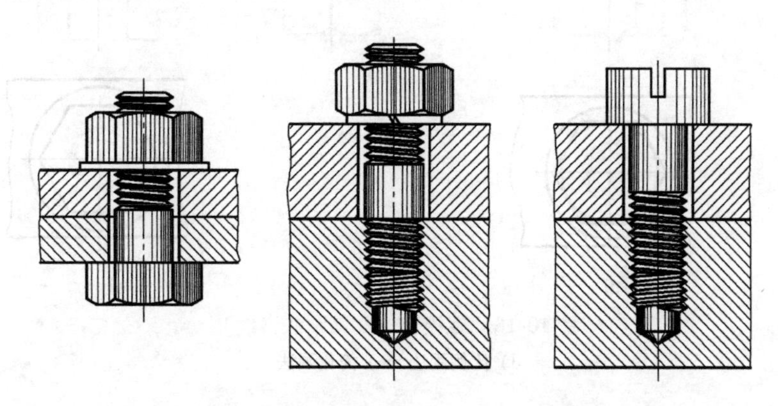

图 10-17　常用螺纹紧固件连接的示意图

（2）螺栓连接的画法　螺栓连接一般适用于两个不太厚并允许钻成通孔的零件间的连接。它用螺栓穿过两个被连接零件的通孔，加上垫圈，用螺母紧固。其中，平垫圈用来增加支承面，防止拧紧螺母时损伤被连接零件的表面，并使螺母的压力均匀分布到零件表面上；弹簧垫圈用来防止松动。图 10-18 所示为螺栓连接及其画法。

画螺栓连接时应注意以下几点。

1）螺栓的长度 L 先按照下式估算：$L \geqslant t_1 + t_2 + h + m + a$，如图 10-18d 所示，式中各变量的含义及取值见表 10-6；然后根据螺栓的标注查相应的标准尺寸，选取一个相近的标准长度数值确定为有效长度 L。

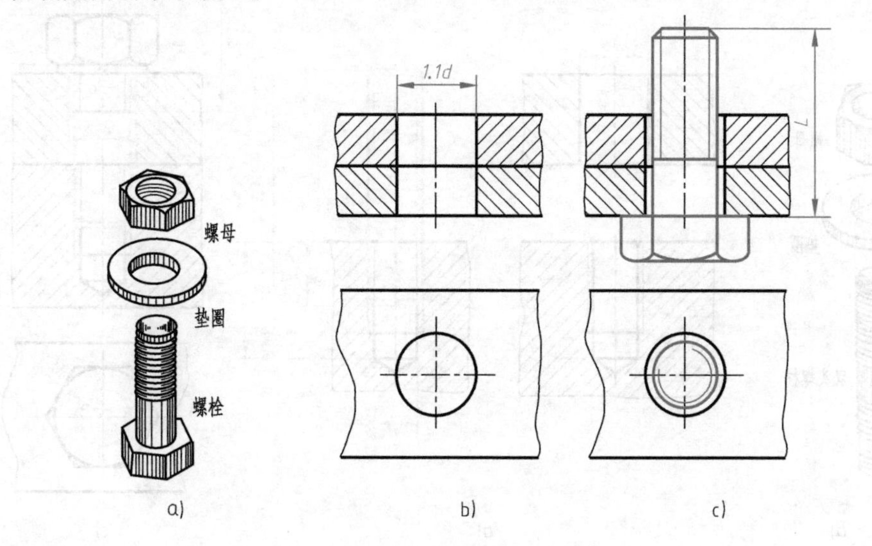

图 10-18　螺栓连接及其画法

a）连接件　b）被连接件　c）螺栓连接

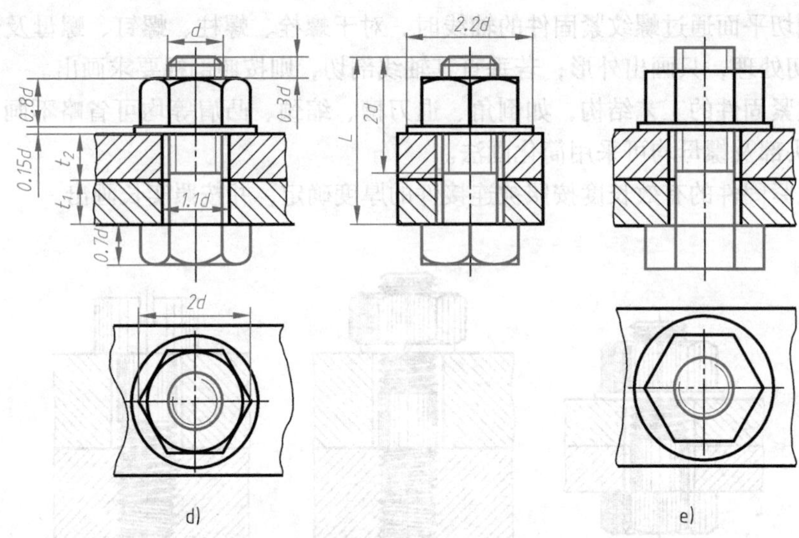

图 10-18　螺栓连接及其画法（续）

d）比例画法　e）简化画法

2）被连接零件上的通孔直径按照 1.1d 绘制。

3）螺栓的螺纹终止线应在 t_1 的范围内，螺纹长度通常取 2d。

画图时提倡采用简化画法，如图 10-18e 所示。螺杆端部及螺母、螺栓六角头部因倒角产生的截交线均可省略不画。

表 10-6　计算螺栓长度的参数值　（单位：mm）

变　量	t_1、t_2	h	m	a
含义及取值	两被连接件厚度	垫圈厚度 $h=0.15d$	螺母厚度 $m=0.8d$	螺栓伸出螺母外的长度 $a=0.3d$

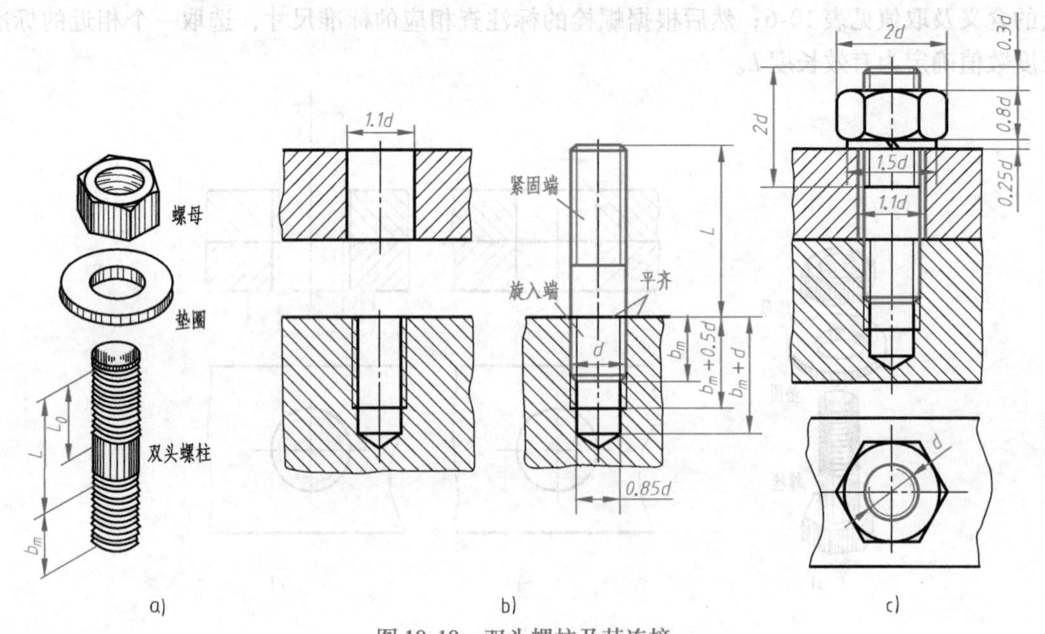

图 10-19　双头螺柱及其连接

a）连接件　b）被连接件　c）比例画法

（3）双头螺柱连接的画法　当被连接零件中有一个太厚，或者由于结构上的限制不宜用螺栓连接时，可采用双头螺柱连接。被连接零件中较厚的零件加工出螺纹孔，较薄的零件加工出光孔。双头螺柱两端都有螺纹，一端必须全部旋入较厚零件的螺纹孔内，称为旋入端；另一端穿过较薄零件的光孔，用螺母、垫圈紧固，称为紧固端。双头螺柱连接及其画法如图 10-19 所示。

画双头螺柱连接时应注意以下几点。

1）国家标准规定双头螺柱的旋入端长度 b_m 根据被连接零件的材料选用，见表 10-7。

2）被连接零件的螺纹孔深度按照 $b_m + 0.5d$ 绘制，钻孔深度按照 $b_m + d$ 绘制。

表 10-7　双头螺柱旋入端长度的选用　（单位：mm）

螺纹孔件的材料	旋入端长度 b_m	国家标准代号
钢、青铜、硬铝	$b_m = d$	GB/T 897—1988
铸铁	$b_m = 1.25d$　或　$b_m = 1.5d$	GB/T 898—1988　GB/T 899—1988
铝、有色金属等较软材料	$b_m = 2d$	GB/T 900—1988

3）因为双头螺柱旋入端全部旋入螺纹孔内，所以双头螺柱旋入端螺纹终止线应与被连接零件上的螺纹孔端面平齐。

4）双头螺柱的长度 L 先按照下式估算：$L \geqslant t_1 + t_2 + h + m + a$，式中各符号的意义类似于螺栓连接。

双头螺柱连接画图时也提倡采用简化画法，可参考螺栓连接画法。

（4）螺钉连接的画法　螺钉连接不需要螺母，它一般用于受力不大且不需要经常拆装的地方。被连接零件中较厚的一个零件加工出螺纹孔，靠螺钉头部压紧使被连接零件连接在一起。图 10-20 所示为常见螺钉连接的画法。

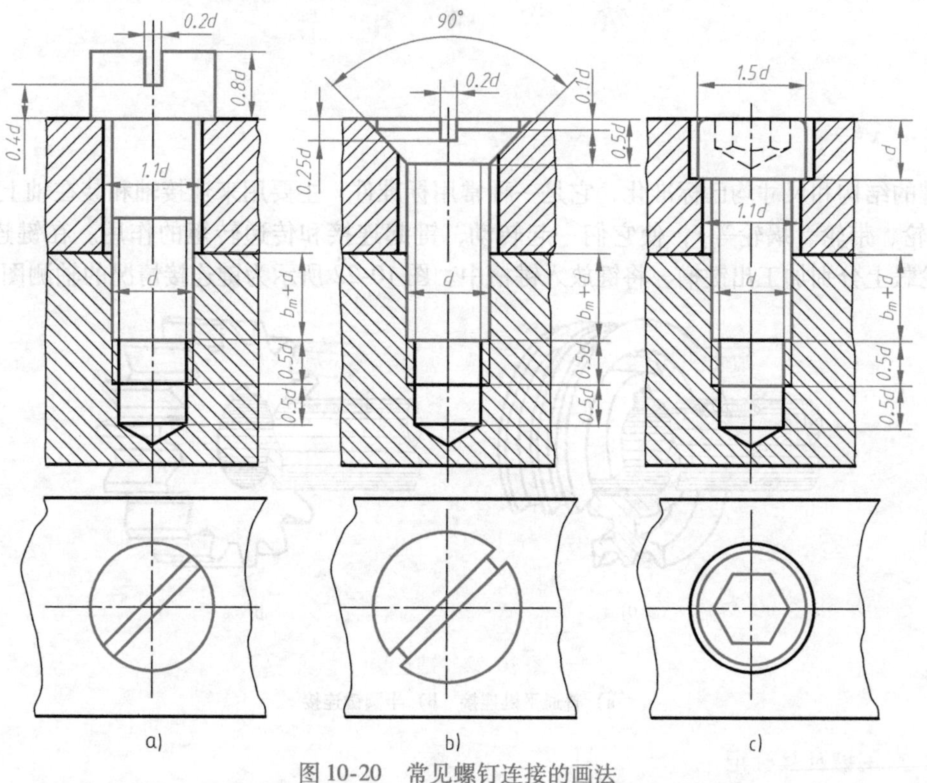

图 10-20　常见螺钉连接的画法

a）开槽圆柱头螺钉　b）开槽沉头螺钉　c）内六角圆柱头螺钉

画螺钉连接时应注意以下几点：

1）螺钉的螺纹终止线应画在螺纹孔顶面以上，螺钉的螺纹连接长度 b_m 及被连接零件上的螺纹孔、钻孔深度的确定方法同双头螺柱。

2）在投影为圆的视图中，旋具槽通常画成 45°的粗实线，当旋具槽槽宽小于或等于 2mm 时，可涂黑表达。

3）当采用开槽锥端紧定螺钉连接时，其画法如图 10-21 所示。

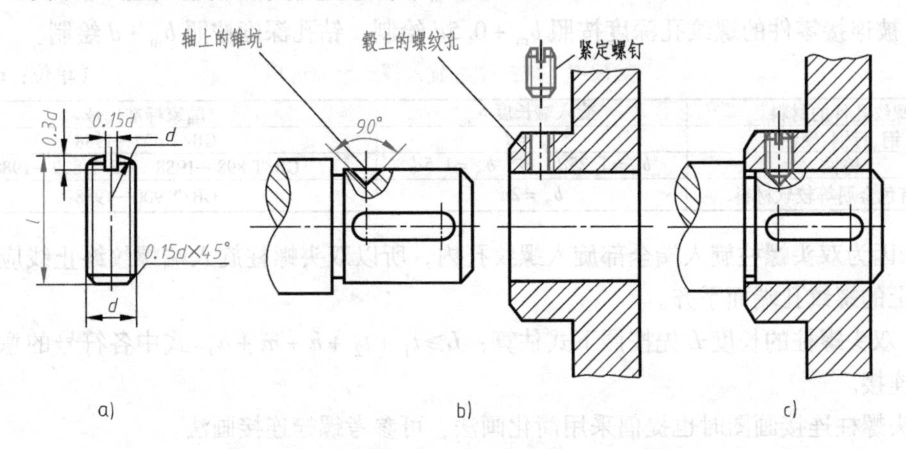

图 10-21　开槽锥端紧定螺钉及其连接的画法

a）开槽锥端紧定螺钉的画法　b）开槽锥端紧定螺钉及被连接件　c）连接画法

第二节　键　和　销

一、键

键的结构和尺寸均已标准化，它是一种常用标准件，主要用来连接轴和装在轴上的零件（如齿轮、带轮、蜗轮等），使它们一起转动，键起连接和传递转矩的作用。在键连接中，轴和轮毂上分别加工出键槽，将键放入键槽中。图 10-22 所示为键连接情况的轴测图。

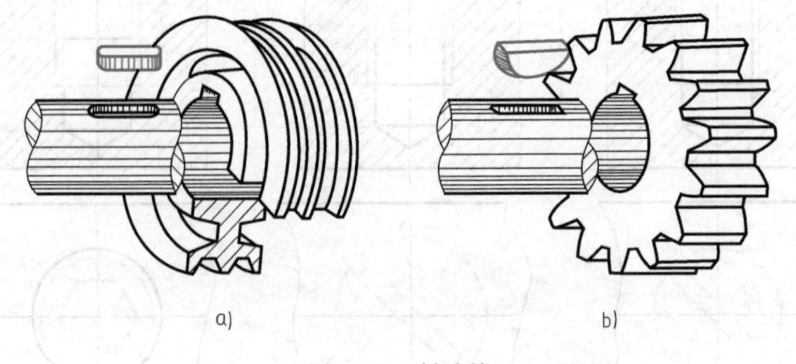

图 10-22　键连接

a）普通平键连接　b）半圆键连接

1. 常用键及其标记

常用的键有普通平键、半圆键和钩头楔键等几种，其中最常用的是普通平键。普通平键又有 A 型（圆头）、B 型（平头）和 C 型（单圆头）三种，如图 10-23 所示。

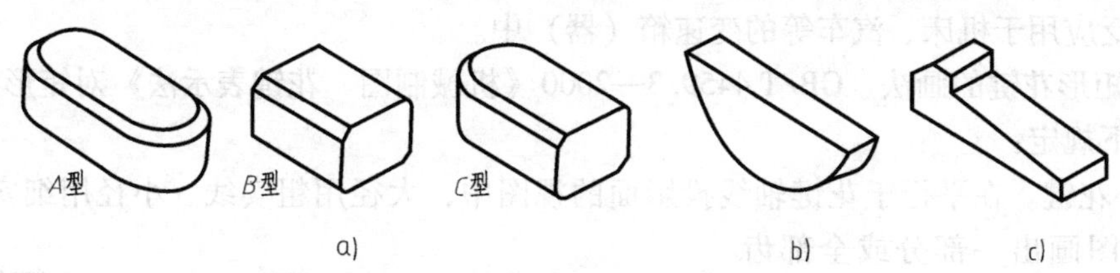

图 10-23 键的种类

a）普通平键 b）半圆键 c）钩头楔键

常用键的简图及标注见附录 C。

2. 平键键槽及其画法

因为键是标准件，所以一般不必画出它的零件图。但需要画出零件上与键相配合的键槽并标注其尺寸。键槽的宽度 b 可根据轴的直径 d 查表确定，轴上的槽深 t 和轮毂上的槽深 t_1 可分别从附录 C 中查得，键的长度 L 应小于或等于轮毂的长度 B。键槽的画法和尺寸标注如图 10-24 所示。

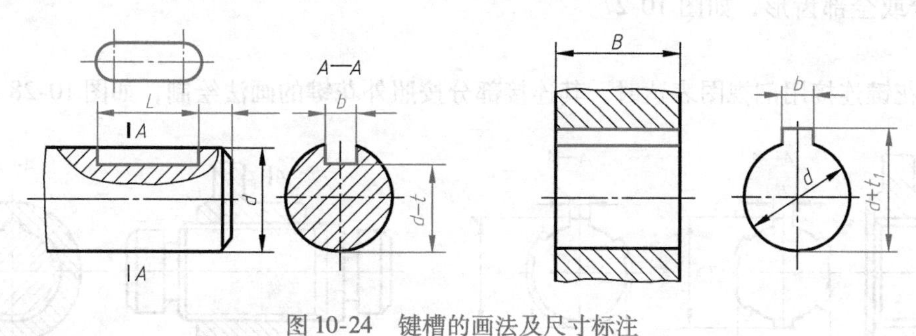

图 10-24 键槽的画法及尺寸标注

3. 平键和半圆键的连接画法

如图 10-25 所示，普通平键连接和半圆键连接的工作原理相似，其两侧面为工作面，与轴、轮毂上键槽的两侧面接触，所以画图时相接触的侧面只画一条线；键的上下底面为非工作面，其下底面与轴上键槽的底面接触，画一条线，其上底面与轮毂键槽的底面有一定的间隙，应画两条线。

在反映键长方向的剖视图中，轴采用局部剖视，键按照不剖画出。

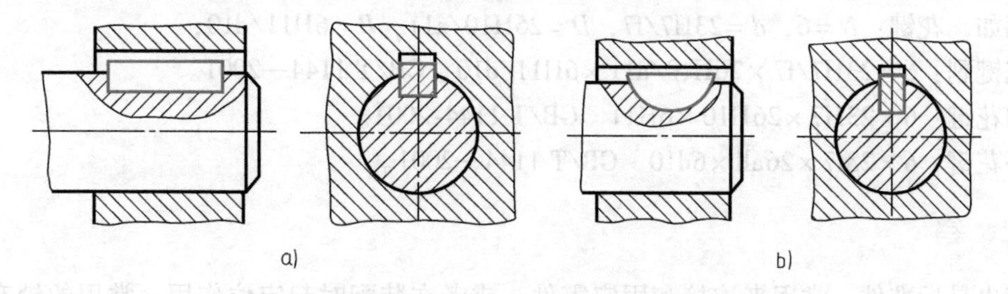

图 10-25 普通平键连接和半圆键连接的画法

a）普通平键连接 b）半圆键连接

4. 花键画法

花键的齿形有矩形、渐开线形等，常用的是矩形花键。花键是把键直接做在轴上和轮孔上，与它们成一整体，因而具有传递转矩大、连接强度高、工作可靠、同轴度和导向性好等优点，广泛应用于机床、汽车等的变速箱（器）中。

（1）矩形花键的画法　GB/T 4459.3—2000《机械制图　花键表示法》对矩形花键的画法做出如下规定：

1）外花键。在平行于花键轴线投影面的视图中，大径用粗实线、小径用细实线绘制，并用断面图画出一部分或全部齿形，如图10-26所示。外花键工作长度的终止端和尾部长度的末端均用细实线绘制，并与轴线垂直，尾部线则画成与轴线成30°的斜线。

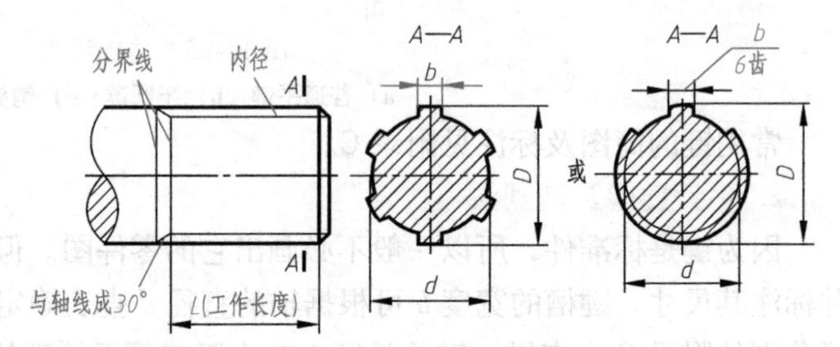

图10-26　矩形外花键的画法及尺寸标注

2）内花键。在平行于花键轴线投影面的剖视图中，大径及小径均用粗实线绘制，并用局部视图画出一部分或全部齿形，如图10-27所示。

3）花键连接用剖视图表达时，其连接部分按照外花键的画法绘制，如图10-28所示。

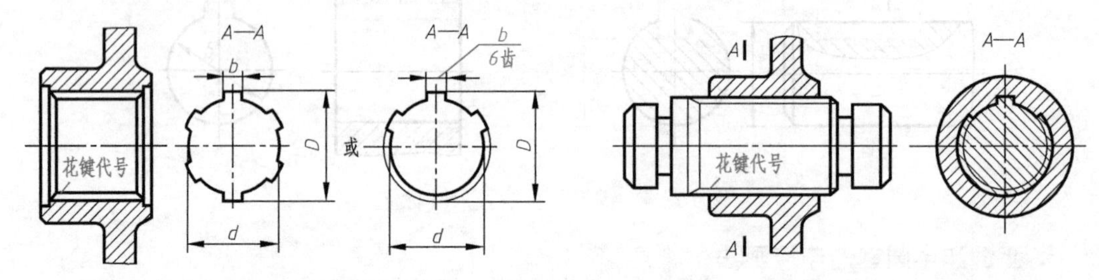

图10-27　矩形内花键的画法及尺寸标注　　图10-28　花键连接画法及代号标注

（2）矩形花键的尺寸标注　花键应标注键数、大径、小径和键宽，如图10-26和图10-27所示；也可以用代号的方法表达，矩形花键的代号如下

$$N \times d \times D \times B$$

其中，N为键数；d为小径；D为大径；B为键宽。

例如，花键：$N=6$，$d=23H7/f7$，$D=26H10/a11$，$B=6H11/d10$；

花键副：6×23H7/f7×26H10/a11×6H11/d10　GB/T 1144—2001。

内花键：6×23H7×26H10×6H11　GB/T 1144-2001。

外花键：6×23f7×26all×6d10　GB/T 1144—2001。

二、销

销也是标准件，常用来连接和固定零件，或者在装配时起定位作用。常用的销有圆柱销、圆锥销和开口销，如图10-29所示。其规格、尺寸可从有关标准中查得。

圆柱销和圆锥销的定位及连接画法如图10-30a、b所示。销与销孔是配合关系，按照接触面画图。由于销既是标准件，又是实心零件，故当沿销的轴线剖切时，不画剖面符号；若垂直于轴线剖切，则应画剖面符号。

图 10-29　销

开口销常与六角开槽螺母配合使用，它穿过螺母上的槽和螺杆上的销孔以防螺母松动，如图 10-30c 所示。

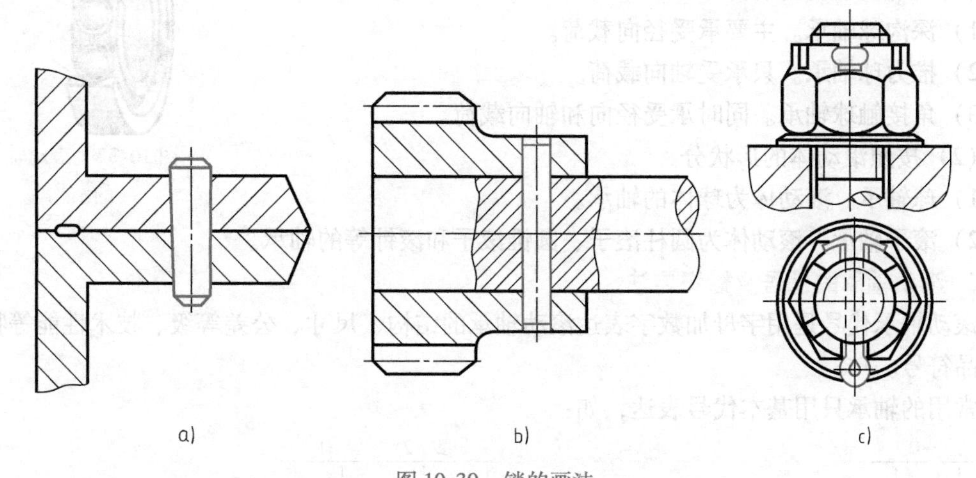

图 10-30　销的画法
a）定位画法　b）连接画法　c）锁定画法

圆柱销或圆锥销的装配要求较高，销孔要求配作，这一要求需要在相应的零件图上注明。锥销孔的公称直径指小端直径，标注时采用旁注法，如图 10-31a 所示；锥销孔加工时按照公称直径先钻孔，再选用定值铰刀扩、铰成锥孔，如图 10-31b 所示。圆锥销和圆柱销的规格、尺寸等可见附录 E。

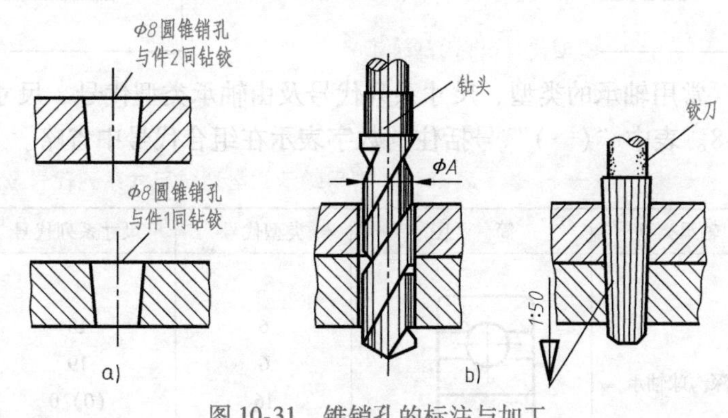

图 10-31　锥销孔的标注与加工
a）锥销孔的尺寸标注　b）锥销孔的加工

第三节　滚 动 轴 承

一、滚动轴承的作用与构造

机器设备中，用来支承轴的零件称为轴承，轴承分为滑动轴承和滚动轴承两类。滚动轴承是标准件，它具有结构紧凑、摩擦阻力小、动能损耗少和旋转精度高、使用寿命长等优点，应用极为广泛。常用滚动轴承见附录 D。

滚动轴承的种类很多，但它们的结构大致相似，一般由内圈、外圈、滚动体和保持架四部分构成，如图 10-32 所示。

二、滚动轴承的种类和代号

1. 滚动轴承的种类

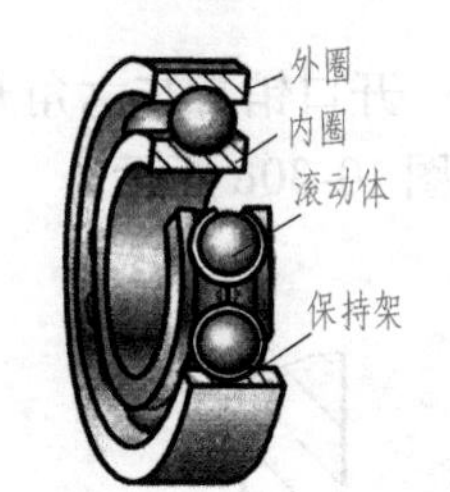

图 10-32 滚动轴承的结构

滚动轴承的分类方法很多，常见的有：

（1）按照受力方向分

1）深沟球轴承。主要承受径向载荷。

2）推力球轴承。只承受轴向载荷。

3）角接触球轴承。同时承受径向和轴向载荷。

（2）按照滚动体的形状分

1）球轴承。滚动体为球体的轴承。

2）滚子轴承。滚动体为圆柱滚子、圆锥滚子和滚针等的轴承。

2. 滚动轴承的代号及标记方法

滚动轴承代号是用字母加数字表达滚动轴承的结构、尺寸、公差等级、技术性能等特征的产品符号。

常用的轴承只用基本代号表达，如：

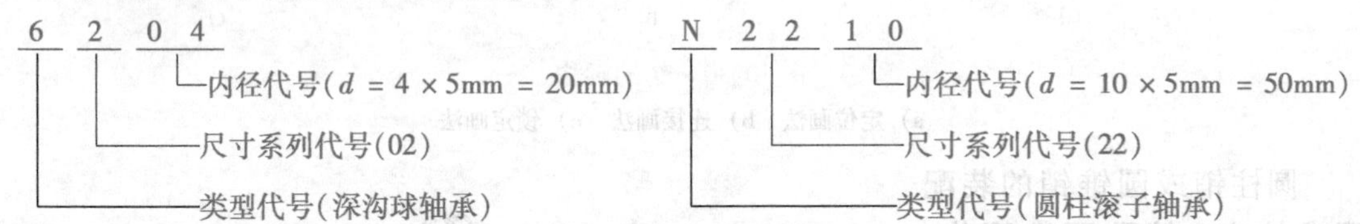

常用轴承的类型、尺寸系列代号及由轴承类型代号、尺寸系列代号组成的组合代号见表 10-8。表中“（ ）”号括住的数字表示在组合代号中省略。

表 10-8 常用轴承的类型、尺寸系列代号及组合代号

轴承类型	简 图	类型代号	尺寸系列代号	组合代号	标准号
深沟球轴承		6 6 16 6	18 19 (0) 0 (1) 0	618 619 160 60	GB/T 276—2013
圆锥滚子轴承		3 3 3 3	13 20 22 23	313 320 322 323	GB/T 297—2015

（续）

轴承类型	简　图	类型代号	尺寸系列代号	组合代号	标准号
外圈无挡边圆柱滚子轴承		N N N N	（0）2 22 （0）3 10	N2 N22 N3 N10	GB/T 283—2007
推力球轴承		5 5 5 5	11 12 13 14	511 512 513 514	GB/T 301—2015

常用轴承公称内径的内径代号见表10-9。部分轴承的规格及基本尺寸可查阅附录D。

表10-9　滚动轴承内径代号及其示例

轴承公称内径/mm		内径代号	示例
0.6≤d<10（非整数）		用公称内径毫米数直接表示，在其与尺寸系列代号之间用“/”分开	深沟球轴承618/2.5 d=2.5mm
1～9（整数）		用公称内径毫米数直接表示，对深沟及角接触球轴承7、8、9直径系列，内径与尺寸系列代号之间用“/”分开	深沟球轴承625 618/5 d=5mm
10～17	10	00	深沟球轴承6200 d=10mm
	12	01	
	15	02	
	17	03	
20～480 22，28，32除外		公称内径除以5的商数，商数为个位数，需要在商数左边加“0”，如08	调心滚子轴承23208 d=40mm
≥500以及22，28，32		用尺寸内径毫米数直接表示，但在与尺寸系列代号之间用“/”分开	调心滚子轴承230/500 d=500mm 深沟球轴承62/22 d=22mm

三、滚动轴承的画法

滚动轴承是标准件，由专门的工厂生产，使用单位一般不必画出其部件图，在装配图中，可根据国家标准进行绘制。

滚动轴承的画法可分为简化画法和规定画法两类，简化画法又分为通用画法和特征画法两种，但在同一图样中一般只采用其中一种画法。GB/T 4459.7—1998《机械制图　滚动轴承表示法》规定：在装配图中不需要准确地表达滚动轴承的形状和结构时，可采用简化画法；必要时，如在滚动轴承的产品图样、产品样本、产品标准、用户手册和使用说明书中采用规定画法。

滚动轴承的规定画法和特征画法见表 10-10。

表 10-10　常用滚动轴承的规定画法和特征画法

轴承结构形式	由标准查得的数据	规定画法	特征画法
	D d B	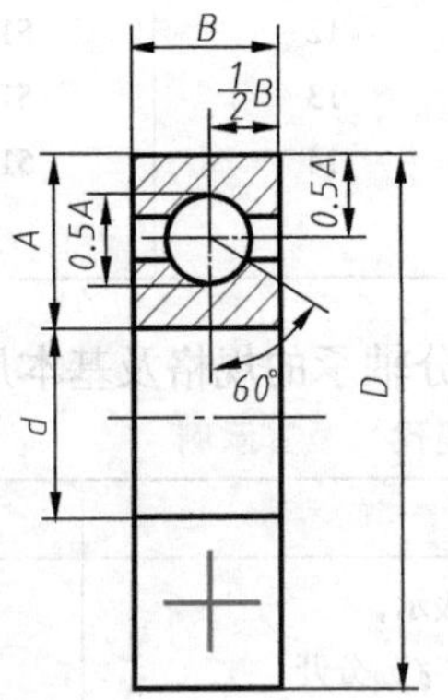 B, $\frac{1}{2}B$, $0.5A$, A, d, D, 60° 1. 由 D、B 画出轴承外轮廓 2. 由 $\frac{D-d}{2}=A$ 画出内外圈断面 3. 由 $\frac{A}{2}$、$\frac{B}{2}$ 定出滚球的球心；以 $\frac{A}{2}$ 为直径画滚球 4. 由球心向上、向下作 60°斜线，求出斜线与滚球外形的两个交点 5. 自所求两点即可作出外（内）圈的内（外）轮廓	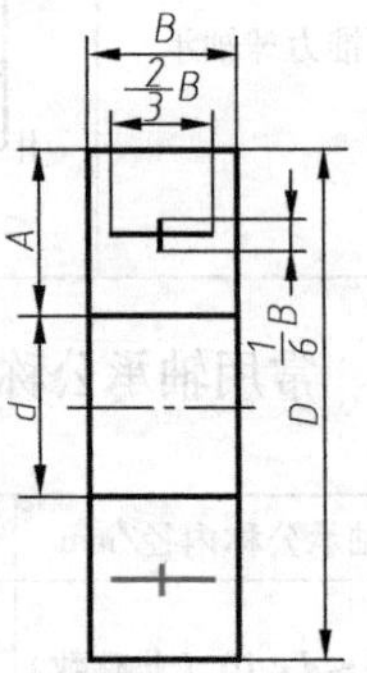 B, $\frac{2}{3}B$, A, $\frac{1}{6}B$, d, D
	D d T B C	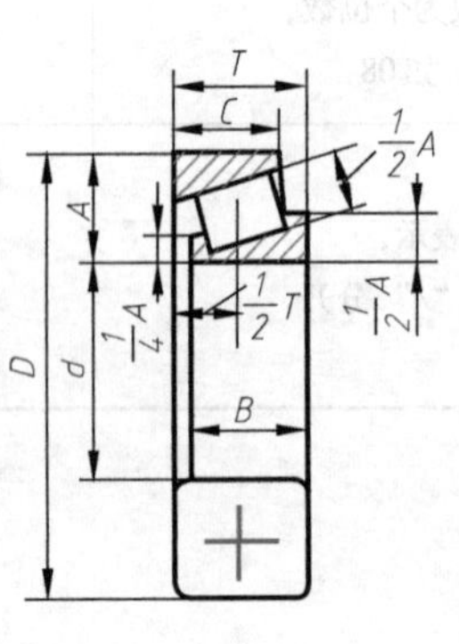 T, C, $\frac{1}{2}A$, A, $\frac{1}{4}A$, $\frac{1}{2}T$, $\frac{1}{2}A$, 15°, B, D, d 1. 由 D、d、T、B、C 画出轴承外轮廓 2. 由 $\frac{D-d}{2}=A$ 画出内外圈断面 3. 由 $\frac{A}{2}$、$\frac{T}{2}$ 定出滚锥的中心，再作倾斜 15°线画出滚子轴线 4. 由 $A/2$、$A/4$、C 作滚锥的外形线 5. 最后作出内外圈的轮廓	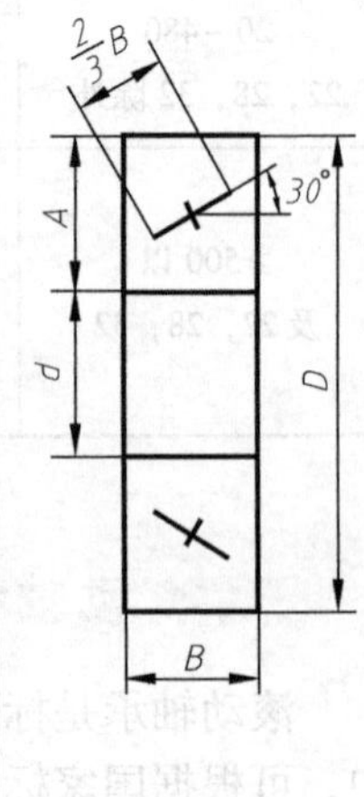 $\frac{2}{3}B$, 30°, A, d, D, B

（续）

轴承结构形式	由标准查得的数据	规定画法	特征画法
	D d T	1. 由 D、T 画出轴承外轮廓 2. 由 $\frac{D-d}{2}=A$ 画出内外圈断面 3. 由 $\frac{A}{2}$、$\frac{T}{2}$ 定出滚球的中心，以 $\frac{T}{2}$ 为直径作滚球 4. 由球心向上、向下作 60°斜线，求出斜线与滚球外形的两个交点 5. 自所求两点即可作出左、右圈的轮廓线	

第四节 齿　　轮

齿轮是机器中最常见的一种重要零件，齿轮传动是机械传动中应用最广泛的一种传动形式。它主要用来传递两轴间的回转运动。通常按照齿的形状和两轴间的相对位置做如下分类：

（1）圆柱齿轮传动　用于两平行轴之间的传动，如图 10-33a 所示。

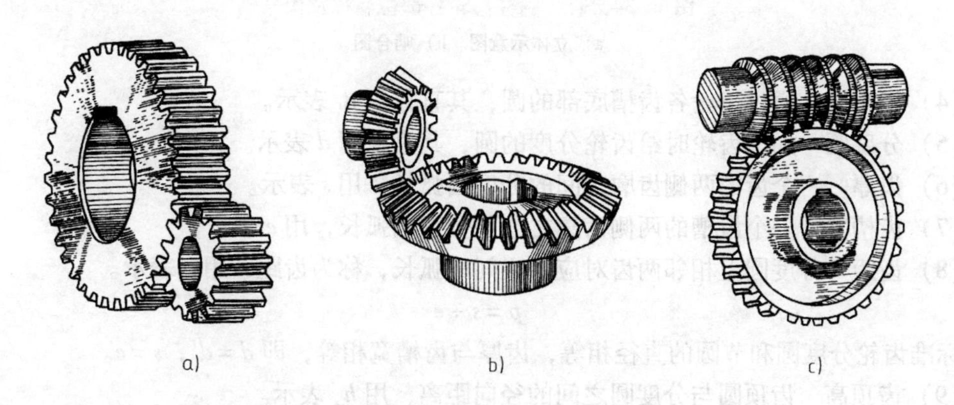

图 10-33　齿轮传动的分类

（2）锥齿轮传动　用于两相交轴之间的传动，如图 10-33b 所示。

（3）蜗杆传动　常用于两交错轴之间的传动，如图 10-33c 所示。

在传动中，为了运动平稳、啮合正确，齿轮轮齿的齿廓曲线可以制成渐开线、摆线和圆弧等。渐开线齿轮应用最广泛。

齿轮有标准齿轮和变位齿轮之分。根据齿轮齿廓形状，本节主要介绍渐开线齿轮的有关知识和规定画法。其他曲线齿廓的齿轮画法与此相同，几何参数可查相关资料。

一、圆柱齿轮

圆柱齿轮按照其齿形方向可分为直齿、斜齿和人字齿等几种。它们的规定画法基本一样。

1. 直齿圆柱齿轮各部位名称及代号

（1）节圆　两齿轮连心线 O_1O_2 上两相切的圆称为节圆，其直径用 d' 表示。

（2）节点　在一对啮合齿轮上，两节圆的切点，用 P 表示。

（3）齿顶圆　通过齿轮各齿顶的圆，其直径用 d_a 表示，如图 10-34 所示。

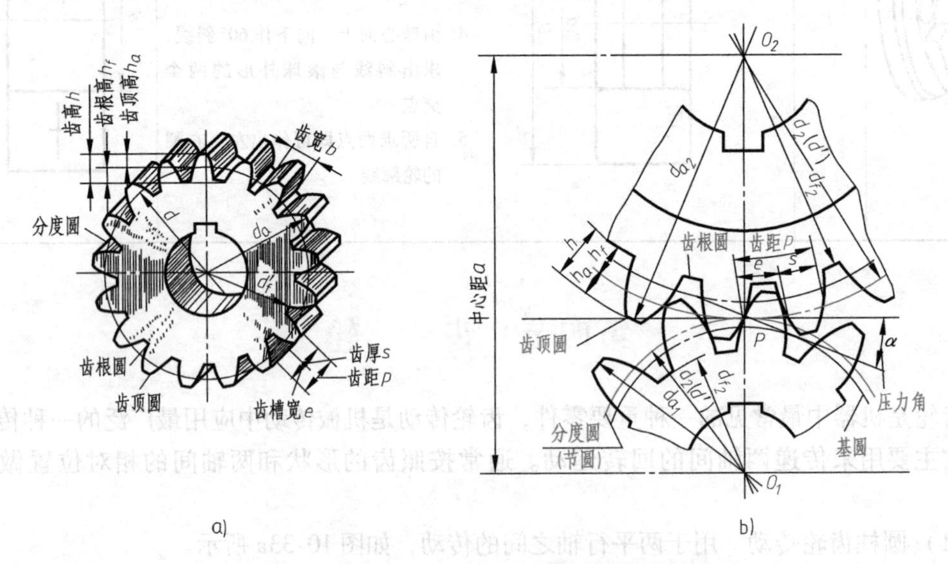

图 10-34　直齿圆柱齿轮各部位名称及代号

a）立体示意图　b）啮合图

（4）齿根圆　通过齿轮各齿槽底部的圆，其直径用 d_f 表示。

（5）分度圆　加工齿轮时给齿轮分度的圆，其直径用 d 表示。

（6）齿厚　一个齿的两侧齿廓之间的分度圆弧长，用 s 表示。

（7）齿槽宽　一个齿槽的两侧齿廓之间的分度圆弧长，用 e 表示；

（8）齿距　分度圆上相邻两齿对应点之间的弧长，称为齿距，用 p 表示。

$$p = s + e$$

标准齿轮分度圆和节圆的直径相等，齿厚与齿槽宽相等，即 $d = d'$，$s = e$。

（9）齿顶高　齿顶圆与分度圆之间的径向距离，用 h_a 表示。

（10）齿根高　齿根圆与分度圆之间的径向距离，用 h_f 表示。

（11）齿高　齿根圆与齿顶圆之间的径向距离，用 h 表示，$h = h_a + h_f$。

（12）中心距　两啮合齿轮轴线之间的距离，用 a 表示，$a = (d_1 + d_2)/2$。

2. 直齿圆柱齿轮的基本参数

（1）齿数　齿轮上轮齿的个数，用 z 表示，设计时根据传动比确定。

（2）模数　齿距 p 除以圆周率 π 所得的商称为模数 m。令 $p/\pi = m$，则 $m = d/z$，其单位为mm。从中可以看出，模数 m 越大，轮齿就越大；模数 m 越小，轮齿就越小。相互啮合的两齿轮，其齿距 p 应相等，因此它们的模数 m 也应相等。

为设计、制造方便，国家标准规定了标准模数值（表10-11）。

表10-11　通用机械和重型机械用圆柱齿轮　模数（摘自GB/T 1357—2008）

（单位：mm）

第一系列	1,1.25,1.5,2,2.5,3,4,5,6,8,10,12,16,20,25,32,40,50
第二系列	1.125,1.375,1.75,2.25,2.75,3.5,4.5,5.5,(6.5),7,9,11,14,18,22,28,36,45

注：优先选用第一系列，其次是第二系列，括号内的模数尽可能不用。

（3）压力角　节点的速度方向与力的作用线方向之间所夹的锐角称为压力角，用 α 表示，如图10-34b所示。压力角 α 已经标准化，国家标准规定 $\alpha = 20°$。

一对标准直齿圆柱齿轮正确啮合传动的条件是两齿轮的模数和压力角必须相等，即

$$m_1 = m_2 = m；\ \alpha_1 = \alpha_2 = \alpha$$

3. 直齿圆柱齿轮各部分的尺寸计算

当齿轮的齿数、模数和压力角确定后，按照表10-12的公式计算齿轮各部位的尺寸。

表10-12　标准直齿圆柱齿轮各基本尺寸计算公式　（单位：mm）

基本参数:模数、齿数			已知:$m = 2\text{mm}, z = 29$
名称	符号	计算公式	计算举例
齿距	p	$p = \pi m$	$p = 6.28$
齿顶高	h_a	$h_a = m$	$h_a = 2$
齿根高	h_f	$h_f = 1.25m$	$h_f = 2.5$
齿高	h	$h = 2.25m$	$h = 4.5$
分度圆直径	d	$d = mz$	$d = 58$
齿顶圆直径	d_a	$d_a = m(z+2)$	$d_a = 62$
齿根圆直径	d_f	$d_f = m(z-2.5)$	$d_f = 53$
中心距	a	$a = m(z_1 + z_2)/2$	

4. 直齿圆柱齿轮的规定画法

齿轮结构较复杂，为简化作图，GB/T 4459.2—2003《机械制国　齿轮表示法》规定了齿轮的画法：

1）齿顶线和齿顶圆用粗实线绘制。

2）分度圆和分度线用细点画线绘制。

3）齿根线和齿根圆在视图中，用细实线绘制，也可省略不画。

4）在剖视图中不论剖切平面是否剖切到轮齿，其轮齿部分均按照不剖处理，此时齿根线用粗实线绘制。

5）在需要表达齿轮的齿线形状和方向时，可用与齿线方向一致的3条细实线表示（图10-37d、e），直齿则不需要表示。

单个齿轮的画法如图10-35、图10-36所示；一般用两个视图来表达，或者用一个视图和一个局部视图表达，如图10-36所示。

6）直齿圆柱齿轮啮合的画法分为两部分，各种视图中非啮合区部分按照单个齿轮画法

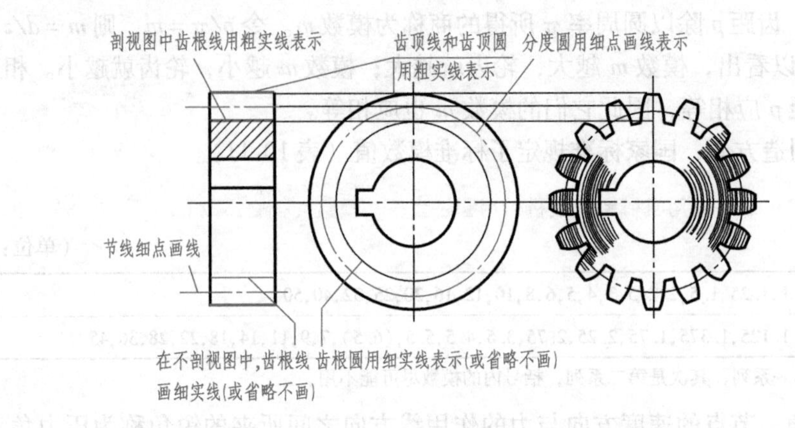

图 11-35　单个齿轮的画法

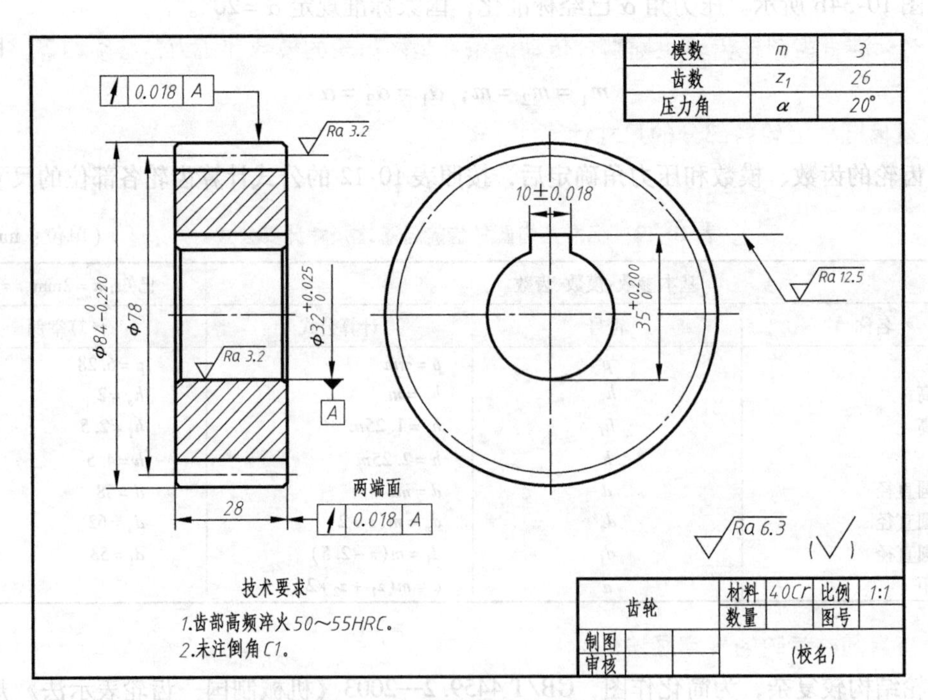

图 11-36　圆柱齿轮的零件图

绘制；啮合区内则按照如下规定绘制：

① 在投影为非圆的视图中，一般画成剖视图（剖切平面通过两啮合齿轮的轴线）。在啮合区两齿轮的分度线重合，画成细点画线；两齿轮的齿根线一律画成粗实线；一个齿轮的齿顶画成粗实线，另一个齿轮的齿顶线由于齿轮被遮挡，其投影画成细虚线；通常主动轮画成粗实线，从动轮画成虚线，如图 10-37a 所示。

② 在投影为圆的视图中，两个相切的分度圆用点画线表示；齿顶圆均用粗实线绘制，齿根圆用细实线绘制，也可省略不画。

③ 当投影为非圆的视图画成外形视图时，啮合区内只需要画一条分度线，并改用粗实线表示，如图 10-37d 所示。

④ 除轮齿部分按照规定画法外，其余轮体结构均应按照其真实投影绘制。

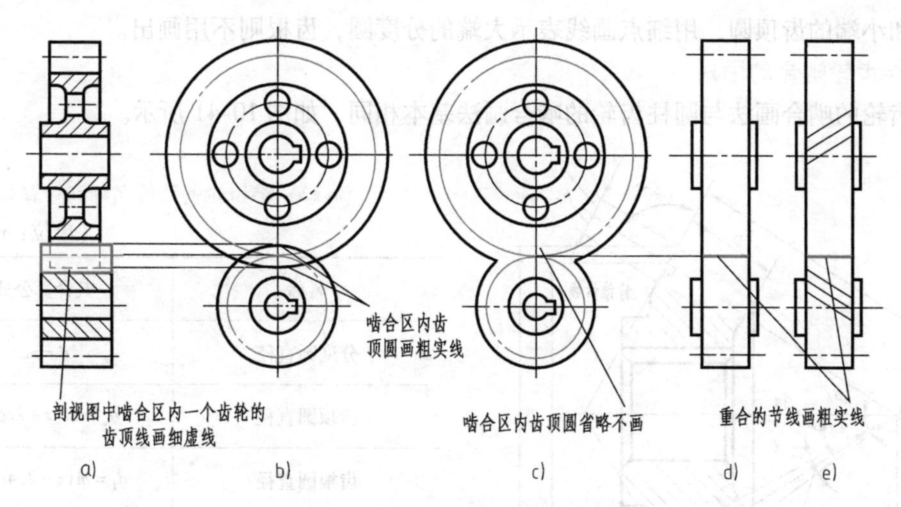

图 10-37 直齿圆柱齿轮的啮合画法

⑤ 一般齿轮零件图中除标注尺寸和技术要求以外，还应在图样的右上角列出一个参数表，注明模数、齿数、压力角、精度等级等。

⑥ 若为斜齿或人字齿轮啮合，则其投影为圆的视图画法与直齿轮啮合画法一样。

⑦ 一对齿轮啮合时，齿顶线与齿根线之间有 0.25m 的顶隙，非圆视图中啮合区内主、从动轮的详细画法如图 10-38 所示。

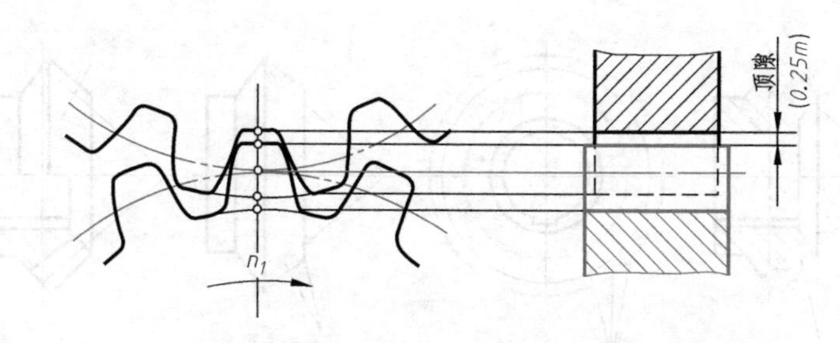

图 10-38 轮齿啮合投影的详细画法

二、锥齿轮

锥齿轮按照其轮齿形状分为直齿、斜齿、弧齿等，它们的规定画法基本相同。

1. 锥齿轮的各部分名称代号

由于锥齿轮的齿形是在圆锥体上切制出来的，所以锥齿轮的轮齿一端大，另一端小，它的齿厚是逐渐变化的，直径和模数也随之变化。为便于设计制造，国家标准规定以大端模数为标准值。一对锥齿轮啮合必须有相同的模数。锥齿轮各部分名称及代号如图 10-39 所示。

锥齿轮的背锥素线与分度圆锥素线垂直。锥齿轮轴线与分度圆锥素线间的夹角称为分度圆锥角，是锥齿轮的一个基本参数，用 δ 表示。锥齿轮各部分几何要素的关系见表 10-13。

2. 单个锥齿轮的规定画法

单个锥齿轮画法与圆柱齿轮画法基本相似，如图 10-40 所示。单个锥齿轮通常用两个视图表达，并且其主视图采用全剖视图；也可画成外形图。若齿形为人字形或圆弧形，主视图可画成半剖视图，并用三条细实线表示轮齿的方向。在投影为圆的视图中用粗实线表示齿轮的大端和小端的齿顶圆，用细点画线表示大端的分度圆，齿根则不用画出。

3. 锥齿轮啮合的画法

锥齿轮的啮合画法与圆柱齿轮的啮合画法基本相同，如图 10-41 所示。

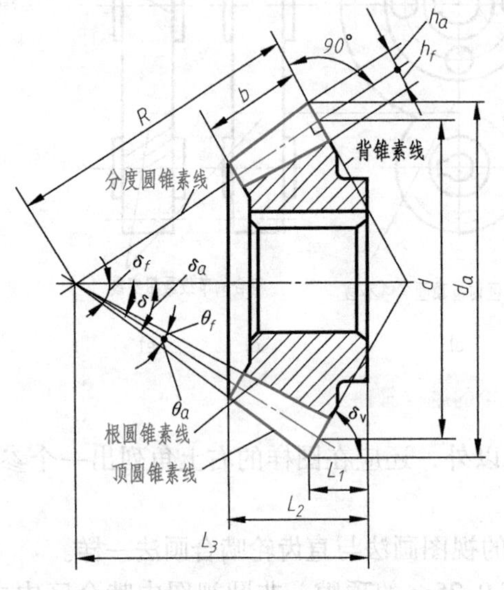

图 10-39　锥齿轮画法及各部位名称代号

表 10-13　锥齿轮各部位名称和计算公式

（单位：mm）

名称	其计算公式
分度圆直径	$d=mz$
齿顶圆直径	$d_a=m(z+2\cos\delta)$
齿根圆直径	$d_f=m(z-2.4\cos\delta)$
齿高	$h=2.2m$
齿顶高	$h_a=m$
齿根高	$h_f=1.2m$

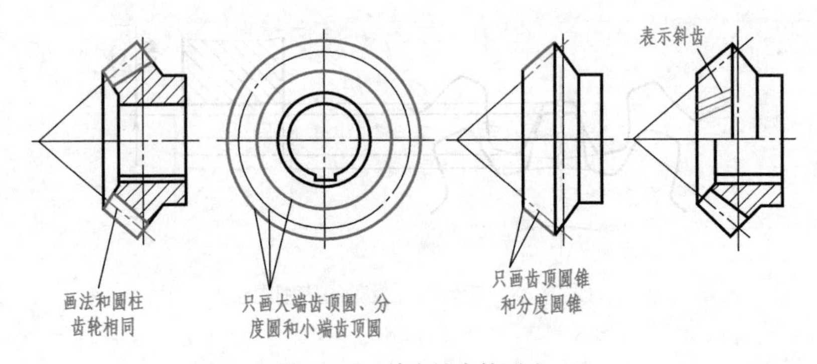

图 10-40　单个锥齿轮画法

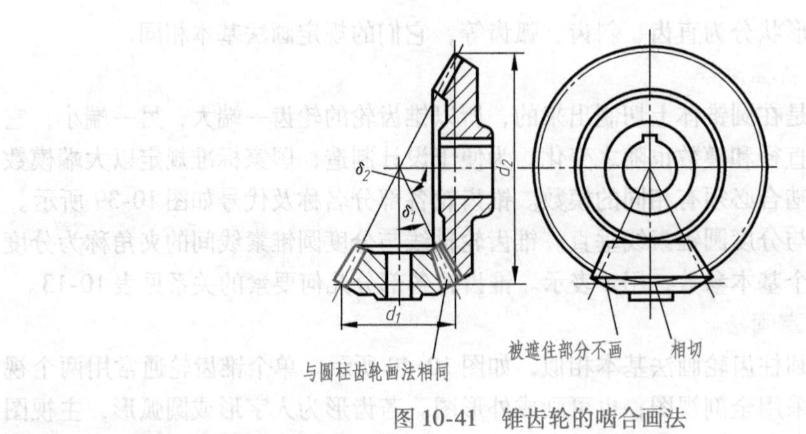

图 10-41　锥齿轮的啮合画法

三、蜗轮、蜗杆

蜗轮与蜗杆常用于垂直交错的两轴之间的传动，蜗轮实际上是斜齿的圆柱齿轮。为增加它与蜗杆啮合时的接触面积，提高其工作寿命，蜗轮的齿顶和齿根常加工成圆环面。

蜗杆传动能获得较大的传动比。传动时，一般蜗杆是主动，蜗轮是从动。蜗杆好像螺杆，也有单头蜗杆和多头蜗杆之分。当头数为 z_1 的蜗杆转动一圈时，蜗轮就跟着转过 z_1 个齿，因此，用蜗杆传动，可得到很大的降速比。相互啮合的蜗轮、蜗杆，不仅要求模数和压力角都相同，还要求蜗轮的螺旋角 β、蜗杆的导程角 λ 大小相等（即 $\beta=\lambda$），方向相同。

图 10-42 所示为蜗杆的零件图，一般可用一个视图表达出蜗杆的形状，有时还用局部放大图表达出轮齿的形状并标注有关参数。

图 10-43 所示为蜗轮的零件图，其画法和圆柱齿轮基本相同，但在投影为圆的视图中，只画分度圆和最大圆，齿根圆和齿顶圆不必画出，其他结构仍按照投影关系画出。

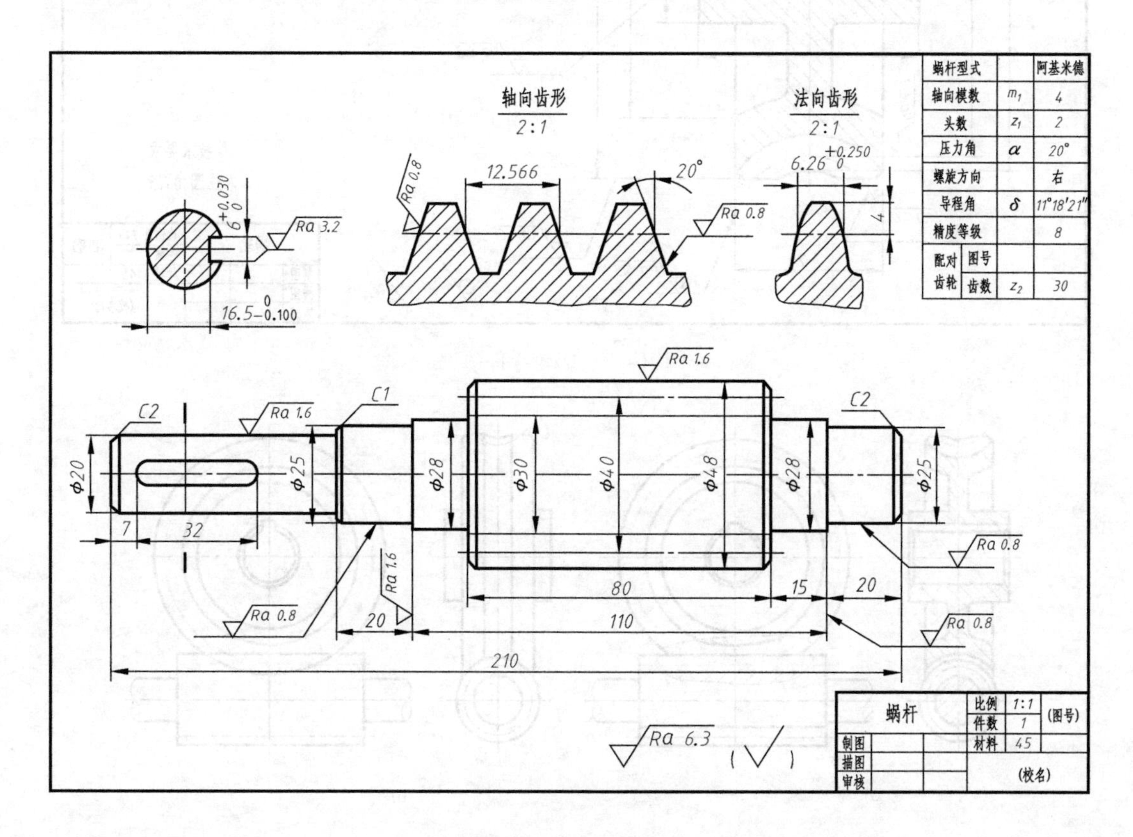

图 10-42 蜗杆零件图

蜗轮、蜗杆啮合的画法如图 10-44 所示，在蜗轮投影为圆的视图中，蜗轮的分度圆与蜗杆分度线相切；在蜗杆投影为圆的视图中，蜗轮被蜗杆遮住的部分不必画出；其他部分仍按照投影画出。在剖视图中，当剖切平面通过蜗轮轴线并垂直于蜗杆轴线时，在啮合区内将蜗杆的轮齿用粗实线绘制，蜗轮的轮齿被遮挡的部分可省略不画；当剖切平面通过蜗杆轴线并垂直于蜗轮轴线时，在啮合区内，蜗轮的外圆、齿顶圆和蜗杆的齿顶线可以省略不画。

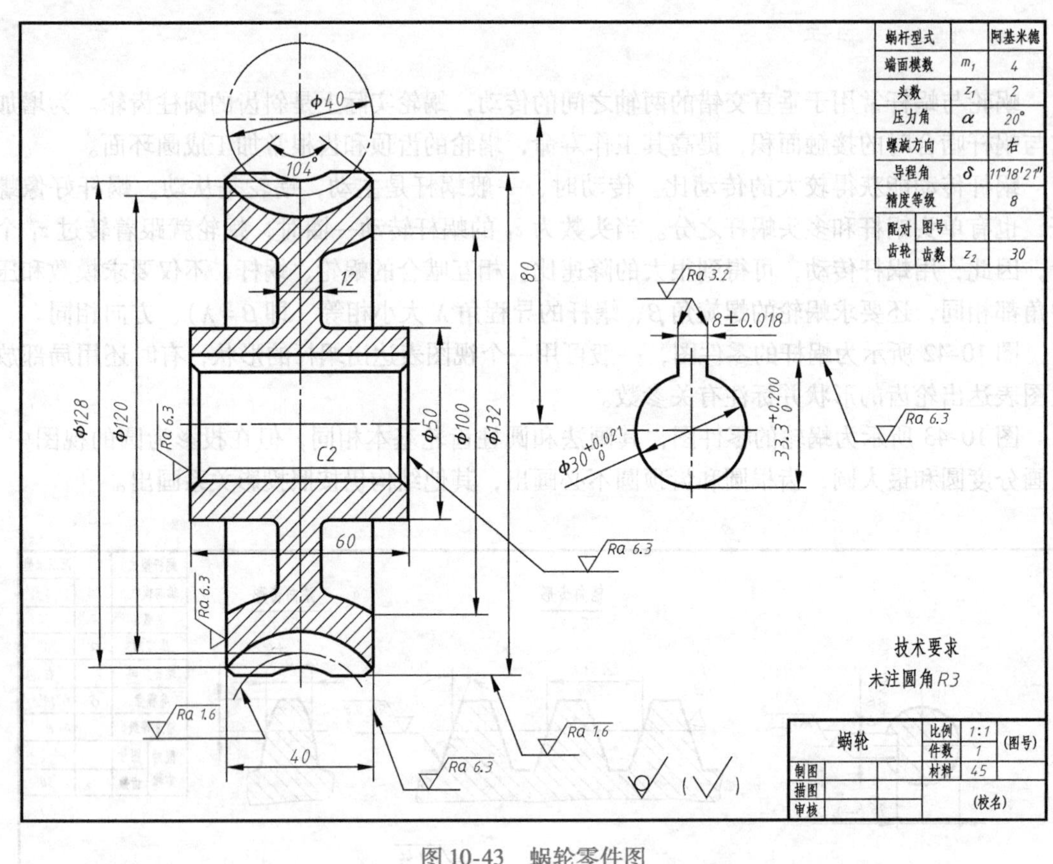

图10-43 蜗轮零件图

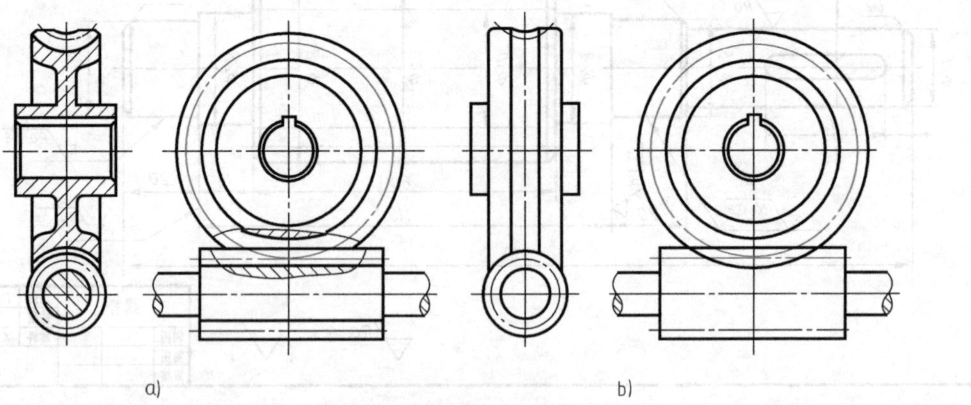

a) b)

图10-44 蜗轮、蜗杆的啮合画法

a) 剖视图 b) 视图

第五节 弹 簧

弹簧属于常用件，在机械工程中应用非常广泛，主要用于减振、夹紧、测力等装置。弹簧种类繁多，常见的有螺旋弹簧、板弹簧、平面涡卷弹簧等，如图10-45所示。

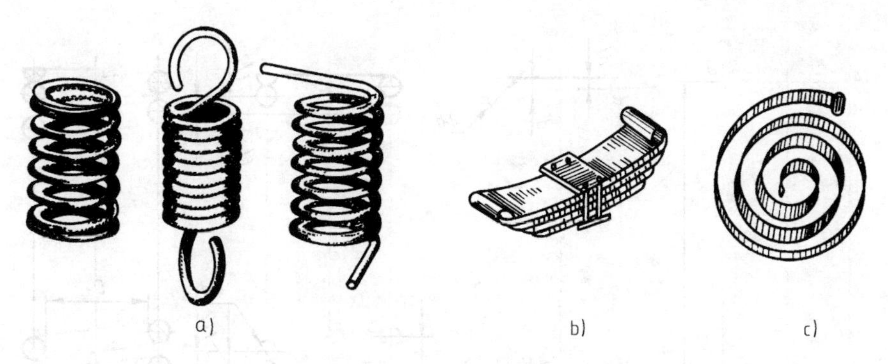

图 10-45 常见弹簧种类

a）螺旋弹簧 b）板弹簧 c）平面涡卷弹簧

一、圆柱螺旋压缩弹簧各部分名称及尺寸关系

（1）簧丝直径 弹簧丝的直径 d。

（2）弹簧外径 弹簧最大直径 D_2。

（3）弹簧内径 弹簧最小直径 D_1。

（4）弹簧中径 弹簧的平均直径 D。

$$D=(D_1+D_2)/2=D_1+d=D_2-d$$

（5）节距 除两端支承圈外，弹簧上相邻两圈对应点之间的轴向距离 t。

（6）有效圈数 弹簧能保持相同节距的圈数 n。

（7）支承圈数 为使弹簧保持平稳，将两端并紧磨平的支承圈数 n_z。支承圈仅起支承作用，常见的有 1.5 圈、2 圈、2.5 圈三种，以 2.5 圈居多。

（8）弹簧总圈数 弹簧的有效圈数和支承圈数之和为 n_1

$$n_1=n+n_z$$

（9）自由高度 没有外力作用下的高度 H_0

$$H_0=nt+(n_z-0.5)d$$

（10）弹簧丝展开长度 坯料的长度 L

$$L\approx n_1\sqrt{(\pi D)^2+t^2}$$

二、圆柱螺旋压缩弹簧的规定画法

1）在平行于螺旋压缩弹簧轴线投影面的视图中，各圈的轮廓线画成直线。

2）有效圈数在 4 圈以上的螺旋弹簧只画出两端的 1～2 圈（支承圈不算），中间只需要通过弹簧丝断面中心的细点画线连接起来。非圆形断面的锥形弹簧，中间部分用细实线连起来。

3）右螺旋弹簧在图上必须画成右旋；左旋螺旋弹簧不论画成左旋或右旋，在图上均需加注“左”字。

4）标准规定，无论支承圈的圈数有多少，均按照 2.5 圈形式绘制，必要时也可按照支承圈的实际结构画出。圆柱螺旋压缩弹簧的画图步骤如图 10-46 所示。

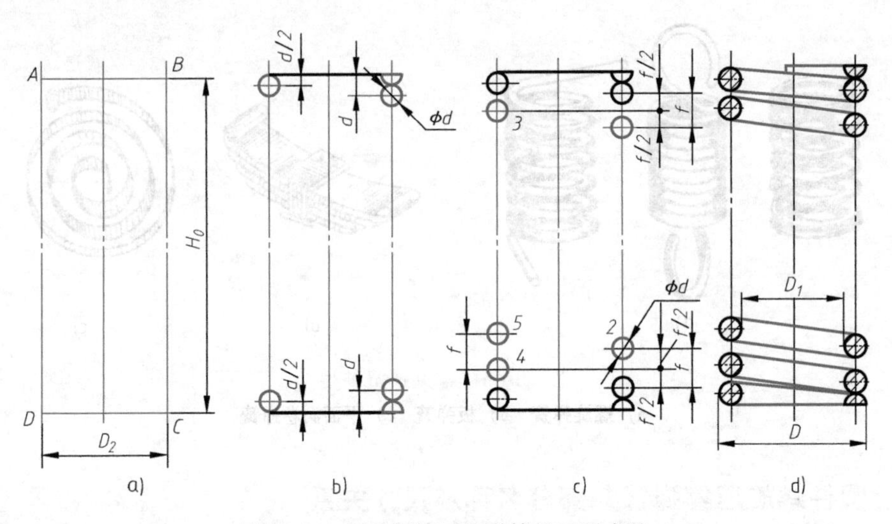

图 10-46　圆柱螺旋压缩弹簧的画图步骤

三、圆柱螺旋压缩弹簧装配图的画法

在装配图中画螺旋弹簧时，剖视图中允许只画出弹簧丝断面，当弹簧丝直径在图形上等于或小于 2mm 时，弹簧丝断面全部涂黑，如图 10-47a 所示；弹簧后面被挡住的零件轮廓不必画出，如图 10-47b 所示；采用示意画法时，弹簧用单线画出，如图 10-47c 所示。

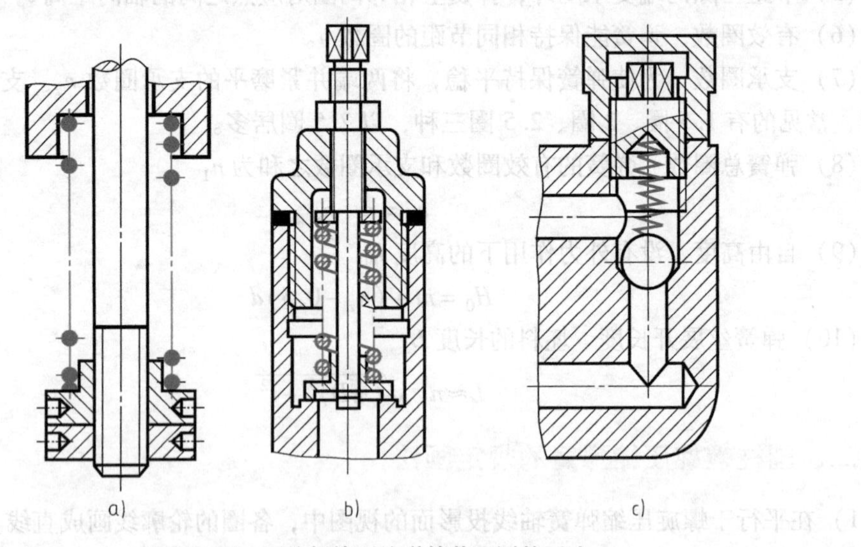

图 10-47　圆柱螺旋压缩弹簧装配图的画法

第十一章

零件图

任何机器或部件都是由若干零件按照一定的装配关系和技术要求装配而成的。表达零件的图样称为零件工作图，简称零件图。

第一节　零件图的作用与内容

一、零件图的作用

零件图是设计和生产部门的重要技术文件，也是技术交流的重要资料。它表达了设计人员的设计思想，是制造和检验零件的技术依据。

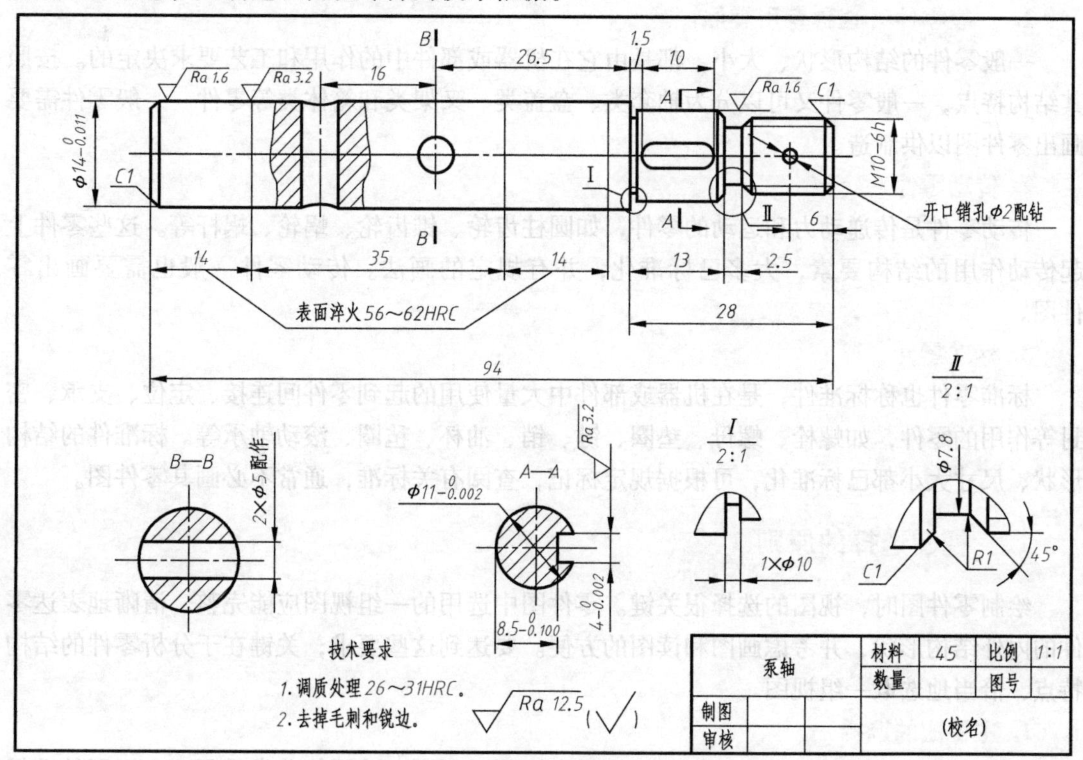

图 11-1　泵轴的零件图

二、零件图的内容

如图 11-1 所示，一张完整的零件图应具备以下内容：

1. 一组视图

综合运用机件的各种表达方法，完整、清晰地表达出零件的内外结构和形状。

2. 全部尺寸

正确、完整、清晰、合理地标注出制造和检验零件所需的全部尺寸。

3. 技术要求

用规定的代号和文字注明零件在制造和检验时所应达到的技术要求，如尺寸公差、几何公差、表面结构、热处理及表面处理等。

4. 标题栏

图框的右下角有标题栏，填写零件的名称、材料、数量、绘图比例、图样代号、单位名称及设计、审核、批准者的签名、日期等。标题栏的格式已经标准化（图 1-3），教材为节省篇幅，大都采用简化标题栏，如图 11-1 中的标题栏。

第二节　零件图的视图选择

一、零件的分类

根据零件在机器或部件上的作用，可将其分为三类。

1. 一般零件（也称专用零件）

一般零件的结构形状、大小，都是由它在机器或部件中的作用和工艺要求决定的。按照其结构特点，一般零件又可以分为轴套类、盘盖类、叉架类和箱体类等零件。一般零件需要画出零件图以供制造。

2. 传动零件

传动零件是传递动力和运动的零件，如圆柱齿轮、锥齿轮、蜗轮、蜗杆等。这些零件上起传动作用的结构要素，大多已标准化，并有规定的画法。传动零件一般也需要画出零件图。

3. 标准零件

标准零件也称标准件，是在机器或部件中大量使用的起到零件间连接、定位、支承、密封等作用的零件，如螺栓、螺母、垫圈、键、销、油杯、毡圈、滚动轴承等。标准件的结构形状、尺寸大小都已标准化，可根据规定标记，查阅有关标准，通常不必画其零件图。

二、视图选择的原则

绘制零件图时，视图的选择很关键。零件图中选用的一组视图应能完整、清晰地表达零件的内外结构形状，并考虑画图和读图的方便。要达到这些要求，关键在于分析零件的结构特点，恰当地选取一组视图。

1. 主视图的选择

主视图是表达零件最主要的视图，选好主视图对画图和读图都非常重要。主视图的选择应考虑以下两点：

（1）主视图的投射方向　选择能够最明显地反映零件形状结构特征和各组成部分相对位置的方向作为主视图的投射方向，这个原则称为形体特征原则。

（2）零件的安放位置　零件的安放位置应尽量符合它的工作位置（即零件在工作时所处的位置）和加工位置（即零件在机械加工时主要工序的位置或加工前在毛坯上划线时的主要位置）。按照工作位置放置，便于装配时看图和想象其工作情况，对于加工工序较多的零件常按此放置。按照加工位置放置，便于生产时看图。图 11-1 所示泵轴的主视图就是按照主要加工工序的位置放置而绘制的。

但是，由于机器中的一些运动件没有固定的工作位置；有些零件在制造过程中需要经过多道不同位置的加工工序。对于这样的零件，是在满足形体特征的前提下，按照习惯位置放置的。此外，选择主视图时，还应考虑图纸的合理利用。例如长、宽相差悬殊的零件，应使零件的长度方向与图纸的长度方向一致。

2. 其他视图的选择

主视图确定后，其他视图的选择应根据零件的内外结构形状及相对位置是否表达清楚来确定。一般遵循的原则：在完整、清晰地表达零件的内外结构形状和便于读图的前提下，应尽量减少视图的数量，各视图表达的重点明确、简明易懂。

三、典型零件的视图选择

1. 轴套类零件

轴套类零件多用于传递运动、动力或支承其他零件，如轴、套筒、衬套、螺杆等。

轴套类零件大多由同轴回转体组成，其轴向尺寸大而径向尺寸小，主要在车床和磨床上加工。由于设计与工艺的需要，此类零件上常有轴肩、中心孔、倒角、螺纹、键槽、销孔、退刀槽、砂轮越程槽等结构，这些结构一般为标准结构，有相应的国家标准可查。例如附表 C-1、附表 F-1、附表 F-2 等。

轴套类零件一般只需要一个基本视图，即主视图，并将其轴线按照加工位置水平放置，再采用适当的断面图、局部剖视图、局部放大图等表达方法将其结构形状表达清楚，如图 11-1 所示的泵轴零件图。

2. 盘盖类零件

盘盖类零件多用于传递动力和转矩，或者起支承、轴向定位及密封等作用，主要包括端盖、手轮、带轮、法兰盘、齿轮等。

大多数盘盖类零件的主要形状为回转体，其轴向尺寸小而径向尺寸大，其中最大直径的部分一般称为法兰，其上常有一些沿圆周均布的孔、肋、槽、齿等其他结构。此类零件主要在车床和插床上加工，或者采用铸造毛坯再经过机械加工。有些零件的形状并非回转体，但它的三个外形尺寸有两个较大且接近，而另一个尺寸则小得多，也可认为是盘盖类零件。盘盖类零件通常采用两个基本视图，如图 11-2 所示。一般取非圆视图作为主视图，并使轴线按照主要加工工序水平放置。主视图采用全剖视图，若圆周上均匀分布的肋、孔等结构不在对称平面上，则采用简化画法或旋转剖视；另一视图表达外形和各组成部分，如孔、轮辐等的相对位置。

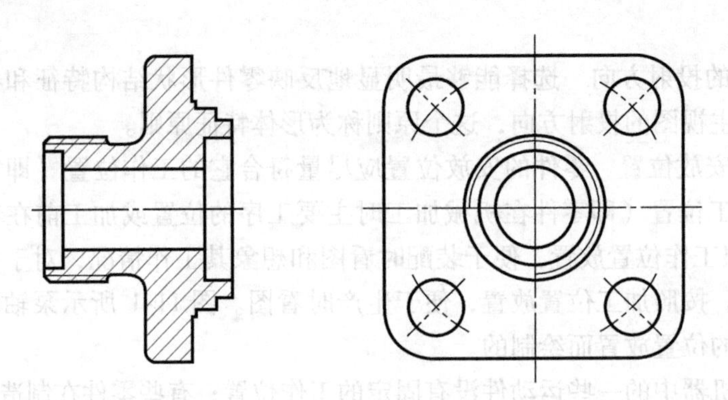

图 11-2　端盖的视图选择

3. 叉架类零件

叉架类零件包括各种用途的拨叉、支架、中心架和连杆等。拨叉和连杆多用于机械操纵系统和传动机构上，而支架主要起支承和连接作用。其结构形状多由工作部分、安装固定部分、连接部分构成。叉架类零件一般都是铸件或锻件毛坯加工而成的，毛坯形状较为复杂，需要经多道工序加工。所以选择主视图时，主要考虑工作位置和形状特征。一般需要两个或两个以上基本视图来表达。有时还需要采用旋转剖视图、斜视图、局部剖视图和断面图来协助表达。图 11-3 所示为脚踏座的两种表达方案，显然第一方案要比第二方案好。

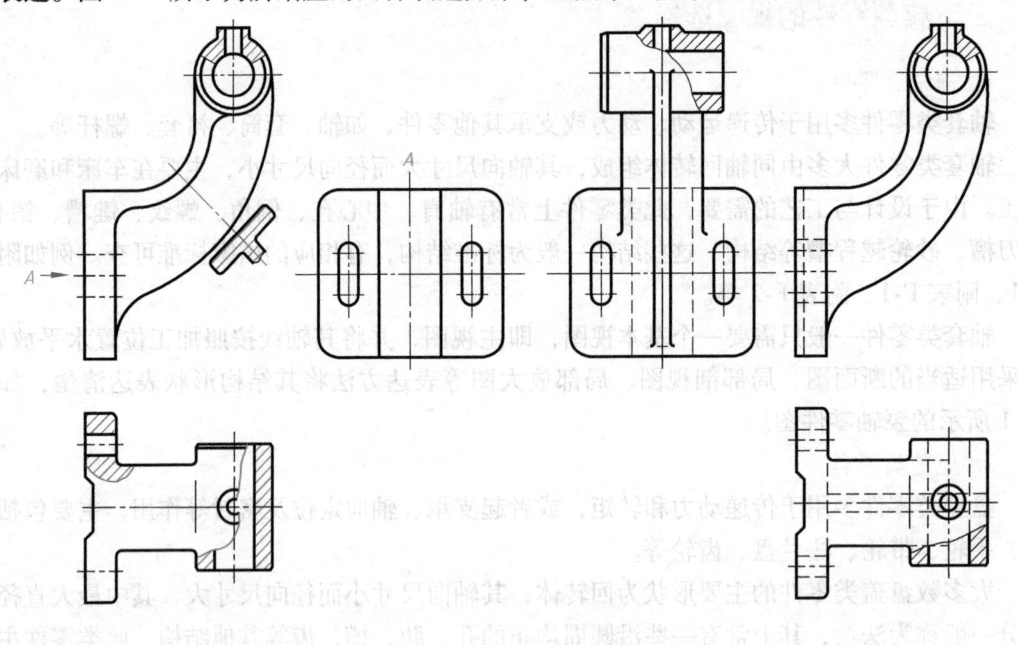

图 11-3　脚踏座的两种表达方案

a）表达方案一　b）表达方案二

4. 箱体类零件

箱体类零件多为铸件，一般多用于支承、容纳其他零件。主要包括泵体、阀体、机座和减速箱体等。箱体类零件结构形状较为复杂，需要经多种机械加工，各工序的加工位置不尽相同，因而主视图按照形状特征和工作位置确定。一般需要三个或三个以上基本视图和必要的其他视图，如图 11-4 所示。其内形一般采用剖视图表达。如果外形简单、内形复杂，且具有对称平面，可采用半剖视图或全剖视图；如果内、外结构形状都比较复杂，且投影不重叠时，可采用局部剖视图；若投影重叠，内、外形状应分别表达；对于局部的内、外结构形状可采用局部视图、局部剖视图和断面图来表达。

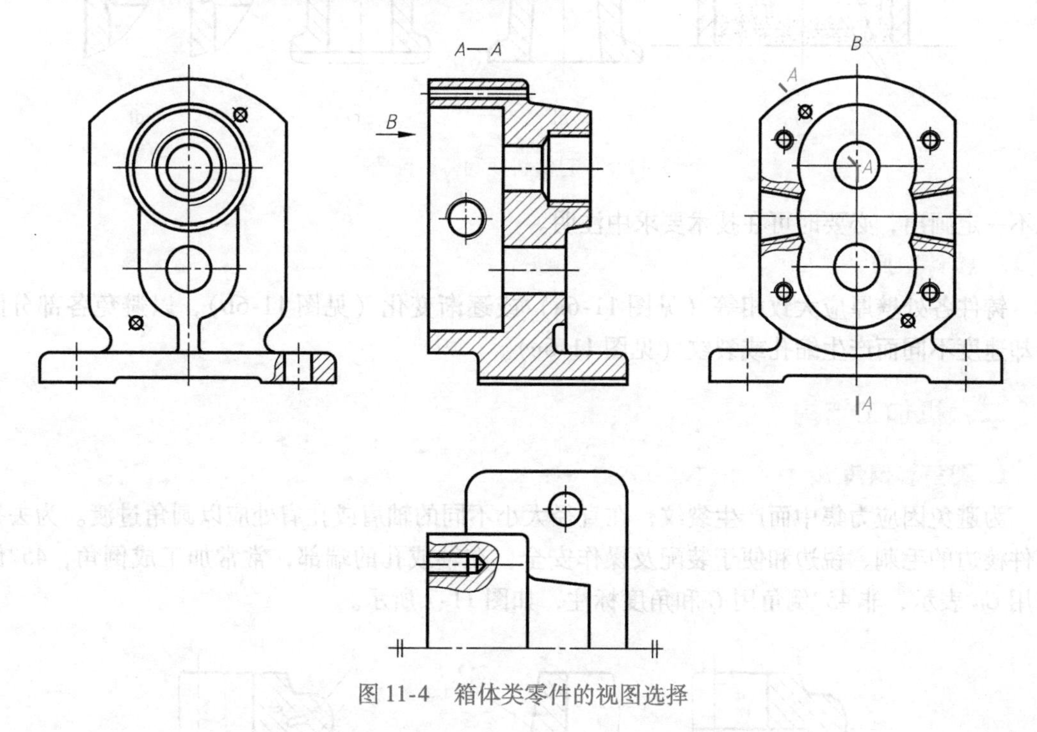

图 11-4 箱体类零件的视图选择

第三节 零件上常见的工艺结构

零件的结构形状，主要是由它在机器（或部件）中的作用决定的。但是，制造工艺对零件的结构也有某些要求。例如倒角、圆角、凸台、退刀槽、砂轮越程槽等。这些结构往往影响零件的使用性能，它是结构设计必须考虑的问题之一。零件的工艺性，随生产条件的不同和科学技术的发展而变化。下面介绍一些常见的工艺结构，供画图时参考。常用零件结构要素见附录 G。

一、铸造工艺结构

1. 起模斜度和铸造圆角

如图 11-5 所示，为了起模方便及防止浇注金属液时冲坏砂型，避免铸件在冷却时产生裂纹或缩孔，铸件毛坯各表面相交处都有铸造圆角。圆角半径一般取壁厚的 0.2 ~ 0.4 倍，尺寸可在技术要求中统一注明，如“未注铸造圆角 *R*2 ~ *R*4”。若相交表面之一是加工面，则切削加工后铸造圆角被切掉，成为尖角。

在铸造零件毛坯时，为便于将木模从砂型中取出，一般沿起模方向做成约 1∶20 或1∶25 的斜度，称为起模斜度，因此在铸件上也有相应的起模斜度，这种斜度在图上可不予标注，

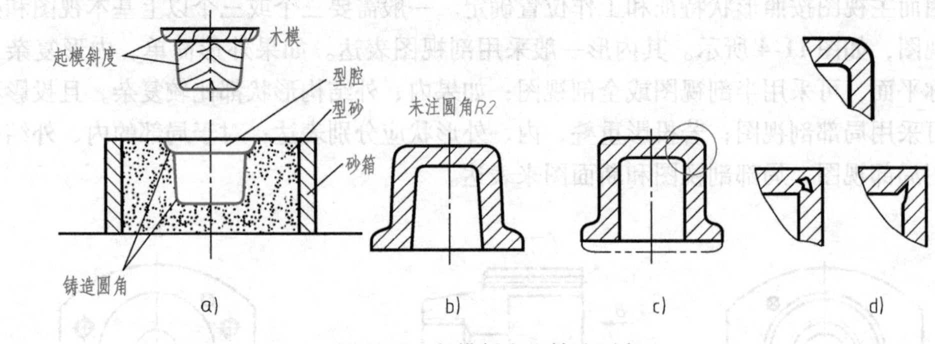

图 11-5　起模斜度和铸造圆角

也不一定画出，必要时可在技术要求中注明。

2. 铸件壁厚

铸件各处壁厚应大致相等（见图 11-6a）或逐渐变化（见图 11-6b），以避免各部分因冷却速度不同而产生缩孔或裂纹（见图 11-6c）。

二、机加工结构

1. 圆角和倒角

为避免因应力集中而产生裂纹，在直径大小不同的轴肩或孔肩处应以圆角过渡。为去掉零件棱边的毛刺、锐边和便于装配及操作安全，在轴或孔的端部，常常加工成倒角，45°倒角用 Cn 表示，非 45°倒角用 C 和角度标注，如图 11-7 所示。

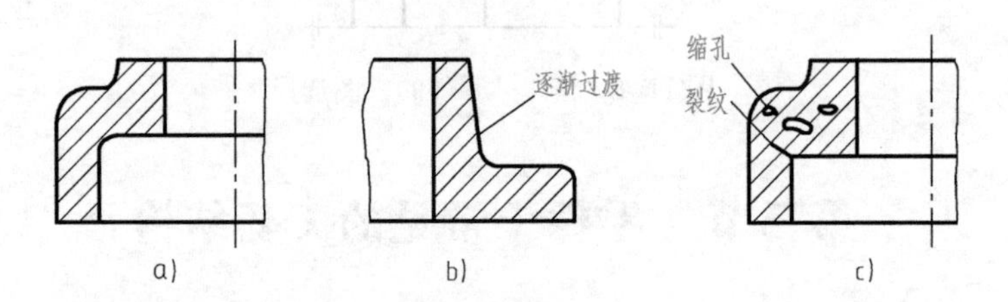

图 11-6　铸件壁厚

a）壁厚均匀　b）逐渐过渡　c）产生缩孔的裂纹

图中圆角 R 和倒角 Cn 的系列数值可查阅附表 G-3。

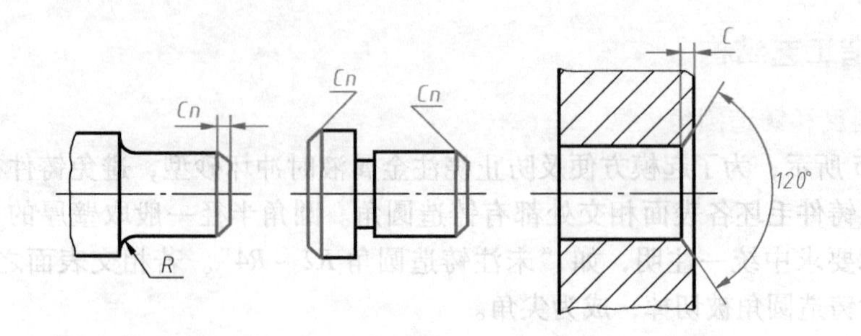

图 11-7　圆角和倒角

2. 退刀槽和砂轮越程槽

车削螺纹时，为便于退出刀具，常在零件的待加工表面末端车出螺纹退刀槽。退刀槽的尺寸标注一般按“槽宽 × 直径”或“槽宽 × 槽深”的形式标注，如图 11-8 所示。

磨削加工时，为使加工表面磨削完全，砂轮要稍稍超越加工面，因此常在零件表面上先加工出砂轮越程槽。磨削外圆及端面的砂轮越程槽如图 11-9 所示，其结构尺寸可查阅附表 G-4。

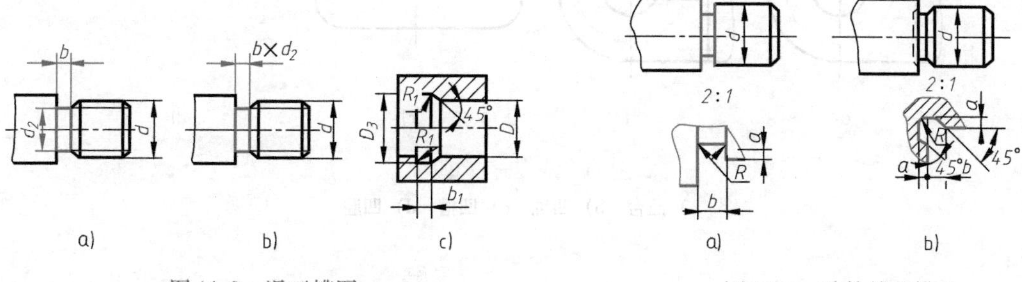

图 11-8 退刀槽图

图 11-9 砂轮越程槽

3. 钻孔结构

用钻头钻出的不通孔，底部有一个 120° 的锥角，但图上不注角度，钻孔深度也不包括锥坑；在阶梯孔的过渡处，也存在 120° 的圆台。画法及尺寸标注如图 11-10 所示。

钻孔时要求钻头轴线尽量垂直于被钻孔的端面，以保证钻孔准确和避免钻头折断，如图 11-11 所示。

4. 凸台和凹坑

零件上与其他表面的接触面，一般都需要机械加工。为减少加工面积，并保证零件表面之间有良好的接触，常常在铸件上设计出凸台和凹坑。图 11-12a、b 所示为螺栓连接的支承面，做成凸台或凹坑的形式；图 11-12c、d 所示的工艺结构是为了减少加工面积，使零件之间接触良好。

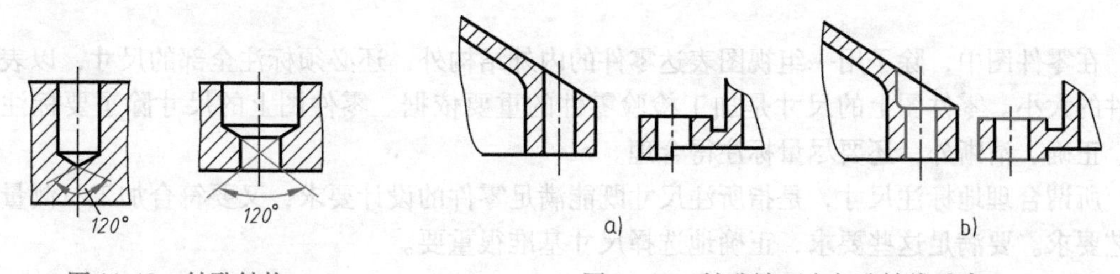

图 11-10 钻孔结构

注：应用时 120° 不标注。

图 11-11 钻孔端面应与孔轴线垂直

a）不正确 b）正确

三、过渡线的画法

铸件、锻件或压塑件等由于工艺上的要求，在两表面相交处存在圆角，因而零件表面的交线就不明显。为区分不同表面以便看图，仍画出没有圆角时的交线，这种交线称为过渡线，过渡线画在理论的交线处。过渡线应使用细类线绘制，常见的过渡线画法如图 11-13 所示。

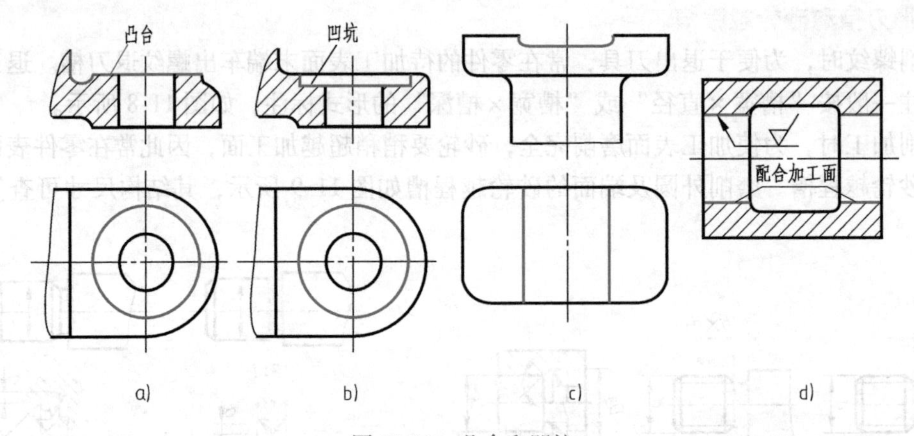

图 11-12　凸台和凹坑
a）凸台　b）凹坑　c）凹槽　d）凹腔

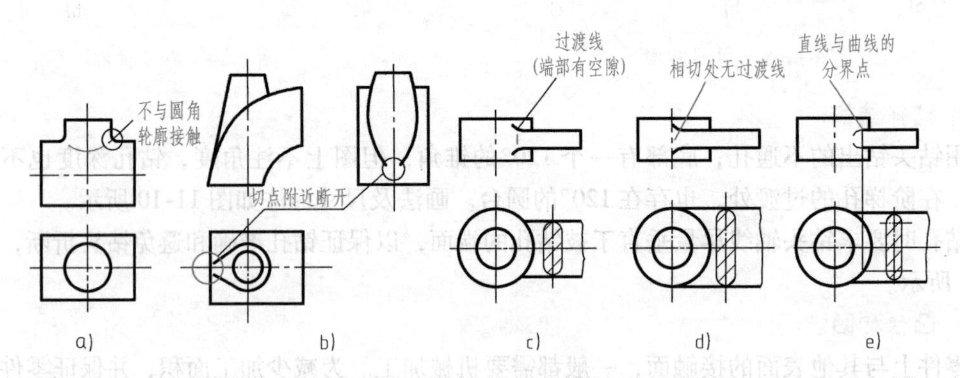

图 11-13　常见过渡线的画法

第四节　零件图的尺寸标注

在零件图中，除了用一组视图表达零件的内外结构外，还必须标注全部的尺寸，以表示零件的大小。零件图上的尺寸是加工检验零件的重要依据。零件图上的尺寸除了要标注完整、正确、清晰外，还要尽量标注得合理。

所谓合理地标注尺寸，是指所注尺寸既能满足零件的设计要求，又要符合加工、测量的工艺要求。要满足这些要求，正确地选择尺寸基准很重要。

一、尺寸基准的选择

基准是指零件在机器中或在加工及测量时，用以确定其位置的一些面、线或点。简单地说尺寸基准就是标注尺寸的起点。根据基准的作用不同，可分为设计基准和工艺基准。

1. 设计基准

在零件结构设计时，根据零件的结构要求所选定的基准称为设计基准。它用来确定零件在机器上的位置。在图 11-14 中所注明的基准为该零件的设计基准。

2. 工艺基准

工艺基准是指零件在加工、测量时所选用的基准，又分为定位基准和测量基准。定位基

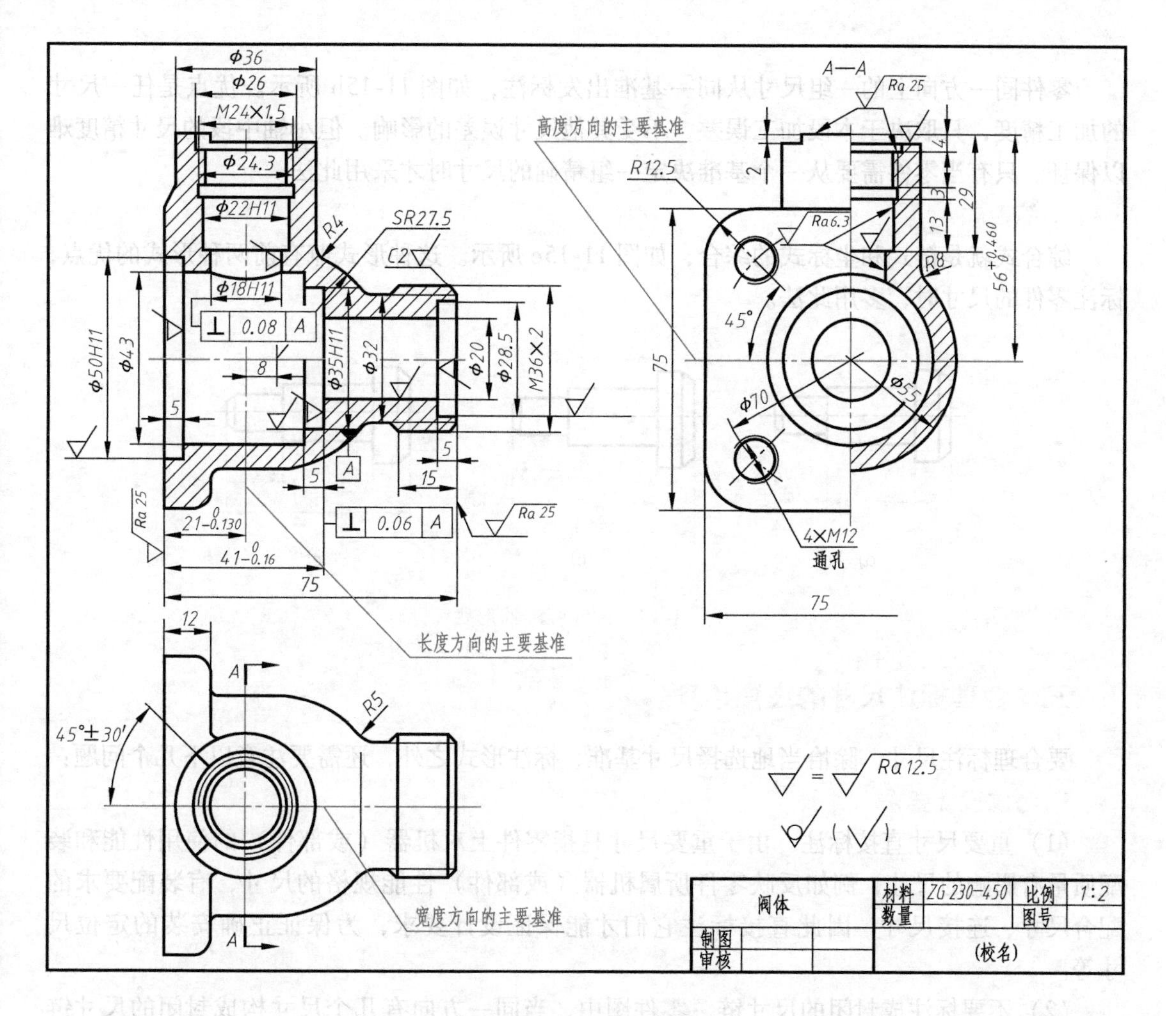

图 11-14 阀体零件图

准是在加工过程中确定零件位置时所选用的基准；测量基准是在测量零件已加工表面时所选用的基准。

在标注尺寸时，设计基准与工艺基准应尽量重合，以减少加工误差，提高加工质量。零件在长、宽、高三个方向上至少应各有一个尺寸基准，称为主要基准，有时为加工、测量的需要，在同一方向上还增加一个或几个辅助基准。主要基准和辅助基准之间应有尺寸联系。

可以作为基准的要素：零件的对称平面、重要端面、安装底面、装配结合面、主要加工面及回转体的轴线等。

二、尺寸标注的形式

零件图上的尺寸标注一般有以下三种形式：

1. 链式

零件同一方向上的尺寸彼此首尾相接，前一尺寸的终止处即为后一尺寸的起点，如图 11-15a所示。优点是保证每一段尺寸的精度，前一段尺寸的误差不会影响到后一段，常用于标注一系列孔的中心距；缺点是各段误差积累在总长上。

2. 坐标式

零件同一方向上的一组尺寸从同一基准出发标注，如图11-15b所示。优点是任一尺寸的加工精度，只取决于本段加工误差，不受其他尺寸误差的影响。但小轴中段的尺寸精度难以保证。只有当零件需要从一个基准决定一组精确的尺寸时才采用此法。

3. 综合式

综合式就是链式和坐标式的综合，如图11-15c所示。这种形式兼有前两种形式的优点，标注零件的尺寸时，多用此法。

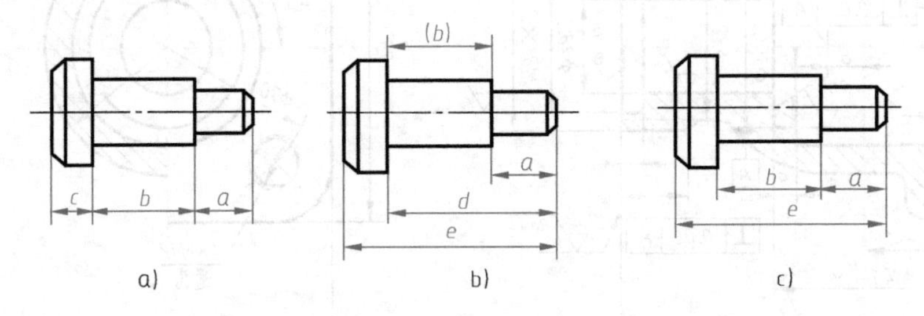

图11-15　尺寸标注的形式

三、合理标注尺寸的注意事项

要合理标注尺寸，除恰当地选择尺寸基准、标注形式之外，还需要注意以下几个问题：

1. 考虑设计要求

（1）重要尺寸直接标注　由于重要尺寸是指零件上对机器（或部件）的使用性能和装配质量有影响的尺寸，例如反映零件所属机器（或部件）性能规格的尺寸，有装配要求的配合尺寸、连接尺寸，因此直接标注它们才能保证设计要求，为保证正确安装的定位尺寸等。

（2）不要标注成封闭的尺寸链　零件图中，当同一方向有几个尺寸构成封闭的尺寸链时，应选取其中不重要的一环作为开口环，即不标注尺寸。开口环用来累积误差，而保证其他尺寸的精度，如图11-15c所示。有时为满足设计或加工的需要，也可标注成封闭形式，但封闭环的尺寸数字应加圆括弧，作为参考尺寸，如图11-15b所示。

2. 考虑工艺要求

（1）尽量符合加工顺序　按照加工顺序标注尺寸，符合加工过程，便于加工和测量。

（2）不同加工方法所用的尺寸尽量分开标注　例如轴上的键槽是在铣床上加工的，与车削尺寸分开标注在上下两边，有利于加工时看图。

（3）应便于测量　尺寸标注在满足设计要求前提下，应考虑测量方便，如图11-16a所示；而图11-16b则不便于测量。

（4）毛坯面的尺寸标注　零件上毛坯面尺寸和加工面尺寸要分开标注，在同一个方向上，毛坯面和加工面只标注一个联系尺寸，如图11-17a所示。图11-17b所示的多个毛坯面与加工面有尺寸联系，很难同时保证这些尺寸的精度。

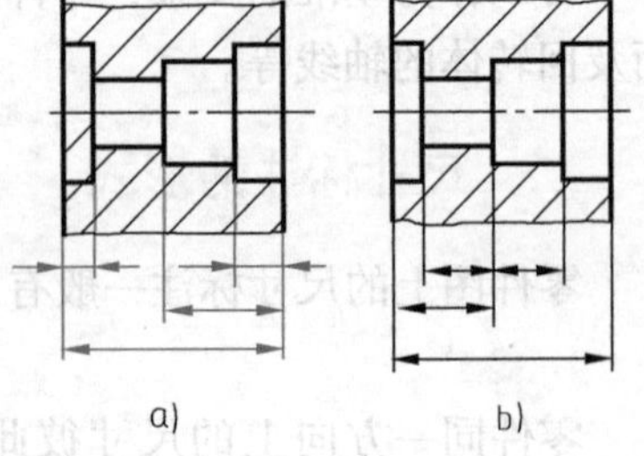

图11-16　标注尺寸应便于测量

a）合理　b）不合理

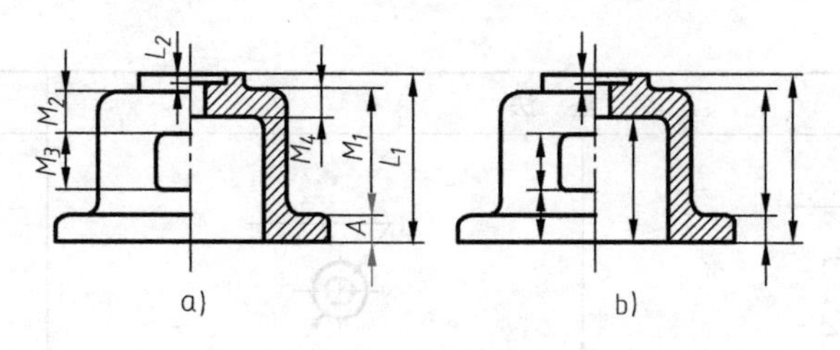

图 11-17 毛坯面尺寸和加工面只标注一个联系尺寸

a）合理 b）不合理

四、零件上常见孔的尺寸注法

零件上常见孔的尺寸注法见表 11-1。

表 11-1 零件上常见孔的尺寸注法

类型	旁注法		普通注法
光孔	4×φ4↧10	4×φ4↧10	4×φ4 10
	4×φ4H7↧10 孔↧12	4×φ4H7↧10 孔↧12	4×φ4H7 10 12
螺孔	3×M6-7H	3×M6-7H	3×M6-7H
	3×M6-7H↧10	3×M6-7H↧10	3×M6-7H 10
	3×M6-7H↧10 孔↧12	3×M6-7H↧10 孔↧12	3×M6-7H 10 12
沉孔	6×φ7 ⌵φ13×90°	6×φ7 ⌵φ13×90°	90° φ13 6×φ7

（续）

类型	旁注法		普通注法
沉孔	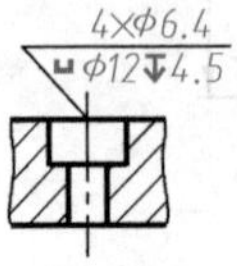 4×ϕ6.4 ⌴ϕ12↧4.5	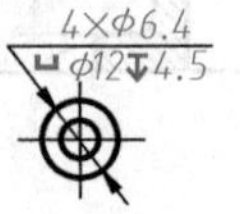 4×ϕ6.4 ⌴ϕ12↧4.5	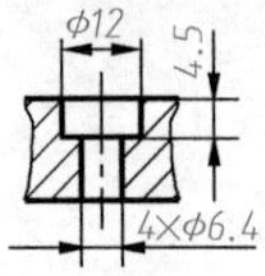 ϕ12 4.5 4×ϕ6.4
	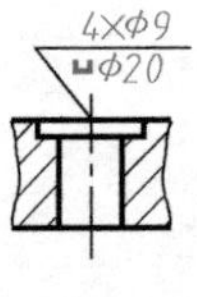 4×ϕ9 ⌴ϕ20	 4×ϕ9 ⌴ϕ20	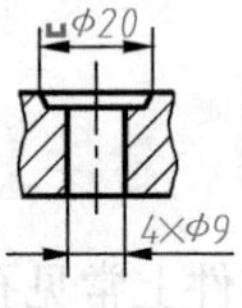 ⌴ϕ20 4×ϕ9

注：↧表示深度；⌴表示沉孔或锪平；∨表示埋头孔。

第五节　零件的表面结构

一、表面结构的概念

为保证零件装配后的使用，要根据功能需要对零件的表面结构给出质量要求。表面结构是表面粗糙度、表面波纹度、表面缺陷、表面纹理和表面几何形状的总称。GB/T 131—2006《产品几何技术规范（GPS）技术产品文件中表面结构的表示法》规定了表面结构的内容、表示方法、符号、代号及其在图样上的标注方法等。

对于零件表面结构的状况，可由三大类参数加以评定：轮廓参数（由 GB/T 3505—2009 定义）、图形参数（由 GB/T 18618—2009 定义）、支承率曲线参数（由 GB/T 18778.2—2003 和 GB/T 18778.3—2006 定义），其中轮廓参数是我国机械图样中目前最常用的评定参数。表面的轮廓参数由粗糙度参数（*R* 轮廓）、波纹度参数（*W* 轮廓）和原始轮廓参数（*P* 轮廓）构成，三个表面结构轮廓是构成几乎所有表面结构参数的基础。

1. 粗糙度轮廓

零件的加工表面即使看起来很光滑，在放大镜或显微镜下观察，也可以看到凹凸不平的加工痕迹，如图 11-18a 所示。这种加工表面上所具有较小间距的峰和谷所组成的微观几何特性称为表面粗糙度。表面粗糙度与所采取的加工方法及其他因素有关。

2. 波纹度轮廓

波纹度轮廓是表面轮廓中不平度的间距比粗糙度轮廓大得多的那部分，它具有间距较大、随机或接近周期形式的成分构成的表面不平度，一般是由工件表面加工的意外因素引起的。

3. 原始轮廓

原始轮廓是忽略粗糙度轮廓和波纹度轮廓之后的总轮廓，它具有宏观几何形状特征，一般是由机床、夹具等本身的形状误差引起的。

表面结构是评定零件表面质量的一项重要指标。其中，粗糙度轮廓对零件的配合性能、

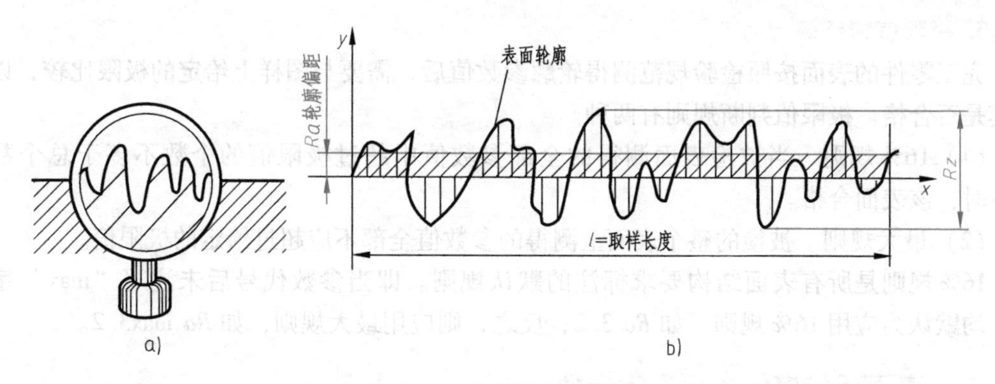

图 11-18 表面粗糙度概念

耐磨性、抗腐蚀性、接触刚度、抗疲劳强度、密封性和外观等都有影响。凡是零件上有配合要求或有相对运动的表面，其表面粗糙度值越小，对这项指标的要求就越高，加工成本也越高。因此应根据零件的工作状况和需要，合理地确定零件各表面的表面粗糙度要求。

本节主要介绍表面粗糙度的主要评定参数、代号及标注方法。

二、有关检验规范的基本术语

国家标准规定，图样中注写参数代号及其数值要求的同时，还应明确其检验规范。有关术语简介如下：

1. 轮廓滤波器和传输带

粗糙度等三类轮廓各有不同的波长范围，它们又同时叠加在同一表面轮廓上，因此，在测量评定三类轮廓参数时，必须先将表面轮廓在特定仪器上进行滤波，以分离获得所需波长范围的轮廓。这种将轮廓分成长波和短波的仪器称为轮廓滤波器。由两个不同截止波长的滤波器分离获得的轮廓波长范围称为传输带。

按照滤波器的不同截止波长值，由小到大顺次分为 λ_s、λ_c 和 λ_f 三种，粗糙度等三类轮廓就是分别应用这些滤波器修正表面轮廓后获得的。λ_s 应用滤波器修正后形成的轮廓称为原始轮廓（*P* 轮廓）；在 *P* 轮廓的基础上再应用 λ_c 滤波器修正后形成的轮廓称为粗糙度轮廓（*R* 轮廓）；对 *P* 轮廓连续应用 λ_f 和 λ_c 滤波器修正后形成的轮廓称为波纹度轮廓（*W* 轮廓）。

2. 取样长度和评定长度

以粗糙度参数的测量为例，由于表面轮廓的不规则性，测量结果与测量段的长度密切相关，当测量段过短，各处的测量结果会产生很大差异；但当测量段过长，则测得的高度值中将不可避免地包含波纹度的幅值。因此，在 x 轴（即基准线）上选取一段适当长度进行测量，这段长度称为取样长度。

在每一取样长度内的测得值通常是不等的。为取得表面结构最可靠的值，一般取几个连续的取样长度进行测量，并以各取样长度内测量值的平均值作为测得的参数值。这段在 x 轴方向上用于评定轮廓并包含一个或几个取样长度的测量段称为评定长度。

当参数代号后未注明取样长度的个数时，评定长度默认为 5 个取样长度，否则应注明个数。例如，*Rz* 0.8、*Ra*3 1.6、*Rz*1 3.2 分别表示评定长度为 5 个（默认）、3 个、1 个取样长度。

3. 极限值判断规则

完工零件的表面按照检验规范测得轮廓参数值后，需要与图样上给定的极限比较，以判定其是否合格。极限值判断规则有两种。

（1）16%规则　当被检表面测得的全部参数值中超过极限值的个数不多于总个数的16%时，该表面合格。

（2）最大规则　被检的整个表面上测得的参数值全部不应超过给定的极限值。

16%规则是所有表面结构要求标注的默认规则。即当参数代号后未注写“max”字样时，均默认为应用16%规则，如 *Ra* 3.2；反之，则应用最大规则，如 *Ra* max3.2。

三、表面粗糙度的主要评定参数

评定零件表面粗糙度的主要参数有两个：轮廓算术平均偏差（*Ra*）和轮廓最大高度（*Rz*），如图11-18b所示。使用时优先选用参数 *Ra*。

1. 轮廓算术平均偏差（*Ra*）

轮廓算术平均偏差是在一个取样长度内，轮廓偏距绝对值的算术平均值，如图11-18b所示。用公式表示为

$$Ra = \frac{1}{l}\int_0^l |y(x)|\,\mathrm{d}x \approx \frac{1}{n}\sum_{i=1}^{n}|y_i|$$

轮廓算术平均偏差 *Ra* 的数值见表11-2，使用时，优先选用第1系列。轮廓算术平均偏差 *Ra* 的一般使用情况见表11-3。*Ra* 的取样长度可参考相关资料。

表11-2　轮廓算术平均偏差 *Ra* 的数值　（单位：μm）

<table>
<tr><td>第1系列</td><td>0.012
3.2</td><td>0.025
6.3</td><td>0.050
12.5</td><td>0.100
25</td><td>0.2
50</td><td>0.4
100</td><td>0.8</td><td>1.6</td><td>第2系列</td><td>略</td></tr>
</table>

表11-3　轮廓算术平均偏差 *Ra* 的一般使用情况

<table>
<tr><th>Ra/μm</th><th>表面特征</th><th>主要加工方法</th><th>应用</th></tr>
<tr><td>50</td><td>明显可见刀痕</td><td rowspan="2">粗车、粗铣、粗刨、钻、粗纹锉刀和粗砂轮加工</td><td>表面质量低，一般很少应用</td></tr>
<tr><td>25</td><td>可见刀痕</td><td>不重要的加工部位，如油孔、穿螺栓用的光孔、不重要的底面及倒角等</td></tr>
<tr><td>12.5</td><td>微见刀痕</td><td>粗车、刨、立铣、平铣、钻</td><td>常用于尺寸精度不高、没有相对运动的表面，如不重要的端面、侧面、底面等</td></tr>
<tr><td>6.3</td><td>可见加工痕迹</td><td rowspan="3">粗车、精铣、精刨、镗、粗磨等</td><td>常用于不十分重要、但有相对运动的部位或较重要的接触面，如低速轴的表面、相对速度较高的侧面、重要的安装基面和齿轮、链轮的齿廓表面等</td></tr>
<tr><td>3.2</td><td>微见加工痕迹</td><td rowspan="2">常用于传动零件的轴、孔配合部分，以及中低速轴承孔、齿轮的齿廓表面等</td></tr>
<tr><td>1.6</td><td>不见加工痕迹</td></tr>
<tr><td>0.8</td><td>可辨加工痕迹方向</td><td rowspan="2">精车、精铰、精镗、精磨等</td><td>常用于较重要的配合面，如安装滚动轴承的轴和孔、有导向要求的滑槽等</td></tr>
<tr><td>0.4</td><td>微辨加工痕迹方向</td><td>常用于重要的平衡面，如高速回转的轴和轴承孔等</td></tr>
</table>

2. 轮廓最大高度（*Rz*）

在一个取样长度内，最大轮廓峰顶线与轮廓谷底线的距离。

四、表面结构的图形符号和代号

1. 表面结构的图形符号

表面结构的图形符号及其含义见表 11-4。

表 11-4 表面结构的图形符号及其含义

符号名称	符号	意义及说明
基本图形符号		图形符号仅用于简化代号标注，没有补充说明时不能单独使用
扩展图形符号		要求去除材料的图形符号，表示指定表面用去除材料的方法获得。例如，车、铣、钻、磨、剪切、抛光、腐蚀、电火花加工、气割等
		不允许去除材料的图形符号，表示指定表面用不去除材料方法获得。例如，铸、锻、冲压变形、热轧、冷轧、粉末冶金等，或者用于保持原供应状况的表面（包括保持上道工序的状况）
完整图形符号		用于标注表面结构特征的补充信息
		在上述三个图形符号上均可加上一小圆，表示对周边各面具有相同的表面结构要求

2. 表面结构代号

表面结构符号中注写具体参数代号及数值等要求后称为表面结构代号。为表示表面结构的要求，除标注表面结构参数和数值外，必要时应标注补充要求，包括传输带、取样长度、加工工艺、表面纹理及方向、加工余量等。这些要求在图形符号中的注写位置如图 11-19 所示。表面结构的代号及其意义见表 11-5。

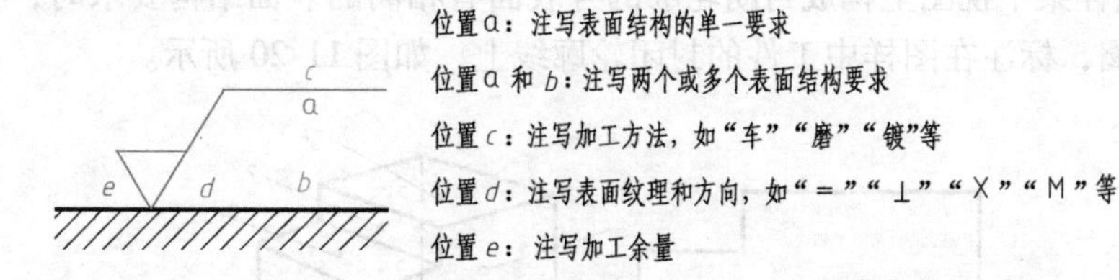

图 11-19 表面结构代号中补充要求的注写位置

表 11-5 表面结构的代号及其意义

代号示例	含义/解译
Ra 0.8	表示不允许去除材料，单向上限值，默认传输带，*R* 轮廓，算术平均偏差 0.8μm，评定长度为 5 个取样长度（默认），“16% 规则”（默认）
补充说明：参数代号与极限值之间应留空格（下同），本例未标注传输带，应理解为默认传输带，此时取样长度可由 GB/T 10610—2009 和 GB/T 6062—2009 中查取	

（续）

代号示例	含义/解释
Rz max 0.2	表示去除材料，单向上限值，默认传输带，R 轮廓，粗糙度最大高度的最大值 0.2μm，评定长度为 5 个取样长度（默认），“最大规则”
补充说明：代号示例 N0.1～No.4 均为单向极限要求，且均为单向上限值，则均可不加注“U”；若为单向下限值，则应加注“L”	
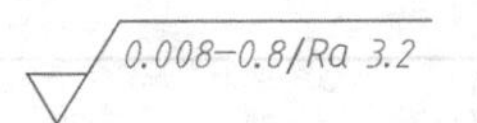	表示去除材料，单向上限值，传输带 0.008～0.8mm，R 轮廓，算术平均偏差 3.2μm，评定长度为 5 个取样长度（默认），“16%规则”（默认）
补充说明：传输带“0.008～0.8”中的前后数值分别为短波和长波滤波器的截止波长（$\lambda_s-\lambda_c$），以示波长范围。此时取样长度等于 λ_s，则 $l_r=0.8$mm	
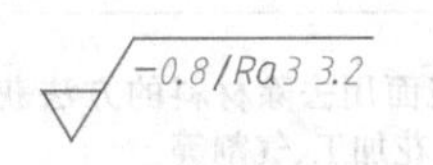	表示去除材料，单向上限值，传输带：根据 GB/T 6062—2009，取样长度 0.8μm（λ_s 默认 0.0025mm），R 轮廓，算术平均偏差 3.2μm，评定长度包含 3 个取样长度，“16%规则”（默认）
补充说明：传输带仅注出一个截止波长值（本例 0.8μm 表示 λ_s 值）时，另一截止波长值 λ_s 应理解成默认值，由 GB/T 6062—2009 中查知 $\lambda_s=0.0025$mm	
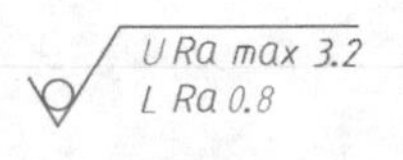	表示不允许去除材料，双向极限值，两极限值均使用默认传输带，R 轮廓；上限值：算术平均偏差 3.2μm，评定长度为 5 个取样长度（默认），“最大规则”；下限值：算术平均偏差 0.8μm，评定长度为 5 个取样长度（默认），“16%规则”（默认）
补充说明：本例为双向极限要求，用“U”和“L”分别表示上限值和下限值。在不致引起歧义时，可不加注“U”、“L”	
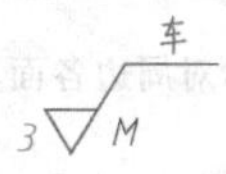	加工方法：车削；表面纹理：纹理呈多方向；加工余量为 3mm

五、表面结构在图样上的标注方法

1. 表面结构在图样上的一般注法

表面结构要求对每一表面一般只标注一次，并尽可能标注在相应的尺寸及其公差的同一视图上。除非另有说明，所标注的表面结构要求是对完工零件表面的要求。

1）当在图样某个视图上构成封闭轮廓的各表面有相同的表面结构要求时，在完整图形符号上加一圆圈，标注在图样中工件的封闭轮廓线上，如图 11-20 所示。

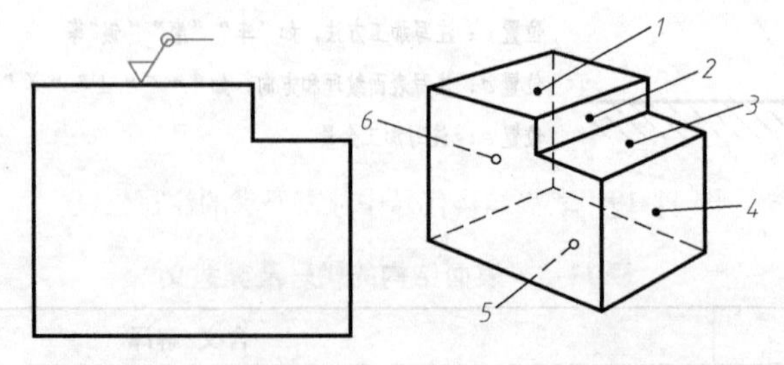

图 11-20　对周边各面有相同的表面结构要求的注法

2）表面结构的注写和读取方向与尺寸的注写和读取方向一致。表面结构可标注在轮廓线（或其延长线）上，其符号应从材料外指向并接触表面，必要时，表面结构符号也可用带箭头或黑点的指引线引出标注，如图 11-21 所示。

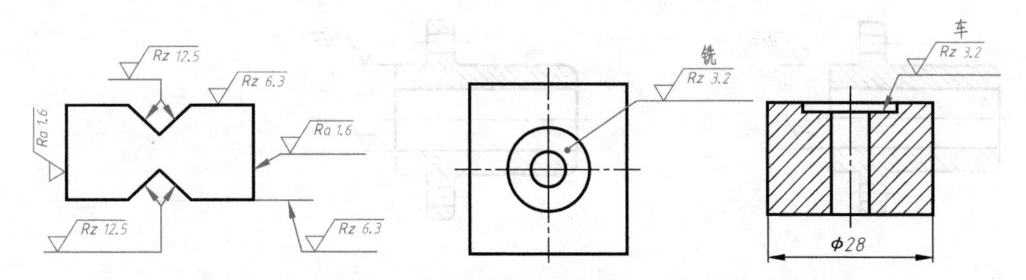

图 11-21 表面结构要求可直接标注在轮廓线上或用指引线引出标注

3）在不致引起误解时，表面结构可标注在给定的尺寸线上或几何公差框格的上方，如图 11-22 所示。

4）圆柱和棱柱表面的表面结构只标注一次，如图 11-23a 所示。若每个棱柱表面有不同的表面结构要求，则应分别单独标注，如图 11-23b 所示。

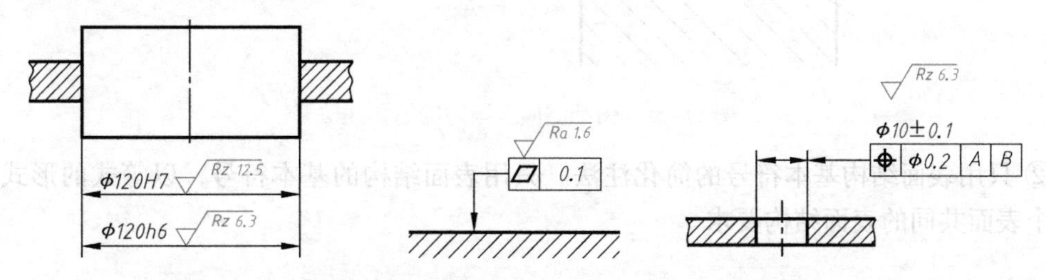

图 11-22 表面结构要求可标注在尺寸线上或几何公差框格的上方

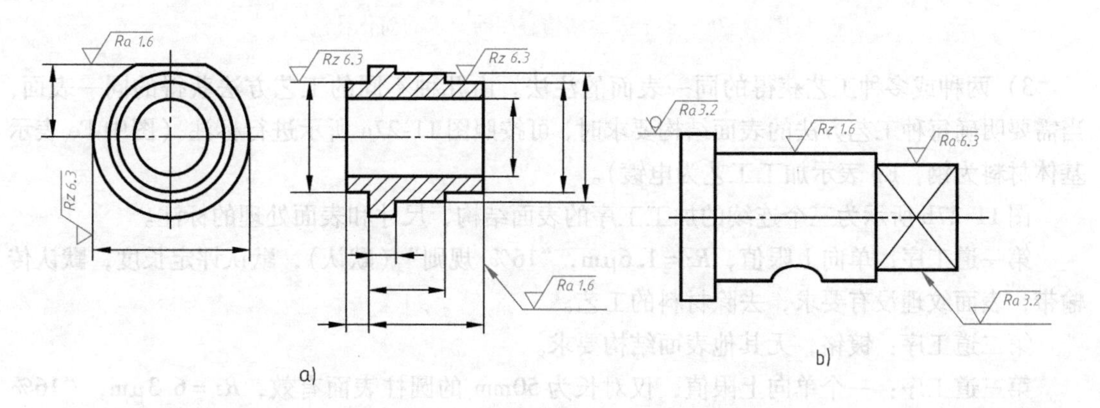

图 11-23 圆柱和棱柱的表面结构要求的注法

2. 表面结构在图样上的简化注法

不同的表面结构应直接标注在图形中，以下几种情况可简化标注。

1）如果在工件的多数（包括全部）表面有相同的表面结构要求时，那么其表面结构可统一标注在图样的标题栏附近。此时，表面结构的符号后面应有：

① 在圆括号内给出无任何其他标注的基本符号（图 11-24a）。

② 在圆括号内给出不同的表面结构要求（图 11-24b）。

2）多个表面有共同表面结构要求或图纸空间有限时的注法。

① 用带字母的完整符号的简化注法。如图 11-25 所示，以等式的形式，在图形或标题栏附近，对有相同表面结构的表面进行简化标注。

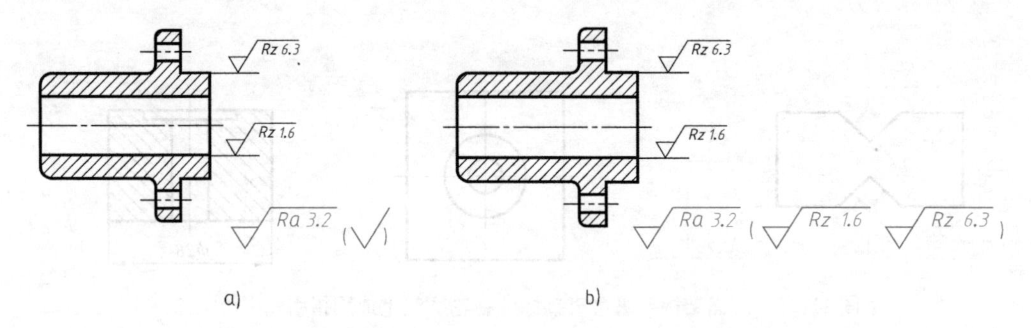

图 11-24　大多数表面有相同表面结构要求的简化注法

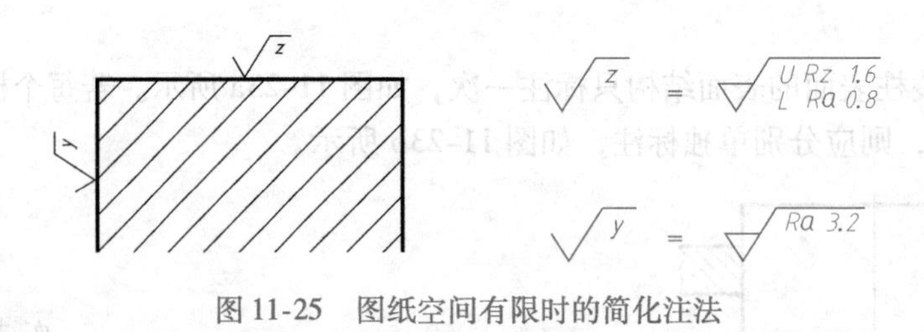

图 11-25　图纸空间有限时的简化注法

② 只用表面结构基本符号的简化注法。只用表面结构的基本符号，以等式的形式给出对多个表面共同的表面结构要求。

Ra 3.2　Ra 3.2　Ra 12.5

图 11-26　多个表面结构有相同要求的简化注法

3）两种或多种工艺获得的同一表面的注法。由几种不同的工艺方法获得的同一表面，当需要明确每种工艺方法的表面结构要求时，可按照图 11-27a 所示进行标注（图中 Fe 表示基体材料为钢，Ep 表示加工工艺为电镀）。

图 11-27b 所示为三个连续的加工工序的表面结构、尺寸和表面处理的标注。

第一道工序：单向上限值，$Rz=1.6\mu m$，“16% 规则”（默认），默认评定长度，默认传输带，表面纹理没有要求，去除材料的工艺。

第二道工序：镀铬，无其他表面结构要求。

第三道工序：一个单向上限值，仅对长为 50mm 的圆柱表面有效，$Rz=6.3\mu m$，“16% 规则”（默认），默认评定长度，默认传输带，表面纹理没有要求，磨削加工工艺。

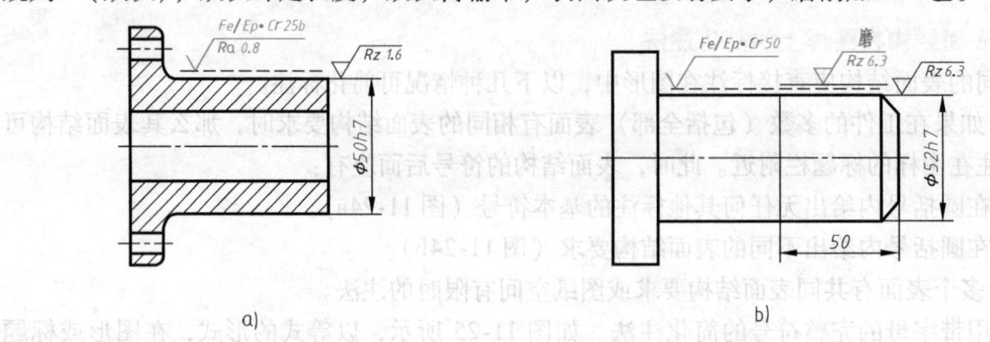

图 11-27　两种或多种工艺获得的同一表面的注法

第六节　极限与配合及几何公差

一、极限与配合

1. 零件的互换性

从一批相同的零件（或部件）中任取一件，不经任何辅助加工及修配，就可顺利地装配成完全符合要求的产品，能够保证使用要求。零件的这种性质称为互换性。例如螺纹连接件、滚动轴承、自行车、手表上的零件均具有互换性。现代工业，要求机器零件具有互换性，既有利于各生产部门的协作，又能进行高效的专业化生产。互换性通过规定零件的尺寸公差、几何公差、表面粗糙度等技术要求来实现。

2. 尺寸与尺寸公差

由于零件在实际生产过程中受到机床、刀具、量具、加工、测量等诸多因素的影响，加工完一批零件的实际尺寸总存在一定的误差，为保证零件的互换性，必须将零件的尺寸控制在允许的变动范围内，这个允许的尺寸变动量称为尺寸公差，简称公差。

有关尺寸公差的术语和定义如下：

（1）公称尺寸　设计给定的尺寸，如图 11-14 中的尺寸 ϕ50H11。

（2）实际尺寸　零件制成后，测量所得的尺寸。

（3）极限尺寸　允许零件实际尺寸变化的两个界限值。实际尺寸应位于其中，也可达到极限尺寸。

上极限尺寸为孔或轴允许的最大尺寸。

下极限尺寸为孔或轴允许的最小尺寸。

（4）尺寸公差(简称公差)　允许的尺寸变动量。它等于上极限尺寸与下极限尺寸之差，或者等于上极限偏差与下极限偏差之差。尺寸公差表示一个范围，是一个没有符号的绝对值。

（5）零线　在极限与配合图解中，表示公称尺寸的一条直线，以其为基准确定偏差和公差，如图 11-28 所示。

（6）尺寸公差带(简称公差带)　在公差带图解中，由代表上极限偏差和下极限偏差或上极限尺寸和下极限尺寸的两条直线所限定的一个区域。图 11-28 所示为一对互相配合的孔和轴的公称尺寸、极限尺寸、极限偏差、公差的相互关系。其公差带图如图 11-28b 所示。

3. 标准公差和基本偏差

GB/T 1800. 1—2009《产品几何技术规范（GPS）极限与配合第 1 部分：公差、偏差和配合的基础》规定了公差带由标准公差和基本偏差两个要素组成。标准公差确定公差带的大小，而基本偏差确定公差带相对于零线的位置。

（1）标准公差（IT）　标准公差是国家标准所规定的、用以确定公差带大小的任一公差，数值由公称尺寸和标准公差等级决定。标准公差分为 20 级，即 IT01，IT0，IT1，…，IT18。IT 表示标准公差，数值表示公差等级。其尺寸精确程度从 IT01 到 IT18 依次降低。标准公差的数值见附表 H-1。

（2）基本偏差　基本偏差是指在标准的极限与配合制中，确定公差带相对零线位置的

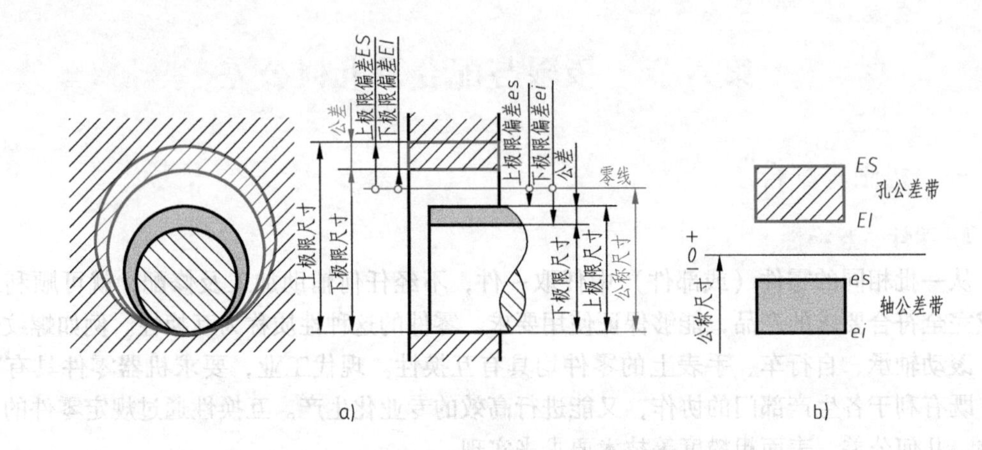

图 11-28　孔和轴的尺寸公差名词术语

那个极限偏差。它可以是上极限偏差或下极限偏差，一般指靠近零线的那个偏差。当公差带在零线的上方时，基本偏差为下极限偏差；反之，则为上极限偏差。

基本偏差的代号用拉丁字母按照其顺序表示，孔和轴各 28 个，大写字母表示孔，小写字母表示轴。基本偏差系列如图 11-29 所示。

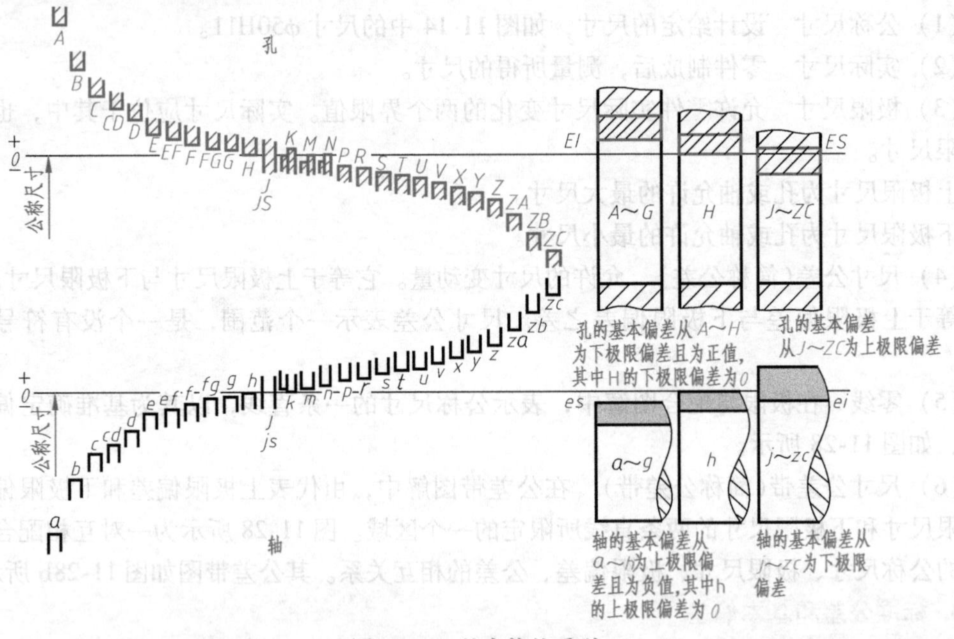

图 11-29　基本偏差系列

孔和轴的公差带代号由基本偏差代号与标准公差等级代号组成，如图 11-30 所示。

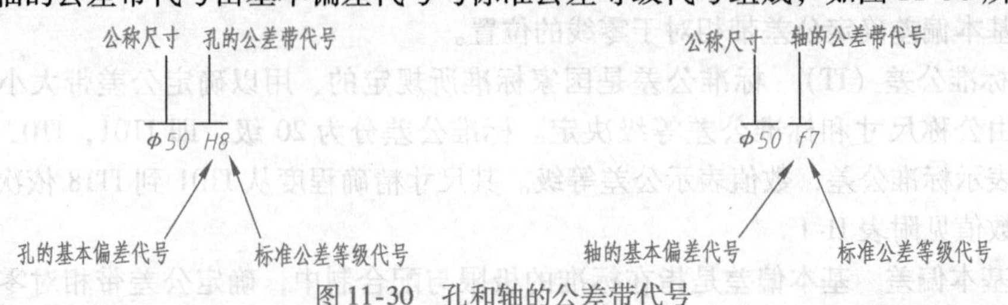

图 11-30　孔和轴的公差带代号

4. 配合

公称尺寸相同的相互结合的孔和轴公差带之间的关系称为配合。配合是指一批孔与轴的装配关系，不是单个孔与轴的装配关系。

（1）配合的种类　根据使用要求的不同，孔和轴之间的配合有松有紧，可分为3类。

1）间隙配合。孔与轴装配时具有间隙（包括最小间隙等于零）的配合，如图11-31a所示。

2）过盈配合。孔与轴装配时具有过盈（包括最小过盈等于零）的配合，如图11-31b所示。

3）过渡配合。孔与轴装配时可能具有间隙或过盈的配合，如图11-31c所示。

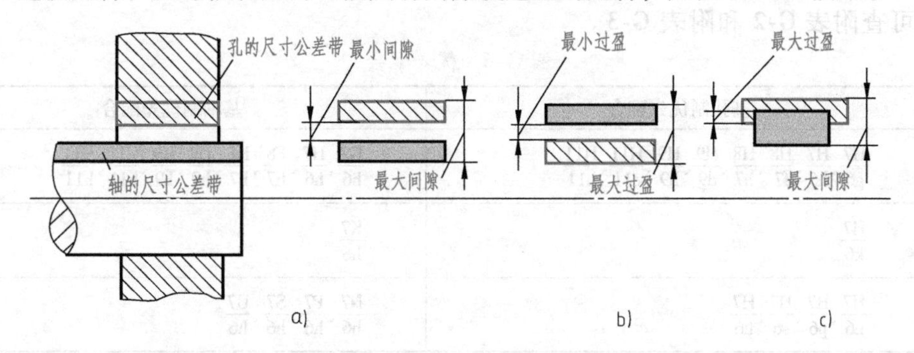

图11-31　配合种类

a）间隙配合　b）过盈配合　c）过渡配合

（2）基准制配合　为了得到各种不同性质的配合，国家标准规定了两种基准制配合。

1）基孔制配合　基本偏差为一定值的孔公差带与不同基本偏差值的轴公差带形成各种配合的一种制度。基孔制配合的孔称为基准孔，其基本偏差代号为H，下极限偏差为零，如图11-32a所示。

2）基轴制配合。基本偏差为一定值的轴公差带与不同基本偏差值的孔公差带形成各种配合的一种制度。基轴制配合的轴称为基准轴，其基本偏差代号为h，上极限偏差为零，如图11-32b所示。

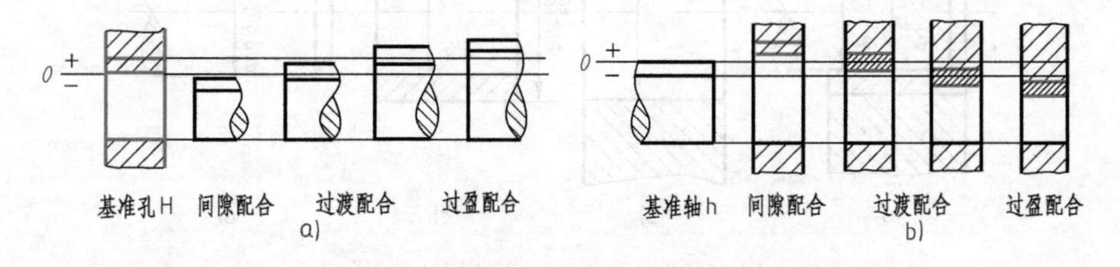

图11-32　基准制配合

a）基孔制配合　b）基轴制配合

在生产实际中选用哪种基准制配合，要分析零部件的结构、工艺要求、经济性等问题。一般情况下优先选用基孔制配合。极个别情况下出现非基孔制非基轴制的配合，如滚动轴承的外圈与某零件组成基轴制配合，此孔又与另一轴组成非基孔和非基轴制配合，如图12-2中ϕ62J7/f9所示。

（3）配合代号　配合代号由孔和轴的公差带代号组成，写成分数形式。例如：ϕ50H8/

f7 或 $\phi50\ \dfrac{H8}{f7}$，其中 $\phi50$ 表示孔、轴的公称尺寸，H8 为孔的公差带代号，f7 为轴的公差带代号，该配合为基孔制间隙配合。通常分子中含 H 的为基孔制配合，分母中含 h 的为基轴制配合。

（4）优先和常用配合　标准公差有 20 个等级，基本偏差有 28 种，可组成大量的配合。过多的配合，既不能发挥标准的作用，也不利于生产。因此，国家标准将孔、轴公差带分为优先、常用和一般用途的公差带，并由孔、轴的优先和常用公差带分别组成基孔制和基轴制的优先和常用配合，以便选用。基孔制配合和基轴制配合各 13 种优先配合见表 11-6，常用配合可查阅有关手册。直径在 500mm 以内优先配合的轴和孔的公差值可查附表 G-2 和附表 G-3。

表 11-6　优先配合

	基孔制优先配合	基轴制优先配合
间隙配合	$\frac{H7}{g6}$、$\frac{H7}{h6}$、$\frac{H8}{f7}$、$\frac{H8}{h7}$、$\frac{H9}{d9}$、$\frac{H9}{h9}$、$\frac{H11}{c11}$、$\frac{H11}{h11}$	$\frac{G7}{h6}$、$\frac{H7}{h6}$、$\frac{F8}{h7}$、$\frac{H8}{h7}$、$\frac{D9}{h9}$、$\frac{H9}{h9}$、$\frac{C11}{h11}$、$\frac{H11}{h11}$
过渡配合	$\frac{H7}{k6}$	$\frac{K7}{h6}$
过盈配合	$\frac{H7}{n6}$、$\frac{H7}{p6}$、$\frac{H7}{s6}$、$\frac{H7}{u6}$	$\frac{N7}{h6}$、$\frac{P7}{h6}$、$\frac{S7}{h6}$、$\frac{U7}{h6}$

5. 公差与配合在图样上的标注

装配图中一般标注配合代号，如图 11-33a 所示。

在零件图上标注公差的方法有 3 种形式：①只标注公差带代号，如图 11-33b 所示；②只标注极限偏差数值，如图 11-33c 所示；③注出公差带代号及极限偏差数值，如图 11-33d 所示。

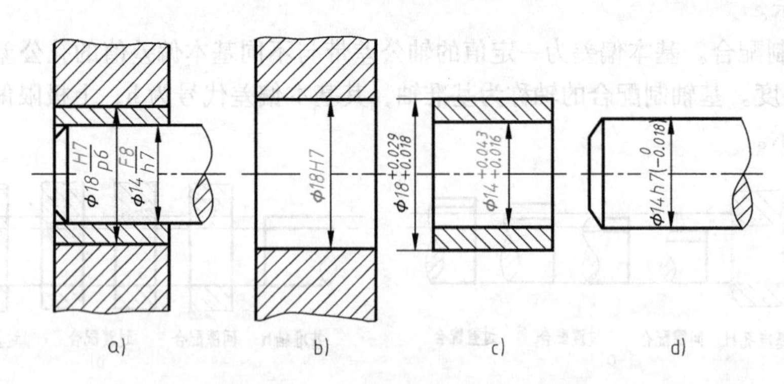

图 11-33　公差与配合的标注方法

二、几何公差

零件加工后，不仅存在尺寸误差，而且会产生几何形状及相对位置的误差。所谓形状误差，是指加工后实际表面形状相对于理想形状的误差，如图 11-34a 所示。位置误差是指零件各表面之间、轴线之间或表面与轴线之间的实际位置相对于理想位置的误差，如图11-34b 所示。

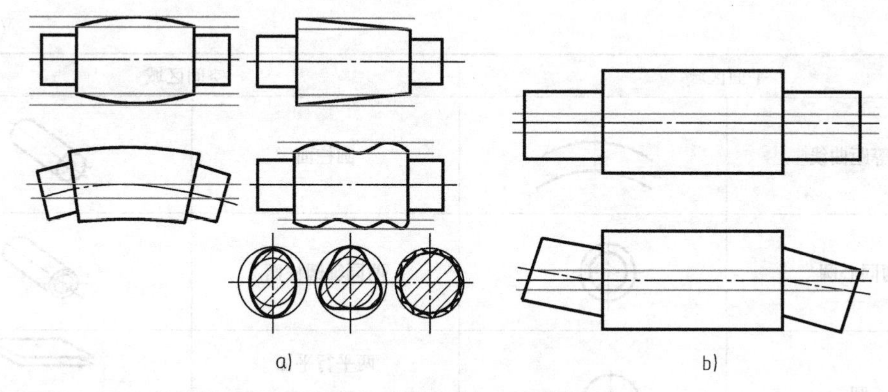

图 11-34 几何公差概念
a）表面形状误差 b）表面位置误差

几何公差是指实际被测要素对图样上给定的理想形状、理想位置的允许变动量。几何公差的研究对象是构成零件几何特征的点、线、面（要素），研究这些要素在形状及其相互间方向或位置方面的精度问题。几何公差包含形状公差、方向公差、位置公差和跳动公差。

1. 几何公差的特征及符号

GB/T 1182—2008《产品几何技术规范（GPS） 几何公差 形状、方向、位置和跳动公差标注》规定在图样中几何公差用代号来标注。当无法用代号标注时，允许在技术要求中用文字说明。几何公差的特征和符号见表 11-7。

表 11-7 几何公差的特征和符号（GB/T 1182—2008）

公差类型	几何特征	符号	基准
形状公差	直线度	—	无
	平面度	▱	无
	圆度	○	无
	圆柱度	⌭	无
形状/方向/位置公差	线轮廓度	⌒	无/有/有
	面轮廓度	⌓	无/有/有

公差类型	几何特征	符号	基准
方向公差	平行度	//	有
	垂直度	⊥	有
	倾斜度	∠	有
位置公差	位置度	⌖	有或无
	同轴（同心）度	◎	有
	对称度	⌯	有
跳动公差	圆跳动	↗	有
	全跳动	⌰	有

2. 公差带和公差带的形状

公差带是由一个或几个理想的几何线或面所限定的、由线性公差值表示其大小的区域。公差带的形状有：两平行直线、两等距曲线、两同心圆、一个圆、一个球、一个圆柱、一个四棱柱、两同轴圆柱、两平行平面、两等距曲面，见表 11-8。公差带的定义、标注和解释见附录 J。

表 11-8 公差带的形状

平面区域		空间区域	
两平行直线	t	球	SΦt

（续）

平面区域		空间区域	
两等距曲线		圆柱面	
两同心圆		两同轴圆柱面	
圆		两平行平面	
		两等距曲面	

3. 几何公差在图样中的标注

（1）几何公差代号　由带箭头的指引线和公差框格组成，公差框格内容及格式如图 11-35所示。公差框格用细实线画出，画成水平方向或垂直方向，框格高度是图样中尺寸数字高度的 2 倍，它的长度视需要而定。

（2）基准符号　由一个标注在基准方框内的大写字母及用细实线与一个涂黑（或空白）的三角形相连而成，如图 11-35 所示。

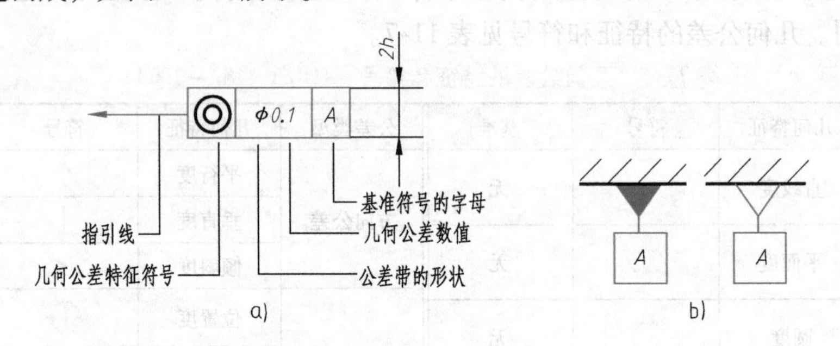

图 11-35　几何公差代号及基准符号（形状公差无基准）

公差框格中基准符号的标注方式如图 11-36 所示。

1）单一基准要素用大写字母表示。

2）由两个要素组成的公共基准，用由横线隔开的两个大写字母表示。

3）由两个或两个以上要素组成的基准要素，如多基准组合，表示基准的大写字母应按照基准的优先次序从左至右分别置于各格中。

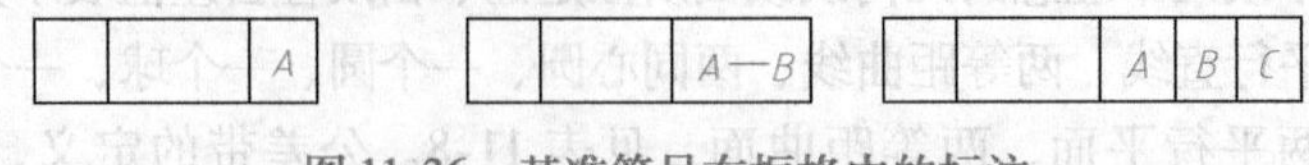

图 11-36　基准符号在框格中的标注

（3）被测要素的标注　用带箭头的指引线将被测要素与公差框格的一端相连。指引线箭头应指向公差带的宽度方向或直径方向。指引线用细实线绘制，可以垂直转折一次。

1）当公差涉及轮廓线或轮廓面时，指引线箭头应指向该要素的轮廓线或其延长线上，并应明显地与尺寸线错开，如图 11-37a 所示。

2）当公差涉及要素的中心线、中心面或中心点时，指引线箭头应与该要素的尺寸线对齐，如图 11-37b 所示。

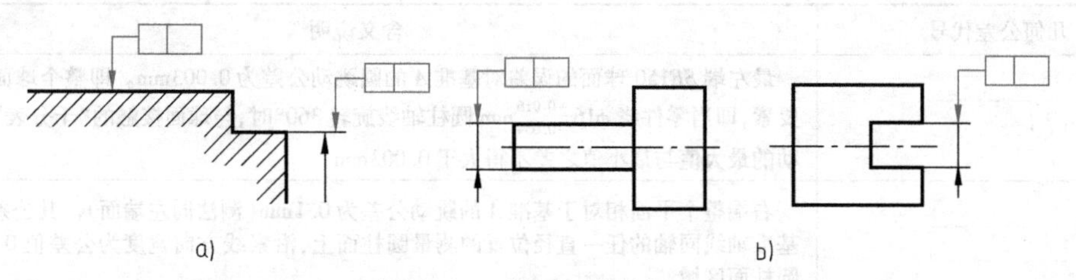

图 11-37 被测要素的标注

3）若干分离要素给出单一公差带时，可按照图 11-38 所示标注，即在公差框格内公差值的后面加注公共公差带的符号 CZ。

（4）基准要素的标注 基准要素的标注方法与被测要素的标注相同。注意：基准符号中大写字母与相应被测要素对应，并且其方向应水平书写，如图 11-39 所示。

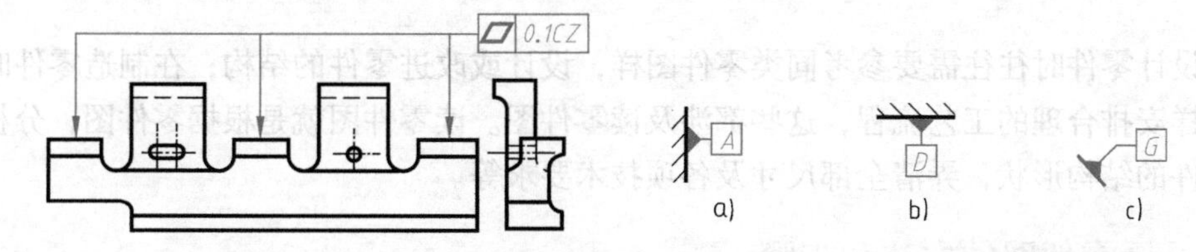

图 11-38 若干分离要素的单一几何公差标注

图 11-39 基准符号中字母的方向
a）水平绘制 b）垂直绘制 c）倾斜绘制

图 11-40 所示为几何公差标注示例，图中有四处几何公差的标注，其代号的含义说明见表 11-9。

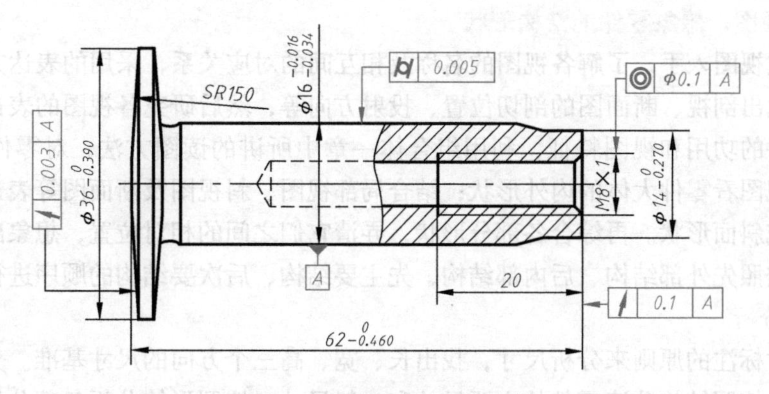

图 11-40 几何公差标注示例

表 11-9 标注代号说明

几何公差代号	含义说明
基准符号 A	基准符号：以 $\phi16^{-0.016}_{-0.034}$ mm 圆柱的轴线为基准
圆柱度 0.005	$\phi16^{-0.016}_{-0.034}$ mm 圆柱面的圆柱度公差为 0.005mm，其公差带是半径差为 0.005mm 的两同轴圆柱面，是该圆柱面纵向和正截面形状的综合公差
◎ ϕ0.1 A	M8×1 螺纹孔的轴线对基准 A 的同轴度公差为 0.1mm，其公差带是与基准 A 同轴、直径为公差值 0.1mm 的圆柱面

（续）

几何公差代号	含义说明
↗ 0.003 A	最左端 $SR150$ 球面的误差对基准 A 的圆跳动公差为 0.003mm。即整个球面为被测要素，即当零件绕 $\phi16_{-0.034}^{-0.016}$mm 圆柱轴线旋转 360°时，与球面接触的“千分表”指针摆动的最大值与最小值之差不得大于 0.003mm
↗ 0.1 A	右端整个平面相对于基准 A 的跳动公差为 0.1mm（测法同左端面）。其公差带是与基准轴线同轴的任一直径位置的测量圆柱面上，沿素线方向宽度为公差值 0.1mm 的圆柱面区域

几何公差的数值确定将在以后的课程中学习，公称尺寸小于或等于 250mm 的常用几何公差值可从书末附录 J 中查得。其他形式的标注请查阅其他相关资料。

第七节　零件图的阅读

在设计零件时往往需要参考同类零件图样，设计或改进零件的结构；在制造零件时，要根据图样安排合理的工艺流程，这些都涉及读零件图。读零件图就是根据零件图，分析和想象该零件的结构形状，弄清全部尺寸及各项技术要求等。

一、看零件图的方法和步骤

1. 概括了解

从标题栏入手，了解零件的名称、材料及画图比例等，必要时还需要结合装配图或其他设计资料，弄清楚该零件在什么机器或部件上使用。

2. 分析视图，想象零件的结构形状

首先从主视图入手，了解各视图的名称及相互间的对应关系，采用的表达方法和所表达的内容。并找出剖视、断面图的剖切位置、投射方向等，然后研究各视图的表达重点。

根据零件的功用和视图特征，利用组合体一章中所讲的读图方法，对零件进行形体分析。从基本视图看零件大体的内外形状；结合局部视图、斜视图及断面图等表达方法，看清零件的局部或斜面形状。再综合各部分形状，弄清它们之间的相对位置，想象出零件的整体形状。一般按照先外部结构、后内部结构，先主要结构、后次要结构的顺序进行分析。

3. 尺寸分析

根据尺寸标注的原则来分析尺寸，找出长、宽、高三个方向的尺寸基准。分析图上标注的各个尺寸，按照结构分清零件的主要尺寸和一般尺寸；按照形体分析各部分的定形尺寸和定位尺寸。

4. 分析技术要求

读懂视图中各项技术要求，如表面粗糙度、极限与配合、几何公差等内容。

从图中尺寸公差和几何公差的标注，分析并了解零件尺寸和形状位置方面的精度要求；其次从表面粗糙度的标注了解零件的哪些表面是加工面，哪些表面是非加工面，即表面质量要求；最后分析并了解零件图中用文字注写的其他技术要求和说明。

5. 综合整体

综合上述各项分析的内容，想象出零件的总体形状和技术要求的全貌。

二、读零件图举例

以图 11-14 所示阀体的零件图为例，按照下述 4 个主要步骤读图。

1. 概括了解

从标题栏可知，零件的名称是阀体，属箱体类零件。由 ZG 230-450 可知（查阅附表 I-1），材料是铸钢，该零件是铸件。阀体的内、外表面都需要切削加工，加工前必须先进行时效处理。

2. 分析视图，想象零件的结构形状

该阀体用三个基本视图表达内外形状。主视图采用全剖视图，主要表达内部结构形状；俯视图表达外形；左视图采用 *A—A* 半剖视图，补充表达内部形状及安装板的形状。

阀体是球阀的主要零件之一，分析阀体的形体结构时，必须对照球阀的装配图进行（参阅第 12 章图 12-1 和图 12-20）。读图时先从主视图开始，阀体左端通过螺柱和螺母与阀盖连接，形成球阀容纳阀芯的 ϕ43mm 空腔，左端的 ϕ50H11 凹坑与阀盖的圆柱形凸缘相配合；阀体空腔右侧 ϕ35H11 凹坑，用来放置球阀关闭时防止流体泄漏的密封圈；阀体右端有用于连接系统中管道的外螺纹 M36 ×2，内部阶梯孔 ϕ28.5mm、ϕ20mm 与空腔相通；在阀体上部的 ϕ36mm 圆柱体中，有 ϕ26mm、ϕ22H11、ϕ18H11 的阶梯孔与空腔相通，在阶梯孔内容纳阀杆、填料压紧套；阶梯孔顶端 90°扇形限位凸块（对照俯视图），用来控制扳手和阀杆的旋转角度。

通过上述分析，对于阀体在球阀中与其他零件之间的装配关系比较清楚了；再对照阀体的主、俯、左视图综合想象它的形状：球形主体结构的左端是方形凸缘；右端和上部都是圆柱形凸缘，凸缘内部的阶梯孔与中间的球形空腔相通。

3. 分析尺寸

阀体的结构形状比较复杂，标注尺寸很多，这里仅分析其中主要尺寸，其余尺寸读者自行分析。

以阀体水平轴线为径向（高度方向）尺寸基准，标注水平方向径向直径尺寸 ϕ50H11、ϕ35H11、ϕ20 和 M36 ×2 等；同时标注水平轴线到顶端的高度尺寸 $56^{+0.460}_{0}$（左视图上）。

以阀体垂直孔的轴线为长度方向尺寸基准，标注铅垂方向的径向直径尺寸 ϕ36、M24 × 1.5、ϕ22H11、ϕ18H11 等；同时还标注铅垂孔轴线与左端面的距离 $21^{\ 0}_{-0.130}$。

以阀体前后对称面为宽度方向尺寸基准，标注阀体的圆柱体外形尺寸 *SR*27-5、左端面方形凸缘外形尺寸 75 ×75，以及四个螺孔的定位尺寸 ϕ70；同时还注出扇形限位块的角度定位尺寸 45° ±30′（在俯视图上）。

4. 了解技术要求

通过上述尺寸分析可以看出，阀体中的一些主要尺寸多数都标注了公差带代号或极限偏差数值，如上部阶梯孔（ϕ22H11）与填料压紧套有配合关系、ϕ18H11 与阀杆有配合关系，与此对应的表面粗糙度要求也较高，表面粗糙度 *Ra* 值为 6.3μm。阀体左端和空腔右端的阶梯孔 ϕ50H11、ϕ35H11 分别与密封圈有配合关系。由于密封圈的材料是塑

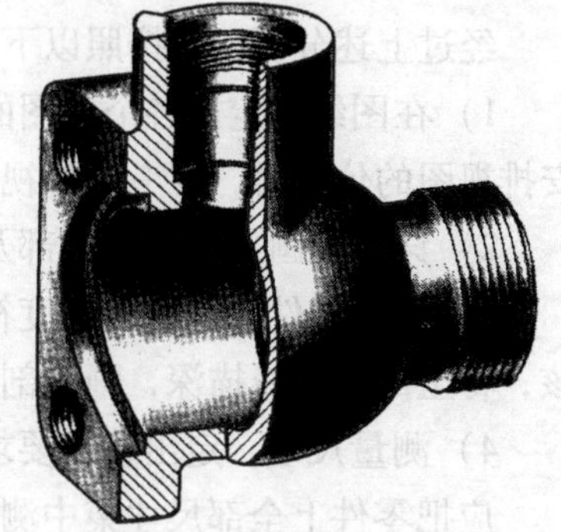

图 11-41 阀体零件的结构特征

料，所以相应的表面粗糙度要求稍低，表面粗糙度 Ra 值为 12.5μm。零件上不太重要的加工表面的表面粗糙度 Ra 值为 25μm。

主视图中对阀体的几何公差要求是：空腔右端与水平轴线的垂直度公差为 0.06mm；ϕ8H11 圆柱孔相对 ϕ35H11 圆柱孔的垂直度公差为 0.08mm。

5. 综合上述各项分析，想象并推断零件的结构特征

阀体零件的结构特征如图 11-41 所示。

*第八节　零件的测绘

零件的测绘就是依据实际零件画出它的视图，测量其尺寸和制订其技术要求。测绘时，首先画出零件草图（徒手图），然后根据零件草图画出零件图，为设计机器、修配零件和准备配件创造条件。

在这一节中，只讨论一般零件的测绘方法和相关问题。

一、徒手绘制零件草图的方法与步骤

1. 准备工作

徒手绘图的方法在第一章中已经讨论过，熟练地掌握对今后的学习和工作都是非常重要的。

在着手画零件草图之前，应对零件进行详细分析。分析的内容如下：

1）了解该零件的名称和用途。

2）鉴定该零件是由什么材料制成的。

3）对该零件进行结构分析。因为零件的每个结构都有一定的功用，所以必须弄清它们的功用。这项工作对破旧、磨损和带有某些缺陷的零件的测绘尤为重要。在分析的基础上，把它改正，只有这样，才能完整、清晰、简便地表达它们的结构形状，并且完整、合理、清晰地标注出它们的尺寸。

4）对该零件进行工艺分析。因为同一零件可以按照不同的加工顺序制造，故其结构形状的表达、基准的选择和尺寸的标注也不一样。

5）拟定该零件的表达方案。通过上述分析，对该零件的认识更加深刻，在此基础上再来确定主视图、视图数量和表达方法。

2. 绘图步骤

经过上述分析，可按照以下步骤绘制零件草图：

1）在图纸上定出各个视图的位置。画出各视图的基准线、中心线，如图 11-42a 所示。安排视图的位置时，要考虑各视图中间应有标注尺寸的地方，留出右下角标题栏的位置。

2）详细地画出零件的外部及内部的结构形状，如图 11-42b 所示。

3）注出零件各表面粗糙度符号，选择基准和画尺寸线、尺寸界线及箭头，经过仔细校核，将全部轮廓线描深，画出剖面线。熟练时，也可一次画好，如图 11-42c 所示。

4）测量尺寸，定出技术要求，并将尺寸数字、技术要求记入图中，如图 11-42d 所示。

应把零件上全部尺寸集中测量，使有联系的尺寸能够联系起来，这不但可以提高工作效率，还可以避免错误和遗漏尺寸。

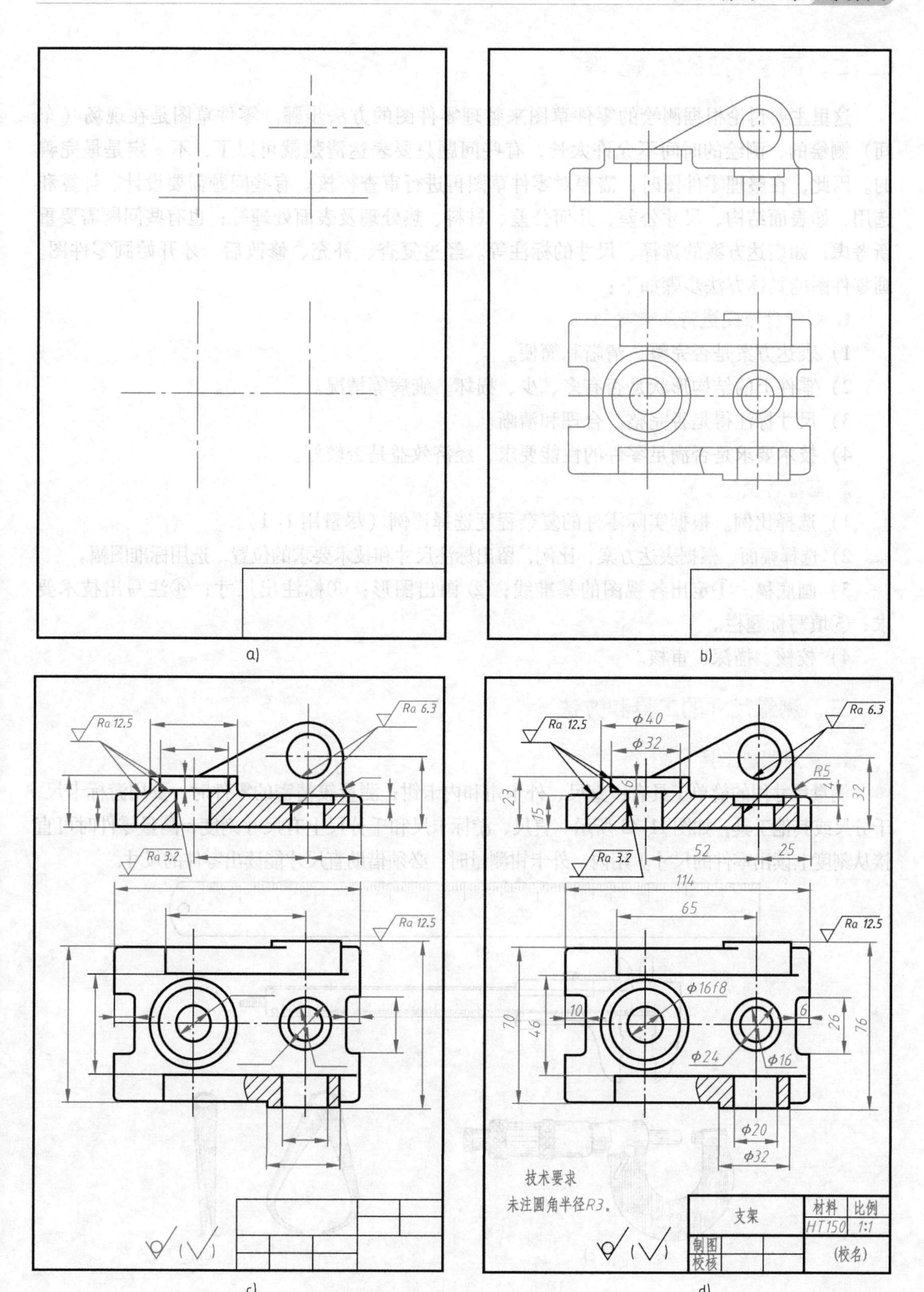

图 11-42 零件草图的绘制步骤

二、画零件图的方法步骤

这里主要讨论根据测绘的零件草图来整理零件图的方法步骤。零件草图是在现场（车间）测绘的，测绘的时间不允许太长，有些问题只要表达清楚就可以了，不一定是最完善的。因此，在整理零件图时，需要对零件草图再进行审查校核。有些问题需要设计、计算和选用，如表面结构、尺寸公差、几何公差、材料、热处理及表面处理等；也有些问题需要重新考虑，如表达方案的选择、尺寸的标注等。经过复查、补充、修改后，才开始画零件图。画零件图的具体方法步骤如下：

1. 对零件草图进行审查校核

1）表达方案是否完整、清晰和简便。

2）零件上的结构形状是否有多、少、损坏、疵病等情况。

3）尺寸标注得是否完整、合理和清晰。

4）技术要求是否满足零件的性能要求，经济效益是否较好。

2. 画零件图的步骤

1）选择比例。根据实际零件的复杂程度选择比例（尽量用1∶1）。

2）选择幅面。根据表达方案、比例，留出标注尺寸和技术要求的位置，选用标准图幅。

3）画底稿。①定出各视图的基准线；② 画出图形；③标注出尺寸；④注写出技术要求；⑤填写标题栏。

4）校核、描深、审核。

三、测量尺寸的工具和方法

1. 常用测量工具

测量尺寸用的简单工具有：直尺、外卡钳和内卡钳；测量较精密的零件时，要用游标卡尺、千分尺或其他工具，如图11-43所示。直尺、游标卡尺和千分尺上有尺寸刻度，测量零件时可直接从刻度上读出零件的尺寸。用内、外卡钳测量时，必须借助直尺才能读出零件的尺寸。

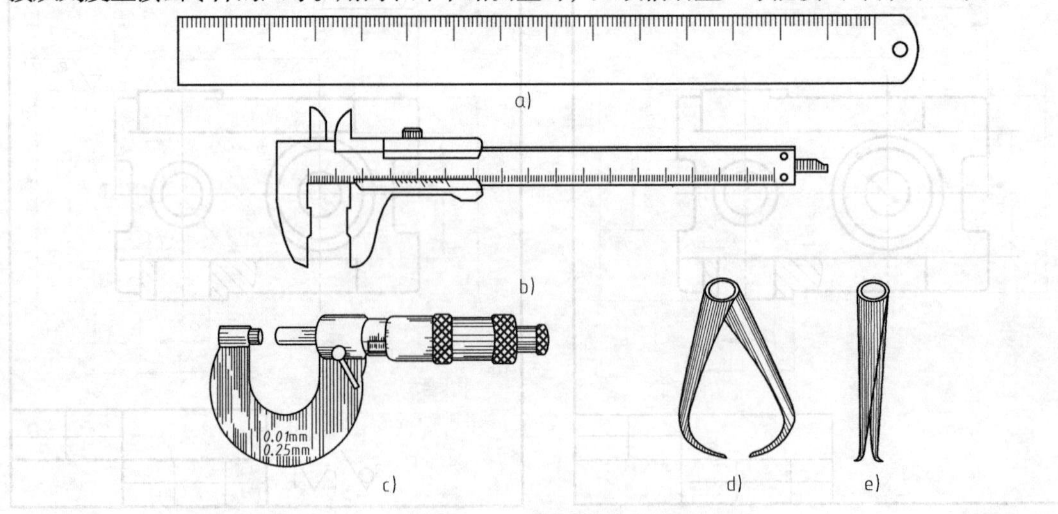

图11-43 常用测量工具

a）直尺 b）游标卡尺 c）千分尺 d）外卡钳 e）内卡钳

2. 几种常用的测量方法

（1）测量直线尺寸（长、宽、高） 一般可用直尺或游标卡尺直接量得尺寸的大小，如图 11-44 所示。

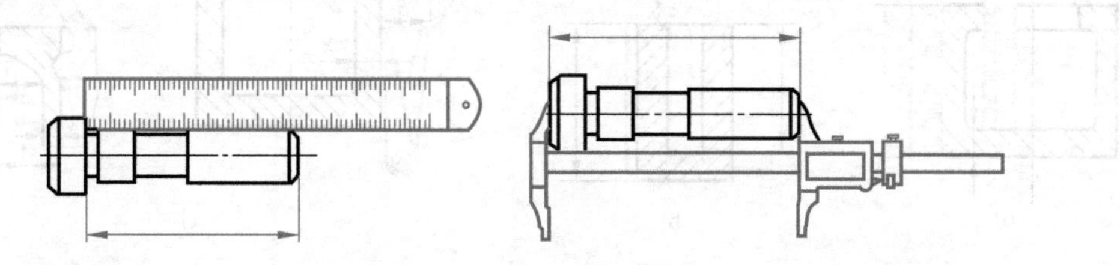

图 11-44 直线尺寸的测量

（2）测量直径 一般可用卡钳、游标卡尺或千分尺直接测量，如图 11-45 所示。

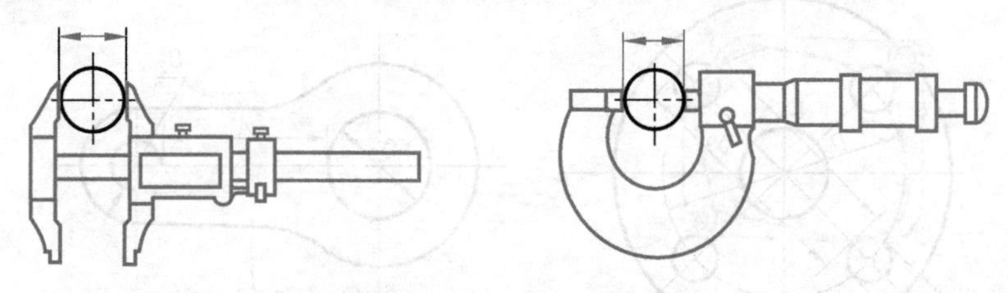

图 11-45 直径的测量

在测量阶梯孔的直径时，会遇到外面孔小、里面孔大的情况，用游标卡尺就无法测量大孔的直径。这时，可用内卡钳测量，如图 11-46a 所示；也可用特殊量具（内外同值卡），如图 12-46b 所示。

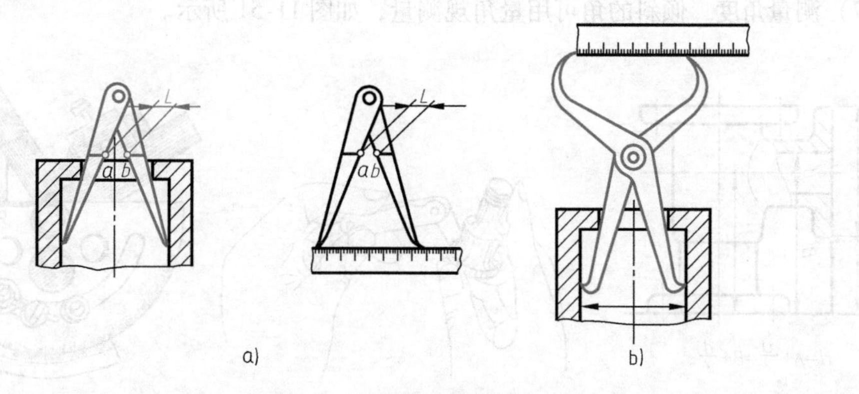

图 11-46 内径或空腔的测量

（3）测量壁厚 壁厚一般可用直尺测量，如图 11-47a 所示；若孔径较小，可用带测量深度的游标卡尺测量，如图 11-47b 所示；有时也会遇到用直尺或游标卡尺都无法测量的壁厚，需要使用卡钳测量，如图 11-47c 所示。

（4）测量孔距 孔的间距可用游标卡尺、卡钳或直尺测量，如图 11-48 所示。

（5）测量中心高 中心高一般可用直尺和卡钳或游标卡尺测量，如图 11-49 所示。

（6）测量圆角 小圆角一般用圆角规测量。每套圆角规有很多片，一半测量外圆角，一半测量内圆角，每片都刻有对应的圆角半径值。测量时，只要在圆角规中找到与被测部分完全吻合的一片，从该片上的数值可知圆角半径的大小，如图 11-50 所示。

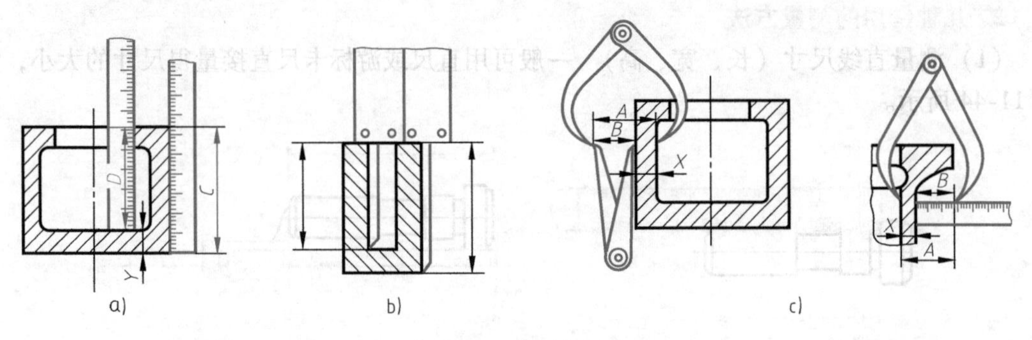

图 11-47　壁厚的测量

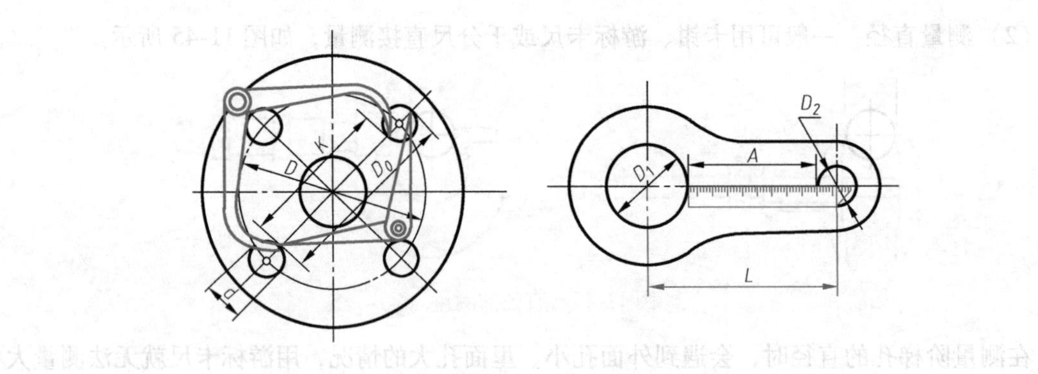

图 11-48　孔距的测量

（7）测量角度　倾斜的角可用量角规测量，如图 11-51 所示。

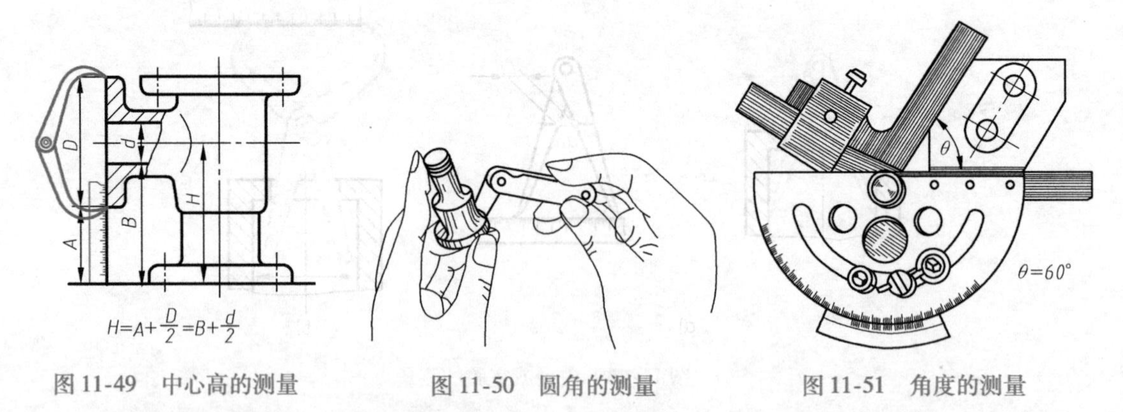

图 11-49　中心高的测量　　图 11-50　圆角的测量　　图 11-51　角度的测量

（8）测量曲线或曲面　曲线和曲面要求测得很准确时，必须用专门量仪进行测量。要求不太准确时，常采用下面三种方法测量：

1）拓印法。对于柱面部分的曲率半径的测量，可用纸拓印其轮廓，得到如实的平面曲线，然后判定该曲线的圆弧连接情况，测量其半径，如图 11-52a 所示。

2）铅丝法。对于回转零件素线曲率半径的测量，可用铅丝弯成实形后，得到如 实的平面曲线；然后判定曲线的圆弧连接情况；最后用中垂线法，求得各段圆弧的中心，测量其半径，如图 11-52b 所示。

3）坐标法。一般的曲线和曲面都可用直尺和三角板定出曲面上各点的坐标，在图上画出曲线或求出曲率半径，如图 11-52c 所示。

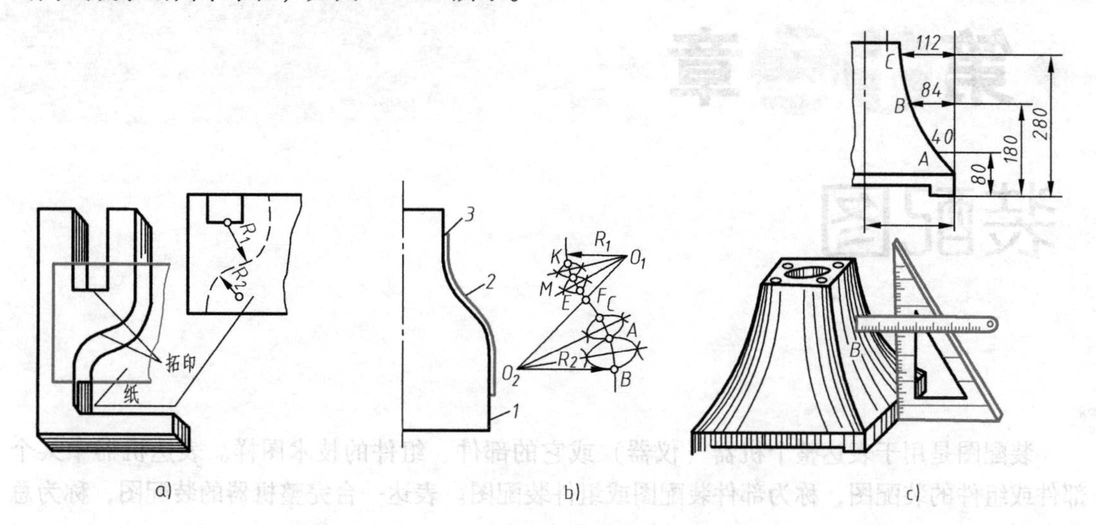

图 11-52　曲线或曲面的简单测量法

第十二章 装配图

装配图是用于表达整个机器（仪器）或它的部件、组件的技术图样。表达机器中某个部件或组件的装配图，称为部件装配图或组件装配图。表达一台完整机器的装配图，称为总装配图。

第一节　装配图的内容及零部件的联系

装配图在生产中具有重要的作用：在设计过程中，首先要画出装配图来表达装配体的机构和传动关系，并根据其设计零件的结构，协调并校核零件的尺寸；在制造过程中，需要根据装配图把各个零件依次装配起来，成为一台机器或部件，并检验它的技术性能；装配图所提供的机器性能、工作原理、尺寸等技术资料，也是为正确地使用、维修、保养机器所必不可少的技术资料。因此，装配图要反映出设计者的意图，表明机器、部件或组件的工作原理和性能要求，表达出零件间的装配关系和零件的主要结构形状，以及在装配、检验、安装时所需要的尺寸数据和技术要求。

一、装配图的内容

装配图是表达机器、部件或组件的图样。图 12-1 所示的球阀是管道系统中控制管道内流体断、通的部件，从球阀的装配图可看出，一张完整的装配图应具有下列内容：

1. 一组图形

用各种一般表达方法和特殊表达方法，正确、完整、清晰和简便地表达机器、部件或组件的工作原理、结构特征、零件间的相对位置、装配和连接关系等。

2. 必要的尺寸

表示机器、部件或组件的规格和特性的尺寸，对机器、部件或组件进行装配、检验、安装时所需要的尺寸，以及由装配图拆画零件图时所需要的尺寸等。

3. 技术要求

注写出机器、部件或组件的装配、调试、检验、安装及维修、使用等方面的要求。当在视图中无法完全用符号表明时，一般在明细栏的上方或左侧用文字加以说明。

4. 零部件序号、明细栏和标题栏

根据生产组织、管理工作和存档查阅等需要，按照一定的格式，将零部件进行编号，并

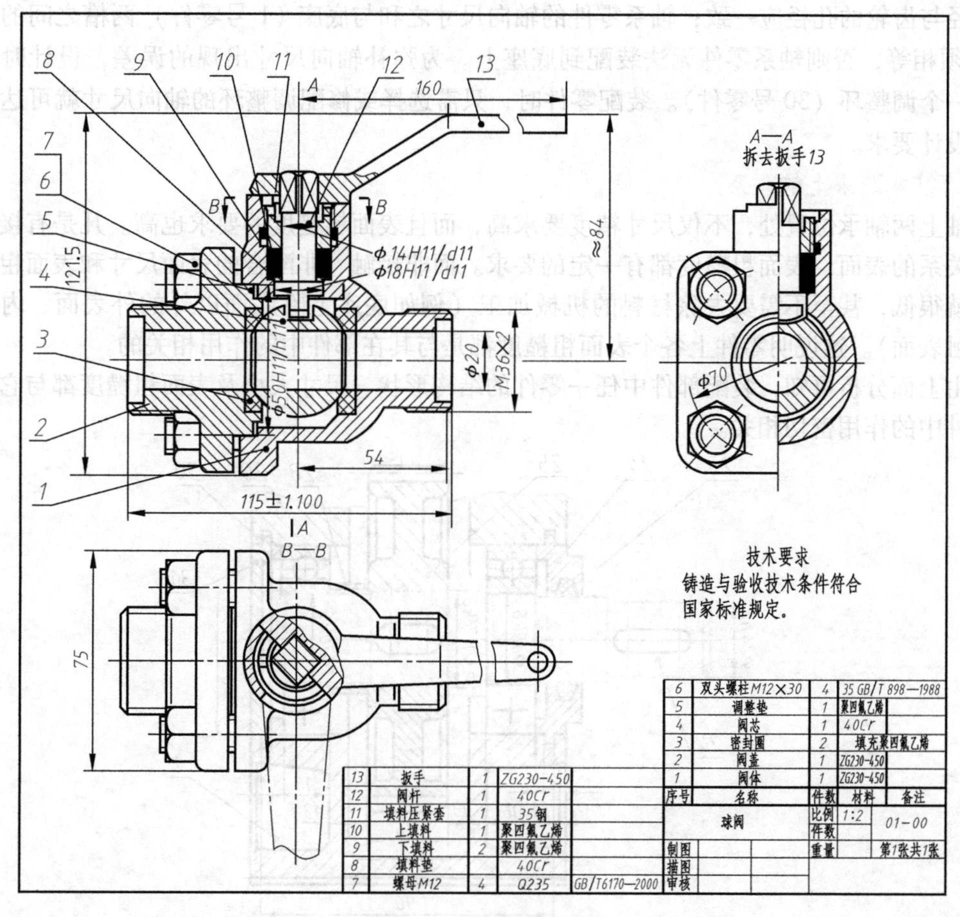

图 12-1　球阀装配图

填写明细栏和标题栏，说明机器、部件或组件所包含的零件的名称、材料、数量、图号、标准规格和标准代号，以及主要责任人员的签名等内容。

由于装配图和零件图的作用不同，它们的内容和要求有很大区别，在学习中应注意比较。

二、装配体中零部件间的联系

零件是部件的组成部分。一个零件的结构与其在部件中的作用密不可分。按照零件在部件中所起的作用及其结构是否标准化，可将零部件间的联系分为 3 类。下面以图 12-2 所示的轴（22 号件）为例加以说明：

1. 相关结构的联系

轴 22 在安装齿轮（25 号件）的位置上有一键槽结构，这是用来安装平键的，由平键将轴的转动传递给齿轮。这一结构由设计时所选定的平键结构来确定。此外还有轴肩，可防止齿轮沿轴向移动；轴肩的另一侧可防止轴承做轴向移动。这些都说明某零件上的结构与相关零件的结构是紧密关联的。

2. 尺寸的联系

轴与齿轮和两轴承装配在一起时，轴的公称尺寸与轴承的孔径必须一致；齿轮位置处轴的直径与齿轮的孔径应一致；轴系零件的轴向尺寸之和与底座（1 号零件）两槽之间的距离 96 必须相等，否则轴系零件无法装配到底座上。为弥补轴向尺寸出现的误差，设计时特地增加一个调整环（30 号零件）。装配零件时，只需选择或修配调整环的轴向尺寸就可达到装配的设计要求。

3. 技术要求上的联系

轴上两轴承位置处，不仅尺寸精度要求高，而且表面粗糙度的要求也高。凡是有接触或连接关系的表面，表面粗糙度都有一定的要求。而非接触、非配合的表面尺寸和表面粗糙度要求就很低，甚至不需要去除材料的机械加工（例如底座上除底面以外的外表面、内腔的非接触表面）。这说明零件上各个表面粗糙度都是与其在部件中的作用相关的。

由上面分析可知，装配部件中任一零件的结构形状、尺寸大小及表面粗糙度都与它在装配部件中的作用密切相关。

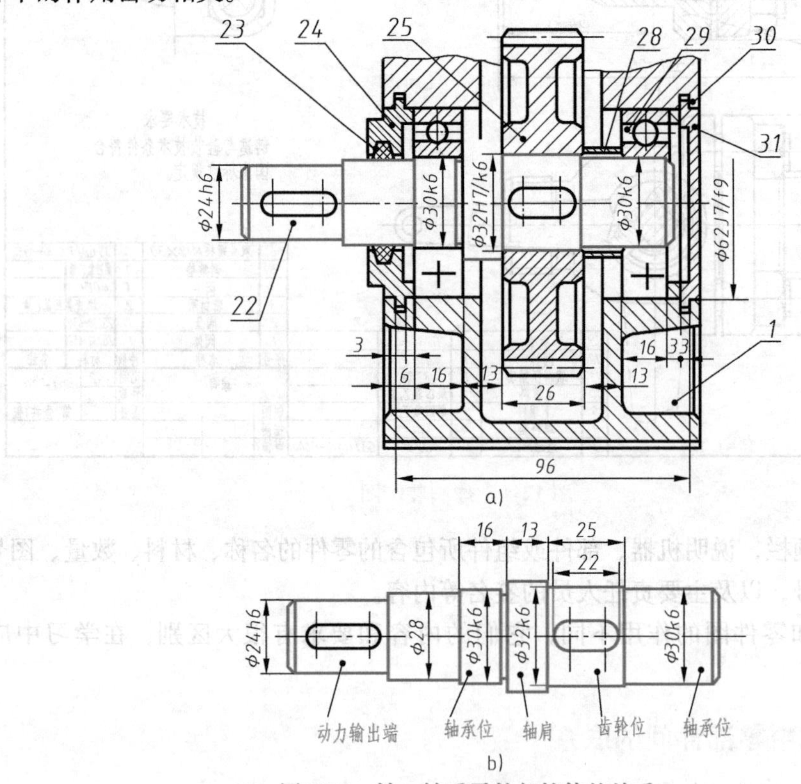

图 12-2　轴、轴系零件与箱体的关系

a）轴的组件　b）轴零件

第二节　装配图的表达方法

在零件图上所采用的各种表达方法，如视图、剖视图、断面图、局部放大图等也同样适用于装配图。但零件图表达的是单个零件，而装配图是表达由多个零件组成的装配体（机器或部件）。因此，两者所表达的侧重点不同。装配图应主要表达装配体的工作原理、各组成零件之间的装配关系、连接方法、相对位置、运动情况和零件的主要结构形状。因此，除前面已讨论过的各种表达方法外，国家标准《机械制图》和《技术制图》还对绘制装配图制定了规定画法、简化画法和特殊画法等。

一、装配图视图的表达要求

1）表达出部件的工作原理，包括传动路线、油液或气体通路的工作情况等。

2）反映部件中各个零件之间的装配关系和连接关系。

3）表达出部件整体，以及各个零件的主要结构形状。

二、装配图中的规定画法

为能在装配图上明确地表达出各个零件之间的装配和连接关系，同时又能区别出各个零件，画装配图时必须遵守以下规定画法：

1. 零件间接触面和配合面的画法

零件间的接触面和两零件的配合表面（如轴与轴承孔的配合面等）都只画一条线；不接触或不配合的表面（如不配合的螺钉与通孔等），即使间隙很小也应画成两条线，如图12-3所示。

2. 剖面符号的画法

1）为区别不同零件，互相接触的两金属零件的剖面线倾斜方向应相反。

2）当三个或三个以上零件相接触时，除其中两个零件的剖面线倾斜方向不同外，第三个零件应采用不同的剖面线间隔。

3）同一装配图中，同一零件在各视图中的剖面线方向与间隔必须一致。

4）宽度小于或等于2mm的狭小面积的断面，允许将断面涂黑来代替剖面线。

三、装配图中的简化画法

1）剖视图中标准件和实心杆件应按照规定简化。装配图中，对于标准件（螺栓、螺母、键、销等）和实心杆件（轴、连杆、拉杆、球、钩子等），若按纵向剖切，剖切平面通过其对称中心线或轴线时，这些零件均只画外形，不画剖面线；如需要特别表明零件的某些构造或装配关系时，如凹槽、键槽、销孔等，则用局部剖视图表达。若按横向剖切，剖切平面垂直上述零件的对称中心线或轴线时，则应画剖面线。如图12-1球阀装配图的阀杆和球芯，图12-4中的轴承滚子、轴、键等。

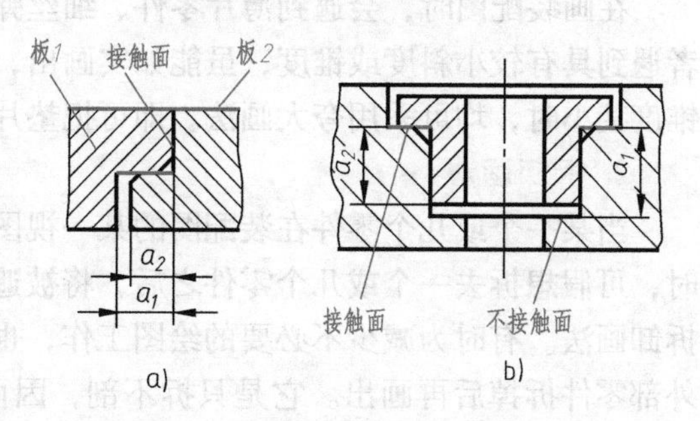

图12-3 接触面与非接触面的画法

2）装配图中，螺栓连接、螺钉连接等若干相同的零件组或零件，在不影响理解的前提下，允许只画出一处，其余可只用细点画线表达其中心位置。

3）装配图中零件的工艺结构，如圆角、倒角、退刀槽、起模斜度等允许不画。

4）在剖视图中，表达滚动轴承时，允许画出对称图形的一半，另一半画出其轮廓，并用“十”字线画在对称位置上，如图12-4所示。

5）装配图中，当剖切平面通过某些部件为标准产品或该部件已由其他图样表达清楚时，可按照不剖绘制，如油杯。

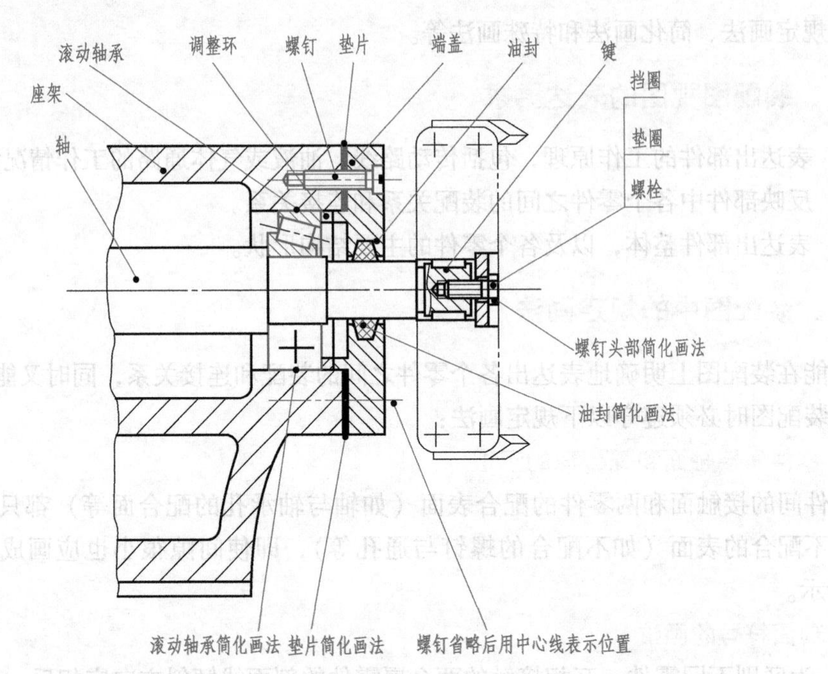

图 12-4　简化画法及假想画法

四、装配图中的特殊画法

1. 夸大画法

在画装配图时，会遇到薄片零件、细丝弹簧、微小间隙等，无法按其实际尺寸画出；或者遇到具有较小斜度或锥度，虽能如实画出，但不能明显表达其结构，如圆锥销及锥形孔的锥度甚小时，均可采用夸大画法。即可把垫片厚度、簧丝直径及锥度都适当夸大画出。

2. 拆卸画法

当某一个或几个零件在装配图的某一视图中遮住大部分装配关系或其他需要表达的零件时，可假想拆去一个或几个零件之后，将被遮盖的那部分结构按照视图画出，这种画法称为拆卸画法。有时为减少不必要的绘图工作，也可采用拆卸画法，将其他视图上已表达清楚的外部零件拆掉后再画出。它是只拆不剖，因而不存在剖视问题。采用这种画法一般应标注“拆去××件”，如图 12-1 所示的球阀装配图中的左视图，即是为减少画图工作而假想把扳手拆去后画出的。

3. 拆卸剖视（沿结合面剖切画法）

为清楚表达部件的内部结构，可假想沿某些零件的结合面剖切；这时，零件的结合面不画剖面线，但被剖到的其他零件一般都应画剖面线，这种画法称为拆卸剖视。图 12-5 所示齿轮泵的左视图即为沿结合面剖切（半剖视）后画出的。

4. 单独画法

当某个零件的形状未表达清楚而又对理解装配关系有影响时，可将某个或几个零件抽出来，另外单独画出该零件的某一基本视图、剖视图或断面图，称为单独画法。采用单独画法时，必须做出明确的标注，在所画视图的上方注出该零件的视图名称，在相应视图的附近用箭头指明投射方向，并注明同样的字母。

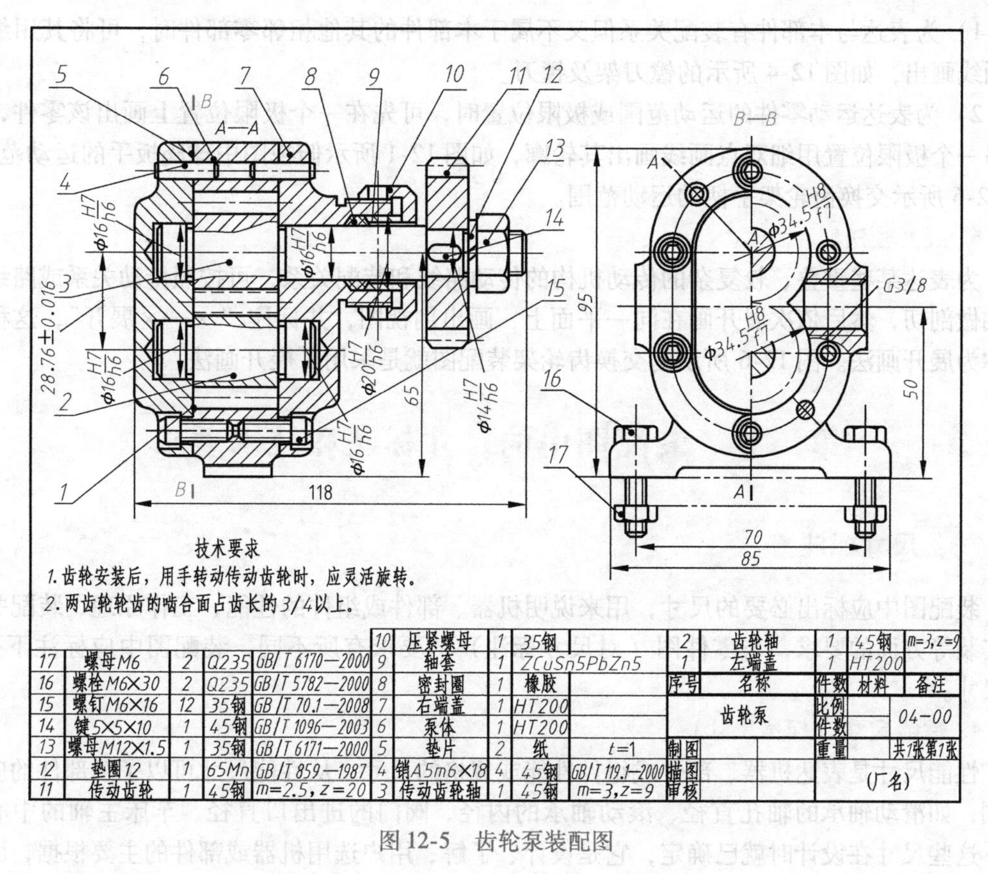

序号	名称	件数	材料	备注
17	螺母M6	2	Q235	GB/T 6170—2000
16	螺栓M6×30	2	Q235	GB/T 5782—2000
15	螺钉M6×16	12	35钢	GB/T 70.1—2008
14	键5×5×10	1	45钢	GB/T 1096—2003
13	螺母M12×1.5	1	35钢	GB/T 6171—2000
12	垫圈12	1	65Mn	GB/T 859—1987
11	传动齿轮	1	45钢	m=2.5，z=20
10	压紧螺母	1	35钢	
9	轴套	1	ZCuSn5PbZn5	
8	密封圈	1	橡胶	
7	右端盖	1	HT200	
6	泵体	1	HT200	
5	垫片	2	纸	t=1
4	销A5m6×18	4	45钢	GB/T 119.1—2000
3	传动齿轮轴	1	45钢	m=3，z=9
2	齿轮轴	1	45钢	m=3，z=9
1	左端盖	1	HT200	

齿轮泵	比例		04-00
	件数		
制图		重量	共1张第1张
描图		(厂名)	
审核			

图 12-5 齿轮泵装配图

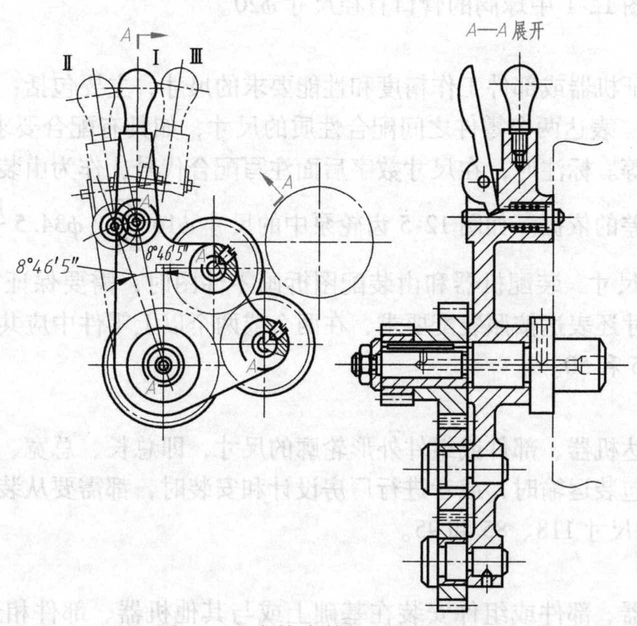

图 12-6 交换齿轮架的展开画法

5. 假想画法

用细双点画线画出某些零件的外形，称为假想画法，有两种情况：

1）为表达与本部件有装配关系但又不属于本部件的其他相邻零部件时，可将其用细双点画线画出，如图 12-4 所示的镗刀架及镗刀。

2）为表达运动零件的运动范围或极限位置时，可先在一个极限位置上画出该零件，再在另一个极限位置用细双点画线画出其轮廓，如图 12-1 所示俯视图中球阀扳手的运动范围；图 12-6 所示交换齿轮架手柄的运动范围。

6. 展开画法

为表达某些重叠、较复杂的传动机构的传动路线和装配关系，可按照传动关系或路线沿各轴做剖切，然后依次展开画在同一平面上，画出剖视图，并标注“×—×展开”，这种画法称为展开画法。图 12-6 所示的交换齿轮架装配图就是采用了展开画法。

第三节　装配图中的尺寸标注和技术要求

一、尺寸标注

装配图中应标出必要的尺寸，用来说明机器、部件或组件的性能、工作原理、装配关系和安装等方面的要求，与零件图（对尺寸标注）的要求有所不同，装配图中应标注下列 5 种尺寸。

1. 性能尺寸（规格尺寸）

性能尺寸是表达机器、部件或组件性能或规格的尺寸，从性能尺寸可以了解部件的应用范围，如滑动轴承的轴孔直径、滚动轴承的内径、阀门的进出口直径、车床主轴的中心高等，这些尺寸在设计时就已确定，它是设计、了解、用户选用机器或部件的主要根据，因此必须明确表达。如图 12-1 中球阀的管口直径尺寸 $\phi20$。

2. 装配尺寸

装配尺寸是保证机器或部件工作精度和性能要求的尺寸，主要包括：

（1）配合尺寸　表达两个零件之间配合性质的尺寸，如具有配合要求的轴与孔的直径、滑块与滑槽的宽度等。标注时，在尺寸数字后面注写配合代号，作为由装配图拆画零件图时确定两零件极限偏差的依据。如图 12-5 齿轮泵中的尺寸 $\phi16\dfrac{H7}{h6}$、$\phi34.5\dfrac{H8}{f7}$。

（2）相对位置尺寸　装配机器和由装配图拆画零件图时，需要保证零件间相对位置的尺寸；相对位置尺寸还表达按照装配要求，在两个或两个以上零件中应共同具有的尺寸。如图 12-5 中的尺寸 65 和 50。

3. 外形尺寸

外形尺寸是表达机器、部件或组件外形轮廓的尺寸，即总长、总宽、总高。当机器、部件或组件需要进行包装运输时，或者进行厂房设计和安装时，都需要从装配图中查询外形尺寸。如图 12-5 中的尺寸 118、85 和 95。

4. 安装尺寸

安装尺寸是机器、部件或组件安装在基础上或与其他机器、部件相连接时所需要的尺寸，如安装螺栓的孔径和中心距，如图 12-5 中的尺寸 70、65。

5. 其他重要尺寸

在设计过程中，有些重要尺寸需要经过计算而确定，有些通过查阅标准、手册或根据经验数据来选定，虽然不属于上述四种尺寸，但也应标注在装配图中，以保证相关零件间的协调，并为拆画零件图提供尺寸依据，如图 12-2 中的尺寸 160。

需要注意的是，并非每张装配图上都具有上述五种尺寸；有时一个尺寸可能具有几种尺寸的功能。因此，在为一张装配图标注尺寸时，需要根据所表达的机器、部件或组件的具体情况，合理地确定所要标注的尺寸。

二、技术要求

装配图上一般应注以下几方面的技术要求：

1. 装配要求

装配过程中的注意事项和装配后应满足的要求等。如装配前清洗，装配时加工，指定的装配方法，装配后必须保证的精度等。

2. 检验、试验的条件和要求

机器或部件装配后对基本性能的检验、试验方法及技术指标等的要求与说明。例如检验条件和方法，试验方法和要求，质量要求等。

3. 其他要求

其他要求包括部件的性能、规格参数、包装、运输及使用时的注意事项和表面涂装要求等。

总之，图上所需要填写的技术要求，应随部件的要求而定。必要时可参照类似产品确定。所有上述技术要求的内容，应注写在标题栏的上方或左方，并在标题“技术要求”下逐条编号，如图 12-1 和图 12-5 所示。

第四节 装配图中的零、部件序号及明细栏

为便于图样管理、生产准备、进行装配和看懂装配图，必须对机器、部件或组件的各组成部分编注序号和代号，并填写明细栏。编序号是为便于图形和明细栏对照，了解零件的名称、材料和数量等；代号一般是零件（或部件、组件）的图样编号或标准件的标准编号，是装配图和零件图之间联系的纽带。

一、序号

序号是在装配图上对每个零件所编的顺序号，通过序号把视图和明细栏联系起来。这样，看图时就能方便地了解每一种零件的全面情况。

编注序号应以清晰醒目为原则，依照顺序、排列整齐、布置匀称。必须遵守以下规则：

1. 一般规定

1）装配图中的所有零部件都必须编写序号。

2）每种零、部件只可编写一个序号，该种零、部件的数量在明细栏中标明。同一标准部件（如油杯、滚动轴承、电动机等），在装配图上只标一个序号。

3）装配图中的零、部件序号应与明细栏中的序号一致。

2. 序号的编排

（1）编排方法　常用的序号编排方法有两种，一种是一般件和标准件混合在一起排；

另一种是将一般件编号填入明细栏中，而标准件直接在图上标注出规格、数量和国标代号，或者另列专门表格。

（2）表示方法　装配图中零、部件序号的表示方法通常有3种，但同一装配图中编注序号的形式应一致，采取其中的一种，如图12-7a所示。

（3）序号数字高度　在指引线的水平线上或圆内注写序号，序号字高应比该装配图中标注尺寸数字高度大一号或两号；或者在指引线附近注写序号，序号字高应比该装配图中标注尺寸数字高度大两号。

（4）指引线　指引线应自所指部位的可见轮廓内引出，并在末端画一圆点。指引线及其水平线和圆均应用细实线绘制。若所指部位（很薄的零件或涂黑的剖面）内不便画圆点时，可在指引线的末端画出箭头，并指向该部分的轮廓，如图12-7b所示。

指引线彼此不能相交，也不要过长。当通过有剖面线的区域时，指引线不应与剖面线平行。必要时，指引线可以画成折线，但只可折转一次，如图12-7c所示。

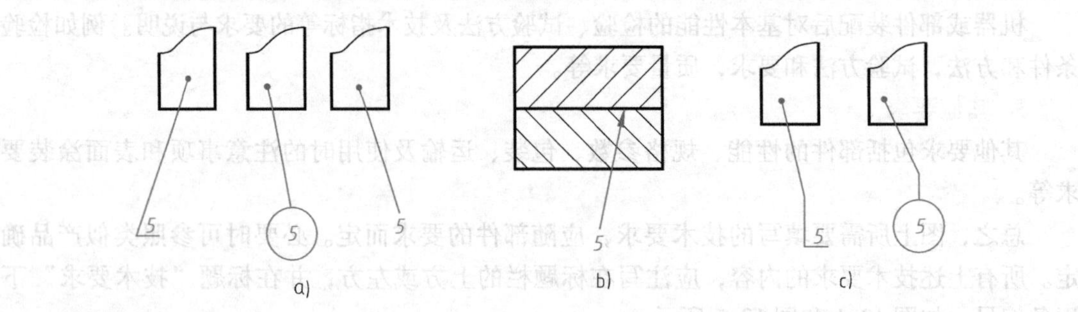

图12-7　序号及指引线的标注方法

一组紧固件以及装配关系清楚的零件组，可采用公共指引线，如图12-8所示，常用于螺栓、螺母和垫圈零件组。

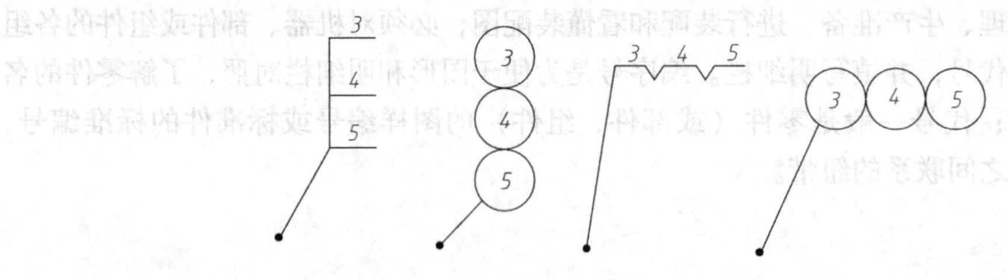

图12-8　公共指引线

（5）排列顺序　装配图中的序号应按照水平或铅垂方向排列整齐，并按照顺时针或逆时针方向顺序注写在图形轮廓线的外边，不得乱跳序号；为使全图布置得美观整齐，可先按照一定位置画好横线或圆，再与零件一一对应，画出指引线。

二、标题栏和明细栏

明细栏是装配图中全部零件（或部件）的详细目录，内容有序号、零（部）件代号、名称、材料（部件不填）、数量、备注等。明细栏紧靠标题栏的上方，如图12-9所示，若标题栏上方空间不够时，可排列到左边，如图12-5所示。明细栏的格式也已经标准化。

填写明细栏时应注意以下几方面：

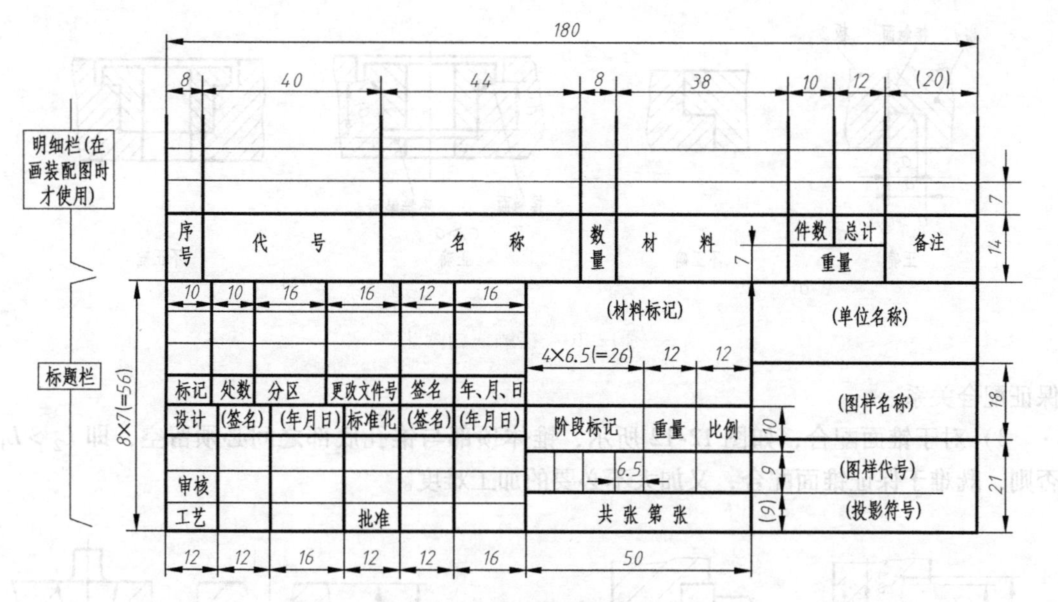

图 12-9 明细栏和标题栏

1）明细栏内的序号自下而上顺序填写。

2）明细栏也可不画在装配图内，按 A4 幅面作为装配图的续页单另编写，顺序是从上往下，可连续加页，但在明细栏下方应配置与装配图完全一致的标题栏，并注明张数（共×张，第×张）。

3）对于标准件，在“名称”栏内，应写明其名称和规格，如“螺钉 M6×16”；在“代号”栏内，写明国标代号。

4）对于齿轮、非标准弹簧等具有重要参数的零件，应将它们的参数（齿轮模数、齿数；弹簧丝直径、中径、节距、自由高度、旋向等）写入“名称”栏或“备注”栏内。

5）“材料”栏内填写制造该零件所用材料的名称或牌号。

6）“备注”栏内填写零件的热处理和表面处理等要求或其他说明。

*第五节 装配结构的合理性

为使机器装配后达到所要求的性能，并且便于装卸和加工，在设计时必须注意装配结构的合理性。本节介绍几种常见的装配结构，并讨论其合理性。

一、接触面处的结构

1）两零件的接触面，在同一方向上只能有一对平面接触。如图 12-10 所示，要求尺寸 $a_1 > a_2$。这样，既保证零件接触良好，又降低加工要求。若要求两对平行平面同时接触，即尺寸 $a_1 = a_2$，由于加工误差的存在，实际上不可能达到，在使用上也没有必要，属于不合理要求。

2）对于轴颈与孔的圆柱面配合，如图 12-11 所示，由于尺寸 ϕA 已经形成配合，尺寸 ϕB 和尺寸 ϕC 就不应再形成配合关系。应使尺寸 ϕB > 尺寸 ϕC，既降低加工成本，又便于

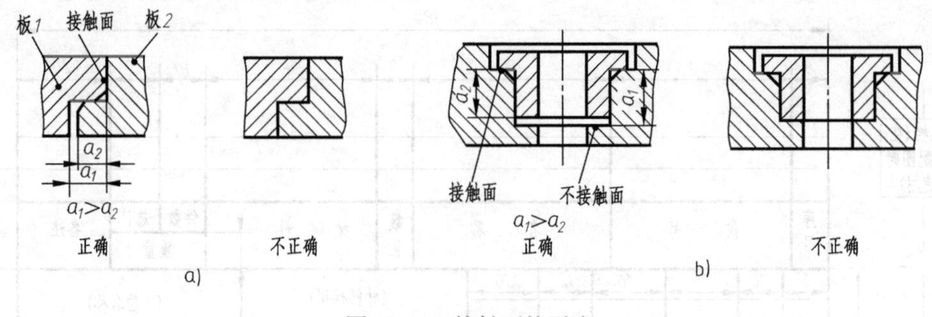

图 12-10 接触面的画法

保证配合关系。

3）对于锥面配合，如图 12-12 所示，锥体顶部与锥孔底部之间必须留空，即 $L_2>L_1$。否则，既难于保证锥面配合，又加大不必要的加工难度。

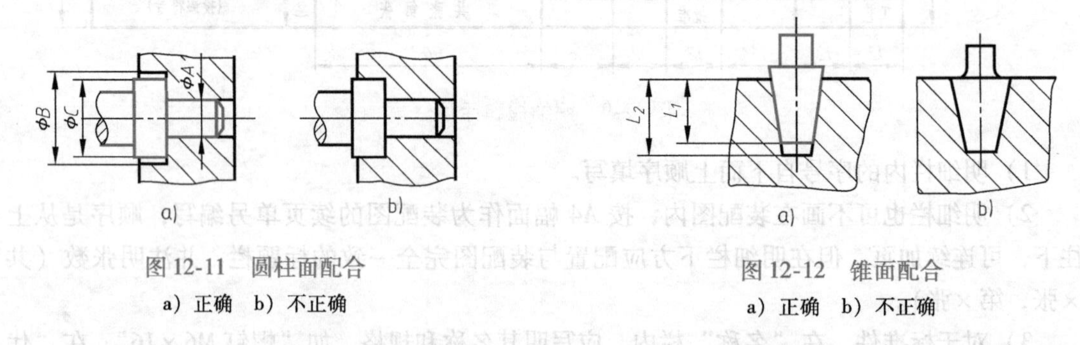

图 12-11 圆柱面配合

a）正确 b）不正确

图 12-12 锥面配合

a）正确 b）不正确

4）保证两零件在不同方向上有接触面，如轴肩与孔的端面接触，在交角处不应都做成尖角或相同的圆角，而应在孔口制出适当的倒角或圆角，或者在轴根处加工出槽，才能保证接触良好。

二、合理减少加工面积

为保证接触良好，接触面需要经机械加工。因此，合理地减少加工面积，不但降低加工费用，还可以改善接触情况。

（1）沉孔与凸台 如图 12-13 所示，为保证连接件间的良好接触，在被连接件上做出沉孔、凸台等结构。

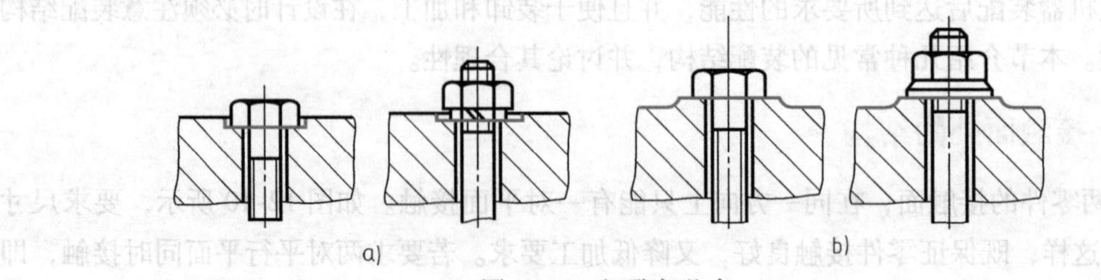

图 12-13 沉孔与凸台

a）沉孔 b）凸台

（2）凹槽 如图 12-14 所示，滑动轴承底座与下轴衬的接触面上，其底部挖一凹槽。轴瓦凸肩处的越程槽是为改善互相垂直两个表面的接触情况。

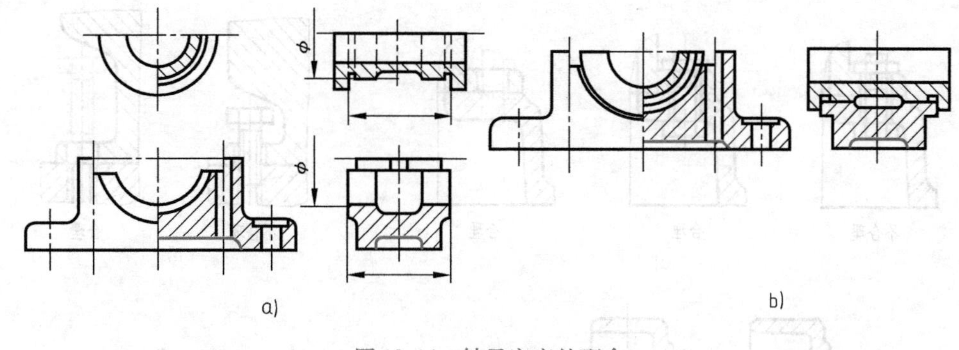

图 12-14　轴承底座的配合

三、螺纹连接的合理结构图

1）如图 12-15 所示，被连接件通孔的尺寸应比螺纹大径或螺杆直径稍大，以便保护牙型，便于装配。

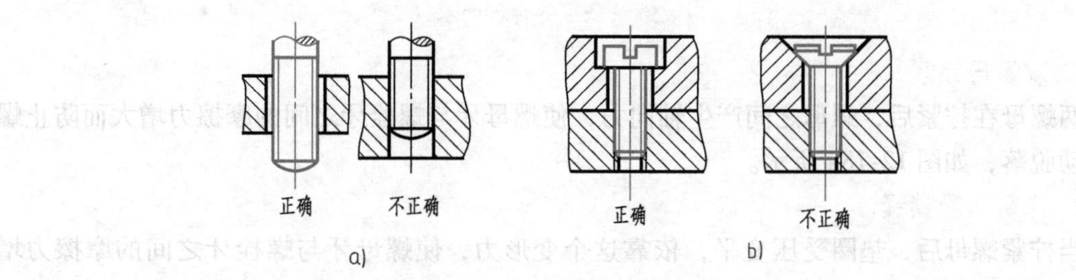

图 12-15　通孔应大于螺杆直径

2）如图 12-16 所示，为保证拧紧，在螺纹连接中，螺纹的有效长度必须大于螺母的旋入长度；螺钉连接中，螺钉的螺纹长度必须大于其旋入长度。可采用适当加长螺纹尾部，在螺杆上加工出退刀槽，在螺孔上做出凹坑或倒角等方法实现。

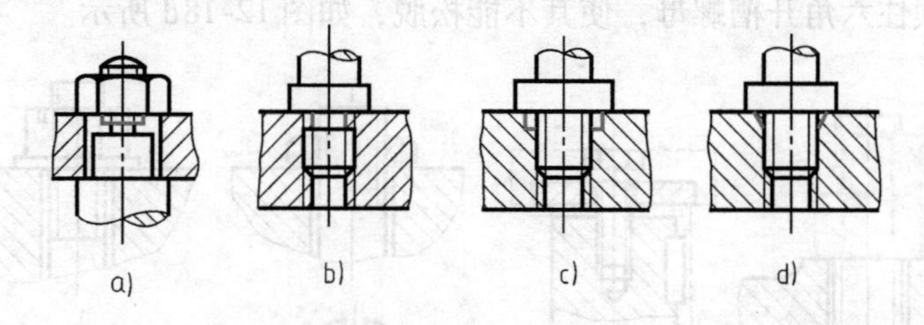

图 12-16　螺纹连接的合理要求（一）
a）尾部加长　b）退刀槽　c）凹坑　d）倒角

3）如图 12-17a 所示，螺栓无法上紧的场合，需要加手孔或改用双头螺柱。

四、防松的结构

机器运转时，由于振动或冲击，螺纹连接件可能发生松动，有时甚至造成严重事故。常见的防松结构如图 12-18 所示，有：

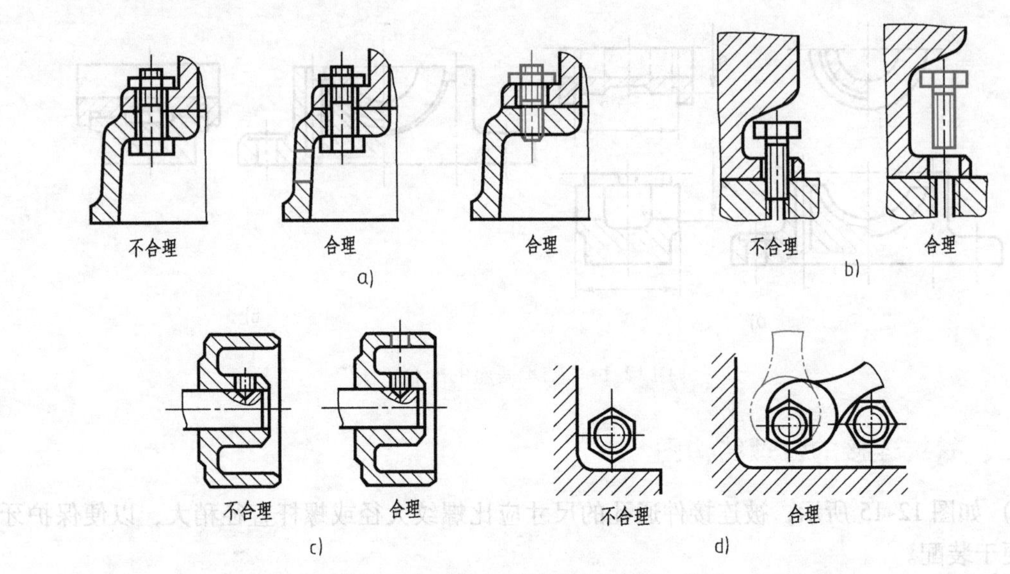

图 12-17　螺纹联接的合理要求（二）

1. 双螺母锁紧

两螺母在拧紧后，螺母之间产生轴向力，使螺母牙与螺栓牙之间的摩擦力增大而防止螺母松动脱落，如图 12-18a 所示。

2. 弹簧垫圈锁紧

当拧紧螺母后，垫圈受压变平，依靠这个变形力，使螺母牙与螺栓牙之间的摩擦力增大，同时垫圈开口的刀刃也阻止螺母转动而防止螺母松脱，如图 12-18b 所示。

3. 止动垫圈防松

轴端开槽，止动垫圈与圆螺母联合使用，将垫圈内耳放在轴端槽内，拧紧螺母后，将外耳扳倒卡在螺母的槽内，锁住螺母，如图 12-18c 所示。

4. 开口销防松

开口销直接锁住六角开槽螺母，使其不能松脱，如图 12-18d 所示。

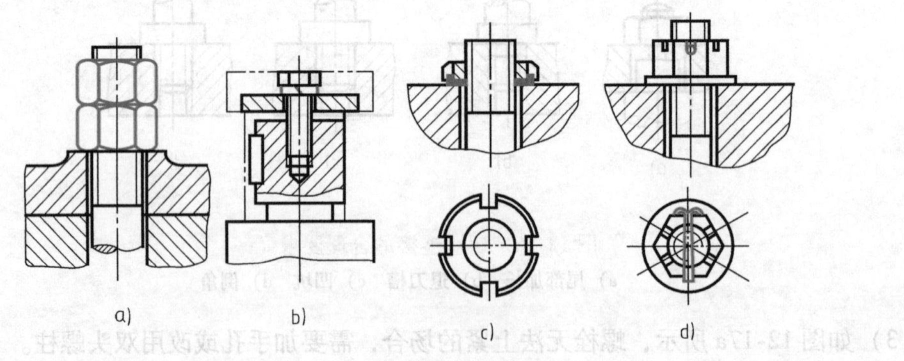

图 12-18　常见的防松结构

五、防漏密封的结构

在机器或部件中，为防止内部液体外漏，同时防止外部灰尘、杂质侵入，要采用防漏措施及密封装置。常用合理可靠的密封装置，如图 12-19 所示。

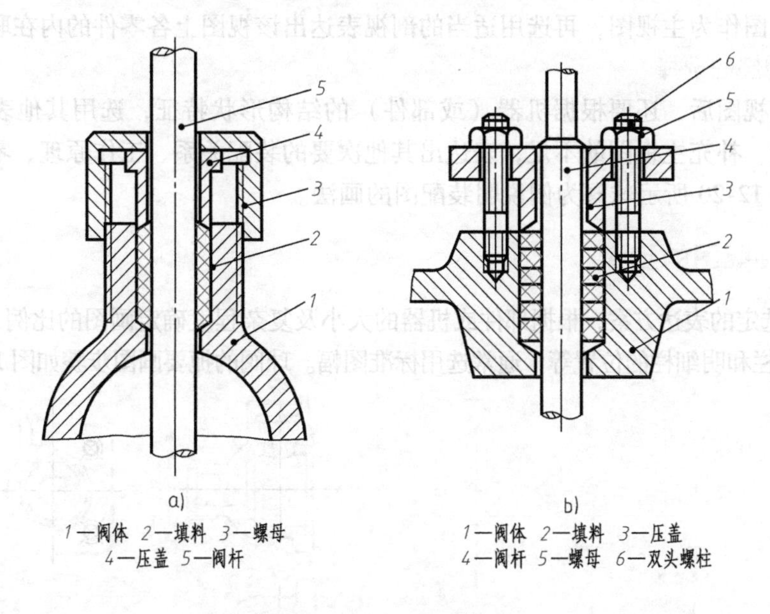

1—阀体 2—填料 3—螺母 4—压盖 5—阀杆

1—阀体 2—填料 3—压盖 4—阀杆 5—螺母 6—双头螺柱

图 12-19 常用的防漏密封装置

第六节 装配图的画法

无论是设计还是测绘机器、部件，在要画装配图前应对其功能、工作原理、结构特点、装配关系等内容加以分析，做到心中有了这个装配体，然后再确定表达方案，画出一张正确、清晰、易看懂的装配图。画装配图一般分三大步进行，即了解部件，视图选择，画装配图。

一、了解部件的装配关系及工作原理

在生产实践中首先必须对已有部件的实物或装配示意图进行观察与分析，然后了解各零部件间的装配关系和部件的工作原理。

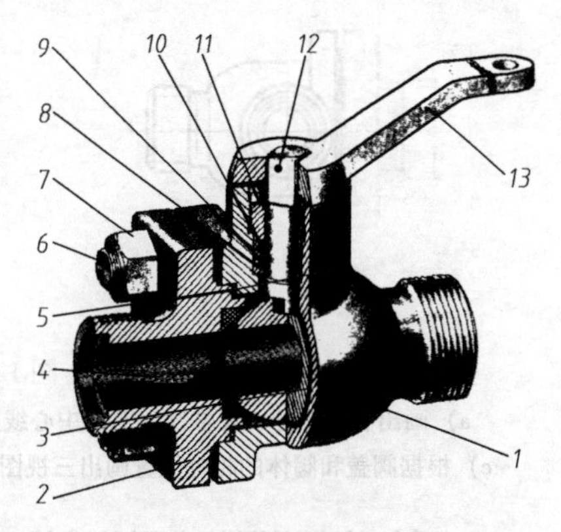

图 12-20 球阀轴测图

1—阀体 2—阀盖 3—密封圈 4—阀芯 5—调整垫 6—螺栓 7—螺母 8—填料垫 9—中填料 10—上填料 11—填料压紧套 12—阀杆 13—扳手

二、装配图的视图选择

1. 拟定表达方案，选择主视图

画装配图与画零件图一样，应先确定部件的安放位置和选择主视图，再选择其他视图。

部件的安放位置应与工作位置相符合，并使主视图能够较多地表达出机器（或部件）的工作原理、传动系统、零件间的主要装配关系及主要零件结构形状的特征。一般在机器或部件中，将装配关系密切的一些零件称为装配干线。机器或部件是由一些主要和次

要的装配干线组成的。当部件的工作位置确定后，选择能清楚反映主要装配关系和主要工作原理的那个视图作为主视图，再选用适当的剖视表达出该视图上各零件的内在联系。

2. 其他视图的选择

在选定主视图后，还要根据机器（或部件）的结构形状特征，选用其他表达方法，并确定视图数量，补充主视图的不足，表达出其他次要的装配关系、工作原理、零件结构及其形状。现以图 12-20 所示球阀为例说明装配图的画法。

三、画装配图的步骤

1）按照选定的表达方案，根据部件或机器的大小及复杂程度确定画图的比例，确定各视图的位置、标题栏和明细栏的位置等，通常选用标准图幅。球阀的扼要画图步骤如图 12-21 所示。

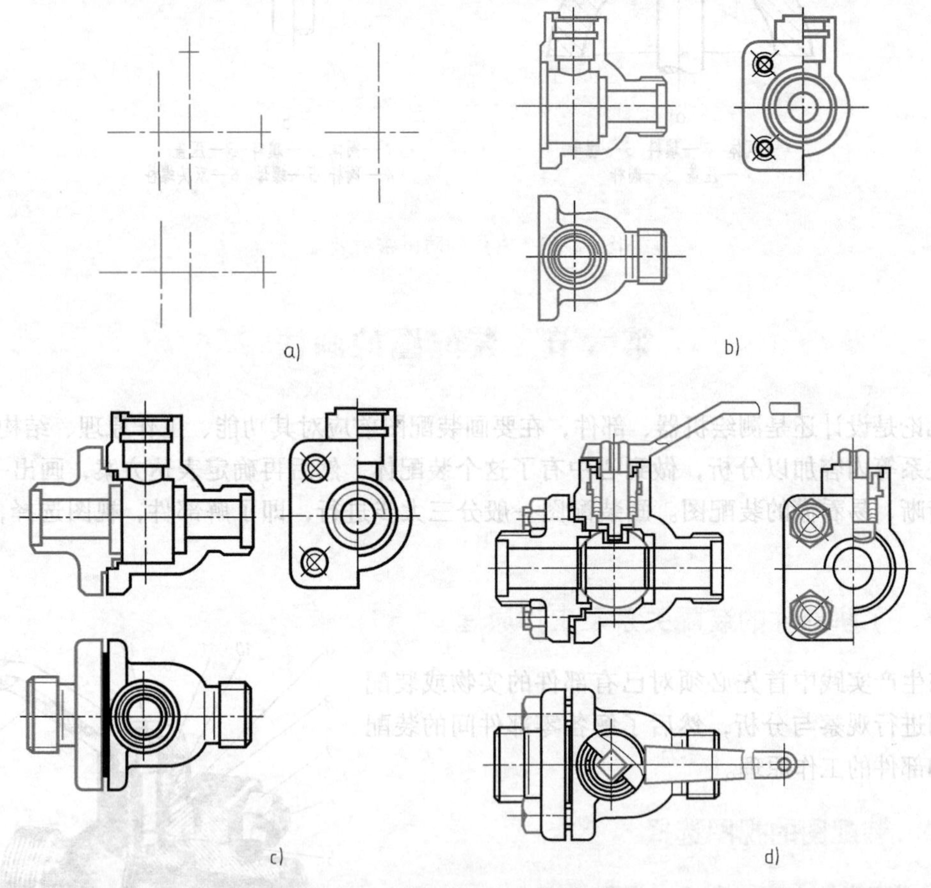

图 12-21　画装配图扼要步骤

a）画出各视图的主要轴线，对称中心线及作图基线　b）三个视图联系起来先画主要零件阀体的轮廓线
c）根据阀盖和阀体的相对位置画出三视图　d）画其他零件，再画扳手的极限位置（图中因位置不够未画）

2）画各基本视图的主要基准线。这些基准线常常是部件的主要轴线、对称中心线或某些零件的基面或端面，注意留出标注尺寸、零件序号的适当位置。

3）画部件的主要结构部分。通常部件中的各个零件都以一定的装配关系分布在一条或几条装配干线上，画图时可沿这些装配干线按照定位和遮挡关系依次将各零件表达出来。画剖视图时，由于内部零件遮挡外部零件；在不影响定位的情况下，要尽量从主要装配干线入手，由内向外逐个画出，如先画轴，再画装在轴上的其他零件；但有些部件也常常先从壳体或机座入手画起，再将其他零件依次按顺序逐个画上去，即从外向里画起。

扼要步骤：①画出阀体；②画出阀盖；③画出阀芯；④画出阀杆；⑤画出扳手；⑥画出填料及压紧套；⑦部件的次要部分，如螺栓、螺母；⑧画细致结构。

4）注写尺寸及技术要求。

5）编写零件序号、填写标题栏和明细栏。

6）检查、描深。

检查时应注意检查零件间正确的装配关系，哪些面应接触，哪些面应留有间隙，哪些面为配合面；还要检查零件间有无干扰及相互碰撞，及时纠正。

画好的装配图如图12-1所示。

四、画装配图的注意事项

1）各视图之间要符合投影关系，各零件、各结构要素也要符合投影关系。

2）先画起定位作用的基准件，再画其他零件。

3）先画出部件的主要结构形状，再画次要结构部分。

4）画零件时随时检查装配关系，接触与不接触的表面要分明，检查零件之间有无干扰，发现问题及时纠正。

第七节　装配图的阅读

读装配图就是通过对装配图的视图、尺寸和文字符号的分析与识读，了解机器或部件的名称、用途、工作原理、装配关系等的过程。在机械设备的设计、制造、使用以及技术交流中，经常要遇到读装配图的问题。所以，工程技术人员必须具备读装配图和由装配图拆画零件图的能力。

一、读装配图的要求

1）了解机器或部件的名称、用途和工作原理。

2）了解各零件的装配关系及各零件的拆装顺序。

3）读懂各零件的主要结构形状和作用。

4）了解其他系统，如润滑系统、防漏系统、安全保护系统等的原理和构造。

二、读装配图的方法和步骤

1. 概括了解

1）阅读有关资料。首先要通过阅读有关说明书、装配图中的技术要求及标题栏等了解机器的功用、性能和工作原理。

2）分析视图。分析全图采用哪些表达方法，找到各视图间的投影关系，明确各视图所表达的内容。

2. 深入了解（一般有6项）

1）从主视图入手，根据各装配干线，对照零件各视图中的投影关系。

2）由各零件剖面线的不同方向及间隔，分清零件轮廓的范围。

3）由装配图上所标注的配合代号，了解零件间的配合关系。

4）根据常见结构的表达方法和一些规定画法，来识别零件。

5）根据零件序号对照明细栏，找出零件数量、材料、规格，了解零件作用和确定零件在装配图中的位置和范围。

6）利用零件结构形状有对称性的特点和利用相互连接零件的接触面大致相同的特点，想象零件的结构形状。

3. 细致了解

1）分析尺寸。分析图上所标注的尺寸，了解部件的规格、外形大小、零件间的装配性质和装配时要保证的尺寸及安装时所需要的尺寸。

2）分析零件形状。在了解工作原理与装配关系的基础上，分析各零件的结构形状和作用。应先分析主要零件，后分析次要零件；先分析主要结构，再分析细小结构，确定零件的范围、结构、形状、功用和装配关系。

4. 综合归纳（看懂全图）

在对装配关系和主要零件的结构进行细致分析后，还要对技术要求、全部尺寸进行分析，进一步了解设计意图和装配工艺；还应把机器或部件的作用、结构、装配、操作、维修等几方面的问题联系起来思考，进行综合归纳，弄清该机器或部件的特点，能否实现工作要求，怎样进行装拆，操作和维修是否方便，密封和防漏是否可靠等，做到全面认识，为拆画零件图打好基础。

三、读装配图举例（读齿轮泵装配图）

1. 概括了解

齿轮泵是机器中用来输送润滑油的一个部件。图12-5所示的齿轮泵是由泵体，左、右端盖，传动齿轮，齿轮轴，密封零件及标准件等所组成的。对照零件序号及明细栏可看出齿轮泵由17种零件装配而成，采用两个视图表达。全剖视的主视图，反映组成齿轮泵各个零件间的装配关系；左视图是采用沿左端盖1与泵体6结合面剖切后移去垫片5的半剖视图*B—B*，两个视图清楚地反映这个油泵的外部形状，齿轮的啮合情况以及吸、压油的工作原理；再以局部剖视反映吸、压油的情况。齿轮泵的外形尺寸是118、85、95，由此知道这个齿轮泵的体积不大。

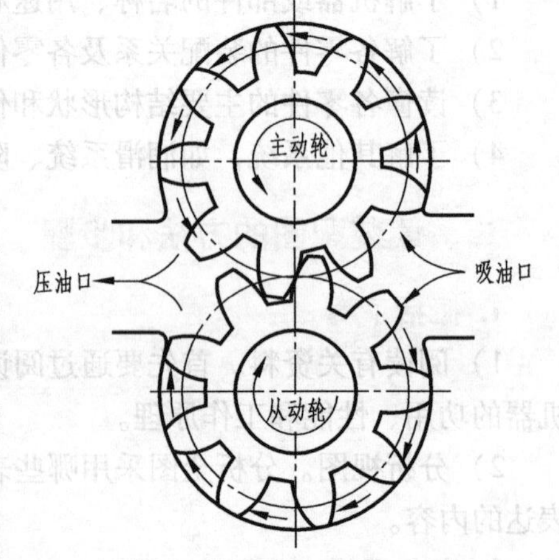

图12-22　齿轮泵工作原理图

2. 了解装配关系及工作原理

泵体6是齿轮泵中的主要零件之一，它的内腔容纳一对吸油和压油的齿轮。将齿轮轴2、传动齿轮轴3装入泵体后，两侧由左端盖1、右端盖7支承这一对齿轮轴的旋转运动。由销4将左、右端盖与泵体定位后，再用螺钉15将左、右端盖与泵体连接成整体。为防止泵体与端盖结合面处，以及传动齿轮轴3伸出端漏油，分别用垫片5及密封圈8、轴套9、压紧螺母10进行密封。

齿轮轴 2、传动齿轮轴 3、传动齿轮 11 是泵中的运动零件。当传动齿轮 11 按照逆时针方向（从左视图观察）转动时，通过键 14，将转矩传递给传动齿轮轴 3，经过齿轮啮合带动齿轮轴 2，从而使齿轮轴 2 按照顺时针方向转动。如图 12-22 所示，当一对齿轮在泵体内做啮合传动时，啮合区内右边空间的压力降低而产生局部真空，油池内的油在大气压力作用下进入油泵低压区内的吸油口，随着齿轮的转动，齿槽中的油不断地沿箭头方向被带到左边的压油口，把油压出，送至机器中需要润滑的部位。

3. 对齿轮泵中一些配合和尺寸的分析

根据零件在部件中的作用和要求，应标注出相应的尺寸公差带代号。例如传动齿轮 11 要带动传动齿轮轴 3 一起转动，除靠键把两者连成一体传递转矩外，还需要定出相应的配合。在图中可以看到，它们之间的配合尺寸是 ϕ14H7/k6，它属于基孔制优先的过渡配合，由附录 H 的附表 H-2、H-3 查得：孔的尺寸是 $\phi14^{+0.018}_{0}$，轴的尺寸是 $\phi14^{+0.012}_{+0.001}$，即

$$配合的最大间隙 = (0.018 - 0.001)\text{mm} = +0.017\text{mm}$$

$$配合的最大过盈 = (0 - 0.012)\text{mm} = -0.012\text{mm}$$

齿轮与端盖在支承处的配合尺寸是 ϕ16H7/h6；轴套与右端盖的配合尺寸是 ϕ20H7/h6；齿轮轴的齿顶圆与泵体内腔的配合尺寸是 ϕ34.5H8/f7。它们各是什么样的配合？请读者自行分析解答。

尺寸（28.76 ± 0.016）是一对啮合齿轮的中心距，这个尺寸准确与否将会直接影响齿轮的啮合传动。尺寸 65 是传动齿轮轴线离泵体安装面的高度尺寸。尺寸（28.76 ± 0.016）和 65 分别是设计和安装所要求的尺寸。

吸、压油口的尺寸 G3/8 和两个螺栓 16 之间的尺寸 70，为什么要在装配图中注出，请读者思考。

图 12-23 所示为齿轮油泵的装配轴测图，供读图分析思考后对照参考。

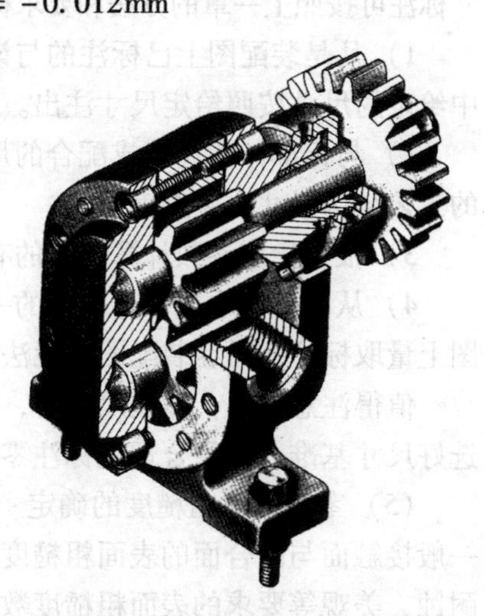

图 12-23　齿轮油泵的装配轴测图

四、由装配图拆画零件图

根据装配图拆画零件图，是设计过程中的一个重要环节。拆画零件图要在看懂装配图的基础上进行，并按照零件图的内容与要求画出零件图。

1. 拆画零件图的基本要求

1）画图前，了解设计意图、工作原理、装配关系、技术要求及每个零件的结构形状。

2）画图时，不但要从设计方面考虑零件的作用和要求，而且还要从工艺方面考虑零件的制造和装配，要使所画的零件图符合设计和工艺要求。

2. 拆画零件图要处理的几个问题

（1）零件的分类（分为四类）

1）标准零件，不需要画零件图，只需要标记代号列出标准件的汇总表即可。

2）借用零件，是借用定型产品上的零件，可利用已有的图样，不必另行画图。

3）特殊零件，是重要零件，在设计说明书中都附带这类零件的图样或重要数据。

4）一般零件，是装配图中拆画零件的主要对象。

(2) 表达方案的处理　零件的表达方案是根据零件的结构形状特点考虑的，不强求与装配图完全一致。一般情况，壳体、箱座类零件主视图的位置可以与装配图一致。这样，装配机器时，便于对照。

(3) 零件结构形状的处理

1) 局部结构的处理。在装配图中，零件上某些局部结构未完全画出，零件上的标准结构（如倒角、倒圆、退刀槽等）大多简化，拆画零件图时应考虑设计和工艺要求，补画出这些结构，部分标准结构可从附录 F 中查得。

2) 被挡要素的处理。凡是被其他零件挡住的图线都需要补画。

3) 特殊要素的处理。若零件某部分需要与另一零件装配在一起加工时，则应在零件图上注明。当零件采用弯曲卷边等变形方法连接时，应画出其连接前的形状。

(4) 零件图尺寸的处理　装配图上的尺寸不多，单个零件结构形状的大小，经过工程设计人员的考虑，虽未注尺寸数字，但基本上是合适的，可从图样上按照比例直接量取尺寸。尺寸标注可按照上一章的方法和要求标注。尺寸的大小则必须根据不同的情况分别处理：

1) 凡是装配图上已标注的与该零件有关的尺寸，都直接抄注到零件图上；凡在明细栏中给定的尺寸按照给定尺寸注出。

2) 与标准件相连接或配合的尺寸，从相应的标准查取，并与相应零件协调一致。零件的工艺结构尺寸也应查表确定。

3) 根据给定参数计算确定的有关尺寸，应通过计算确定。

4) 从图上量取或自行确定的一般尺寸，可按照装配图的比例，采用比例尺直接从装配图上量取标注；对在装配图上无法量取的尺寸，要根据部件的性能要求自行确定。

值得注意的是，标注尺寸时，首先应根据零件在部件中的作用、零件设计和工艺要求等选好尺寸基准，以便合理地标注零件各部分尺寸。

(5) 零件表面粗糙度的确定　零件上各表面的表面粗糙度是根据其作用和要求确定的。一般接触面与配合面的表面粗糙度数值应较小，自由表面的表面粗糙度数值较大，有密封、耐蚀、美观等要求的表面粗糙度数值应较小。表面粗糙度可查阅有关资料，结合第十一章中表 11-2 和表 11-3 选择标注。

五、拆画装配图举例

现以图 12-5 所示齿轮泵的右端盖（序号 7）为例进行拆画零件图的分析，画图过程如图 12-24 所示。由主视图可见：右端盖上部有传动齿轮轴 3 穿过，下部有齿轮轴 2 轴颈的支承孔，在右部凸缘的外圆柱面上有外螺纹，用压紧螺母 10 通过轴套 9 将密封圈 8 压紧在轴的四周。由左视图可见：右端盖的外形为长圆形，沿周围分布有 6 个螺钉沉孔和两个圆柱销孔。

拆画此零件时，先从主视图上区分出右端盖的视图轮廓，由于在装配图的主视图上，右端盖的一部分可见投影被其他零件所遮挡，因而它是一幅不完整的图形，如图 12-24a 所示。根据此零件的作用及装配关系，可以补全所缺的轮廓线。这样的盘盖类零件一般可用两个视图表达，从装配图的主视图中拆画右端盖的图形，显示右端盖各部分的结构，仍可作为零件图的主视图，再加俯视图或左视图。若用主、俯视图表达，则应将从装配图中分离的主视图转平，而且为使俯视图能显示较多的可见轮廓，还应将外螺纹凸缘部分向上。分离并补全图线、调整位置的右端盖全剖的主视图，如图 12-24b 所示。图 12-24c 所示为完整的零件图，在图中按照零件图的要求注全尺寸和技术要求，有关的尺寸公差是按照装配图中已表达的要求注写的。这张零件图能完整、清晰地表达右端盖。

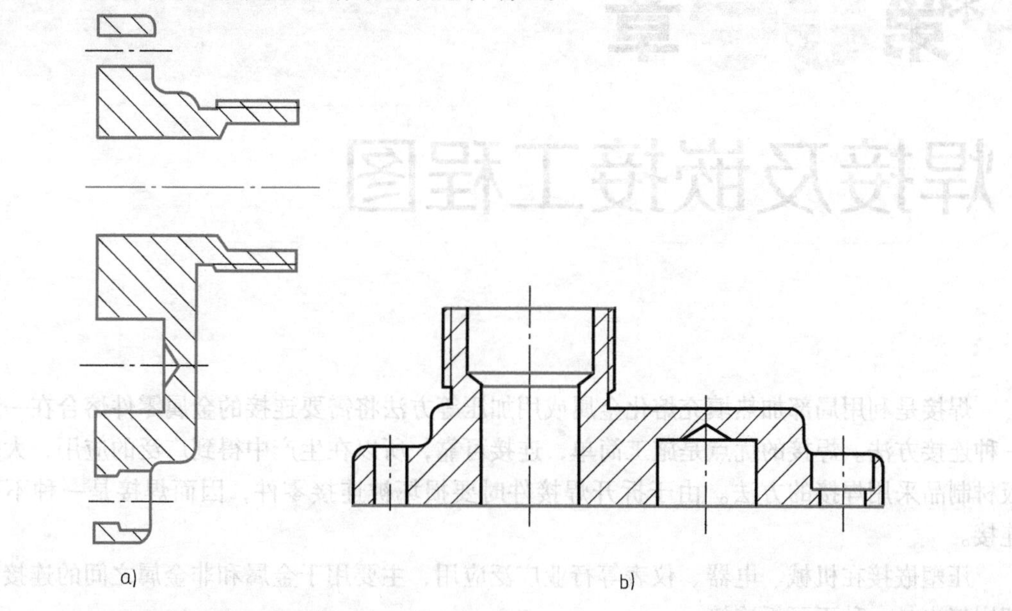

a) b)

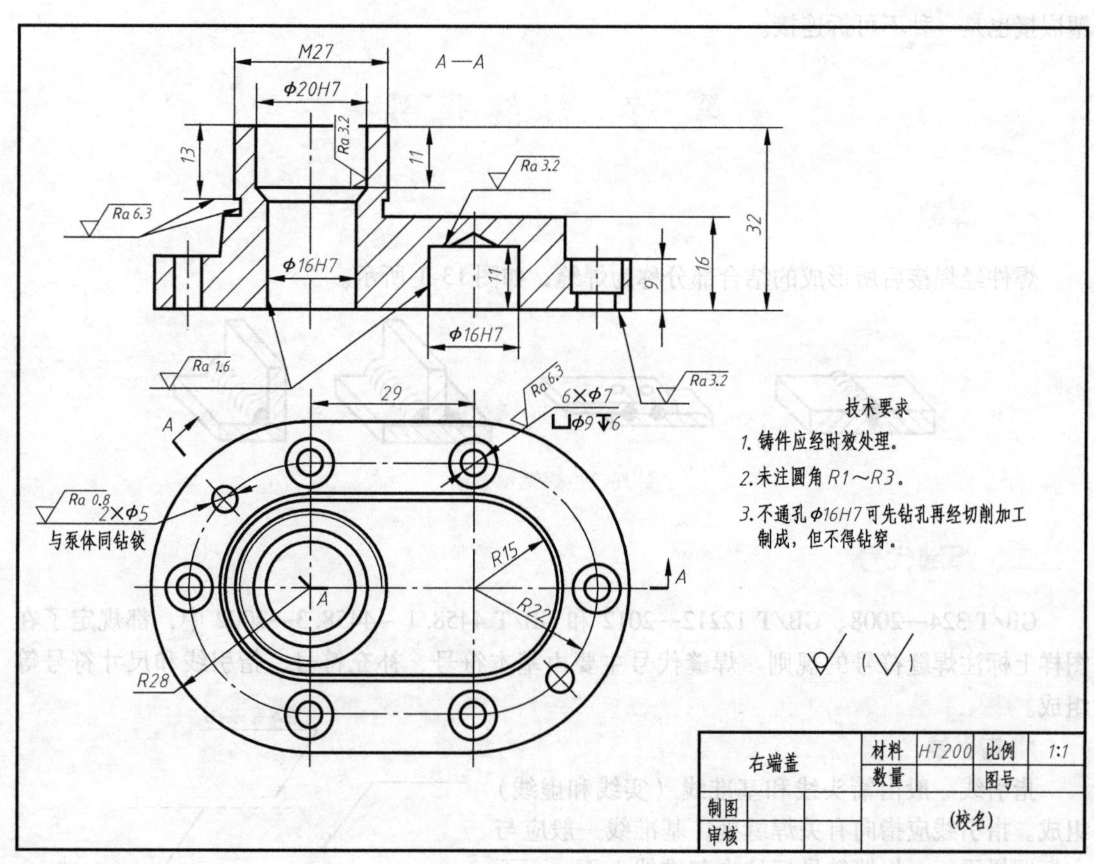

c)

图12-24 齿轮泵右端盖拆画过程

a）从装配图中分离出来的图形 b）调整视图后补全被挡轮廓线 c）完整的零件图

*第十三章

焊接及嵌接工程图

焊接是利用局部加热填充熔化金属或用加压等方法将需要连接的金属零件熔合在一起的一种连接方法。焊接的优点是施工简单，连接可靠，所以在生产中得到广泛的应用，大多数板材制品采用焊接的方法。由于拆开焊接件时要损坏被连接零件，因而焊接是一种不可拆连接。

压塑嵌接在机械、电器、仪表等行业广泛应用，主要用于金属和非金属之间的连接。压塑嵌接也是一种不可拆连接。

第一节 焊缝代号

一、焊缝

焊件经焊接后所形成的结合部分称为焊缝，如图13-1所示。

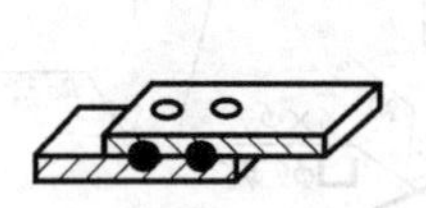
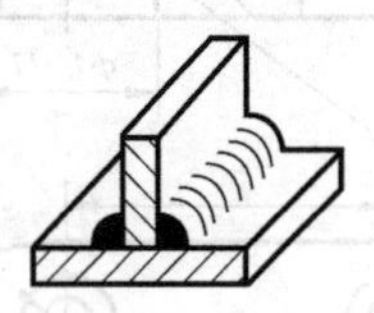
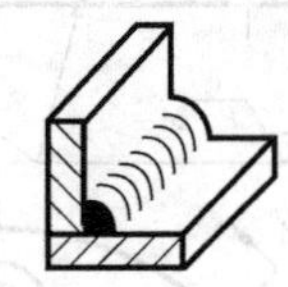

图13-1 焊缝示意图

二、焊缝代号

GB/T 324—2008、GB/T 12212—2012 和 GB/T 4458.1～4458.3—2002 中，都规定了在图样上标注焊缝符号的规则。焊缝代号主要由基本符号、补充符号、指引线和尺寸符号等组成。

1. 指引线

指引线一般由箭头线和基准线（实线和虚线）组成。指引线应指向有关焊缝处，基准线一般应与主标题栏平行，焊缝符号标注在基准线上面、下面或中间处，如图13-2所示。必要时，可在基准线末端加一“尾部”，作为其他说明之用（例如焊接

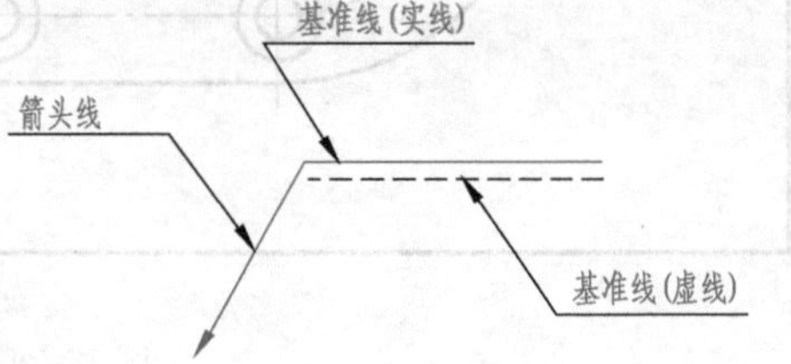

图13-2 指引线

方法、焊缝数量等)。

2. 基本符号

基本符号是表达焊缝横截面形状的符号，它采用近似焊缝横截面形状的符号来表达。基本符号用粗实线绘制，基本符号见表13-1。

表13-1 基本符号（GB/T 324—2008）

序号	名　称	示 意 图	符　号
1	卷边焊缝(卷边完全熔化)	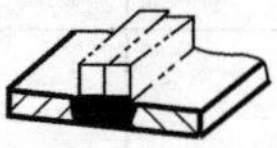	
2	I形焊缝		
3	V形焊缝		
4	单边V形焊缝		
5	带钝边V形焊缝		
6	带钝边单边V形焊缝		
7	带钝边U形焊缝		
8	带钝边J形焊缝		
9	封底焊缝		
10	角焊缝		
11	塞焊缝或槽焊缝		
12	点焊缝	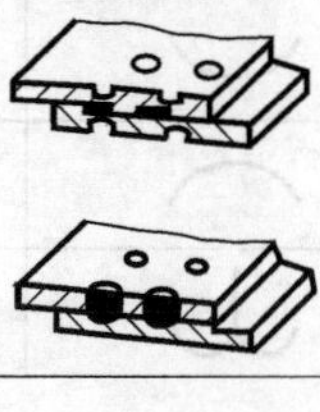	

（续）

序号	名　称	示 意 图	符　号
13	缝焊缝	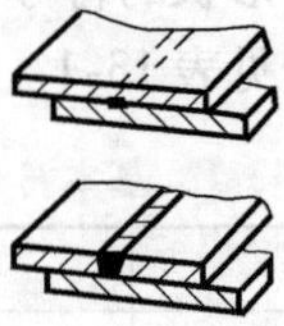	
14	陡边V形焊缝		
15	陡边单V形焊缝		
16	端焊缝		
17	堆焊缝		
18	平面连接（钎焊）	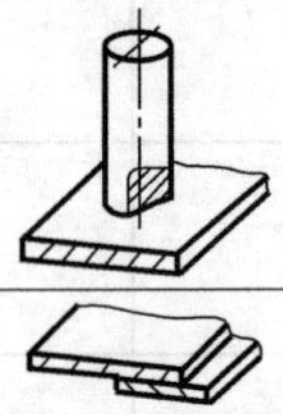	
19	斜面连接（钎焊）	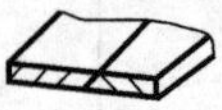	
20	折叠连接（钎焊）		

3. 补充符号

补充符号用来补充说明有关焊缝或接头的某些特征（诸如表面、衬垫、焊缝分布、施焊地点等）。补充符号见表13-2。

表13-2　补充符号

序号	名　称	符　号	说　明
1	平面		焊缝表面通常经过加工后平整
2	凹面		焊缝表面凹陷
3	凸面		焊缝表面凸起
4	圆滑过渡		焊趾处过渡圆滑

（续）

序号	名　称	符　号	说　　明
5	永久衬垫	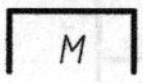 M	衬垫永久保留
6	临时衬垫	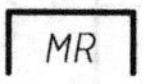 MR	衬垫在焊接完成后拆除
7	三面焊缝	⊏	三面带有焊缝
8	周围焊缝	 ○	沿着工件周边施焊的焊缝标注位置为基准线与箭头线的交点处
9	现场焊缝		在现场焊接的焊缝
10	尾部	 <	可以表示所需的信息

焊缝的标注示例见表13-3。

表13-3　焊缝的标注示例

接头形式	焊缝形式	标注示例	说　　明
对接接头	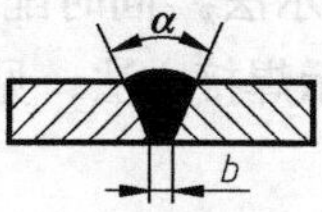 α, b	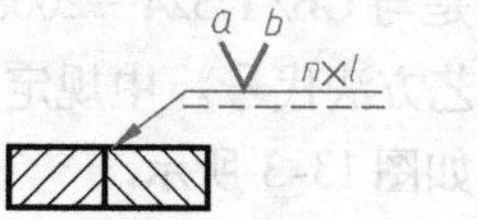 a b, n×l	表示V形焊缝的坡口角度为α，根部间隙为b，有n段长度为l的焊缝
T形接头	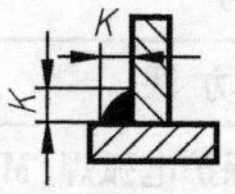 K	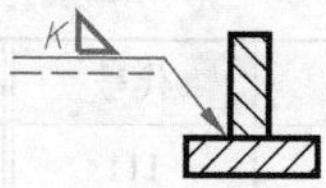 K	表示单面角焊缝，焊角高度为K
	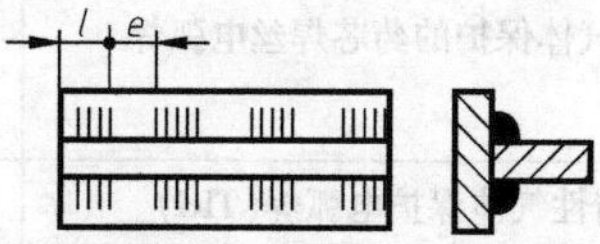 l e	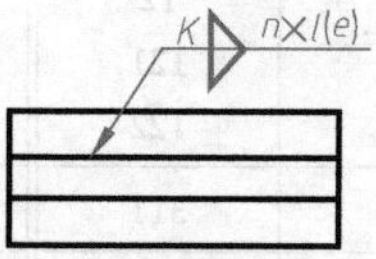 K n×l(e)	表示有n段长度为l的双面断续角焊缝，间距为e，焊角高为K
	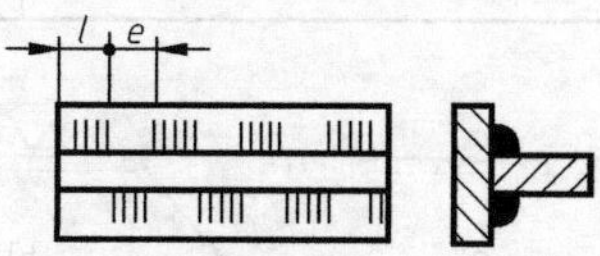 l e	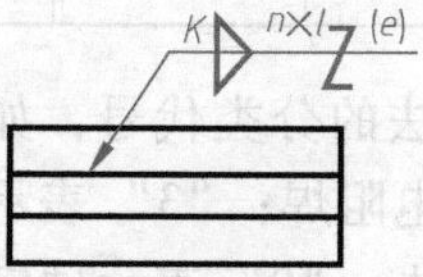 K n×l Z (e)	表示有n段长度为l的双面交错断续角焊缝，间距为e，焊角高为K
角接接头	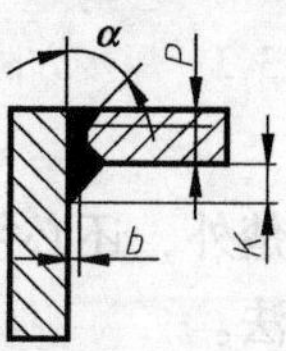 α, P, b, K	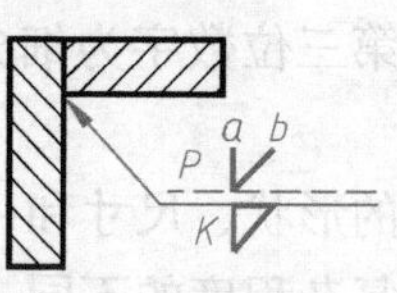 P a b, K	表示为双面焊接，上面为单边V形焊缝，下面为角焊缝

（续）

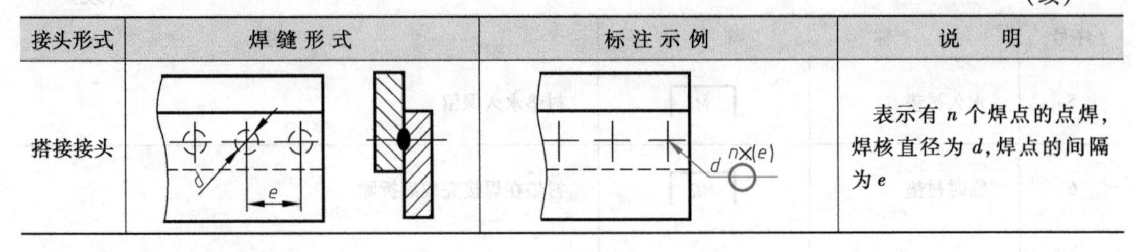

接头形式	焊缝形式	标注示例	说明
搭接接头			表示有 n 个焊点的点焊，焊核直径为 d，焊点的间隔为 e

4. 焊接方法缩写符号

焊接工艺文件中，常常用字母缩写表示焊接方法，常用焊接方法缩写的意义见表 13-4 所示。

表 13-4　常用焊接方法缩写表示法

缩写字母	焊接方法	缩写字母	焊接方法
SMAW	手工电弧焊	GMAW 或 MIG	熔化极气体保护电弧焊
SAW	埋弧焊	GMAW-P	脉冲熔化极气体保护焊
OFW	气焊	GTAW 或 TIG	钨极氩弧焊
ESW	电渣焊	GTAW-P	脉冲钨极氧弧焊
PAW	等离子弧焊	FCAW	药芯焊丝气体保护焊

第二节　图样上的焊接标注

在图样上标注焊接方法是与 GB/T 324—2008《焊缝符号表示法》同时配合使用的，GB/T 5185—2005《焊接及相关工艺方法代号》中规定用数字代号表示焊接方法，见表 13-5。在其焊缝代号的指引线尾部加注，如图 13-3 所示。

表 13-5　常用焊接方法及其数字代号示例

焊接方法	代号	焊接方法	代号
焊条电弧焊	111	熔化极惰性气体保护电弧焊(MIG)	131
埋弧焊	12	熔化极非惰性气体保护电弧焊(MAG)	135
单丝埋弧焊	121	非惰性气体保护的药芯焊丝电弧焊	136
带极埋弧焊	122		
氧乙炔焊	311	钨极惰性气体保护电弧焊(TIG)	141
电渣焊	72	等离子弧焊	15

第一位数字表示焊接方法的分类代号，如“1”表示电弧焊；“2”表示电阻焊；“3”表示气焊；“7”表示其他焊接方法；“9”表示硬钎焊软钎焊及钎接焊。第二位及第三位数字为细分类号。

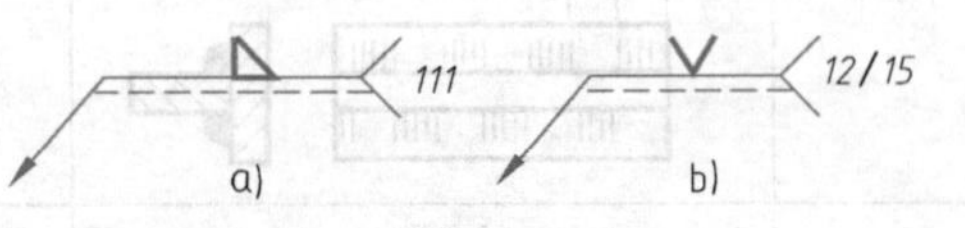

图 13-3　焊接方法的标注

金属焊接件图除应把构件的形状、尺寸和一般要求表达清楚外，还必须把焊接有关的内容表达清楚。根据焊接件结构复杂程度的不同，大致有两种画法。

1. 整体式焊接图

图 13-4 和图 13-5 所示为整体式焊接图。这种画法的特点：图上不仅表达了各零件的装配、焊接要求，而且还表达了每个零件的形状和尺寸及加工要求，因此不必再画零件图，它适用于简单结构的焊接件。

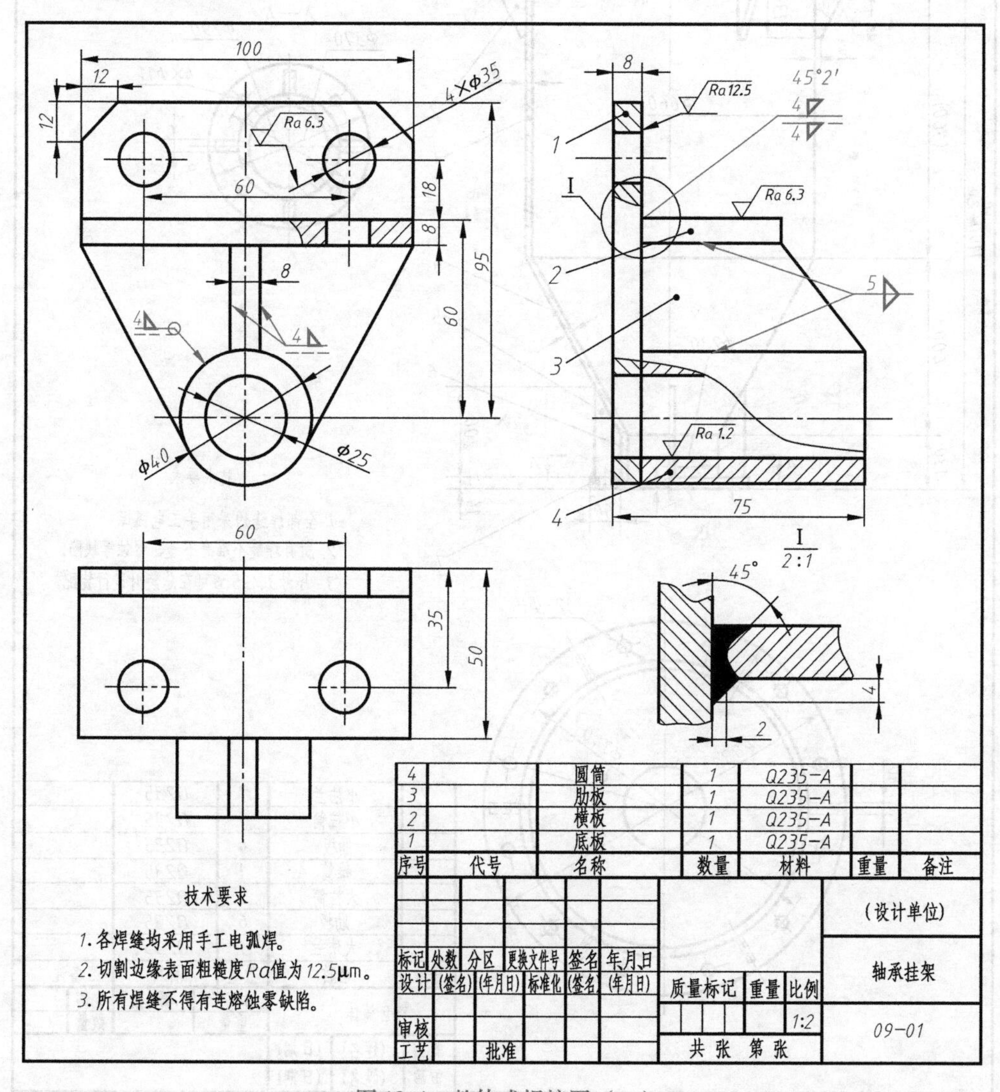

图 13-4 整体式焊接图（一）

图例分析：图 13-4 所示轴承挂架为一个焊接件，它由立板、横板、肋板和圆筒四个零件组成。图中的外焊缝代号为 4⊿—○↘ ，焊缝代号中的“○”表示环绕工件周围焊接，“⊿”表示角焊缝，焊角高度为 4mm。肋板的三条边都是双边角焊缝，上下焊角高为 5mm；中间焊角高为 4mm，本图中用双箭头按照单边标注意义一样；局部放大处是 V 形焊缝加角焊缝，如图 13-4 所示。

图 13-5 所示为某加工厂料仓筒体，图中有四处采用环绕角焊缝，焊角高度为 5mm；大法兰处六个加强肋板都用双面角焊缝，焊角高度为 4mm；小法兰处四个加强肋板也用双面

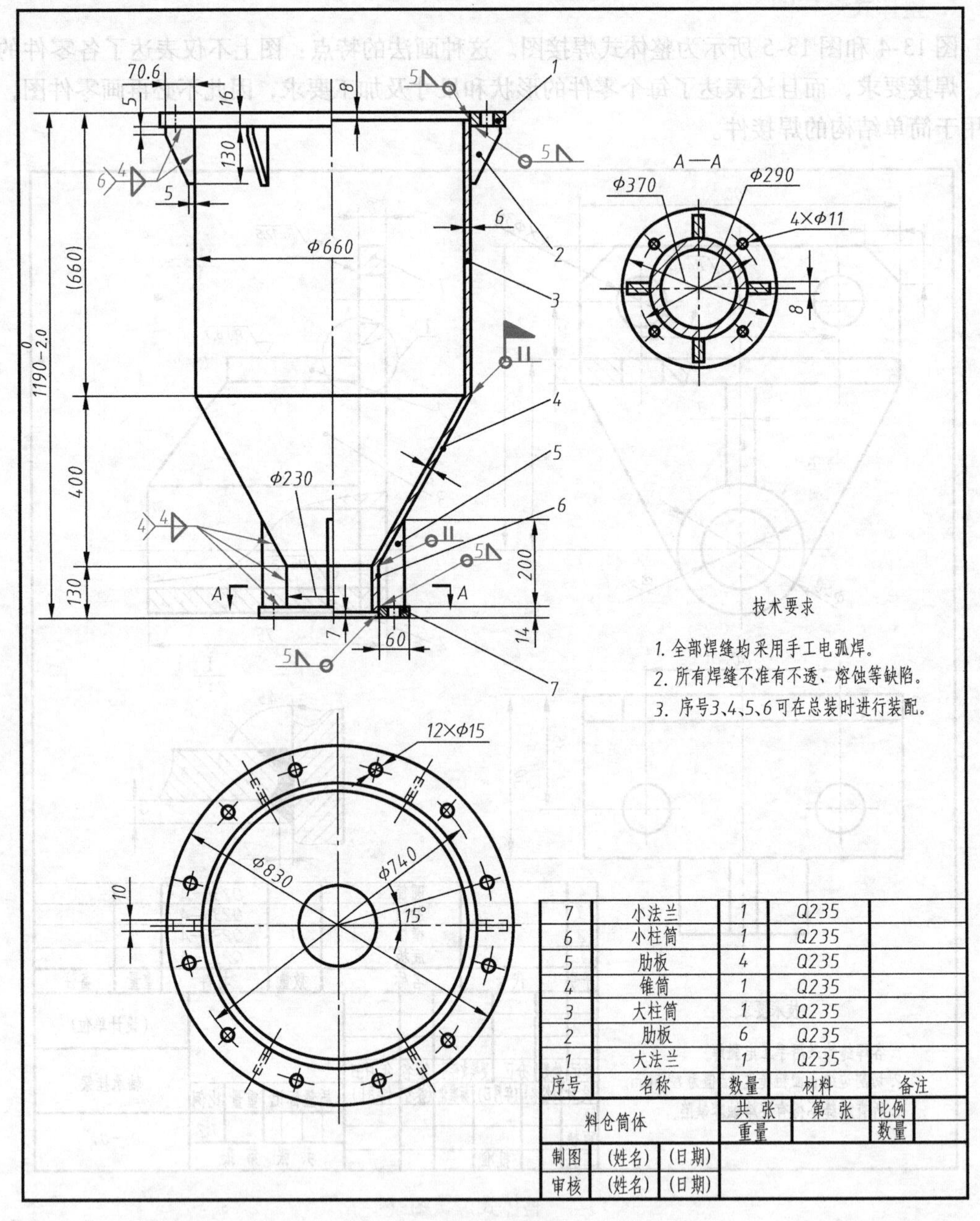

图 13-5　整体式焊接图（二）

角焊缝，焊角高度为 4mm；锥筒下口与小柱筒采用环绕平焊缝连接；锥筒上口与大柱筒连接处的“小旗帜”表示现场对接调试合适后立即进行焊接，故称为“现场焊”，也采用环绕平焊缝连接。

2. 组件式焊接图

图 13-6 所示为制药生产用的搅拌反应釜釜盖部件图。反应釜是化工生产中的常用设备，釜盖是反应釜的一个小部件，各零件图此处从略。

图中的焊缝有三种：俯视图中，角焊缝焊角高度为 5mm；“小旗帜”表示“现场焊”；

“O”表示环绕周围均需要焊接，共有四处。

主视图中的焊缝代号 70° 确定A形管口和盖体的焊接情况。其中“Y”表达带钝边V形焊缝，对接间隙 $b=1\text{mm}$，坡口角度 $\alpha=70°$，焊缝环绕一周并为封底焊缝。图中焊缝代号，表达圆弧与平面之间为“喇叭形（单边）”焊缝且环绕一周。

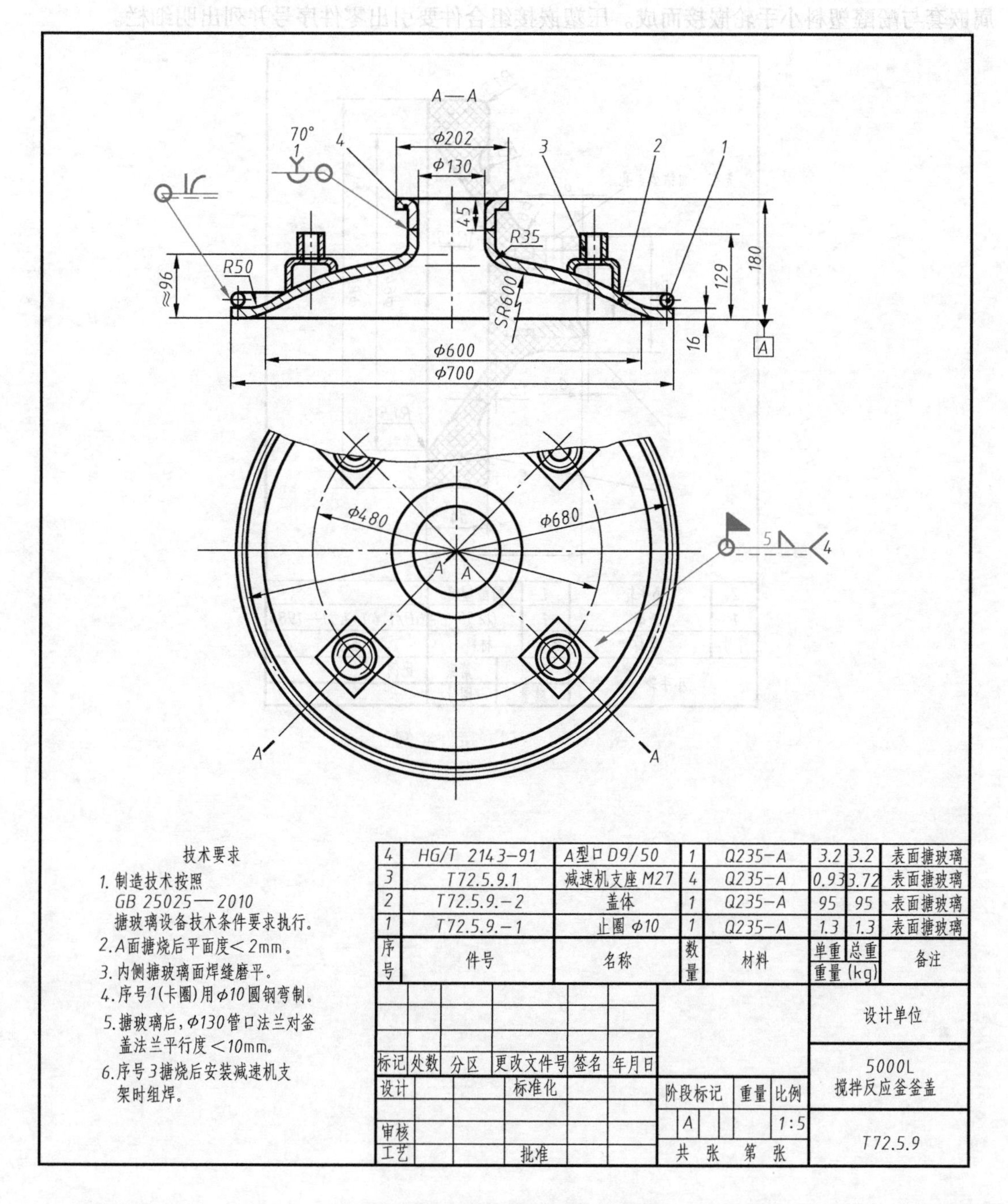

图13-6 组件式焊接图（釜盖）

第三节 压塑嵌接

随着生产技术的发展，零件制造中常常采用压塑嵌接新工艺。这种工艺是在注入模具的塑料中，镶嵌金属零件，经压制后成为不可拆的整体组合件时采用的。这种压塑嵌接件在机械、电器、仪表等各种行业中有着广泛的应用。图 13-7 所示为一压塑嵌接件实例，它由金属嵌套与酚醛塑料小手轮嵌接而成。压塑嵌接组合件要引出零件序号并列出明细栏。

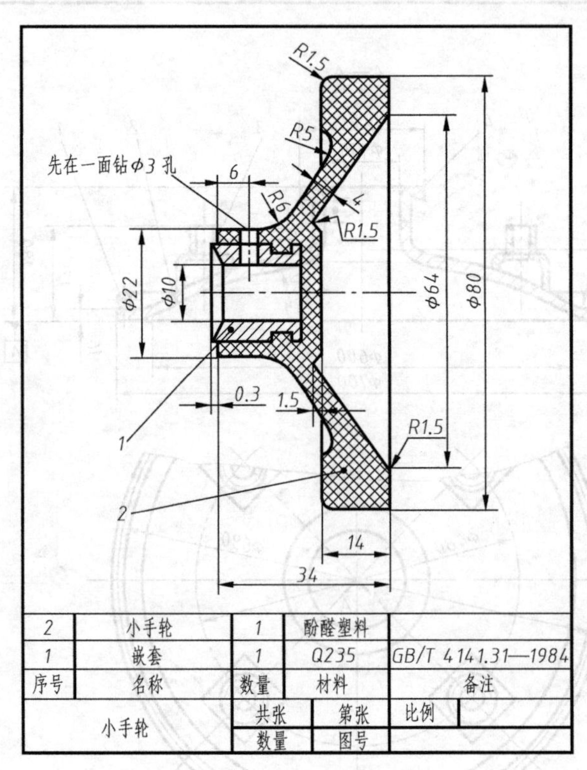

2	小手轮	1	酚醛塑料	
1	嵌套	1	Q235	GB/T 4141.31—1984
序号	名称	数量	材料	备注
小手轮		共张	第张	比例
		数量	图号	

图 13-7 压塑嵌接件实例

*第十四章

常用曲线、曲面及展开图

机械工程中常用到一些特定的曲线与曲面，由于它们的空间形象比较复杂，仅根据它们的形象一般不易直接作图；反过来，单从它们的投影图也难以确定其空间形象。因此在投影作图过程中要反映出形成该曲线或曲面的各种要素，才能将它们准确表达。本章简要探讨一些常用曲线与曲面的作图方法及常用立体表面的展开图画法。

第一节 曲 线

一、曲线的形成及分类

1. 曲线的形成

1）点运动的轨迹可构成曲线，根据其运动的方式的不同可分为有规则曲线和无规则曲线。

2）平面与曲面的交线或两曲面的交线都是曲线。

2. 曲线的分类

（1）平面曲线　曲线上所有的点都从属于同一个平面。

（2）空间曲线　曲线上任意连续4点不从属于同一个平面。

二、曲线的投影特性

1）曲线的投影一般仍为曲线，如图14-1所示。只有当平面曲线所在平面垂直于投影面时，它在该投影面的投影才为一直线，如图14-2所示。

2）二次曲线的投影一般仍为二次曲线。圆和椭圆的投影一般为圆或椭圆，且圆心或椭圆中心投影后仍为中心并平分过中心的弦；抛物线、双曲线的投影一般仍为抛物线或双曲线。只有当圆、椭圆、抛物线、双曲线所在的平面垂直于某一投影面时，在该投影面上的投影才为直线。

3）空间曲线的投影为平面曲线，不可能为直线。

三、曲线的画法

1. 典型规则曲线

工程上常用的平面曲线有椭圆、渐开线、抛物线和双曲线等，绘制其投影图时，可根据

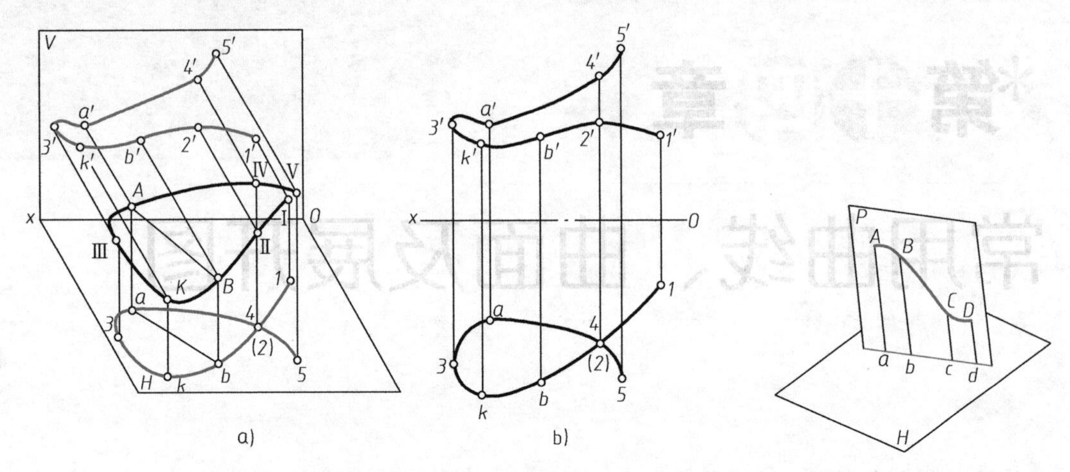

图 14-1　曲线的投影特性及其画法
a）立体图　b）投影图

图 14-2　特殊位置平面曲线

曲线特征，选择一系列特征点和一般位置点，作出各点的投影后光滑连接，取得越多，绘制的投影形状越准确。下面主要介绍工程中常用曲线的特征及画图方法。

（1）投影椭圆　圆倾斜于投影面时的投影为椭圆，称为投影椭圆。如图 14-3a 所示，已知圆 O 所在平面 $P \perp V$，P 面与 H 面的倾角为 α，圆心为 o，直径为 ϕ。此时：

1）由于圆 O 所在平面 P 为正垂面，故其正面投影积聚为长度等于直径 ϕ 的直线段。该直线段与 Ox 轴的夹角为 α 如图 14-3b 所示。

2）由于 P 面倾斜于 H 面，故圆的水平投影为椭圆。圆心 o 的水平投影为椭圆的中心 o。椭圆的长轴是通过圆心 o 的水平直径 AB 的水平投影 ab，椭圆的短轴则为与 AB 垂直的直径 CD 的水平投影 cd。从图中可见，用数学公式描述时，$cd = CD \cdot \cos\alpha$，如图 14-3c 所示。

3）如果设定一个垂直于 V 面且平行于 P 面的辅助投影面 H_1，则圆 O 在 H_1 面上的辅助投影为以 o_1 为圆心、直径为 ϕ 的圆周，该圆周反映圆 O 的实形，如图 14-3d 所示。

作水平投影中的椭圆时，已知长轴 ab、短轴 cd，也可用几何作图的方法画出椭圆（见第八章第二节）。也可借助于辅助投影，即在任一位置上画出一平行于直径 a_1b_1 的弦

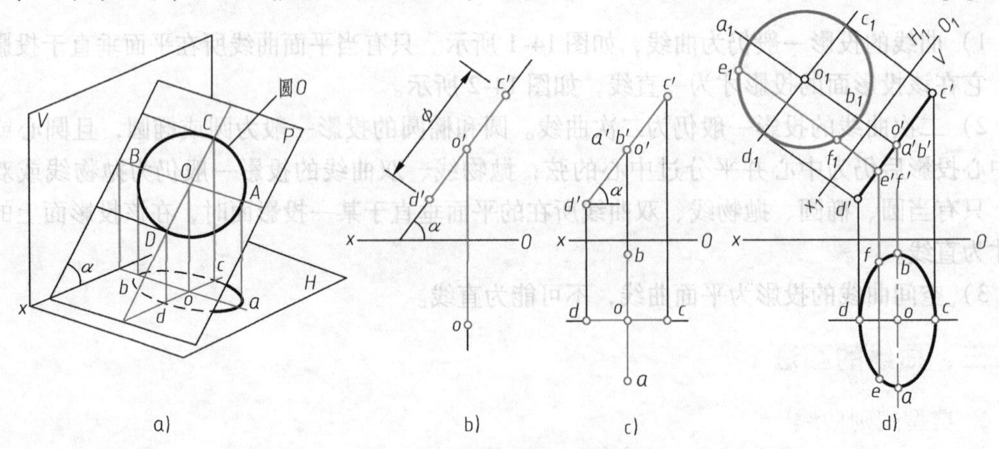

图 14-3　圆的投影椭圆画法

e_1f_1 与圆周相交于 e_1、f_1；量取该两点的 y_1 坐标值，按照投影关系即可在原有的水平投影中定出 e、f（实质为换面法）。同样方法，求出一些点的投影之后就可用曲线板将椭圆描绘完成。

对于圆或椭圆的投影，必须用细点画线表示出它们的圆心位置或一对共轭直径（或长短轴）等形成要素。

（2）抛物线　如图 14-4a 所示，已知抛物线的轴 OO_1，及抛物线上的一点 A，可用平行四边形法作抛物线。

1）以轴 OO_1 为中线，A 为角点，作一矩形 $ABCD$，使其顶边通过点 O。等分 OC、CB、OD 和 DA 为同数的等份（例如四等份），如图 14-4b 所示。

2）连接点 O 与 CB、DA 上的各等分点。过 OC、OD 上的各等分点作轴 OO_1 的平行线。将对应各线的交点顺序用圆滑曲线连接起来，即为所求，如图 14-4c 所示。

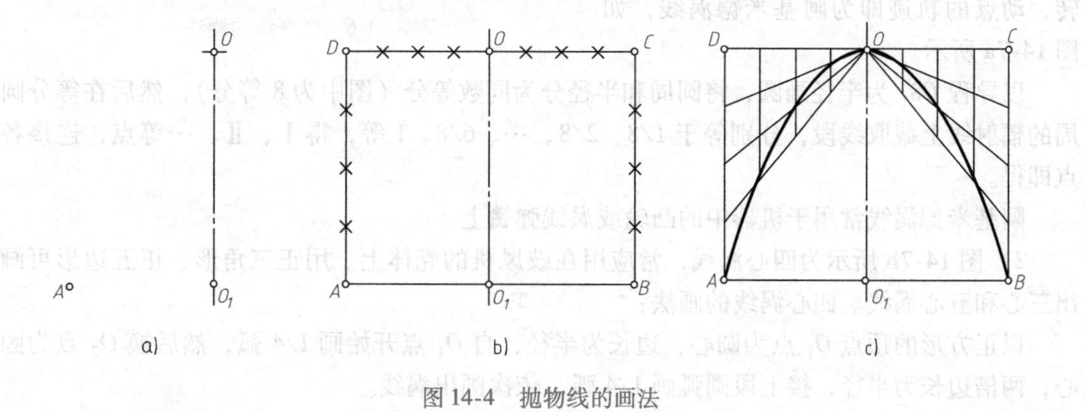

图 14-4　抛物线的画法

（3）双曲线　如图 14-5a 所示，已知双曲线的渐近线 MN、KL 及焦点 F_1、F_2，双曲线的作图方法如下：

1）以 F_1F_2 为直径画半圆，与渐近线交于 k 及 n，作主轴 AB 的垂直线，得双曲线的顶点 a 及 b。再在 AB 线上自 F_1 及 F_2 各向外（即本例的向左、向右）任意取 1、2、3、…等点，如图 14-5b 所示。

2）以 F_1 为圆心，a_1 为半径画弧，以 F_2 为圆心，b_1 为半径画弧，两圆弧度交点 p、q 即为双曲线上的两点，同理可求出其他各点，连接各点即得双曲线，如图 14-5c 所示。

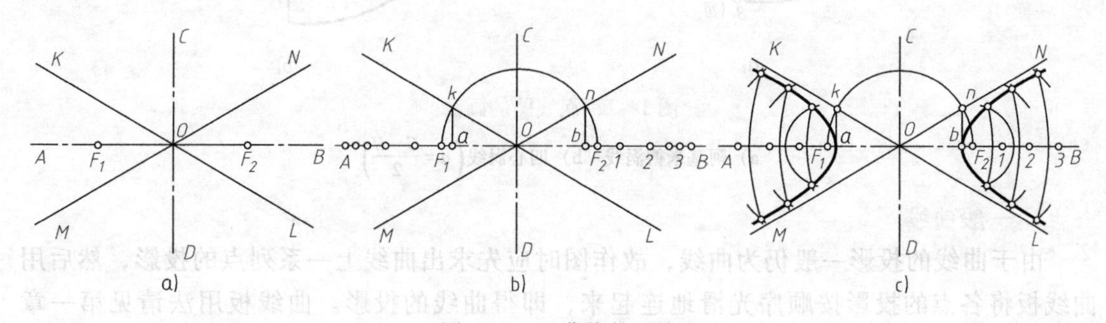

图 14-5　双曲线的画法

(4) 渐开线　一直线沿圆周做无滑动的滚动，则线上任一点的轨迹称为渐开线。根据这一原理，渐开线的画法如图 14-6 所示。作基圆，并把圆周 n 等分（图中为 12 等分），过点 12 作圆的切线，等于圆周长，并在其上进行 12 等分。过圆周上各等分点按同一方向作切线，在第一条切线上取一个等分，在第二条切线上取两个等分，以此类推，把Ⅰ、Ⅱ、Ⅲ、…连接起来，即得渐开线。

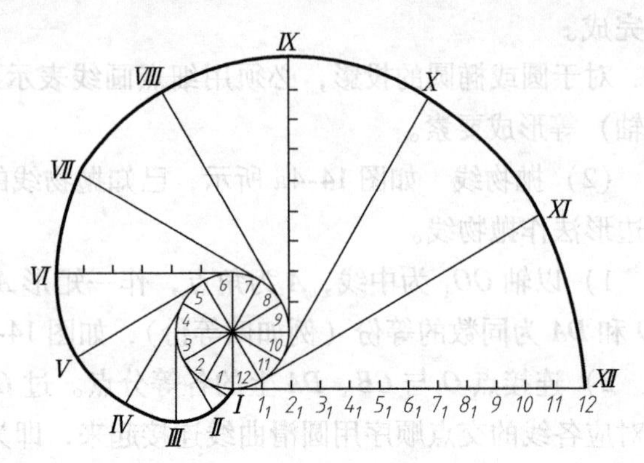

图 14-6　渐开线的画法

(5) 涡线

1）若一点在平面上沿直线做等速移动，同时该线又绕线上一点做等角速旋转，动点的轨迹即为阿基米德涡线，如图 14-7a 所示。

以导程 $O8_1$ 为半径画圆，将圆周和半径分为同数等分（图中为 8 等分），然后在等分圆周的辐射线上截取线段，分别等于 1/8、2/8、…、6/8、1 等，得Ⅰ、Ⅱ、…等点，连接各点即得。

阿基米德涡线常用于机器中的凸轮或涡线弹簧上。

2）图 14-7b 所示为四心涡线，常应用在鼓风机的壳体上。用正三角形、正五边形可画出三心和五心涡线。四心涡线的画法：

以正方形的顶点 O_1 点为圆心，边长为半径，自 O_1 点开始画 1/4 弧，然后换 O_2 点为圆心，两倍边长为半径，接上段圆弧画 1/4 弧，依次画出涡线。

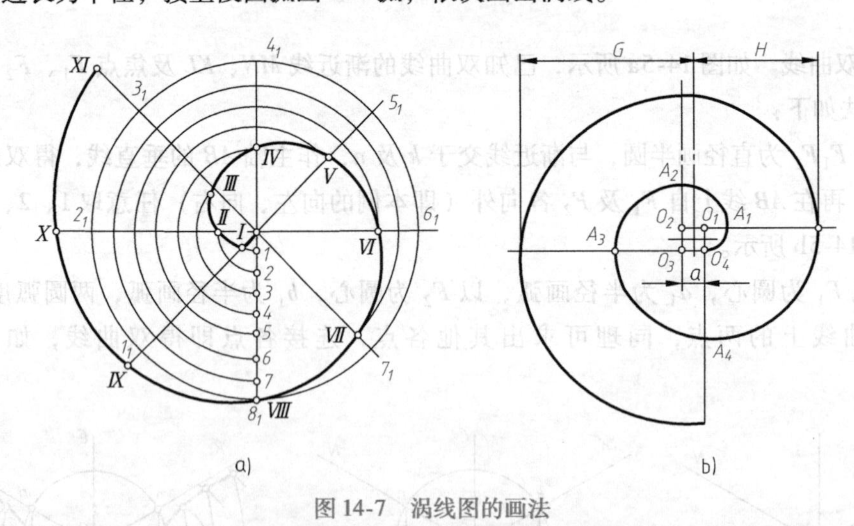

图 14-7　涡线图的画法

a）阿基米德涡线　b）四心涡线$\left(a=\dfrac{G-H}{2}\right)$

2. 一般曲线

由于曲线的投影一般仍为曲线，故作图时应先求出曲线上一系列点的投影，然后用曲线板将各点的投影按顺序光滑地连起来，即得曲线的投影。曲线板用法请见第一章第三节。

第二节 曲 面

一、回转面

1. 回转面形成及特点

母线绕轴线旋转的轨迹所构成的曲面称为回转曲面，简称回转面。

平面曲线 L 绕直线 OO 回转一周而形成一个复合回转面，如图 14-8 所示。母线最上端和最下端形成的纬圆称为顶圆和底圆，母线上任一点回转时的轨迹是一个圆，该圆称为纬圆。纬圆的半径为母线上的点到回转轴的距离。

回转面或回转面与平面围成的空间形体称为回转体。复合回转面与顶圆和底圆平面围成的空间也是回转体，如图 14-8 所示。当用垂直于轴线的任一平面截切回转体时，切口均为圆，最大的一个圆称为赤道圆，最小的一个圆称为喉圆。

2. 直纹回转面

以直线为母线而形成的回转面称为直纹回转面。大家最熟悉的直纹回转面有圆柱面和圆锥面，此外单叶双曲面也是工程中较为常用的直纹回转面。如图 14-9 所示，当母线 AB 与轴线 OO 交叉回转时则围成单叶回转双曲面，简称单叶双曲面。其中，A、B 两点形成的圆称为顶圆和底圆。

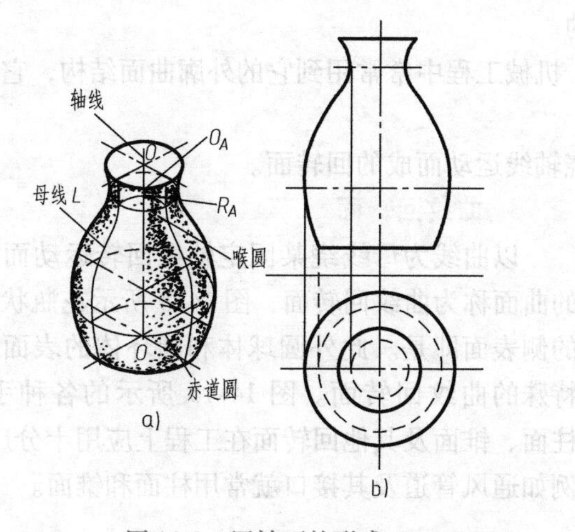

图 14-8 回转面的形成

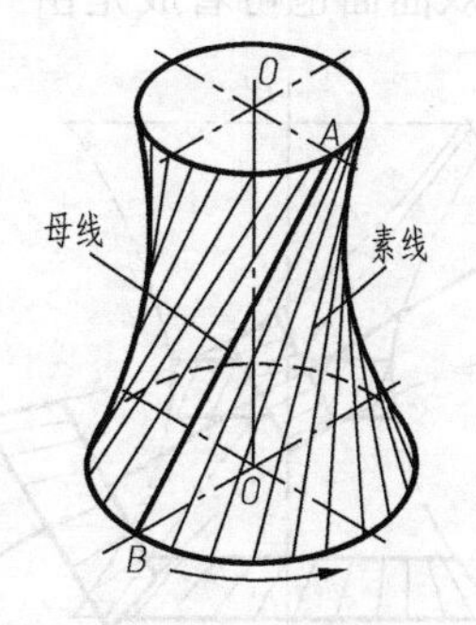

图 14-9 直纹回转面

根据单叶双曲面的形成特点，它的投影作法有两种：

（1）纬圆法 如图 14-10a 所示，已知母线 AB 及铅垂轴 OO 的两面投影，于是该曲面的顶圆、底圆和喉圆都在水平投影中以 o 为圆心，以 oa、ob 和 oc（$oc \perp ab$）为半径画出。这三个圆的正面投影分别是过 a'、b'、c'的水平线段，长度等于各自的直径。为较准确地作出该曲面的正面投影，可在母线 AB 上再任取若干点，如 $D(d, d')$、$E(e, e')$等，同理过这些点可分别作出各个纬圆的水平投影和正面投影。将上述各水平线段的端点依次连接，即得该曲面正面投影的左、右外形线（双曲线）。区分可见性和整理后即得清晰的投影图如图 14-10b所示。

（2）素线法　如图 14-11a 所示，先作出顶圆和底圆的水平投影和正面投影；再在水平投影中分别从点 a、b 开始将顶圆、底圆各作相同的等份（例如 12 等份）得 1，2，3，4，…和 1_1，2_1，3_1，4_1，…等点，并分别定出这些点的正面投影 $1'$，$2'$，$3'$，$4'$，…和 $1_1'$，$2_1'$，$3_1'$，$4_1'$，…；然后将正面投影和水平投影中相同编号的点用直线连接起来，区分可见性；最后画出包络线（正面投影中的双曲线和水平投影中的圆周），整理全图得图 14-11b。

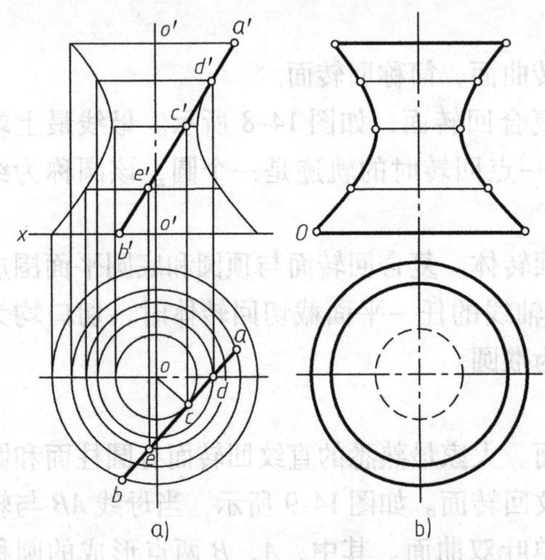

图 14-10　纬圆法作单叶回转双曲面

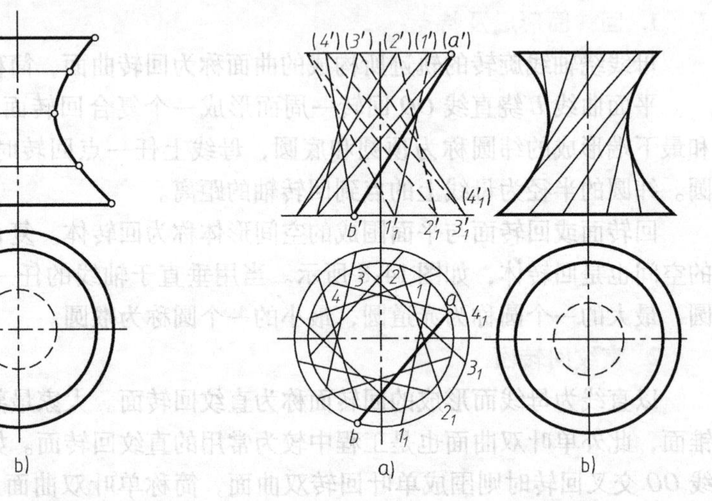

图 14-11　素线法作单叶回转双曲面

上述两种作图方法，所得结果是一致的。

单叶双曲面在工程中的应用较为广泛，机械工程中常常用到它的外廓曲面结构，它在齿轮传动中的应用示例如图 14-12 所示。

单叶双曲面也可看成是由一条双曲线绕轴线运动而成的回转面。

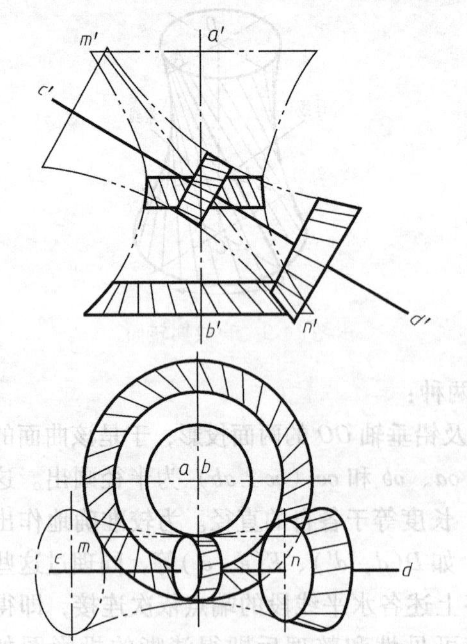

图 14-12　单叶双曲面应用于齿轮传动的示例

3. 曲纹回转面

以曲线为母线绕某固定轴做回转运动而形成的曲面称为曲纹回转面，图 14-8 所示花瓶状物体的侧表面即是。此外圆球体和圆环体的表面是最特殊的曲纹回转面。图 14-13 所示的各种手把、柱面、锥面及其他回转面在工程上应用十分广泛。例如通风管道及其接口就常用柱面和锥面。

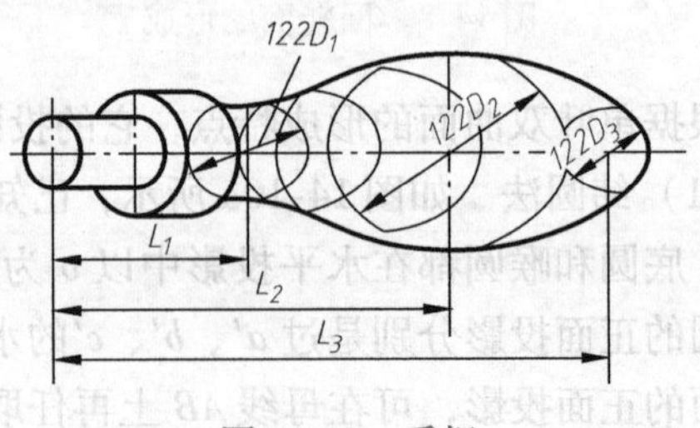

图 14-13　手把

工程实际中应用较多的部分复杂曲线的回转曲面或回转体如图 14-14 所示。

图 14-14 复杂曲线形成的回转曲面及回转体的应用示例

二、非回转面

1. 柱状面

如果一直母线沿着两条不同的曲导线运动，并且一直与一导平面平行，它的空间轨迹构成柱状面，如图 14-15 所示。柱状面的相邻两素线是两交叉直线。

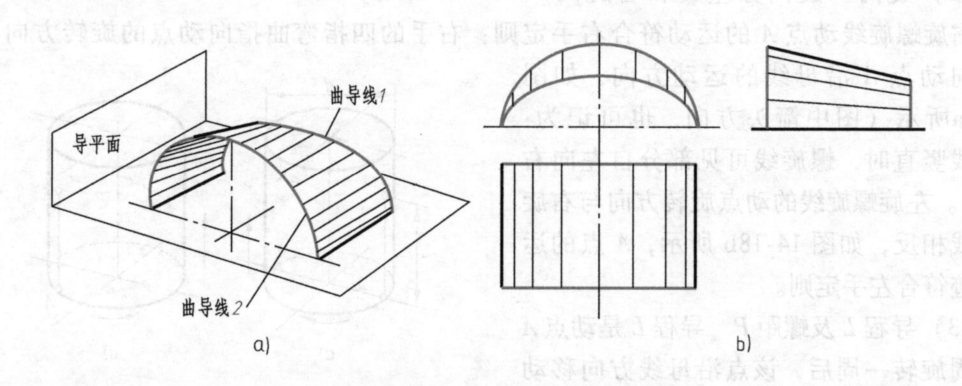

图 14-15 柱状面的形成及其三面投影

2. 锥状面

当直母线沿一条直导线和一条曲导线运动，并始终平行于一导平面时，它的空间轨迹则构成锥状面，它的形式有多种，图 14-16a 中直导线为铅垂线，导平面为水平面，图 14-16b 中直导线为侧垂线，导平面为侧平面。锥状面的相邻两素线也是两条交叉直线。

3. 盘旋面

如果一直母线沿着两条不同的曲导线 l_1 和 l_2 运动，其空间轨迹可构成盘旋面，如图 14-17

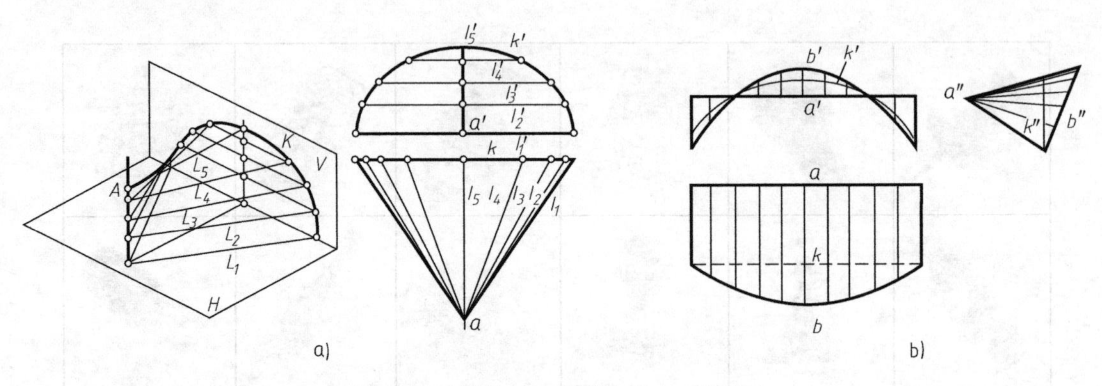

图 14-16　锥状面的形成及其三面投影图

所示。某些汽车头盖就是利用了盘旋面。

三、圆柱螺旋线和圆柱螺旋面

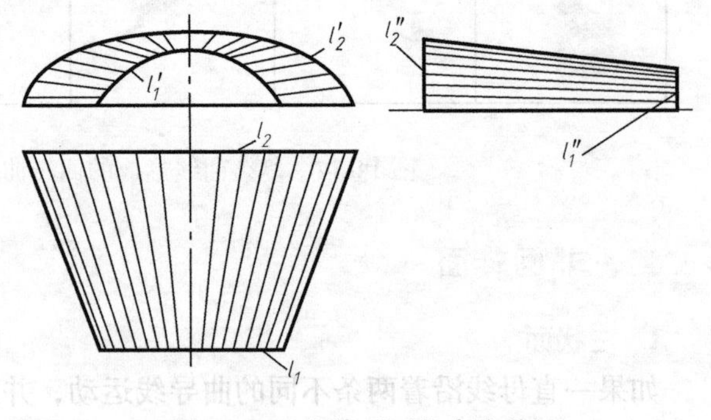

图 14-17　盘旋面（汽车头盖）

1. 圆柱螺旋线的形成

如图 14-18 所示，一个动点绕圆柱的轴线做匀速圆周运动，同时该圆周又沿圆柱面的直母线做等速直线运动，点的运动轨迹称为圆柱螺旋线。

2. 圆柱螺旋线的三要素

（1）圆柱直径 d。

（2）旋向　旋向分左旋和右旋两种。右旋螺旋线动点 A 的运动符合右手定则：右手的四指弯曲指向动点的旋转方向，拇指指向动点 A 沿母线的运动方向，如图 14-18a所示（图中箭头方向，也可记为：当轴线竖直时，螺旋线可见部分自左向右上升）。左旋螺旋线的动点旋转方向与右旋螺旋线相反，如图 14-18b 所示，A 点的运动轨迹符合左手定则。

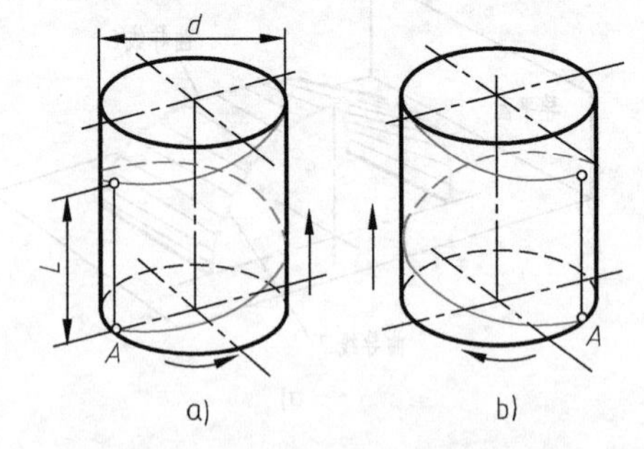

图 14-18　圆柱螺旋线的形成

（3）导程 L 及螺距 P　导程 L 是动点 A 沿圆周旋转一周后，该点沿母线方向移动的距离；相邻两条螺旋线的轴向距离称为螺距。单线时 $L=P$，多线时 $L=nP$（n 为线数）。

3. 圆柱螺旋线的投影画法

当所属的圆柱轴线为投影面垂直线时，在轴线所垂直的投影平面上，螺旋线上点的投影全部在圆上。画图时，只需要画出螺旋线在轴线所平行投影平面上的投影，如正面投影，其作图步骤如下：

1）把圆投影分成若干等份，如 12 等份，按旋向标出各点，如图 14-19a、b。

2）在非圆投影中，沿轴向在导程 L 的距离内，分成12等份。

3）根据点做螺旋运动的形成方法，分别定出动点 A 在各位置的两面投影 a_1 与 a'_1，a_2 与 a'_2、…、a_{12} 与 a'_{12}。图14-19a所示为右旋螺旋线，图14-19b所示为左旋螺旋线。

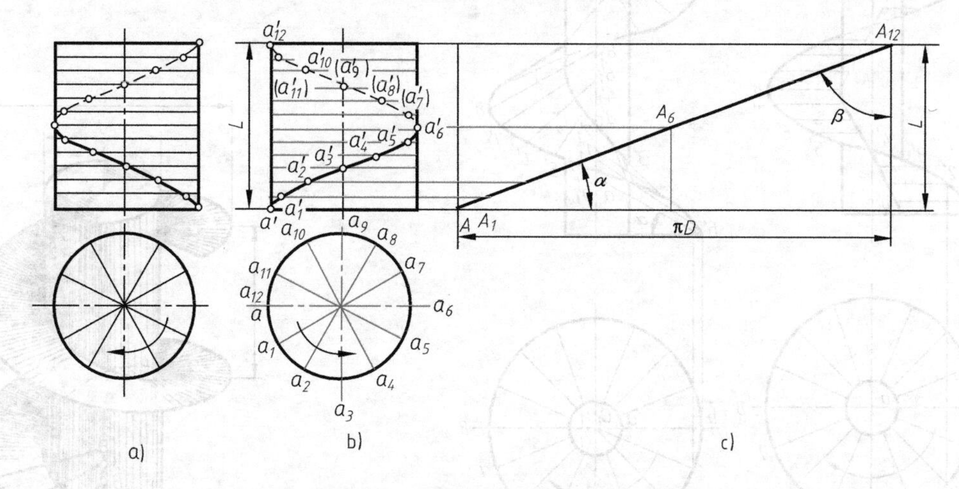

图14-19 圆柱螺旋线的投影画法

4）圆柱螺旋线的展开，可假想在动点 A 的起始处，沿 AA 素线将圆柱表面剪开展平，即可得到圆柱螺旋线的展开图，如图14-19c。斜边 AA_{12} 为螺旋线的展开实长，底边为圆的周长 πD，另一直角边为导程 L。斜边与底边的夹角 α 称为螺旋线升角，螺旋线与圆柱素线的夹角 β 称为螺旋线的螺旋角。

4. 正螺旋面的形成及画法

（1）螺旋面的形成和特点　一条直母线以螺旋线为导线且与螺旋线的轴线夹角不变作规则运动，形成的轨迹称为螺旋面。若直母线始终与圆柱螺旋线的轴线垂直，则形成正螺旋面；若直母线与螺旋线的轴线始终倾斜成一定角，则生成斜螺旋面。螺旋面是直纹曲面的一种，它是不可展曲面。

（2）正螺旋面的投影画法　正螺旋面投影画法如图14-20a所示。步骤如下：

1）作出直母线 AB 两端点所在圆柱，并使该圆柱的高等于螺旋线的一个导程，且将一个导程分为16等份。

2）作出直母线 AB 的端点 A 和 B 所在圆柱的水平投影，且将圆周分为16等份，各等分点为1，2，3，…，16。

3）根据 AB 直母线每旋转一角度（360°/16），直母线 AB 的正面投影 $a'b'$ 也相应上升导程的1/16，作出直母线正面投影的各个位置。

4）根据螺旋面投影判断其可见性即可。

图14-20b所示为斜螺旋面的投影画法，其方法步骤与正螺旋面的作图类似，请读者自行分析。

螺纹连接件、螺旋绞刀、螺旋楼梯底面均为螺旋面的工程实际应用。由钢板和圆钢焊成的螺旋输送机的一段正圆柱螺旋绞刀如图14-21所示（螺旋绞刀使用时轴线为水平方向，此处为排版方便轴线立起）。

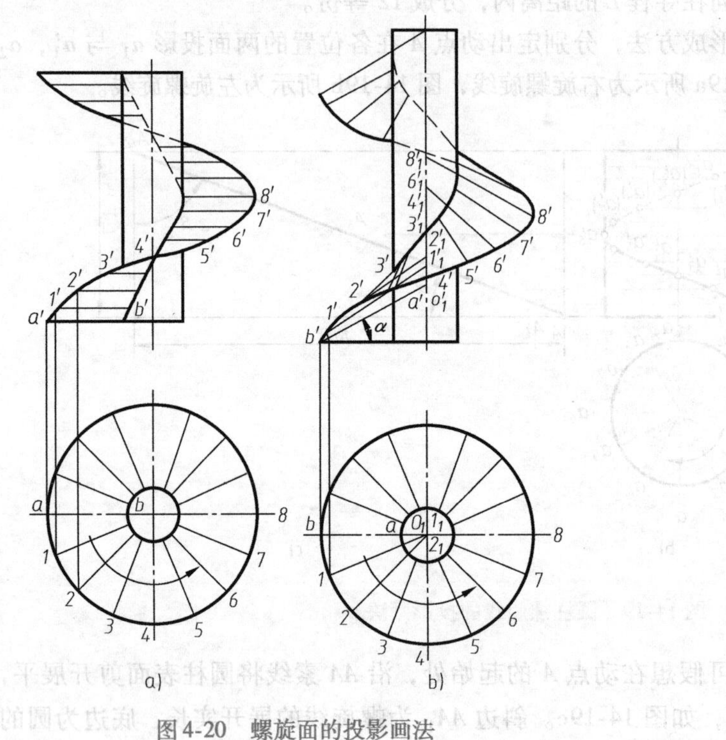

图 4-20　螺旋面的投影画法

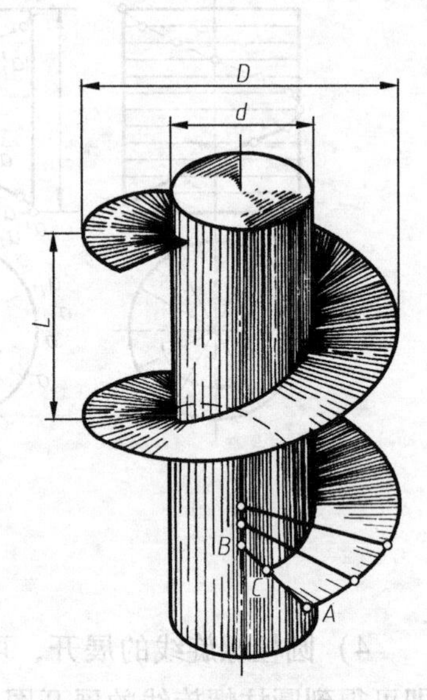

图 4-21　螺旋绞刀（立放）

第三节　展开图

将物体表面按其真实形状和大小摊平在一个平面上称为物体的表面展开。由展开得到的图形称为展开图，如图 14-22 所示。

在工业生产中，经常会遇到用薄板制作的空腔零件，俗称钣金件。例如用薄钢板制作通风管道、钢筋混凝土模板等。制作钣金件时，必须先在薄钢板上画出展开图（又称放样图），然后下料成形，最后经焊接或铆接等制成。图 14-23 所示为厨房用的吸烟罩，就是按照上述方法制成的钣金件。

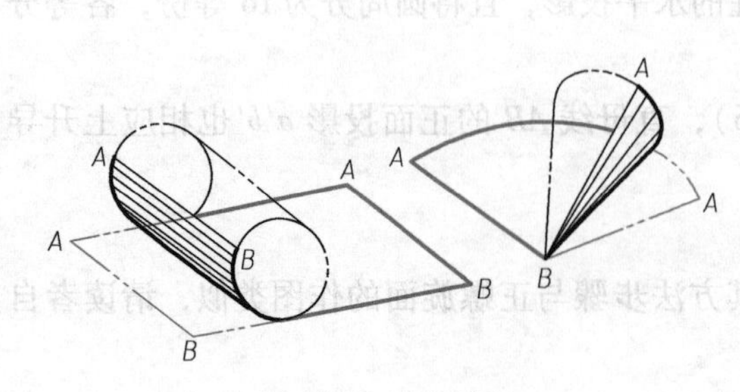

图 14-22　展开图

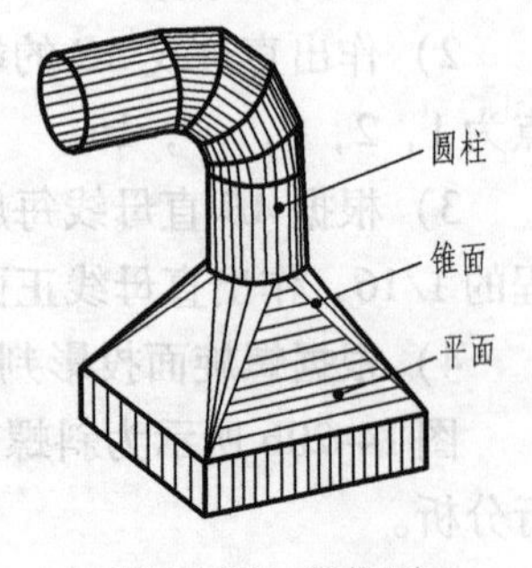

图 14-23　吸烟罩

在生产中绘制表面展开图有两种方法：图解法和计算法。本节着重介绍图解法。

立体表面分为可展与不可展两种。可展面包括平面立体的表面、直纹曲面中相邻两素线相互平行或相交的曲面，如柱面、锥面等。其他直纹曲面和全部曲纹曲面都是不可展曲面，如正螺旋面、球面等。

一、平面立体的表面展开

平面立体的各个表面都是平面多边形，因此，画平面立体的展开图可归结为求多边形实形的问题，并将这些实形按顺序连续地画在一个平面上。

1. 棱柱表面的展开

图 14-24 所示为斜口五棱柱管的展开。由于五条棱线都与水平面垂直，因此各棱线的正面投影均反映实长，据此可作出各棱面的实形。作图步骤如下：

1）将棱柱底边展开成一直线Ⅰ—Ⅰ，在其上分别量取ⅠⅡ=12、ⅡⅢ=23、…、ⅤⅠ=51。

2）通过点Ⅰ、Ⅱ、Ⅲ、Ⅳ、Ⅴ、Ⅰ分别作直线Ⅰ—Ⅰ的垂线，并依次量取Ⅰ$A=1'a'$、Ⅱ$B=2'b'$、Ⅲ$C=3'c'$、…、Ⅰ$A=1'a'$，得到A、B、C、D、E、A各点。

3）顺次连接这些端点，即得斜口五棱柱管的展开图。

2. 矩形接头的展开

图 14-25 所示为矩形接头的展开，这个接头的上口为正方形，下口为矩形。上、下口的中心不在一条铅垂线上。这个矩形接头由四块梯形板焊接而成，其中前后两块为全等的不等腰梯形，而左右两块为不相等的两等腰梯形。

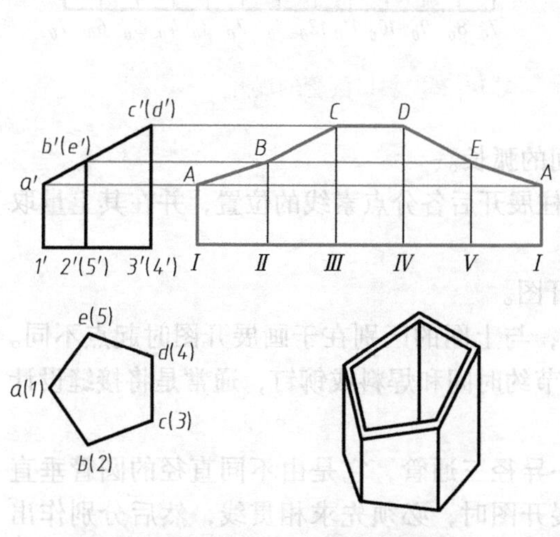

图 14-24 斜口五棱柱管的展开

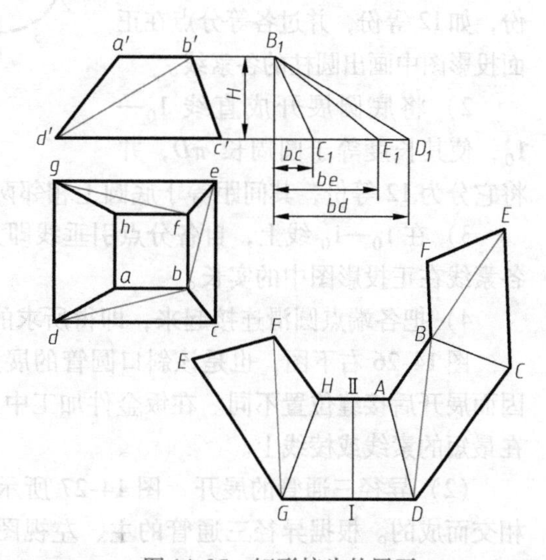

图 14-25 矩形接头的展开

作图时，可将前后及左右的梯形，用对角线划分成两个三角形，用直角三角形法（或绕垂直轴旋转法）求出在两面投影中不反映实长的边长。然后在图上根据实长依次画出各三角形的实形，即得所求的展开图。左边的等腰梯形可根据正投影图直接作出其展开图。

具体作图步骤如下：

1）作线段$GD=gd$，画其中垂线ⅠⅡ，并量取ⅠⅡ$=a'd'$。

2）过点Ⅱ作线段$HA/\!/GD$并量取HⅡ$=$Ⅱ$A=\dfrac{ha}{2}$，从而得左侧面等腰梯形的实形。

3）以 AD 为一边，以 $AB=ab$、$BD=B_1D_1$ 为另外两边作△ABD，再以 BD 为一边，以 $BC=B_1C_1$、$CD=cd$ 为另外两边作△BCD，从而得到梯形 $ABCD$ 的实形。

4）同法可作梯形 $HGEF$、$BCEF$ 的实形，从而得到矩形接头的展开图。

二、可展曲面的展开

柱面和锥面是常见的可展曲面。作这些曲面的展开图时，可以把相邻两素线间很小一部分曲面看成平面进行展开，于是柱面和锥面的展开方法就与棱柱、棱锥的展开方法相同了。

1. 圆柱面的展开

（1）斜口圆管的展开　如图 14-22 所示，平口圆管的表面是正圆柱面，其展开后为一矩形，矩形的长等于底圆周长 πD，宽等于正圆柱的高。图 14-26 所示为斜口圆管的展开，其展开图的作法与平口圆管基本相同，只是斜口部分展开成曲线。

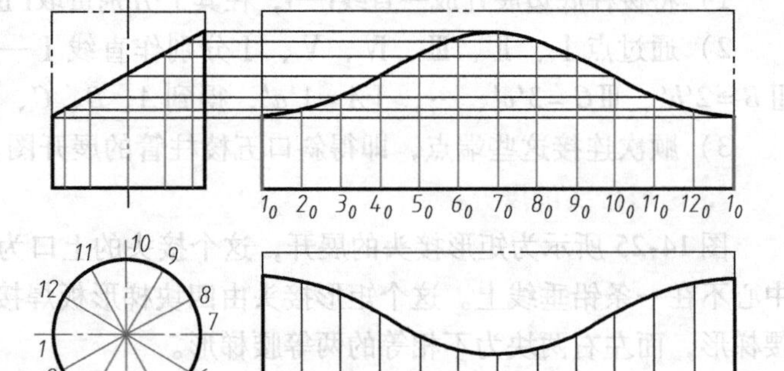

图 14-26　斜口圆管的展开

具体作图步骤如下：

1）作出正圆柱的两面投影，在水平投影图上，底圆分为若干等份，如 12 等份，并过各等分点在正面投影图中画出圆柱的各素线。

2）将底圆展开成直线 1_0—1_0，使其长度等于圆周长 πD，并将它分为 12 等份，其间距等于底圆上相邻两点间的弧长。

3）在 1_0—1_0 线上，自各分点引垂线即为圆柱展开后各分点素线的位置，并在其上量取各素线在正投影图中的实长。

4）把各端点圆滑连接起来，即得所求的展开图。

图 14-26 右下图，也是该斜口圆管的展开图，与上图的区别在于画展开图时起点不同。因而展开后接缝位置不同。在钣金件加工中，为节约时间和焊料或铆钉，通常是将接缝设计在最短的素线或棱线上。

（2）异径三通管的展开　图 14-27 所示为一异径三通管，它是由不同直径的圆管垂直相交而成的。根据异径三通管的主、左视图作展开图时，必须先求相贯线，然后分别作出大、小圆管的展开图。

为求相贯线，在正面、侧面投影图上方各作半圆并等分（相当于作直立小圆管的水平投影），然后求出相贯线。

1）直立小圆管展开图的画法。先画出小圆管上端面圆周的展开线 MN，并分成若干等份（与求相贯线相符，分成 12 等份）；再从各等分点作垂线，在各垂线上分别量取其对应素线的长度、则得Ⅰ、Ⅱ、Ⅲ、…等点；然后光滑地连接这些点，即得直立小圆管的展开图。

2）水平大圆管展开图的画法。先画出大圆管的展开图，再画出相贯线的展开图。在画相贯线的展开图时，可先作出对称轴线 O_1—O_2 及相贯线对称线Ⅰ—Ⅶ，在 O_1—O_2 上取 A、B、C、…各点，使 $AB=1''2''$、$BC=\overset{\frown}{2''3''}$、$C$Ⅳ $=3''4''$，并向对称方向作出。然后过 A、B、C

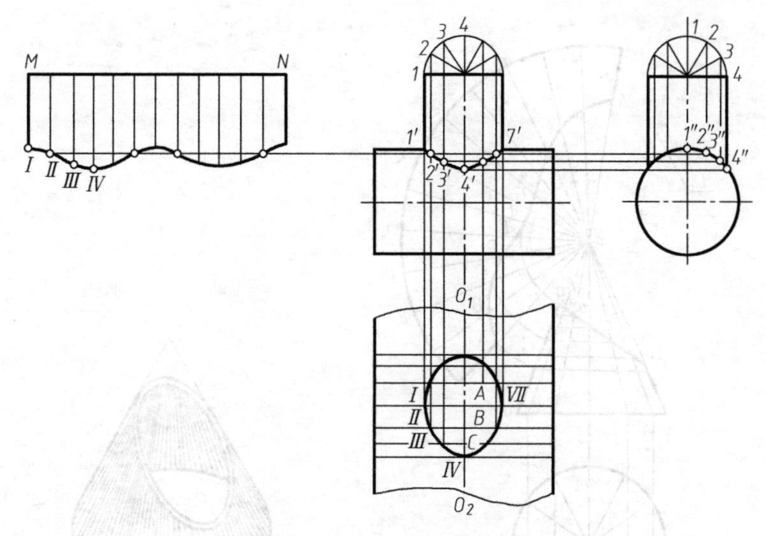

图 14-27 异径三通管的展开

等点作水平素线，并相应地从正面投影 1′、2′、3′、4′各点引铅垂线与这些素线相交，依次得Ⅰ、Ⅱ、Ⅲ、Ⅳ等点，连接这些点就得到相贯线的展开图。

在实际生产中，常将小圆管放样，弯成圆管后，放在大圆管上划线开口，最后把两圆管焊接起来。

2. 圆锥面的展开

正圆锥面的展开图是一扇形，扇形的半径等于圆锥素线的长度 L，扇形的圆心角为

$$\alpha=\frac{D}{L}\times180^\circ$$

式中 D 为圆锥底圆直径。正圆锥的展开如图 14-28 所示。

图 14-29 所示为斜口圆锥管的展开，可以把它看作正圆锥斜切去一部分。其展开可先按正圆锥展开成扇形，然后利用锥面上的素线在扇形上定出斜切后截交线上的点，除去被斜切部分即可。

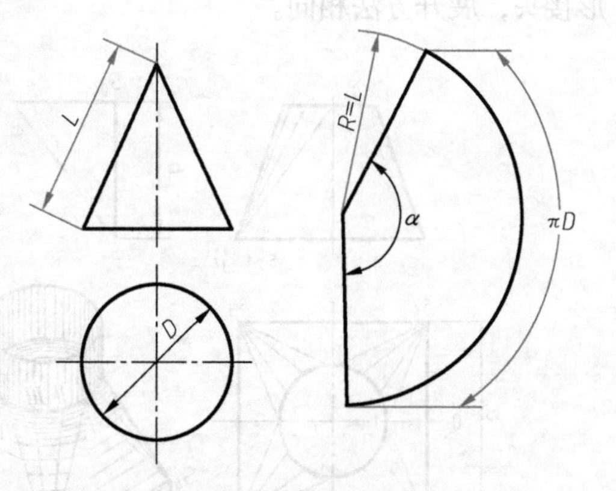

图 14-28 正圆锥面的展开

作图时，也可用近似作图法画其展开图，即圆锥面可看作是棱锥的棱数无限增多的结果。展开方法是以内接正多棱锥近似地代替圆锥面。

作图步骤如下：

1）展开正圆锥的表面。以锥顶 s' 为圆心，以圆锥素线的实长 L 为半径作一圆弧，然后在水平投影上分锥底圆周为 12 等份，并以每份弦长代替弧长，在所画圆弧上截取 12 等份，得一扇形，即为正圆锥的展开图。

2）作截交线的展开图。正圆锥被正垂面斜切后，各素线被切去部分的实长，可用旋转法求得。例如求素线 SⅡ上 SC 的实长，可从 c' 作水平线与 $s'6'$ 相交得 c_1'，$s'c_1'$ 即为 SC 实长，然后在展开图中SⅡ的素线上截取 $SC=s'c_1'$ 得 C 点，用同样的方法在各条素线上求出

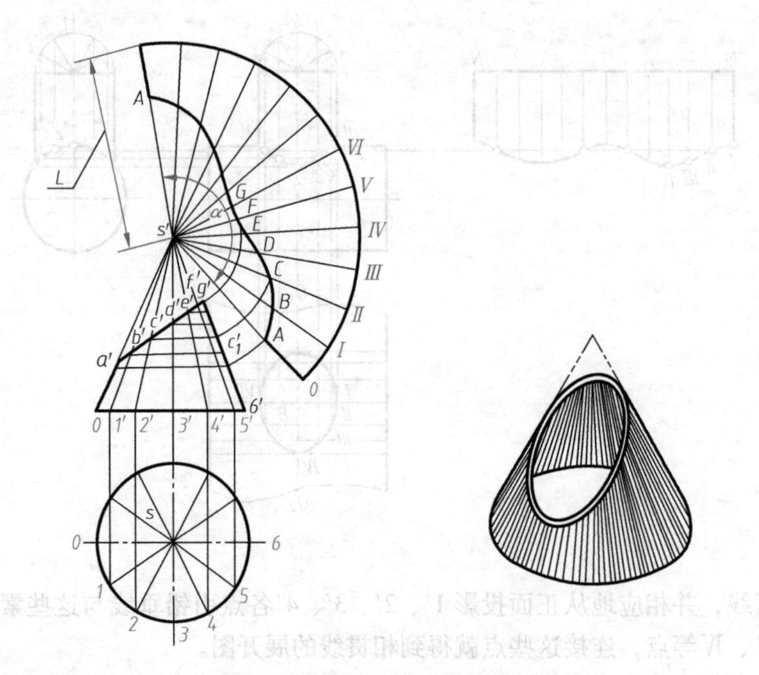

图 14-29　斜口圆锥管的展开

A、B、C、D、…、A 各点，圆滑连接这些点，即得截交线的展开图。

3. 变形接头的展开

图 14-30 所示为一个“天圆地方”的变形接头。它的上端面是圆形，用以连接圆管；下端面是正方形（也可以是矩形），用以连接方形管。因为两端面的形状不一样，所以称为变形接头。此例为“正天圆地方”，工程中也有“斜天圆地方”、“正、斜天圆地方”的变形接头，展开方法相同。

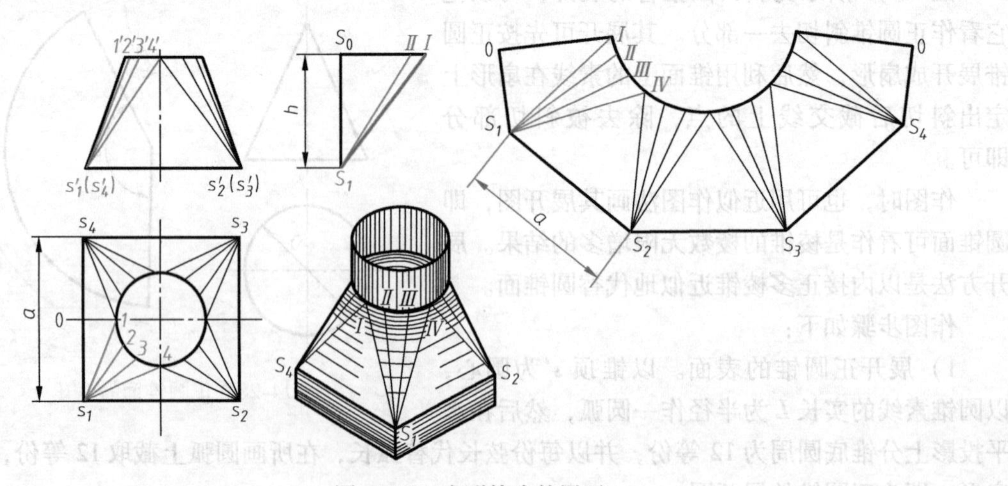

图 14-30　变形接头的展开

画变形接头的展开图时，首先应对它进行形体分析。它是由四个相同的等腰三角形和四个相同的局部斜锥面组成的，三角形平面与相邻斜锥面的分界线 S_1 Ⅰ、S_1 Ⅳ实质上就是三角形平面与相邻两锥面的切线。对于等腰三角形来说，方头的一边为三角形的底边，顶点

Ⅰ、Ⅳ就是三角形与顶圆的切点。

作图步骤如下：

1）将1/4圆弧$\overset{\frown}{\text{Ⅰ Ⅳ}}$分为若干等份，如3等份，得分点Ⅱ、Ⅲ，把Ⅰ、Ⅱ、Ⅲ、Ⅳ各点与方形的顶点S_1相连，这样就把锥面S_1ⅠⅣ分为三个小三角形。

2）由于S_1Ⅰ$=S_1$Ⅳ，S_1Ⅱ$=S_1$Ⅲ，因此可利用直角三角形法或旋转法求出S_1Ⅰ、S_1Ⅱ的实长。

3）画出一个等腰三角形的实形，其中底边长为a，两腰长为S_1Ⅰ，$\triangle S_1$ⅣS_2即为一个等腰三角形的实形。

4）以S_1为圆心，S_1Ⅱ为半径作弧，再以Ⅳ为圆心，以3、4为半径作弧，两弧相交得Ⅲ点，同法可得点Ⅱ、Ⅰ，于是求得锥面S_1ⅣⅠ的展开图。

5）用相同的方法依次展开其余各部分，即得整个变形接头的展开图。接缝线要开在等腰三角形底边中线处。

三、不可展曲面的近似展开

球面、正螺旋面等曲面不可能按其实际形状和大小不变形地依次摊成平面，理论上是不可展曲面。但由于生产的需要，也常常要画出它们的展开图，这时只能采取近似方法作图。

近似展开法的实质是把不可展曲面分为若干较小的部分，将每一小部分表面看成是可展的平面、柱面或锥面来进行展开。

下面举例说明圆柱正螺旋面的近似展开画法。

圆柱正螺旋面在轻化工机械、农业机械和矿山机械中应用很广，常用它作为原料运输器，俗称绞龙。制造时要按每一导程间的一圈曲面展开下料，再焊接起来。

圆柱正螺旋面是不可展曲面，它的近似展开方法很多，这里只介绍生产中常用的简便展开法和计算法。

1. 简便展开法

如果已知圆柱正螺旋面的基本参数：外径D、内径d、导程S、宽度b。一个导程圆柱正螺旋面的展开图作法如图14-31b、c所示。

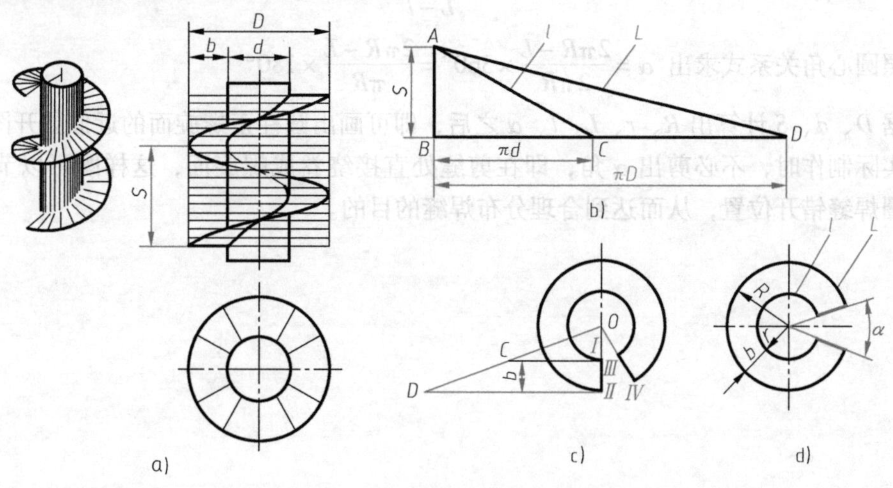

图14-31　圆柱正螺旋面的近似展开

作图步骤如下：

1）以 S 及 πd 为两直角边作直角三角形 ABC，斜边 AC 即为一个导程圆柱正螺旋面的内缘实长。

2）以 S 及 πD 为两直角边作直角三角形 ABD，斜边 AD 即为一个导程圆柱正螺旋面的外缘长度。

3）以 AC、AD 为上、下底，以 $b=\dfrac{D-d}{2}$ 为高作等腰梯形（图中只画了一半），延长 DC 和ⅡⅠ交于 O 点。

4）以 O 为圆心，OⅠ、OⅡ为半径画圆弧，在外圆上取弧长 $\overset{\frown}{\text{II IV}}=AD$，得点Ⅳ，内圆上取弧长 $\overset{\frown}{\text{I III}}=AC$ 得点Ⅲ，连Ⅲ、Ⅳ即成图。

环形ⅠⅡⅢⅣ即为一个导程圆柱正螺旋面的近似展开图。

2. 计算法

如图 14-31d 所示，一个导程圆柱正螺旋面的近似展开图为环形，如果已知 R、r 和 α，则此环形即可画出。

已知圆柱正螺旋面导程为 S、螺旋面的内、外径为 d、D，则内圈和外圈每一圈螺旋线的展开长度可用下列式子求出：

内缘展开长度 $l=\sqrt{S^2+(\pi d)^2}$

环形宽度 $b=\dfrac{D-d}{2}$

外缘展开长度 $L=\sqrt{S^2+(\pi D)^2}$

在图 14-31d 中
$$\frac{R}{r}=\frac{L}{l} \tag{1}$$

$$R=r+b \tag{2}$$

将（2）代入（1）得
$$\frac{r+b}{r}=\frac{L}{l} \tag{3}$$

由（3）得
$$r=\frac{bl}{L-l}$$

按照圆心角关系式求出 $\alpha=\dfrac{2\pi R-L}{2\pi R}\times 360°=\dfrac{2\pi R-L}{\pi R}\times 180°$

根据 D、d、S 计算出 R、r、L、l、α 之后，即可画出圆柱正螺旋面的近似展开图。

在实际制作时，不必剪出 α 角，即在剪缝处直接绕卷成螺旋面，这样既可以节省材料又使各圈焊缝错开位置，从而达到合理分布焊缝的目的。

*第十五章

房屋建筑工程图

房屋是建筑工程的典型代表，以下介绍房屋建筑图的基本知识。房屋建筑按照使用性质的不同，可以分为民用建筑和工业建筑两大类。其中因为具体功能的差异，民用建筑和工业建筑又可分为多种。本章将简要介绍房屋建筑工程图的图示内容及识读方法。

房屋建筑施工图主要内容包括建筑总平面图、建筑平面图、建筑立面图、建筑剖面图和建筑详图。

第一节　房屋的组成及其作用

各种不同的建筑物，尽管它们的使用要求、空间布局、外形处理、结构形式、构造方法、室内设施、规模大小等方面各有特点，但就一幢房屋而言，它不外乎是由基础、墙（或柱）、楼层、地面、屋顶、楼梯和门窗等部分组成的，它们处于房屋的不同部位，发挥着各自的功能作用。图 15-1 和图 15-2 所示为民用房屋和工业厂房的组成示意图。

（1）基础　位于房屋最下部，承受建筑物的全部荷载并将荷载传给地基。

（2）墙体　作为承重构件，它承受由屋顶及各楼层传来的荷载并传给基础；作为围护构件，外墙可以抵御自然界对室内的侵袭，内墙可分隔房间。

（3）楼层和地面　可承受家具、设备和人的荷载并传给墙和柱；同时起着水平支承作用，并且分隔楼层空间。

（4）屋顶　位于房屋最上部，既能起到围护作用，如防御风寒、雨雪、阳光辐射等，又起承重作用，承受屋顶自重、风雪荷载。

（5）楼梯　房屋的垂直交通设施。

（6）门窗　具有内外联系，采光、通风，分隔和围护作用。

除上述主要组成部分外，一般建筑物还有台阶、雨篷、阳台、雨水管以及其他各种构配件和装饰等。此外，依照房屋功能、标准和规模的不同，室内还设有给水排水、采暖通风、电气等多种设施，如冷热水、上下水、暖气、燃气、空调、消防、供电、照明、信号、电信、自动控制等。随着科学技术的发展，建筑设备的内容日益丰富和广泛，越来越成为建筑物不可分割的组成部分。

图 15-1 所示为某学校实验楼轴测示意图，为显示内部结构，对该图做了局部剖切。该楼是由钢筋混凝土构件和承重砖墙组成的砌注结构（俗称砖混结构）。各部分的功能作用如上所述。

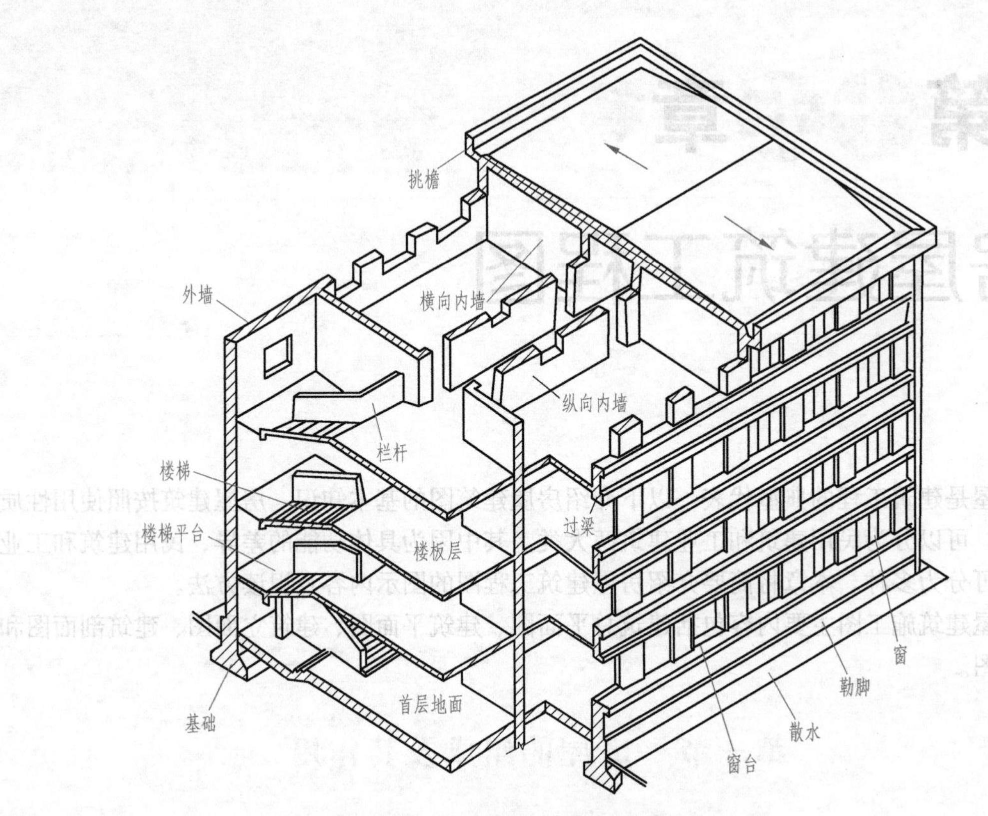

图 15-1　民用房屋的组成示意图

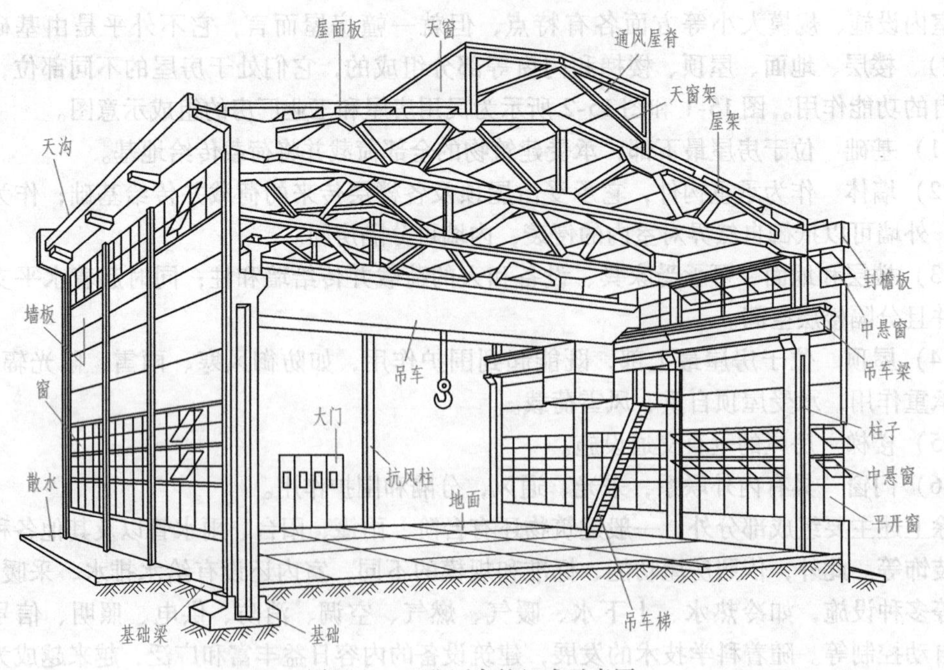

图 15-2　工业厂房的组成示意图

图 15-2 所示为装配式钢筋混凝土屋架的单层工业厂房（俗称排架结构）。横向骨架包括屋架、钢筋混凝土柱和柱基础，它承受屋顶、天窗、外墙及吊车等荷载。纵向连系杆件包

括架设在屋架上的大型屋面板（或檩条），柱间连系梁、柱子牛腿上的吊车梁等，它们能保证横向骨架的稳定性，并将作用在山墙上的风力或吊车纵向制动力传给柱子。为保证厂房的整体性和稳定性，往往还需要设置支承系统（屋架之间的水平和垂直支承及柱间支承等）。

第二节 房屋建筑图的分类及有关规定

房屋建筑图一般分为方案图和施工图两大类。

一、房屋建筑施工图的分类

建造房屋，需要经历设计与施工两个阶段，设计阶段分为两步进行，即初步设计和施工图设计。用来指导房屋工程施工的图样称为房屋建筑施工图，简称施工图。它是用正投影方法将房屋的内外形状和大小，各部分的结构、构造、装饰等的做法，设备布置和安装等，按照国家标准，详细准确地表达出来。房屋建筑施工图一般包含以下内容：

1）图样目录及设计总说明。

2）建筑施工图（简称“建施”）。包括建筑总平面图、平面图、立面图、剖面图及构造详图。

3）建筑结构施工图（简称“结施”）。包括基础图、结构布置图和结构构件详图及结构设计说明。

4）设备施工图（简称“设施”）。包括给水排水、采暖通风、电器电信等专业设备的总平面图（外线）、平面图、立面图、系统图和制作安装详图及设备安装说明等。

二、房屋建筑图施工的有关规定

为了做到房屋建筑图样基本统一、清晰简明、保证图面质量、简化制图提高效率，还要符合设计、施工、存档等要求，为此，国家制定《总图制图标准》《建筑制图标准》《房屋建筑制图统一标准》等国家标准。这些标准对比例、图例、符号等方面都做了明确的规定，其中有的与机械制图相同。建筑制图的线型用法规定见表15-1。其他图例符号可查附录I。

表15-1 线型用法规定

名称	线型	用途
粗实线	————————	平、剖视图中被剖切的主要建筑构造（包括构配件）的轮廓线，建筑立面图的外轮廓线 建筑构造详图中被剖切的主要部分的轮廓线 建筑构配件详图中构配件的外轮廓线
中实线	————————	平、剖视图中被剖切的次要建筑构造（包括构配件）的轮廓线。建筑平、立、剖视图中建筑构配件的轮廓线 建筑构造详图及建筑构配件详图中的一般轮廓线
细实线	————————	细部可见轮廓线、分隔线、尺寸线、尺寸界线、图例线、索引符号、标高符号等
中虚线	------------	建筑构造及建筑构配件不可见的轮廓线 平面图中的起重机（吊车）轮廓线 拟扩建的建筑物轮廓线

（续）

名　　称	线　　型	用　　途
细虚线		图例线，细部的不可见轮廓线
粗点画线		起重机（吊车）轨道线
细点画线		中心线、对称线、定位轴线
双折线		不需画全的断开界线
波浪线		不需画全的断开界线 构造层次的断开界线

注：线宽粗、中、细的比例为 b:b/2:b/4。

定位轴线是建筑工程图的重要内容，定位轴线及其编号的用法见表 15-2；标高符号的用法见表 15-3。此外，还需要熟悉规定的符号和图例，否则无法读懂工程图，其他图例符号见附录 I，本教材介绍的图例符号只是国家标准中的一少部分，在读图时不够用，这就需要查阅相关的标准资料。

表 15-2　定位轴线及其编号（GB/T 50001—2010）

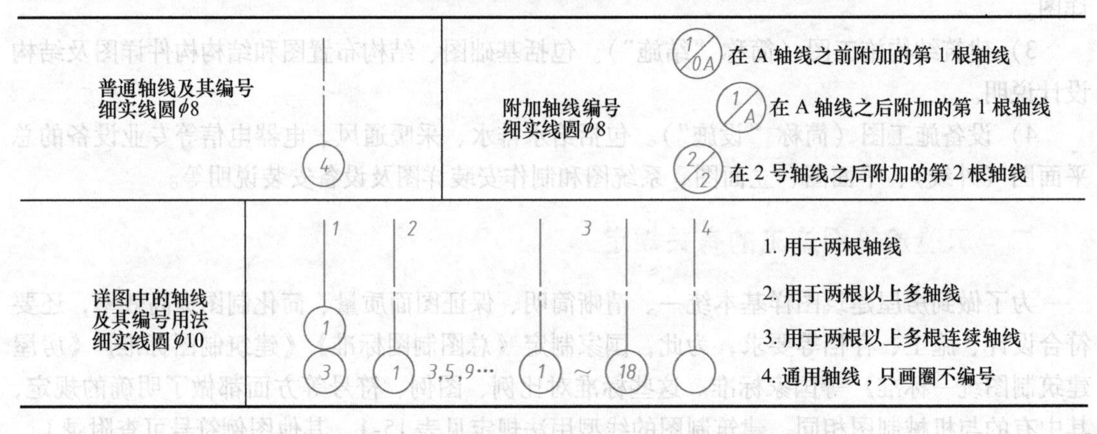

表 15-3　标高符号（GB/T 50001—2010）

符　　号	说　　明	符　　号	说　　明
（数字）	楼地面平面图上的标高符号	（数字）	用于特殊情况标注
（数字） 3　45°　45°	立面图，剖面图上的标高符号（用于其他处的形状大小与图示相同）	（数字） (7.000) 3.500	用于多层标注
（数字）	用于左边标注	（数字）	用于右边标注

第三节 建筑总平面图

一、建筑总平面图的概念

建筑总平面图是在建筑地域上空向地面投射所形成的水平投影图。建筑总平面图表明建筑地域内的自然环境和规划设计状况，表达一项建筑工程的总体布局。它是新建房屋及其配套设施施工定位、土方施工及施工现场布置的依据，也是规划设计水、暖、电等专业工程总平面和绘制管线综合图的依据。建筑总平面图俗称“总平面图”。

二、总平面图的图示内容

（1）环境状况　建筑地域的地理环境及位置、用地范围、地形、原有建筑物、构筑物、道路、管网等。

（2）布置状态　新建（扩建、改建）区域建筑物、构筑物、道路、广场、绿化区域的总体布置情况及建筑物的层数。

（3）位置确定　新建工程在建筑地域内的位置。对于小型工程或在已有建筑群中的新建工程，一般是根据地域内和邻近的永久固定设施（建筑物、道路等）为依据，引出其相对位置；对于包括项目繁多，规模较大的大型工程，往往占地广阔，地形复杂，为确保定位放线的准确，通常采用坐标方格网来确定它们的位置。

（4）有关尺寸　新建建筑物的大小尺寸、首层（底层）室内地面、室外整平地面和道路的绝对标高，新建建筑物、构筑物、道路、场地（绿地）等的有关距离尺寸。标高和距离都以 m 为单位，取到小数点后面两位。

（5）方位　新建建筑物须标注指北针和当地的风玫瑰图来确定建筑物方位朝向。

三、总平面图的识读

（1）了解工程图名　在总平面图中，除在标题栏内注有工程名称外，各单项工程的名称在图中的平面图例内也都有注明，以便识读。

（2）了解图样比例　总平面图由于表达的范围较大，所以绘制时都采用较小的比例，如 1:500，1:1000，1:2000 等。

（3）了解设计说明　总平面图中，除用图形表达外，还有其他文字说明，应注意阅读。

（4）了解建筑位置　建筑物的位置由与固定设施的相对关系或坐标方格网决定。

（5）了解朝向及风向　污染较大的项目一般布置在全年主导风向的下风位。房屋垂直于夏季主导风向布置，能取得良好的通风降温效果。

（6）地形与标高　了解建筑地面的形状和室内、室外地面的标高（绝对标高）。

（7）高度与面积　了解建筑物的平面组合情况、外包尺寸（占地面积）和层数。

（8）了解图例　总平面图中常有图例，请见附录 I，应注意阅读。

（9）附属设施　了解新建建筑物室外的道路、绿化带、围墙等的布置和要求。

图 15-3 所示为某实验楼的总平面图。图中用粗实线画出的图形是新建实验室的底层平

面轮廓，用细实线画出的是原有的建筑物。各个平面图内的小黑点个数表示该房屋的层数。新建的实验室4层，定位按照实验楼北面与原有教学楼的北墙面一条线对齐，实验楼东面距原有实验楼16.5m，西面与原有教学楼相距16m，北面有围墙。建筑、道路、硬地、围墙之间为绿化地带。图名旁边注有比例为1∶200（此图排版时又有改变，不是1∶200）。

图15-3所示是较小的总平面图，没有坐标网格和等高线。如果是规模较大的工程，往往占地广阔，地形复杂，通常采用坐标方格网来确定它们的位置，高差较大时还需有等高线。

常用的坐标网有两种形式，测量坐标网，纵坐标轴方向，用 X 表示；横坐标轴方向，用 Y 表示，并以100m×100m或50m×50m为一方格。如果房屋不是正南正北方向，可新建一个专门的施工坐标网，用 A、B 表示，用它确定建筑物的位置。

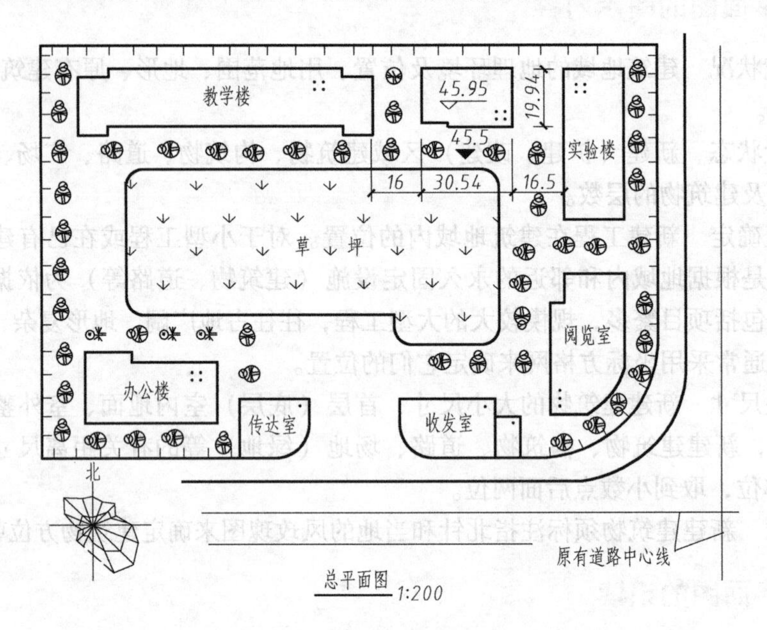

图15-3 某实验楼的总平面图

第四节 建筑平面图

一、建筑平面图的概念

通常建筑平面图是指对某个建筑物做水平剖切，所得到的水平全剖视图，习惯上称为平面图。建筑平面图的水平剖切平面位置一般选在窗台以上、窗过梁以下范围内。

平面图、立面图、剖面图的常用图例请见附录I。

建筑平面图是表达建筑物平面形状、房间及墙（柱）布置、门窗类型、建筑材料等情况的图样，它是施工放线、墙体砌筑、门窗安装、室内装修等项施工的依据。

对于多层建筑物，原则上应画出每一层的平面图。如果一幢房屋的中间层各楼层平面布局相同则可共用一个平面图，图名应为“×~×层平面图”，也可称为“中间层平面图”或“标准层平面图”。因此三层及三层以上的房屋，至少应有三个平面图，即：底层平面图、标准（或中间）层平面图、顶层平面图。

除上述的楼层平面图外，建筑平面图还有屋面（屋顶）平面图和顶棚平面图。屋面平面图是屋顶部分的水平投影；顶棚平面图则是室内天花板构造或图案的表现图。对于顶棚平面图一般使用“镜像”图。

当建筑物左右对称时，也可将不同的两层平面图左、右各画出一半拼在一起，中间以对称符号分界。

二、建筑平面图的图示内容

1）建筑平面图包含水平剖切平面剖到的以及投射方向可见的建筑构造，如墙体、柱子、楼梯、门窗及室外设施等内容。底层平面图中还应标出剖面图的剖切位置和表达建筑物朝向的指北针。图 15-4 所示为实验楼底屋平面图实例（为缩小篇幅，本例只取局部）。

2）建筑平面图必须标注足够的尺寸（以 mm 计）和必要的标高（以 m 计）。

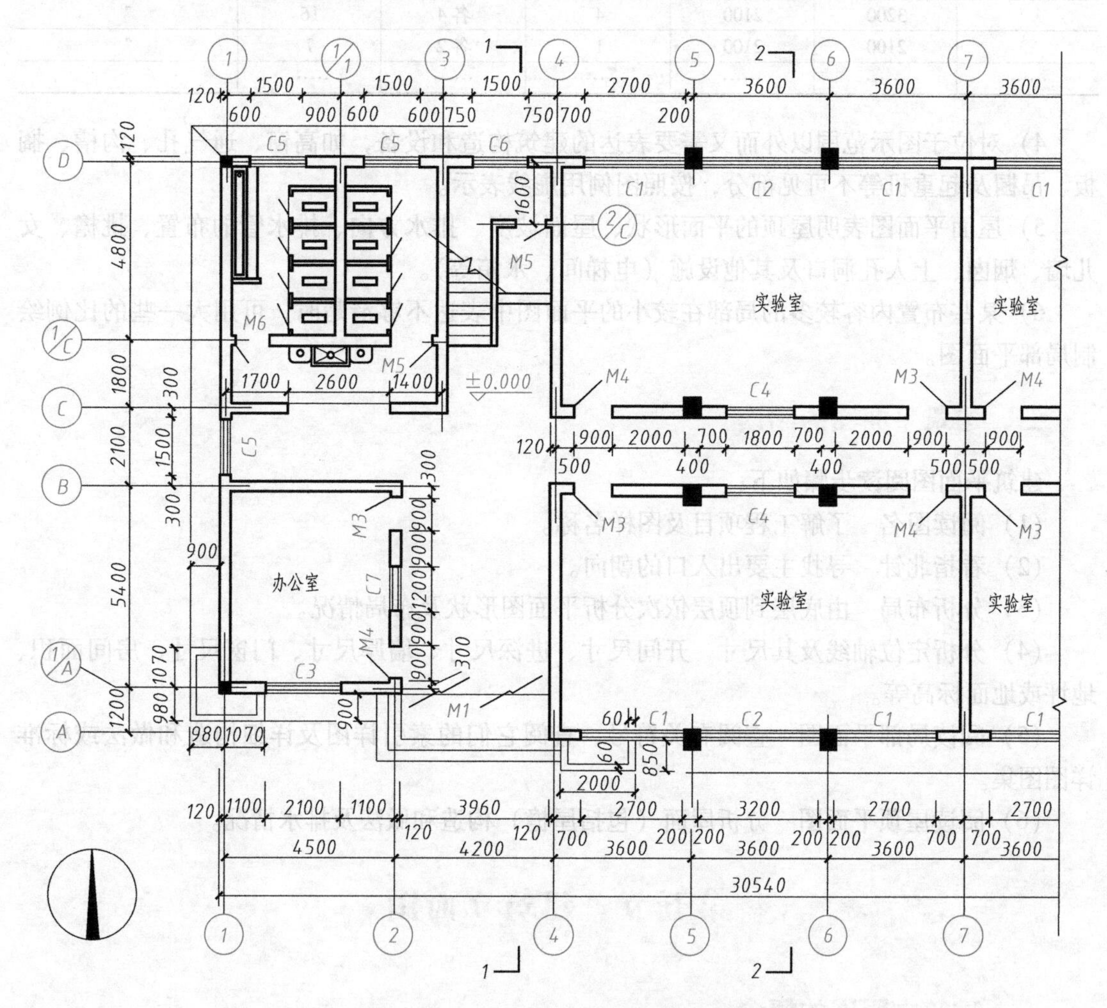

图 15-4 底层平面图（实验楼底屋平面图实例）

三道主要尺寸：门窗洞口和位置；定位轴线的间距（开间和进深）；总长和总宽。其他细部尺寸在图形轮廓线和第一道之间标注。各层楼地面、楼梯休息平台、台阶、阳台及坑槽或洞底上表面应注有标高。

3）建筑平面图一般应附有门窗表，见表15-4。表格中填清门窗的编号、名称、尺寸、数量及其所选用的标准图集的编号等内容，同编号的门窗类型相同，构造和尺寸都一样。门窗表的作用是统计门窗的种类和数量。

表15-4　门窗表

门窗编号	洞口尺寸		数　量			标准图集代号
	宽度	高度	一层	二～四层	合计	
M1	3960	3000	1		1	
M2	1500	3000	1		1	××－××－××
M3	900	2400	5	各4	17	〃
……	……	……	……	……	……	
C1	2700	2100	8	各8	32	××－××－××
C2	3200	2100	4	各4	16	〃
C3	2100	2100	1	各2	7	〃
……	……	……	……	……	……	

4）对位于图示范围以外而又需要表达的建筑构造和设备，如高窗、通气孔、沟槽、搁板、吊橱及起重机等不可见部分，按照图例用虚线表示。

5）屋面平面图表明屋顶的平面形状、屋面坡度、排水方向、排水管的布置、挑檐、女儿墙、烟囱、上人孔洞口及其他设施（电梯间、水箱等）。

6）某些布置内容较多的局部在较小的平面图中表达不够清楚时，可用大一些的比例绘制局部平面图。

三、建筑平面图的阅读

建筑平面图阅读步骤如下：

（1）阅读图名　了解工程项目及图样名称。

（2）看指北针　寻找主要出入口的朝向。

（3）分析布局　由底层到顶层依次分析平面图形状及布局情况。

（4）分析定位轴线及其尺寸　开间尺寸、进深尺寸、墙厚尺寸、门窗尺寸、房间面积、地坪或地面标高等。

（5）阅读局部平面图　查阅有关符号、查阅它们的索引详图及详细构造和做法或标准详图图集。

（6）阅读屋顶平面图　分析屋面（包括屋檐）构造和做法及排水情况。

第五节　建筑立面图

一、建筑立面图的概念

建筑立面图简称立面图，它是建筑立面的正投影图，用来展示建筑物的立面外形。立面图通常根据建筑物的朝向命名，如南立面图、东立面图、……；也可用建筑物两端定位轴线编号命名，例如“①-⑩轴立面图”，“⑩-①轴立面图”，还可将建筑物主要出入口的一面作为正面，于是就有“正立面图”“背立面图”“左立面图”“右立面图”等，如图15-5所示。对于圆形建筑物，可分段展开绘制；对形状不规则的建筑物可按照不同方向分别绘制立面图；此外，也可将与基本投影面不平行的立面旋转至平行位置，再按照直接投影法绘制，这种立面图，在图名后注写“展开”二字。

图15-5 正立面图

二、建筑立面图的图示内容

1）建筑物的外轮廓线。

2）建筑构件配件，如外墙、梁、柱、挑檐、阳台、门窗等。

3）建筑外表面造型和花饰及颜色等。

4）尺寸标注，立面图上主要标注标高，必要时也可标注高度方向和水平方向的尺寸。

立面图允许适当地简化，相同类型的门窗，可按照规定各画出一个完整图形，其余的均可以简略表达；相同的阳台、屋檐、窗口、墙面装饰图案等也可只画出一个完整的图形，其余的只画出轮廓线；较简单的对称建筑物，立面图可画一半，在对称轴线处标出对称符号。

三、立面图的阅读

阅读立面图应该按照先整体、后细部的规律进行：

1）看图名，明确投射方向。

2）分析图形外轮廓线，明确立面造型。

3）对照平面图，分析外墙面上门窗种类、形式和数量（查对门窗表）。

4）分析细部构造，如台阶、阳台、雨篷等。

5）阅读文字说明、符号、各种装饰线条以及索引的详图或标准图集。

第六节　建筑剖面图

一、建筑剖面图的概念

在竖直方向上剖切建筑物所得的全剖视图称为剖面图，它是表达建筑物的建筑构造和空间布置的工程图样；它是与平面图、立面图相配套的图样。图15-6所示为实验楼的1—1剖面图。

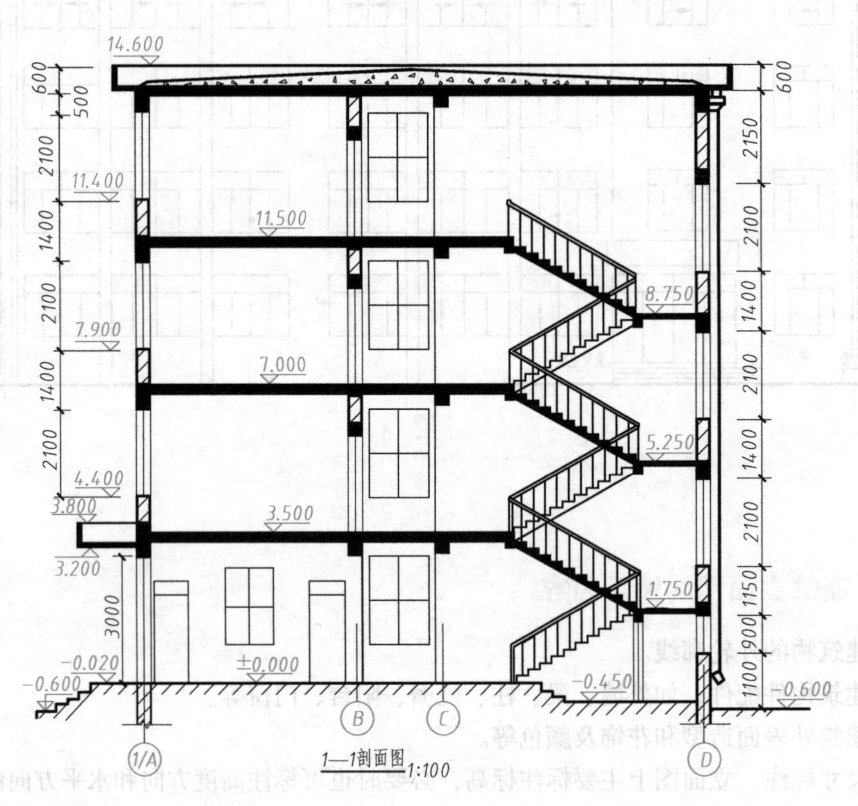

图15-6　建筑剖面图（实验楼的1-1剖面图）

二、建筑剖面图的图示内容

建筑剖面图应画出建筑物被剖切后的全部断面实形及投射方向可见的建筑构造和构配件的投影。其中包括：

1）建筑物内部的分层情况、各建筑部位的高度、房间进深（或开间）、走廊的宽度（或长度）、楼梯的分段和分级等。

2）主要承重构件如各层地面、楼面、屋面的梁、板位置以及与墙体的相互关系。

3）室外地坪、楼面地面、楼梯休息平台、阳台、台阶等处的（完成面）标高和高度尺寸以及檐口、门、窗的（毛面）标高和高度尺寸。

4）墙、柱的定位轴线及详图索引符号等有关标注。

5）其他建筑部位的构造和工程做法等。

注意被剖切到的断面上要按照“国家标准”规定绘制材料图例，断面材料图例，见附表I-1。除构造非常简单的建筑物之外，建筑剖面图一般不画地面以下的基础，墙身只画到基础墙即可断开。

三、建筑剖面图的阅读步骤

1）阅读图名及轴线编号，并与底层平面图上的剖切标记相对照，以明确剖切位置和投射方向。

2）分析建筑物的内部空间布局与构造，了解建筑物从地面到屋顶各部位的构造形式，墙体、柱、梁、板之间的相互关系，查明建筑材料及工程做法。

3）阅读剖面图上的标注和尺寸：图15-6所示的建筑剖面图，其剖切位置需见图15-4底层平面图（位于轴线③和轴线④之间）。1—1剖面图剖到门厅、楼梯、各楼层、地面和屋面，从剖面图可以看出该实验楼为砖和钢筋混凝土的混合结构；各部分的尺寸及标高也一目了然。

第七节 建筑详图

一、详图概念

将平面图、立面图、剖面图表达得不够清楚的建筑细部，用较大的比例进行详尽绘制的图样称为建筑详图。建筑详图通常有墙身剖面节点详图、建筑构配件详图、房间详图、门窗详图和楼梯详图等。

图样中的某一局部或构件，如需另见详图，应以索引符号索引；详图的位置和编号，应以详图符号表达。索引符号是由直径为10mm的圆和水平直径组成的，圆及水平直径均应以细实线绘制。详图符号的圆应以直径为14mm的粗实线绘制。索引符号及详图符号的使用如图15-7所示。

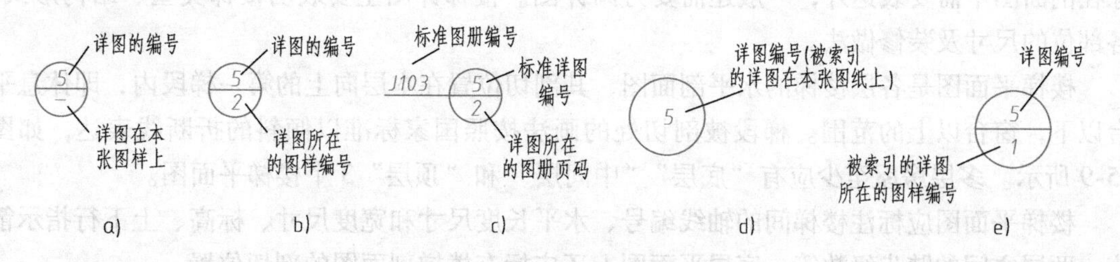

图15-7 详图索引符号的用法

二、平面详图（局部平面图）

平面图中若有某局部表达得不够清楚而需要更详细地表达时，就要用到平面详图。平面详图就是用大比例绘制的局部平面图。有时详图中还可再次索引详图，甚至多次嵌套索引。图15-8所示的卫生间局部平面图中有3处索引符号，表明详细情况需要查询标准图集LJ111，需要查询的详图分别在第5页、第21页、第66页。

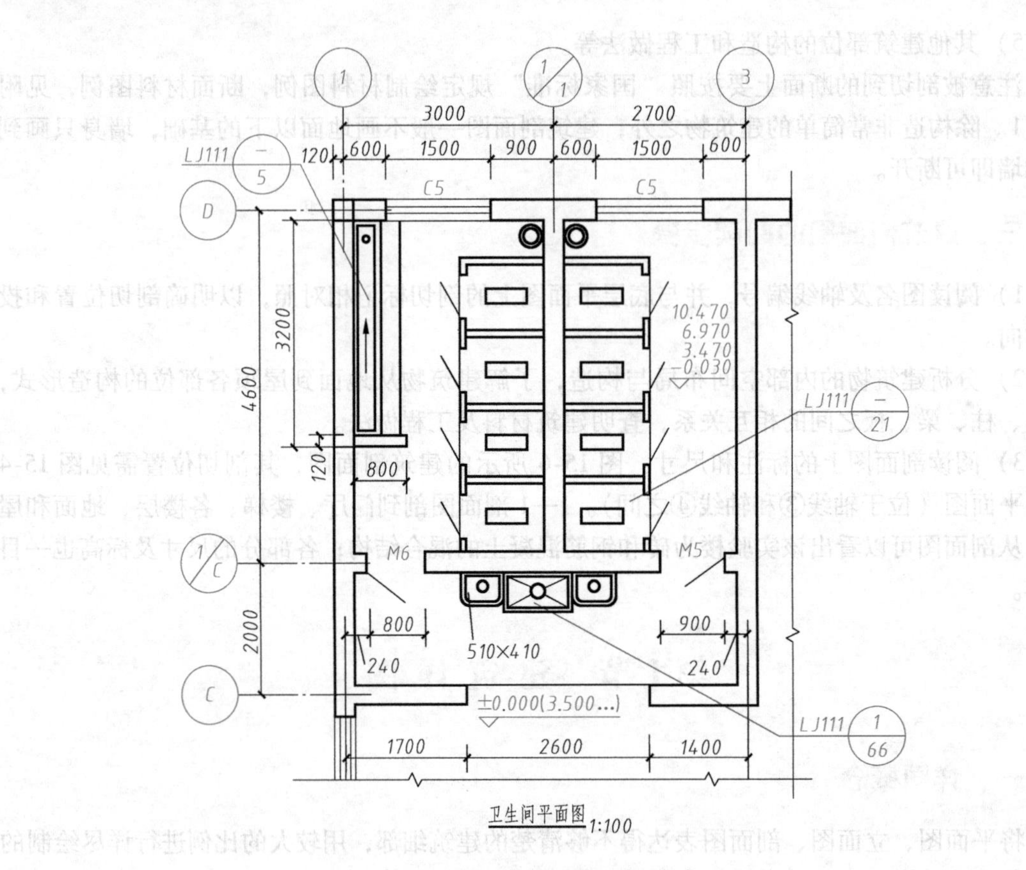

图 15-8　卫生间的局部平面图

三、楼梯详图

楼梯是多层建筑物的垂直交通设施，其构造与尺寸应满足人流通行和物品搬运的要求。楼梯主要由楼梯板（梯段）、休息平台和扶手栏杆（或栏板）组成。楼梯的构造比较复杂，除在剖面图中需要表达外，一般还需要另画详图。楼梯详图主要表明楼梯类型、结构形式、各部位的尺寸及装修做法。

楼梯平面图是各层楼梯的水平剖面图，其剖切位置在本层向上的第一梯段内，即休息平台以下，窗台以上的范围。梯段被剖切处的画法按照国家标准以倾斜的折断线表达，如图15-9 所示。多层房屋至少应有“底层”“中间层”和“顶层”3 个楼梯平面图。

楼梯平面图应标注楼梯间的轴线编号、水平长度尺寸和宽度尺寸、标高、上下行指示箭头、两层之间的踏步级数等。底层平面图上还应标有楼梯剖面图的剖切位置。

楼梯剖面图是以铅垂剖切平面通过各层楼梯的一个梯段和门窗洞口剖切，并且向未剖切的梯段方向进行投射。如中间各层楼梯的构造相同，剖面图可以只画出底层、中间层和顶层三段剖面图，其他部分可以断开不画；通常不画基础；屋面也可不画。

楼梯栏杆的埋设和扶手及踏步等细部构造，由索引符号可知另有详图表达。其详图分别在地方标准图集 LJ107 中的第 11 页、第 18 页、第 21 页中的 6 号、5 号、4 号详图，此处略。

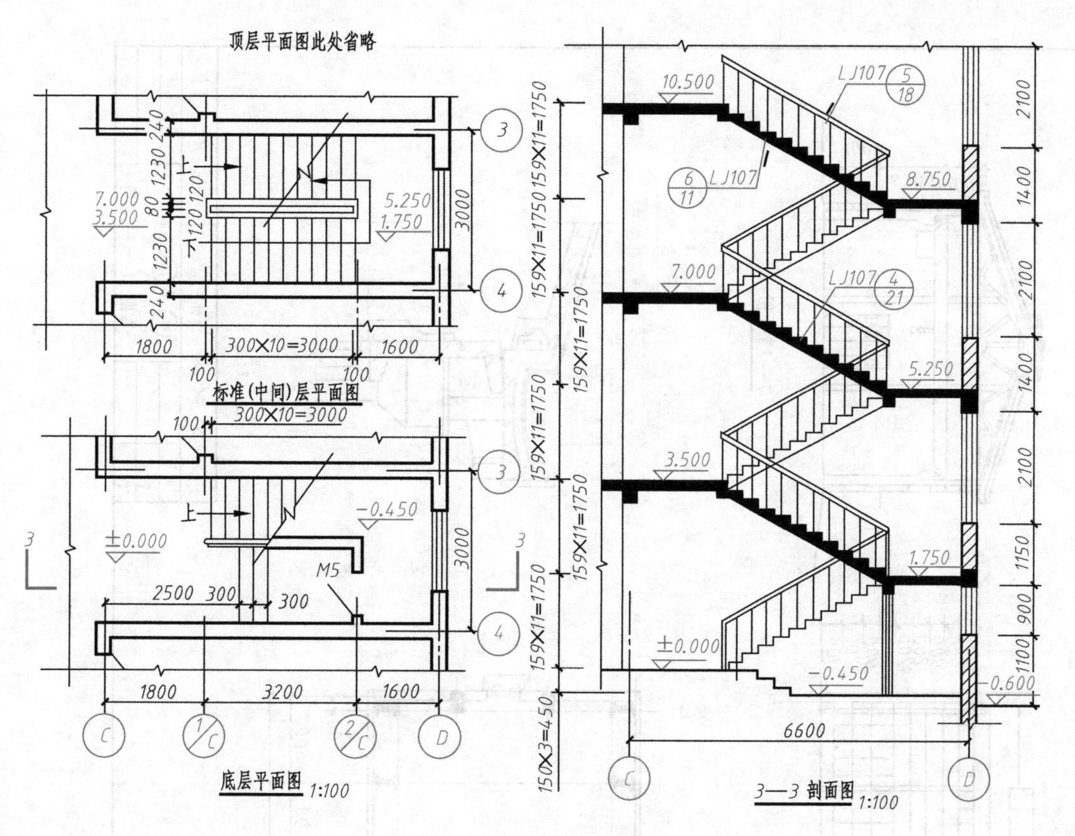

图 15-9 楼梯详图

四、墙身剖面详图

墙身剖面详图一般是由墙身各主要建筑部位等剖面节点详图组成的。详图中应显示屋顶和挑檐、楼地面、门窗过梁和窗台以及散水等构造与墙的连接。各标准层楼面的构造相同时图中只需画出一个楼板节点详图。用不带括号的数字表达二层楼面节点详图的标高；用括号内的数达表达其他标准层的楼板节点的标高。

五、门窗详图

采用标准门窗时不必绘制门窗详图，但必须在门窗表内注明所选用的标准图集代号及门窗图号。特殊情况下新设计的门窗必须画门窗详图。

第八节 工业厂房施工图

工业厂房的图示原理和方法与民用房屋施工图一样，只是由于使用要求不同，在施工图上所反映的某些内容、图例及符号也有所不同。图 15-10 所示为某机修车间厂房工程图。

一、平面图

从标题栏可知，这是某通用机械厂的机修车间。车间的平面图为一矩形，其横向轴线

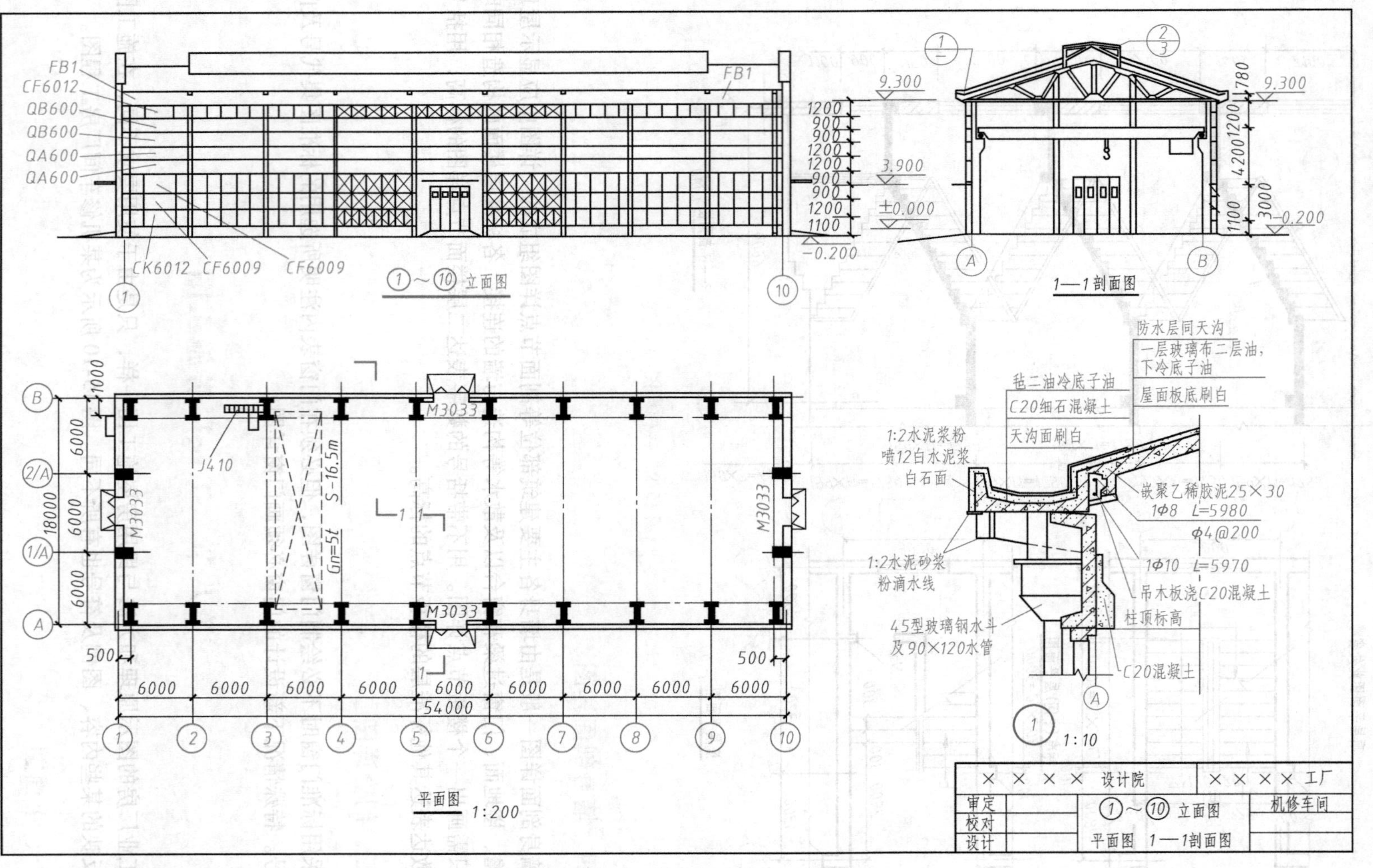

图 15-10　机修车间厂房工程图

①~⑩，共有九个开间，轴线之间的距离为6000mm，两端角柱与轴线有500mm的距离。纵向轴线A、B通过柱子外侧表面与墙内侧表面的结合面。柱子是工字形断面的钢筋混凝土柱。车间内有一台桥式吊车，用图例表达，起重量为5t，跨度为16.5m。室内两侧的粗点画线表达吊车的轨道位置；上下吊车用的梯子，在②~③轴间的B轴内侧，其构造详图选标准图集J410。为了运输方便，出入口处设坡道，4个大门的编号都是M3033（M表达门代号，30表达门宽，33表达门高）。室外四周设散水。在山墙上距B轴线1000处设有消防梯。

二、立面图

从图中可以看到厂房立面上窗、墙板的位置及其编号，共有三种条形窗；屋面设有通风天窗；厂房墙面是由条板装配而成的，图中注出条板和条窗的高度尺寸。条板、条窗、压条和大门的规格和数量列表说明（此处略）。

三、剖面图

从平面图中的剖切位置线可知，1—1剖面图为阶梯剖面图。从图中可以看到牛腿柱的侧面，“T”形吊车梁搁置在柱子的牛腿上，桥式吊车架在吊车梁的轨道上（吊车是用立面图例表达的）。从图中还可以看到屋架的形式、屋面板的布置、天窗的形式、檐口和天沟等情况。剖面图中主要尺寸应完整，如柱顶、轨顶、室内外地面标高、墙板、门窗各部位的高度尺寸等。

四、详图

一般包括檐口屋面节点、墙柱节点等详图。通过这些图样表达其位置及构造的详细情况，如图15-10所示的檐口天沟节点详图①。

本章只是简要地介绍房屋建筑工程图的主要内容，受篇幅所限，所选工程图样较简单，数量也较少，一套完整的房屋建筑图比此要复杂得多。因此，还需要进一步学习一些相关内容，并要多看图、多查阅相关的标准规范等资料，才能具备“能熟练地阅读建筑工程图”的能力。不过以此为基础以后学习就很容易。

通过以上学习可知，建筑工程图和机械工程图的表达方法基本相同。不同之处主要有以下几点：

（1）视图名称及标注方法不同　机械图中的三视图在建筑图中分别是立面图（主视外形）、平面图（俯视全剖）和剖面图（左视竖向全剖或局部剖），且名称标注在视图的下方，建筑图中的详图在机构图中为局部放大图。

（2）剖视图中投射方向的表达方法不同　机械图中用箭头表达投射方向（省略除外），而建筑图中不用箭头，剖视只用粗实线，断面图则用断面编号的位置表达，即以剖切位置线做基准，编号在哪边就向哪边投射。

（3）尺寸终端不同　机械图中用箭头，建筑图中用斜线。

*第十六章 计算机绘图基础知识

计算机辅助设计已经成为当代最主要的设计手段，而计算机绘图则是计算机辅助设计过程中的“必经之路”。计算机绘图的方法可分为编程绘图和不编程绘图。编程绘图即是利用计算机语言中的图形功能，在屏幕上显示图形或由绘图机画出图形，它不能边画边修改。不编程绘图是使用绘图软件（系统），利用计算机和配套设备，直接画出所需图形，并可边画边修改。随时可见屏幕上的图形是否符合要求，当获得满意结果后，即可存入计算机或打印输出图形。通常将两种方法结合起来使用。

第一节　CAXA 电子图板绘图基础知识

本章从实际应用出发介绍不编程绘图，即利用 CAXA 电子图板进行交互式绘图。

CAXA 电子图板的主要特点：自主版权、符合《机械工程　CAD 制图规则》、智能化国家标准设计；智能化标注、方便的明细表㊀与零件序号联动、中文全程在线帮助、操作简便、易学易用；可采用中文平台的汉字输入方法输入汉字等；提供方便高效的参量化图库，提供机械设计、电气设计等方面需要的几乎所有类型的国家标准图库，全开放的用户建库手段和通用的数据接口，全面支持市场流行的打印机和绘图仪。

一、用户界面

用户界面（简称界面）是交互式绘图软件与用户进行信息交流的中介。系统通过界面反映当前信息状态或将要执行的操作，用户按照界面提供的信息做判断，并经输入设备进行下一步操作。因此，用户界面被认为是人机对话的桥梁。

电子图板的用户界面包括两种风格：最新的 Fluent 风格界面和经典界面。新风格界面主要通过功能区、快速启动工具栏和菜单按钮访问常用命令。经典风格界面主要通过主菜单和工具条访问常用命令。

除这些界面元素外，还包括状态栏、立即菜单、绘图区、工具选项板、命令行等。图 16-1 和 16-2 所示为 CAXA2013 版的两种界面。

全新的 Fluent 风格界面拥有很高的交互效率，但为照顾老用户的使用习惯，电子图板保

㊀ 现行国家标准中已将“明细表”改为“明细栏”，但在软件中还用“明细表”一词。

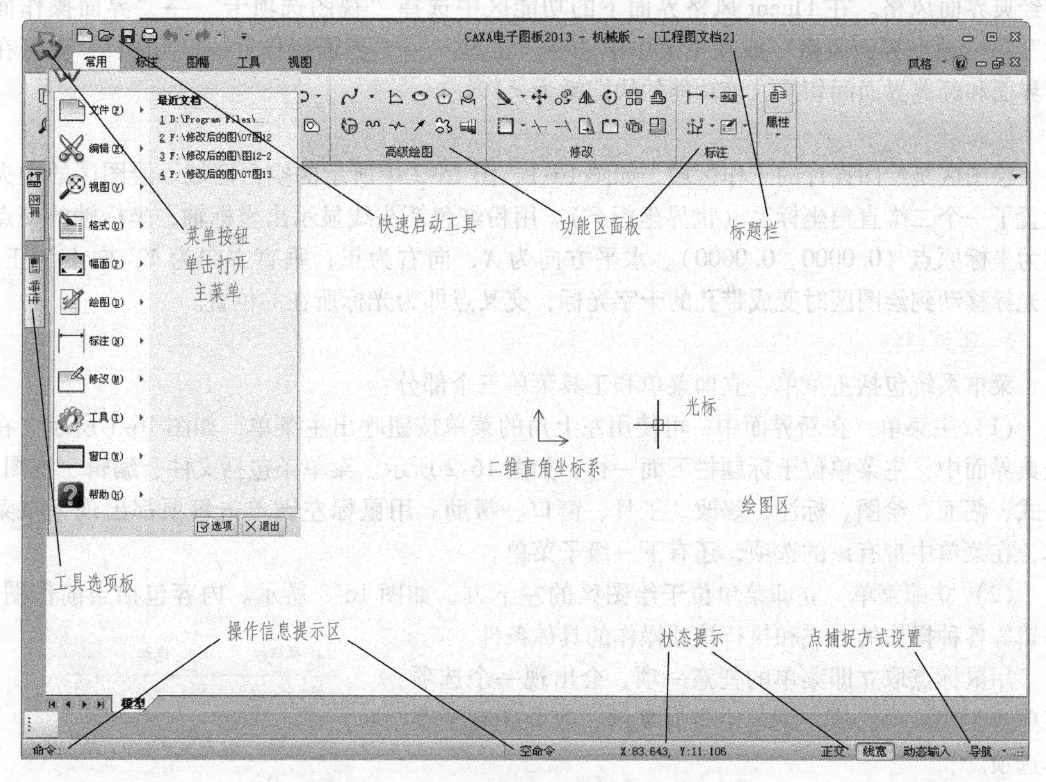

图 16-1　新版启动界面（Fluent 风格界面）

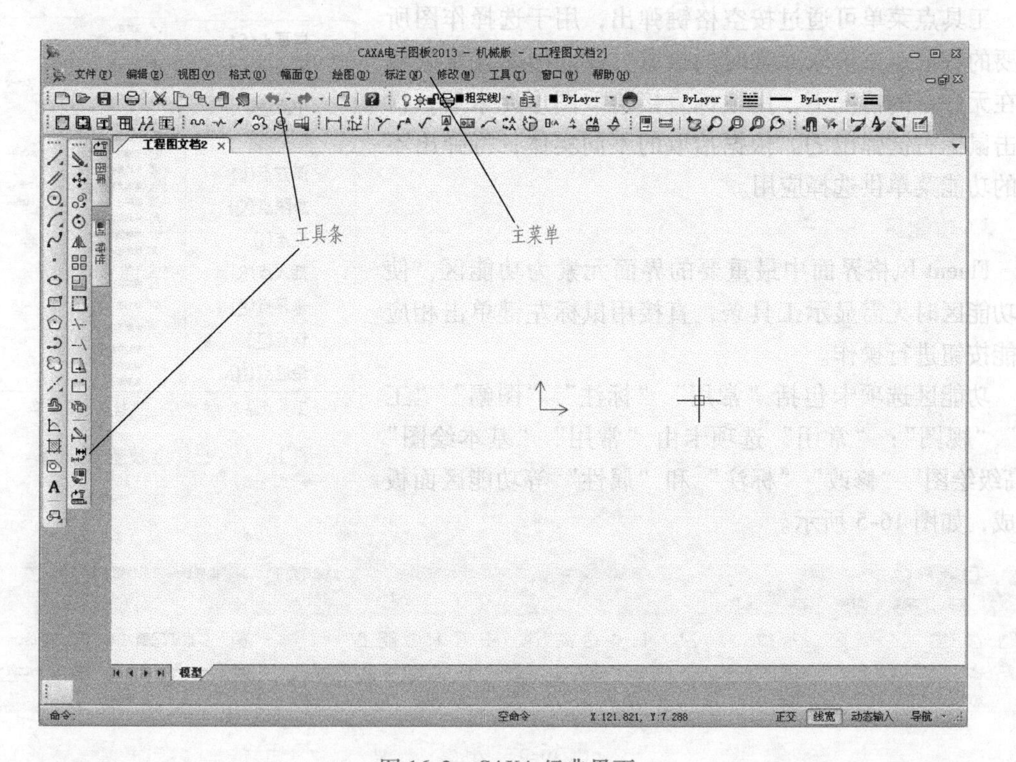

图 16-2　CAXA 经典界面

留经典界面风格。在 Fluent 风格界面下的功能区中选择“视图选项卡”→“界面操作面板”→“改变界面风格”或在主菜单中选择“工具”→“界面操作”→“切换”，就可在新界面和经典界面间切换。该功能的快捷键为 <F9>。

1. 绘图区

绘图区是绘图设计的工作区域，如图 16-1、图 16-2 中所示的空白区域。绘图区的中央设置了一个二维直角坐标系（世界坐标系）。用粉红色箭头线显示出坐标轴，坐标轴的交点即为坐标原点（0.0000，0.0000）。水平方向为 *X*，向右为正；垂直方向为 *Y*，向上为正。当光标移动到绘图区时变成带孔的十字光标，交叉点即为光标所在的位置。

2. 菜单系统

菜单系统包括主菜单、立即菜单和工具菜单三个部分：

（1）主菜单　在新界面中，可使用左上角的菜单按钮呼出主菜单，如图 16-1 所示。在经典界面中，主菜单位于标题栏下面一行，如图 16-2 所示。菜单条包括文件、编辑、视图、格式、幅面、绘图、标注、修改、工具、窗口、帮助。用鼠标左键单击每项都出现下拉菜单，在菜单中带有▶的选项，还有下一级子菜单。

（2）立即菜单　立即菜单位于绘图区的左下方，如图 16-3 所示。内容包括当前作图、编辑等各种操作的方式和执行该项操作的具体条件。

用鼠标点取立即菜单的任意一项，会出现一个选项菜单或改变该项的值，菜单中带有▼的，表示还有子菜单选项。

图 16-3　画直线的立即菜单

（3）工具菜单　工具菜单包括工具点菜单和拾取元素菜单，如图 16-4 所示。

工具点菜单可通过按空格键弹出，用于选择作图所需要的特征点或拾取元素时的拾取方式。拾取元素菜单是在无命令的情况下，用鼠标直接拾取图形元素后，再单击鼠标右键弹出的。依据拾取的不同实体，将弹出不同的功能菜单供选择应用。

图 16-4　工具点及拾取菜单

3. 功能区

Fluent 风格界面中最重要的界面元素为功能区，使用功能区时无需显示工具条，直接用鼠标左键单击相应功能按钮进行操作。

功能区选项卡包括“常用”“标注”“图幅”“工具”“视图”；“常用”选项卡由“常用”“基本绘图”“高级绘图”“修改”“标注”和“属性”等功能区面板组成，如图 16-5 所示。

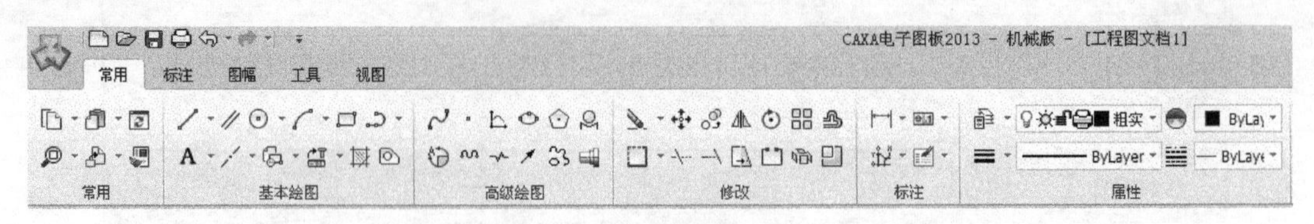

图 16-5　功能区

4. 工具条

工具条是经典界面中的交互工具，可自定义位置和是否显示在界面上，也可建立全新的工具条。系统默认显示的工具条包括“标准”“图幅”“设置工具”“颜色图层”“标注”“绘图工具”“编辑工具”“常用工具”等，如图 16-6 所示。

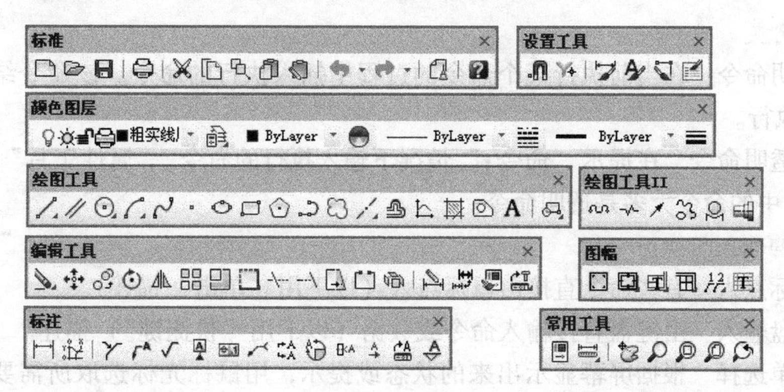

图 16-6 工具条

5. 状态显示或提示

电子图板提供多种状态显示及操作提示功能，主要包括当前点的坐标显示、操作信息提示、工具点菜单状态显示及点捕捉状态显示等，如图 16-7 所示。

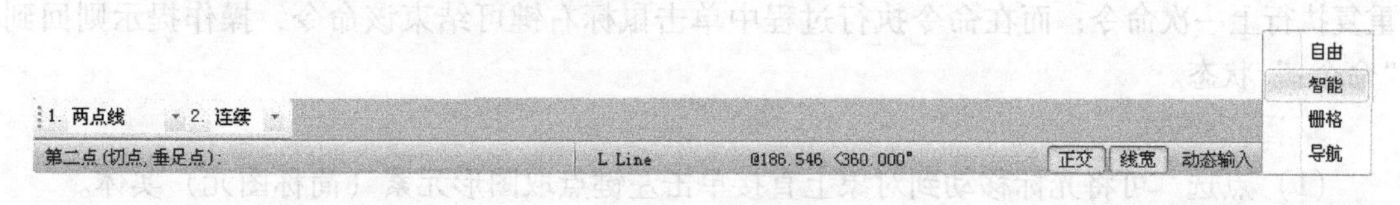

图 16-7 状态栏

(1) 当前点的坐标显示 当前点的坐标显示区位于屏幕底部状态栏中间。当前点的坐标值随鼠标光标的移动做动态变化。按功能键 <F2> 可改变坐标的显示状态。

(2) 操作信息提示 操作信息提示区位于状态栏的左侧，用于提示当前命令的执行。

(3) 工具点菜单状态提示 工具点菜单状态提示拾取元素时，它显示捕捉的特征点。

(4) 捕捉点状态设置 点捕捉状态设置区位于状态栏的最右侧，在此可设置捕捉状态。捕捉方式有“自由”“智能”“栅格”及“导航”四种，它显示在屏幕的右下角。选取“▼”，出现图 16-7 所示四种选项，可进行选项设置。

1) 自由方式就是对点不加任何限制。

2) 智能方式是对特征点进行自动捕捉，被捕捉到的点会出现加亮的黄色标记。

3) 栅格方式是光标只能落在栅格点上，栅格间隔可由操作者设定。栅格也可设定为显示或不显示。

4) 导航方式是为确定视图之间“高平齐，长对正，宽相等”的投影对应关系而设立的，十字光标线呈虚线方式显示。当虚线过特征点时，特征点被加亮。

(5) 命令与数据输入 输入区位于状态栏的左侧，用键盘可输入命令或数据。

(6) 正交状态切换 单击该按钮可打开或关闭系统为“非正交状态”或“正交状态”。

(7) 线宽状态切换 单击该按钮可在“按线宽显示”和“细线显示”状态间切换。

（8）动态输入工具开关　单击该按钮可打开或关闭“动态输入”工具，即是否在绘图过程中动态显示点的坐标、线的长度等信息。

二、命令的分类输入与执行及图元拾取

1. 命令分类

（1）透明命令　在当前执行某个命令的过程中插入执行的命令。该命令结束后某个当前命令继续执行。

（2）非透明命令　在提示“命令：”情况下输入执行的命令。“属性工具”“设置工具”“常用工具”中的命令大多是透明命令。

2. 命令的输入与执行

（1）鼠标点入　有些命令直接由鼠标点入（以下用“单击”描述）。

（2）键盘输入　由键盘直接输入命令或数据（以下用“快捷键”）描述。

（3）菜单选择　根据屏幕显示出来的状态或提示，用鼠标光标选取所需要的命令菜单项。选中菜单项则执行相应的命令（以下用“菜单”描述）。熟练者可将三种方法综合使用。

CAXA电子图板中鼠标左键的功能是单击命令和拾取、选择图形对象；右键的功能是结束命令和重复执行命令。即在操作提示为“命令：”时，使用鼠标右键或键盘 <Enter> 键可重复执行上一次命令；而在命令执行过程中单击鼠标右键可结束该命令，操作提示则回到“命令：”状态。

3. 图元拾取

（1）点选　可将光标移动到对象上直接单击左键点取图形元素（简称图元）实体。

（2）框选　当鼠标点取的第一点在第二点的左边时称为“正选”，当第一点在第二点的右边时称为“反选”。使用正选拾取图元时，选择框为蓝色、框线为实线，完全包围在选择框内部的图元被选中；使用反选拾取图元时，选择框为绿色、框线为虚线，凡与选择框相交及选择框内的图元都被选中。

三、文件管理

新建文件、打开文件、存储文件、另存文件的执行方式：①命令行；②菜单命令；③工具条；④快捷键。操作方法步骤与其他软件基本相同，此处从略。

1. 新建文件

命令：单击“ ”（快捷键 <Ctrl + N>；菜单选择“文件”→“新建”；命令行：“new”）。弹出“新建文件”对话框如图16-8所示。选择合适的图幅和标题栏后单击“确定”按钮即可。

也可由功能区选项卡“图幅”→“图幅设置”调入图框和标题栏的方法新建文件。

2. 图幅设置

图纸幅面是指绘图区的大小，CAXA电子图版提供A0、A1、A2、A3、A4五种标准的图纸幅面。系统还允许用户根据自己的需要定义幅面的大小。操作步骤：

1）单击图幅选项卡“ ”按钮（菜单按钮：“幅面”→“图幅设置”），则弹出图

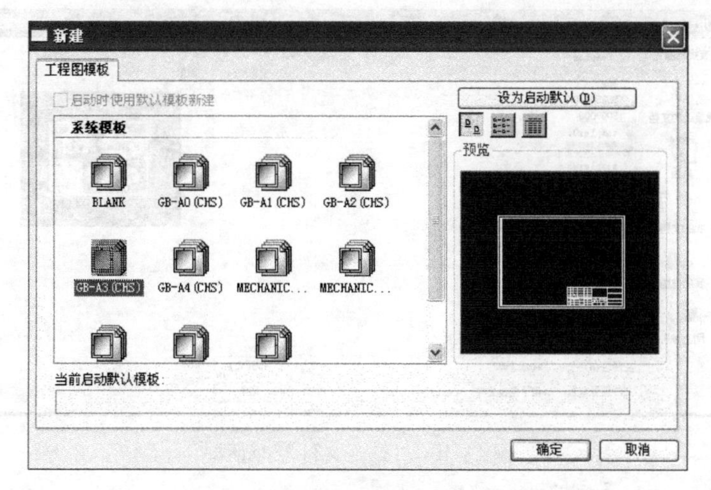

图 16-8 “新建文件”对话框

16-9 所示的“图幅设置”对话框。

2）单击“图纸幅面”下拉列表框，在列表框中设置绘图区的大小。(包括 A0、A1、A2、A3、A4 五种标准图纸幅面和加长图幅，还提供用户自定义功能)。

3）设置“绘图比例”“图纸方向”“横放”或“竖放”“图框”“标题栏”等选项。

图 16-9 “图幅设置”对话框

3. 打开文件

1）单击“📂”图标（快捷键 <Ctrl + O>；菜单选择“文件”→“打开”；命令行“open”）。

2）弹出“打开文件”对话框，如图 16-10 所示，在“查找范围”右面的下拉列表框选取文件所在的文件夹，右边有预览框，在下面的文件列表框中选取要打开的文件，单击“确定”按钮，即打开该图形文件。默认打开*. exb 格式的文件，可打开其他格式的文件还有*. tpl、*. dwg/dxf、*. wmf、*. igs 等。

4. 存储文件

1）单击“💾”图标。（快捷键 <Ctrl + S>；菜单选择“文件”→“保存”；命令行“save”）。

2）如果文件尚未存盘，则弹出另存文件对话框，如图 16-11 所示。在“保存在”右面的下拉列表框选取将要存储的文件所在的文件夹，在“文件名”文本框内输入文件名，在“保存类型”右面的下拉列表框选取要存储的文件类型（系统默认“*. exb”），单击“确

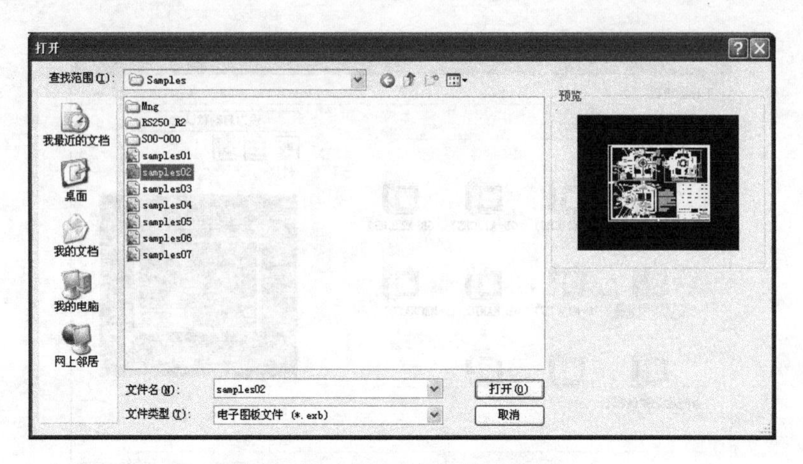

图 16-10 “打开文件”对话框

定”按钮即完成保存文件。可保存的其他文件格式还有*.dwg、*.dxf 和 *.tpl 及低版本的*.exb等。

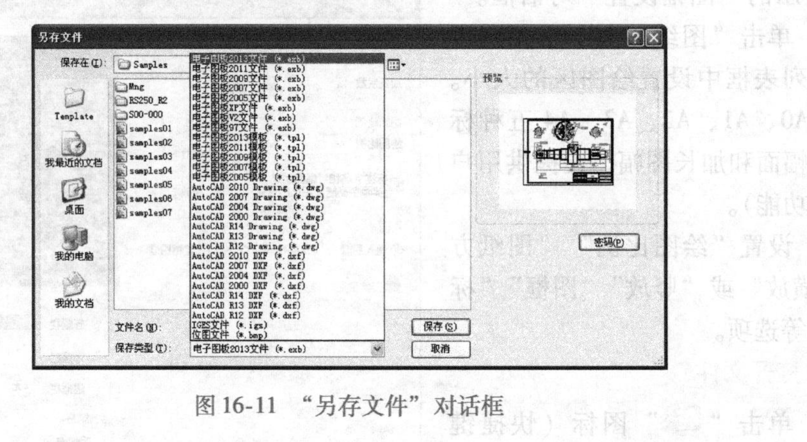

图 16-11 “另存文件”对话框

5. 另存文件

菜单选择“文件”→“另存为”。弹出“另存文件”对话框如图 16-11 所示。操作与“存储文件”相同。

6. 并入文件

菜单选择“文件”→“并入”。弹出“并入文件”对话框如图 16-12 所示。选择要并入的文件，单击“打开”按钮。在立即菜单中输入比例系数，再根据提示操作即可。

7. 部分存储

欲将屏幕上的部分图形另存时，操作方法：

1）菜单选择“文件”→“部分存储”。

2）根据提示拾取元素（右键结束）、确定基点，弹出“部分存储”对话框，如图 16-13 所示。

3）在对话框中选择存储文件夹、输入文件名、单击“保存”按钮。

8. 退出

菜单选择“文件”→“退出”或单击屏幕右上角的“☒”按钮。弹出“退出系统提

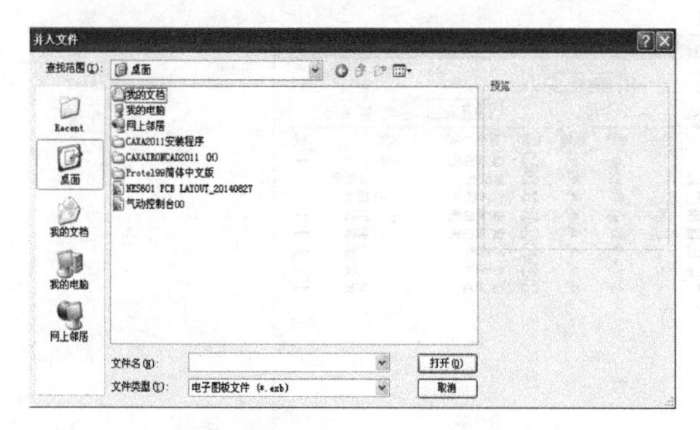

图 16-12 “并入文件”对话框

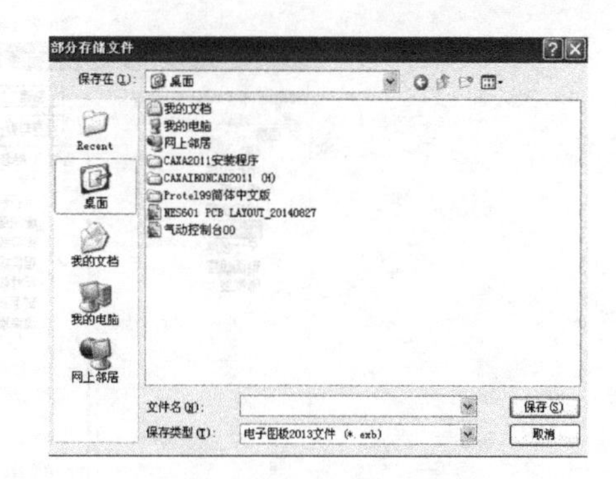

图 16-13 部分存储对话框

示”对话框，如图 16-14 所示。单击“是”按钮，存盘退出；单击“否”按钮，不存盘退出；单击“取消”按钮，返回绘图系统不退出。

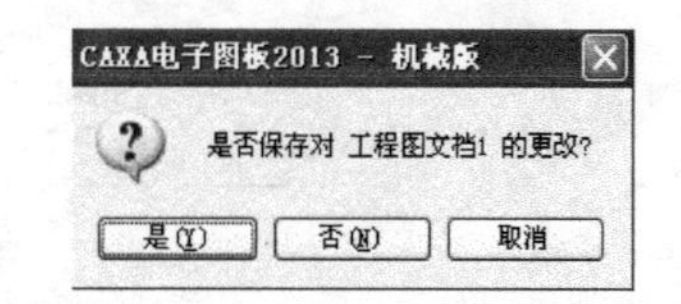

图 16-14 “退出系统提示”对话框

四、图层控制

图层也称为层，包含几何形状、线型、颜色及各种尺寸和符号等信息。图层是用来集中控制或单独提取相关信息的系统控件。

1. 图层的特点

1）图层可想象为透明而没有厚度的“薄片”，图元实体就画在它的上面。

2）每个图层都有自己的名字和描述。系统预设 8 个层，分别为 0 层 、中心线层、虚线层、细实线层、粗实线层、尺寸线层、剖面线层、隐藏层，根据需要可定义和描述自己的层，名字可由字母、数字和字符任意组合。

3）每个层所容纳的实体数量不限。每个作业中，最多可设 100 个层。

4）各个层具有相同的坐标系、绘图界限和显示缩放倍数；各层精确地相互对齐。

5）用图层命令可改变层的线型、颜色和状态。

2. 图层的操作

1）设置当前层。当前层也称为活动层，只能在当前层上绘图。当前层的设置方法有两种：①在属性面板上层列表中左键点取所需要的图层即可完成当前层的设置，如图 16-15 所示；②单击“▤”图标，弹出“层设置”对话框如图 16-16 所示。在层设置对话框中，点取列表框中所需要的图层后，单击“设为当前”按钮，这时对话框左边顶部“当前图层”右边的层名即改为所设层名，最后单击“确定”按钮完成当前层的设置。

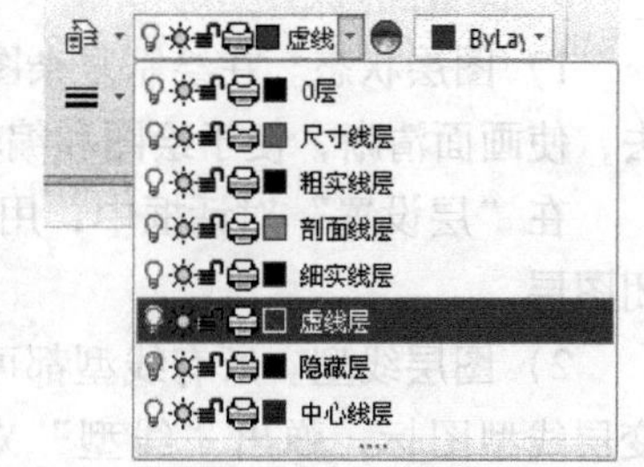

图 16-15 层列表

2）创建新层。单击“▤”图标，在“层设置”对话框中单击“新建”按钮，弹出“确认新建”对话框，如图 16-17 所示。单击“是”按钮，弹出“新建风格”对话框，如图 16-18 所示，填写“风格名称”、选择“基准风格”，单击“下一步”按钮，完成新层创建，可按照前面介绍的方法修改层名和层描述。

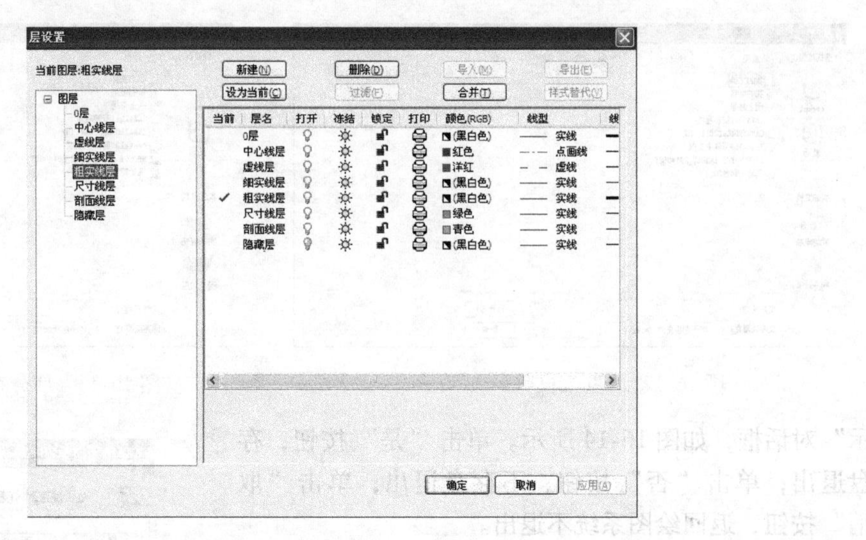

图 16-16 “层设置”对话框

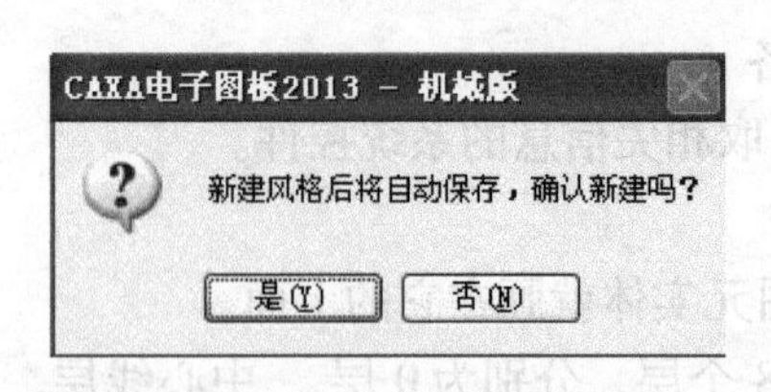

图 16-17 “确认新建”对话框

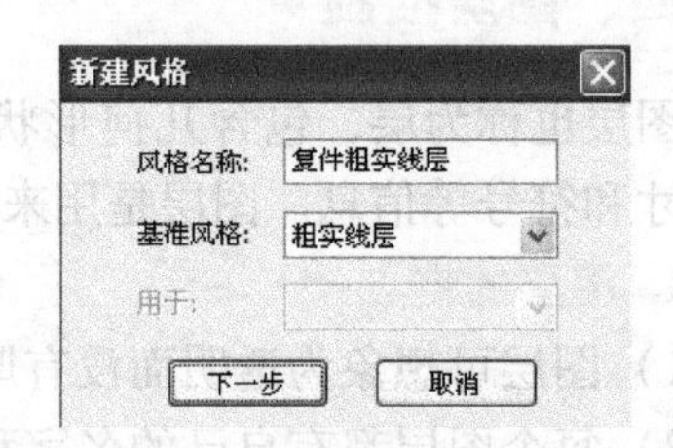

图 16-18 “新建风格”对话框

3）删除图层。选中要删除的图层，单击“删除”按钮即可。只能删除新建层，不能删除系统预设的图层。

4）改变图层。利用两种方式可改变已绘制图形所在的图层：①拾取要改变层的元素，单击鼠标右键，在弹出的快捷菜单中选择“特性”，在弹出的“特性”工具选项板中单击“层”按钮，在下拉列表中选择要改变的图层，按 <Esc> 键退出即可；②拾取要改变层的元素，在属性面板上层列表中选择要改变的图层，按 <Esc> 键退出即可。

3. 图层属性

1）图层状态。在绘制复杂图形时，可利用关闭图层的方法把与当前作图无关的实体隐去，使画面清晰，便于绘图和编辑；待绘制完成后，再打开全部层，显示全部内容。

在“层设置”对话框中，用鼠标左键单击相应层的“打开”栏下的灯泡即可打开或关闭图层。

2）图层线型。所有线型都可重新设置。在“层设置”对话框中，用鼠标左键单击欲改变层线型图标，弹出“线型”对话框如图 16-19 所示，可根据需要选择一种线型，单击“确定”按钮。

3）图层颜色。每个图层都可设置一种颜色，在“层设置”对话框内用鼠标左键单击欲改变的层颜色图标，弹出“颜色选取”对话框如图 16-20 所示，在基本颜色中选取一种颜色，单击“确定”按钮。颜色也可随重新设置而改变。

注意：如果层中已设好线型和颜色，则应使属性条中的颜色和线型为“BYLAYER”。

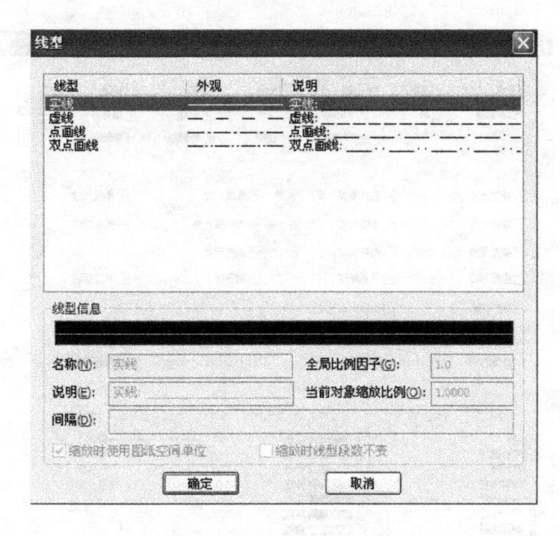

图 16-19 “线型”对话框

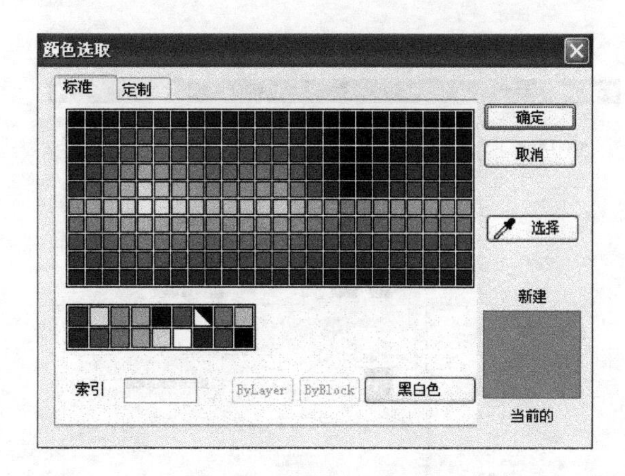

图 16-20 “颜色选取”对话框

五、显示控制

1. 重画与重新生成

菜单选择“视图”→“全部重生成”后，刷新当前图形，将图形重画一遍。如果原图中有残留的光标点或由于擦除产生的斑痕，那么在重生成后的图形中不再出现，使屏幕变得整洁美观。

菜单选择“视图”→“重生成”后，可将拾取到的显示失真图形按照当前窗口的显示状态重新生成。按照提示拾取要重新生成的图元实体，单击鼠标右键确认即可。

2. 图形的缩放与平移

1）窗口显示“”。窗口显示功能，将两角点所包含的图形充满屏幕绘图区加以显示。

2）显示全部“”。显示全部功能，将当前所绘制的图形全部显示在屏幕绘图区内。

3）显示上一步“”。显示上一步功能，取消当前显示，返回到上一次显示的状态。

4）动态平移“”。按住鼠标滚轮拖动可使整个图形跟随鼠标动态平移，松开即可结束动态平移操作。

5）动态缩放“”。滚动鼠标滚轮可使整个图形跟随鼠标动态缩放，鼠标向上移动为放大，向下移动为缩小。

3. 捕捉设置

单击“”，弹出“智能点工具设置”对话框，如图 16-21 所示，通过选择操作，可设置鼠标在屏幕上的捕捉方式和拾取盒大小。

4. 拾取过滤设置

单击“”，弹出“拾取过滤设置”对话框，如图 16-22 所示。通过对话框的选择，可设置拾取图元的过滤条件。

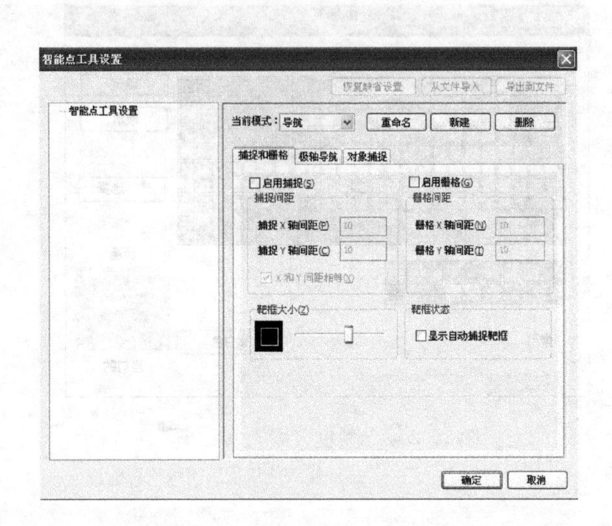

图 16-21 “智能点工具设置”对话框

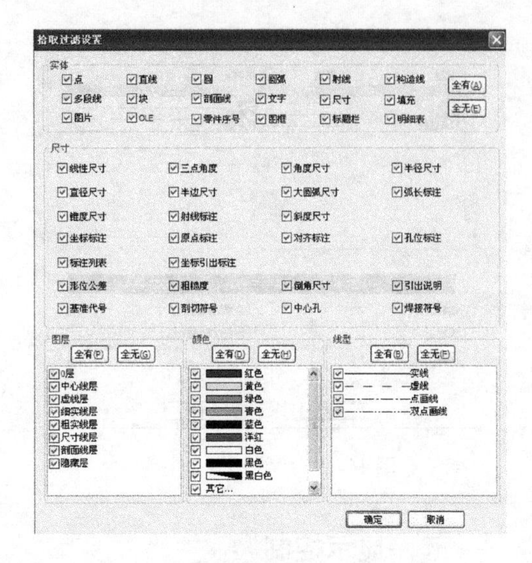

图 16-22 “拾取过滤设置”对话框

第二节 图形的绘制

一、绘制直线

命令：单击“ ”（快捷键<L>；菜单按钮“绘图”→“直线”）。

本软件提供两点线、平行线、角度线、角等分线、切线/法线五种画直线的方式。

1. 绘制两点线

（1）非正交方式绘制的步骤

1）关闭状态栏右边“正交”开关，单击“ ”；在立即菜单 1 中选择“两点线”，在 2 中选择“连续”，如图 16-23 所示。

2）按照提示输入第一点、第二点、第三点、……，可连续画多段。

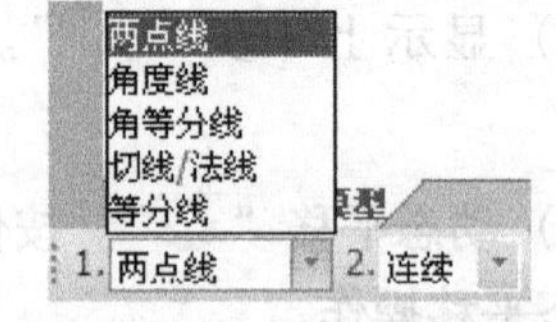

图 16-23 画直线的立即菜单

（2）正交方式绘制的步骤

1）打开状态栏右边“正交”开关，单击“ ”。

2）在立即菜单 1 中选择“两点线”；在 2 中选择“连续”选项。

3）按照提示，输入第一点、第二点、第三点、……，可连续画多段。

2. 绘制角度线

绘制角度线的步骤：

1）单击“ ”。

2）在立即菜单 1 中选择“角度线”，设置立即菜单。

3）按照提示操作。

3. 绘制角等分线

绘制角等分线的步骤：

1）单击“![]”。

2）在立即菜单1中选择“角等分线”，设置立即菜单。

3）根据提示操作。

4. 绘制切线/法线

绘制切线或法线的步骤：

1）单击“![]”。

2）在立即菜单1中选择“切线/法线”；在2、3、4中按照需要选择。

3）按照提示用鼠标拾取已有的圆弧或直线，选择输入点，完成“切线”/“法线”绘制。

5. 绘制平行线

（1）“偏移方式”绘制的步骤：

1）单击“![]”。

2）在立即菜单1中选择“偏移方式”；在2中选择“双向”或“单向”。

3）按照提示，用鼠标点亮已知直线，然后输入偏移距离的数值或用鼠标拖动到所需位置时单击鼠标左键确定生成的平行线。

（2）“两点方式”绘制的步骤：

1）单击“![]”。

2）在立即菜单1中选择“两点方式”，在2中选择“点方式”，在3中选择“到点”。

3）按照提示，用鼠标点亮已知直线；然后按照提示输入平行线起点；再按照提示输入直线的终点或长度，按<Enter>键。

二、绘制圆

命令：单击“![]”（快捷键<C>；菜单按钮“绘图”→“圆”）。

本系统提供圆心-半径方式、两点方式、三点方式、两点-半径四种画圆方式，如图16-24所示。

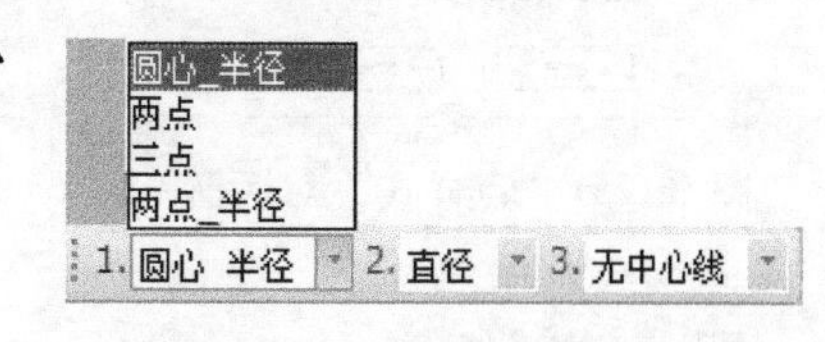

图16-24 画圆的立即菜单

1. 已知圆心、半径绘制圆

绘制步骤：

1）单击“![]”。

2）在立即菜单1中选择“圆心-半径”选项；2中选择“半径”。

3）输入圆的圆心点坐标“0，0”，屏幕上会生成一个圆心固定且半径由鼠标拖动改变的动态圆，输入圆的半径，然后按下<Enter>键完成。

2. 绘制两点圆（以两点距离为直径画圆）

绘制步骤：

1）单击“![]”。

2）在立即菜单1中选择“两点”。

3）输入圆的第一点的坐标，输入第二点的坐标，圆绘制完成。

3. 已知两点、半径画圆（作与已知两直线或两圆相切的圆）

绘制步骤：

1）单击“⊙”。

2）在立即菜单 1 中选择“两点-半径”。

3）输入圆第一点的坐标，按空格键，在工具点菜单中选取“切点”，用鼠标单击一条直线或圆（或弧），输入第二点，再次按下空格键并在工具点菜单中选取“切点”，用鼠标单击另一条直线或圆（或弧），这时屏幕上会生成一个与两边均相切且过光标点的动态圆，提示输入第三点或圆的半径，键入“半径值”并按 <Enter> 键，屏幕上生成所需要的圆。

三点方式画圆的方法简单，请读者自行操作体会。

三、绘制点

等分线段可通过画点来实现。点的样式可通过单击工具选项卡上的“ ”按钮设置，“点样式”对话框如图 16-25 所示。

等分点操作步骤：

1）单击“ · ”，（快捷键 <P>；菜单选择“绘图”→“点”）。

2）在立即菜单 1 中选择“等分点”。在 2 中键入曲线将被等分的份数。

3）用鼠标点取需要等分的曲线并按 <Enter> 键即可。等分线段实例如图 16-26 所示。

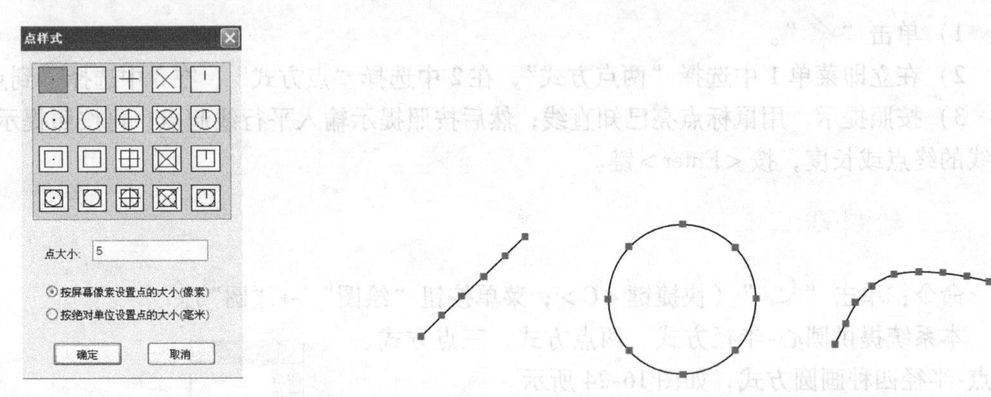

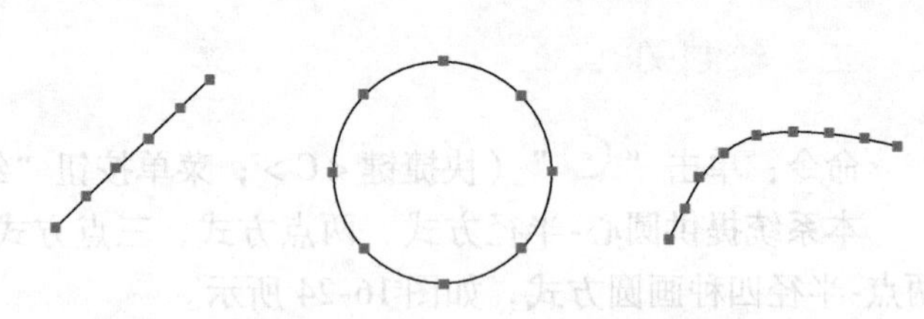

图 16-25 “点样式”对话框

图 16-26 等分线段实例

四、绘制矩形

1. 通过两角点绘制矩形

操作步骤：

1）单击“ ”。

2）在立即菜单 1 中选择“两角点”，在 2 中选择“有中心线”，在 3 中键入中心线延伸长度值，如图 16-27 所示。

1. 两角点 | 2. 有中心线 | 3.中心线延伸长度 3

图 16-27 两角点画矩形立即菜单

3）输入矩形的“第一角点”及“第二角点”即可。

2. 已知长度和宽度绘制矩形

操作步骤：

1）单击“ ”。

2）在立即菜单1中选择“长度和宽度”，在2中选择“中心定位”，在3中键入矩形的旋转角度，在4中和5中分别键入矩形的长度和宽度值，在6中选择“有中心线”（或“无中心线”），在7中键入中心线的延伸长度值，如图16-28所示。

3）屏幕上出现动态矩形，用鼠标或键盘输入矩形的定位点即可。

1. 长度和宽度 2. 中心定位 3.角度 0 4.长度 200 5.宽度 100 6. 有中心线 7.中心线延伸长度 3

图16-28 长度和宽度画矩形立即菜单

五、绘制正多边形

系统提供两种绘制正多边形的方式。画正多边形立即菜单如图16-29所示。

1. 中心定位 2. 给定半径 3. 外切于圆 4.边数 6 5.旋转角 0 6. 无中心线

图16-29 画正多边形立即菜单

1. 以中心定位绘制正多边形

操作步骤：

1）单击“ ”。

2）在立即菜单1中选择“中心定位”，在2中选择“给定半径”或“给定边长”，在3中选择“外切于圆”或“内接于圆”，在4中和5中分别键入正多边形的边数和旋转角。

3）按照提示输入一个中心定位点，则又提示输入“圆上点或内切（或外接）圆半径”，这时输入半径值或输入圆上一点，完成正多边形绘制。

2. 底边定位绘制正多边形

操作步骤：

1）单击“ ”。

2）在立即菜单1中选择“底边定位”，在2中键入多边形的边数，在3中键入正多边形的旋转角。

3）按照提示输入第一点，输入“第二点或边长”，完成正多边形绘制。

六、绘制圆弧

单击“ ”（快捷键<a>；菜单选择“绘图”→“圆弧”）。

本系统提供六种绘制圆弧的方式：三点圆弧、圆心_起点_圆心角、两点_半径、圆心_半径_起终角、起点_终点_圆心角、起点_半径_起终角，如图16-30所示。

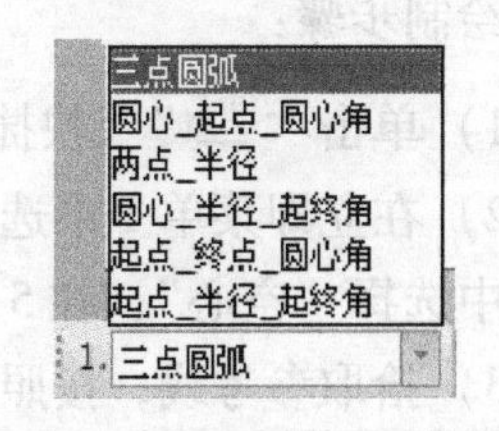

图16-30 画圆弧立即菜单

1. 过三点画圆弧

绘制步骤：

1）单击“⌒”。

2）在立即菜单1中选择“三点”。

3）按照提示输入第一点、输入第二点，这时已生成一个过点1、点2和光标点的动态圆弧，输入第三点，完成圆弧绘制。

2. 已知圆心、起点、圆心角绘制圆弧

绘制步骤：

1）单击“⌒”。

2）在立即菜单1中选择“圆心_起点_圆心角”。

3）输入圆心的坐标，输入圆弧的起点，这时已生成一个以 O 点为圆心，以 A 点为起点，终点由鼠标拖动的动态圆弧，输入圆弧的角度值并回车，完成圆弧绘制。

3. 已知两点和半径绘制圆弧（作与已知两圆相切的圆弧）

绘制步骤：

1）单击“⌒”。

2）在立即菜单1中选择“两点_半径”。

3）输入第一点，按下空格键，在弹出的工具点菜单中选取“切点”，用鼠标单击左侧的圆，这时系统提示输入第二点，再次按下空格键，在工具点菜单中选取“切点”，用鼠标单击右侧的圆，屏幕上会生成一段起点和终点固定（与两圆相切），半径由鼠标拖动改变的动态圆弧，移动鼠标使圆弧成凹形时，输入圆弧半径值（30），完成圆弧绘制，如图16-31所示。

请读者自行操作体会其他方式绘制圆弧的过程。

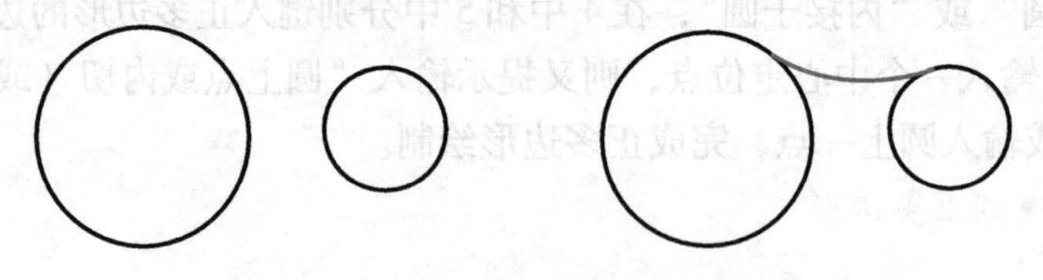

图16-31　已知半径作圆弧与已知两圆相切

七、绘制等距线

系统提供两种作等距线方式。

1. 单个拾取绘制等距线

绘制步骤：

1）单击“⎁”（快捷键“O”；菜单选择“绘图”→“等距线”）。

2）在立即菜单1中选择“单个拾取”，在2中选择“指定距离”，在3中选择“单向”，在4中选择“空心”，在5中键入距离，在6中键入份数。

3）拾取参考线，按照提示选择方向即可。

4）绘制单向实心等距线时，步骤同1）~3），只是立即菜单4中选“实心”即可。

5）绘制双向空心等距线时，步骤同1）~3），只是立即菜单3中选“双向”即可。

2. 链拾取绘制等距线

绘制步骤：

1）单击“”。

2）在立即菜单1中选择“链拾取”，在2中选择“指定距离”，在3中选择“单向”，在4中选择“空心”，在5中键入距离，在6中键入份数，如图16-32所示。

3）拾取参考曲线，并选择方向，即生成等距线。

1. 链拾取 ▾ 2. 指定距离 ▾ 3. 单向 ▾ 4. 空心 ▾ 5.距离 20 6.份数 5

图16-32 画等距线立即菜单

4）绘制双向空心等距线时，步骤同上述的1）~3），只在立即菜单3中选择“双向”即可，等距线作图实例如图16-33所示。

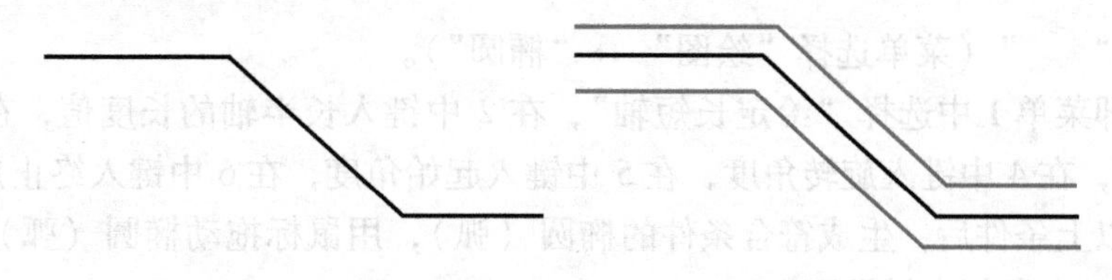

图16-33 等距线作图实例

八、绘制特殊曲线

1. 绘制中心线

CAXA可绘制孔、轴或圆、圆弧的中心线。

操作步骤：

1）单击“”；（菜单选择“绘图”→“中心线”）。

2）在立即菜单1中键入中心线的延伸长度。

3）按照提示拾取圆（弧、椭圆）或第一条直线及另一条直线，立即生成孔或轴的中心线。

2. 绘制波浪线

波浪线常用于表达断裂处的边界线，用细实线绘制。

操作步骤：

1）单击“”（菜单选择“绘图”→“波浪线”）。

2）在立即菜单1中键入波浪线的波峰高度（波峰高度即波峰到平衡位置的垂直距离）。

3）根据提示输入第一点及以后各点，单击鼠标右键完成波浪线绘制。

3. 绘制箭头

操作步骤：

1）单击“”；（菜单选择“绘图”→“箭头”）。

2）在立即菜单1中选择箭头“正向”或“反向”。

3）系统提示拾取直线、圆弧、样条或第一点，用鼠标在直线或圆弧上拾取第一点，再用鼠标拾取第二点，即可生成一个实心箭头（如果立即菜单中选择“正向”，则箭头指向第二点，否则箭头指向第一点），用鼠标拖动箭头到需要的位置，单击左键完成绘制。

九、绘制椭圆

系统提供三种画椭圆的方式，可单击立即菜单1选择，如图16-34所示。

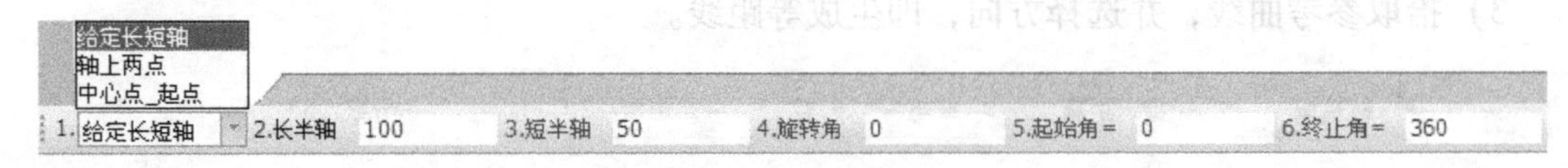

图16-34　画椭圆立即菜单

1. 给定长短轴绘制椭圆

操作步骤：

1）单击“ ”（菜单选择“绘图”→“椭圆”）。

2）在立即菜单1中选择“给定长短轴”，在2中键入长半轴的长度值，在3中键入短半轴的长度值，在4中键入旋转角度，在5中键入起始角度，在6中键入终止角度。

3）输入以上条件后，生成符合条件的椭圆（弧），用鼠标拖动椭圆（弧）的中心点到合适的位置后单击鼠标左键即可。

2. 通过中心点和起点绘制椭圆

操作步骤：

1）单击“ ”（菜单选择“绘图”→“椭圆”）。

2）在立即菜单1中选择“中心点-起点”。

3）按照提示要求用鼠标或键盘输入椭圆的中心点和一个轴的端点，生成一轴固定另一轴随鼠标拖动而改变的动态椭圆，确定未定轴的长度即可。

请读者自行操作体会轴上两点方式画椭圆的过程。

十、绘制公式曲线

CAXA可绘制数学表达式的曲线图形，也就是根据数学公式（或参数表达式）绘制出相应的数学曲线，公式的给出既可以是直角坐标形式的，也可以是极坐标形式的。

绘制步骤：

1）单击“ ”（菜单选择“绘图”→“公式曲线”）。

2）在弹出的“公式曲线”对话框设置，如图16-35所示，单击“确定”按钮。

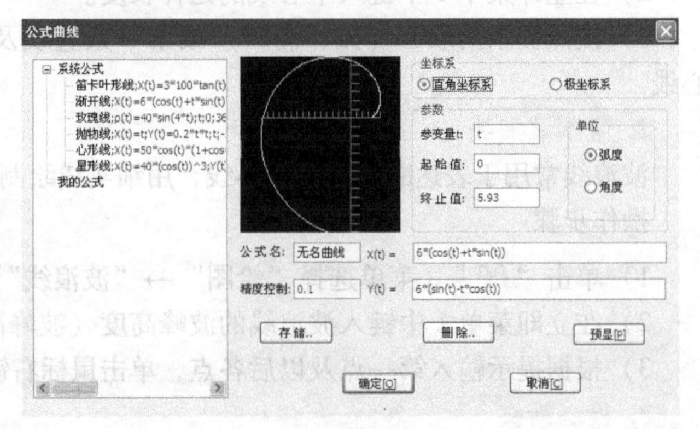

图16-35　“公式曲线”对话框

3）曲线出现在屏幕上，根据提示输入曲线的定位点即可。

第三节　图形的编辑与修改

一、编辑命令

CAXA 中的编辑命令包括：撤销“”，恢复“”，复制“”，粘贴“”，剪切“”，格式刷（特性匹配）“”等，都与其他软件用法相同，此处不作赘述。

二、修改命令

1. 裁剪

裁剪功能用于对已有图线进行修整，删除不需要的部分，得到理想的新图线。

命令：单击“”（菜单选择“修改”→“裁剪”）。

（1）快速裁剪　用鼠标直接点取被裁剪的曲线，系统自动判断边界并做裁剪响应，系统视裁剪边为与该曲线相交的曲线。快速裁剪一般用于比较简单的边界情况。操作步骤：

1）单击“”。

2）在立即菜单 1 中选择“快速裁剪”，如图 16-36a 所示。

3）根据提示用鼠标单击被裁剪的部分即可。裁剪实例如图 16-36b 所示。

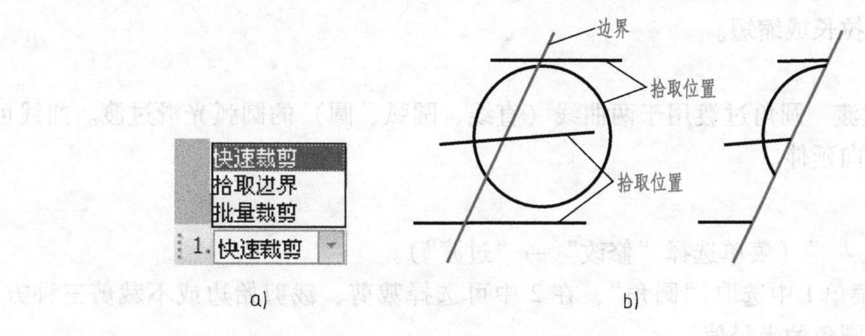

图 16-36　快速裁剪

（2）拾取边界　当边界情况比较复杂时，可用拾取边界的方式操作。操作步骤：

1）单击“”；在立即菜单 1 中选取“拾取边界”。

2）用鼠标单击拾取剪刀线，即边界线，单击右键确认。

3）用鼠标单击要裁剪的图线（用窗口方式拾取也可），单击右键确认。

（3）批量裁剪　当曲线较多时，可以对曲线或曲线组用批量裁剪。操作步骤：

1）单击“”；在立即菜单 1 中选取“批量裁剪”。

2）用鼠标单击拾取剪刀链（剪刀链可以是一条曲线，也可以是首尾相连的多条曲线）。

3）用鼠标单击依次拾取要裁剪的曲线（用窗口方式拾取也可），单击鼠标右键确认。选择要裁剪的方向，裁剪完成。

2. 延伸

以一条线为边界，对一系列线裁剪或延长到边界。操作步骤：

1）单击“--\”。

2）用鼠标单击拾取剪刀线，即边界线，单击右键确认。

3）选取一条或多条要延伸（或裁剪）的图线靠近边界的一端，单击右键确认。

延伸命令的操作结果如图 16-37 所示。

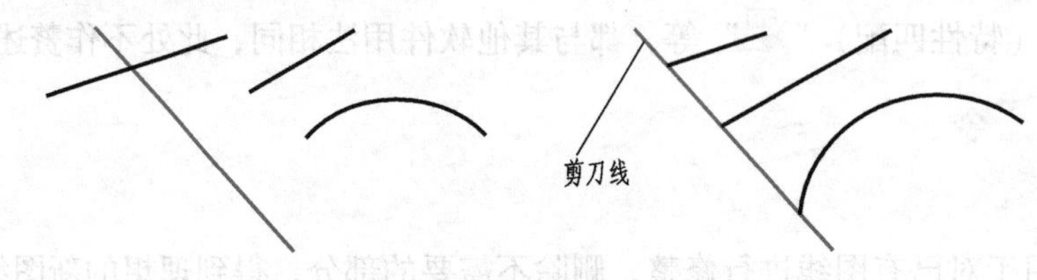

图 16-37　延伸命令的操作结果

3. 拉伸

保持曲线原有趋势不变的前提下，对图线或图线组进行拉伸或缩短处理。

1）单击“⇥”。

2）在立即菜单 1 中选取“单个拾取”或“窗口拾取”。

3）单个拾取时，用鼠标左键单击图线一端，拖动鼠标调整线的长度到适当位置后，单击左键确认。

4）窗口拾取时，由右向左开窗口选择一组图线，然后以“给定两点”或“给定偏移”方式对该组图线拉长或缩短。

4. 过渡

（1）圆角过渡　圆角过渡用于两曲线（直线、圆弧、圆）的圆弧光滑过渡。曲线可被裁剪或往角的方向延伸。

操作步骤：

1）单击“□˅”（菜单选择“修改”→“过渡”）。

2）在立即菜单 1 中选取“圆角”，在 2 中可选择裁剪、裁剪始边或不裁剪三种方式，在 3 中键入过渡圆角的半径值。

3）根据提示用鼠标依次拾取需要圆角过渡的两条曲线即可。

三种圆角过渡的实例如图 16-38 所示。

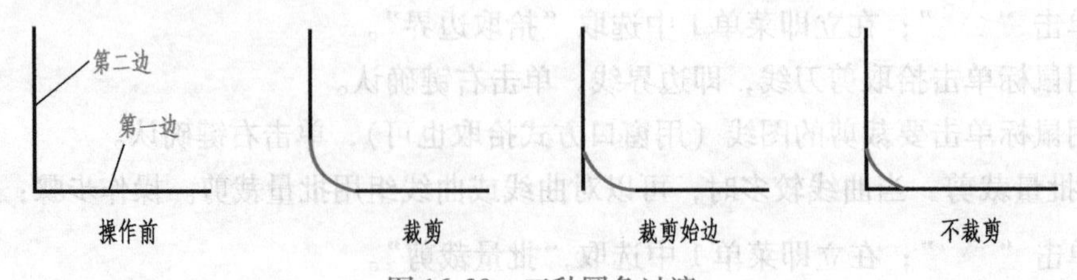

图 16-38　三种圆角过渡

（2）倒角过渡　在立即菜单 1 中选“倒角”，在 3 中键入倒角的长度，在 4 中键入角度（默认 45°），操作步骤 3 同上，只是将圆角改为倒角，结果与图 16-38 所示相似。

（3）外倒角过渡　当立即菜单 1 中选取“外倒角”方式时，2 中可选择“长度和角度方式”或“长度和宽度方式”，3中可键入倒角的长度，4中键入角度（默认45°）；根据提示再用鼠标依次拾取三条正交的直线即完成外倒角过渡。外倒角过渡的实例如图16-39所示。

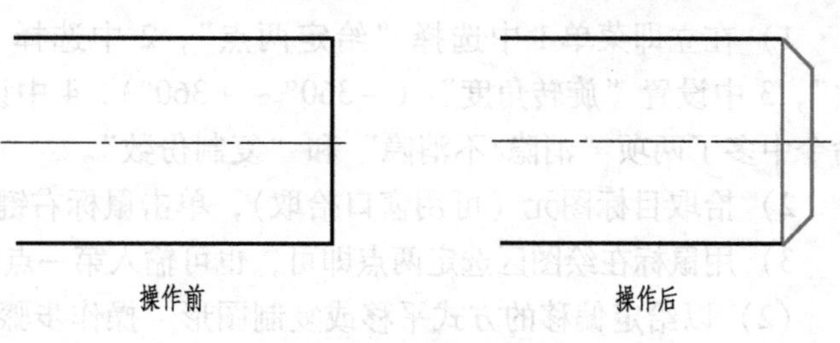

图16-39　外倒角实例

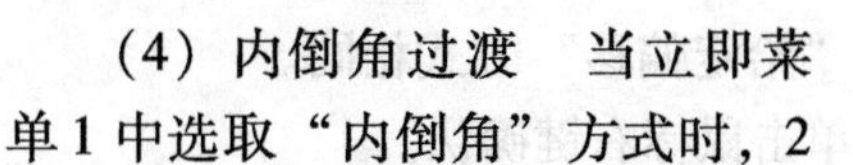

（4）内倒角过渡　当立即菜单1中选取“内倒角”方式时，2中可选择“长度和角度方式”或“长度和宽度方式”，3中可键入倒角的长度，4中键入角度（默认45°）；根据提示再用鼠标依次拾取三条正交的直线即完成内倒角过渡。内倒角过渡的实例如图16-40所示。

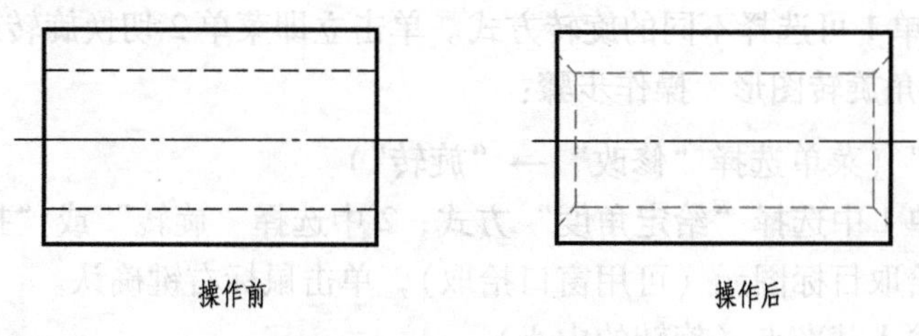

图16-40　内倒角过渡实例

（5）多圆角/多倒角　当立即菜单1中选取“多圆角”或“多倒角”方式时，可对首尾相连的直线上所有交点圆角或倒角，如图16-41所示。

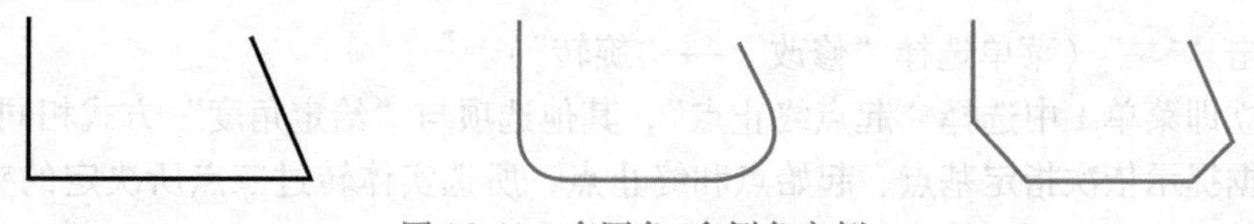

图16-41　多圆角/多倒角实例

（6）尖角过渡　当立即菜单1中选“尖角”方式时，用鼠标依次点选第一条曲线和第二条曲线（直线、圆弧、圆），就在两曲线的交点处形成尖角过渡。曲线在尖角处可被裁剪或往角的方向延伸。图16-42所示为尖角过渡的实例。

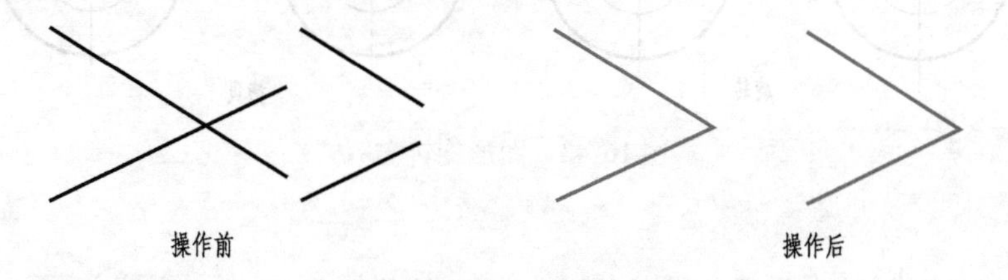

图16-42　尖角过渡实例

5. 平移与复制

命令：“ ”（菜单选择“修改”→“平移/复制”）。

平移（复制）图形有“给定两点”和“给定偏移”两种方式，在立即菜单1中切换。

（1）以给定两点的方式平移或复制图形　操作步骤：

1）在立即菜单 1 中选择“给定两点”，2 中选择“保持原态”或“平移（粘贴）为块”，3 中设置“旋转角度”（-360°～+360°），4 中设置“比例”（0.001～1000）。复制命令中多了两项“消隐/不消隐”和“复制份数”。

2）拾取目标图元（可用窗口拾取），单击鼠标右键确认。

3）用鼠标在绘图区选定两点即可，也可输入第一点和第二点的坐标后按下 <Enter> 键。

（2）以给定偏移的方式平移或复制图形　操作步骤：

1）在立即菜单 1 中选择“给定偏移”；其他选项与“给定偏移”方式相同。

2）根据提示依次拾取目标图元（可用窗口拾取），单击鼠标右键确认。

3）在选择的位置单击鼠标左键即可，或者输入 X 和 Y 方向的偏移量后按下 <Enter> 键。

6. 旋转

旋转图形包括对拾取的图形实体进行旋转（删除原来图形）或复制（保留原来图形）操作。单击立即菜单 1 可选择不同的旋转方式。单击立即菜单 2 切换旋转或复制方式。

（1）给定旋转角旋转图形　操作步骤：

1）单击“⊙”（菜单选择“修改”→“旋转”）。

2）在立即菜单 1 中选择“给定角度”方式，2 中选择“旋转”或“拷贝”。

3）根据提示拾取目标图元（可用窗口拾取），单击鼠标右键确认。

4）根据提示输入基准点（旋转的中心）。

5）按照提示键入需要的角度，或者拖动屏幕上动态旋转的图元至需要的角度后单击鼠标左键确认。

（2）给定起始点和终止点旋转图形　操作步骤：

1）单击“⊙”（菜单选择“修改”→“旋转”）。

2）在立即菜单 1 中选择“起点终止点”，其他选项与“给定角度”方式相同。

3）根据提示依次指定基点、起始点和终止点，所选实体转过三点所决定的夹角。图形旋转的实例如图 16-43 所示。

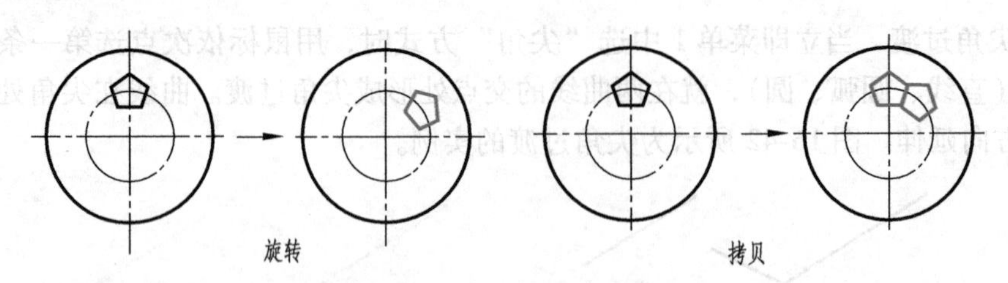

图 16-43　图形旋转实例

7. 镜像

命令：单击“ ”（菜单选择“修改”→“镜像”）。

（1）选择轴线　操作步骤：

1）单击“ ”，在立即菜单 1 中选择“选择轴线”；2 中选择“镜像”（删除原来图形）或“拷贝”（保留原来图形）。

2）根据系统提示依次拾取需要镜像的元素，单击鼠标右键确认。

3）根据系统提示拾取图中已有直线作为镜像的轴线，系统生成以该直线为镜像轴的新图形。镜像作图实例如图 16-44 所示。

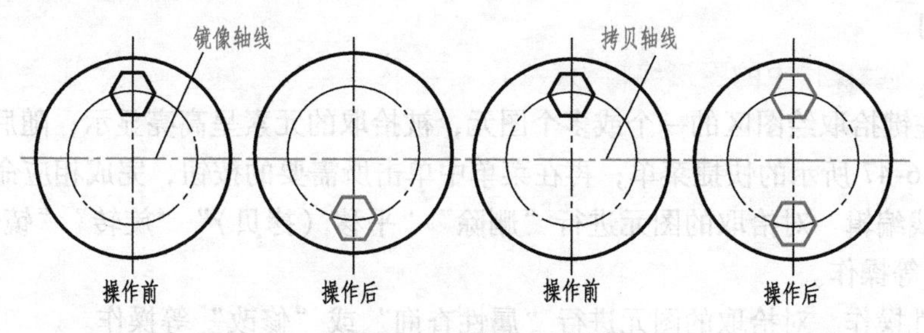

图 16-44　镜像作图实例

（2）选取两点　如果没有现成的直线当轴线，可拾取两点（以两点的连线为轴）生成镜像图形。

8. 阵列

阵列的目的是通过一次操作可同时生成若干个相同的图形，以提高作图速度。

（1）圆形阵列　操作步骤：

1）单击“”（菜单选择“修改”→“阵列”）。

2）在立即菜单 1 中选择“圆形阵列”，在 2 中选择“不旋转”（或“旋转”），在 3 中选择“均布”，在 4 中键入份数（“4”）。

3）根据提示拾取目标图元（“圆”），按鼠标右键确认。

4）选取旋转阵列的中心点，阵列完成，如图 16-45 所示。

（2）矩形阵列　矩形阵列是将拾取的目标图形按照矩形阵列的方式进行阵列复制。操作步骤与圆形阵列相似，在立即菜单中输入的是行数、行距、列数、列距等参数。矩形阵列作图实例如图 16-46 所示。

请读者自行操作体会曲线阵列的过程。

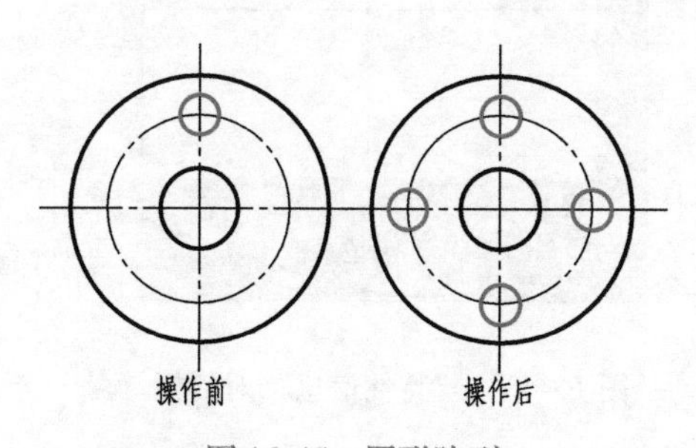

图 16-45　圆形阵列

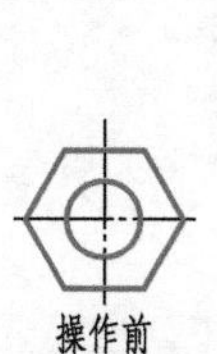

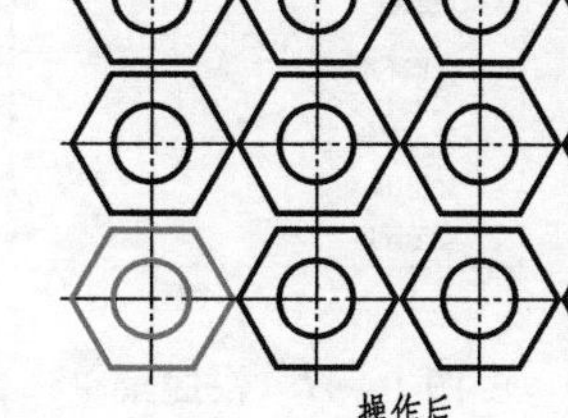

图 16-46　矩形阵列

9. 比例缩放

1）单击“”（菜单选择“修改”→“比例缩放”）。

2）选择目标图元，单击右键确认。

3）在立即菜单 1 中选择“平移”或“拷贝”，在 2 中选择“比例因子”或“参考方式”，在 3 中选“尺寸值不变”或“尺寸值变化”（尺寸数值按照输入的比例系数变化），在 4 中选“比例变化”（除尺寸数值外的标注参数随输入的比例系数变化）或“比例不变”。

4）根据提示选择图形缩放的基准点。

5）输入比例系数，并按<Enter>键。也可用光标在屏幕上直接拖动比例缩放，大小合适时单击即可。

10. 鼠标右键操作中的图形编辑

用鼠标左键拾取绘图区的一个或多个图元，被拾取的元素呈高亮显示；随后单击鼠标右键，弹出图16-47所示的快捷菜单；再在菜单中单击所需要的按钮，完成相应命令操作。

（1）曲线编辑　对拾取的图元进行“删除”“平移（拷贝）”“旋转”“镜像”“阵列”“比例缩放”等操作。

（2）属性操作　对拾取的图元进行“属性查询”或“修改”等操作。

1）在右键快捷菜单中单击“特性”选项，或者直接将鼠标移动到屏幕左侧的“工具选项板”—“特性”处，弹出“特性信息”对话框，如图16-48所示。在该信息框中单击相应的按钮可对元素的层、线型、颜色修改。

2）在右键快捷菜单中单击“元素属性”选项，可以记事本的方式显示该图形元素的属性。

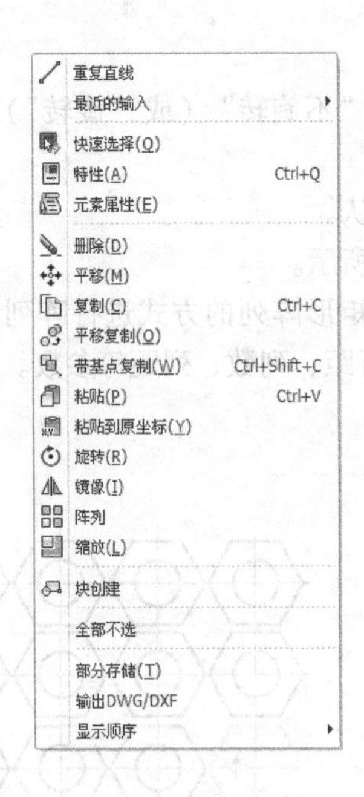

图16-47　快捷菜单

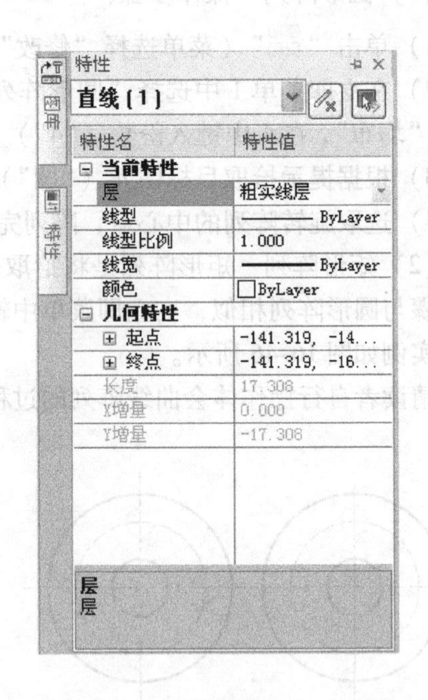

图16-48　“特性信息”对话框

11. 特性匹配（格式刷）

命令：单击“ ”（菜单选择“修改”→“特性匹配”）。

特性匹配功能使目标对象依照源对象的特性进行变化，这是CAXA电子图板2005版之后的新功能。通过特性匹配功能，可大批量修改图形元素的特性。操作步骤：

1）单击“ ”。

2）按照提示依次拾取源对象、目标对象。则目标对象依照源对象的特性进行变化。

第四节 尺寸标注

进入尺寸标注命令后，在立即菜单中可选择不同的方式进行尺寸标注，如图 16-49 所示。

尺寸标注的类型与形式有很多，其中基本标注是标注尺寸的基本方法。CAXA 电子图板具有智能尺寸标注功能，在命令执行过程中，能够根据所拾取的对象智能地判断出所需要的尺寸标注类型，并实时显示出来。此时再根据需要确定标注的参数和位置即可。系统可根据鼠标拾取的对象进行不同的尺寸标注。故我们首先要掌握尺寸标注中基本标注的特点和方法。

基本标注
基线
连续标注
三点角度
角度连续标注
半标注
大圆弧标注
射线标注
锥度标注
曲率半径标注
线性标注
对齐标注
角度标注
弧长标注
半径标注
直径标注
基本标注

图 16-49 尺寸标注立即菜单

一、直线的尺寸标注

1）单击“├┤ ▾”（菜单选择“标注”→“尺寸标注”），在立即菜单 1 中选择“基本标注”方式。

2）根据系统提示拾取要标注的直线（单根），系统弹出直线标注立即菜单。通过选择不同的立即菜单选项，可标注直线的长度、直径或与坐标轴的夹角等，如图 16-50 所示。

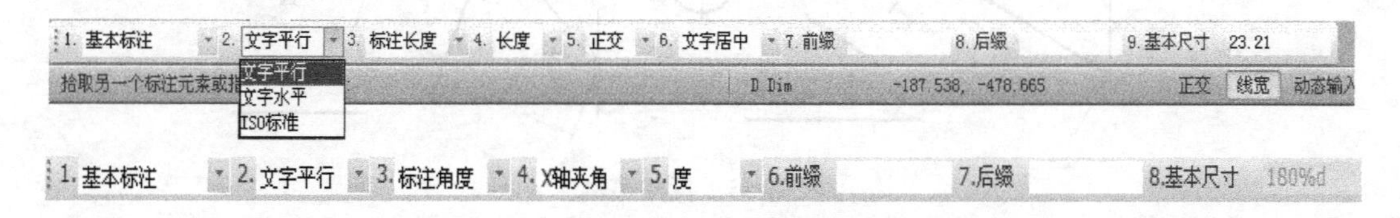

图 16-50 直线标注的立即菜单

二、圆的尺寸标注

如果拾取的目标是圆，系统弹出圆标注的立即菜单，如图 16-51 所示，尺寸数值前缀自动加上 ϕ。通过立即菜单 3 的选择，可标注圆的直径、半径及圆周直径。

图 16-51 圆标注的立即菜单

三、圆弧的尺寸标注

如果拾取的目标是圆弧，系统弹出圆弧标注的立即菜单，如图 16-52 所示，尺寸数值前缀自动加上 R。通过对立即菜单 2 的选择，可标注圆弧的半径、直径、圆心角、弦长、弧长。

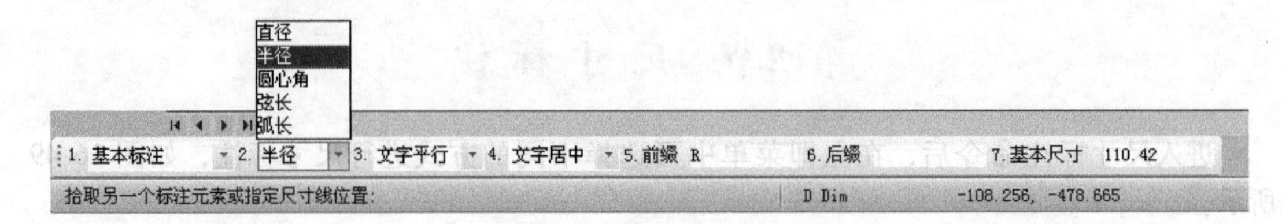

图 16-52　圆弧标注的立即菜单

四、依次拾取两个图元时的尺寸标注

1）如果拾取的是两条相互平行的直线，则标注两直线的距离。
2）如果拾取的是两条不平行的直线，则标注两直线的夹角。
3）如果拾取的目标是圆和圆（或圆和圆弧、圆弧和圆弧）则标注两圆心的距离。
4）如果拾取的目标是圆（圆弧）和一条直线，则标注圆心到直线的距离。
5）如果拾取的目标是点和圆（或点和圆弧），则标注点到圆心的距离。
6）如果拾取的目标是点和直线，则标注点到直线的距离。

标注实例如图 16-53 所示。

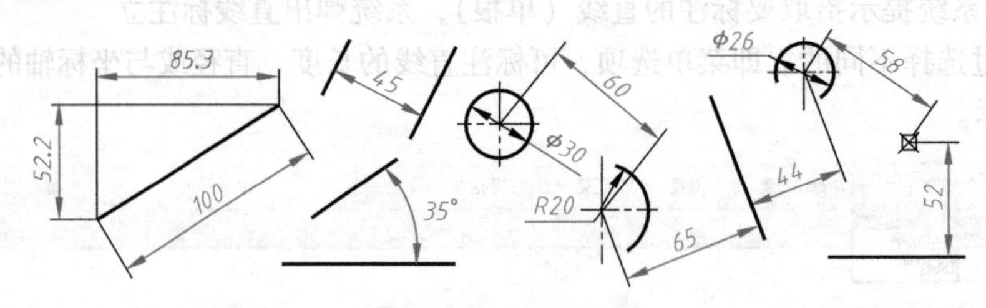

图 16-53　标注实例

第十七章

CAXA高级技巧

第一节　零件图绘制的常用命令

一、三视图导航

命令：快捷键 <F7>（菜单：“工具”→“三视图导航”）。

三视图导航是导航方式的扩充，主要是为方便地确定投影关系，当绘制完两个视图之后，可以使用三视图导航生成第三个视图，即可保证俯、左视图的“宽相等”。在绘制三视图的过程中，如果出现加亮显示则表明光标捕捉到特征点，此时可作图，三视图导航示例如图 17-1 所示。

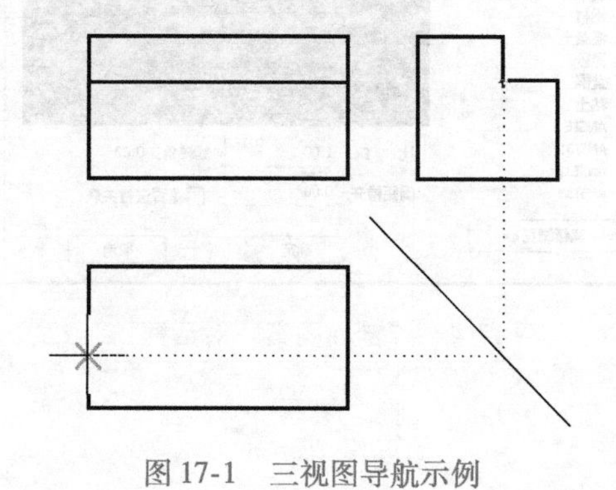

图 17-1　三视图导航示例

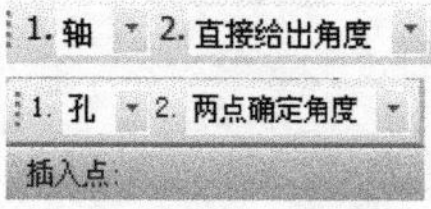

1. 轴　2. 直接给出角度　3.中心线角度　0

1. 孔　2. 两点确定角度

插入点:

图 17-2　画轴或孔的立即菜单

二、绘制轴或孔

1. 绘制轴

操作步骤：

1）单击“”（菜单选择：“绘图”→“孔/轴”）。

2）在立即菜单 1 中选“轴”，在 2 中选“直接给出角度”或“两点确定角度”，如图 17-2 所示。可画圆柱轴、圆锥轴、阶梯轴，包括它们的孔。轴的中心线可水平、竖直或倾斜。

3）根据提示输入起点，输入起始直径的数值，输入终点，单击鼠标右键完成。

2. 绘制孔

立即菜单1中选“孔”，其他操作步骤与绘制轴完全相同。

三、填充剖面线

命令：单击“”（快捷键：<H>；菜单选择：“绘图”→“剖面线”）。

操作步骤：

1）单击“”。

2）在立即菜单1中选“拾取边界”或“拾取点”，在2中选择“不选择剖面图案”或“选择剖面图案”，在3中选择“非独立”或“独立”或输入比例值，在4中输入角度值，在5中输入间距错开值，如图17-3所示。

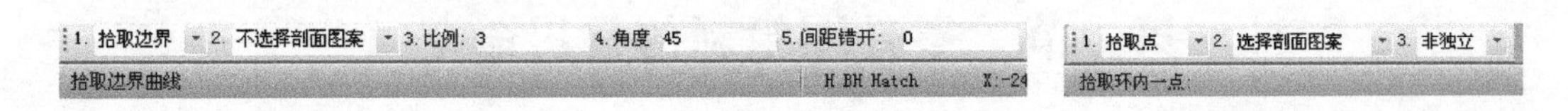

图17-3 画剖面线的立即菜单

3）在立即菜单2中，如果设置成“不选择剖面图案”，则按3和4中设置的剖面线填充。

4）如果设置成“选择剖面图案”，填充时会出现如图17-4所示“剖面图案”对话框，根据需要设置相应剖面符号和比例。

5）在封闭的线框内单击“拾取点”或拾取封闭环的边界（“拾取边界”方式）绘制剖面图案。如果拾取点在环外或不封闭，则操作无效。也可同时拾取多个封闭环，如果所拾取的环相互包容，则在两环之间生成剖面图案。

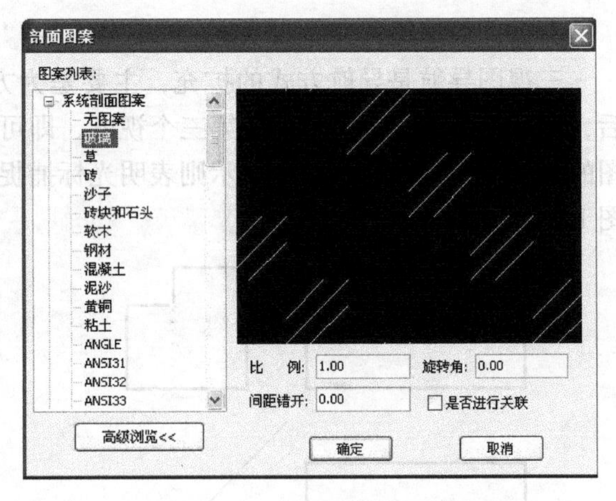

图17-4 “剖面图案”对话框

四、绘制局部放大图

命令：单击“”（菜单选择“绘图”→“局部放大图”）

（1）用圆形边界绘制局部放大图 操作步骤：

1）单击“”，立即菜单如图17-5所示。

2）在立即菜单1中选择“圆形边界”，在2中选择“加引线”或“不加引线”，在3中输入放大倍数，在4中输入符号。

3）用鼠标在需要放大的位置单击以输入局部放大图形的圆心点，然后输入圆形边界上的一点或键入圆形边界的半径或拖动鼠标以确定要放大区域的大小。

4）按照提示选择符号插入点，移动光标到合适的位置，单击鼠标左键插入符号文字（如果不需要标注符号文字，则单击鼠标右键）。

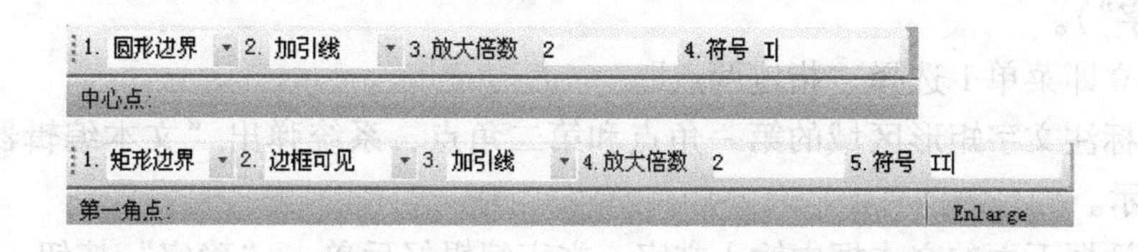

图 17-5 画局部放大图立即菜单

5）按照提示指定图形的插入点，输入旋转角度，完成局部放大图。

（2）用矩形边界绘制局部放大图 如果在立即菜单 1 中选择“矩形边界”，在 2 中选择“边框可见”或“边框不可见”，按照上述步骤可画出矩形边界的局部放大图。

五、填写标题栏

操作步骤：

1）单击“T”（菜单选择：“幅面”→“标题栏”→“填写”），弹出“填写标题栏”对话框，如图 17-6 所示。

2）在此对话框中填写内容，单击“确定”按钮，则完成标题栏的填写。

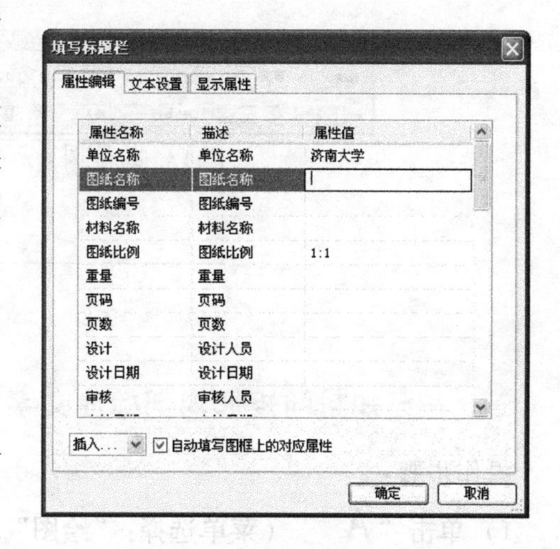

图 17-6 “填写标题栏”对话框

第二节 文本及其标注

一、文本风格设置

操作步骤：

1）单击“A”，弹出“文本风格设置”对话框，如图 17-7 所示。

2）通过对此对话框的操作，可设置绘图区文本的各种参数。设置完毕后，单击“确定”按钮。

二、在指定两点的矩形区域内标注文字

文字可以是多行，可横写亦可竖写，并可根据给定的宽度自动换行。

操作步骤：

1）单击“A ▾”（菜单选择：“绘

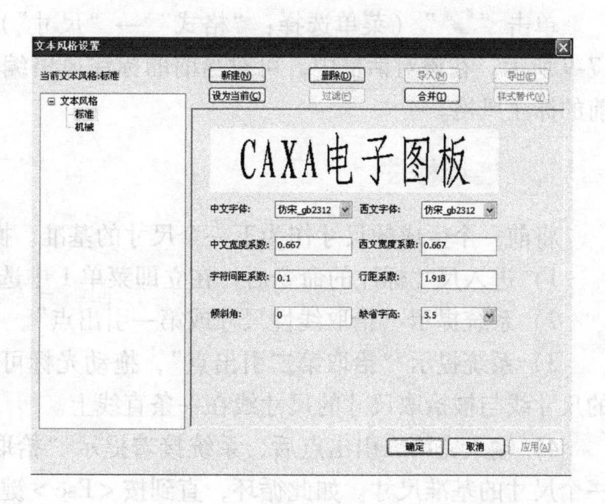

图 17-7 “文本风格设置”对话框

图”→“文字”)。

2）单击立即菜单 1 选择“指定两点”。

3）指定标注文字矩形区域的第一角点和第二角点，系统弹出“文本编辑器”对话框，如图 17-8 所示。

4）在对话框下面的文本框内输入文字，文字编辑好后单击“确定”按钮。文本框上面显示出当前的文字参数设置，可根据需要修改文字参数。

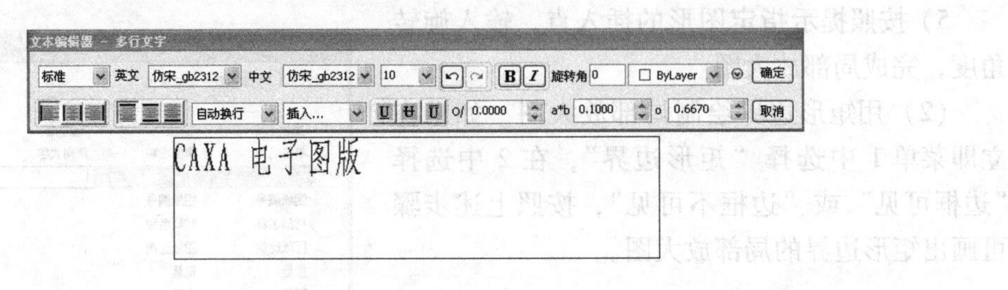

图 17-8 “文本编辑器”对话框

三、在已知封闭矩形内部标注文字

操作步骤：

1）单击“A”(菜单选择：“绘图”→“文字”)。

2）在立即菜单 1 中选择“搜索边界”，在 2 中输入边界缩进系数。

3）根据提示指定矩形边界内一点，系统弹出“文本编辑器”对话框。

4）以后的步骤与“二”中相同。

第三节 其他工程标注

一、标注风格设置

单击“ ”(菜单选择：“格式”→“尺寸”)，弹出“标注风格设置”对话框，如图 17-9 所示。在该对话框中，可对当前的标注风格编辑修改，也可新建标注风格并设置为当前的标注风格。

二、连续标注

将前一个生成的尺寸作为下一个尺寸的基准。操作步骤：

1）进入尺寸标注的命令后，在立即菜单 1 中选择“连续标注”，如图 17-10 所示。

2）系统提示“拾取线性尺寸或第一引出点”。

3）系统提示“拾取第二引出点”，拖动光标可动态地显示新生成的尺寸。新生成尺寸的尺寸线与被拾取尺寸的尺寸线在一条直线上。

4）输入完第二引出点后，系统接着提示“拾取第二引出点”。新生成的尺寸将作为下一个尺寸的基准尺寸。如此循环，直到按 <Esc> 键结束。

尺寸值默认为计算值，也可在立即菜单 6 中键入所需要的尺寸值。

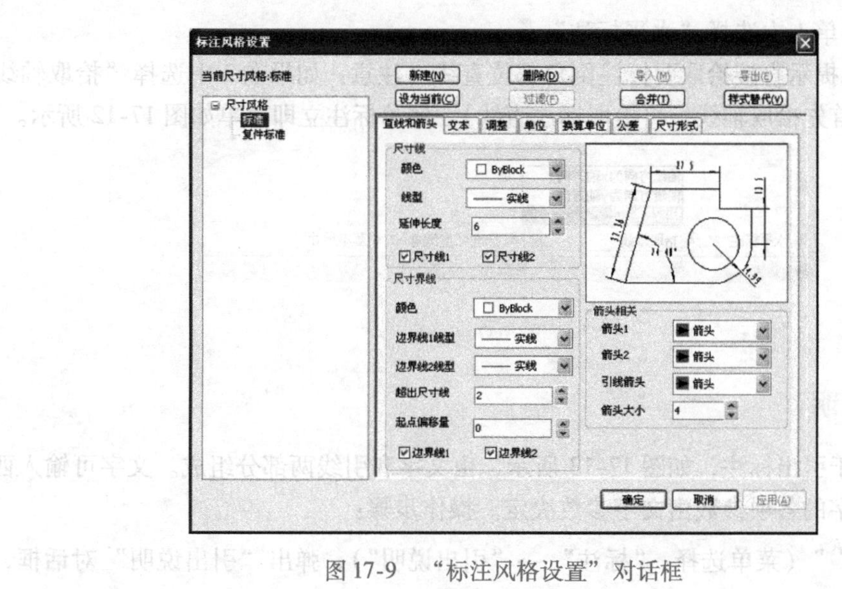

图 17-9 “标注风格设置”对话框

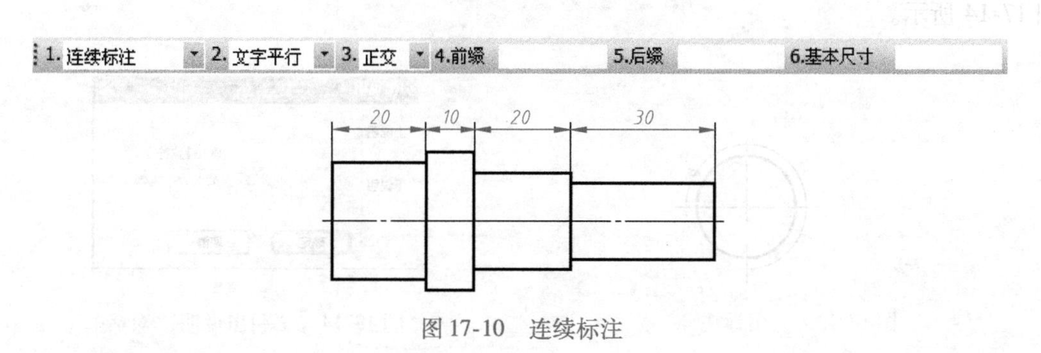

图 17-10 连续标注

三、半标注

在立即菜单 1 中选择“半标注”，可用于对称形体的尺寸半标注，如图 17-11 所示。

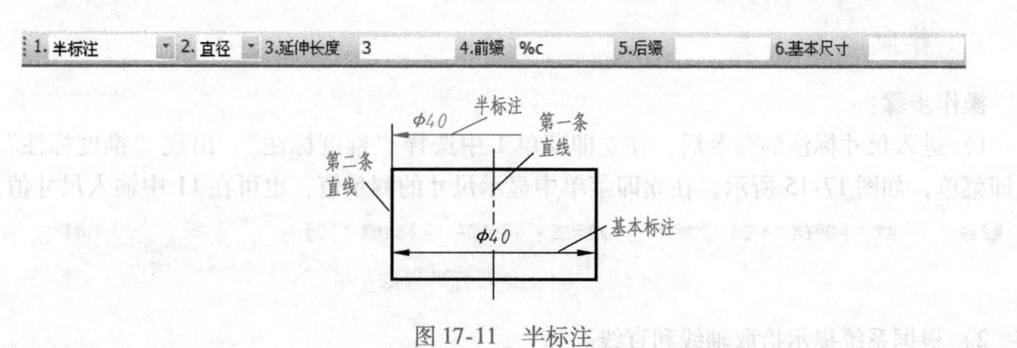

图 17-11 半标注

四、倒角标注

操作步骤：

1）单击“ ”（菜单选择“标注”→“倒角标注”）。

2）在立即菜单 1 中选择“水平标注”。

3）根据系统提示直接拾取要标注倒角部位直线（注意：如果在 2 中选择“拾取轴线”，则根据系统提示首先拾取轴线，再拾取标注直线）。倒角标注立即菜单如图 17-12 所示。

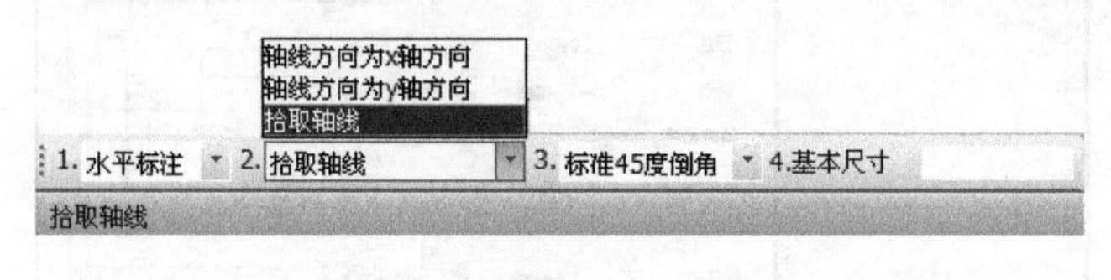

图 17-12　倒角标注立即菜单

五、引出说明

引出说明用于引出标注，如图 17-13 所示，由文字和引线两部分组成。文字可输入西文或输入汉字，文字的各项参数由文字参数决定。操作步骤：

1）单击“”（菜单选择：“标注”→“引出说明”），弹出“引出说明”对话框，如图 17-14 所示。

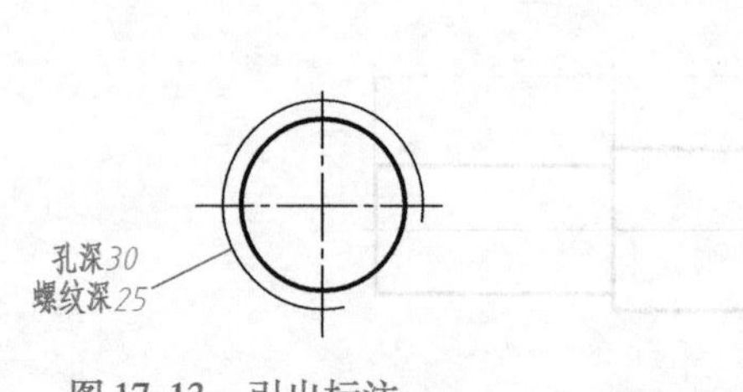

图 17-13　引出标注

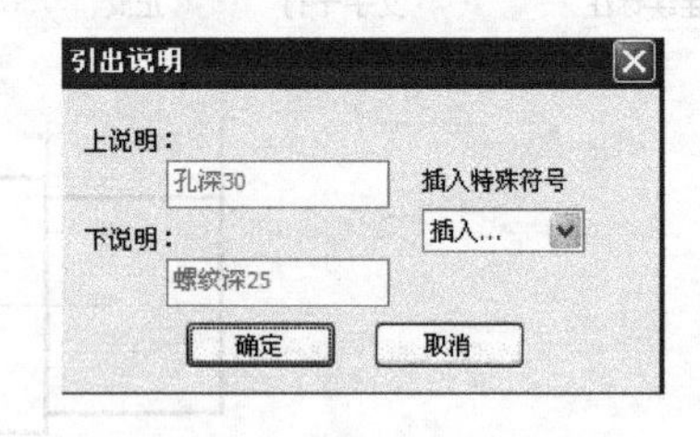

图 17-14　“引出说明”对话框

2）在文本框中输入说明性文字后，单击“确定”按钮。

3）系统弹出立即菜单，然后根据系统提示输入第一点（也就是引出点）和第二点（也就是定位点）即可。

六、锥度标注

操作步骤：

1）进入尺寸标注的命令后，在立即菜单 1 中选择“锥度标注”，出现“锥度标注”的立即菜单，如图 17-15 所示，在立即菜单中显示尺寸的测量值，也可在 11 中输入尺寸值。

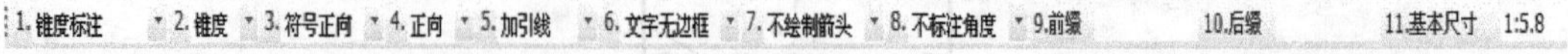

1. 锥度标注　2. 锥度　3. 符号正向　4. 正向　5. 加引线　6. 文字无边框　7. 不绘制箭头　8. 不标注角度　9.前缀　10.后缀　11.基本尺寸　1:5.8

图 17-15　“锥度标注”立即菜单

2）根据系统提示拾取轴线和直线。

3）系统依次提示“定位点”，移动鼠标到合适位置单击即可完成锥度标注。锥度标注的实例如图 17-16 所示。

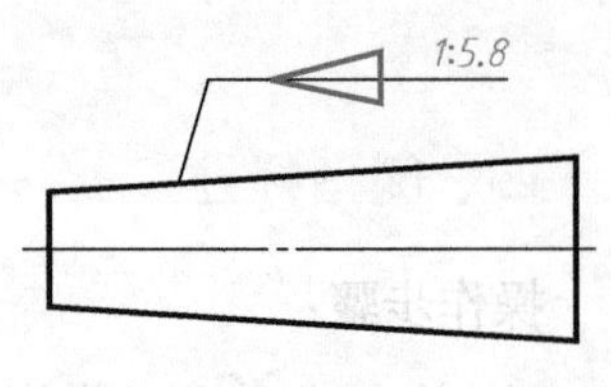

图 17-16　锥度标注实例

七、尺寸公差标注

操作步骤：

（1）右键弹出菜单法　尺寸标注时，拾取所要标注的图元（线、圆等），单击鼠标右键，即弹出“尺寸标注属性设置”对话框，如图17-17a所示；单击右边的“高级”按钮，则弹出“公差与配合可视化查询”对话框，如图17-17b所示。

（2）立即菜单法　也可在立即菜单中用输入特殊符号的方式标注公差。例如：直径符号用符号%c表示；角度符号用符号%d表示；公差符号用符号%p表示；上、下偏差值㊀格式为%加上偏差值加%再加下偏差值加%b。

a)

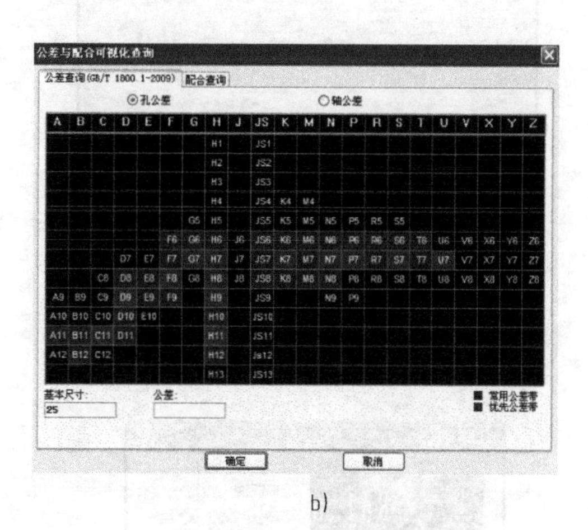

b)

图17-17　“尺寸标注属性设置”及“公差与配合可视化查询”对话框

八、形位公差㊁标注

可以拾取一个点、直线、圆或圆弧进行形位公差标注，要拾取的直线、圆或圆弧可以是尺寸或块里的组成图元。操作步骤：

1）单击“ ”（菜单选择：“标注”→“形位公差”），弹出“形位公差”对话框，如图17-18所示。输入应标注的形位公差后，单击“确定”按钮。

2）在立即菜单1中可选择“水平标注”或“垂直标注”，然后根据提示依次输入引出线的转折点和定位点即可。形位公差标注实例如图17-19所示。

九、表面粗糙度标注

操作步骤：

1）单击“ ”（菜单选择“标注”→“粗糙度”），立即菜单1选择“标准标注”时，弹出“表面粗糙度”对话框如图17-20所示（也可选择“简单标注”）。

2）根据提示在立即菜单3和4中输入适当的内容，在图中要标注的地方单击，拖至适当位置单击完成标注。

标注实例如图17-21所示。

㊀　现行国家标准中已将上偏差改为上极限偏差，下偏差改为下极限偏差，软件中仍用上偏差、下偏差表示。

㊁　软件中用形位公差表示几何公差，但现行国家标准将形位公差替代为几何公差。

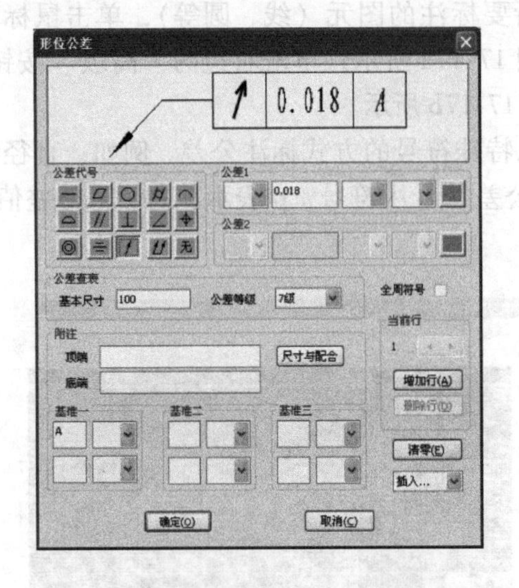

图 17-18 “形位公差”对话框

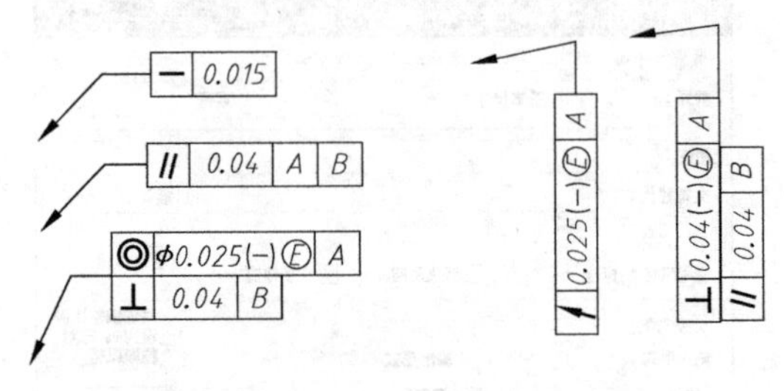

图 17-19 形位公差标注实例

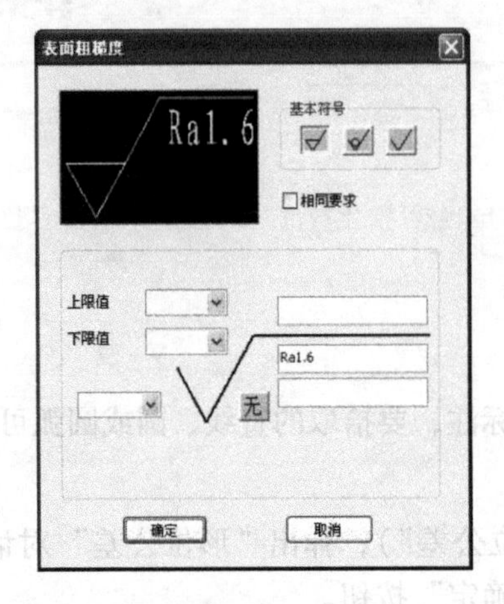

图 17-20 “表面粗糙度”对话框

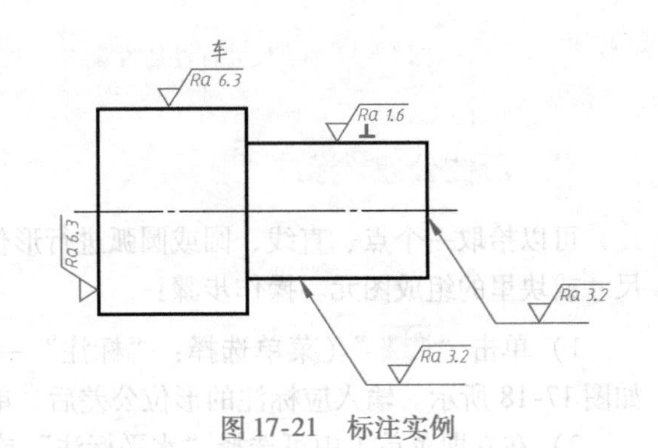

图 17-21 标注实例

十、剖切符号标注

此功能用于标注剖面或断面的剖切位置。操作步骤：

1）单击“ ”（菜单选择“标注”→“剖切符号”），在立即菜单 1 中选择“垂直导航”或“不垂直导航”。在 2 中选择“自动放置剖切符号名”或“手动放置剖切符号名”。

2）以“两点线”画出剖切轨迹线，当绘制完成后，右键结束画线状态，此时在剖切轨迹线的终止点显示出沿最后一段剖切轨迹线法线方向的两个箭头标识。

3）在两个箭头的一侧单击鼠标左键以确定箭头的方向或右键取消箭头。

4）指定剖面名称标注点。剖切位置标注实例如图 17-22 所示。

十一、焊接符号标注

操作步骤：

1）单击“ ”（菜单选择“焊接符号”），弹出“焊接符号”对话框，如图17-23所示。

2）在对话框里对需要标注的焊接符号的各种选项进行设置或填写参数后，单击“确定”按钮确认。

3）根据提示依次拾取标注图元、输入引线转折点和定位点即可完成。

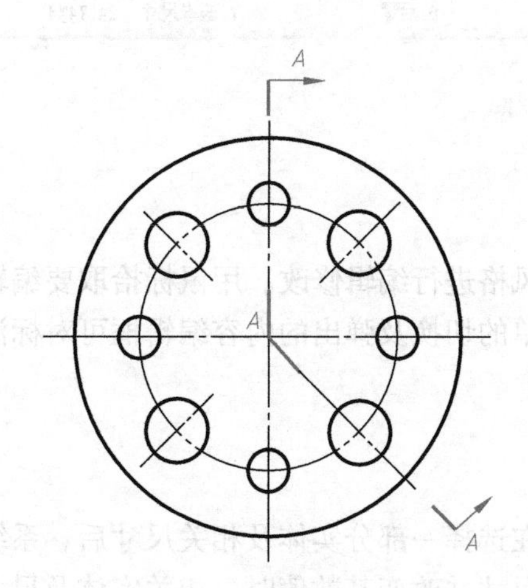

图17-22 剖切位置标注实例

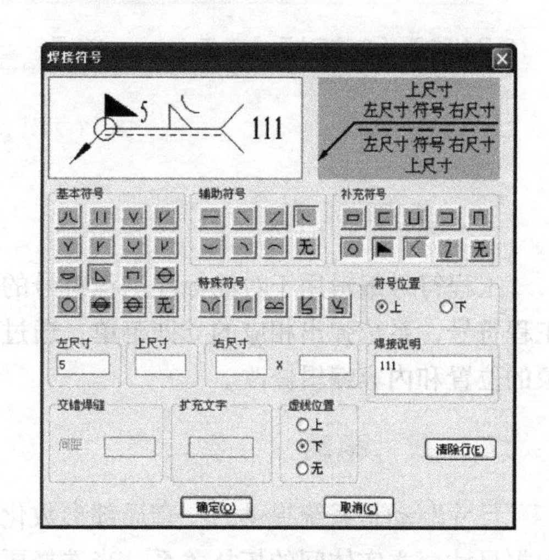

图17-23 “焊接符号”对话框

第四节 标注修改

标注修改也就是对工程标注（尺寸、符号和文字）进行编辑，对这些标注的编辑仅通过一个菜单命令，单击“ ”（菜单选择“修改”→“标注编辑”），系统将自动识别标注实体的类型而弹出相应编辑对话框或立即菜单。所有的编辑实际都是对已做标注做相应的位置编辑和内容编辑，两者是通过立即菜单切换的。位置编辑是指对尺寸或工程符号等位置的移动或角度的变换；而内容编辑是指对尺寸值、文字内容或符号内容的修改。

根据标注分类，可将标注编辑分为相应的三类：文字编辑、尺寸编辑、工程符号编辑。

一、文字编辑

文字编辑用于对已标注的文字内容和风格进行编辑修改。单击命令后，用鼠标拾取要编辑的文字，在弹出的“文本编辑器”中可对文字的内容和风格编辑修改。

二、尺寸编辑

尺寸编辑用于对已标注尺寸的尺寸线位置、文字位置或文字内容及箭头形式编辑修改。单击命令后，若用鼠标拾取的元素为尺寸，则根据尺寸类型的不同可进行如下三种操作：

1）对线性尺寸编辑修改。

2）对直径和半径尺寸编辑修改。

3）对角度尺寸编辑修改。

尺寸编辑立即菜单如图 17-24 所示。

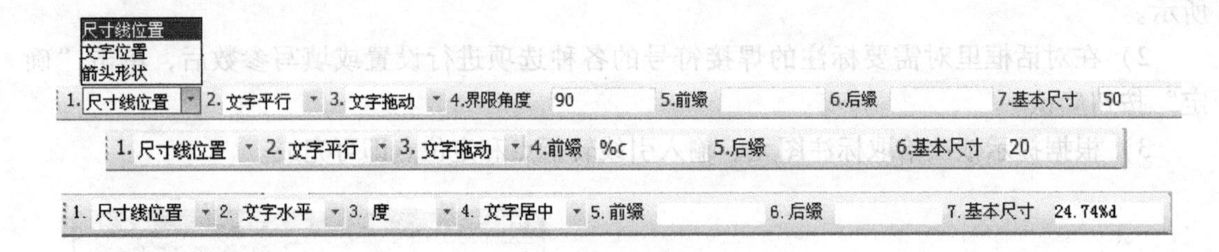

图 17-24　尺寸编辑立即菜单

三、工程符号编辑

工程符号编辑用于对已标注工程符号的内容和风格进行编辑修改。用鼠标拾取要编辑的工程符号，系统弹出相应的立即菜单，通过立即菜单的切换及弹出的内容编辑框可对标注对象的位置和内容编辑修改。

四、尺寸驱动

尺寸驱动是系统提供的一套局部参数化功能。在选择一部分实体及相关尺寸后，系统将根据尺寸建立实体间的拓扑关系，当选择要改动的尺寸并改变其数值时，相关实体及尺寸将受到影响、发生变化，但元素间的拓扑关系保持不变，如相切、相连等；另外，系统可自动处理过约束及欠约束的图形。操作步骤：

1）单击“ ”（菜单选择“修改”→“尺寸驱动”）。

2）选择驱动对象（图元实体和尺寸）。

3）选择驱动图形的基准点。

4）选择被驱动尺寸，输入新值即完成驱动。

第五节　图库操作

用户在设计时经常要用到各种标准件和常用图形符号，如螺栓、螺母、轴承、垫圈、电气符号等，可直接从图库中提取、插入设计图中，避免不必要的重复劳动，提高绘图效率；用户还可自定义要用到的其他标准件或图形符号，即对图库扩充。

图库中的标准件和图形符号统称为图符，分为参量图符和固定图符。本系统为用户提供对图库的编辑和管理功能。此外，对于已经插入图中的参量图符，还可通过尺寸驱动修改其尺寸规格。

用户对图库可进行的操作：提取图符、定义图符、驱动图符、图库管理、图库转换等。下面分别介绍。

一、提取参数化图符（标准件库）

1. 螺栓提取

操作步骤：

1）单击“”（菜单选择“绘图”→“图库”→“提取图符”）；弹出“提取图符”对话框，如图17-25所示。

2）先选需要的图符大类、后选小类（单击下拉按钮“▼”，选取螺栓）。

3）再选择要提取的图符，单击“下一步”按钮。

4）系统弹出“图符预处理”对话框，如图17-26所示，在设置完各个选项并选取一组规格尺寸后，单击“完成”按钮。

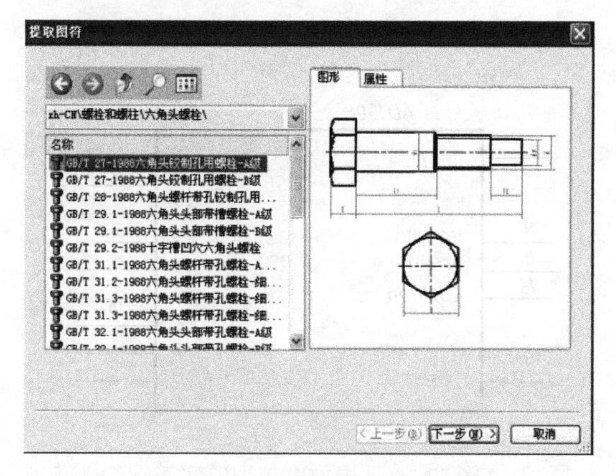

图17-25 “提取图符”对话框

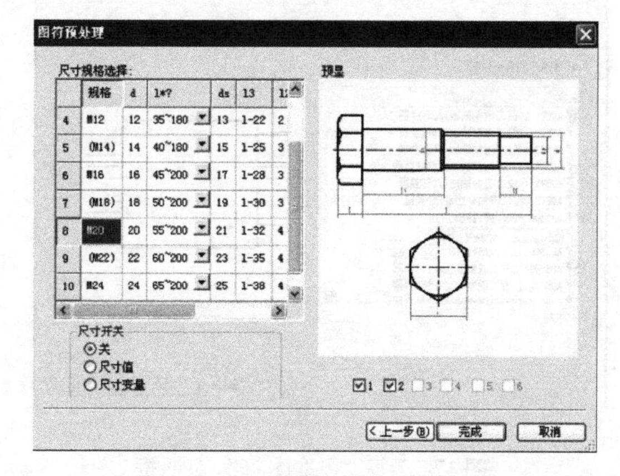

图17-26 “图符预处理”对话框

5）对话框消失，在十字光标处出现提取图符的第一个打开的视图。图符的基点被吸附在光标的中心；图符的位置随十字光标的移动而移动。

6）根据提示将图符的基点定位在合适的位置。

7）图符定位后，状态栏的提示变为“旋转角度”，此时单击鼠标右键则接受默认值，图符的位置完全确定；否则输入旋转角度值并按<Enter>键，或者用鼠标拖动图符旋转至合适的角度并单击左键定位。

8）插入完图符的第一个打开的视图后，光标处又出现该图符的下一个打开的视图（如果有的话）或同一视图（如果图符只有一个打开的视图），因此可将提取的图符一次插入多个，插入的交互过程同上。当不再需要插入时，右键结束插入过程。

2. 其他标准件提取

其他标准件提取，只是第2）步中选择大类和小类的目标不同，它们的方法步骤与提取螺栓的方法步骤一样。

二、提取固定图符

图库中还有一部分固定图符，如电气元件类、液压符号、农机符号等，它们的提取就要简单得多。

1. 提取电气元件图符

操作步骤：

1）单击“”，弹出“提取图符”对话框，如图17-27所示。

2）单击“图符大类”后的下拉按钮“▼”，在弹出图符大类列表中选择“电气符号”。

3）单击“图符小类”后的下拉按钮“▼”，从弹出的图符小类列表中选择需要的小类。

4）单击“图符列表”中所需要的图符名，如选取AD1508：8位D/A转换器，如图17-27所示。

5）单击“完成”按钮。根据需要，在弹出的立即菜单中设置是否“打散”、“消隐”及缩放倍数，然后选择定位点，输入旋转角度，图符的提取结束，提取电气图符实例如图17-28所示。

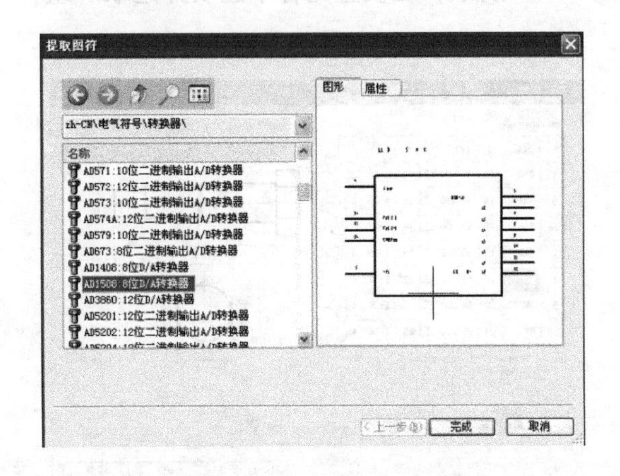

图17-27　“提取图符”对话框

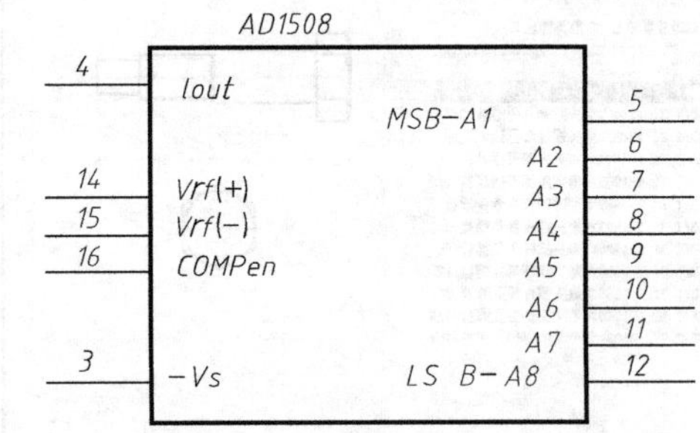

图17-28　提取电气图符实例

另外，以上两类图符提取的过程中，在选取“图符小类”后单击“ ”按钮，会切换到“图符缩略图模式”对话框，如图17-29所示，可实现快速选取图符并提取，绘图效率更高。

用CAXA电子图板绘制的电气工程图实例如图17-30所示。

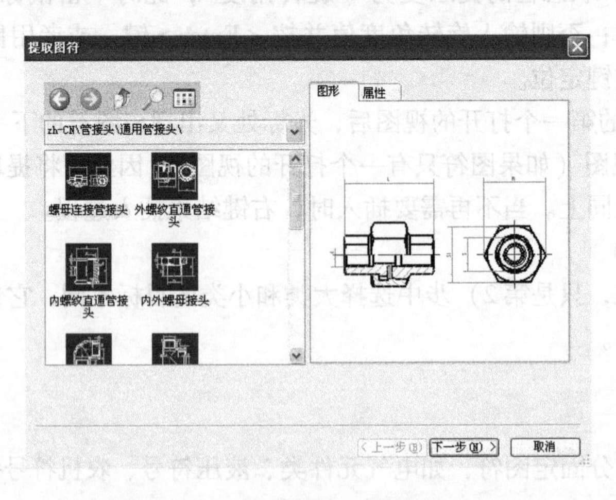

图17-29　“图符缩略图模式”对话框

2. 其他图符提取

其他图符的提取都包含在以上两例之中。CAXA电子图板中设置26个图符大类，每个大类中包含若干小类图符，每个小类图符中又含有若干个不相同的标准图符，总数达2000个以上，可供设计绘图时方便地提取。系统还提供“自定义图符”添加功能，以便扩充图库中的图符，使绘图更方便更快捷。

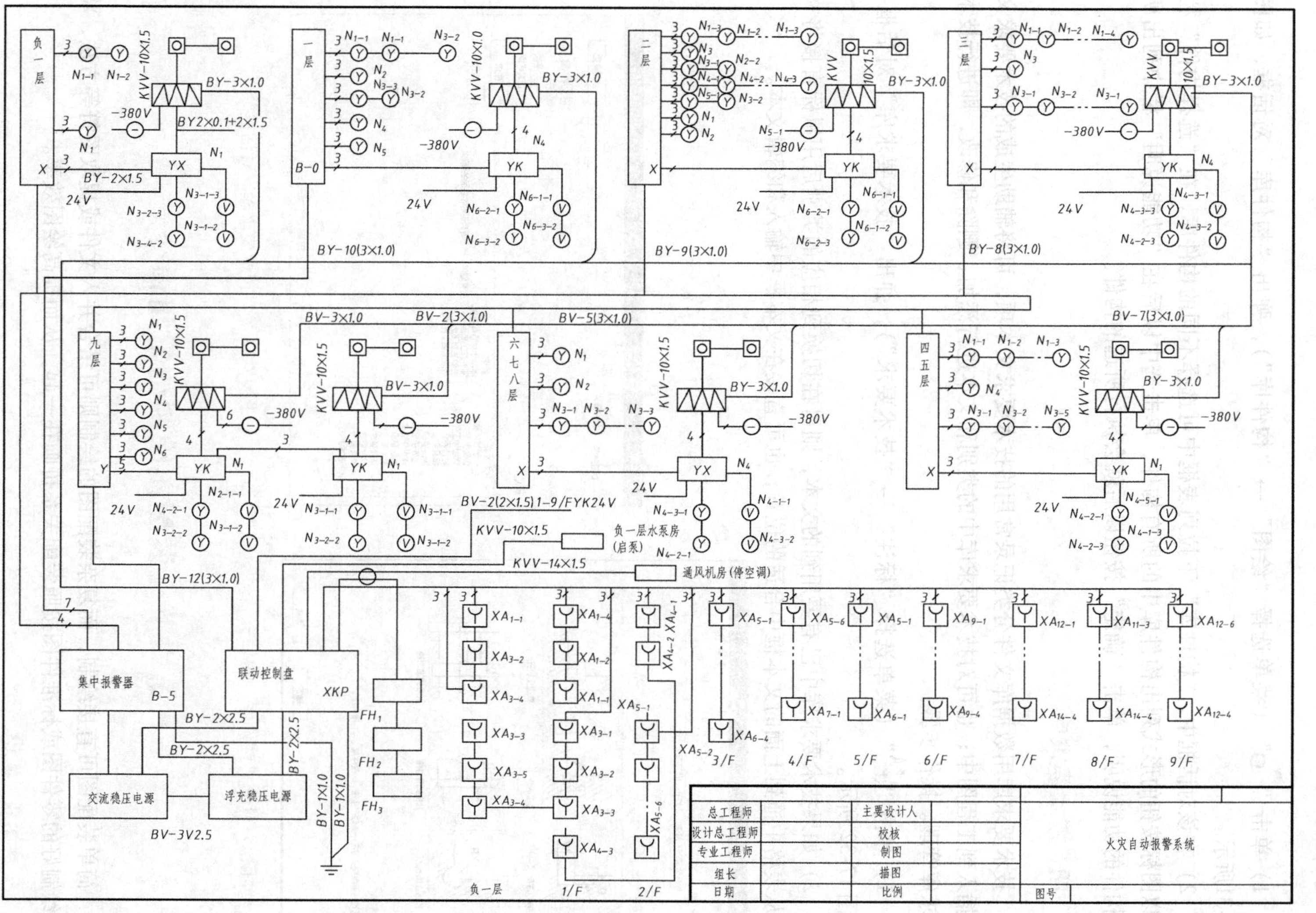

图 17-30 电气工程图实例

三、构件库

1）单击“”（菜单选择“绘图”→“构件库”），弹出“构件库”对话框，如图17-31所示。

2）在该对话框中，“构件库”下拉列表框中可选择不同的构件库，在“选择构件”栏中以图标按钮的形式列出构件库中的所有构件，单击选中以后在“功能说明”栏中列出所选构件的功能说明，单击“确定”按钮以后就会执行所选的构件。

四、技术要求库

技术要求库用数据库文件分类记录常用的技术要求文本项，可将辅助生成的技术要求文本插入到工程图中；也可对技术要求库中的类别和文本进行添加、删除和修改，即进行技术要求库管理。操作步骤：

1）单击“”（菜单选择“标注”→“技术要求”），弹出“技术要求库”对话框，如图17-32所示。

2）如果技术要求库中已有要用到的文本，则可在切换到相应的类别后用鼠标直接将文本从表格中拖到上面的文本框中合适的位置；也可直接在文本框中输入和编辑文本。

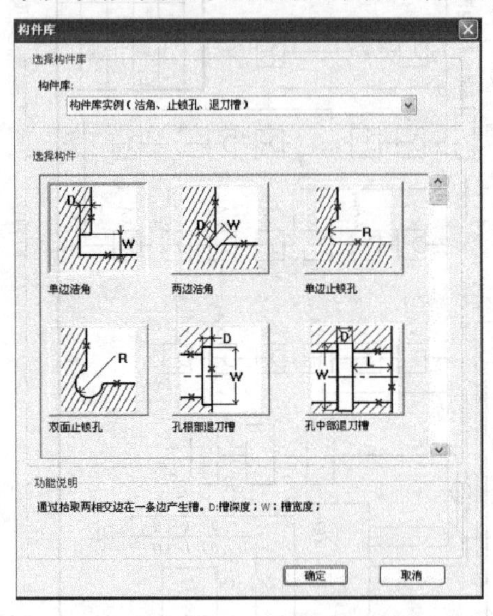

图17-31　“构件库”对话框

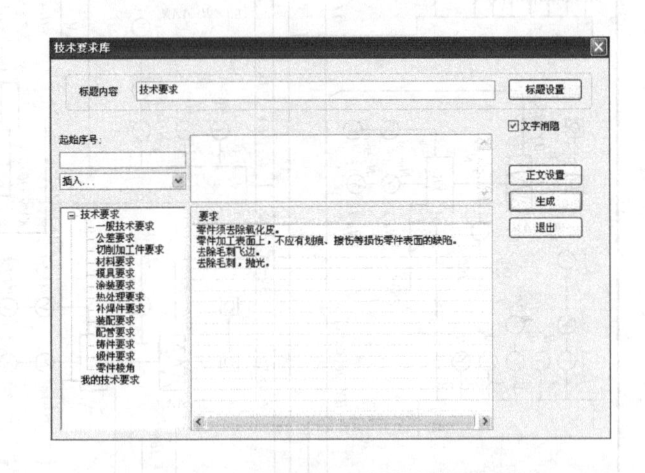

图17-32　“技术要求库”对话框

第六节　装配图绘制的常用命令

简单装配图可直接绘制，而复杂装配图的绘制则可结合并入文件或提取图符等方法，将已绘制好的零件图或标准件图按照装配关系拼画在一起，从而提高绘图效率。

一、并入文件

菜单选择：“文件”→“并入”，弹出“并入文件”对话框，根据路径选择目标文件

(未标注尺寸的零件图)，单击“确定”按钮，然后根据提示操作，即可将已绘制好的零件图调入到当前绘图环境中。

请注意：并入文件时要根据需要选择是否“消隐”选项。

二、序号设置

操作步骤：

单击“![icon]”（菜单选择：“幅面”→“序号”），弹出“序号风格设置”对话框，如图17-33所示，在该对话框中可对零件序号风格设置，单击“确定”按钮即可。

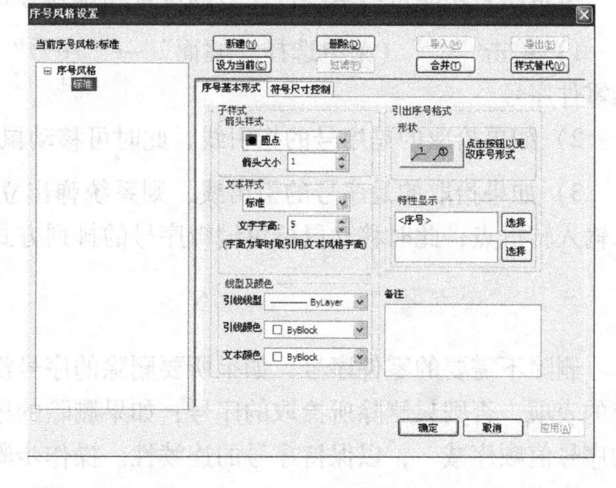

图17-33 “序号风格设置”对话框

三、生成序号

操作步骤：

1）单击“![icon]”（菜单选择“幅面”→“序号”→“生成”），弹出零件序号立即菜单，如图17-34所示。

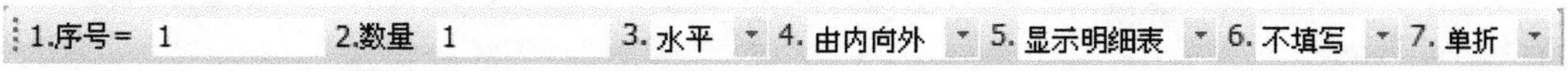

1.序号= 1　2.数量 1　3. 水平　4. 由内向外　5. 显示明细表　6. 不填写　7. 单折

图17-34 零件序号立即菜单

2）填写或选择立即菜单的各项内容。

3）根据系统提示依次选取序号引线的引出点和转折点即可。

四、填写明细表

CAXA电子图板的明细表与零件序号是联动的，可随零件序号的插入和删除产生相应的变化。除此之外，明细表本身还有明细表样式、删除表项、表格折行、填写明细表、插入空行、数据库操作和输出明细表等操作。

操作步骤：

1）单击“![icon]”（菜单选择“幅面”→“明细表”→“填写”），弹出“填写明细表”对话框如图17-35所示。

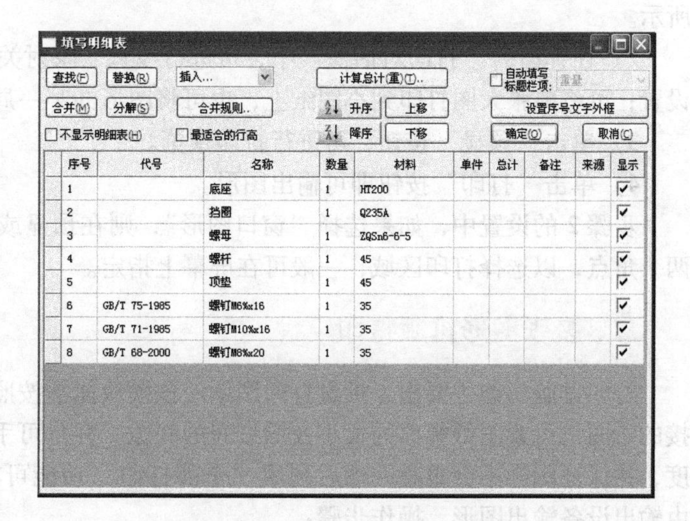

图17-35 “填写明细表”对话框

2）在对话框中填写相关内容后，单击“确定”按钮即可。

五、编辑序号

编辑序号功能可编辑零件序号的位置和排列方式。操作步骤：

1）单击“”（菜单选择“幅面”→“序号”→“编辑”），按照提示依次拾取要编辑的零件序号。

2）如果拾取的是序号的指引线，此时可移动鼠标编辑引出点的位置。

3）如果拾取的是序号的引出线，则系统弹出立即菜单“1. 水平 2. 由内向外”，系统提示输入转折点，此时移动鼠标可编辑序号的排列方式和序号的位置。

六、删除序号

删除不需要的零件序号，如果所要删除的序号没有重名的序号，则同时删除明细表中相应的表项，否则只删除所拾取的序号；如果删除的序号为中间项，则系统会自动将该项以后的序号值顺序减一，以保持序号的连续性。操作步骤：

1）单击“”（菜单选择“幅面”→“序号”→“删除”）。

2）按照提示依次拾取要删除的零件序号即可。

第七节　图形输出打印

一、单张图形输出打印

利用当前系统打印机可将屏幕显示的图形打印到图纸上，操作步骤：

1）单击“”（菜单选择“文件”→“打印”）系统弹出“打印对话框”，如图 17-36 所示。

2）在弹出的“打印对话框”中，可进行线宽、映射关系、定位方式等一系列相关内容设置；可将整张大图打印到小图纸上，也可将图形的某一局部放大打印出来。

3）单击“预显”按钮，可进行打印预览。

4）单击“打印”按钮即可输出图形。

步骤 2 的设置中，如果选择“窗口图形”，则在预显或打印时，系统会提示输入窗口的两个角点，以选择打印区域，一般可在屏幕上指定。

二、多张图形排版打印

打印排版功能主要用于批量打印图纸。该模块能够按照最优的方式进行排版，可根据连接的绘图机设置图纸幅面的大小及图纸间的间隙，并且可手动调整图样的位置和旋转图样角度，并保证图样不会重叠。然后利用“全部打印”功能可将排版完毕的图形按照一定要求由输出设备输出图形。操作步骤：

1）单击“”（主菜单选择“工具”→“外部工具”→“打印工具”），弹出“打印排版”界面，如图 17-37 所示。

2）插入文件，弹出“设置排版图幅”对话框，如图 17-38 所示，单击“确定”按钮。

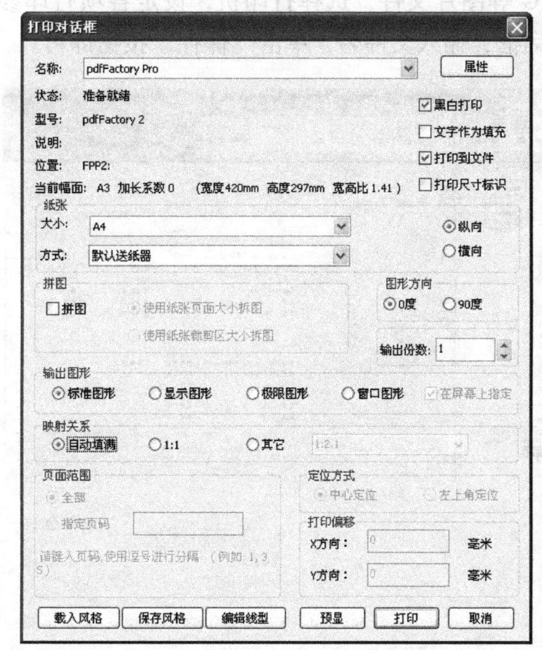

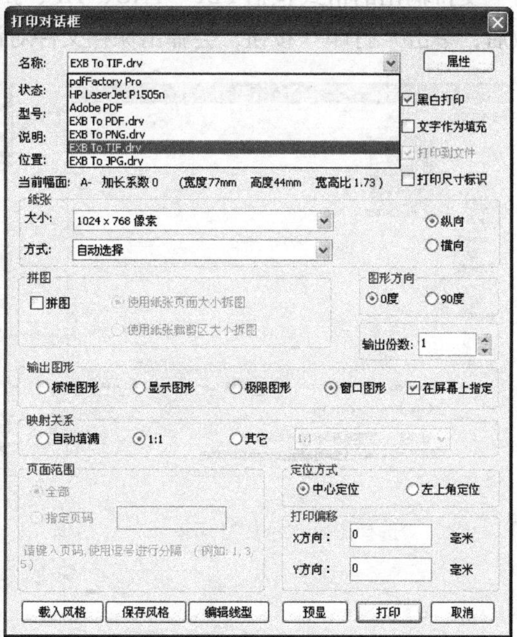

a)　　　　　　　　　　b)

图 17-36 “打印对话框”

图 17-37 “打印排版”界面

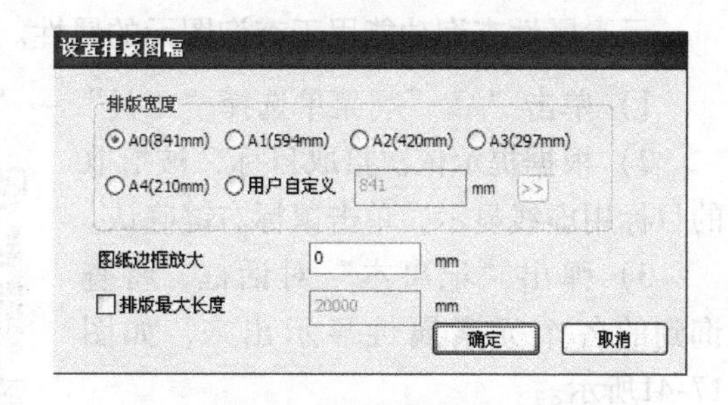

图 17-38 “设置排版图幅”对话框

3）单击“ ”（主菜单选择“工具”→“外部工具”→“打印工具”→“排版插入”），弹出“选择图纸，添加打印单元”对话框，如图 17-39 所示。

4）选定要插入的图形文件并单击“打开”按钮，图形文件就插入到“打印排版”环境中，并进行优化排版，如图 17-40 所示。

图形排版完毕后，可直接利用“全部打印”功能与连接的打印机打印出来，也可将排好版的图形保存到磁盘上，以便拿到其他绘图机上输出打印。

三、PDF 和图片输出

执行打印功能后，通过选择 PDF 和图片打印机并输出为对应格式文件。

启动“打印对话框”，在打印机处选择“exb to pdf”或其他图片打印机，如图 17-36b 所示。

支持输出的格式包括 PDF、PNG、TIF、JPG 等图片文件，选择打印机，设定各项打印参数后，单击“打印”按钮，会弹出保存文件对话框，输入文件名，单击“保存”按钮即可。

图 17-39 “选择图纸，添加打印单元”对话框

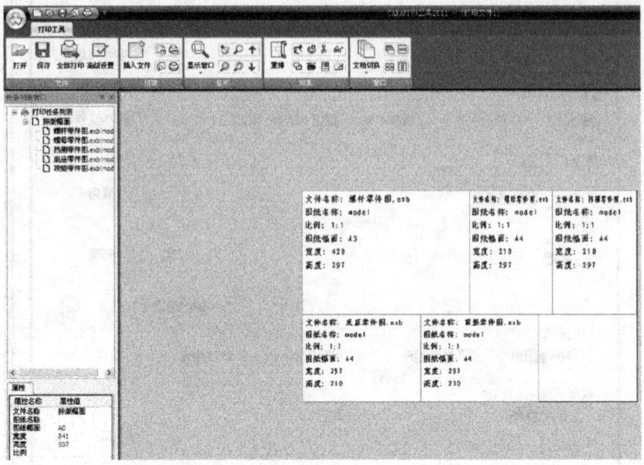

图 17-40 打印排版预览框

第八节 信 息 查 询

一、图元属性查询

元素属性查询功能用于查询图元的属性。操作步骤：

1）单击“ ”（菜单选择“工具”→“查询”→“元素属性”）。

2）根据提示依次拾取目标，被拾取的目标用虚线显示，单击鼠标右键确认。

3）弹出“记事本”对话框，将查询到的各个元素属性显示出来，如图 17-41所示。

单击“关闭”按钮后，恢复正常显示（用户也可单击记事本对话框文件中的“保存”按钮，将查询结果保存为文本文件）。

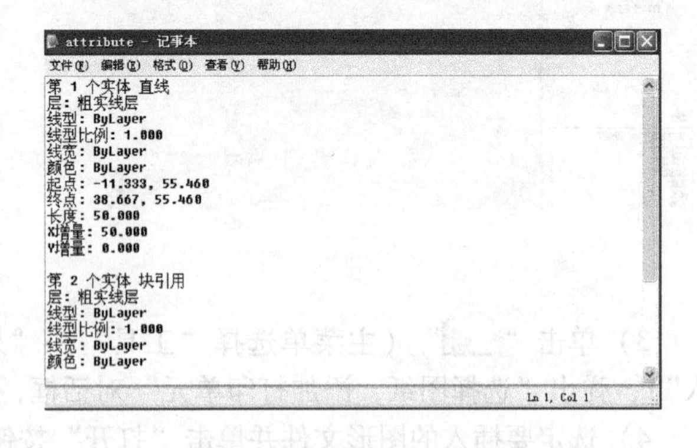

图 17-41 信息查询结果显示

二、两点距离查询

两点距离查询功能用于查询两点之间的距离（包括坐标及坐标差和直线距离）。操作步骤：

1）单击“ ”（菜单选择“工具”→“查询”→“两点距离”）启动查询命令后，根据提示拾取第一点和第二点。

2）当拾取第二点后立刻弹出“查询结果”对话框，将查询的两点距离显示出来，如图 17-42 所示。

三、角度查询

角度查询功能用于查询圆弧的圆心角、两直线夹角和三点夹角。操作步骤：

1）单击“”（菜单选择“工具”→“查询”→“角度”），角度查询立即菜单如图17-43所示。

2）在立即菜单中选择不同的查询方式，依次拾取目标，弹出“查询结果”对话框，与图17-42类似。

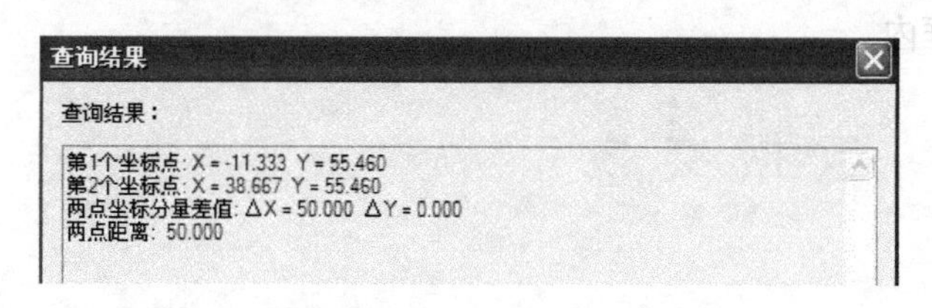
查询结果

查询结果：

第1个坐标点：X = -11.333 Y = 55.460
第2个坐标点：X = 38.667 Y = 55.460
两点坐标分量差值：ΔX = 50.000 ΔY = 0.000
两点距离：50.000

图17-42 显示两点距离

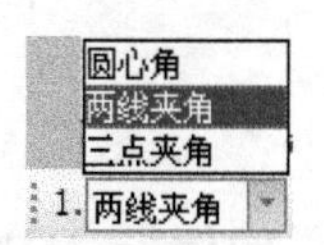

图17-43 角度查询立即菜单

四、周长查询

周长查询功能用于查询一条封闭曲线的长度。操作步骤：

1）单击“”（菜单选择“工具”→“查询”→“周长”）。

2）根据提示依次拾取需要查询周长的曲线，被拾取的曲线用虚线显示，拾取完毕后系统弹出“查询结果”对话框，将查询到的曲线周长显示出来，如图17-44所示。

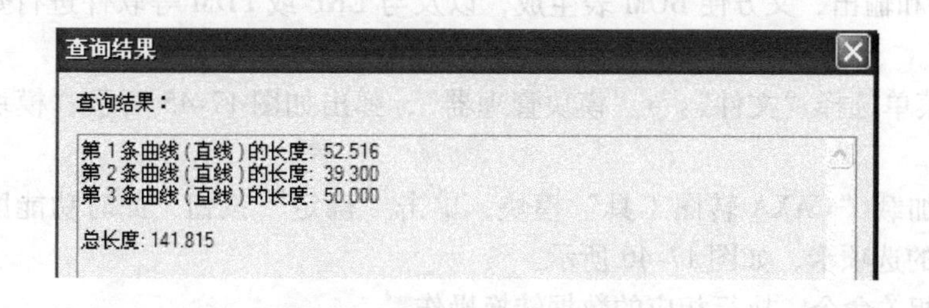
查询结果

查询结果：

第1条曲线（直线）的长度：52.516
第2条曲线（直线）的长度：39.300
第3条曲线（直线）的长度：50.000

总长度：141.815

图17-44 “查询结果”对话框

五、面积查询

面积查询功能用于查询一个或多个封闭区域的面积。操作步骤：

1）单击“”（菜单选择“工具”→“查询”→“面积”）。

2）在立即菜单1中可选择“增加面积”或“减少面积”。

3）在目标线框内单击，弹出“查询结果”对话框与图17-44相似，显示出被查线框的面积。

六、惯性矩查询

惯性矩查询功能用于查询一个或多个封闭区域相对于任意回转轴、回转点的惯性矩。封闭区域可以是由基本曲线、高级曲线，或者是由基本曲线与高级曲线组合所形成的。

操作步骤：

1）单击“”（菜单选择“工具”→“查询”→“惯性矩”），单击立即菜单1可选择“增加环”或“减少环”。

2）单击立即菜单2可选择“回转轴”“回转点”“*X*坐标轴”“*Y*坐标轴”“坐标原点”五种方式。（其中，*X*、*Y*坐标轴、坐标原点是指所选择区域相对于当前坐标系的惯性矩），还可通过“回转轴”“回转点”两种方式，由用户自定义回转轴和回转点，然后系统根据用户的设定计算惯性矩并显示在查询结果框内。

第九节 数据交换

一、打开和保存DWG文件

电子图板可直接打开和保存DWG文件，使用“打开文件”和“保存文件”功能即可。

二、转图工具处理DWG文件

通常DWG文件中并无图纸幅面信息，标题栏和明细表也是基本的图形，也无法使用电子图板的图幅功能进行编辑。

电子图板中“转图工具”模块的主要功能是将包括DWG文件在内的各种图形文件中不规范的明细表和标题栏，转换为符合电子图板专用的明细表和标题栏，既可使明细表数据关联，方便编辑和输出，又方便BOM表生成，以及与ERP或PDM等软件进行数据转换提供数据基础。

1）单击菜单选择“文件”→“模块管理器”，弹出如图17-45所示“模块管理器”对话框。

2）选择加载“CAXA转图工具”模块，单击“确定”按钮，此时功能区会增加一个“转图工具”的选项卡，如图17-46所示。

3）选择相关命令，执行相应的数据转换操作。

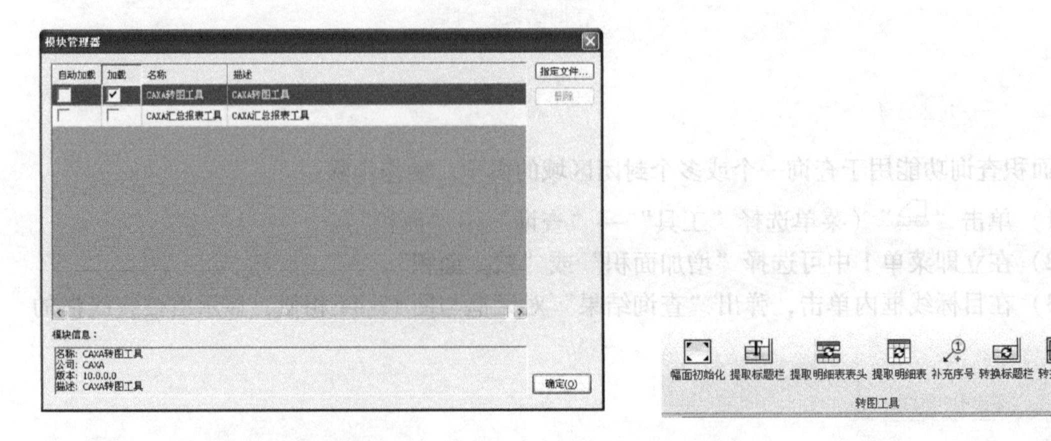

图17-45 “模块管理器”对话框

图17-46 “转图工具”选项卡

三、DWG/DXF 批转换器

DWG/DXF 批转换器功能可实现 DWG/DXF 和 EXB 格式的批量转换。操作步骤。

1）菜单选择“文件”→“DWG/DXF 批转换器”，弹出“第一步：设置”对话框，如图 17-47 所示。在对话框中选择“转换方式”和“文件结构方式”，单击“下一步”按钮。

2）若选择的是“按文件列表转换”，则系统弹出“第二步：加载文件”对话框，如图 17-48 所示。

3）选择要转换的文件，按照提示逐步完成转换。

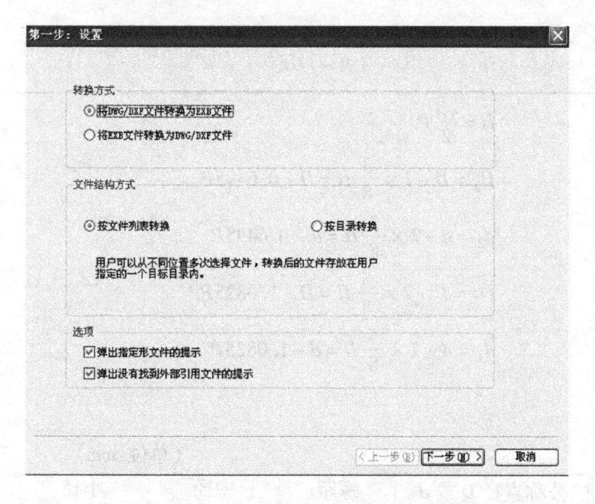

图 17-47 “第一步：设置”对话框

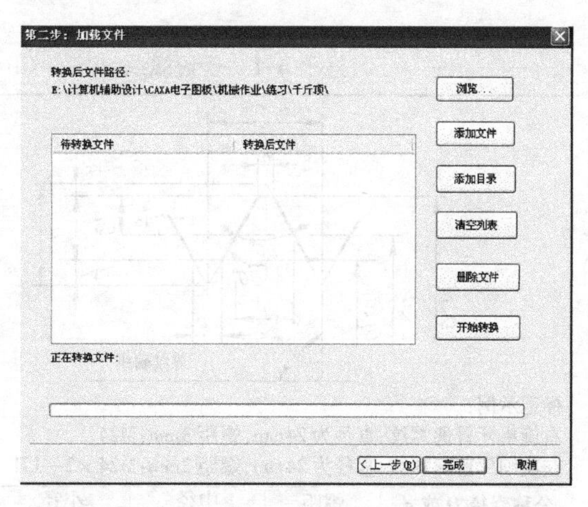

图 17-48 “第二步：加载文件”对话框

附录

附录 A 螺 纹

附表 A-1 普通螺纹（摘自 GB/T 192—2003、GB/T 196—2003）

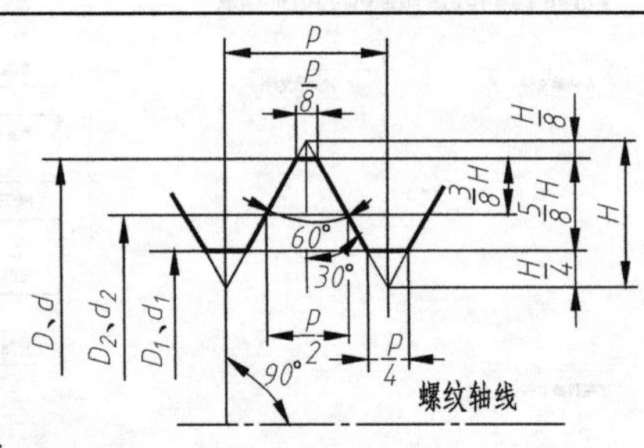

$$H=\frac{\sqrt{3}}{2}P$$

$$D_2=D-2\times\frac{3}{8}H=D-0.6495P$$

$$d_2=d-2\times\frac{3}{8}H=d-0.6495P$$

$$D_1=D-2\times\frac{5}{8}H=D-1.0825P$$

$$d_1=d-2\times\frac{5}{8}H=d-1.0825P$$

标记示例：

右旋粗牙普通螺纹，直径为 24mm，螺距 3mm：M24

左旋细牙普通螺纹，直径为 24mm，螺距 2mm：M24×2—LH

（单位：mm）

公称直径 D 或 d		螺距	中径	小径	公称直径 D 或 d		螺距	中径	小径
第一系列	第二系列	P	D_2 或 d_2	D_1 或 d_1	第一系列	第二系列	P	D_2 或 d_2	D_1 或 d_1
4		(0.7) 0.5	3.545 3.675	3.242 3.459		18	(2.5) 2 1.5 1	16.376 16.701 17.026 17.350	15.294 15.835 16.376 16.917
	4.5	(0.75) 0.5	4.175	3.959	20		(2.5) 2 1.5 1	18.376 18.701 19.206 19.350	17.294 17.835 18.376 18.917
5		(0.8) 0.5	4.480 4.675	4.134 4.459		22	(2.5) 2 1.5 1	20.376 20.701 21.026 21.350	19.294 19.835 20.376 20.917
6		(1) 0.75	5.350 5.513	4.917 5.188	24		(3) 2 1.5 1	22.051 22.701 23.026 23.350	20.752 21.835 22.376 22.917
8		(1.25) 1 0.75	7.188 7.350 7.513	6.647 6.917 7.188		27	(3) 2 1.5 1	25.051 25.701 26.026 26.350	23.752 24.835 25.376 25.917
10		(1.5) 1.25 1 0.75	9.026 9.188 9.350 9.513	8.376 8.647 8.917 9.188	30		(3.5) 2 1.5 1	27.727 28.701 29.026 29.350	26.211 27.835 28.376 28.917
12		(1.75) 1.5 1.25 1	10.863 11.026 11.188 11.350	10.106 10.376 10.647 10.917		33	(3.5) 2 1.5	30.727 31.701 32.026	29.211 30.835 31.376
	14	(2) 1.5 1.25	12.701 13.026 13.350	11.835 12.376 12.917					
16		(2) 1.5 1	14.701 15.026 15.350	13.835 14.376 14.917					

注：表中有括号的螺距数值为粗牙螺距。

附表 A-2　梯形螺纹（摘自 GB/T 5796—2005）

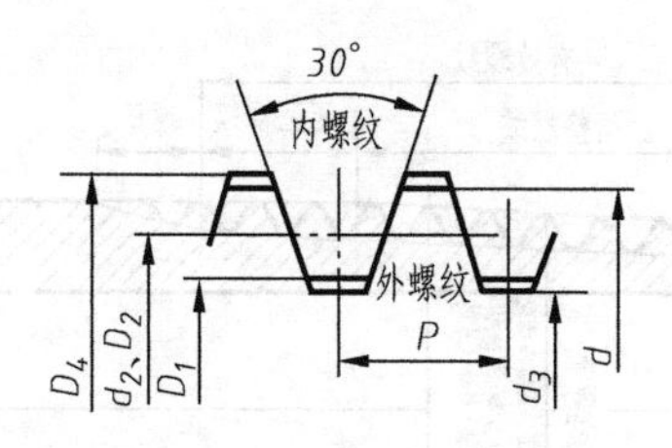

标记示例：

公称直径 $d=40$mm、螺距 $P=7$mm、中径公差带为 7H 的左旋梯形螺纹：

Tr40×7LH－7H

公称直径 $d=40$mm、螺距 $P=7$mm、中径公差带为 7e 的右旋双线梯形螺纹：

Tr40×14（P4）－7e

（单位：mm）

公称直径 d（外螺纹大径）第一系列	公称直径 d（外螺纹大径）第二系列	螺距 P	外螺纹小径 d_3	外、内螺纹中径 d_2、D_2	内螺纹 大径 D_4	内螺纹 小径 D_1
10		1.5	8.2	9.25	10.3	8.5
		2	7.5	9.00	10.5	8.0
	11	2	8.5	10.0	11.5	9.0
		3	7.5	9.5		8.0
12		2	9.5	11.0	12.5	10.0
		3	8.5	10.5		9.0
	14	2	11.5	13.0	14.5	12.0
		3	10.5	12.5		11.0
16		2	13.5	15.0	16.5	14.0
		4	11.5	14.0		12.0
	18	2	15.5	17.0	18.5	16.0
		4	13.5	16.0		14.0
20		2	17.5	19.0	20.5	18.0
		4	15.5	18.0		16.0
	22	3	18.5	20.5	22.5	19.0
		5	16.5	19.5	22.5	17.0
		8	13.0	18.0	23.0	14.0
24		3	20.5	22.5	24.5	21.0
		5	18.5	21.5	24.5	19.0
		8	15.0	20.0	25.0	16.0
	26	3	22.5	24.5	26.5	23.0
		5	20.5	23.5	26.5	21.0
		8	17.0	22.0	27.0	18.0
28		3	24.5	26.5	28.5	25.0
		5	22.5	25.5	28.5	23.0
		8	19.0	24.0	29.0	20.0
	30	3	26.5	28.5	30.5	27.0
		6	23.0	27.0	31.0	24.0
		10	19.0	25.0	31.0	20.0

公称直径 d（外螺纹大径）第一系列	公称直径 d（外螺纹大径）第二系列	螺距 P	外螺纹小径 d_3	外、内螺纹中径 d_2、D_2	内螺纹 大径 D_4	内螺纹 小径 D_1
32		3	28.5	30.5	32.5	29.0
		6	25.0	29.0	33.0	26.0
		10	21.0	27.0	33.0	22.0
	34	3	30.5	32.5	34.5	31.0
		6	27.0	31.0	35.0	28.0
		10	23.0	29.0	35.0	24.0
36		3	32.5	34.5	36.5	33.0
		6	29.0	33.0	37.0	30.0
		10	25.0	31.0	37.0	26.0
	38	3	34.5	36.5	38.5	35.0
		7	30.0	34.5	39.0	31.0
		10	27.0	33.0	39.0	28.0
40		3	36.5	38.5	40.5	37.0
		7	32.0	36.5	41.0	33.0
		10	29.0	35.0	41.0	30.0
	42	3	38.5	40.5	42.5	39.0
		7	34.0	38.5	43.0	35.0
		10	31.0	37.0	43.0	32.0
44		3	40.5	42.5	44.5	41.0
		7	36.0	40.5	45.0	37.0
		12	31.0	38.0	45.0	32.0
	46	3	42.5	44.5	46.5	43.0
		8	37.0	42.0	47.0	38.0
		12	33.0	40.0	47.0	34.0
48		3	44.5	46.5	48.5	45.0
		8	39.0	44.0	49.0	40.0
		12	35.0	42.0	49.0	36.0

附表 A-3　55°密封管螺纹(摘自 GB/T 7306.1—2000、GB/T 7306.2—2000)

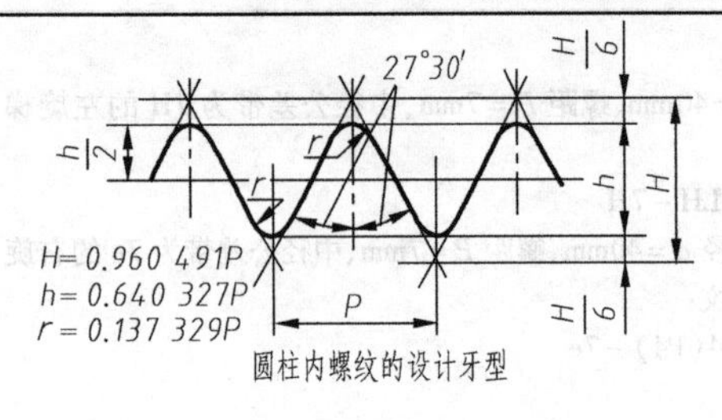

圆柱内螺纹的设计牙型

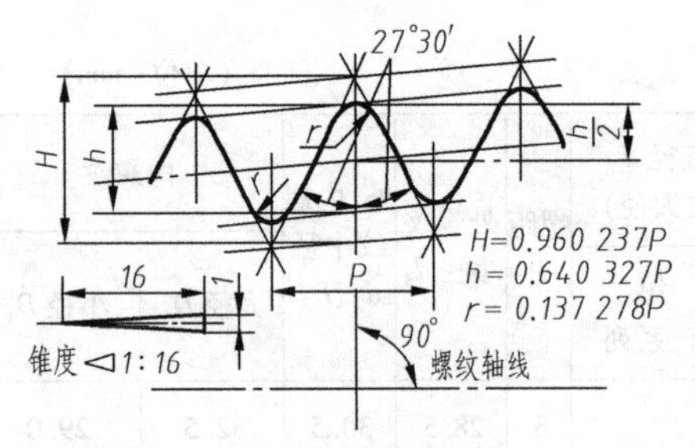

圆锥外螺纹的设计牙型

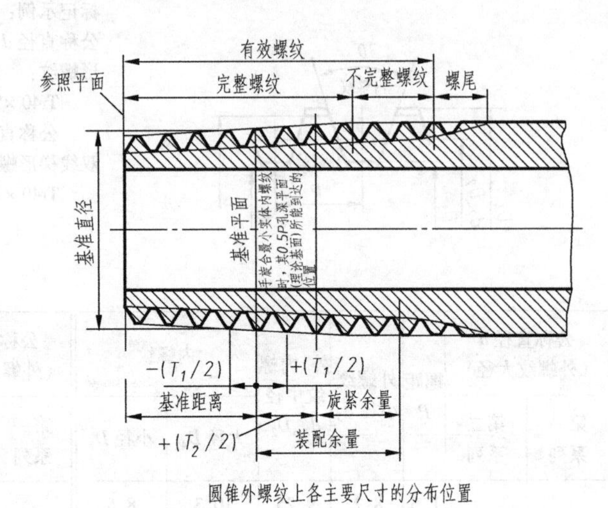

圆锥外螺纹上各主要尺寸的分布位置

标记示例：

圆柱内螺纹与圆锥外螺纹：尺寸代号为 3/4 的右旋圆柱内螺纹：Rp3/4

尺寸代号为 3 的右旋圆锥外螺纹：$R_1$3

圆锥内螺纹与圆锥外螺纹：尺寸代号为 3/4 的右旋圆锥内螺纹：Rc3/4

尺寸代号为 3 的右旋圆锥外螺纹：$R_2$3

1	2	3	4	5	6	7	8	9	10	11	12	13	14	15	16	17
尺寸代号	每 25.4mm 内所包含的牙数 n	螺距 P /mm	牙高 h /mm	基准平面内的基本直径			基准距离					装配余量		外螺纹的有效螺纹不小于		
				大径(基准直径) $d=D$ /mm	中径 $d_2=D_2$ /mm	小径 $d_1=D_1$ /mm	基本 /mm	极限偏差 $\pm T_1/2$		最大 /mm	最小 /mm	/mm	圈数	基准距离分别为		
								/mm	圈数					基本 /mm	最大 /mm	最小 /mm
1/16	28	0.907	0.581	7.723	7.142	6.561	4	0.9	1	4.9	3.1	2.5	2¾	6.5	7.4	5.6
1/8	28	0.907	0.581	9.728	9.147	8.566	4	0.9	1	4.9	3.1	2.5	2¾	6.5	7.4	5.6
1/4	19	1.337	0.856	13.157	12.301	11.445	6	1.3	1	7.3	4.7	3.7	2¾	9.7	11	8.4
3/8	19	1.337	0.856	16.662	15.806	14.950	6.4	1.3	1	7.7	5.1	3.7	2¾	10.1	11.4	8.8
1/2	14	1.814	1.162	20.955	19.793	18.631	8.2	1.8	1	10.0	6.4	5.0	2¾	13.2	15	11.4
3/4	14	1.814	1.162	26.441	25.279	24.117	9.5	1.8	1	11.3	7.7	5.0	2¾	14.5	16.3	12.7
1	11	2.309	1.479	33.249	31.770	30.291	10.4	2.3	1	12.7	8.1	6.4	2¾	16.8	19.1	14.5
1¼	11	2.309	1.479	41.910	40.431	38.952	12.7	2.3	1	15.0	10.4	6.4	2¾	19.1	21.4	16.8
1½	11	2.309	1.479	47.803	46.324	44.845	12.7	2.3	1	15.0	10.4	6.4	2¾	19.1	21.4	16.8
2	11	2.309	1.479	59.614	58.135	56.656	15.9	2.3	1	18.2	13.6	7.5	3¼	23.4	25.7	21.1
2½	11	2.309	1.479	75.184	73.705	72.226	17.5	2.3	1½	21.0	14.0	9.2	4	26.7	30.2	23.2
3	11	2.309	1.479	87.884	86.405	84.926	20.6	3.5	1½	24.1	17.1	9.2	4	29.8	33.3	26.3
4	11	2.309	1.479	113.030	111.551	110.072	25.4	3.5	1½	28.9	21.9	10.4	4½	35.8	39.3	32.3
5	11	2.309	1.479	138.430	136.951	135.472	28.6	3.5	1½	32.1	25.1	11.5	5	40.1	43.6	36.6
6	11	2.309	1.479	163.830	162.351	160.872	28.6	3.5	1½	32.1	25.1	11.5	5	40.1	43.6	36.6

附表 A-4　55°非密封管螺纹(摘自 GB/T 7307—2001)

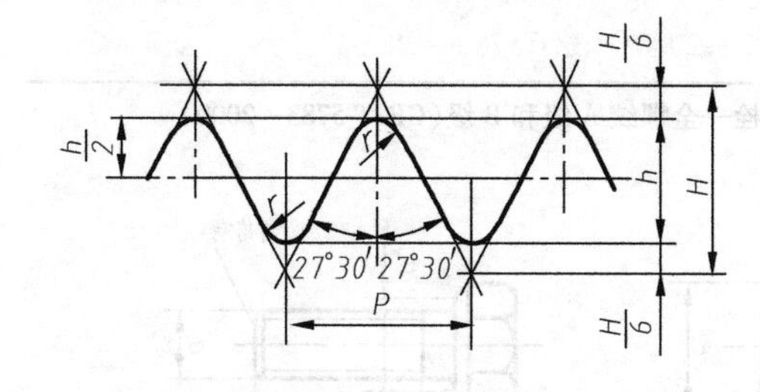

$H=0.960\ 491P$

$h=0.640\ 327P$

$r=0.137\ 329P$

标记示例:尺寸代号为 2 的右旋圆柱内螺纹:G2

尺寸代号为 3 的 A 级右旋圆柱外螺纹:G3A

尺寸代号为 4 的 B 级右旋圆柱外螺纹:G4B

尺寸代号	每 25.4mm 内所包含的牙数 n	螺距 P/mm	牙高 h/mm	基本直径		
				大径 $d=D$/mm	中径 $d_2=D_2$/mm	小径 $d_1=D_1$/mm
1/16	28	0.907	0.581	7.723	7.142	6.561
1/8	28	0.907	0.581	9.728	9.147	8.566
1/4	19	1.337	0.856	13.157	12.301	11.445
3/8	19	1.337	0.856	16.662	15.806	14.950
1/2	14	1.814	1.162	20.955	19.793	18.631
5/8	14	1.814	1.162	22.911	21.749	20.587
3/4	14	1.814	1.162	26.441	25.279	24.117
7/8	14	1.814	1.162	30.201	29.039	27.877
1	11	2.309	1.479	33.249	31.770	30.291
$1^1/_8$	11	2.309	1.479	37.897	36.418	34.939
$1^1/_4$	11	2.309	1.479	41.910	40.431	38.952
$1^1/_2$	11	2.309	1.479	47.803	46.324	44.845
$1^3/_4$	11	2.309	1.479	53.746	52.267	50.788
2	11	2.309	1.479	59.614	58.135	56.656
$2^1/_4$	11	2.309	1.479	65.710	64.231	62.752
$2^1/_2$	11	2.309	1.479	75.184	73.705	72.226
$2^3/_4$	11	2.309	1.479	81.534	80.055	78.576
3	11	2.309	1.479	87.884	86.405	84.926
$3^1/_2$	11	2.309	1.479	100.330	98.851	97.372
4	11	2.309	1.479	113.030	111.551	110.072
$4^1/_2$	11	2.309	1.479	125.730	124.251	122.772
5	11	2.309	1.479	138.430	136.951	135.472
$5^1/_2$	11	2.309	1.479	151.130	149.651	148.172
6	11	2.309	1.479	163.830	162.351	160.872

附录 B　螺纹连接件

附表 B-1　六角头螺栓（摘自 GB/T 5782—2000、GB/T 5783—2000）

六角头螺栓—A 级和 B 级（GB/T 5782—2000）六角头螺栓—全螺纹 A 级和 B 级（GB/T 5783—2000）

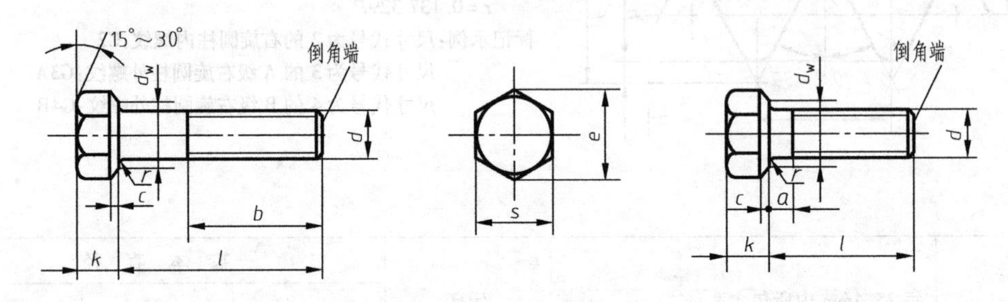

标记示例：

螺纹规格 d = M12、公称长度 l = 80mm、A 级的六角头螺栓：螺栓　GB/T 5782　M12 × 80

（单位：mm）

螺纹规格 d			M3	M4	M5	M6	M8	M10	M12	M16	M20	M24
b 参考	l≤125		12	14	16	18	22	26	30	38	46	54
	125 < l≤200		18	20	22	24	28	32	26	44	52	60
	l > 200		31	33	35	37	41	45	49	57	65	73
c_{max}	GB/T 5782 GB/T 5783		0.4	0.4	0.5	0.5	0.6	0.6	0.6	0.8	0.8	0.8
d_{wmin}	GB/T 5782 GB/T 5783	A	4.57	5.88	6.88	8.88	11.63	14.63	16.63	22.49	28.19	33.61
		B	4.45	5.74	6.74	8.74	11.47	14.47	16.47	22	27.7	33.25
e_{min}	GB/T 5782 GB/T 5783	A	6.01	7.66	8.79	11.05	14.38	17.77	20.03	26.75	33.53	39.98
		B	5.88	7.50	8.63	10.89	14.20	17.59	19.85	26.17	32.95	39.55
k 公称	GB/T 5782 GB/T 5783		2	2.8	3.5	4	5.3	6.4	7.5	10	12.5	15
r_{min}	GB/T 5782 GB/T 5783		0.1	0.2	0.2	0.25	0.4	0.4	0.6	0.6	0.8	0.8
s 公称	GB/T 5782 GB/T 5783		5.5	7	8	10	13	16	18	24	30	36
a_{max}	GB/T 5783		1.5	2.1	2.4	3	4	4.5	5.3	6	7.5	9
l 公称	商品规格范围	GB/T 5782	20 ~ 30	25 ~ 40	25 ~ 50	30 ~ 60	40 ~ 80	45 ~ 100	50 ~ 120	65 ~ 160	80 ~ 200	90 ~ 240
		GB/T 5783	6 ~ 30	8 ~ 40	10 ~ 50	12 ~ 60	16 ~ 80	20 ~ 100	25 ~ 120	30 ~ 200	40 ~ 200	50 ~ 200
	系列值		6, 8, 10, 12, 16, 20, 25, 30, 35, 40, 45, 50, (55), 60, (65), 70, 80, 90, 100, 110, 120, 130, 140, 150, 160, 180, 200, 220, 240, 260, 280, 300, 320, 340, 360									

附表 B-2 双头螺柱（摘自 GB/T 897—1988、GB/T 898—1988、GB/T 899—1988、GB/T 900—1988）

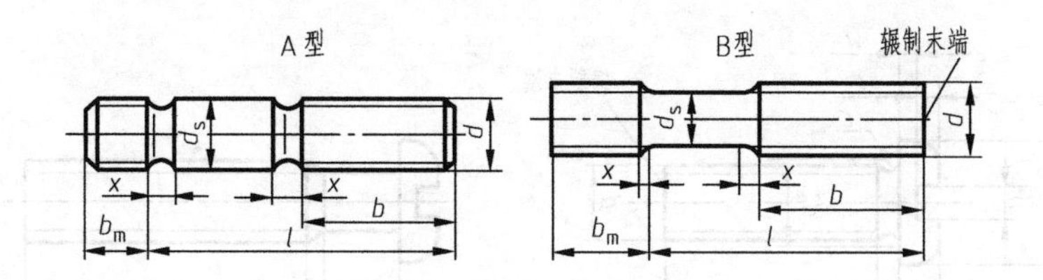

末端倒角按 GB/T 2—2001 规定；d_s≈螺纹中径（仅适用于 B 型）；$x_{max}=1.5P$（螺距）

标记示例：

两端均为粗牙普通螺纹，$d=10$mm，$l=50$mm，性能等级为 4.8 级、不经表面处理，B 型，$b_m=1.25d$ 的双头螺柱：

螺柱 GB/T 898 M10×50

旋入机体一端为粗牙普通螺纹、旋螺母一端为螺距 $P=1$mm 的细牙普通螺纹，$d=10$mm，$l=50$mm，性能等级为 4.8 级、不经表面处理，A 型，$b_m=1.25d$ 的双头螺柱：

螺柱 GB/T 898 AM10—M10×1×50

（单位：mm）

螺纹规格	b_m				L/b
	GB/T 897—1988 $b_m=1d$	GB/T 898—1988 $b_m=1.25d$	GB/T 899—1988 $b_m=1.5d$	GB/T 900—1988 $b_m=2d$	
M5	5	6	8	10	16~22/10, 25~50/16
M6	6	8	10	12	20~22/10, 25~30/14, 32~75/18
M8	8	10	12	16	20~22/12, 25~30/16, 32~90/22
M10	10	12	15	20	25~28/14, 30~38/16, 40~120/26, 130/32
M12	12	15	18	24	25~30/16, 32~40/20, 45~120/30, 130~180/36
(M14)	14	18	21	28	30~35/18, 38~50/25, 55~120/34, 130~180/40
M16	16	20	24	32	30~35/20, 40~55/30, 60~120/38, 130~200/44
(M18)	18	22	27	36	35~40/22, 45~60/35, 65~120/42, 130~200/48
M20	20	25	30	40	35~40/25, 45~65/35, 70~120/46, 130~200/52
(M22)	22	28	33	44	40~55/30, 50~70/40, 75~120/50, 130~200/56
M24	24	30	36	48	45~50/30, 55~75/45, 80~120/54, 130~200/60
(M27)	27	35	40	54	50~60/35, 65~85/50, 90~120/60, 130~200/66
M30	30	38	45	60	60~65/40, 70~90/50, 95~120/66, 130~200/72
(M33)	33	41	49	66	65~70/45, 75~95/60, 100~120/72, 130~200/78
M36	36	45	54	72	65~75/45, 80~110/60, 130~200/84, 210~300/97
(M39)	39	49	58	78	70~80/50, 85~120/65, 120/90, 210~300/103
M42	42	52	64	84	70~80/50, 85~120/70, 130~200/96, 210~300/109
M48	48	60	72	96	80~90/60, 95~110/80, 130~200/108, 210~300/121
l（系列）	16, (18), 20, (22), 25, (28), 30, (32), 35, (38), 40, 45, 50, (55), 60, (65), 70, (75), 80, (85), 90, (95), 100, 110, 120, 130, 140, 150, 160, 170, 180, 190, 200, 210, 220, 230, 240, 250, 260, 270, 280, 290, 300				

注：1. 尽可能不采用括号内的规格。

2. P——粗牙螺纹的螺距。

附表 B-3　开槽盘头螺钉（摘自 GB/T 67—2008）

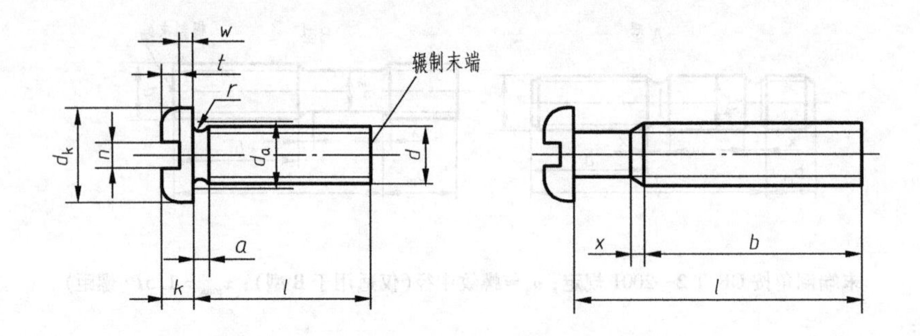

标记示例：

螺纹规格 d = M5，公称长度 l = 20mm，性能等级为 4.8 级，不经表面处理的开槽盘头螺钉：螺钉　GB/T 67 M5 × 20

（单位：mm）

螺纹规格 d	M1.6	M2	M2.5	M3	M4	M5	M6	M8	M10
P(螺距)	0.35	0.4	0.45	0.5	0.7	0.8	1	1.25	1.5
a_{max}	0.7	0.8	0.9	1	1.4	1.6	2	2.5	3
b_{min}	25	25	25	25	38	38	38	38	38
d_{kmax}	3.2	4	5	5.6	8	9.5	12	16	20
k_{max}	1	1.3	1.5	1.8	2.4	3	3.6	4.8	6
n 公称	0.4	0.5	0.6	0.8	1.2	1.2	1.6	2	2.5
r_{min}	0.1	0.1	0.1	0.1	0.2	0.2	0.25	0.4	0.4
t_{min}	0.35	0.5	0.6	0.7	1	1.2	1.4	1.9	2.4
w_{min}	0.3	0.4	0.5	0.7	1	1.2	1.4	1.9	2.4
x_{max}	0.9	1	1.1	1.25	1.75	2	2.5	3.2	3.8
公称长度 l	2 ~ 16	2.5 ~ 20	3 ~ 25	4 ~ 30	5 ~ 40	6 ~ 50	8 ~ 60	10 ~ 80	12 ~ 80
l(系列)	2、2.5、3、4、5、6、8、10、12、(14)、16、20、25、30、35、40、45、50、(55)、60、(65)、70、(75)、80								

注：1. 括号内的规格尽可能不采用。

2. M1.6 ~ M3 公称长度在 30mm 以内的螺钉，制出全螺纹；M4 ~ M10 公称长度在 40mm 以内的螺钉，制出全螺纹。

附表 B-4 开槽沉头螺钉（摘自 GB/T 68—2000）

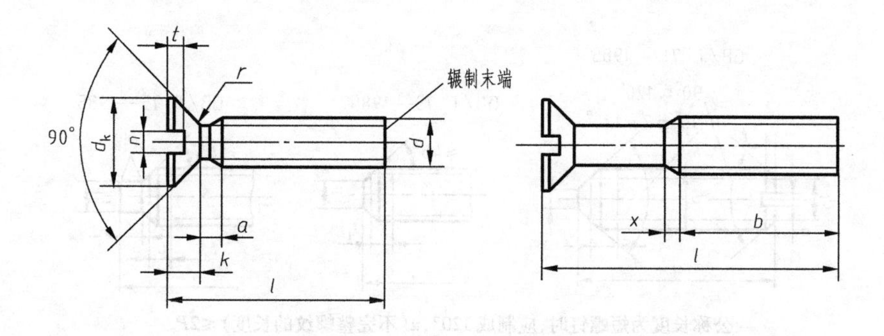

标记示例：

螺纹规格 d = M5，公称长度 l = 20mm、性能等级为 4.8 级，不经表面处理的 A 级开槽沉头螺钉：

螺钉 GB/T 68 M5×20

（单位：mm）

螺纹规格 d	M1.6	M2	M2.5	M3	M4	M5	M6	M8	M10
P（螺距）	0.35	0.4	0.45	0.5	0.7	0.8	1	1.25	1.5
a_{max}	0.7	0.8	0.9	1	1.4	1.6	2	2.5	3
b_{min}	25	25	25	25	38	38	38	38	38
d_{kmax}	3	3.8	4.7	5.5	8.4	9.3	11.3	15.8	18.3
k_{max}	1	1.2	1.5	1.65	2.7	2.7	3.3	4.65	5
n 公称	0.4	0.5	0.6	0.8	1.2	1.2	1.6	2	2.5
r_{max}	0.4	0.5	0.6	0.8	1	1.3	1.5	2	2.5
t_{max}	0.5	0.6	0.75	0.85	1.3	1.4	1.6	2.3	2.6
x_{max}	0.9	1	1.1	1.25	1.75	2	2.5	3.2	3.8
公称长度 l	2.5~16	3~20	4~25	5~30	6~40	8~50	8~60	10~80	12~80
l（系列）	2.5、3、4、5、6、8、10、12、(14)、16、20、25、30、35、40、45、50、(55)、60、(65)、70、(75)、80								

注：1. 括号内的规格尽可能不采用。

2. M1.6~M3 公称长度在 30mm 以内的螺钉，制出全螺纹；M4~M10 公称长度在 45mm 以内的螺钉，制出全螺纹。

附表 B-5　开槽锥端紧定螺钉（摘自 GB/T 71—1985）、开槽平端紧定螺钉（摘自 GB/T 73—1985）、开槽长圆柱端紧定螺钉（摘自 GB/T 75—1985）

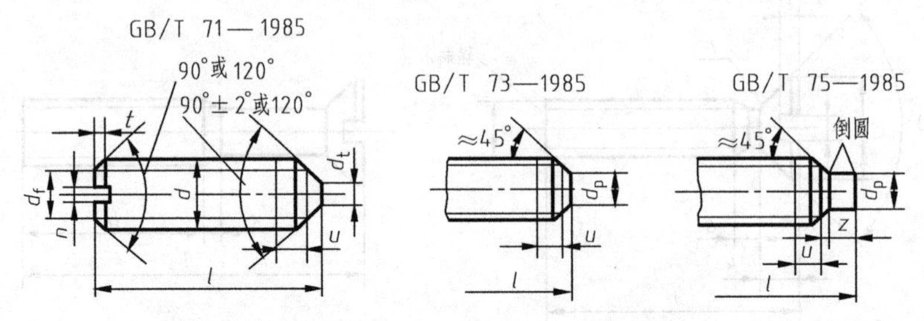

公称长度为短螺钉时，应制成 120°，u(不完整螺纹的长度)$\leqslant 2P$

标记示例：

螺纹规格 d = M5，公称长度 l = 12mm，性能等级为 14H 级，表面氧化的开槽平端紧定螺钉：

螺钉　GB/T 73　M5 × 12

（单位：mm）

螺纹规格 d		M1.2	M1.6	M2	M2.5	M3	M4	M5	M6	M8	M10	M12
P		0.25	0.35	0.4	0.45	0.5	0.7	0.8	1	1.25	1.5	1.75
$d_1\approx$		螺纹小径										
d_t	min	—	—	—	—	—	—	—	—	—	—	—
	max	0.12	0.16	0.2	0.25	0.3	0.4	0.5	1.5	2	2.5	3
d_p	min	0.35	0.55	0.75	1.25	1.75	2.25	3.2	3.7	5.2	6.64	8.14
	max	0.6	0.8	1	1.5	2	2.5	3.5	4	5.5	7	8.5
n	公称	0.2	0.25	0.25	0.4	0.4	0.6	0.8	1	1.2	1.6	2
	min	0.26	0.31	0.31	0.46	0.46	0.66	0.86	1.06	1.26	1.66	2.06
	max	0.4	0.45	0.45	0.6	0.6	0.8	1	1.2	1.51	1.91	2.31
t	min	0.4	0.56	0.64	0.72	0.8	1.12	1.28	1.6	2	2.4	2.8
	max	0.52	0.74	0.84	0.95	1.05	1.42	1.63	2	2.5	3	3.6
z	min	—	0.8	1	1.2	1.5	2	2.5	3	4	5	6
	max	—	1.05	1.25	1.25	1.75	2.25	2.75	3.25	4.3	5.3	6.3
GB/T 71—1985	l(公称长度)	2~6	2~8	3~10	3~12	4~16	6~20	8~25	8~30	10~40	12~50	14~60
	l(短螺钉)	2	2~2.5	2~2.5	2~3	2~3	2~4	2~5	2~6	2~8	2~10	2~12
GB/T 73—1985	l(公称长度)	2~6	2~8	2~10	2.5~12	3~16	4~20	5~25	6~30	8~40	10~50	12~60
	l(短螺钉)	—	2	2~2.5	2~3	2~3	2~4	2~5	2~6	2~6	2~8	2~10
GB/T 75—1985	l(公称长度)	—	2.5~8	3~10	4~12	5~16	6~20	8~25	8~30	10~40	12~50	14~60
	l(短螺钉)	—	2~2.5	2~3	2~4	2~5	2~6	2~8	2~10	2~14	2~16	2~20
l(系列)		2, 2.5, 3, 4, 5, 6, 8, 10, 12, (14), 16, 20, 25, 30, 35, 40, 45, 50, (55), 60										

附表 B-6　六角螺母 C 级（摘自 GB/T 41—2000）、1 型六角螺母（摘自 GB/T 6170—2000）、六角薄螺母（摘自 GB/T 6172.1—2000）、2 型六角螺母（摘自 GB/T 6175—2000）

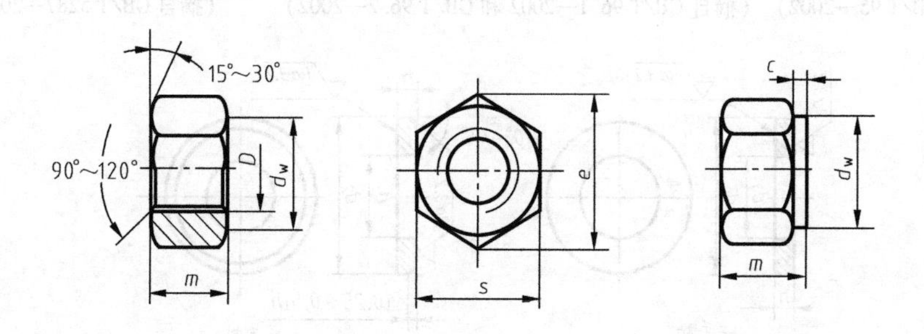

标记示例：

螺纹规格 $D=12$mm、性能等级为 5 级、不经表面处理、产品等级为 C 级六角螺母：螺母　GB/T 41　M12

（单位：mm）

螺纹规格 D		M1.6	M2	M2.5	M3	M4	M5	M6	M8	M10	M12	M16	M20	M24	M30	M36
c max	GB/T 6170	0.2	0.2	0.3	0.4	0.4	0.5	0.5	0.6	0.6	0.6	0.8	0.8	0.8	0.8	0.8
	GB/T 6175	—	—	—	—	—										
d_w min	GB/T 41	—	—	—	—	—	6.7	8.7	11.5	14.5	16.5	22	27.7	33.3	42.8	51.1
	GB/T 6170	2.4	3.1	4.1	4.6	5.9										
	GB/T 6172.1						6.9	8.9	11.6	14.6	16.6	22.5	27.7	33.2	42.7	51.1
	GB/T 6175	—	—	—	—	—										
e min	GB/T 41	—	—	—	—	—	8.63	10.89	14.20	17.59	19.85	26.17				
	GB/T 6170	3.41	4.32	5.45	6.01	7.66							32.95	39.55	50.85	60.79
	GB/T 6172.1						8.79	11.05	14.38	17.77	20.03	26.75				
	GB/T 6175	—	—	—	—	—										
m max	GB/T 41	—	—	—	—	—	5.6	6.4	7.9	9.5	12.2	15.9	19	22.3	26.4	31.9
	GB/T 6170	1.3	1.6	2	2.4	3.2	4.7	5.2	6.8	8.4	10.8	14.8	18	21.5	25.6	31
	GB/T 6172.1	1	1.2	1.6	1.8	2.2	2.7	3.1	4	5	6	8	10	12	15	18
	GB/T 6175	—	—	—	—	—	5.1	5.7	7.5	9.3	12	16.4	20.3	23.9	28.6	34.7
s max	GB/T 41	—	—	—	—	—										
	GB/T 6170	3.2	4	5	5.5	7	8	10	13	16	18	24	30	36	46	55
	GB/T 6172.1															
	GB/T 6175	—	—	—	—	—										

附表 B-7 垫圈

小垫圈 A 级（摘自 GB/T 848—2002）	平垫圈 A 级（摘自 GB/T 97.1—2002）	平垫圈倒角型 A 级（摘自 GB/T 97.2—2002）
平垫圈 C 级（摘自 GB/T 95—2002）	大垫圈 A 级和 C 级（摘自 GB/T 96.1—2002 和 GB/T 96.2—2002）	特大垫圈 C 级（摘自 GB/T 5287—2002）

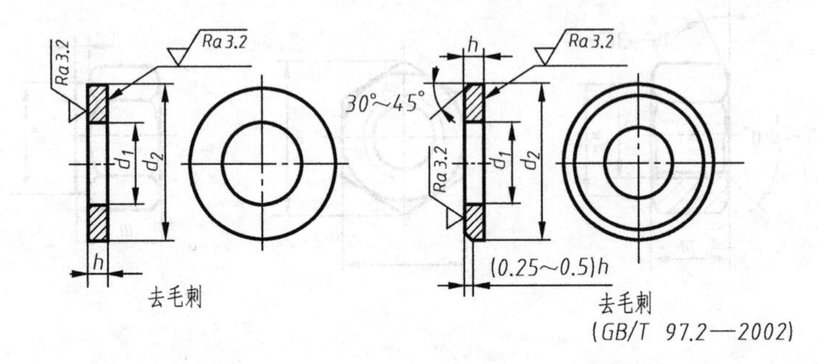

标记示例

垫圈　GB/T 958 100HV（标准系列、公称尺寸 $d=8$mm、性能等级为 100HV 级、不经表面处理的平垫垫圈）

标准系列、公称规格 8mm、由钢制造的硬度等级为 200HV 级、不经表面处理、产品等级为 A 级、倒角型平垫圈：

垫圈　GB/T 97.2　8

（单位：mm）

公称尺寸（螺纹规格）d	标准系列									特大系列			大系列			小系列		
	GB 95（C 级）			GB 97.1（A 级）			GB 97.2（A 级）			GB 5287（C 级）			GB 96（A. C 级）			GB 848（A 级）		
	d_1 min	d_2 max	h	d_1 min	d_2 max	h	d_1 min	d_2 max	h	d_1 min	d_2 max	h	d_1 min	d_2 max	h	d_1 min	d_2 max	h
4	—	—	—	4.3	9	0.8	—	—	—	—	—	—	4.3	12	1	4.3	8	0.5
5	5.5	10	1	5.3	10	1	5.3	10	1	5.5	18	2	5.3	15	1.2	5.3	9	1
6	6.6	12	1.6	6.4	12	1.6	6.4	12	1.6	6.6	22	2	6.4	18	1.6	6.4	11	1.6
8	9	16	1.6	8.4	16	1.6	8.4	16	1.6	9	28	3	8.4	24	2	8.4	15	1.6
10	11	20	2	10.5	20	2	10.5	20	2	11	34	3	10.5	30	2.5	10.5	18	1.6
12	13.5	24	2.5	13	24	2.5	13	24	25	13.5	44	4	13	37	3	13	20	2
14	15.5	28	2.5	15	28	2.5	15	28	2.5	15.5	50	4	15	44	3	15	24	2.5
16	17.5	30	3	17	30	3	17	30	3	17.5	56	5	17	50	3	17	28	2.5
20	22	37	3	21	37	3	21	37	3	22	72	6	22	60	4	21	34	3
24	26	44	4	25	44	4	25	44	4	26	85	6	26	72	5	25	39	4
30	33	56	4	31	56	4	31	56	4	33	105	6	33	92	6	31	50	4
36	39	66	5	37	66	5	37	66	5	39	125	8	39	110	8	37	60	5
42①	45	78	8	—	—	—	—	—	—	—	—	—	45	125	10	—	—	—
48①	52	92	8	—	—	—	—	—	—	—	—	—	52	145	10	—	—	—

注：1. C 级垫圈没有 $R_a3.2\mu m$ 和去毛刺的要求。

2. A 级适用于精装配系列，C 级适用于中等装配系列。

3. GB/T 848—1985 主要用于圆柱头螺钉，其他用标准六角头螺栓、螺钉、螺母。

① 尚未列入相应的产品标准规格。

附表 B-8　标准型弹簧垫圈（摘自 GB 93—1987）、轻型弹簧垫圈（摘自 GB/T 859—1987）

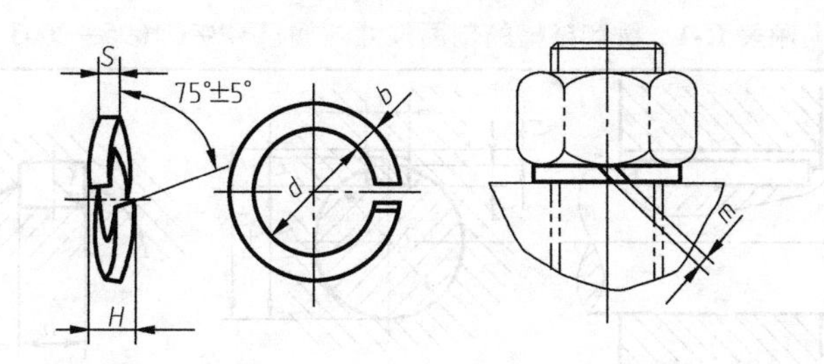

标记示例:规格 16mm、材料为 65Mn、表面氧化的标准型弹簧垫圈:垫圈　GB 93　16　　　　　　（单位：mm）

规格(螺纹大径)			3	4	5	6	8	10	12	16	20	24	30
d	GB 93—1987 GB/T 859—1987	min	3.1	4.1	5.1	6.1	8.1	10.2	12.2	16.2	20.2	24.5	30.5
		max	3.4	4.4	5.4	6.68	8.68	10.9	12.9	16.9	21.04	25.5	31.5
S(*b*)	GB 93—1987	公称	0.8	1.1	1.3	1.6	2.1	2.6	3.1	4.1	5	6	7.5
		min	0.7	1	1.2	1.5	2	2.45	2.95	3.9	4.8	5.8	7.2
		max	0.9	1.2	1.4	1.7	2.2	2.75	3.25	4.3	5.2	6.2	7.8
S	GB/T 895—1987	公称	0.6	0.8	1.1	1.3	1.6	2	2.5	3.2	4	5	6
		min	0.52	0.7	1	1.2	1.5	1.9	2.35	3	3.8	4.8	5.8
		max	0.68	0.9	1.2	1.4	1.7	2.1	2.65	3.4	4.2	5.2	6.2
b	GB/T 895—1987	公称	1	1.2	1.5	2	2.5	3	3.5	4.5	5.5	7	9
		min	0.9	1.1	1.4	1.9	2.36	2.85	3.3	4.3	5.3	6.7	8.7
		max	1.1	1.3	1.6	2.1	2.65	3.15	3.7	4.7	5.7	7.3	9.3
H	GB 93—1987	min	1.6	2.2	2.6	3.2	4.2	5.2	6.2	8.2	10	12	15
		max	2	2.75	3.25	4	5.25	6.5	7.75	10.25	12.5	15	18.75
	GB/T 895—1987	min	1.2	1.6	2.2	2.6	3.2	4	5	6.4	8	10	12
		max	1.5	2	2.75	3.25	4	5	6.25	8	10	12.5	15
m≤	GB 93—1987		0.4	0.55	0.65	0.8	1.05	1.3	1.55	2.05	2.5	3	3.75
	GB/T 895—1987		0.3	0.4	0.55	0.65	0.8	1	1.25	1.6	2	2.5	3

注：*m* 应大于零。

附录C 平 键

附表 C-1 键和键槽的剖面尺寸（摘自 GB/T 1095—2003）

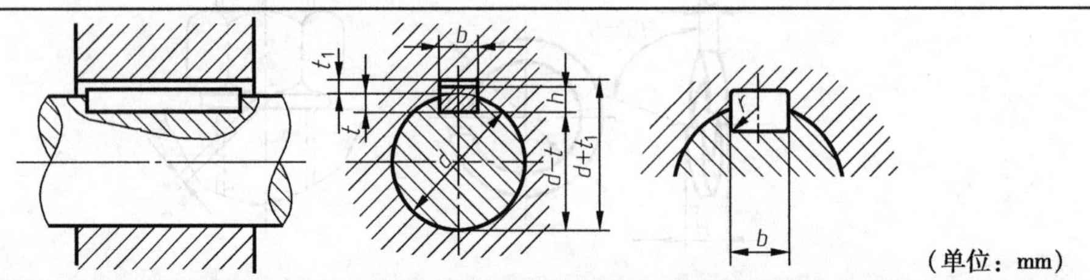

（单位：mm）

轴	键	键槽											
公称直径 d	公称尺寸 $b\times h$	宽度 b						深度				半径 r	
		公称尺寸 b	极限偏差					轴 t		毂 t_1			
			松连接		正常连接		紧密连接						
			轴 H9	毂 D10	轴 N9	毂 JS9	轴和毂 P9	公称尺寸	极限偏差	公称尺寸	极限偏差	最小	最大
自 6~8	2×2	2	+0.025 0	+0.060 +0.020	−0.004 −0.029	±0.0125	−0.006 −0.031	1.2	+0.1 0	1	+0.1 0	0.08	0.16
>8~10	3×3	3						1.8		1.4			
>10~12	4×4	4	+0.030 0	+0.078 +0.030	0 −0.030	±0.015	−0.012 −0.042	2.5		1.8			
>12~17	5×5	5						3.0		2.3		0.16	0.25
>17~22	6×6	6						3.5		2.8			
>22~30	8×7	8	+0.036 0	+0.098 +0.040	0 −0.036	±0.018	−0.015 −0.051	4.0		3.3			
>30~38	10×8	10						5.0	+0.2 0	3.3	+0.2 0	0.25	0.40
>38~44	12×8	12	+0.043 0	+0.0120 +0.050	0 −0.043	±0.0215	−0.018 −0.061	5.0		3.3			
>44~50	14×9	14						5.5		3.8			
>50~58	16×10	16						6.0		4.3			
>58~65	18×11	18						7.0		4.4			
>65~75	20×12	20	+0.052 0	+0.149 +0.065	0 −0.052	±0.026	−0.022 −0.074	7.5		4.9		0.40	0.60
>75~85	22×14	25						9.0		5.4			
>85~95	25×14	25						9.0		5.4			
>95~110	28×16	28						10.0		6.4			

注：$(d-t)$和$(d+t_1)$两组合尺寸的极限偏差按相应的 t 和 t_1 的极限偏差选取，但$(d-t)$极限偏差值应取负号(−)。

附表 C-2 普通平键型式尺寸（摘自 GB/T 1096—2003）

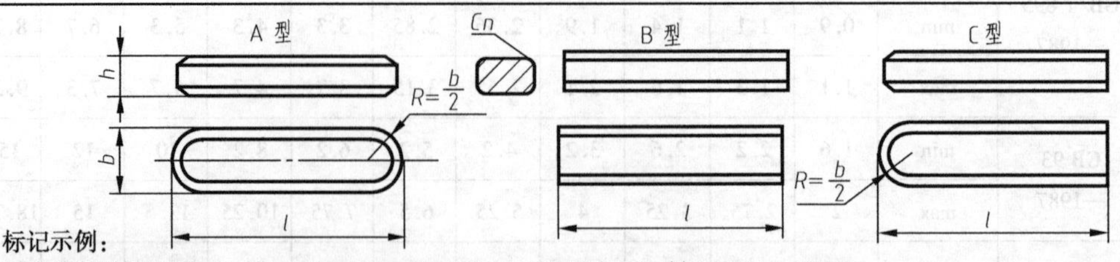

标记示例：

圆头普通平键 A 型、$b=18$mm，$h=11$mm，$L=100$mm：GB/T 1096 键 18×11×100

方头普通平键 B 型、$b=18$mm，$h=11$mm，$L=100$mm：GB/T 1096 键 B18×11×100

单圆头普通平键 C 型、$b=18$mm，$h=11$mm，$L=100$mm：GB/T 1096 键 C18×11×100

（单位：mm）

b	2	3	4	5	6	8	10	12	14	16	18	20	22	25
h	2	3	4	5	6	7	8	8	9	10	11	12	14	14
C 或 r	0.16~0.25			0.25~0.4				0.40~0.60				0.60~0.80		
L	6~20	6~36	8~45	10~56	14~70	18~90	22~110	28~140	36~160	45~180	50~200	56~220	63~250	70~280
L 系列	6、8、10、12、14、18、20、22、25、28、32、36、40、45、50、56、63、70、80、90、100、110、125、140、160、180、200、220、250、280													

附录D 滚动轴承

附表 D-1 深沟球轴承（摘自 GB/T 276—2013）

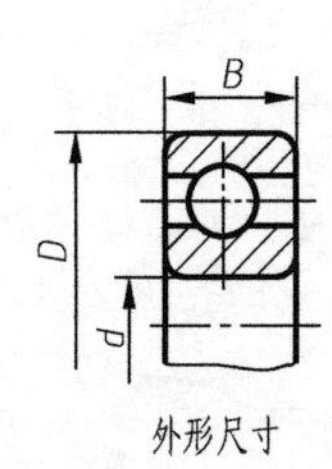

外形尺寸

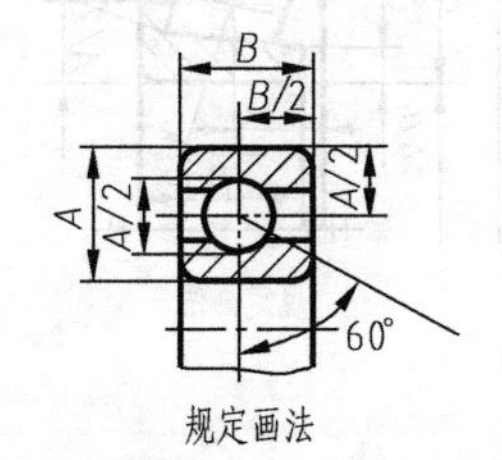

规定画法

标记示例：

滚动轴承 6012 GB/T 276—2013

轴承型号		外形尺寸/mm			轴承型号		外形尺寸/mm		
		d	D	B			d	D	B
(0)1尺寸系列	6004	20	42	12	(0)3尺寸系列	6304	20	52	15
	6005	25	47	12		6305	25	62	17
	6006	30	55	13		6306	30	72	19
	6007	35	62	14		6307	35	80	21
	6008	40	68	15		6308	40	90	23
	6009	45	75	16		6309	45	100	25
	6010	50	80	16		6310	50	110	27
	6011	55	90	18		6311	55	120	29
	6012	60	95	18		6312	60	130	31
	6013	65	100	18		6313	65	140	33
	6014	70	110	20		6314	70	150	35
	6015	75	115	20		6315	75	160	37
	6016	80	125	22		6316	80	170	39
	6017	85	130	22		6317	85	180	41
	6018	90	140	24		6318	90	190	43
	6019	95	145	24		6319	95	200	45
	6020	100	150	24		6320	100	215	47
(0)2尺寸系列	6204	20	47	14	(0)4尺寸系列	6404	20	72	19
	6205	25	52	15		6405	25	80	21
	6206	30	62	16		6406	30	90	23
	6207	35	72	17		6407	35	100	25
	6208	40	80	18		6408	40	110	27
	6209	45	85	19		6409	45	120	29
	6210	50	90	20		6410	50	130	31
	6211	55	100	21		6411	55	140	33
	6212	60	110	22		6412	60	150	35
	6213	65	120	23		6413	65	160	37
	6214	70	125	24		6414	70	180	42
	6215	75	130	25		6415	75	190	45
	6216	80	140	26		6416	80	200	48
	6217	85	150	28		6417	85	210	52
	6218	90	160	30		6418	90	225	54
	6219	95	170	32		6419	95	240	55
	6220	100	180	34		6420	100	250	58

附表 D-2 圆锥滚子轴承（摘自 GB/T 297—1994）

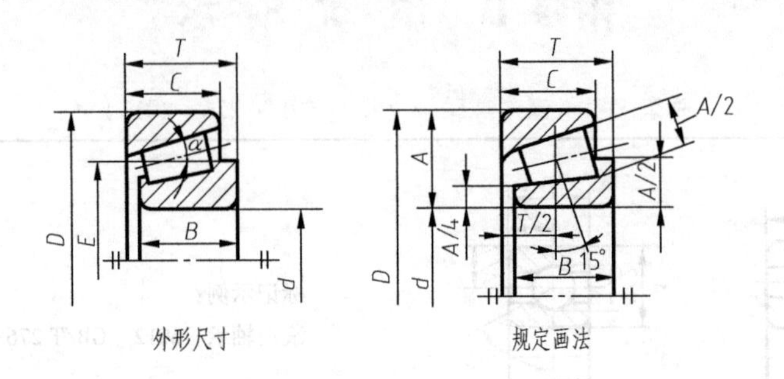

外形尺寸　　　　规定画法

标记示例：

尺寸系列代号为 02、内径代号为 05 的圆锥滚子轴承：滚动轴承　30205　GB/T 297—1994

轴承类型		外形尺寸/mm					轴承类型		外形尺寸/mm				
		d	*D*	*T*	*B*	*C*			*d*	*D*	*T*	*B*	*C*
02 尺寸系列	30204	20	47	15.25	14	12	22 尺寸系列	32204	20	47	19.25	18	15
	30205	25	52	16.25	15	13		32205	25	52	19.25	18	16
	30206	30	62	17.25	16	14		32206	30	62	21.25	20	17
	30207	35	72	18.25	17	15		32207	35	72	24.25	23	19
	30208	40	80	19.75	18	16		32208	40	80	24.75	23	19
	30209	45	85	20.75	19	16		32209	45	85	24.75	23	19
	30210	50	90	21.75	20	17		32210	50	90	24.75	23	19
	30211	55	100	22.75	21	18		32211	55	100	26.75	25	21
	30212	60	110	23.75	22	19		32212	60	110	29.75	28	24
	30213	65	120	24.75	23	20		32213	65	120	32.75	31	27
	30214	70	125	26.25	24	21		32214	70	125	33.25	31	27
	30215	75	130	27.25	25	22		32215	75	130	33.25	31	27
	30216	80	140	28.25	26	22		32216	80	140	35.25	33	28
	30217	85	150	30.50	28	24		32217	85	150	38.50	36	30
	30218	90	160	32.50	30	26		32218	90	160	42.50	40	34
	30219	95	170	34.50	32	27		32219	95	170	45.50	43	37
	30220	100	180	37	34	29		32220	100	180	49	46	39
03 尺寸系列	30304	20	52	16.25	15	13	23 尺寸系列	32304	20	52	22.25	21	18
	30305	25	62	18.25	17	15		32305	25	62	25.25	24	20
	30306	30	72	20.75	19	16		32306	30	72	28.75	27	23
	30307	35	80	22.75	21	18		32307	35	80	32.75	31	25
	30308	40	90	25.25	23	20		32308	40	90	35.25	33	27
	30309	45	100	27.25	25	22		32309	45	100	38.25	36	30
	30310	50	110	29.25	27	23		32310	50	110	42.25	40	33
	30311	55	120	31.50	29	25		32311	55	120	45.50	43	35
	30312	60	130	33.50	31	26		32312	60	130	48.50	46	37
	30313	65	140	36	33	28		32313	65	140	51	48	39
	30314	70	150	38	35	30		32314	70	150	54	51	42
	30315	75	160	40	37	31		32315	75	160	58	55	45
	30316	80	170	42.50	39	33		32316	80	170	61.50	58	48
	30317	85	180	44.50	41	34		32317	85	180	63.50	60	49
	30318	90	190	46.50	43	36		32318	90	190	67.50	64	53
	30319	95	200	49.50	45	38		32319	95	200	71.50	67	55
	30320	100	215	51.50	47	39		32320	100	215	77.50	73	60

附表 D-3　推力球轴承（摘自 GB/T 28697—2012）

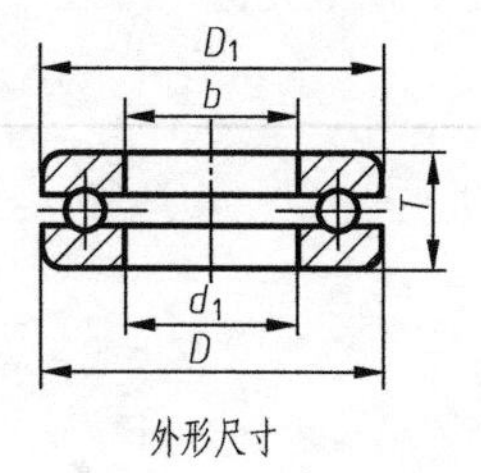

外形尺寸

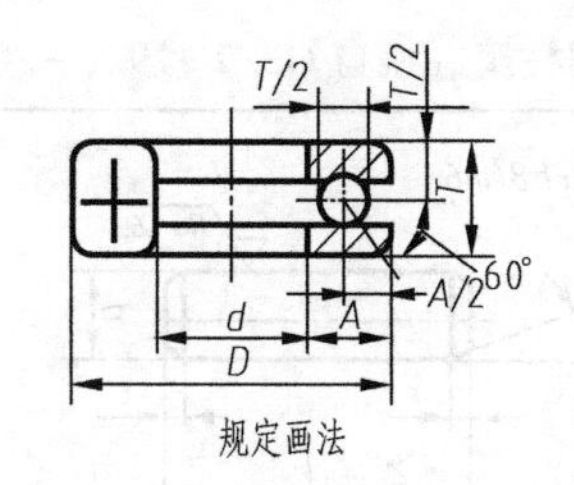

规定画法

标记示例：

滚动轴承　51210　GB/T 301—1995

轴承类型		外形尺寸/mm					轴承类型		外形尺寸/mm				
		d	D	T	d_1	D_1			d	D	T	d_1	D_1
11 尺寸系列（51000 型）	51104	20	35	10	21	35	13 尺寸系列（51000 型）	51304	20	47	18	22	47
	51105	25	42	11	26	42		51305	25	52	18	27	52
	51106	30	47	11	32	47		51306	30	60	21	32	60
	51107	35	52	12	37	52		51307	35	68	24	37	68
	51108	40	60	13	42	60		51308	40	78	26	42	78
	51109	45	65	14	47	65		51309	45	85	28	47	85
	51110	50	70	14	52	70		51310	50	95	31	52	95
	51111	55	78	16	57	78		51311	55	105	35	57	105
	51112	60	85	17	62	85		51312	60	110	35	62	110
	51113	65	90	18	67	90		51313	65	115	36	67	115
	51114	70	95	18	72	95		51314	70	125	40	72	125
	51115	75	100	19	77	100		51315	75	135	44	77	135
	51116	80	105	19	82	105		51316	80	140	44	82	140
	51117	85	110	19	87	110		51317	85	150	49	88	150
	51118	90	120	22	92	120		51318	90	155	50	93	155
	51120	100	135	25	102	135		51320	100	170	55	103	170
12 尺寸系列（51000 型）	51204	20	40	14	22	40	14 尺寸系列（51000 型）	51405	25	60	24	27	60
	51205	25	47	15	27	47		51406	30	70	28	32	70
	51206	30	52	16	32	52		51407	35	80	32	37	80
	51207	35	62	18	37	62		51408	40	90	36	42	90
	51208	40	68	19	42	68		51409	45	100	39	47	100
	51209	45	73	20	47	73		51410	50	110	43	52	110
	51210	50	78	22	52	78		51411	55	120	48	57	120
	51211	55	90	25	57	90		51412	60	130	51	62	130
	51212	60	95	26	62	95		51413	65	140	56	68	140
	51213	65	100	27	67	100		51414	70	150	60	73	150
	51214	70	105	27	72	105		51415	75	160	65	78	160
	51215	75	110	27	77	110		51416	80	170	68	83	170
	51216	80	115	28	82	115		51417	85	180	72	88	177
	51217	85	125	31	88	125		51418	90	190	77	93	187
	51218	90	135	35	93	135		51420	100	210	85	103	205
	51220	100	150	38	103	150		51422	110	230	95	113	225

注：表中轴承类型已按 GB/T 272—1993“滚动轴承代号方法”编号，其中 51100、51200、51300 和 51400 型分别相当于 GB/T 301—1984 中的 8100、8200、8300 和 8400 型。

附录E　销

附表 E-1　圆柱销（摘自 GB/T 119.1—2000）

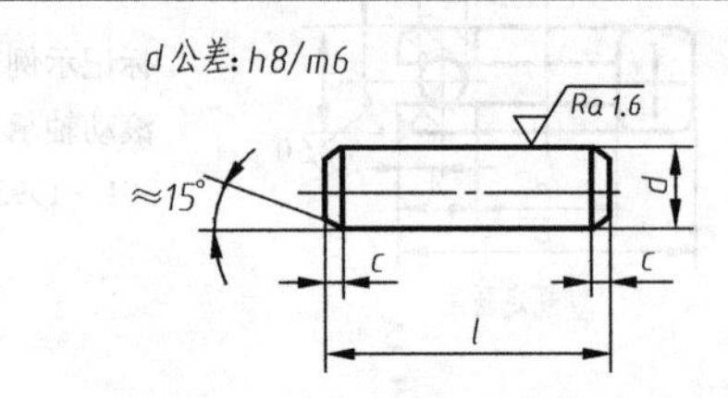

标记示例：

公称直径 d = 8mm、公差为 m6、公称长度 l = 30mm、材料为钢，不经淬火、不经表面处理的圆柱销：

销　GB/T 119.1　8×6×30

（单位：mm）

d 公称	0.6	0.8	1	1.2	1.5	2	2.5	3	4	5
c ≈	0.12	0.16	0.20	0.25	0.30	0.35	0.40	0.50	0.63	0.80
l 公称	2~6	2~8	4~10	4~12	4~16	6~20	6~24	8~30	8~40	10~50
d 公称	6	8	10	12	16	20	25	30	40	50
c ≈	1.2	1.6	2.0	2.5	3.0	3.5	4.0	5.0	6.3	8.0
l 公称	12~60	14~80	18~95	22~140	26~180	35~200	50~200	60~200	80~200	95~200
长度 l 的系列	2、3、4、5、6、8、10、12、14、16、18、20、22、24、26、28、30、32、35、40、45、50、55、60、65、70、75、80、85、90、95、100、120、140、160、180、200。									

注：公称长度大于200mm，按20mm递增。

附表 E-2　圆锥销（摘自 GB/T 117—2000）

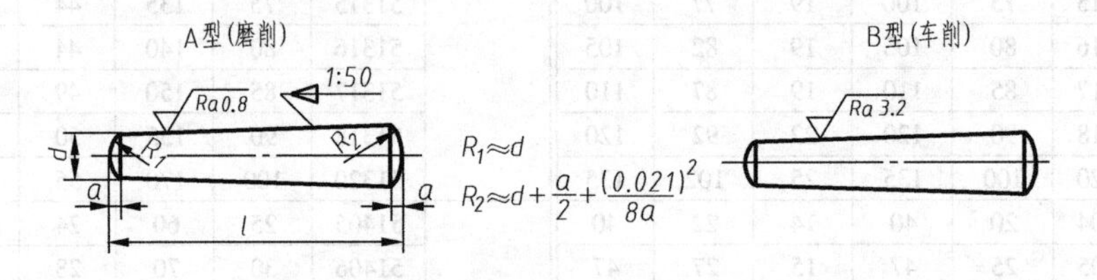

标记示例：

公称直径 d = 10mm，长度 l = 60mm，材料为35钢，热处理硬度为28~38HRC，表面氧化处理的A型圆锥销：

销　GB/T 117　10×60

（单位：mm）

d	公称	0.6	0.8	1	1.2	1.5	2	2.5	3	4	5
	min	0.56	0.76	0.96	1.16	1.46	1.96	2.46	2.96	3.95	4.95
	max	0.6	0.8	1	1.2	1.5	2	2.5	3	4	5
a	≈	0.08	0.1	0.12	0.16	0.2	0.25	0.3	0.4	0.5	0.63
l	公称	4~8	5~12	6~16	6~20	8~24	10~35	10~35	12~45	14~55	18~60
d	公称	6	8	10	12	16	20	25	30	40	50
	min	5.95	7.94	9.94	11.93	15.95	19.92	24.92	29.92	59.9	49.9
	max	6	8	10	12	16	20	25	30	40	50
a	≈	0.8	1	1.2	1.6	2	2.5	3	4	5	6.3
l	公称	22~90	22~120	26~160	32~180	40~200	45~200	50~200	55~200	60~200	65~200
长度 l 的系列		2、3、4、5、6、8、10、12、14、16、18、20、22、24、26、28、30、32、35、40、45、50、55、60、65、70、75、80、85、90、95、100、120、140、160、180、200									

附录F　常用零件结构要素

附表 F-1　中心孔表达法(GB/T 4459.5—1999)

要　　求	符　　号	表达法示例	说　　明
在完工的零件上要求保留中心孔		GB/T 4459.5-B2.5/8	采用B型中心孔 D=2.5mm　D_1=8mm 在完工的零件上要求保留
在完工的零件上可以保留中心孔		GB/T 4459.5-A4/8.5	采用A型中心孔 D=4mm　D_1=8.5mm 在完工的零件上是否保留都可以
在完工的零件上不允许保留中心孔		GB/T 4459.5-A1.6/3.35	采用A型中心孔 D=1.6mm　D_1=3.35mm 在完工的零件上不允许保留

注：在不致引起误解时，可省略标记中的标准编号。

附表 F-2　中心孔类型参数(GB/T 145—2001)

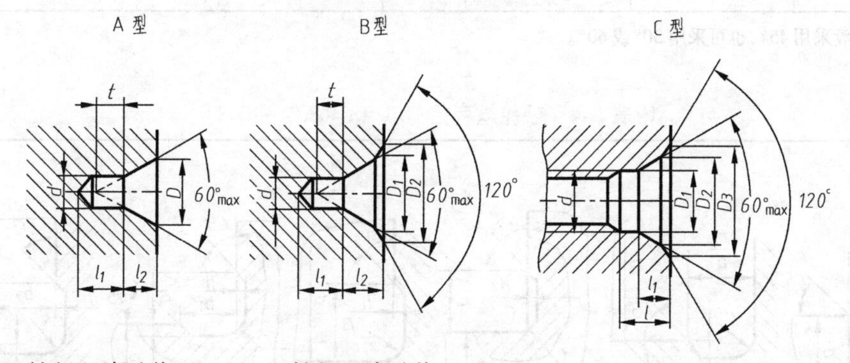

(D、l_2 制造厂可任选其一)　(D_2、l_2 制造厂可任选其一)

中心孔尺寸　　　　(单位：mm)

A　型				B　型					C　型					
d	D	l_2	t 参考	d	D_1	D_2	l_2	t 参考	d	D_1	D_2	D_3	l	l_1 参考
2.00	4.25	1.95	1.8	2.00	4.25	6.30	2.54	1.8	M4	4.3	6.7	7.4	3.2	2.1
2.50	5.30	2.42	2.2	2.50	5.30	8.00	3.20	2.2	M5	5.3	8.1	8.8	4.0	2.4
3.15	6.70	3.07	2.8	3.15	6.70	10.00	4.03	2.8	M6	6.4	9.6	10.5	5.0	2.8
4.00	8.50	3.90	3.5	4.00	8.50	12.50	5.05	3.5	M8	8.4	12.2	13.2	6.0	3.3
(5.00)	10.60	4.85	4.4	(5.00)	10.60	16.00	6.41	4.4	M10	10.5	14.9	16.3	7.5	3.8
6.30	13.20	5.98	5.5	6.30	13.20	18.00	7.36	5.5	M12	13.0	18.1	19.8	9.5	4.4
(8.00)	17.00	7.79	7.0	(8.00)	17.00	22.40	9.36	7.0	M16	17.0	23.0	25.3	12.0	5.2
10.00	21.20	9.70	8.7	10.00	21.20	28.00	11.66	8.7	M20	21.0	28.4	31.3	15.0	6.4

注：1. 尺寸 l_1 取决于中心钻的长度，此值不应小于 t 值 (对A型、B型)。

2. 括号内的尺寸尽量不采用。

3. R型中心孔未列入。

附表 F-3 零件倒圆与倒角（GB/T 6403.4—2008）

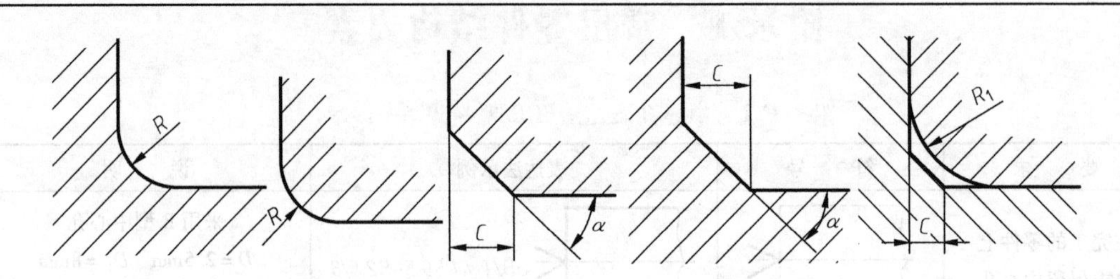

与直径 ϕ 相对应的倒角 C、倒圆 R 的推荐值　　　　（单位：mm）

ϕ	<3	>3~6	>6~10	>10~18	>18~30	>30~50	>50~80	>80~120	>120~180
C 或 R	0.2	0.4	0.6	0.8	1.0	1.6	2.0	2.5	3.0

内角倒角、外角倒圆时 C 的最大值 C_{max} 与 R_1 的关系　　　　（单位：mm）

R_1	0.3	0.4	0.5	0.6	0.8	1.0	1.2	1.6	2.0	2.5	3.0	4.0
C_{max}	0.1	0.2	0.2	0.3	0.4	0.5	0.6	0.8	1.0	1.2	1.6	2.0

注：α 一般采用45°，也可采用30°或60°。

附表 F-4 砂轮越程槽（GB/T 6403.5—2008）

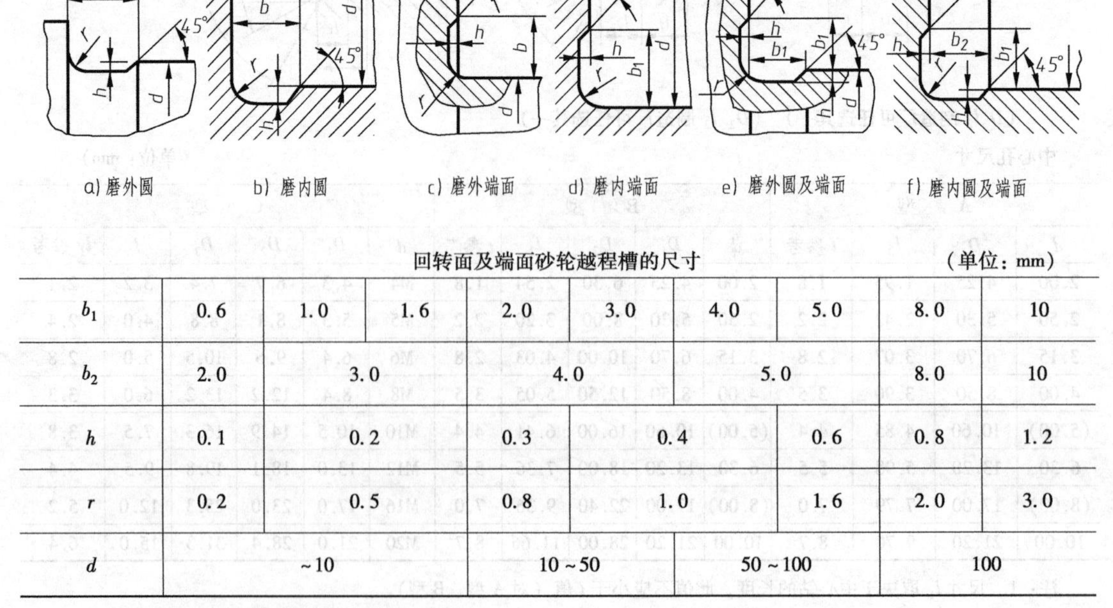

a）磨外圆　b）磨内圆　c）磨外端面　d）磨内端面　e）磨外圆及端面　f）磨内圆及端面

回转面及端面砂轮越程槽的尺寸　　　　（单位：mm）

b_1	0.6	1.0	1.6	2.0	3.0	4.0	5.0	8.0	10
b_2	2.0	3.0		4.0		5.0		8.0	10
h	0.1	0.2		0.3	0.4		0.6	0.8	1.2
r	0.2	0.5		0.8	1.0		1.6	2.0	3.0
d	~10			10~50		50~100		100	

注：1. 越程槽内二直线相交处，不允许产生尖角。

2. 越程槽深度 h 与圆弧半径 r 要满足 $r \leqslant 3h$。

附录 G　极限与配合

附表 G-1　标准公差数值(摘自 GB/T 1800.2—2009)

公称尺寸/mm		标准公差等级																	
		IT1	IT2	IT3	IT4	IT5	IT6	IT7	IT8	IT9	IT10	IT11	IT12	IT13	IT14	IT15	IT16	IT17	IT18
大于	至	μm											mm						
—	3	0.8	1.2	2	3	4	6	10	14	25	40	60	0.1	0.14	0.25	0.4	0.6	1	1.4
3	6	1	1.5	2.5	4	5	8	12	18	30	48	75	0.12	0.18	0.3	0.48	0.75	1.2	1.8
6	10	1	1.5	2.5	4	6	9	15	22	36	58	90	0.15	0.22	0.36	0.58	0.9	1.5	2.2
10	18	1.2	2	3	5	8	11	18	27	43	70	110	0.18	0.27	0.43	0.7	1.1	1.8	2.7
18	30	1.5	2.5	4	6	9	13	21	33	52	84	130	0.21	0.33	0.52	0.84	1.3	2.1	3.3
30	50	1.5	2.5	4	7	11	16	25	39	62	100	160	0.25	0.39	0.62	1	1.6	2.5	3.9
50	80	2	3	5	8	13	19	30	46	74	120	190	0.3	0.46	0.74	1.2	1.9	3	4.6
80	120	2.5	4	6	10	15	22	35	54	87	140	220	0.35	0.54	0.87	1.4	2.2	3.5	5.4
120	180	3.5	5	8	12	18	25	40	63	100	160	250	0.4	0.63	1	1.6	2.5	4	6.3
180	250	4.5	7	10	14	20	29	46	72	115	185	290	0.46	0.72	1.15	1.85	2.9	4.6	7.2
250	315	6	8	12	16	23	32	52	81	130	210	320	0.52	0.81	1.3	2.1	3.2	5.2	8.1
315	400	7	9	13	18	25	36	57	89	140	230	360	0.57	0.89	1.4	2.3	3.6	5.7	8.9
400	500	8	10	15	20	27	40	63	97	155	250	400	0.63	0.97	1.55	2.5	4	6.3	9.7
500	630	9	11	16	22	32	44	70	110	175	280	440	0.7	1.1	1.75	2.8	4.4	7	11
630	800	10	13	18	25	36	50	80	125	200	320	500	0.8	1.25	2	3.2	5	8	12.5
800	1000	11	15	21	28	40	56	90	140	230	360	560	0.9	1.4	2.3	3.6	5.6	9	14
1000	1250	13	18	24	33	47	66	105	165	260	420	660	1.05	1.65	2.6	4.2	6.6	10.5	16.5
1250	1600	15	21	29	39	55	78	125	195	310	500	780	1.25	1.95	3.1	5	7.8	12.5	19.5
1600	2000	18	25	35	46	65	92	150	230	370	600	920	1.5	2.3	3.7	6	9.2	15	23
2000	2500	22	30	41	55	78	110	175	280	440	700	1100	1.75	2.8	4.4	7	11	17.5	28
2500	3150	26	36	50	68	96	135	210	330	540	860	1350	2.1	3.3	5.4	8.6	13.5	21	33

注：1. 公称尺寸大于 500mm 的 IT1 ~ IT5 的标准公差数值为试行的。

2. 公称尺寸小于或等于 1mm 时，无 IT14 ~ IT18。

附表 G-2 优先配合中轴的极限偏差（摘自 GB/T 1801—2009） （单位：μm）

公称尺寸/mm		公差带												
		c	d	f	g	h				k	n	p	s	u
大于	至	11	9	7	6	6	7	9	11	6	6	6	6	6
—	3	-60 -120	-20 -45	-6 -16	-2 -8	0 -6	0 -10	0 -25	0 -60	+6 0	+10 +4	+12 +6	+20 +14	+24 +18
3	6	-70 -145	-30 -60	-10 -22	-4 -12	0 -8	0 -12	0 -30	0 -75	+9 +1	+16 +8	+20 +12	+27 +19	+31 +23
6	10	-80 -170	-40 -76	-13 -28	-5 -14	0 -9	0 -15	0 -36	0 -90	+10 +1	+19 +10	+24 +15	+32 +23	+37 +28
10	14	-95 -205	-50 -93	-16 -34	-6 -17	0 -11	0 -18	0 -43	0 -110	+12 +1	+23 +12	+29 +18	+39 +28	+44 +33
14	18													
18	24	-110 -240	-65 -117	-20 -41	-7 -20	0 -13	0 -21	0 -52	0 -130	+15 +2	+28 +15	+35 +22	+48 +35	+54 +41
24	30													+61 +48
30	40	-120 -280	-80 -142	-25 -50	-9 -25	0 -16	0 -25	0 -62	0 -160	+18 +2	+33 +17	+42 +26	+59 +43	+76 +60
40	50	-130 -290												+86 +70
50	65	-140 -330	-100 -174	-30 -60	-10 -29	0 -19	0 -30	0 -74	0 -190	+21 +2	+39 +20	+51 +32	+72 +53	+106 +87
65	80	-150 -340											+78 +59	+121 +102
80	100	-170 -390	-120 -207	-36 -71	-12 -34	0 -22	0 -35	0 -87	0 -220	+25 +3	+45 +23	+59 +37	+93 +71	+146 +124
100	120	-180 -400											+101 +79	+166 +144
120	140	-200 -450	-145 -245	-43 -83	-14 -39	0 -25	0 -40	0 -100	0 -250	+28 +3	+52 +27	+68 +43	+117 +92	+195 +170
140	160	-210 -460											+125 +100	+215 +190
160	180	-230 -480											+133 +108	+235 +210
180	200	-240 -530	-170 -285	-50 -96	-15 -44	0 -29	0 -46	0 -115	0 -290	+33 +4	+60 +31	+79 +50	+151 +122	+265 +236
200	225	-260 -550											+159 +130	+287 +258
225	250	-280 -570											+169 +140	+313 +284
250	280	-300 -620	-190 -320	-56 -108	-17 -49	0 -32	0 -52	0 -130	0 -320	+36 +4	+66 +34	+88 +56	+190 +158	+347 +315
280	315	-330 -650											+202 +170	+382 +350
315	355	-360 -720	-210 -350	-62 -119	-18 -54	0 -36	0 -57	0 -140	0 -360	+40 +4	+73 +37	+98 +62	+226 +190	+426 +390
355	400	-400 -760											+244 +208	+471 +435
400	450	-440 -840	-230 -385	-68 -131	-20 -60	0 -40	0 -63	0 -155	0 -400	+45 +5	+80 +40	+108 +68	+272 +232	+530 +490
450	500	-480 -880											+292 +252	+580 +540

附表 G-3　优先配合中孔的极限偏差（摘自 GB/T 1801—2009）　　（单位：μm）

公称尺寸/mm		公差带												
		C	D	F	G	H				K	N	P	S	U
大于	至	11	9	8	7	7	8	9	11	7	7	7	7	7
–	3	+120 +60	+45 +20	+20 +6	+12 +2	+10 0	+14 0	+25 0	+60 0	0 −10	−4 −14	−6 −16	−14 −24	−18 −28
3	6	+145 +70	+60 +30	+28 +10	+16 +4	+12 0	+18 0	+30 0	+75 0	+3 −9	−4 −16	−8 −20	−15 −27	−19 −31
6	10	+170 +80	+76 +40	+35 +13	+20 +5	+15 0	+22 0	+36 0	+90 0	+5 −10	−4 −19	−9 −24	−17 −32	−22 −37
10	14	+205 +95	+93 +50	+43 +16	+24 +6	+18 0	+27 0	+43 0	+110 0	+6 −12	−5 −23	−11 −29	−21 −39	−26 −44
14	18													
18	24	+240 +110	+117 +65	+53 +20	+28 +7	+21 0	+33 0	+52 0	+130 0	+6 −15	−7 −28	−14 −35	−27 −48	−33 −54
24	30													−40 −61
30	40	+280 +120	+142 +80	+64 +25	+34 +9	+25 0	+39 0	+62 0	+160 0	+7 −18	−8 −33	−17 −42	−34 −59	−51 −76
40	50	+290 +130												−61 −86
50	65	+330 +140	+174 +100	+76 +30	+40 +10	+30 0	+46 0	+74 0	+190 0	+9 −21	−9 −39	−21 −51	−42 −72	−76 −106
65	80	+340 +150											−48 −78	−91 −121
80	100	+390 +170	+207 +120	+90 +36	+47 +12	+35 0	+54 0	+87 0	+220 0	+10 −25	−10 −45	−24 −59	−58 −98	−111 −146
100	120	+400 +180											−66 −101	−131 −166
120	140	+450 +200	+245 +145	+106 +43	+54 +14	+40 0	+63 0	+100 0	+250 0	+12 −28	−12 −52	−28 −68	−77 −117	−155 −195
140	160	+460 +210											−85 −125	−175 −215
160	180	+480 +230											−93 −133	−195 −235
180	200	+530 +240	+285 +170	+122 +50	+61 +15	+46 0	+72 0	+115 0	+290 0	+13 −33	−14 −60	−33 −79	−105 −151	−219 −265
200	225	+550 +260											−113 −159	−241 −287
225	250	+570 +280											−123 −169	−267 −313
250	280	+620 +300	+320 +190	+137 +56	+69 +17	+52 0	+81 0	+130 0	+320 0	+16 −36	−14 −66	−36 −88	−138 −190	−295 −347
280	315	+650 +330											−150 −202	−330 −382
315	355	+720 +360	+350 +210	+151 +62	+75 +18	+57 0	+89 0	+140 0	+360 0	+17 −40	−16 −73	−41 −98	−169 −226	−369 −426
355	400	+760 +400											−187 −244	−414 −471
400	450	+840 +440	+385 +230	+165 +68	+83 +20	+63 0	+97 0	+155 0	+400 0	+18 −45	−17 −80	−45 −108	−209 −272	−467 −530
450	500	+880 +480											−229 −292	−517 −580

附表 G-4　几何公差（GB/T 1184—1996）

公差项目	主参数 L/mm	公差等级											
		1	2	3	4	5	6	7	8	9	10	11	12
		公差值/μm											
直线度、平面度	≤10	0.2	0.4	0.8	1.2	2	3	5	8	12	20	30	60
	>10～16	0.25	0.5	1	1.5	2.5	4	6	10	15	25	40	80
	>16～25	0.3	0.6	1.2	2	3	5	8	12	20	30	50	100
	>25～40	0.4	0.8	1.5	2.5	4	6	10	15	25	40	60	120
	>40～63	0.5	1	2	3	5	8	12	20	30	50	80	150
	>63～100	0.6	1.2	2.5	4	6	10	15	25	40	60	100	200
	>100～160	0.8	1.5	3	5	8	12	20	30	50	80	120	250
	>160～250	1	2	4	6	10	15	25	40	60	100	150	300
圆度、圆柱度	≤3	0.2	0.3	0.5	0.8	1.2	2	3	4	6	10	14	25
	>3～6	0.2	0.4	0.6	1	1.5	2.5	4	5	8	12	18	30
	>6～10	0.25	0.4	0.6	1	1.5	2.5	4	6	9	15	22	36
	>10～18	0.25	0.5	0.8	1.2	2	3	5	8	11	18	27	43
	>18～30	0.3	0.6	1	1.5	2.5	4	6	9	13	21	33	52
	>30～50	0.4	0.6	1	1.5	2.5	4	7	11	16	25	39	62
	>50～80	0.5	0.8	1.2	2	3	5	8	13	19	30	46	74
	>80～120	0.6	1	1.5	2.5	4	6	10	15	22	35	54	87
	>120～180	1	1.2	2	3.5	5	8	12	18	25	40	63	100
	>180～250	1.2	2	3	4.5	7	10	14	20	29	46	72	115
平行度、垂直度、倾斜度	≤10	0.4	0.8	1.5	3	5	8	12	20	30	50	80	120
	>10～16	0.5	1	2	4	6	10	15	25	40	60	100	150
	>16～25	0.6	1.2	2.5	5	8	12	20	30	50	80	120	200
	>25～40	0.8	1.5	3	6	10	15	25	40	60	100	150	250
	>40～63	1	2	4	8	12	20	30	50	80	120	200	300
	>63～100	1.2	2.5	5	10	15	25	40	60	100	150	250	400
	>100～160	1.5	3	6	12	20	30	50	80	120	200	300	500
	>160～250	2	4	8	15	25	40	60	100	150	250	400	600
同轴度、对称度、圆跳动、全跳动	≤1	0.4	0.6	1.0	1.5	2.5	4	6	10	15	25	40	60
	>1～3	0.4	0.6	1.0	1.5	2.5	4	6	10	20	40	60	120
	>3～6	0.5	0.8	1.2	2	3	5	8	12	25	50	80	150
	>6～10	0.6	1	1.5	2.5	4	6	10	15	30	60	100	200
	>10～18	0.8	1.2	2	3	5	8	12	20	40	80	120	250
	>18～30	1	1.5	2.5	4	6	10	15	25	50	100	150	300
	>30～50	1.2	2	3	5	8	12	20	30	60	120	200	400
	>50～120	1.5	2.5	4	6	10	15	25	40	80	150	250	500
	>120～250	2	3	5	8	12	20	30	50	100	200	300	600

附录H 常用材料

附表H-1 金属材料

标准	名称	牌号	应用举例		说明
GB/T 700—2006	普通碳素结构钢	Q215	A级 B级	金属结构件、拉杆、套圈、铆钉、螺栓。短轴、心轴、凸轮（载荷不大的）、垫圈、渗碳零件及焊接件	“Q”为碳素结构钢屈服点“屈”字的汉语拼音首位字母，后面的数字表示屈服点的数值，如Q235表示碳素结构钢的屈服点为235MPa 新旧牌号对照： Q215—A2 Q235—A3 Q275—A5
		Q235	A级 B级 C级 D级	金属结构件，心部强度要求不高的渗碳或氰化零件，吊钩、拉杆、套圈、汽缸、齿轮、螺栓、螺母、连杆、轮轴、楔、盖及焊接件	
		Q275		轴、轴销、刹车杆、螺母、螺栓、垫圈、连杆、齿轮以及其他强度较高的零件	
GB/T 699—1999	优质碳素结构钢	10		用作拉杆、卡头、垫圈、铆钉及用作焊接零件	牌号的两位数字表示平均碳的质量分数，45钢即表示碳的质量分数为0.45% 碳的质量分数≤0.25%的碳钢属低碳钢（渗碳钢） 碳的质量分数在(0.25～0.6)%之间的碳钢属中碳钢（调质钢） 碳的质量分数>0.6%的碳钢属高碳钢 锰的质量分数较高的钢，须加注化学元素符号“Mn”
		15		用于受力不大和韧性较高的零件、渗碳零件及紧固件（如螺栓、螺钉）、法兰盘和化工贮器	
		35		用于制造曲轴、转轴、轴销、杠杆、连杆、螺栓、螺母、垫圈、飞轮（多在正火、调质下使用）	
		45		用作要求综合机械性能高的各种零件，通常经正火或调质处理后使用。用于制造轴、齿轮、齿条、链轮、螺栓、螺母、销钉、键、拉杆等	
		60		用于制造弹簧、弹簧垫圈、凸轮、轧辊等	
		15Mn		制作心部力学性能要求较高且须渗碳的零件	
		65Mn		用作要求耐磨性高的圆盘、衬板、齿轮、花键轴、弹簧等	
GB/T 3077—1999	合金结构钢	20Mn2		用作渗碳小齿轮、小轴、活塞销、柴油机套筒、气门推杆、缸套等	钢中加入一定量的合金元素，提高钢的力学性能和耐磨性，也提高钢的淬透性，保证金属在较大截面上获得高的力学性能
		15Cr		用于要求心部韧性较高的渗碳零件，如船舶主机用螺栓，活塞销，凸轮，凸轮轴，汽轮机套环，机车小零件等	

（续）

标准	名称	牌号	应用举例	说明
GB/T 3077—1999	合金结构钢	40Cr	用于受变载、中速、中载、强烈磨损而无很大冲击的重要零件，如重要的齿轮、轴、曲轴、连杆、螺栓、螺母等	钢中加入一定量的合金元素，提高钢的力学性能和耐磨性，也提高钢的淬透性，保证金属在较大截面上获得高的力学性能
		35SiMn	耐磨、耐疲劳性均佳，适用于小型轴类、齿轮及430°C以下的重要紧固件等	
		20CrMnTi	工艺性特优，强度、韧性均高，可用于承受高速、中等或重负荷以及冲击、磨损等的重要零件，如渗碳齿轮、凸轮等	
GB/T 11352—2009	铸钢	ZG 230-450	轧机机架、铁道车辆摇枕、侧梁、铁铮台、机座、箱体、锤轮、450°C以下的管路附件等	“ZG”为铸钢汉语拼音的首位字母，后面的数字表示屈服点和抗拉强度。如ZG 230-450表示屈服强度为230MPa、抗拉强度为450MPa
		ZG 310-570	适用于各种形状的零件，如联轴器、齿轮、汽缸、轴、机架、齿圈等	
GB/T 9439—2010	灰铸铁	HT150	用于小负荷和对耐磨性无特殊要求的零件，如端盖、外罩、手轮、一般机床的底座、床身及其复杂零件、滑台、工作台和低压管件等	“HT”为“灰铁”的汉语拼音的首位字母，后面的数字表示抗拉强度。如HT200表示抗拉强度为200MPa的灰铸铁
		HT200	用于中等负荷和对耐磨性有一定要求的零件，如机床床身、立柱、飞轮、气缸、泵体、轴承座、活塞、齿轮箱、阀体等	
		HT250	用于中等负荷和对耐磨性有一定要求的零件，如阀壳、液压缸、气缸、联轴器、机体、齿轮、齿轮箱外壳、飞轮、液压泵和滑阀的壳体等	
GB/T 1176—2013	5-5-5锡青铜	ZCuSn5Pb5Zn5	耐磨性和耐蚀性均好，易加工，铸造性和气密性较好。用于较高负荷、中等滑动速度下工作的耐磨、耐腐蚀零件，如轴瓦、衬套、缸套、活塞、离合器、蜗轮等	“Z”为铸造汉语拼音的首位字母，各化学元素后面的数字表示该元素含量的质量分数，如ZCuAl10Fe3表示含： Al (8.1~11)% Fe (2~4)% 其余为Cu的铸造铝青铜
	10-3铝青铜	ZCuAl10Fe3	机械性能高，耐磨性、耐蚀性、抗氧化性好，可以焊接，不易钎焊，大型铸件自700°C空冷可防止变脆。可用于制造强度高、耐磨、耐蚀的零件，如蜗轮、轴承、衬套、管嘴、耐热管配件等	

（续）

标准	名称	牌号	应用举例	说明
GB/T 1176—2013	25-6-3-3 铝黄铜	ZCuZn25 Al6Fe3Mn3	有很高的力学性能，铸造性良好、耐蚀性较好，有应力腐蚀开裂倾向，可以焊接。适用于高强耐磨零件，如桥梁支承板、螺母、螺杆、耐磨板、滑板、蜗轮等	“Z”为铸造汉语拼音的首位字母，各化学元素后面的数字表示该元素含量的质量分数，如 ZCuAl10Fe3 表示含： Al（8.1～11）% Fe（2～4）% 其余为 Cu 的铸造铝青铜
	58-2-2 锰黄铜	ZCuZn38 Mn2Pb2	有较高的力学性能和耐蚀性，耐磨性较好，切削性良好。可用于一般用途的构件，船舶仪表等使用的外形简单的铸件，如套筒、衬套、轴瓦、滑块等	
GB/T 1173—2013	铸造铝合金	ZAlSi12	用于制造形状复杂，负荷小、耐腐蚀的薄壁零件和工作温度≤200°C 的高气密性零件	含硅（10～13）% 的铝硅合金
GB/T 3190—2008	硬铝	2A12（原 LY12）	焊接性能好，适于制作高载荷的零件及构件（不包括冲压件和锻件）	2A12 表示含铜（3.8～4.9）%，镁（1.2～1.8）%，锰（0.3～0.9）% 的硬铝
	工业纯铝	1060	塑性、耐腐蚀性高，焊接性好，强度低。适于制作贮槽、热交换器、防污染及深冷设备等	1060 表示含杂质≤0.4% 的工业纯铝

附表 H-2　非金属材料

标准	名称	牌号	说明	应用举例
GB/T 539—2008	耐油石棉橡胶板	NY250 HNY300	有（0.4～3.0）mm 的十种厚度规格	供航空发动机用的煤油、润滑油及冷气系统结合处的密封衬垫材料
GB/T 5574—2008	耐酸碱橡胶板	2707 2807 2709	较高硬度 中等硬度	具有耐酸碱性能，在温度（−30～+60）°C 的 20% 浓度的酸碱液体中工作，用于冲制密封性能较好的垫圈
	耐油橡胶板	3707 3807 3709 3809	较高硬度	可在一定温度的机油、变压器油、汽油等介质中工作，适用于冲制各种形状的垫圈
	耐热橡胶板	4708 4808 4710	较高硬度 中等硬度	可在（−30～+100）°C，且压力不大的条件下，于热空气、蒸汽介质中工作，用于冲制各种垫圈及隔热垫板

附表 H-3　材料常用热处理和附表面处理名词解释

名　称	代　号	说　明	目　的
退火	511	将钢件加热到适当温度，保温一段时间，然后以一定速度缓慢冷却	实现材料在性能和显微组织上的预期变化，如细化晶粒、消除应力等。并为下道工序进行显微组织准备
正火	512	将钢件加热到临界温度以上，保温一段时间，然后在空气中冷却	调整钢件硬度，细化晶粒，改善加工性能，为淬火或球化退火做好显微组织准备
淬火	513	将钢件加热到临界温度以上，保温一段时间，然后急剧冷却	提高机件强度及耐磨性。但淬火后会引起内应力，使钢变脆，所以淬火后必须回火
淬火和回火	514	将淬火后的钢件重新加热到临界温度以下某一温度，保温一段时间冷却	降低淬火后的内应力和脆性，保证零件尺寸稳定性
调质	515	淬火后在 500～700℃ 进行高温回火	提高韧性及强度。重要的齿轮、轴及丝杠等零件需调质
感应加热淬火	513-04	用高频电流将零件表面迅速加热到临界温度以上，急速冷却	提高机件表面的硬度及耐磨性，而芯部又保持一定的韧性，使零件既耐磨又能承受冲击，常用来处理齿轮等
渗碳	531	将零件在渗碳剂中加热，使碳渗入钢的表面后，再淬火、回火	提高机件表面的硬度、耐磨性、抗拉强度等。主要适用于低碳结构钢的中小型零件
渗氮	533	将零件放入氨气内加热，使渗氮工作表面获得含氮强化层	提高机件表面的硬度、耐磨性、疲劳强度和抗蚀能力。适用于合金钢、碳钢、铸铁件，如机床主轴、丝杠、重要液压元件中的零件
时效处理	时效	机件精加工前，加热到 100～150°C后，保温 5～20h，空气冷却；铸件可天然时效露天放一年以上	消除内应力，稳定机件形状和尺寸，常用于处理精密机件，如精密轴承、精密丝杠等
发蓝发黑	发蓝或发黑	将零件置于氧化性介质内加热氧化，使表面形成一层氧化铁保护膜	防腐蚀、美化，如用于螺纹连接件
镀镍	镀镍	用电解方法，在钢件表面镀一层镍	防腐蚀、美化
镀铬	镀铬	用电解方法，在钢件表面镀一层铬	提高机件表面的硬度、耐磨性和耐蚀能力，也用于修复零件上磨损的表面
硬度	HBW（布氏硬度） HRC（洛氏硬度） HV（维氏硬度）	材料抵抗硬物压入其表面的能力，依测定方法不同有布氏、洛氏、维氏硬度等几种	用于检验材料经热处理后的硬度。HBW 用于退火、正火、调质的零件及铸件；HRC 用于经淬火、回火及表面渗碳、渗氮等处理的零件；HV 用于薄层硬化零件

附录Ⅰ　建筑工程图例

附表Ⅰ-1　常用建筑材料图例（GB/T 50001—2010）

名称	图　例	说　明
自然土壤		包括各种自然土壤
夯实土壤		
砂、灰土		靠近轮廓线绘较密的点
石膏板		包括圆孔、方孔石膏板，防水石膏板等
金属		1. 包括各种金属 2. 图形小时，可涂黑
网状材料		1. 包括金属、塑料网状材料 2. 应注明具体材料名称
液体		应注明具体液体名称
玻璃		包括平板玻璃、磨砂玻璃、夹丝玻璃、钢化玻璃、中空玻璃、加层玻璃、镀膜玻璃等
橡胶		
塑料		包括各种软、硬塑料及有机玻璃等
防水材料		构造层次多或比例大时，采用上面图例
粉刷		本图例采用较稀的点
砂砾石、碎砖三合土		
石材		

名称	图　例	说　明
耐火砖		包括耐酸砖等砌体
空心砖		指非承重砖砌体
饰面砖		包括铺地砖、马赛克、陶瓷锦砖、人造大理石等
焦渣、矿渣		包括与水泥、石灰等混合而成的材料
混凝土		1. 本图例指能承重的混凝土及钢筋混凝土 2. 包括各种强度等级、骨料、添加剂的混凝土 3. 在剖面图上画出钢筋时，不画图例线 4. 断面图形小，不易画出图例线时、可涂黑
钢筋混凝土		
多孔材料		包括水泥珍珠岩、沥青珍珠岩、泡沫混凝土、非承重加气混凝土、软木、蛭石制品等
纤维材料		包括矿棉、岩棉、玻璃棉、麻丝、木丝板、纤维板等
泡沫塑料材料		包括聚苯乙烯、聚乙烯、聚氨酯等多孔聚合物类材料
木材		1. 上图为横断面，上左图为垫木、木砖或木龙骨 2. 下图为纵断面
胶合板		应注明为x层胶合板
毛石		
普通砖		包括实心砖、多孔砖、砌块等砌体。断面较窄不易绘出图例线时，可涂红

附表 I-2 总平面图图例（GB/T 50103—2010）

名称	图例	说明
新建建筑物	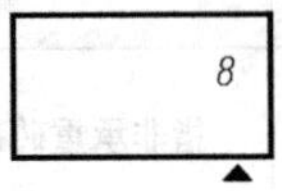 8	新建建筑物以粗实线表示与室外地坪相接处 ±0.00 外墙定位轮廓线 建筑物一般以 ±0.00 高度处的外墙定位轴线交叉点坐标定位。轴线用细实线表示，并标明轴线号 根据不同设计阶段标注建筑编号，地上、地下层数，建筑高度，建筑出入口位置（两种表示方法均可，但同一图纸采用一种表示方法） 地下建筑物以粗虚线表示其轮廓 建筑上部（±0.00 以上）外挑建筑用细实线表示 建筑物上部轮廓用细虚线表示并标注位置
原有建筑物		用细实线表示
计划扩建的预留地或建筑物		用中粗虚线表示
拆除的建筑物	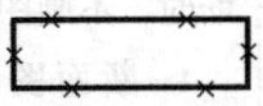	用细实线表示
散状材料露天堆场	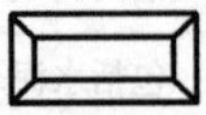	需要时，可注明材料名称
其他材料露天堆场或露天作业场		
铺砌场地	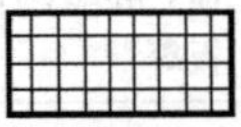	
坐标	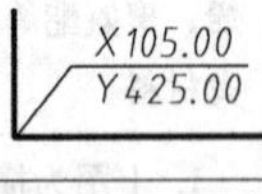 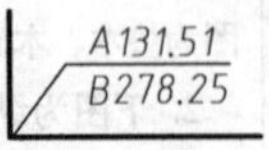 X105.00 Y425.00 A131.51 B278.25	上图表示测量坐标 下图表示建筑坐标
水池、坑槽		也可以不涂黑
围墙及大门	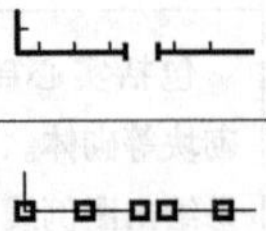	上图为实体性质的围墙 下图为通透性质的围墙 如仅表示围墙时不画大门
烟囱		实线为烟囱下部直径，虚线为基础，必要时可注写烟囱高度和上、下口直径
露天桥式起重机	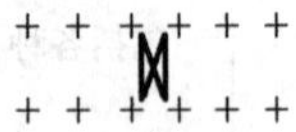 + + + + + + + + + + + +	“+”为柱子位置
截水沟或排水沟	 1 40.00	“1”表示1%的沟底纵向坡度，“40.00”表示变坡点间距离，箭头表示水流方向
花卉	 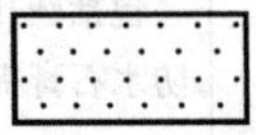	
填挖边坡		1. 边坡较长时，可在一端或两端局部表示 2. 下边线为虚线时，表示填方
护坡	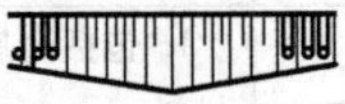	
雨水井		
消火栓井		
室外标高	 •143.00 ▼143.00	室外标高也可采用等高线表示
桥梁	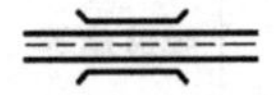 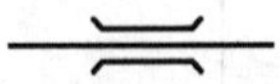	上图为公路桥 下图为铁路桥 用于呈桥时，应注明
原有道路		
计划扩建的道路		
新建道路	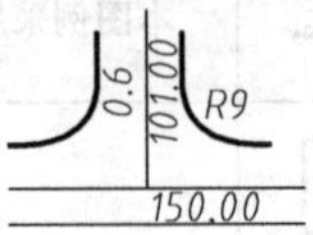 0.6 101.00 R9 150.00	“R9”表示道路转弯半径为9m，“150.00”为路面中心控制点标高 0.6 表示 0.6% 的纵向坡度，“101.00”表示变坡点间距离

附表 I-3　建筑图例（GB/T 50104—2010）

名称	图　例	说　明
墙体		应加注文字或填充图例表示墙体材料，在项目设计图纸说明中，列材料图例表给予说明
隔断		1. 包括板条抹灰，木制、石膏板及金属材料等隔断 2. 适用于到顶与不到顶隔断
栏杆		
楼梯	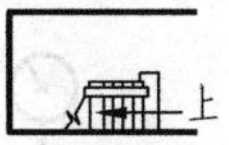 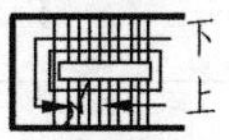 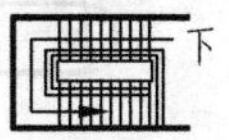 上 下 上 下	上图为底层楼梯平面，中图为中间层楼梯平面，下图为顶层楼梯平面 楼梯及栏杆扶手的形式和梯段踏步数应按实际情况绘制
坡道	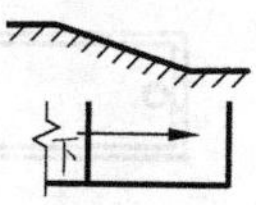 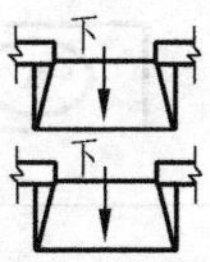 下 下 下	上图为长坡道 下图为门口坡道
检查孔	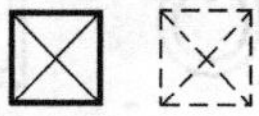	左图为可见检查孔，右图为不可见检查孔
平面高差	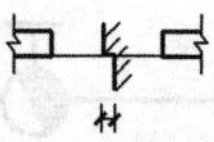	适用于高差小于 100 的两个地面或楼面相接处
墙预留洞	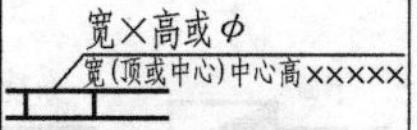 宽×高或φ 宽(顶或中心)中心高×××××	
自动扶梯	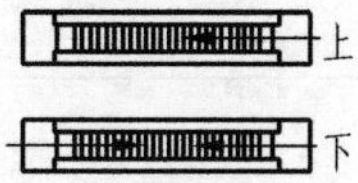 上 下	
电梯		1. 电梯应注明类型，并绘出门和平行锤的实际位置 2. 观景电梯等特殊类型电梯应参照图例按实际情况绘制

名称	图　例	说　明
立转窗	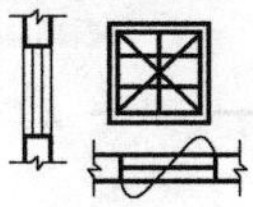	1. 窗的名称代号用 C 表示 2. 立面图中的斜线表示窗的开关方向，实线为外开，虚线为内开；开启方向线交角的一侧为安装合页的一侧，一般设计图中可不表示 3. 剖面图上左为外，右为内，平面图上下为外，上为内 4. 平、剖面图上的虚线仅说明开关方式，在设计图中不需表示 5. 窗的立面形式应按实际情况绘制 6. 小比例绘图时，平、剖面的窗线可用单粗实线表示
单层外开平开窗	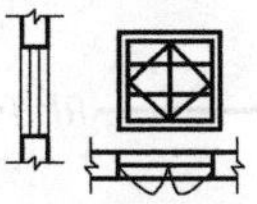	
单层内开平开窗	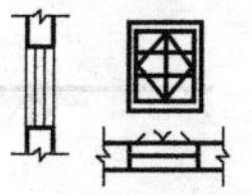	
推拉窗	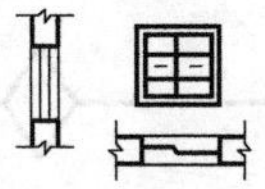	
高窗	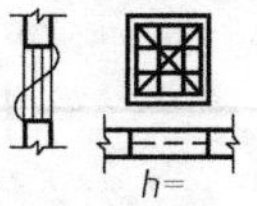 h=	
空门洞	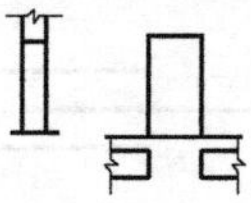	h 为洞高度
单扇门（包括平开或单面弹簧）	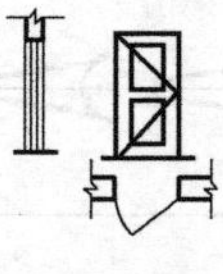	1. 门的名称代号用 M 表示 2. 剖面图上左为外，右为内，平面图上下为外，上为内 3. 立面图上开启方向线交角的一侧为安装合页的一侧，实线为外开，虚线为内开 4. 平面图上线应 90°或 45°开启，开启弧线宜绘出 5. 立面图上的开启线在一般设计图中可不表示，在详图及室内设计图上应表示 6. 立面形式应按实际情况绘制
双扇门（包括平开或单面弹簧）	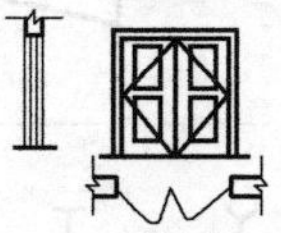	
单扇双面弹簧门	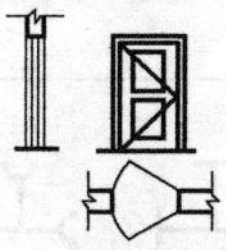	
双扇双面弹簧门	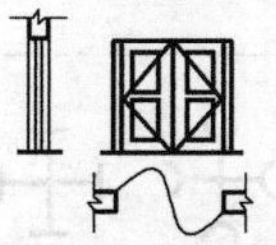	
转门	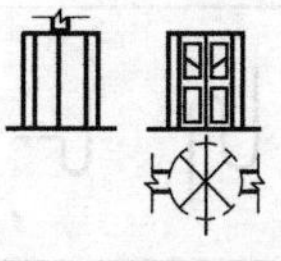	

附表 I-4 水暖设备图例（GB/T 50106—2010）

名 称	图 例	名 称	图 例
循环给水管	XJ	放水龙头	平面 系统
热媒回水管	RMH	浮球阀	平面 系统
多孔管		水泵	平面 系统
波纹管		压力表	
活接头		蹲式大便器	
套管伸缩器		浴盆	
异径管		台式洗面盆	
偏心异径管		开水器	
弯头		室外消火栓	
正三通		室内消火栓(单口)	平面 系统
正四通		管道固定支架	
存水弯		立管检查口	

附录J　几何公差带的定义、标注和解释（GB/T 1182—2008）

项目	公差带的定义	标注及解释
直线度公差	1. 在给定平面内 公差带为在给定平面内和给定方向上，间距等于公差值 *t*mm 的两平行直线所限定的区域 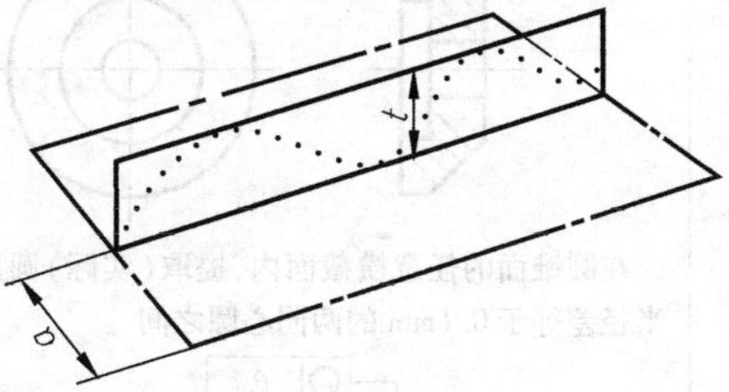 *a* 任一距离	在任一平行于图示投影面的平面内，上平面的提前（实际）线应限定在间距等于 0.1mm 的两平行直线之间 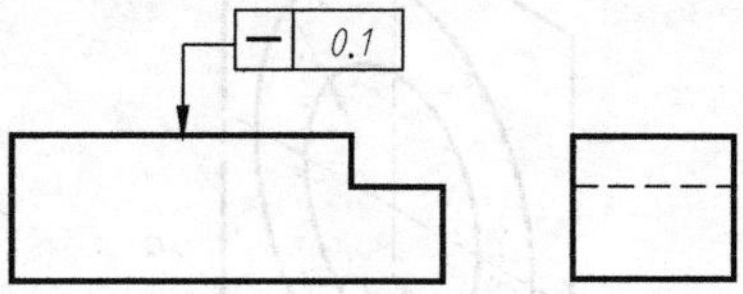 — 0.1
	2. 在给定方向上 公差带为间距等于公差值 *t*mm 的两平行平面所限定的区域 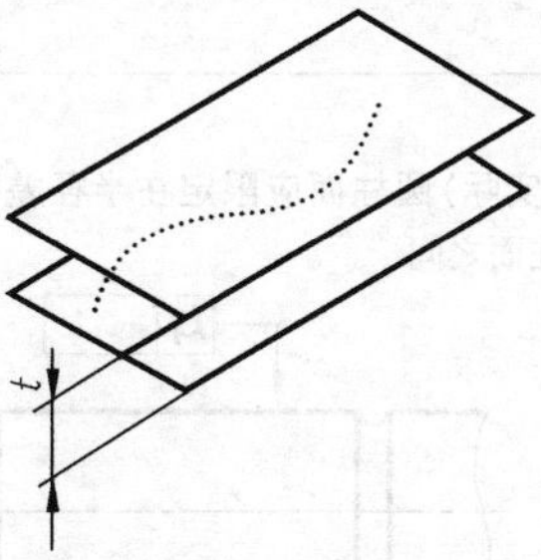	提取（实际）的棱边应限定在间距等于 0.1mm 的两平行平面之间 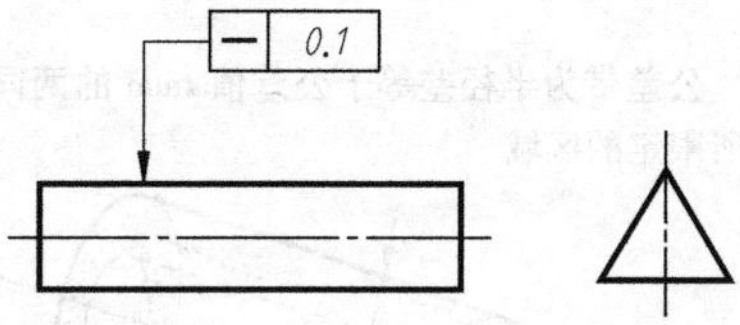 — 0.1
	3. 在任意方向上 由于公差值前加注了符号 ϕ，公差带为直径等于公差值 ϕtmm 的圆柱面所限定的区域 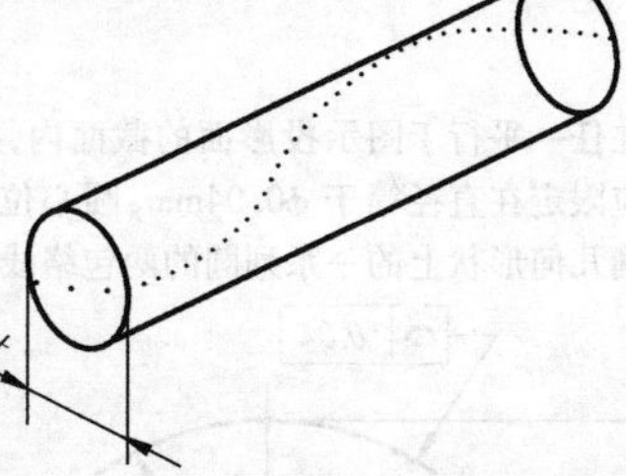	外圆柱面的提取（实际）中心线应限定在直径等于 ϕ0.08mm 的圆柱面内 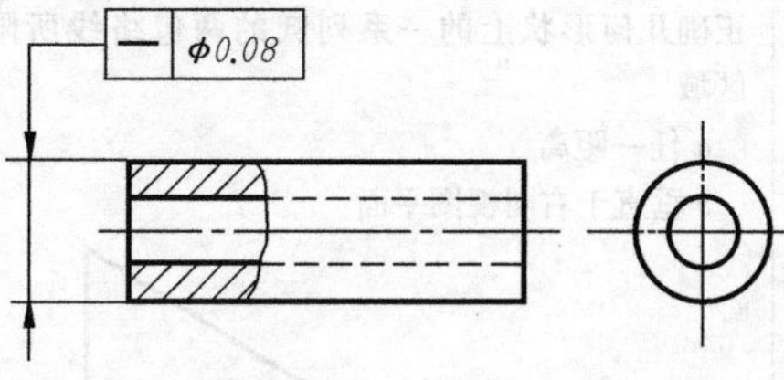 — ϕ0.08
平面度公差	公差带为间距等于公差值 *t*mm 的两平行平面所限定的区域 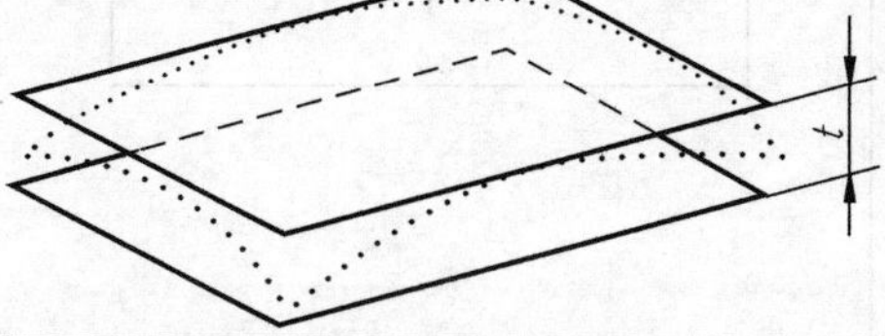	提取（实际）表面应限定在间距等于 0.08mm 的两平行平面之间 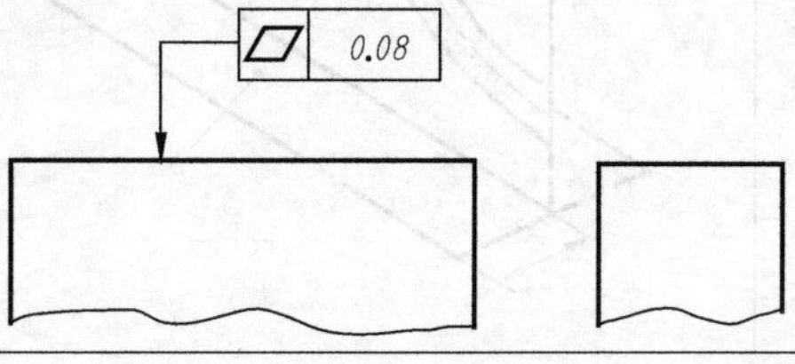 ▱ 0.08

（续）

项目	公差带的定义	标注及解释
圆度公差	公差带为在给定横截面内、半径差等于公差值 $t$mm 的两同心圆所限定的区域 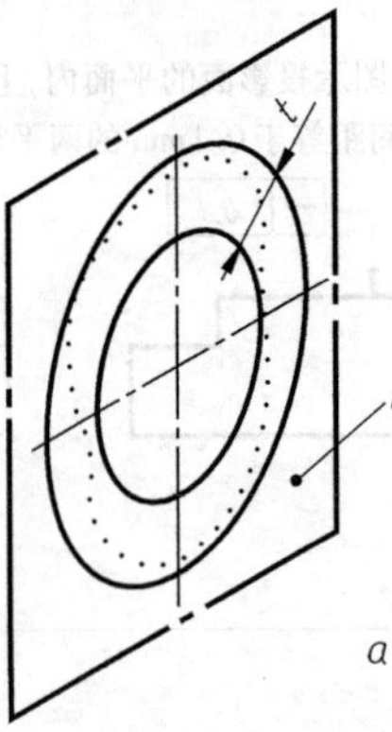 a 任一横截面	在圆柱面和圆锥面的任意横截面内，提取（实际）圆周应限定在半径差等于 0.03mm 的两共面同心圆之间 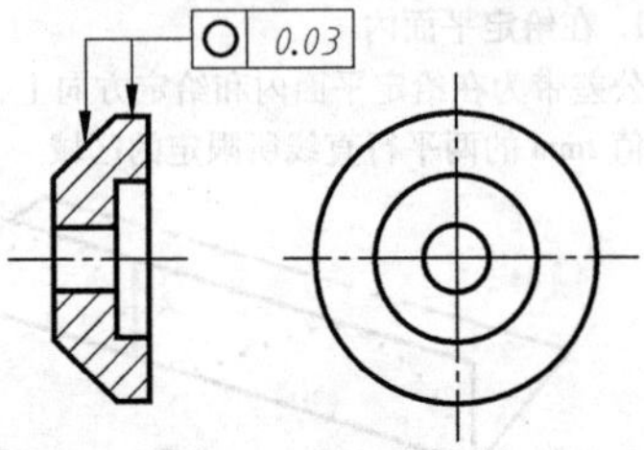 在圆锥面的任意横截面内，提取（实际）圆周应限定在半径差等于 0.1mm 的两同心圆之间 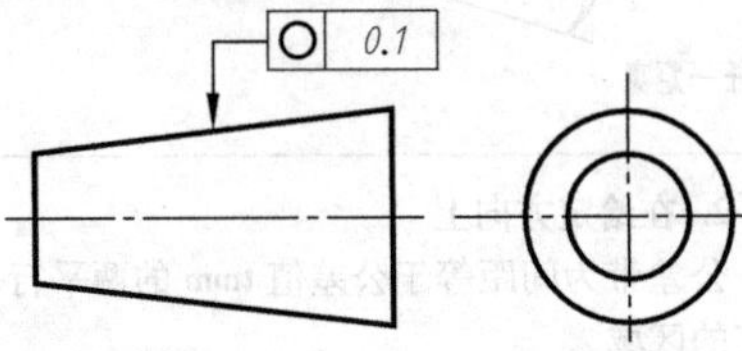
圆柱度公差	公差带为半径差等于公差值 $t$mm 的两同轴圆柱面所限定的区域 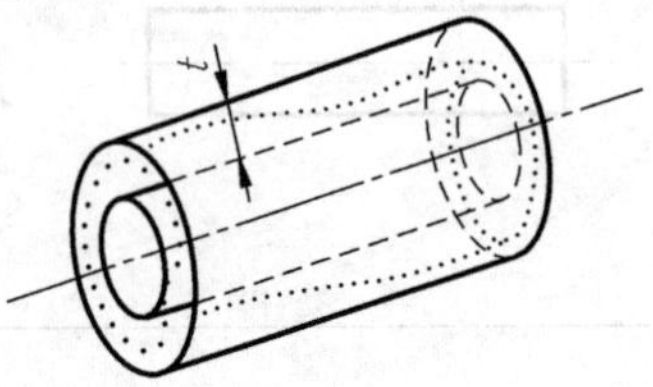	提取（实际）圆柱面应限定在半径差等于 0.1mm 的两同轴圆柱面之间 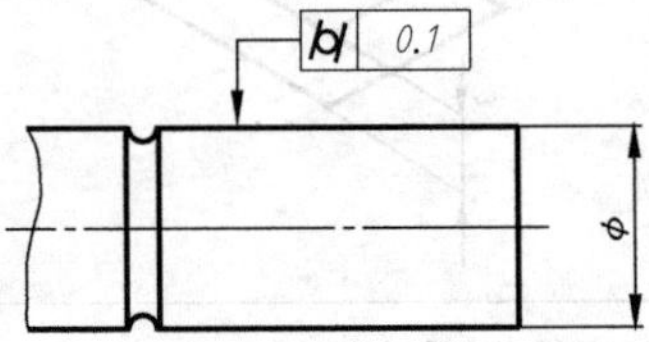
无基准的线轮廓度公差	公差带为直径等于公差值 $t$mm、圆心位于具有理论正确几何形状上的一系列圆的两包络线所限定的区域 a 任一距离 b 垂直于右图视图平面 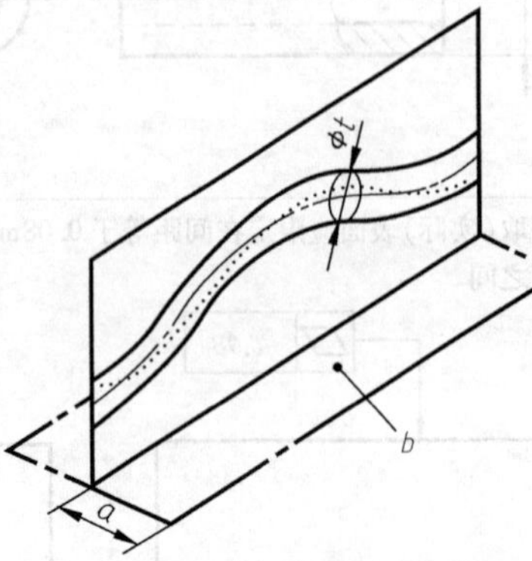	在任一平行于图示投影面的截面内，提取（实际）轮廓线应限定在直径等于 ϕ0.04mm、圆心位于被测要素理论正确几何形状上的一系列圆的两包络线之间 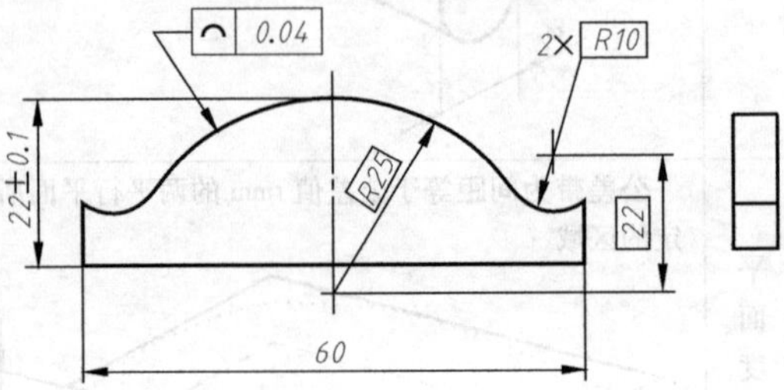

（续）

项目	公差带的定义	标注及解释
相对于基准体系的线轮廓度公差	公差带为直径等于公差值 *t*mm、圆心位于由基准平面 *A* 和基准平面 *B* 确定的被测要素理论正确几何形状上的一系列圆的两包络线所限定的区域 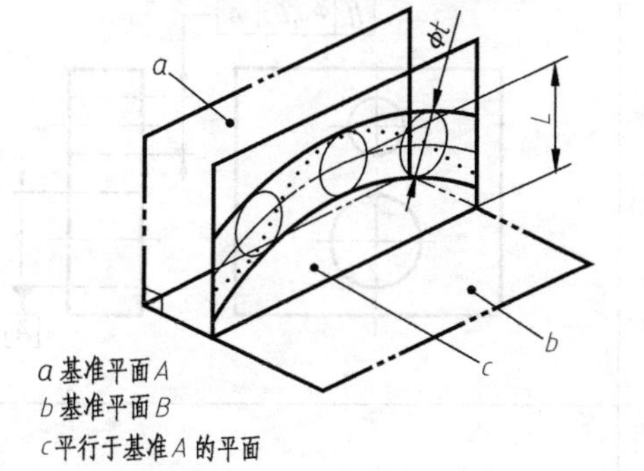 a 基准平面 A b 基准平面 B c 平行于基准 A 的平面	在任一平行于图示投影平面的截面内，提取（实际）轮廓线应限定在直径等于 ϕ0.04mm、圆心位于由基准平面 *A* 和基准平面 *B* 确定的被测要素理论正确几何形状上的一系列圆的两等距包络线之间 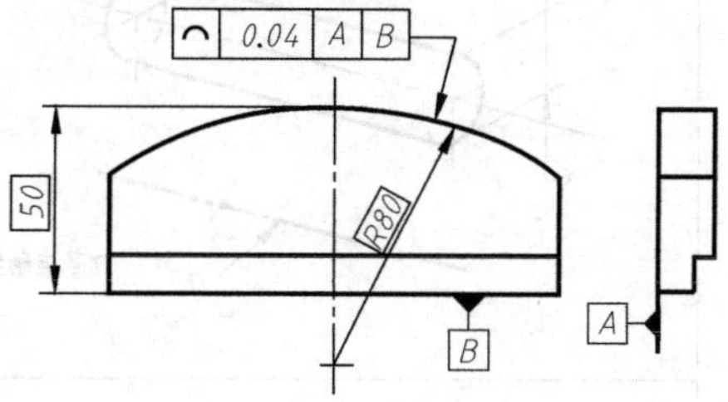
无基准的面轮廓度公差	公差带为直径等于公差值 *t*mm、球心位于被测要素理论正确形状上的一系列圆球的两包络面所限定的区域 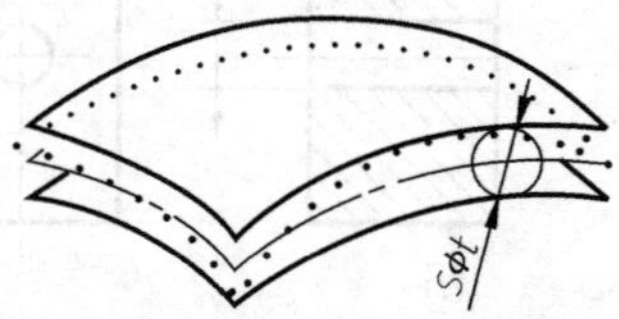	提取（实际）轮廓面应限定在直径等于 ϕ0.02mm、球心位于被测要素理论正确几何形状上的一系列圆球的两等距包络面之间 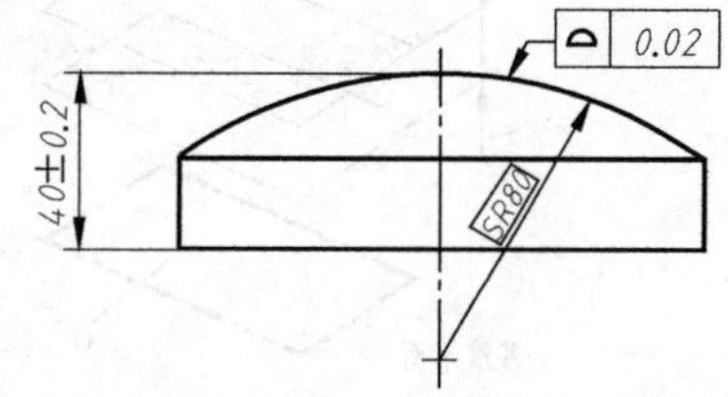
相对于基准的面轮廓度公差	公差带为直径等于公差值 *t*mm、球心位于由基准平面 *A* 确定的被测要素理论正确几何形状上的一系列圆球的两包络面所限定的区域 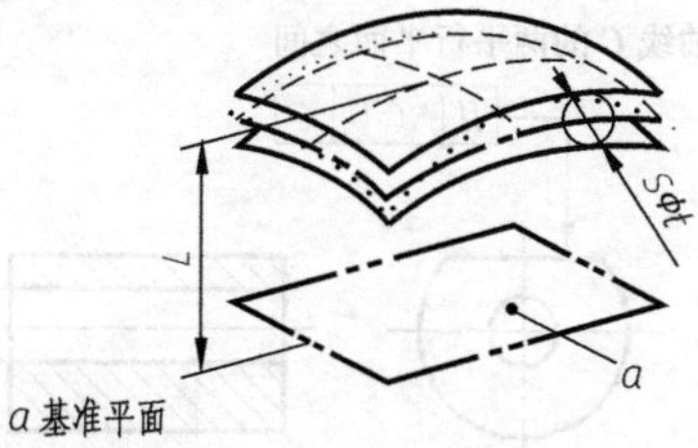 a 基准平面	提取（实际）轮廓面应限定在直径等于 ϕ0.1mm、球心位于由基准平面 *A* 确定的被测要素理论正确几何形状上的一系列圆球的两等距包络面之间 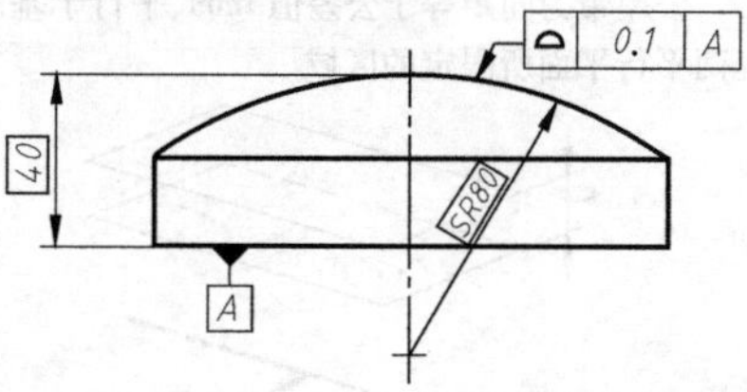
平行度公差	1. 线对基准体系的平行度公差 公差带为间距等于公差值 *t*mm、平行于两基准的两平行平面所限定的区域 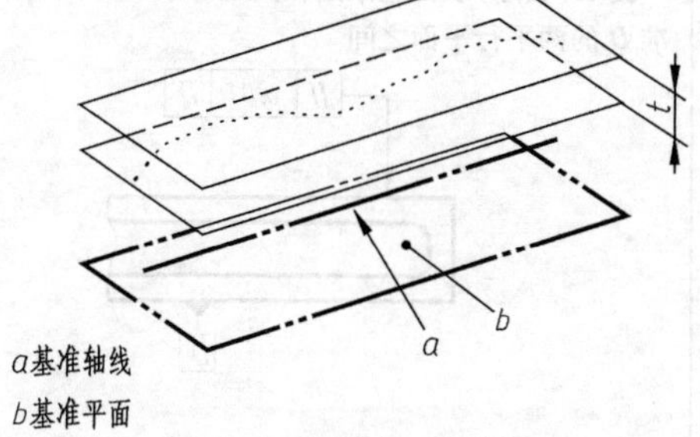 a 基准轴线 b 基准平面	提取（实际）中心线应限定在间距等于 0.1mm、平行于基准轴线 *A* 和基准平面 *B* 的两平行平面之间 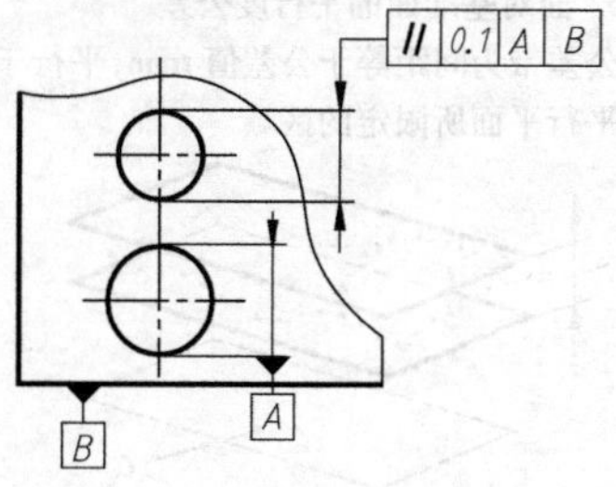

（续）

项目	公差带的定义	标注及解释
平行度公差	2. 线对基准线的平行度公差 若公差值前加注了符号 ϕ，公差带为平行于基准轴线、直径等于公差值 ϕtmm 的圆柱面所限定的区域 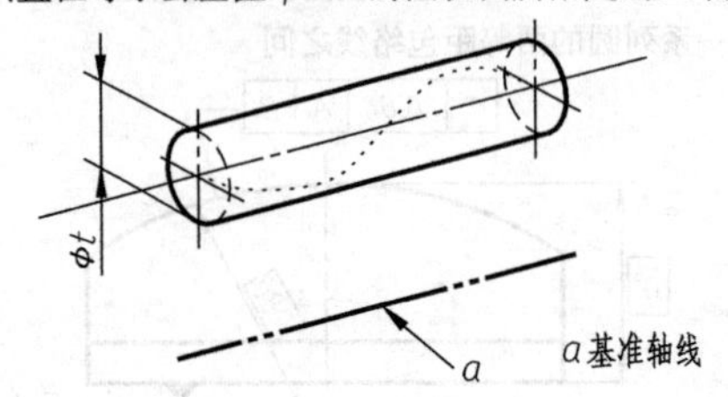	提取（实际）中心线应限定在平行于基准轴线 A、直径等于 ϕ0.03mm 的圆柱面内 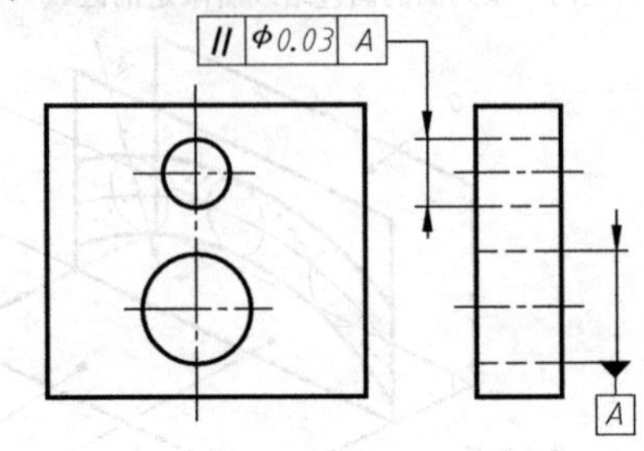
	3. 线对基准面的平行度公差 公差带为平行于基准平面、间距等于公差值 $t$mm 的两平行平面所限定的区域 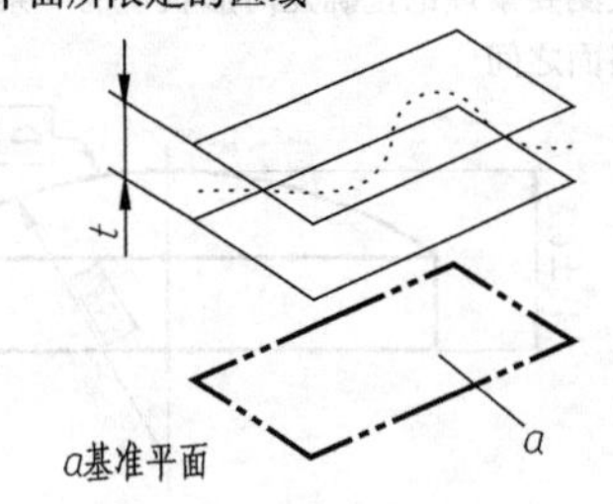	提取（实际）中心线应限定在平行于基准平面 B、间距等于 0.01mm 的两平行平面之间 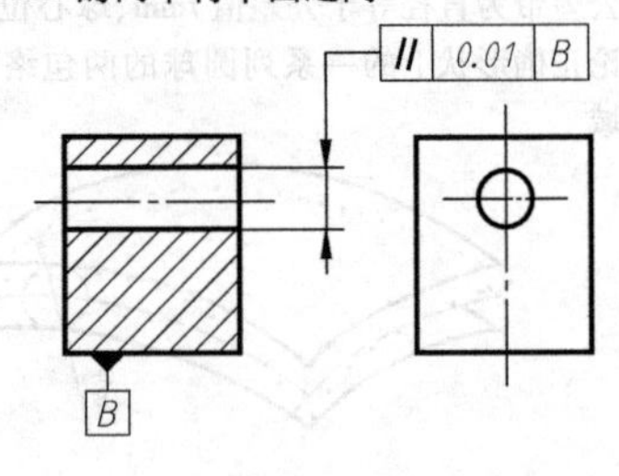
	4. 面对基准线的平行度公差 公差带为间距等于公差值 $t$mm、平行于基准轴线的两平行平面所限定的区域 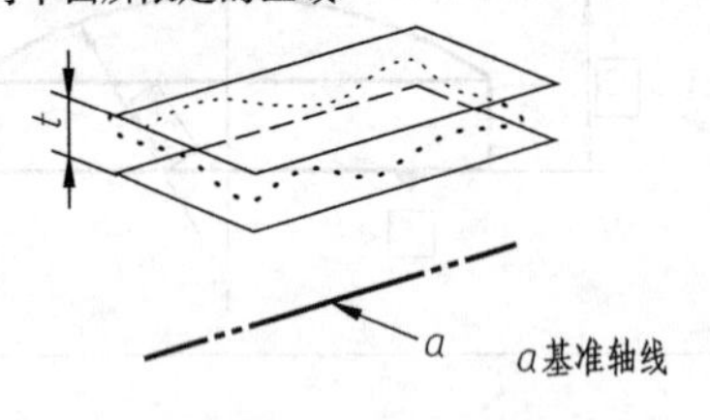	提取（实际）表面应限定在间距等于 0.1mm、平行于基准轴线 C 的两平行平面之间 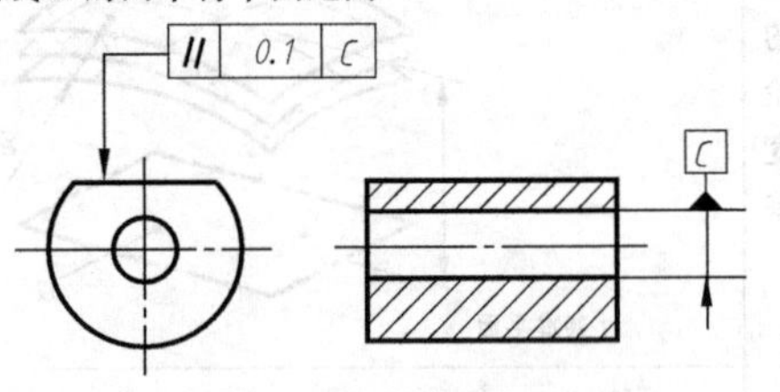
	5. 面对基准面的平行度公差 公差带为间距等于公差值 $t$mm，平行于基准平面的两平行平面所限定的区域 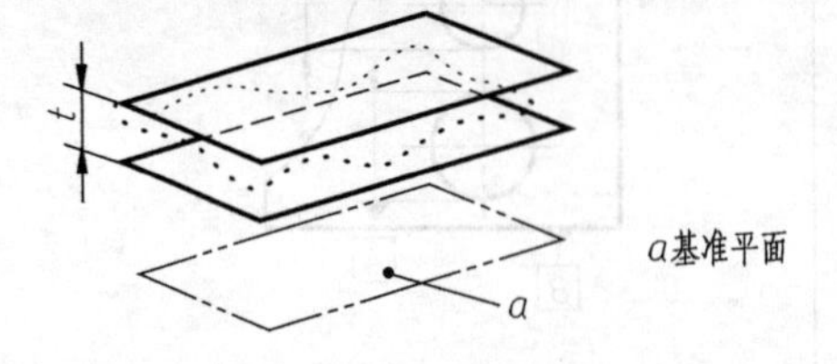	提取（实际）表面应限定在间距等于 0.01mm，平行于基准 D 的两平行平面之间 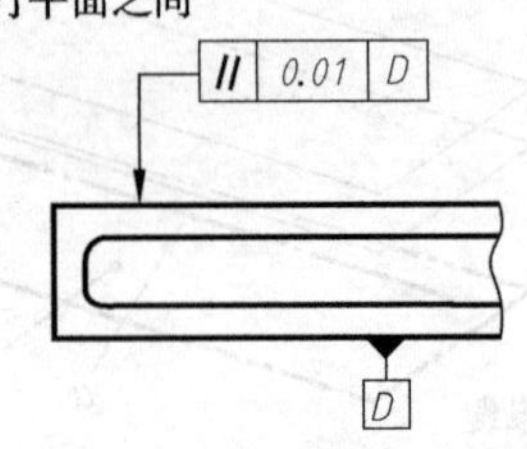

（续）

项目	公差带的定义	标注及解释
	1. 线对基准线的垂直度公差 公差带为间距等于公差值 $t$mm、垂直于基准线的两平行平面所限定的区域 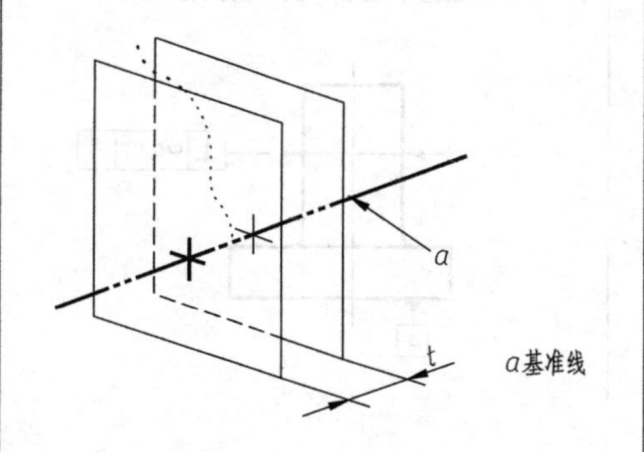 	提取(实际)中心线应限定在间距等于0.06mm、垂直于基准轴线 A 的两平行平面之间 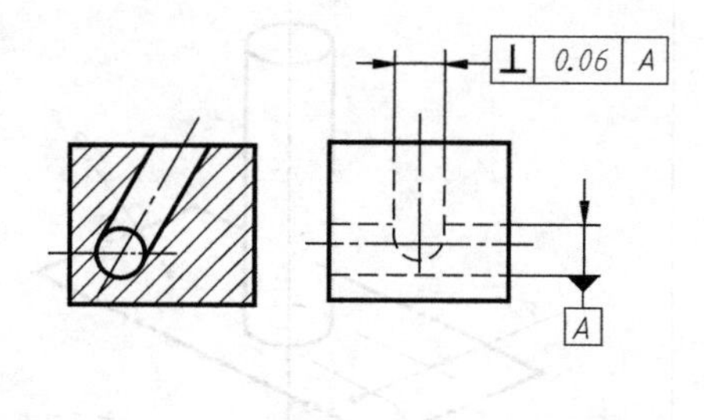
垂直度公差	2. 线对基准体系的垂直度公差 公差带为间距分别等于公差值 $t_1$mm 和 $t_2$mm，且互相垂直的两组平行平面所限定的区域。该两组平行平面都垂直于基准平面 A。其中一组平行平面垂直于基准平面 B，另一组平行平面平行于基准平面 B 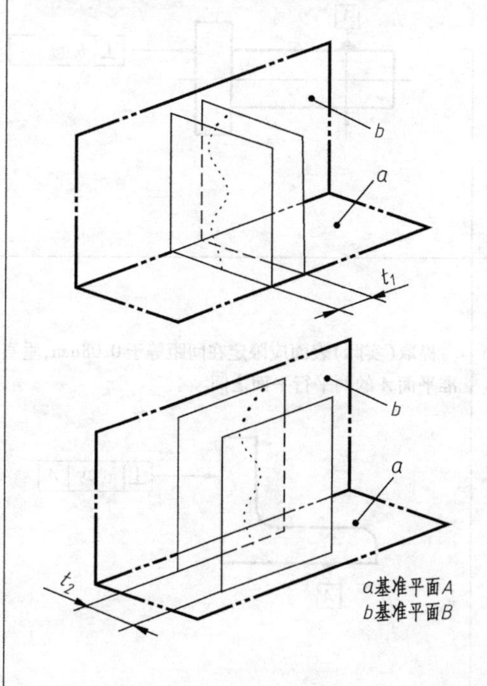 	圆柱的提取(实际)中心线应限定在间距分别等于0.1mm和0.2mm，且相互垂直的两组平行平面内。该两组平行平面垂直于基准平面 A 且垂直或平行于基准平面 B 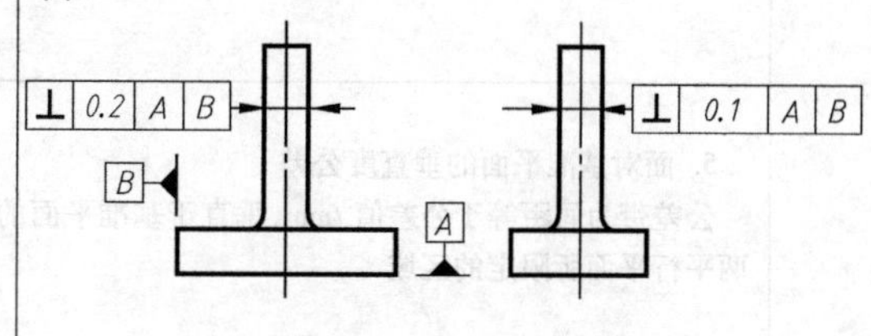

（续）

<table>
<tr><th>项目</th><th>公差带的定义</th><th>标注及解释</th></tr>
<tr><td rowspan="3">垂直度公差</td><td>3. 线对基准面的垂直度公差
若公差值前加注符号 ϕ，公差带为直径等于公差值 ϕtmm、轴线垂直于基准平面的圆柱面所限定的区域
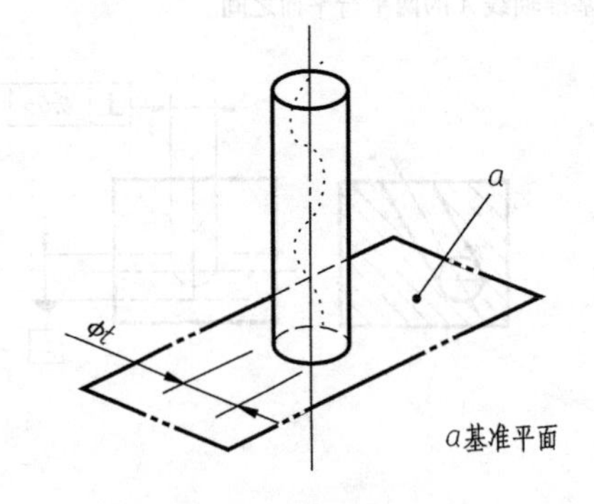
</td><td>圆柱面的提取（实际）中心线应限定在直径等于 ϕ0.01mm、垂直于基准平面 A 的圆柱面内
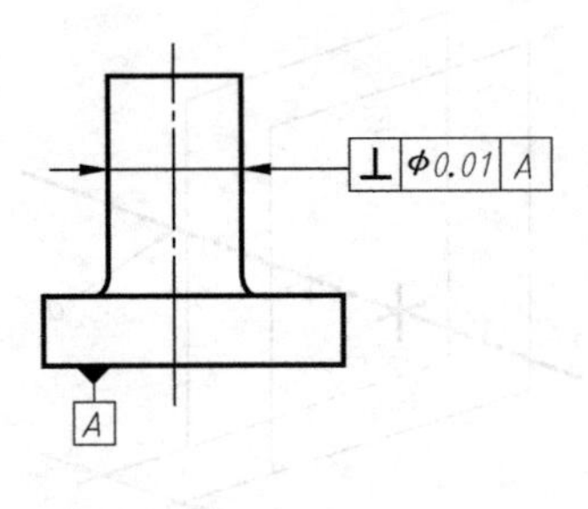
</td></tr>
<tr><td>4. 面对基准线的垂直度公差
公差带为间距等于公差值 $t$mm，垂直于基准轴线的两平行平面所限定的区域
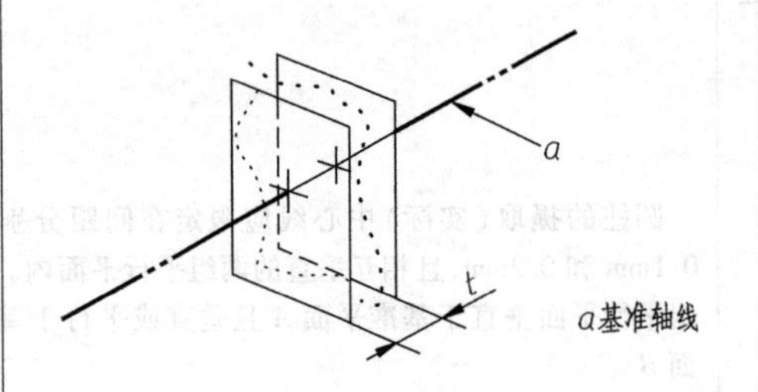
</td><td>提取（实际）表面应限定在间距等于 0.08mm 的两平行平面之间。该两平行平面垂直于基准轴线 A
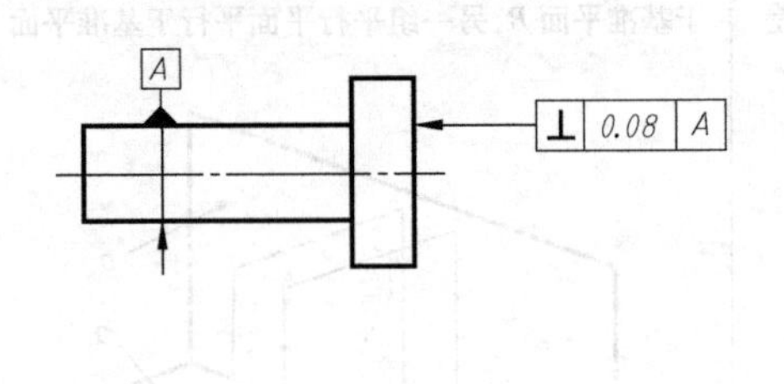
</td></tr>
<tr><td>5. 面对基准平面的垂直度公差
公差带为间距等于公差值 $t$mm，垂直于基准平面的两平行平面所限定的区域
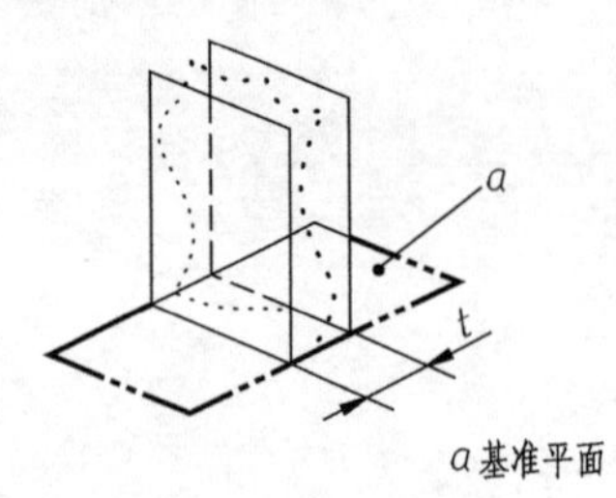
</td><td>提取（实际）表面应限定在间距等于 0.08mm，垂直于基准平面 A 的两平行平面之间
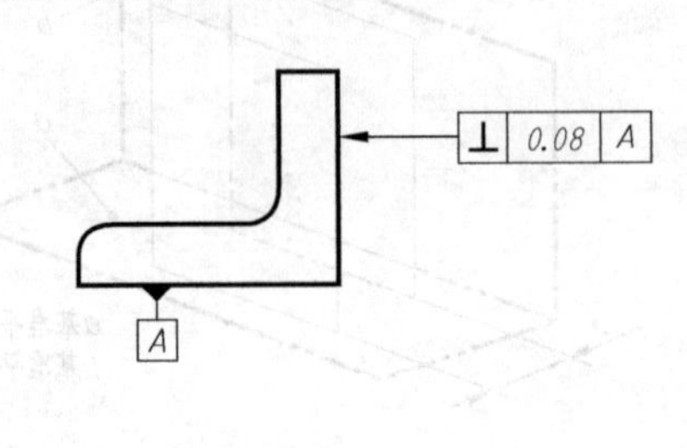
</td></tr>
</table>

（续）

<table>
<tr><th>项目</th><th>公差带的定义</th><th>标注及解释</th></tr>
<tr><td>倾斜度公差</td><td>面对基准线（平面）的倾斜度公差
公差带为间距等于公差值 $t$mm 的两平行平面所限定的区域。该两平行平面按给定角度倾斜于基准线（平面）
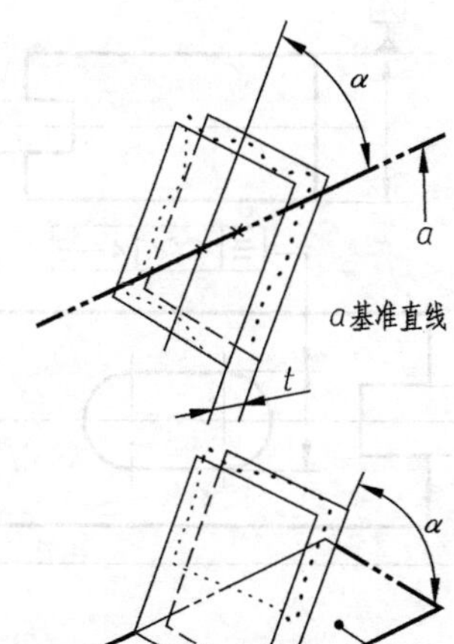</td><td>提取（实际）表面应限定在间距等于 0.1mm/0.08mm 的两平行平面之间。该两平行平面按理论正确角度 75°/40°倾斜于基准轴线 A/基准平面 A
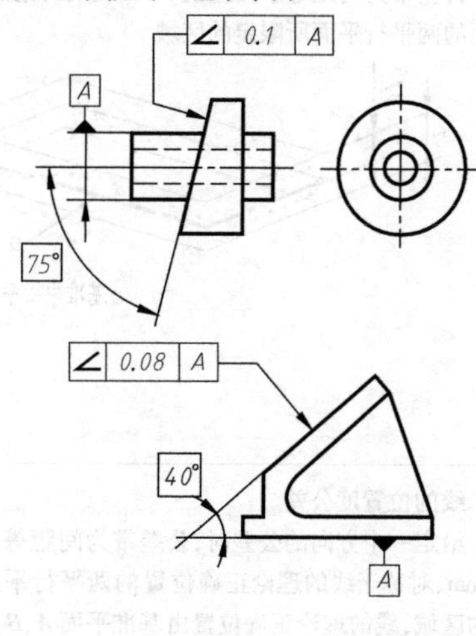</td></tr>
<tr><td>同轴度公差</td><td>轴线的同轴度公差
公差值前标注符号 ϕ，公差带为直径等于公差值 ϕtmm 的圆柱面所限定的区域。该圆柱面的轴线与基准轴线重合
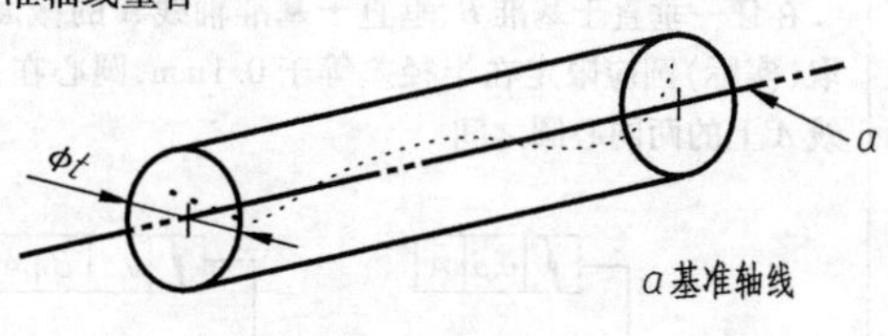</td><td>大圆柱面的提取（实际）中心线应限定在直径等于 ϕ0.1mm 以基准轴线 A 为轴线的圆柱面内
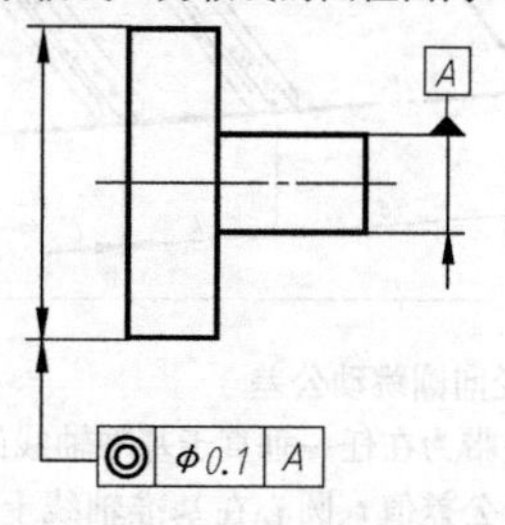
大圆柱面的提取（实际）中心线应限定在直径等于 ϕ0.08mm，以公共基准轴线 A—B 为轴线的圆柱面内
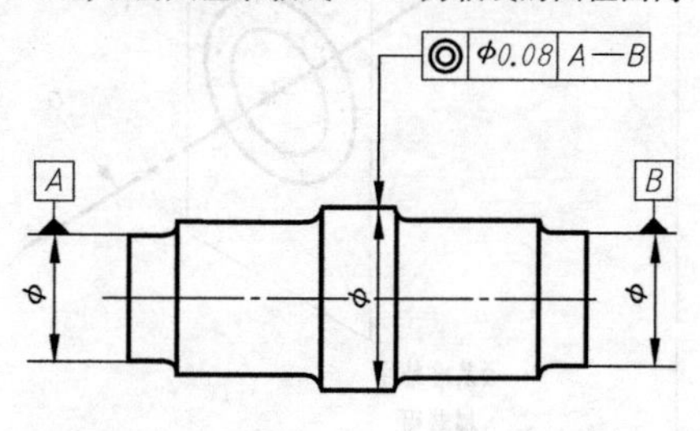</td></tr>
</table>

（续）

项目	公差带的定义	标注及解释
对称度公差	中心平面的对称度公差 公差带为间距等于公差值 *t*mm，对称于基准中心平面的两平行平面所限定的区域 *a*基准中心平面	提取（实际）中心面应限定在间距等于 0.08mm，对称于基准中心平面 *A*/公共基准中心平面 *A*—*B* 的两平行平面之间
位置度公差	线的位置度公差 给定一个方向的公差时，公差带为间距等于公差值 *t*mm、对称于线的理论正确位置的两平行平面所限定的区域，线的理论正确位置由基准平面 *A*、*B* 和理论正确尺寸确定。公差只在一个方向上给定 *a*基准平面*A* *b*基准平面*B*	各条刻线的提取（实际）中心线应限定在间距等于 0.1mm、对称于基准平面 *A*、*B* 和理论正确尺寸 25、10 确定的理论正确位置的两平行平面之间
圆跳动公差	1. 径向圆跳动公差 公差带为在任一垂直于基准轴线的横截面内、半径差等于公差值 *t*、圆心在基准轴线上的两同心圆所限定的区域 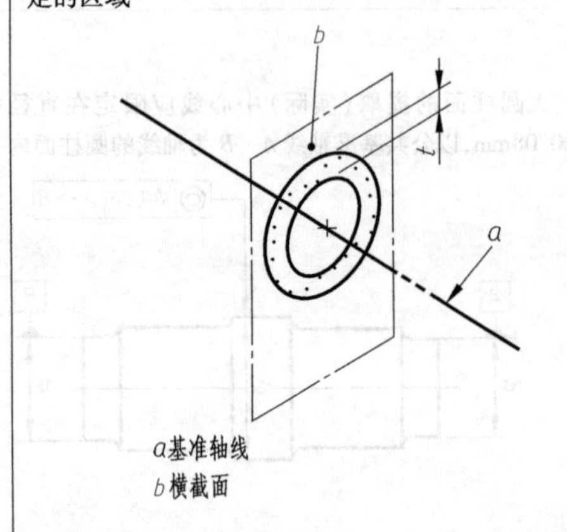 *a*基准轴线 *b*横截面	在任一垂直于基准 *A* 的横截面内，提取（实际）圆应限定在半径差等于 0.1mm，圆心在基准轴线 *A* 上的两同心圆之间 在任一垂直于基准 *B*、垂直于基准轴线 *A* 的截面上，提取（实际）圆应限定在半径差等于 0.1mm，圆心在基准轴线 *A* 上的两同心圆之间 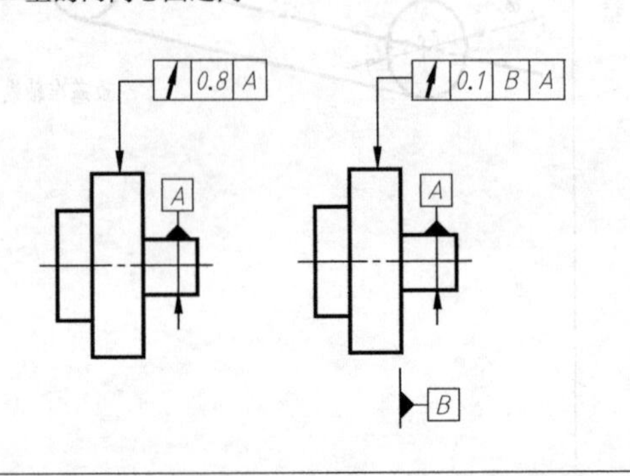

（续）

项目	公差带的定义	标注及解释
圆跳动公差	2. 轴向圆跳动公差 公差带为与基准轴线同轴的任一半径的圆柱截面上,间距等于公差值 $t$mm 的两圆所限定的圆柱面区域 a 基准轴线 b 公差带 c 任意直径	在与基准轴线 D 同轴的任一圆柱形截面上,提取(实际)圆应限定在轴向距离等于 0.1mm 的两个等圆之间
全跳动公差	1. 径向全跳动公差 公差带为半径差等于公差值 $t$mm,与基准轴线同轴的两圆柱面所限定的区域 a 基准轴线	提取(实际)表面应限定在半径差等于 0.1mm,与公共基准轴线 A—B 同轴的两圆柱面之间
	2. 轴向全跳动公差 公差带为间距等于公差值 $t$mm,垂直于基准轴线的两平行平面所限定的区域 a 基准轴线 b 提取表面	提取(实际)表面应限定在间距等于 0.1mm、垂直于基准轴线 D 的两平行平面之间

参考文献

[1] 大连理工大学工程图学教研室. 机械制图［M］. 7版. 北京：高等教育出版社，2013.

[2] 何铭新，钱可强，徐祖茂. 机械制图［M］. 6版. 北京：高等教育出版社，2010.

[3] 毛昕，黄英，肖平阳. 画法几何及机械制图［M］. 4版. 北京：高等教育出版社，2010.

[4] 王兰美，殷昌贵. 画法几何及工程制图［M］. 3版. 北京：机械工业出版社，2014.

[5] 胡琳. 工程制图（英汉双语对照）［M］. 2版. 北京：机械工业出版社，2010.

[6] 王宗容. 工程图学［M］. 北京：机械工业出版社，2001.

[7] 赵大兴，李天宝. 工程图学［M］. 北京：机械工业出版社，2001.

[8] 唐克中，朱同钧. 画法几何及工程制图［M］. 4版. 北京：高等教育出版社，2009.

[9] 刘志杰，张素敏. 土木工程制图教程［M］. 北京：中国建材工业出版社，2004.

[10] 何斌，陈锦昌，王枫红. 建筑制图［M］. 7版. 北京：高等教育出版社，2014.

[11] 罗良武，田希杰. 图学基础与土木工程制图［M］. 北京：机械工业出版社，2005.

[12] 常明. 画法几何及机械制图［M］. 4版. 武汉：华中科技大学出版社，2009.